LEHRBUCH DER HÖHEREN MATHEMATIK TEIL IV/I

**W. I. Smirnow, Lehrbuch der höheren Mathematik**

**Teil I**
unveränderter Nachdruck der 16. Auflage 1990, 449 Seiten, 190 Abb., brosch.,
ISBN 978-3-8085-5574-3, Europa-Nr. 55743
Funktionale Abhängigkeit und Theorie der Grenzwerte – Der Begriff der Ableitung und seine Anwendungen – Der Begriff des Integrals und seine Anwendungen – Reihen und ihre Anwendung auf die näherungsweise Berechnung von Funktionen – Funktionen mehrerer Veränderlicher – Komplexe Zahlen. Anfangsgründe der höheren Algebra und Integration von Funktionen

**Teil II**
unveränderter Nachdruck der 17. Auflage 1990, 618 Seiten, 136 Abb., brosch.,
ISBN 978-3-8085-5576-7, Europa-Nr. 55767
Gewöhnliche Differentialgleichungen – Lineare Differentialgleichungen und ergänzende Ausführungen zur Theorie der Differentialgleichungen – Mehrfache Integrale und Kurvenintegrale – Vektoranalysis und Feldtheorie – Anfangsgründe der Differentialgeometrie – Fourierreihen – Partielle Differentialgleichungen der mathematischen Physik

**Teil III/1**
12. Aufl. 1991, 283 Seiten, 3 Abb., geb., ISBN 978-3-8085-5578-1, Europa-Nr. 55781
Determinanten und die Auflösung von Gleichungssystemen – Lineare Transformationen und quadratische Formen – Elemente der Gruppentheorie und lineare Darstellung von Gruppen

**Teil III/2**
unveränderter Nachdruck der 13. Auflage 1987, 599 Seiten, 85 Abb., geb.,
ISBN 978-3-8085-5580-4, Europa-Nr. 55804
Anfangsgründe der Funktionentheorie – Konforme Abbildung und ebene Felder – Anwendungen der Residuentheorie – Ganze und gebrochene Funktionen – Funktionen mehrerer Veränderlicher und von Matrizen – Lineare Differentialgleichungen – Spezielle Funktionen der mathematischen Physik – Reduktion von Matrizen auf kanonische Form

**Teil IV/1**
unveränderter Nachdruck der 6. Auflage 1988, 300 Seiten, 4 Abb., geb.,
ISBN 978-3-8085-5582-8, Europa-Nr. 55828
Integralgleichungen – Variationsrechnung – Ergänzungen zur Theorie der Funktionenräume. Verallgemeinerte Ableitungen. Ein Minimalproblem für quadratische Funktionale

**Teil IV/2**
unveränderter Nachdruck der 12. Auflage 1989, 469 Seiten, 16 Abb., geb.,
ISBN 978-3-8085-5584-2, Europa-Nr. 55842
Allgemeine Theorie der partiellen Differentialgleichungen – Randwertprobleme

**Teil V**
unveränderter Nachdruck der 11. Auflage 1991, 545 Seiten, 3 Abb., brosch.,
ISBN 978-3-8085-5586-6, Europa-Nr. 55866
Das Stieltjessche Integral – Mengenfunktionen und das Lebesguesche Integral – Mengenfunktionen. Absolute Stetigkeit. Verallgemeinerung des Integralbegriffs – Metrische und normierte Räume – Der Hilbertsche Raum

Das **Gesamtwerk** ist auch zum günstigen Satzpreis erhältlich:
W. I. Smirnow, Lehrbuch der höheren Mathematik
ISBN 978-3-8085-5572-9, Europa-Nr. 55729

# LEHRBUCH DER HÖHEREN MATHEMATIK

## TEIL IV/I

VON

W. I. SMIRNOW

6. Auflage 1988

VERLAG EUROPA-LEHRMITTEL · Nourney, Vollmer GmbH & Co. KG
Düsselberger Straße 23 · 42781 Haan-Gruiten

**Europa-Nr.: 55828**

Titel der Originalausgabe

В. И. Смирнов, Курс высшей математики
Том четвертый, Часть первая
Издание шестое
Наука, Москва 1974

Die Ausgabe in deutscher Sprache (nach der 3. russischen Auflage) besorgten:
Christa Berg und Lothar Berg (Übersetzer),
Herbert Beckert, Günter Schmidt, Hans Schubert (Wissenschaftliche Redaktion).
Die Übersetzung der Änderungen und Ergänzungen nach der 6. russischen Auflage besorgte Werner Plischke (Wissenschaftliche Redaktion: Lothar Berg).

Unveränderter Nachdruck der 6. Auflage 1988
Druck 5 4 3

**ISBN 978-3-8085-5582-8**



Umschlag: braunwerbeagentur, 42477 Radevormwald
Druck: Totem, 88-100 Inowroclaw, Polen

# Vorwort zur sechsten russischen Auflage

Die vorliegende sechste Auflage von Teil IV unterscheidet sich wesentlich von der fünften Auflage. Das hängt damit zusammen, daß dieser Teil erstmals nach dem veränderten Teil II erscheint, in dem die Theorie des Lebesgueschen Integrals dargestellt und die Klasse $L_2$ der im Lebesgueschen Sinne quadratisch integrierbaren Funktionen eingeführt wurde. Dies rief größere Veränderungen in der Darstellung des ersten Kapitels hervor, das die Theorie der Integralgleichungen enthält. Außerdem wurde ein drittes Kapitel eingefügt, in dem neue Ansatzpunkte für einige Grundbegriffe der mathematischen Analysis aufgezeigt werden. Das zweite Kapitel, das die Variationsrechnung beinhaltet, wurde etwas erweitert. Im dritten Kapitel wird unter neuen Gesichtspunkten ein Minimalproblem für ein quadratisches Funktional betrachtet.

In der letzten Auflage umfaßte Teil IV mehr als 800 Seiten. In dieser Auflage wurde es erforderlich, ihn in zwei Teilbände zu zerlegen; das vorliegende Buch ist der erste Teilband.[1]

Schließlich möchte ich noch meinen tiefempfundenen Dank gegenüber meinen Mitarbeitern an der Universität M. S. Birman, O. A. Ladyshenskaja, M. S. Solomjak und N. N. Uralzewa für die große Hilfe bei der Erarbeitung dieses Buches zum Ausdruck bringen.

W. I. Smirnow

---

[1]) In der deutschen Ausgabe der Teile IV/1 und IV/2 beziehen sich ebenfalls alle Rückverweise auf den veränderten Teil II, der in deutscher Übersetzung erstmals im Jahre 1972 (11. Auflage) erschien. Rückverweise auf Teil III/2 beziehen sich gleichfalls auf eine veränderte russische Ausgabe; diese Änderungen werden bei der 14. Auflage der deutschen Ausgabe dieses Teils berücksichtigt. (Anm. d. Red.)

# Inhalt

## I. Integralgleichungen

## II. Variationsrechnung

# I. Integralgleichungen

**1. Beispiele für die Aufstellung von Integralgleichungen.** Unter einer *Integralgleichung* versteht man eine Gleichung, bei der die gesuchte Funktion auch unter dem Integralzeichen auftritt. Es sei beispielsweise die Lösung der Differentialgleichung $y' = f(x, y)$ mit der Anfangsbedingung $y(x_0) = y_0$ gesucht. Wie wir bereits früher **[II, 51]** gesehen haben, kann diese Aufgabe auf die Auflösung der Integralgleichung

$$y(x) = \int_{x_0}^{x} f(t, y(t))\, \mathrm{d}t + y_0$$

zurückgeführt werden. Entsprechend läßt sich das Anfangswertproblem $y'' = f(x, y)$, $y(x_0) = y_0$, $y'(x_0) = y_0'$ auf die Integralgleichung

$$y(x) = \int_{x_0}^{x} \mathrm{d}t \int_{x_0}^{t} f[z, y(z)]\, \mathrm{d}z + y_0 + y_0' (x - x_0)$$

zurückführen. Formt man das iterierte Integral nach **[II, 17]** in ein einfaches Integral um, so erhält die Integralgleichung die Gestalt

$$y(x) = \int_{x_0}^{x} (x - z)\, f[z, y(z)]\, \mathrm{d}z + y_0 + y_0' (x - x_0)\,.$$

Die allgemeine Lösung von $y'' = f(x, y)$ ergibt sich aus der Integralgleichung

$$y(x) = \int_{0}^{x} (x - z)\, f[z, y(z)]\, \mathrm{d}z + c_1 + c_2 x\,, \tag{1}$$

in der $c_1$ und $c_2$ willkürliche Konstante sind und die untere Integrationsgrenze gleich 0 gesetzt worden ist. Wir betrachten nun für unsere Differentialgleichung zweiter Ordnung ein Randwertproblem, und zwar suchen wir diejenige Lösung, welche die Randbedingungen $y(0) = a$, $y(l) = b$ erfüllt. Für $x = 0$ und $x = l$ erhalten wir aus (1) zur Bestimmung der willkürlichen Konstanten zwei lineare Gleichungen, aus denen sich

$$c_1 = a \quad \text{und} \quad c_2 = \frac{b - a}{l} - \frac{1}{l} \int_{0}^{l} (l - z)\, f[z, y(z)]\, \mathrm{d}z$$

ergibt. Setzen wir diese Werte in (1) ein, so erhalten wir für unser Randwertproblem die Integralgleichung

$$y(x) = F(x) + \int_{0}^{x} (x - z)\, f[z, y(z)]\, \mathrm{d}z - \frac{x}{l} \int_{0}^{l} (l - z)\, f[z, y(z)]\, \mathrm{d}z\,, \tag{2}$$

wobei

$$F(x) = a + \frac{b - a}{l}\, x$$

ist. Statt dessen können wir auch

$$y(x) = F(x) - \int_0^x \frac{z(l-x)}{l} f[z, y(z)]\, dz - \int_x^l \frac{x(l-z)}{l} f[z, y(z)]\, dz \tag{3}$$

schreiben.

Führen wir jetzt die Funktion zweier Veränderlicher

$$K(x, z) = \begin{cases} \dfrac{z(l-x)}{l} & \text{für } z \leqq x, \\ \dfrac{x(l-z)}{l} & \text{für } x \leqq z \end{cases} \tag{4}$$

ein, so können wir der Gleichung (3) schließlich folgende Gestalt geben:

$$y(x) = F(x) - \int_0^l K(x, z) f[z, y(z)]\, dz. \tag{5}$$

Wenden wir dieses Ergebnis auf die lineare Differentialgleichung

$$y'' + p(x)\, y = \omega(x) \tag{6}$$

an, dann gelangen wir zu dem Satz, daß die Bestimmung einer Lösung des Randwertproblems

$$y'' + p(x)\, y = \omega(x), \quad y(0) = a, \quad y(l) = b \tag{7}$$

gleichwertig ist mit der Auflösung der linearen Integralgleichung

$$y(x) = F_1(x) + \int_0^l K(x, z)\, p(z)\, y(z)\, dz\,; \tag{8}$$

darin ist $y(x)$ die gesuchte Funktion und

$$F_1(x) = F(x) - \int_0^l K(x, z)\, \omega(z)\, dz$$

eine bekannte Funktion der unabhängigen Veränderlichen $x$.

Wir weisen darauf hin, daß in der Gleichung (1) die obere Integrationsgrenze veränderlich ist, dagegen in (8) beide Integrationsgrenzen konstant sind. Ferner sei bemerkt, daß in (1) wie auch in (8) die gesuchte Funktion nicht nur unter dem Integralzeichen, sondern auch außerhalb desselben vorkommt. Diese Tatsache ist, wie wir bereits gesehen haben [**II, 50**], wesentlich, wenn man die Integralgleichung durch sukzessive Approximation auflösen will.

Wir multiplizieren nun den Koeffizienten $p(x)$ in der Differentialgleichung (6) mit einem Parameter $\lambda$ und betrachten die homogene Differentialgleichung

$$y'' + \lambda p(x)\, y = 0 \tag{9}$$

mit den homogenen Randbedingungen

$$y(0) = 0, \quad y(l) = 0\,. \tag{10}$$

Dieses homogene Randwertproblem führt auf die folgende homogene Integralgleichung, die den Parameter $\lambda$ enthält:

$$y(x) = \lambda \int_0^l K(x, z)\, p(z)\, y(z)\, dz\,. \tag{11}$$

Eines der wichtigsten Probleme, mit denen wir uns im folgenden beschäftigen, besteht darin, festzustellen, für welche Werte von $\lambda$ nicht identisch verschwindende

Lösungsfunktionen existieren. Auf dieses Problem waren wir schon bei der Anwendung der Fouriermethode auf Randwertprobleme der mathematischen Physik gestoßen. Es sei noch auf einige charakteristische Eigenschaften der Funktion $K(x, z)$, die der *Kern* unserer Integralgleichung genannt wird, hingewiesen. Dieser Kern ist in dem durch $0 \leqq x \leqq l$, $0 \leqq z \leqq l$ definierten Quadrat $k_0$ stetig. Auf der Diagonalen $x = z$ dieses Quadrates ist die erste Ableitung des Kerns unstetig:

$$K_x(x, z)\,|_{x=z+0} - K_x(x, z)\,|_{x=z-0} = -1 \, .$$

Außerhalb der Diagonalen ist der Kern als Funktion von $x$ eine Lösung der homogenen Differentialgleichung $y'' = 0$ und genügt den homogenen Randbedingungen (10). Schließlich ist der Kern symmetrisch:

$$K(z, x) = K(x, z) \, . \tag{12}$$

Alle diese Eigenschaften des Kerns ergeben sich unmittelbar aus (4).

Der Kern $K(x, z)$ hat eine einfache physikalische Bedeutung. Wirkt senkrecht auf eine an den Enden eingespannte Saite im Punkt $x = z$ eine Kraft, so muß bekanntlich [**II, 176**] im Angriffspunkt der Kraft die Bedingung

$$T_0[(u_x)_{x=z+0} - (u_x)_{x=z-0}] = -P$$

erfüllt sein, in der $P$ der Betrag der Kraft und $T_0$ die Saitenspannung ist. Man kann leicht nachprüfen, daß die Funktion

$$u(x) = \frac{P}{T_0} K(x, z)$$

die Form der statischen Ausbiegung der Saite unter dem Einfluß der Kraft darstellt. Wir erwähnen hierzu noch, daß die Gleichung der schwingenden Saite für den statischen Fall einfach auf die Differentialgleichung $u_{xx} = 0$ führt. Die Überführung eines Randwertproblems in eine Integralgleichung, die hier für einen sehr einfachen Fall dargestellt wurde, wird ausführlich in Teil IV/2 behandelt.

Zum Schluß wollen wir noch auf eine charakteristische Methode zur Überführung von Randwertproblemen der mathematischen Physik in Integralgleichungen hinweisen. Wir hatten früher [**III/2, 139**] das Potential der einfachen Kugelflächenbelegung durch die Formel

$$u(M) = \iint\limits_S \frac{\varrho(M')}{d} \, ds$$

definiert, in der $\varrho(M')$ eine auf der Kugeloberfläche $S$ gegebene Funktion, $ds$ das Flächenelement der Kugeloberfläche und $d$ die Entfernung zwischen einem beliebigen Punkt $M$ des Raumes und einem beliebigen Punkt $M'$ der Kugeloberfläche bedeuten. Es seien $n$ die Richtung der äußeren Normalen in einem Punkt $M_0$ der Kugeloberfläche und $\left(\frac{\partial u(M_0)}{\partial n}\right)_i$ bzw. $\left(\frac{\partial u(M_0)}{\partial n}\right)_a$ die Grenzwerte der Ableitung $\frac{\partial u(M)}{\partial n}$ für den Fall, daß der Raumpunkt $M$ von innen bzw. von außen gegen den Punkt $M_0$ der Kugeloberfläche konvergiert. Wir erhielten damals die Beziehungen

$$\begin{aligned} \left(\frac{\partial u(M_0)}{\partial n}\right)_i &= -\iint\limits_S \varrho(M') \frac{\cos \omega}{d^2} \, ds + 2\pi\varrho(M_0) \, , \\ \left(\frac{\partial u(M_0)}{\partial n}\right)_a &= -\iint\limits_S \varrho(M') \frac{\cos \omega}{d^2} \, ds - 2\pi\varrho(M_0) \, , \end{aligned} \tag{13}$$

wobei $d$ nun die Entfernung zwischen den beiden Punkten $M_0$ und $M'$ der Kugeloberfläche angibt und $\omega$ der Winkel zwischen der Kugelsekante $\overline{M'M_0}$ und der Normalen $n$ ist.

Im folgenden Kapitel werden wir sehen, daß diese Formeln nicht nur für die Kugeloberfläche richtig sind. Wir formulieren nun das Neumannsche Problem für das Kugelinnere: Wir suchen eine Funktion, die im Innern der Kugel harmonisch ist und deren Normalableitung auf der Kugeloberfläche die vorgegebenen Randwerte

$$\left.\frac{\partial u}{\partial n}\right|_S = f(M_0) \tag{14}$$

annimmt. Wir setzen die Funktion $u$ als Potential einer Kugelflächenbelegung an. Da ein solches Potential im Innern der Kugel eine harmonische Funktion ist, haben wir nur die Belegungsdichte $\varrho(M')$ so zu wählen, daß auch die Randbedingung (14) erfüllt ist. Aus der ersten Beziehung (13) und der Randbedingung (14) erhalten wir zur Bestimmung der gesuchten Dichte die Integralgleichung

$$2\pi\varrho(M_0) = f(M_0) + \iint_S \varrho(M') \frac{\cos\omega}{d^2} \, ds .$$

Es sei noch darauf hingewiesen, daß die Funktionen $f(M)$ und $\varrho(M)$ jetzt auf einer Kugeloberfläche definiert sein müssen und die Integration nicht wie bisher über ein Intervall der $x$-Achse, sondern über die Kugeloberfläche zu erstrecken ist.

**2. Klassifikation der Integralgleichungen.** Wir betrachten als erstes lineare Integralgleichungen, und zwar zunächst für den Fall, daß die gesuchte Funktion von einer einzigen Veränderlichen $x$ abhängt. In der Integralgleichung

$$y(x) = \int_a^x K(x, z)\, y(z)\, dz + f(x) \tag{15}$$

sei $y(x)$ die gesuchte Funktion, $f(x)$ und $K(x, z)$ seien gegebene Funktionen. Die Funktion $K(x, z)$ heißt der *Kern der Integralgleichung*.

Die Gleichung (15) wird *Volterrasche Integralgleichung zweiter Art* genannt. Die analoge Integralgleichung

$$y(x) = \int_a^b K(x, z)\, y(z)\, dz + f(x) \tag{16}$$

mit konstanten Grenzen heißt *Fredholmsche Integralgleichung zweiter Art*. Kommt die gesuchte Funktion nur unter dem Integralzeichen vor, so handelt es sich um eine *Volterrasche* bzw. *Fredholmsche Integralgleichung erster Art*:

$$\int_a^x K(x, z)\, y(z)\, dz = f_1(x) \quad \text{bzw.} \quad \int_a^b K(x, z)\, y(z)\, dz = f_1(x) . \tag{17}$$

Ein Beispiel für eine Volterrasche Integralgleichung erster Art ist die Abelsche Integralgleichung

$$\varphi(h) = \frac{1}{\sqrt{2g}} \int_0^h \frac{u(y)\, dy}{\sqrt{h-y}} ,$$

von der schon in [**II**, 82] die Rede war.

Wir geben noch ein Beispiel für eine Fredholmsche Integralgleichung erster Art an. Es sei $u(x)$ die statische Ausbiegung einer Saite bei einer kontinuierlich verteilten Belastung $p(z)$, bezogen auf die Längeneinheit. Fassen wir diese Belastung als Summe von Einzelkräften $p(z)$ dz auf, so erhalten wir nach den Ausführungen des vorigen Abschnittes von einer jeden solchen Einzelkraft die statische Ausbiegung

$$\frac{1}{T_0} K(x, z)\, p(z)\, dz\,,$$

wobei $K(x, z)$ durch (4) bestimmt ist. Durch Integration erhalten wir als statische Ausbiegung bei kontinuierlich verteilter Belastung

$$u(x)=\frac{1}{T_0}\int_0^l K(x, z)\, p(z)\, dz\,.$$

Diese Gleichung ist eine Fredholmsche Integralgleichung erster Art, wenn die Ausbiegung $u(x)$ gegeben und die Belastung $p(z)$ gesucht ist.

Wir bemerken, daß die Volterrasche Integralgleichung ein Spezialfall der Fredholmschen Integralgleichung ist; denn wir können in den Volterraschen Integralgleichungen (15) oder (17) über $z$ von $z=a$ bis $z=b$ integrieren, wenn wir von vornherein die Definition des Kerns $K(x, z)$ durch die Bedingung $K(x, z)=0$ für $z>x$ ergänzen.

Im folgenden werden wir uns fast ausschließlich mit Integralgleichungen zweiter Art und dabei in der Hauptsache mit Fredholmschen Integralgleichungen zweiter Art beschäftigen; denn dieser Art von Integralgleichungen begegnet man bei der Lösung von Randwertproblemen der mathematischen Physik am häufigsten. Die Theorie der Integralgleichungen zweiter Art ist bedeutend einfacher als die Theorie der Integralgleichungen erster Art. Wie wir schon erwähnt haben, gibt uns das Auftreten der gesuchten Funktion außerhalb des Integralzeichens die Möglichkeit, die Methode der sukzessiven Approximation anzuwenden.

Die Theorie der Integralgleichungen ist in mancher Hinsicht der linearen Algebra analog, die in Teil III/1 behandelt worden ist. Bekanntlich hat eine lineare Transformation im $n$-dimensionalen Raum die Gestalt

$$y_i=a_{i1}u_1+\ldots+a_{in}u_n \quad (i=1, \ldots, n)\,.$$

Sie läßt sich durch eine Matrix ausdrücken, die aus den Koeffizienten $a_{ik}$ der Transformation gebildet wird. Wir schreiben damit die Transformation in der Gestalt

$$\boldsymbol{y}=\boldsymbol{A}\boldsymbol{u}\,,$$

wobei $\boldsymbol{u}(u_1, \ldots, u_n)$ der ursprüngliche Vektor, $\boldsymbol{y}(y_1, \ldots, y_n)$ der transformierte Vektor und $A$ die Matrix der Koeffizienten $a_{ik}$ ist. Im Fall der Integralgleichungen tritt an die Stelle eines $n$-dimensionalen Vektors eine Funktion, die gewöhnlich auf einem Intervall $[a, b]$ erklärt ist; die Matrix $A$ wird durch den Kern $K(x, z)$ und die Summation durch eine Integration ersetzt, so daß der linearen Transformation jetzt eine Beziehung

$$y(x)=\int_a^b K(x, z)\, u(z)\, dz \tag{18}$$

entspricht. ~~Hierin~~ ist $u(z)$ die ursprüngliche und $y(x)$ die transformierte Funktion.

Weiterhin erinnern wir daran, daß wir diejenigen Werte des Parameters $\mu$ Eigenwerte der Matrix $A$ genannt haben, für welche die Gleichung

$$A\boldsymbol{x} = \mu \boldsymbol{x}$$

von 0 verschiedene Lösungen $\boldsymbol{x}$ besitzt. Unter Eigenwerten des Kerns $K(x, y)$ oder der zugehörigen Transformation werden wir die Werte des Parameters $\mu$ verstehen, für die die homogene Integralgleichung

$$\int_a^b K(x, z)\, y(z)\, dz = \mu y(x)$$

nicht verschwindende Lösungen hat. In der Theorie der Integralgleichungen ist es üblich, neben den Eigenwerten $\mu$ die *charakteristischen Zahlen* $\lambda = \mu^{-1}$ einzuführen. Man nennt also $\lambda$ eine charakteristische Zahl, wenn die Integralgleichung

$$y(x) = \lambda \int_a^b K(x, z)\, y(z)\, dz \tag{19}$$

von 0 verschiedene Lösungen besitzt. Diese Lösungen $y(x)$ selbst heißen Eigenfunktionen des Kerns.

Es sei noch erwähnt, daß die identische Transformation, durch die eine Funktion $u(x)$ sich selbst zugeordnet wird [wobei also $y(x)$ mit $u(x)$ übereinstimmt], sich nicht in der Integralform (18) ausdrücken läßt.

In der Theorie der Integralgleichungen müssen wir natürlich einige Voraussetzungen über den Kern $K(x, z)$ sowie über die Funktionen $f(x)$ und $y(x)$ machen.

Einstweilen werden wir uns, wie schon erwähnt, mit Integralgleichungen im eindimensionalen Fall beschäftigen. Auf den Übergang zum mehrdimensionalen Fall wird später eingegangen werden.

Schließlich bemerken wir noch, daß im folgenden sowohl die gegebenen als auch die gesuchten Funktionen zuweilen komplexwertig sein werden:

$$\begin{aligned} K(x, z) &= K_1(x, z) + iK_2(x, z)\,, \\ f(x) &= f_1(x) + if_2(x)\,, \\ y(x) &= y_1(x) + iy_2(x)\,; \end{aligned}$$

dabei sind $K_s(x, z)$, $f_s(x)$ und $y_s(x)$ $(s = 1, 2)$ reellwertige Funktionen. Die unabhängige Veränderliche wird stets als reell angenommen. Im folgenden werden wir es oft mit endlichen abgeschlossenen Intervallen zu tun haben. Ein solches Intervall soll mit $[a, b]$ bezeichnet werden.

**3. Orthogonale Funktionensysteme.** In der Theorie der Integralgleichungen trifft man häufig auf orthogonale Funktionensysteme. In Teil II wurde die Theorie solcher Systeme auf der Grundlage sowohl des Riemannschen als auch des Lebesgueschen Integralbegriffs für reelle und komplexe Funktionen ausführlich entwickelt [**II, 160, 163**]. Hier sollen diese Ergebnisse durch die Darstellung des Orthogonalisierungsverfahrens für Systeme linear unabhängiger Funktionen ergänzt werden.

In [**III/1,31**] haben wir gesehen, daß man zu $m$ linear unabhängigen Vektoren stets ebenso viele paarweise orthogonale und normierte Vektoren bilden kann derart, daß sich die ursprünglichen Vektoren linear durch die letzteren ausdrücken lassen und umgekehrt. Dieses Verfahren läßt sich wörtlich auf Funktionen übertragen.[1])

---

[1]) Das Verfahren stammt von Erhard Schmidt und heißt daher *Erhard-Schmidtsches Orthogonalisierungsverfahren.* (Anm. d. Red.)

Es seien $\psi_1(x), \ldots, \psi_m(x)$ auf $[a, b]$ stetige linear unabhängige Funktionen; eine Identität

$$\alpha_1\psi_1(x) + \ldots + \alpha_m\psi_m(x) \equiv 0$$

mit konstanten Koeffizienten $\alpha_k$ kann also nur dann bestehen, wenn alle diese Koeffizienten gleich 0 sind. Wir bilden neue auf $[a, b]$ orthogonale und normierte Funktionen $\varphi_1(x), \ldots, \varphi_m(x)$ derart, daß sich jedes $\varphi_k(x)$ linear durch $\psi_1(x), \ldots, \psi_k(x)$ und umgekehrt jedes $\psi_k(x)$ linear durch $\varphi_1(x), \ldots, \varphi_k(x)$ ausdrücken läßt. Zur Abkürzung führen wir eine Schreibweise ein, die der bereits in der Algebra benutzten analog ist, und zwar bezeichnen wir mit $(f, F)$ das Integral des Produktes $f(x)\,\overline{F(x)}$ über das Intervall $[a, b]$:

$$(f, F) = \int_a^b f(x)\,\overline{F(x)}\,\mathrm{d}x\,.$$

Die Orthogonalisierung der Funktionen $\psi_k(x)$, d. h. die Konstruktion der Funktionen $\varphi_k(x)$, geschieht in folgender Weise:

$$\varphi_1(x) = \frac{\psi_1(x)}{\sqrt{(\psi_1, \psi_1)}}\,,$$

$$\chi_2(x) = \psi_2(x) - (\psi_2, \varphi_1)\,\varphi_1(x)\,, \qquad \varphi_2(x) = \frac{\chi_2(x)}{\sqrt{(\chi_2, \chi_2)}}\,,$$

$$\chi_3(x) = \psi_3(x) - (\psi_3, \varphi_2)\,\varphi_2(x) - (\psi_3, \varphi_1)\,\varphi_1(x)\,, \qquad \varphi_3(x) = \frac{\chi_3(x)}{\sqrt{(\chi_3, \chi_3)}}\,,$$

. . . . . . . . . . . . . . . . . . . . . . . . . . . . . . . . . . . . . . . . . . .

$$\chi_m(x) = \psi_m(x) - (\psi_m, \varphi_{m-1})\,\varphi_{m-1}(x) - \ldots - (\psi_m, \varphi_1)\,\varphi_1(x), \quad \varphi_m(x) = \frac{\chi_m(x)}{\sqrt{(\chi_m, \chi_m)}}\,.$$

Die Funktionen $\varphi_k(x)$ unterscheiden sich von den Funktionen $\chi_k(x)$ nur durch konstante Normierungsfaktoren, mit denen erreicht wird, daß das von $a$ bis $b$ erstreckte Integral über das Produkt $\varphi_k(x)\,\overline{\varphi_k(x)}$ für jede einzelne Funktion $\varphi_k(x)$ gleich 1 ist. Aus den angegebenen Formeln folgt unmittelbar die erwähnte lineare Abhängigkeit zwischen den Funktionen $\psi_k(x)$ und $\varphi_k(x)$. Wir bemerken noch, daß keine der Funktionen $\chi_k(x)$ identisch verschwindet, so daß auch $(\chi_k, \chi_k) \neq 0$ gilt. Denn wäre beispielsweise $\chi_2(x) \equiv 0$, so wären $\varphi_1(x)$ und $\psi_2(x)$ linear abhängig:

$$\psi_2(x) - (\psi_2, \varphi_1)\,\varphi_1(x) \equiv 0\,.$$

Diese Gleichung würde aber zur linearen Abhängigkeit von $\psi_1(x)$ und $\psi_2(x)$ führen, im Widerspruch zur vorausgesetzten linearen Unabhängigkeit der Funktionen $\psi_k(x)$. Daraus folgt aber $(\chi_k, \chi_k) \neq 0$, da andernfalls $\chi_k \equiv 0$ sein müßte. Somit haben alle Formeln, durch die die Funktionen $\varphi_k$ bestimmt werden, einen Sinn. Die Orthogonalität einer Funktion $\chi_k(x)$ zu den bereits konstruierten Funktionen $\varphi_1(x), \ldots, \varphi_{k-1}(x)$ kann schrittweise nachgeprüft werden. Beispielsweise ist

$$(\chi_2, \varphi_1) = (\psi_2, \varphi_1) - (\psi_2, \varphi_1)\,(\varphi_1, \varphi_1) = (\psi_2, \varphi_1) - (\psi_2, \varphi_1) = 0\,.$$

Da die Funktionen $\varphi_1(x)$ und $\varphi_2(x)$ orthogonal und normiert sind, ergibt sich

$$(\chi_3, \varphi_1) = (\psi_3, \varphi_1) - (\psi_3, \varphi_2)\,(\varphi_2, \varphi_1) - (\psi_3, \varphi_1)\,(\varphi_1, \varphi_1) = (\psi_3, \varphi_1) - (\psi_3, \varphi_1) = 0$$

und ebenso $(\chi_3, \varphi_2) = 0$ usw.

Wir erwähnen noch die elementare Eigenschaft, daß orthogonale Funktionen stets linear unabhängig sind. Nehmen wir an, es bestünde eine Beziehung

$$\alpha_1\varphi_1(x) + \ldots + \alpha_m\varphi_m(x) = 0\,.$$

Dann multiplizieren wir beide Seiten mit $\overline{\varphi_k(x)}$ $(k=1, \ldots, m)$ und integrieren. Da die Funktionen $\varphi_1(x), \ldots, \varphi_m(x)$ nach Voraussetzung orthogonal sind, erhalten wir $\alpha_k=0$, d. h., alle Koeffizienten $\alpha_k$ müssen tatsächlich gleich 0 sein.

Bis jetzt haben wir Funktionen einer einzigen unabhängigen Veränderlichen zugrunde gelegt. Alles bisher Gesagte läßt sich auch auf Funktionen übertragen, die auf einem endlichen abgeschlossenen Bereich[1]) der Ebene, des dreidimensionalen oder des $n$-dimensionalen Raumes erklärt sind.

Es sei $P$ ein veränderlicher Punkt aus einem endlichen meßbaren abgeschlossenen Bereich $B$ der Ebene, des dreidimensionalen Raumes oder einer Fläche, d. h. aus einem Bereich, zu dem alle Randpunkte hinzugezählt werden. Die Funktionen $\varphi_k(P)$ bilden ein normiertes Orthogonalsystem, wenn die Beziehungen

$$\int_B \varphi_p(P)\, \overline{\varphi_q(P)}\, d\omega_P = \begin{cases} 0 & \text{für} \quad p \neq q\,, \\ 1 & \text{für} \quad p=q \end{cases}$$

bestehen. Das (der Einfachheit halber nur mit einem einzigen Integralzeichen geschriebene) Integral ist als Doppel-, Raum- oder Oberflächenintegral aufzufassen. Mit $d\omega_P$ wird das entsprechende Flächen- oder Raumelement im Punkt $P$ bezeichnet. Beispielsweise gilt für ein Doppelintegral in kartesischen Koordinaten $d\omega_P = dx dy$.

Die Fourierkoeffizienten einer Funktion $f(P)$ sind

$$c_k = \int_B f(P)\, \overline{\varphi_k(P)}\, d\omega_P\,, \tag{20}$$

und die Besselsche Ungleichung schreibt sich

$$\sum_{k=1}^{\infty} |c_k|^2 \leqq \int_B |f(P)|^2\, d\omega_P\,. \tag{21}$$

**4. Fredholmsche Integralgleichungen zweiter Art.** Nach den vorhergehenden einleitenden Abschnitten beginnen wir nun mit dem Studium der Fredholmschen Integralgleichungen zweiter Art in einer Veränderlichen

$$\varphi(s) = f(s) + \lambda \int_a^b K(s, t)\, \varphi(t)\, dt\,, \tag{22}$$

die den Parameter $\lambda$ enthält. Wir nehmen an, daß $f(s)$ auf dem endlichen Intervall $[a, b]$ stetig ist und daß der Kern $K(s, t)$ in dem durch die Ungleichungen $a \leqq s \leqq b$, $a \leqq t \leqq b$ definierten Quadrat $k_0$ eine stetige Funktion ist. Unter diesen Voraussetzungen sind alle im folgenden durchzuführenden Umformungen zulässig, so daß wir unsere ganze Aufmerksamkeit auf die prinzipielle Vorgehensweise richten können. Die Funktionen $f(s)$ und $K(s, t)$ werden, falls nicht etwas anderes vereinbart wird, als komplexwertig angenommen:

$$K(s, t) = K_1(s, t) + \mathrm{i} K_2(s, t)\,,$$
$$f(s) \quad = f_1(s) + \mathrm{i} f_2(s), \quad \varphi(s) = \varphi_1(s) + \mathrm{i}\varphi_2(s)\,.$$

Die Lösungen der Integralgleichung suchen wir in der Klasse der stetigen Funktionen. Danach werden wir Integralgleichungen mit polaren Kernen eines speziellen Typs untersuchen. Im Fall einer unabhängigen Veränderlichen sind das Integral-

[1]) Wir nennen eine zusammenhängende Punktmenge einen *Bereich* und einen offenen Bereich speziell ein *Gebiet.* (Anm. d. Red.)

gleichungen der Gestalt

$$\varphi(s)=f(s)+\lambda\int_a^b \frac{L(s,t)}{|s-t|^\alpha}\,\varphi(t)\,dt \qquad (0<\alpha<1)$$

mit einer in $k_0$ stetigen Funktion $L(s, t)$. Wir setzen $f(s)$ als stetig voraus und suchen wieder stetige Lösungen. Im zweidimensionalen Fall haben diese Integralgleichungen die Gestalt

$$\varphi(P)=f(P)+\lambda\iint_B \frac{L(P,Q)}{r^\alpha(P,Q)}\,\varphi(Q)\,dx\,dy\,,$$

wobei $0<\alpha<2$ gilt und $r(P, Q)$ der Abstand zwischen den Punkten $P$ und $Q$ aus dem Gebiet $B$ ist. Die Integration erfolgt hier nach dem variablen Punkt $Q$. Eine analoge Gestalt besitzen die Integralgleichungen mit polarem Kern im dreidimensionalen Gebiet, auf einer Fläche und allgemein im $n$-dimensionalen Gebiet.

Schließlich werden wir bei Verwendung des Lebesgueschen Integralbegriffs noch Integralgleichungen in der Klasse $L_2$ [**II, 161**] unter zusätzlichen Voraussetzungen betrachten, die im weiteren noch zu präzisieren sind.

Zunächst wenden wir uns der „Integraltransformation“ (dem „Integraloperator“)

$$\psi(s)=\int_a^b K(s,t)\,\varphi(t)\,dt \tag{23}$$

zu. Wegen der vorausgesetzten Stetigkeit des Kerns $K(s, t)$ in $k_0$ wird dabei jeder auf dem Intervall $[a, b]$ stetigen Funktion $\varphi(t)$ eine stetige Funktion $\psi(s)$ zugeordnet. Aus (23) folgt nämlich

$$\psi(s+h)-\psi(s)=\int_a^b [K(s+h,t)-K(s,t)]\,\varphi(t)\,dt\,.$$

Nehmen wir nun an, daß das Integral von $|\varphi(t)|^2$ endlich ist, so erhalten wir mit Hilfe der Bunjakowskischen Ungleichung[1])

$$|\psi(s+h)-\psi(s)|^2\leqq\int_a^b |K(s+h,t)-K(s,t)|^2\,dt\int_a^b |\varphi(t)|^2\,dt\,.$$

Der zweite Faktor auf der rechten Seite ist eine Konstante, so daß sich aus der Stetigkeit von $K(s, t)$ die von $\psi(s)$ ergibt. Der Operator (23) transformiert demnach jede Funktion mit der oben genannten Eigenschaft in eine auf dem Intervall $[a, b]$ stetige Funktion $\psi(s)$. Aus dem Gesagten folgt: Bei stetigen Funktionen $K(s, t)$ und $f(s)$ ist es ganz natürlich, auch die Lösung $\varphi(s)$ der Integralgleichung (22) in der Klasse der stetigen Funktionen zu suchen.

Es sei noch darauf hingewiesen, daß der Operator (23) linear ist, d. h., sind $c_i$ $(i=1, \ldots, m)$ Konstanten, so gilt

$$\int_a^b K(s,t)\sum_{i=1}^m c_i\varphi_i(t)\,dt=\sum_{i=1}^m c_i\int_a^b K(s,t)\,\varphi_i(t)\,dt\,. \tag{24}$$

Im Fall $f(s)\not\equiv 0$ heißt (22) eine inhomogene Integralgleichung.

Die zugehörige homogene Integralgleichung lautet

$$\varphi(s)=\lambda\int_a^b K(s,t)\,\varphi(t)\,dt\,. \tag{25}$$

---

1) In der deutschen Literatur *Schwarzsche Ungleichung* genannt. (Anm. d. Red.)

Sie hat die triviale Lösung $\varphi(s)\equiv 0$, die wir Nullösung nennen. Wie bereits in [2] erwähnt wurde, *heißt der Wert* $\lambda=\lambda_0$, *für den die Integralgleichung* (25) *von der Nullösung verschiedene Lösungen hat, charakteristische Zahl des Kerns* $K(s, t)$ *oder der zugehörigen Integralgleichung, und jede von der Nullösung verschiedene Lösung der Integralgleichung*

$$\varphi(s)=\lambda_0 \int_a^b K(s, t)\, \varphi(t)\, dt \tag{26}$$

*wird Eigenfunktion für die zugehörige charakteristische Zahl* $\lambda=\lambda_0$ *genannt.* Die Zahl $\lambda_0=0$ kann offenbar keine charakteristische Zahl sein, weil dann aus (26) die Beziehung $\varphi(s)\equiv 0$ folgen würde. Es seien $\varphi_1(s), \varphi_2(s), \ldots, \varphi_m(s)$ Eigenfunktionen, die zu ein und derselben charakteristischen Zahl $\lambda=\lambda_0$ gehören. Da die Integralgleichung (25) linear und homogen bezüglich der gesuchten Funktion ist, ist auch die Linearkombination

$$\varphi(s)=c_1\varphi_1(s)+c_2\varphi_2(s)+\ldots+c_m\varphi_m(s) \tag{27}$$

mit willkürlichen Konstanten $c_i$ Eigenfunktion, die zu demselben $\lambda=\lambda_0$ gehört, sofern nur (27) nicht in $s$ identisch verschwindet. Wenn die Funktionen $\varphi_l(s)$ $(l=1, \ldots, m)$ linear unabhängig sind, dann gilt $\varphi(s)\equiv 0$ nur in dem Fall, daß alle Konstanten $c_p$ gleich 0 sind. Wie wir später zeigen werden, gehören zu jeder charakteristischen Zahl nur endlich viele linear unabhängige Eigenfunktionen $\varphi_p(s)$ $(p=1, 2, \ldots, k)$, so daß durch

$$\varphi(s)=c_1\varphi_1(s)+c_2\varphi_2(s)+\ldots+c_k\varphi_k(s) \tag{28}$$

mit willkürlichen Konstanten $c_p$, die nicht alle gleich 0 sind, alle zur charakteristischen Zahl $\lambda=\lambda_0$ gehörenden Eigenfunktionen dargestellt werden. Allgemein gesagt, bilden die Funktionen $\varphi_p(s)$ $(p=1, 2, \ldots, k)$ eine *Basis* für die Lösungen der Integralgleichung (26). Wird die Basis $\varphi_p(s)$ durch die lineare Abbildung

$$\psi_p(s)=a_{p1}\varphi_1(s)+a_{p2}\varphi_2(s)+\ldots+a_{pk}\varphi_k(s) \qquad (p=1, 2, \ldots, k) \tag{29}$$

mit von 0 verschiedener Koeffizientendeterminante $\|a_{pq}\|$ transformiert, so bilden die $\psi_p(s)$ wieder eine Basis für die Lösungen der Integralgleichung. Insbesondere läßt sich das Orthogonalisierungsverfahren auf das Funktionensystem $\varphi_p(s)$ anwenden, so daß wir die Basis als orthonormiert annehmen können.

**5. Iterierte Kerne.** Im folgenden schreiben wir für Integraloperatoren der Gestalt

$$\psi(s)=\int_a^b K(s, t)\, \varphi(t)\, dt \tag{30}$$

zur Abkürzung häufig $\psi=K\varphi$. Wie wir schon erwähnt haben, ist dieser Operator linear:

$$K(c_1\varphi_1+c_2\varphi_2)=c_1K\varphi_1+c_2K\varphi_2\,, \tag{31}$$

wobei $c_1$ und $c_2$ Konstanten sind.

Gegeben seien zwei Integraloperatoren mit stetigen Kernen:

$$v(s)=\int_a^b K(s, t)\, u(t)\, dt\,, \qquad v_1(s)=\int_a^b L(s, t)\, u(t)\, dt\,. \tag{32}$$

Wir bezeichnen sie mit $K$ und $L$. Weiterhin sei $LK[u(t)]$ oder einfach $LKu$ derjenige Operator, den man erhält, wenn man zuerst den Operator $K$ und danach den

Operator $L$ auf $u(t)$ anwendet. Aus der Umformung

$$LK[u(t)] = \int_a^b L(s, t_1) \left[ \int_a^b K(t_1, t)\, u(t)\, dt \right] dt_1 = \int_a^b \left[ \int_a^b L(s, t_1)\, K(t_1, t)\, dt_1 \right] u(t)\, dt$$

ist ersichtlich, daß der Kern des Operators $LK$ durch

$$\tilde{K}(s, t) = \int_a^b L(s, t_1)\, K(t_1, t)\, dt_1 \tag{33}$$

definiert ist. Erwähnt sei noch, daß der Kern des Operators $KL$ analog durch

$$\tilde{L}(s, t) = \int_a^b K(s, t_1)\, L(t_1, t)\, dt \tag{34}$$

erklärt und $\tilde{L}(s, t)$ im allgemeinen von $\tilde{K}(s, t)$ verschieden ist, d. h., die Operatoren $LK$ und $KL$ sind im allgemeinen voneinander verschieden. Wenn der Operator $LK$ mit dem Operator $KL$ übereinstimmt, dann sagt man, daß die Operatoren $K$ und $L$ *kommutieren.*

Wir führen jetzt die *iterierten* Kerne ein, die den Potenzen des Operators $K$ mit ganzzahligen positiven Exponenten entsprechen. Der Einheitlichkeit halber wird der Ausgangskern $K(s, t)$ dabei mit $K_1(s, t)$ bezeichnet:

$$K_1(s, t) = K(s, t), \qquad K_n(s, t) = \int_a^b K_{n-1}(s, t_1)\, K(t_1, t)\, dt_1 . \tag{35}$$

$K_n(s, t)$ ist der Kern des Operators $K^n$. Speziell ist

$$K_2(s, t) = \int_a^b K(s, t_1)\, K(t_1, t)\, dt_1 ,$$

$$K_3(s, t) = \int_a^b \int_a^b K(s, t_2)\, K(t_2, t_1)\, K(t_1, t)\, dt_1\, dt_2$$

und allgemein

$$K_n(s, t) = \int_a^b \int_a^b \dots \int_a^b K(s, t_{n-1})\, K(t_{n-1}, t_{n-2}) \dots K(t_2, t_1)\, K(t_1, t)\, dt_1\, dt_2 \dots dt_{n-1} ,$$

wobei die Reihenfolge der Integrationen beliebig ist. Offensichtlich gilt

$$K_{p+q}(s, t) = \int_a^b K_p(s, \tau)\, K_q(\tau, t)\, d\tau , \tag{36}$$

da man nur $p-1$ Quadraturen zur Bildung von $K_p(s, \tau)$ und $q-1$ Quadraturen zur Bildung von $K_q(\tau, t)$ auszuführen braucht und noch eine Quadratur nach $\tau$ übrigbleibt.

Wir führen jetzt die Bezeichnung

$$P^2 = \int_a^b \int_a^b |K(s, t)|^2\, ds\, dt \tag{37}$$

ein, wobei $P > 0$ ist, wenn $K(s, t) \not\equiv 0$ gilt. Zur Abkürzung setzen wir

$$Q(s) = \left( \int_a^b |K(s, t)|^2\, dt \right)^{1/2} , \qquad R(t) = \left( \int_a^b |K(s, t)|^2\, ds \right)^{1/2}$$

und erhalten

$$P^2 = \int_a^b Q^2(s)\, ds = \int_a^b R^2(t)\, dt\,. \tag{38}$$

Zur schrittweisen Abschätzung der iterierten Kerne benutzen wir (35) und die Bunjakowskische Ungleichung [**II, 161**]:

$$|K_2(s,t)|^2 = \left| \int_a^b K(s,t_1)\, K(t_1,t)\, dt_1 \right|^2 \leqq Q^2(s)\, R^2(t)\,,$$

$$|K_3(s,t)|^2 = \left| \int_a^b K_2(s,t_1)\, K(t_1,t)\, dt_1 \right|^2 \leqq \int_a^b Q^2(s)\, R^2(t_1)\, dt_1 \int_a^b |K(t_1,t)|^2\, dt_1\,,$$

woraus

$$|K_3(s,t)|^2 \leqq Q^2(s) \int_a^b R^2(t_1)\, dt_1 R^2(t) = Q^2(s)\, R^2(t)\, P^2$$

folgt. Weiterhin ist

$$|K_4(s,t)|^2 = \left| \int_a^b K_3(s,t_1)\, K(t_1,t)\, dt_1 \right|^2 \leqq \int_a^b Q^2(s)\, R^2(t_1)\, P^2\, dt_1 \int_a^b |K(t_1,t)|^2\, dt_1$$

und damit

$$|K_4(s,t)|^2 \leqq Q^2(s)\, R^2(t)\, P^4\,.$$

Allgemein gilt

$$|K_{n+2}(s,t)|^2 \leqq Q^2(s)\, R^2(t)\, P^{2n}$$

oder

$$|K_{n+1}(s,t)| \leqq Q(s)\, R(t)\, P^{n-1} \qquad (n = 1, 2, \ldots)\,.$$

Wir betrachten die sogenannte Neumannsche Reihe

$$R(s,t;\lambda) = \sum_{n=0}^{\infty} K_{n+1}(s,t)\, \lambda^n \qquad (K_1(s,t) = K(s,t))\,. \tag{39}$$

Unter der Voraussetzung der Stetigkeit des Kerns $K(s, t)$ in $k_0$ sind die Funktionen $Q(s)$ und $R(t)$ ebenfalls stetig und damit auf $[a, b]$ beschränkt, d. h., es existiert eine positive Zahl $M$ derart, daß $Q(s)$ und $R(t)$ höchstens gleich $M$ sind. Daher gilt

$$|K_{n+1}(s,t)| \leqq M^2 P^{n-1}\,, \tag{40}$$

und folglich konvergiert die Reihe, die aus den Beträgen der Glieder der Reihe (39) besteht, gleichmäßig in $s$ und $t$ im Quadrat $k_0$, falls

$$|\lambda| < P^{-1}, \quad \text{d. h.} \quad |\lambda| < \left[ \int_a^b \int_a^b |K(s,t)|^2\, ds\, dt \right]^{-1/2} \tag{41}$$

ist. Die Neumannsche Reihe (39) konvergiert demnach unter der Bedingung (41) absolut und gleichmäßig in $k_0$. Allgemein sagt man, daß eine Reihe *regulär konvergiert*, wenn die aus den Beträgen ihrer Glieder gebildete Reihe gleichmäßig konvergent ist. Aus der gezeigten regulären Konvergenz folgt also die absolute und gleichmäßige Konvergenz der Reihe (39).

Mit $R(s, t; \lambda)$ bezeichneten wir die Summe der Reihe (39). Diese Funktion heißt *Resolvente* oder *lösender Kern* des Kerns $K(s, t)$ oder der Integralgleichung (22). Sie ist unter der Bedingung (41) stetig.

Wir benutzen jetzt zur Lösung der Integralgleichung

$$\varphi(s) = f(s) + \lambda \int_a^b K(s, t)\, \varphi(t)\, dt\,, \tag{42}$$

die den komplexen Parameter $\lambda$ enthält, die Methode der sukzessiven Approximation. Sie besteht darin, die Lösung in der Gestalt

$$\varphi(s) = \sum_{n=0}^{\infty} \varphi_n(s)\, \lambda^n \tag{43}$$

anzusetzen und die $\varphi_n(s)$ durch Koeffizientenvergleich bezüglich $\lambda$ aus (42) zu bestimmen. Sind die Glieder der Reihe (43) auf $[a, b]$ stetige Funktionen und konvergiert die Reihe gleichmäßig, so ist ihre Summe $\varphi(s)$ dann Lösung der Integralgleichung (42). Mit dem erwähnten Verfahren erhalten wir

$$\varphi_0(s) = f(s), \qquad \varphi_1(s) = \int_a^b K(s, t)\, \varphi_0(t)\, dt$$

und allgemein

$$\varphi_n(s) = \int_a^b K(s, t)\, \varphi_{n-1}(t)\, dt\,.$$

Die Funktionen $\varphi_n(s)$ lassen sich auch unmittelbar durch $f(s)$ ausdrücken:

$$\varphi_1(s) = \int_a^b K(s, t)\, f(t)\, dt\,,$$

$$\varphi_2(s) = \int_a^b \int_a^b K(s, t)\, K(t, t_1)\, f(t_1)\, dt_1\, dt = \int_a^b K_2(s, t_1)\, f(t_1)\, dt_1$$

und allgemein

$$\varphi_n(s) = \int_a^b K_n(s, t)\, f(t)\, dt \quad (n = 1, 2, \ldots)\,. \tag{44}$$

Die Reihe (43) nimmt damit die Gestalt

$$\varphi(s) = f(s) + \lambda \int_a^b \left[ \sum_{n=0}^{\infty} K_{n+1}(s, t)\, \lambda^n \right] f(t)\, dt$$

an. Berücksichtigen wir die gleichmäßige Konvergenz der Reihe (39) unter der Bedingung (41), so können wir behaupten, daß die zuletzt notierte Formel die stetige Lösung der Integralgleichung (42) liefert. Diese Formel kann auch als

$$\varphi(s) = f(s) + \lambda \int_a^b R(s, t; \lambda)\, f(t)\, dt \tag{45}$$

geschrieben werden.

**6. Integralbeziehungen für die Resolvente. Ein Existenz- und Eindeutigkeitssatz.** Zunächst werden wir zeigen, daß die Resolvente, die unter der Bedingung (41) definiert ist, als Funktion von $s$ und $t$ den beiden Integralgleichungen

$$\begin{aligned} R(s, t; \lambda) &= K(s, t) + \lambda \int_a^b K(s, t_1)\, R(t_1, t; \lambda)\, dt_1\,, \\ R(s, t; \lambda) &= K(s, t) + \lambda \int_a^b K(t_1, t)\, R(s, t_1; \lambda)\, dt_1 \end{aligned} \tag{46}$$

genügt. Um beispielsweise die zweite Gleichung zu verifizieren, multiplizieren wir beide Seiten von (39) mit $K(t, x)$, integrieren über $t$ und erhalten

$$\int_a^b R(s, t; \lambda)\, K(t, x)\, dt = \sum_{n=0}^{\infty} \lambda^n \int_a^b K_{n+1}(s, t)\, K(t, x)\, dt$$

oder

$$\int_a^b R(s, t; \lambda)\, K(t, x)\, dt = \sum_{n=0}^{\infty} K_{n+2}(s, x)\, \lambda^n .$$

Multiplizieren wir beide Seiten mit $\lambda$, so ergibt sich

$$\lambda \int_a^b R(s, t; \lambda)\, K(t, x)\, dt = \sum_{n=0}^{\infty} K_{n+2}(s, x)\, \lambda^{n+1}$$

oder, wenn wir den Summationsindex $n$ durch $n-1$ ersetzen und folglich mit der Summation bei $n=1$ beginnen,

$$\lambda \int_a^b R(s, t; \lambda)\, K(t, x)\, dt = \sum_{n=1}^{\infty} K_{n+1}(s, x)\, \lambda^n .$$

Nach (39) können wir diese Gleichung in der Gestalt

$$\lambda \int_a^b R(s, t; \lambda)\, K(t, x)\, dt = R(s, x; \lambda) - K(s, x)$$

schreiben. Das ist gerade die zweite Gleichung (46), nur mit anderer Bezeichnung der Veränderlichen. In analoger Weise läßt sich auch die erste Integralgleichung (46) für die Resolvente verifizieren.

Bis jetzt haben wir die Resolvente nur für Werte von $\lambda$ definiert, die der Bedingung (41) genügen. Im folgenden werden wir sehen, daß die Resolvente in der gesamten Ebene der komplexen Veränderlichen $\lambda$ außer für gewisse isolierte Werte von $\lambda$ existiert und daß sie in der gesamten $\lambda$-Ebene den Gleichungen (46) genügt. Deshalb ist es wichtig, einen Existenz- und Eindeutigkeitssatz zu beweisen, der nur auf den Gleichungen (46) beruht.

Satz. *Wenn für einen Wert von $\lambda$ eine im Quadrat $k_0$ stetige Funktion $R(s, t; \lambda)$ existiert, die den Gleichungen* (46) *genügt, dann hat die Integralgleichung* (42) *für diesen Wert von $\lambda$ genau eine Lösung, und diese Lösung läßt sich durch die Formel* (45) *ausdrücken.*

Der Beweis besteht aus zwei Teilen. Zunächst beweisen wir, daß jede Lösung der Integralgleichung (42) durch (45) ausgedrückt wird, wenn die Bedingungen (46) erfüllt sind. Daraus folgt die Eindeutigkeit. Danach verifizieren wir, daß (45) tatsächlich eine Lösung von (42) liefert.

Es sei $\varphi(s)$ eine Lösung von (42). Multiplizieren wir beide Seiten von (42) mit $\lambda R(x, s; \lambda)$ und integrieren über $s$, so ergibt sich

$$\lambda \int_a^b R(x, s; \lambda)\, \varphi(s)\, ds = \lambda \int_a^b R(x, s; \lambda)\, f(s)\, ds + \lambda \int_a^b \left[ \int_a^b \lambda R(x, s; \lambda)\, K(s, t)\, ds \right] \varphi(t)\, dt .$$

Daraus folgt, wenn wir die zweite Gleichung (46) in der Form

$$\lambda \int_a^b R(x, s; \lambda)\, K(s, t)\, ds = R(x, t; \lambda) - K(x, t)$$

anwenden,

$$\lambda \int_a^b R(x, s; \lambda)\, \varphi(s)\, ds = \lambda \int_a^b R(x, s; \lambda)\, f(s)\, ds + \lambda \int_a^b R(x, t; \lambda)\, \varphi(t)\, dt - \lambda \int_a^b K(x, t)\, \varphi(t)\, dt .$$

Streichen wir hierin den auf beiden Seiten der Gleichung vorkommenden Ausdruck und benutzen die Integralgleichung (42) in der Gestalt

$$\lambda \int_a^b K(x, t)\, \varphi(t)\, dt = \varphi(x) - f(x)\,,$$

so erhalten wir (45).

Wir zeigen nun, daß die durch (45) definierte Funktion $\varphi(s)$ tatsächlich der Integralgleichung (42) genügt, wenn die Bedingungen (46) erfüllt sind. Setzen wir (45) in (42) ein und bringen alle Glieder auf die linke Seite, so gelangen wir zu der Gleichung

$$f(s) + \lambda \int_a^b R(s, t; \lambda)\, f(t)\, dt - f(s) - \lambda \int_a^b K(s, t) \left[ f(t) + \lambda \int_a^b R(t, t_1; \lambda)\, f(t_1)\, dt_1 \right] dt = 0$$

oder

$$\int_a^b R(s, t; \lambda)\, f(t)\, dt - \int_a^b K(s, t)\, f(t)\, dt - \lambda \int_a^b \int_a^b K(s, t)\, R(t, t_1; \lambda)\, f(t_1)\, dt\, dt_1 = 0\,,$$

die sich auch in der Gestalt

$$\int_a^b \left[ R(s, t; \lambda) - K(s, t) - \lambda \int_a^b K(s, t_1)\, R(t_1, t; \lambda)\, dt_1 \right] f(t)\, dt = 0$$

schreiben läßt. Diese Beziehung ist aber tatsächlich erfüllt, da der Ausdruck in eckigen Klammern nach der ersten Gleichung (46) identisch verschwindet. Damit ist der Satz bewiesen.

Da wir für alle der Bedingung (41) genügenden Werte von $\lambda$ eine Resolvente konstruiert haben, die die Gleichungen (46) erfüllt, gilt: *Für alle Werte von $\lambda$, die der Bedingung* (41) *genügen, hat die Integralgleichung* (42) *eine eindeutig bestimmte Lösung, und diese Lösung wird durch die Formel* (45) *geliefert.* Das hätte man auch unmittelbar beweisen können.

**7. Der Fredholmsche Nenner.** Bis jetzt haben wir die Resolvente nur im Kreis $|\lambda| < P^{-1}$ der Ebene der komplexen Veränderlichen $\lambda$ definiert. Im folgenden werden wir zeigen, daß sie auf die ganze $\lambda$-Ebene analytisch fortgesetzt werden kann, daß ihre singulären Stellen nur Pole sein können und daß sie außer in den Polstellen für alle $\lambda$ den Integralgleichungen (46) genügt. Um das zu beweisen, konstruieren wir eine solche ganze Funktion $D(\lambda)$, daß die mit $D(\lambda)$ multiplizierte Reihe (39) eine ganze Funktion $D(s, t; \lambda)$ von $\lambda$ wird. Die Resolvente erweist sich damit als Quotient zweier ganzer Funktionen von $\lambda$:

$$R(s, t; \lambda) = \frac{D(s, t; \lambda)}{D(\lambda)}\,, \tag{47}$$

d. h. als meromorphe (unter Umständen als gebrochen rationale) Funktion von $\lambda$ [**III/2, 64**]. Besitzt die Gleichung $D(\lambda) = 0$ keine Nullstellen, so ist $R(s, t; \lambda)$ eine ganze Funktion von $\lambda$, und die Reihe (39) konvergiert auf der gesamten $\lambda$-Ebene. Weiterhin werden wir, nachdem $D(\lambda)$ und $D(s, t; \lambda)$ ermittelt wurden, eingehend die rechte Seite von (47) untersuchen. Zur Konstruktion von $D(\lambda)$ ersetzen wir das in der Integralgleichung (42) auftretende Integral durch eine endliche Summe. Dies ist, strenggenommen, unzulässig, doch sollen die folgenden Rechnungen keinen Beweis darstellen, sondern nur dazu dienen, uns auf die Gestalt der Funktion $D(\lambda)$ zu führen.

Zunächst teilen wir das Intervall $[a, b]$ in $n$ gleiche Teilintervalle der Länge $\delta = \frac{b-a}{n}$.
Die Teilpunkte und die Werte der in (42) vorkommenden Funktionen für diese Punkte bezeichnen wir mit

$$s_i = a + i\,\frac{b-a}{n}, \qquad f_i = f(s_i), \qquad \varphi_i = \varphi(s_i), \qquad K_{pq} = K(s_p, s_q) \qquad (i, p, q = 1, \ldots, n).$$

Ersetzen wir in (42) das Integral durch die entsprechende Riemannsche Summe, so kommen wir zu der Näherungsgleichung

$$\varphi(s) = f(s) + \lambda \sum_{q=1}^{n} K(s, s_q)\, \varphi_q \delta .$$

Wir schreiben diese Gleichung für die Teilpunkte $s = s_p$ auf und erhalten das folgende System von $n$ linearen Gleichungen für die Unbekannten $\varphi_1, \ldots, \varphi_n$:

$$\varphi_p = f_p + \lambda \sum_{q=1}^{n} K_{pq}\varphi_q\delta \qquad (p = 1, \ldots, n) .$$

Bei der Lösung dieses Systems nach der Cramerschen Regel [**III/1, 8**] tritt der Nenner

$$D_n(\lambda) = \begin{vmatrix} 1-\lambda K_{11}\delta & -\lambda K_{12}\delta & \ldots & -\lambda K_{1n}\delta \\ -\lambda K_{21}\delta & 1-\lambda K_{22}\delta & \ldots & -\lambda K_{2n}\delta \\ \cdot & \cdot & \cdot & \cdot \\ -\lambda K_{n1}\delta & -\lambda K_{n2}\delta & \ldots & 1-\lambda K_{nn}\delta \end{vmatrix}$$

auf. Auf diese Determinante wenden wir die Entwicklungsformel an, die in [**III/1, 5**] für eine Determinante der Gestalt

$$\begin{vmatrix} a_{11}+x & a_{12} & \ldots & a_{1n} \\ a_{21} & a_{22}+x & \ldots & a_{2n} \\ \cdot & \cdot & \cdot & \cdot \\ a_{n1} & a_{n2} & \ldots & a_{nn}+x \end{vmatrix}$$

hergeleitet wurde; jetzt ist $x = 1$ und $a_{ij} = -\lambda K_{ij}\delta$. Dadurch erhalten wir

$$D_n(\lambda) = 1 - \frac{\lambda}{1!} \sum_{p_1=1}^{n} K_{p_1p_1}\delta + \frac{\lambda^2}{2!} \sum_{p_1,p_2=1}^{n} \begin{vmatrix} K_{p_1p_1} & K_{p_1p_2} \\ K_{p_2p_1} & K_{p_2p_2} \end{vmatrix} \delta^2 + \ldots \tag{48}$$

$$+ (-1)^n \frac{\lambda^n}{n!} \sum_{p_1,\ldots,p_n=1}^{n} \begin{vmatrix} K_{p_1p_1} & K_{p_1p_2} & \ldots & K_{p_1p_n} \\ K_{p_2p_1} & K_{p_2p_2} & \ldots & K_{p_2p_n} \\ \cdot & \cdot & \cdot & \cdot \\ K_{p_np_1} & K_{p_np_2} & \ldots & K_{p_np_n} \end{vmatrix} \delta^n .$$

Zur Vereinfachung der folgenden Rechnungen führen wir noch die Bezeichnung

$$K\begin{pmatrix} x_1 & x_2 & \ldots & x_n \\ y_1 & y_2 & \ldots & y_n \end{pmatrix} = \begin{vmatrix} K(x_1, y_1) & K(x_1, y_2) & \ldots & K(x_1, y_n) \\ K(x_2, y_1) & K(x_2, y_2) & \ldots & K(x_2, y_n) \\ \cdot & \cdot & \cdot & \cdot \\ K(x_n, y_1) & K(x_n, y_2) & \ldots & K(x_n, y_n) \end{vmatrix} \tag{49}$$

$(n = 1, 2, 3, \ldots)$

ein.

Wir betrachten nun nacheinander die auf der rechten Seite der Formel (48) auftretenden Glieder. Die Summe

$$\sum_{p_1=1}^{n} K_{p_1p_1}\delta = \sum_{i=1}^{n} K(x_i, x_i)\, \delta$$

stellt eine Riemannsche Summe für das Integral $\int_a^b K(t_1, t_1)\,dt_1$ dar und konvergiert für $n \to \infty$ gegen dieses Integral. Ebenso stellt die Summe

$$\sum_{p_1, p_2 = 1}^{n} \begin{vmatrix} K_{p_1 p_1} & K_{p_1 p_2} \\ K_{p_2 p_1} & K_{p_2 p_2} \end{vmatrix} \delta^2$$

eine Riemannsche Summe für das Integral

$$\int_a^b \int_a^b \begin{vmatrix} K(t_1, t_1) & K(t_1, t_2) \\ K(t_2, t_1) & K(t_2, t_2) \end{vmatrix} dt_1\,dt_2$$

dar und so fort.

Somit führt die Gleichung (48) beim Grenzübergang zu der Potenzreihe in $\lambda$:

$$D(\lambda) = 1 + \sum_{n=1}^{n} (-1)^n \frac{\lambda^n}{n!} d_n\,; \tag{50}$$

dabei ist

$$d_n = \int_a^b \int_a^b \ldots \int_a^b K\begin{pmatrix} t_1 & t_2 & \ldots & t_n \\ t_1 & t_2 & \ldots & t_n \end{pmatrix} dt_1\,dt_2 \ldots dt_n\,; \tag{51}$$

der Ausdruck $K\begin{pmatrix} t_1 & t_2 & \ldots & t_n \\ t_1 & t_2 & \ldots & t_n \end{pmatrix}$ ist entsprechend (49) definiert.

Die Reihe (50) haben wir durch eine heuristische Betrachtung erhalten. Kehren wir nun zur Darlegung der strengen Theorie zurück, so müssen wir zweierlei beweisen: erstens, daß die Reihe (50) in der ganzen Ebene der komplexen Veränderlichen $\lambda$ konvergiert, d. h., daß sie eine ganze Funktion von $\lambda$ darstellt, und zweitens, daß die Multiplikation der Reihe (39) mit der Reihe (50) ebenfalls auf eine ganze Funktion von $\lambda$ führt.

Zunächst wollen wir die Koeffizienten $d_n$ abschätzen. In (51) steht unter dem Integralzeichen eine Determinante $n$-ter Ordnung, deren Elemente $K(t_i, t_k)$ dem Betrag nach nicht größer sind als eine positive Zahl $M$. Wenn wir den Hadamardschen Satz [**III/1, 16**] und die übliche Abschätzung eines mehrfachen Integrals benutzen, erhalten wir

$$|d_n| \leqq n^{n/2} [M(b-a)]^n\,.$$

Somit sind die Glieder der Reihe (50) dem Betrag nach nicht größer als die positiven Zahlen

$$\frac{|\lambda|^n}{n!} n^{n/2} [M(b-a)]^n\,. \tag{52}$$

Wir zeigen nun, daß die aus diesen Zahlen gebildete Reihe konvergiert. Für den Quotienten aus dem $(n+1)$-ten und dem $n$-ten Glied der Reihe erhalten wir

$$\frac{|\lambda|}{n+1} \frac{(n+1)^{(n+1)/2}}{n^{n/2}} M(b-a) = \frac{|\lambda|\, M(b-a)}{\sqrt{n+1}} \left(1 + \frac{1}{n}\right)^{n/2}.$$

Für $n \to \infty$ konvergiert der Ausdruck $\left(1 + \frac{1}{n}\right)^{n/2}$ gegen $\sqrt{e}$ [**I, 38**], also der Quotient gegen 0. Hieraus folgt die Konvergenz der aus den Zahlen (52) gebildeten Reihe für alle $\lambda$; die Funktion (50) ist also eine ganze Funktion von $\lambda$.

Die Funktion $D(\lambda)$ haben wir durch Grenzübergang aus dem Cramerschen Nenner erhalten. Die Vermutung liegt nahe, daß sie der Nenner der Resolvente $R(s, t; \lambda)$ ist, daß wir also bei Multiplikation der Reihe (39) mit $D(\lambda)$ eine ganze Funktion von $\lambda$ erhalten. Bei Ausführung der Multiplikation entsteht eine Reihe, deren Glieder keine Zahlen mehr sind wie die der Reihe $D(\lambda)$, sondern Funktionen von $s$ und $t$. Für diese Reihe führen wir folgende Bezeichnung ein:

$$D(s, t; \lambda) = K(s, t) + \sum_{n=1}^{\infty} (-1)^n \frac{\lambda^n}{n!} d_n(s, t) . \tag{53}$$

Die beiden Potenzreihen (39) und (50) konvergieren in dem durch (41) bestimmten Kreis. Daher konvergiert die Reihe (53), die durch Multiplikation der beiden Reihen entstanden ist, ebenfalls in diesem Kreis. Da man absolut konvergente Potenzreihen gliedweise multiplizieren darf, könnten wir einen Ausdruck für die Koeffizienten $d_n(s, t)$ durch Ausmultiplizieren der beiden Reihen erhalten. Die Rechnung wird jedoch einfacher, wenn wir einen anderen Weg einschlagen. Wir multiplizieren hierzu beide Seiten der ersten Gleichung (46) mit $D(\lambda)$ und erhalten

$$D(s, t; \lambda) = K(s, t)\, D(\lambda) + \lambda \int_a^b K(s, t_1)\, D(t_1, t; \lambda)\, dt_1 . \tag{54}$$

Durch Einsetzen der Reihen (50) und (53) für $D(\lambda)$ bzw. $D(s, t; \lambda)$ und durch Koeffizientenvergleich bezüglich $\lambda^n$ gelangen wir zu der Rekursionsformel

$$d_n(s, t) = K(s, t)\, d_n - n \int_a^b K(s, t_1)\, d_{n-1}(t_1, t)\, dt_1 \qquad (n = 1, 2, 3, \ldots), \tag{55}$$

die uns die sukzessive Berechnung der Koeffizienten $d_n(s, t)$ ermöglicht; dabei ist $d_0(s, t) = K(s, t)$ zu setzen. Es sei noch erwähnt, daß die Reihe (53) auf jeden Fall absolut und in bezug auf $(s, t)$ gleichmäßig konvergiert, wenn die Bedingung (41) erfüllt ist, da dann die Glieder der zu multiplizierenden Reihen (39) und (50) kleiner sind als gewisse positive Zahlen, die konvergente Reihen bilden. Deshalb kann auf der rechten Seite der Gleichung (54) die Integration gliedweise ausgeführt werden. Setzt man in (55) $n = 1$, so ergibt sich

$$d_1(s, t) = K(s, t) \int_a^b K(t_1, t_1)\, dt_1 - \int_a^b K(s, t_1)\, K(t_1, t)\, dt_1 = \int_a^b \begin{vmatrix} K(s, t) & K(s, t_1) \\ K(t_1, t) & K(t_1, t_1) \end{vmatrix} dt_1$$

oder mit der Bezeichnung (49)

$$d_1(s, t) = \int_a^b K\begin{pmatrix} s & t_1 \\ t & t_1 \end{pmatrix} dt_1 .$$

Für $n = 2$ liefert (55)

$$d_2(s, t) = K(s, t) \int_a^b\!\!\int_a^b K\begin{pmatrix} t_1 & t_2 \\ t_1 & t_2 \end{pmatrix} dt_1\, dt_2 - 2 \int_a^b\!\!\int_a^b K(s, t_1)\, K\begin{pmatrix} t_1 & t_2 \\ t & t_2 \end{pmatrix} dt_1\, dt_2 .$$

Durch eine elementare Umformung erhalten wir hieraus den Ausdruck

$$d_2(s, t) = \int_a^b\!\!\int_a^b K\begin{pmatrix} s & t_1 & t_2 \\ t & t_1 & t_2 \end{pmatrix} dt_1\, dt_2 ,$$

der dem Ausdruck für $n = 1$ analog ist.

Wir beweisen, daß allgemein für jedes positive ganze $n$

$$d_n(s,t)=\int_a^b\int_a^b\cdots\int_a^b K\begin{pmatrix}s & t_1 & t_2 & \dots & t_n\\ t & t_1 & t_2 & \dots & t_n\end{pmatrix}dt_1\,dt_2\dots dt_n \tag{56}$$

gilt.

Wir bezeichnen hierzu den auf der rechten Seite von (56) stehenden Ausdruck mit $d_n^*(s,t)$. Da die Richtigkeit der Gleichung (56) für $n=1$ gezeigt wurde, gilt $d_1^*(s,t)=d_1(s,t)$. Wir werden zeigen, daß für $n=2,3,\dots$ die Funktionen $d_n^*(s,t)$ denselben Beziehungen

$$d_n^*(s,t)=K(s,t)\,d_n-n\int_a^b K(s,t_1)\,d_{n-1}^*(t_1,t)\,dt_1 \tag{55$_1$}$$

wie die Funktionen $d_n(s,t)$ genügen. Nach (55) und (55$_1$) lassen sich die Funktionen $d_n(s,t)$ und $d_n^*(s,t)$ in eindeutiger Weise sukzessiv bestimmen, und aus $d_1^*(s,t)=$ $=d_1(s,t)$ folgt $d_n^*(s,t)=d_n(s,t)$ für alle $n$. Damit ist dann der Beweis von (56) auf den Beweis von (55$_1$) zurückgeführt, wobei mit $d_n^*(s,t)$ der Ausdruck auf der rechten Seite von (56) bezeichnet ist.

Zunächst sei bemerkt: Wenn in dem Ausdruck auf der linken Seite von (49) zwei Größen $x_i$ oder zwei Größen $y_i$ vertauscht werden, ändert sich am Wert der Determinante nur das Vorzeichen; denn eine solche Änderung ist gleichbedeutend mit der Vertauschung zweier Zeilen oder zweier Spalten dieser Determinante.

Entwickeln wir die in (56) vorkommende Determinante nach den Elementen der ersten Zeile, so können wir nach der letzten Bemerkung schreiben:

$$\begin{aligned}K\begin{pmatrix}s & t_1 & \dots & t_n\\ t & t_1 & \dots & t_n\end{pmatrix}&=K(s,t)\,K\begin{pmatrix}t_1 & \dots & t_n\\ t_1 & \dots & t_n\end{pmatrix}-K(s,t_1)\,K\begin{pmatrix}t_1 & t_2 & \dots & t_n\\ t & t_2 & \dots & t_n\end{pmatrix}\\ &\quad-K(s,t_2)\,K\begin{pmatrix}t_1 & t_2 & \dots & t_n\\ t_1 & t & \dots & t_n\end{pmatrix}-\dots-K(s,t_n)\,K\begin{pmatrix}t_1 & \dots & t_{n-1} & t_n\\ t_1 & \dots & t_{n-1} & t\end{pmatrix}.\end{aligned}$$

Integrieren wir beide Seiten dieser Gleichung über alle $t_i$ und ändern auf der rechten Seite die Bezeichnung der Integrationsveränderlichen, so erhalten wir, wieder nach unserer Bemerkung, die Gleichung

$$d_n^*(s,t)=K(s,t)\,d_n-n\int_a^b\int_a^b\cdots\int_a^b K(s,t_1)\,K\begin{pmatrix}t_1 & t_2 & \dots & t_n\\ t & t_2 & \dots & t_n\end{pmatrix}dt_1\,dt_2\dots dt_n\,,$$

die unmittelbar auf (55$_1$) führt. Damit ist die Gleichung (56) bewiesen. Wenden wir auf die in (56) vorkommende Determinante den Hadamardschen Satz an, so gelangen wir zu der Abschätzung

$$|d_n(s,t)|\leqq(n+1)^{(n+1)/2}\,M^{n+1}\,(b-a)^n\,.$$

Daraus folgt in derselben Weise wie bei der Reihe in (50), daß die Reihe in (53) eine ganze Funktion von $\lambda$ darstellt und, bei beliebigem $\lambda$, auf dem Quadrat $k_0$ absolut und gleichmäßig bezüglich $(s,t)$ konvergiert.

Wenn wir noch beachten, daß unter der Bedingung (41) die Gleichung

$$R(s,t;\lambda)\,D(\lambda)=D(s,t;\lambda)$$

gilt, können wir für diese Werte von $\lambda$

$$R(s,t;\lambda)=\frac{D(s,t;\lambda)}{D(\lambda)} \tag{57}$$

schreiben.

Die rechte Seite dieser Gleichung liefert die analytische Fortsetzung der Funktion $R(s, t; \lambda)$ auf die ganze Ebene der komplexen Veränderlichen $\lambda$. Sie zeigt, daß die Resolvente eine meromorphe (oder ganze) Funktion von $\lambda$ ist. Der Nenner in (57), der gewöhnlich *Fredholmscher Nenner* genannt wird, hängt nicht von den Veränderlichen $s$ und $t$ ab.

Wir weisen noch auf einige Folgerungen aus den erhaltenen Gleichungen hin. Aus (51) und (56) folgt unmittelbar

$$d_{n+1} = \int_a^b d_n(s, s)\, ds\,. \tag{58}$$

Ferner besteht die Möglichkeit einer einfachen sukzessiven Berechnung der Koeffizienten $d_n$ und $d_n(s, t)$. Setzen wir in (58) $n=0$ und beachten, daß $d_0(s, t) = K(s, t)$ ist, so erhalten wir $d_1$. Betrachten wir danach die Gleichung (55) für $n=1$, so gelangen wir unter Berücksichtigung von $d_0 = 1$ zu $d_1(s, t)$. Darauf liefert uns (58) für $n=1$ den Koeffizienten $d_2$ und (55) für $n=2$ die Funktion $d_2(s, t)$ usw. Setzen wir in (53) $t=s$ und integrieren beide Seiten über $s$, so ergibt sich nach (58)

$$\int_a^b D(s, s; \lambda)\, ds = d_1 + \sum_{n=1}^{\infty} (-1)^n \frac{\lambda^n}{n!} d_{n+1}$$

oder nach (50)

$$D'(\lambda) = -\int_a^b D(s, s; \lambda)\, ds\,. \tag{59}$$

Schließlich folgt aus (56), daß die Funktionen $d_n(s, t)$ auf dem Quadrat $k_0$ stetig sind, und aus der gleichmäßigen Konvergenz der Reihe in (53) ergibt sich, daß auch die Funktion $D(s, t; \lambda)$ auf $k_0$ stetig ist.

Setzen wir

$$A_1 = \int_a^b K(s, s)\, ds, \quad A_n = \int_a^b K_n(s, s)\, ds$$

und berücksichtigen die Beziehungen (39), (57) und (59), so erhalten wir

$$\sum_{n=0}^{\infty} A_{n+1}\lambda^n = -\frac{D'(\lambda)}{D(\lambda)}\,,$$

und daraus ergibt sich wegen $D(0)=1$

$$D(\lambda) = e^{-\left(A_1\lambda + A_2\frac{\lambda^2}{2} + A_3\frac{\lambda^3}{3} + \cdots\right)}.$$

Die Zahlen $A_n$ nennt man gewöhnlich Spuren der iterierten Kerne $K_n(s, t)$ ($n = 1, 2, \ldots$). Die Reihe im Exponenten konvergiert unter der Bedingung (41). Entwickeln wir aber die rechte Seite dieser Beziehung nach Potenzen von $\lambda$, wobei wir die übliche Reihendarstellung für $e^z$ benutzen, d. h.

$$D(\lambda) = \sum_{n=0}^{\infty} (-1)^n \frac{\left(A_1\lambda + A_2\dfrac{\lambda^2}{2} + A_3\dfrac{\lambda^3}{3} + \ldots\right)^n}{n!}\,,$$

so entsteht auf Grund der Eindeutigkeit der Potenzreihenentwicklung eine Entwicklung in der ganzen $\lambda$-Ebene, und die Koeffizienten $d_n$ enthalten nur die Spuren $A_1, A_2, \ldots$ Aus der Gleichung

$$D(s, t; \lambda) = R(s, t; \lambda)\, D(\lambda)$$

folgt dann weiter, daß sich die Koeffizienten $d_n(s, t)$ in der Entwicklung von $D(s, t; \lambda)$ durch die Spuren $A_1, A_2, \ldots, A_n$ und die Kerne $K_1(s, t), K_2(s, t), \ldots, K_{n-1}(s, t)$ ausdrücken lassen.

Die ganzen Funktionen $D(\lambda)$ und $D(s, t; \lambda)$ lassen sich in der gesamten $\lambda$-Ebene in Potenzreihen nach $\lambda - \lambda_0$ entwickeln, wobei $\lambda_0$ eine beliebig festgelegte komplexe Zahl ist. Beispielsweise ist

$$D(s, t; \lambda) = D(s, t; \lambda_0) + \sum_{k=1}^{\infty} \left. \frac{\partial^k D(s, t; \lambda)}{\partial \lambda^k} \right|_{\lambda=\lambda_0} \frac{(\lambda - \lambda_0)^k}{k!}$$

mit

$$\frac{\partial^k D(s, t; \lambda)}{\partial \lambda^k} = \sum_{n=k}^{\infty} (-1)^n \frac{\lambda^{n-k}}{(n-k)!} d_n(s, t) .$$

Aus der Abschätzung für $d_n(s, t)$ folgt unmittelbar, daß die letzte Reihe bei beliebigem $\lambda$ auf $k_0$ gleichmäßig konvergiert, womit sich ergibt, daß die Koeffizienten in der Potenzreihenentwicklung von $D(s, t; \lambda)$ nach $\lambda - \lambda_0$ ebenfalls auf $k_0$ stetige Funktionen sind.

**8. Fredholmsche Integralgleichungen mit beliebigem $\lambda$.** Wir gehen von der Gleichung (54) aus. Sie entstand aus der ersten Gleichung (46) durch Multiplikation mit $D(\lambda)$. Da wir die Gleichungen (46) bisher nur unter der Bedingung (41) hergeleitet haben, können wir zunächst nur behaupten, daß unter der Bedingung (41) beide Seiten der Gleichung (54) einander gleich sind. Nach dem grundlegenden Prinzip über die analytische Fortsetzbarkeit (dem Permanenzprinzip) stimmen aber zwei ganze Funktionen auf der gesamten Ebene der komplexen Veränderlichen $\lambda$ überein, wenn sie auf einem gewissen Kreis dieser Ebene übereinstimmen [**III/2, 18**]. Dividieren wir beide Seiten von (54) durch $D(\lambda)$, so sehen wir, daß die Resolvente für diejenigen Werte von $\lambda$, für die $D(\lambda)$ nicht verschwindet, der ersten Gleichung (46) genügt. Verschwindet jedoch $D(\lambda)$, so verliert der Quotient (57) seinen Sinn. Ebenso überzeugen wir uns durch analytische Fortsetzung davon, daß die Resolvente für die erwähnten Werte von $\lambda$ auch der zweiten Gleichung (46) genügt. Wenn also ein Wert von $\lambda$ keine Nullstelle von $D(\lambda)$ ist, existiert eine stetige Lösung der beiden Gleichungen (46), und durch Anwendung des Existenz- und Eindeutigkeitssatzes aus [**6**] erhalten wir den

Satz 1. *Wenn ein Wert von $\lambda$ keine Nullstelle von $D(\lambda)$ ist, hat die Gleichung* (42) *für jedes beliebige stetige $f(s)$ genau eine Lösung, und diese Lösung läßt sich durch die Formel* (45) *bestimmen, wobei $R(s, t; \lambda)$ durch* (57) *definiert ist.*

Nun sei $\lambda = \lambda_0$ eine Nullstelle von $D(\lambda)$. Es ist möglich, daß $\lambda_0$ für beliebige Werte von $s$ und $t$ gleichzeitig eine Nullstelle der Funktion $D(s, t; \lambda)$ ist. Wir zeigen sogleich, daß die Vielfachheit dieser Nullstelle im Zähler von (57) bestimmt kleiner ist als im Nenner. Hieraus folgt, daß alle Nullstellen von $D(\lambda)$ Pole der Resolvente sind.

Satz 2. *Jede Nullstelle $\lambda_0$ der Funktion $D(\lambda)$ ist ein Pol der Resolvente.*

Es sei $\lambda_0$ eine Nullstelle von $D(\lambda)$ mit der Vielfachheit $k$,

$$D(\lambda) = (\lambda - \lambda_0)^k D_0(\lambda), \qquad D_0(\lambda_0) \neq 0 .$$

Wir nehmen an, daß $\lambda_0$ zugleich eine Nullstelle der Funktion $D(s, t; \lambda)$ mit der Vielfachheit $l$ ist,

$$D(s, t; \lambda) = (\lambda - \lambda_0)^l \cdot D_0(s, t; \lambda) ;$$

dabei ist $D_0(s, t; \lambda)$ eine Potenzreihe in $\lambda - \lambda_0$, deren Anfangsglied nicht identisch in $s$ und $t$ verschwindet. Bekanntlich hat die Ableitung $D'(\lambda)$ für $\lambda = \lambda_0$ eine Nullstelle der Vielfachheit $k-1$. Nach (59) erhalten wir

$$D'(\lambda) = -(\lambda - \lambda_0)^l \int_a^b D_0(s, s; \lambda)\, ds .$$

Während die linke Seite dieser Gleichung für $\lambda = \lambda_0$ eine Nullstelle der Vielfachheit $k-1$ hat, tritt auf der rechten Seite der Faktor $(\lambda - \lambda_0)^l$ auf. Außerdem kann es vorkommen, daß nach der Integration über $s$ noch eine ganze positive Potenz von $\lambda - \lambda_0$ als Faktor hinzutritt. Diese Überlegung führt uns zu der Ungleichung $l \leqq k-1$, d. h., der Zähler von (57) hat für $\lambda = \lambda_0$ höchstens eine Nullstelle von einer Vielfachheit kleiner als $k$, und deshalb hat der Quotient (57) für $\lambda = \lambda_0$ einen Pol. Wir bemerken noch, daß das Anfangsglied in der Entwicklung von $D_0(s, t; \lambda)$ nach Potenzen von $\lambda - \lambda_0$ eine Funktion von $s$ und $t$ ist. Sie kann für spezielle Werte von $s$ und $t$, aber nicht identisch in $s$ und $t$ verschwinden; denn anderenfalls wäre $\lambda = \lambda_0$ eine Nullstelle der Funktion $D(s, t; \lambda)$ mit einer größeren Vielfachheit als $l$. Den soeben bewiesenen Satz können wir genauer folgendermaßen formulieren: *Es lassen sich Werte von $s$ und $t$ finden, für die $\lambda = \lambda_0$ ein Pol der Resolvente ist.*

Wir haben bewiesen, daß jede Nullstelle $\lambda_0$ der Funktion $D(\lambda)$ ein Pol der Resolvente ist. Der Pol habe etwa die Ordnung $r$. In der Umgebung des Punktes $\lambda = \lambda_0$ gibt es dann eine Entwicklung der Gestalt

$$R(s, t; \lambda) = \frac{a_{-r}(s, t)}{(\lambda - \lambda_0)^r} + \frac{a_{-r+1}(s, t)}{(\lambda - \lambda_0)^{r-1}} + \dots + \frac{a_{-1}(s, t)}{\lambda - \lambda_0} + \sum_{i=0}^{\infty} a_i(s, t)\, (\lambda - \lambda_0)^i ,$$

wobei der Koeffizient $a_{-r}(s, t)$ auf $k_0$ nicht identisch verschwindet. Aus der Darstellung am Schluß von [7] folgt, daß die Koeffizienten $a_k(s, t)$ auf $k_0$ stetige Funktionen sind. Setzen wir diese Entwicklung in die erste Gleichung (46) ein, multiplizieren beide Seiten mit $(\lambda - \lambda_0)^r$ und setzen dann $\lambda = \lambda_0$, so erhalten wir

$$a_{-r}(s, t) = \lambda_0 \int_a^b K(s, t_1)\, a_{-r}(t_1, t)\, dt_1 .$$

Es zeigt sich also, daß der Koeffizient $a_{-r}(s, t)$ als Funktion von $s$ für beliebige Werte der Veränderlichen $t$ eine Lösung der homogenen Integralgleichung

$$\varphi(s) = \lambda_0 \int_a^b K(s, t)\, \varphi(t)\, dt \tag{60}$$

darstellt. Da die Funktion $a_{-r}(s, t)$ nicht identisch gleich 0 ist, gelangen wir zu folgendem

Satz 3. *Wenn $\lambda_0$ eine Nullstelle von $D(\lambda)$ ist, besitzt die homogene Integralgleichung* (60) *nicht identisch verschwindende Lösungen.*

Somit sind alle Nullstellen von $D(\lambda)$ charakteristische Zahlen der Integralgleichung, d. h., für diese Nullstellen hat die homogene Integralgleichung

$$\varphi(s) = \lambda \int_a^b K(s, t)\, \varphi(t)\, dt \tag{61}$$

von der Nullösung verschiedene Lösungen. Ist aber ein bestimmter Wert von $\lambda$ keine Nullstelle von $D(\lambda)$, so hat die Integralgleichung (42) nach Satz 1 für jede beliebige stetige Funktion $f(s)$ genau eine Lösung, die homogene Integralgleichung (61) speziell nur die Nullösung. Mit anderen Worten: Ist ein Wert von $\lambda$ Nullstelle von

$D(\lambda)$, so ist er eine charakteristische Zahl; ist er dagegen keine Nullstelle von $D(\lambda)$, so ist er keine charakteristische Zahl.

Wir erhalten somit den

Satz 4. *Die charakteristischen Zahlen der Integralgleichung* (42) *sind gerade die Nullstellen von* $D(\lambda)$.

Die ganze Funktion $D(\lambda)$ kann aber nur endlich viele Nullstellen in jedem beschränkten Gebiet der Ebene der komplexen Veränderlichen $\lambda$ haben, daher gilt der

Satz 5. *In jedem beschränkten Gebiet der $\lambda$-Ebene können höchstens endlich viele charakteristische Zahlen existieren.*

Wir weisen noch auf eine Formel hin, die für die Anwendungen nützlich ist. Wir setzen voraus, daß sich die gegebene Funktion in der Integralgleichung (42) in der Gestalt

$$f(s) = \int_a^b K(s, t)\, \omega(t)\, dt \tag{62}$$

darstellen läßt, wobei $\omega(t)$ eine Funktion von $t$ ist. Nehmen wir an, daß $\lambda$ keine charakteristische Zahl ist, so erhalten wir wegen (45) die Lösung von (42) in der Gestalt

$$\varphi(s) = \int_a^b K(s, t)\, \omega(t)\, dt + \lambda \int_a^b \int_a^b R(s, t; \lambda)\, K(t, t_1)\, \omega(t_1)\, dt\, dt_1 .$$

Setzen wir den aus der zweiten Gleichung (46) folgenden Ausdruck

$$\lambda \int_a^b R(s, t; \lambda)\, K(t, t_1)\, dt = R(s, t_1; \lambda) - K(s, t_1)$$

ein, so gewinnen wir schließlich für die Lösung von (42) den einfachen Ausdruck

$$\varphi(s) = \int_a^b R(s, t; \lambda)\, \omega(t)\, dt , \tag{63}$$

alls die gegebene Funktion in der Integralgleichung die Gestalt (62) besitzt.

**f9. Die transponierte Integralgleichung.** Um die Theorie weiterzuentwickeln, betrachten wir neben der Integralgleichung (42) eine andere Integralgleichung, die sich von (42) dadurch unterscheidet, daß über die erste Veränderliche des Kerns integriert wird. Die gegebene Funktion werde mit $g(s)$, die gesuchte Funktion mit $\psi(s)$ bezeichnet. Wir betrachten also die Integralgleichung

$$\psi(s) = g(s) + \lambda \int_a^b K(t, s)\, \psi(t)\, dt , \tag{64}$$

welche die *zu* (42) *transponierte Integralgleichung* genannt wird.

Die zugehörige homogene Integralgleichung ist

$$\psi(s) = \lambda \int_a^b K(t, s)\, \psi(t)\, dt . \tag{65}$$

Wenn wir die Argumente des Kerns wie früher bezeichnen wollen, müssen wir den Kern dieser Integralgleichung durch

$$K_0(s, t) = K(t, s)$$

definieren. Der Ausdruck (49) für den Kern $K_0(s, t)$ wird dann aus dem entsprechenden Ausdruck für $K(s, t)$ durch Vertauschen der $x_i$ mit den $y_i$ gebildet:

$$K_0\begin{pmatrix} x_1 & x_2 & \dots & x_n \\ y_1 & y_2 & \dots & y_n \end{pmatrix} = K\begin{pmatrix} y_1 & y_2 & \dots & y_n \\ x_1 & x_2 & \dots & x_n \end{pmatrix}.$$

Aus (51) ergibt sich damit, daß die Koeffizienten $d_n$ für den Kern $K_0(s, t)$ und für den Kern $K(s, t)$ übereinstimmen, und aus (56) folgt, daß die Koeffizienten $d_n(s, t)$ des Kerns $K_0(s, t)$ aus den entsprechenden Koeffizienten für $K(s, t)$ einfach durch Vertauschung der Argumente $s$ und $t$ gebildet werden. Somit sieht man, daß sich der Zähler und der Nenner von (57) für die transponierte Integralgleichung (64) mit Hilfe der entsprechenden Größen für die Integralgleichung (42) darstellen lassen,

$$D_0(s, t; \lambda) = D(t, s; \lambda), \qquad D_0(\lambda) = D(\lambda),$$

d. h., den Zähler erhält man durch Vertauschung der Argumente $s$ und $t$, während der *Fredholmsche Nenner für die transponierte Integralgleichung* (64) *derselbe ist wie für die Integralgleichung* (42). Daraus folgt beispielsweise, daß *die transponierte Integralgleichung dieselben charakteristischen Zahlen besitzt wie die Ausgangsintegralgleichung.*

Alle in [8] formulierten Sätze gelten natürlich auch für die transponierte Integralgleichung. Außerdem folgt aus der eben angestellten Betrachtung der

Satz 6. *Die homogene Integralgleichung* (61) *und die zu ihr transponierte Integralgleichung* (65) *haben beide gleichzeitig entweder nur die Nullösung oder nicht identisch verschwindende Lösungen.*

**10. Lösbarkeit im Fall einer charakteristischen Zahl.** Der Satz 1 aus [8] beantwortet die Frage nach den Lösungen der Integralgleichungen (42) nur dann vollständig, wenn $\lambda$ keine charakteristische Zahl ist. In diesem Abschnitt wollen wir uns mit dem Fall beschäftigen, daß $\lambda$ eine charakteristische Zahl ist.

Es sei $\lambda$ eine charakteristische Zahl, und die inhomogene Integralgleichung (42) habe eine Lösung $\varphi(s)$. Multiplizieren wir beide Seiten von (42) mit irgendeiner Lösung $\psi(s)$ der homogenen transponierten Integralgleichung (65) und integrieren über $s$, so erhalten wir

$$\int_a^b \varphi(s)\, \psi(s)\, ds = \int_a^b f(s)\, \psi(s)\, ds + \int_a^b \left[ \lambda \int_a^b K(s, t)\, \psi(s)\, ds \right] \varphi(t)\, dt\,.$$

Nach (65) ergibt sich hieraus

$$\int_a^b \varphi(s)\, \psi(s)\, ds = \int_a^b f(s)\, \psi(s)\, ds + \int_a^b \psi(t)\, \varphi(t)\, dt$$

oder

$$\int_a^b f(s)\, \psi(s)\, ds = 0\,; \tag{66}$$

die Integralgleichung (42) besitzt also nur dann eine Lösung, wenn $f(s)$ die Bedingung (66) erfüllt, in der $\psi(s)$ eine beliebige Lösung der Integralgleichung (65) ist. Da $\lambda$ nach Voraussetzung eine charakteristische Zahl ist, gibt es tatsächlich von 0 verschiedene Lösungen von (65). Ist $\lambda$ dagegen keine charakteristische Zahl, so hat die Integralgleichung (42) nach Satz 1 für jedes beliebige $f(s)$ eine Lösung. Somit erhalten wir den

Satz 7. *Es gilt die Fredholmsche Alternative: Entweder ist die Integralgleichung* (42) *für jede stetige Funktion* $f(s)$ *lösbar, und die homogene Integralgleichung* (61) *hat nur die Nullösung, oder aber die homogene Integralgleichung* (61) *hat von der Nullösung verschiedene Lösungen, und die Integralgleichung* (42) *ist nicht für jede Funktion* $f(s)$ *lösbar.*

Im ersten Fall hat die inhomogene Integralgleichung genau eine Lösung. Dies folgt aus Satz 1 oder auch aus der folgenden einfachen Überlegung: Wenn die inhomogene Integralgleichung zwei verschiedene Lösungen hätte, dann wäre deren Differenz eine von der Nullösung verschiedene Lösung der homogenen Integralgleichung.

Bemerkung. Wenn bekannt ist, daß für ein gewisses $\lambda$ und für eine gewisse Funktion $f(s)$ die inhomogene Integralgleichung (42) eine und nur eine Lösung hat, dann ist $\lambda$ keine charakteristische Zahl. Denn wäre $\lambda$ eine charakteristische Zahl, so könnten wir zu der vorausgesetzten Lösung von (42) eine beliebige von der Nulllösung verschiedene Lösung der zugehörigen homogenen Integralgleichung addieren und erhielten eine Lösung der inhomogenen Integralgleichung, die mit der vorausgesetzten Lösung nicht übereinstimmte.

Es wird sich zeigen, daß die Bedingung (66) für die Lösbarkeit der Integralgleichung (42) nicht nur notwendig, sondern auch hinreichend ist. Vorläufig wollen wir uns aber erst mit der Vielfachheit einer charakteristischen Zahl beschäftigen [4].

Es sei $\lambda$ eine charakteristische Zahl, und

$$\varphi_1(s),\ \varphi_2(s),\ \ldots,\ \varphi_m(s) \tag{67}$$

seien irgendwelche linear unabhängigen Eigenfunktionen, d. h. von der Nullösung verschiedene Lösungen der Integralgleichung (61). Da $\lambda = 0$ keine charakteristische Zahl sein kann [4], gilt also

$$\frac{\varphi_j(s)}{\lambda} = \int_a^b K(s, t)\, \varphi_j(t)\, dt \qquad (j = 1, 2, \ldots, m)\,. \tag{68}$$

Ist $\lambda$ oder der Kern nicht reell, so müssen wir auch die Funktionen (67) als komplexwertig annehmen. Da sich wieder eine Eigenfunktion ergibt, wenn aus den Eigenfunktionen (67) eine beliebige Linearkombination mit konstanten Koeffizienten gebildet wird, läßt sich auf die Funktionen (67) der Orthogonalisierungsprozeß anwenden. Somit können wir annehmen, daß die Funktionen (67) paarweise orthogonal und normiert sind, also

$$\int_a^b \varphi_p(s)\, \overline{\varphi_q(s)}\, ds = 0 \qquad (p \neq q), \qquad \int_a^b |\varphi_p(s)|^2\, ds = 1\,. \tag{69}$$

Wenn wir zu den konjugierten Werten übergehen, können wir (68) auch in der Gestalt

$$\frac{\overline{\varphi_j(s)}}{\bar{\lambda}} = \int_a^b \overline{K(s, t)\, \varphi_j(t)}\, dt$$

schreiben. Hieraus ist ersichtlich, daß die linke Seite dieser Gleichung den $j$-ten Fourierkoeffizienten des (als Funktion des Argumentes $t$ aufgefaßten) Kerns $K(s, t)$ in bezug auf das normierte Orthogonalsystem (67) darstellt, das aus endlich vielen Funktionen besteht. Die Besselsche Ungleichung [3] ergibt, da für eine beliebige komplexe Zahl $\alpha$ die Gleichung $|\alpha| = |\bar{\alpha}|$ gilt,

$$\sum_{j=1}^{m} \frac{|\varphi_j(s)|^2}{|\lambda|^2} \leq \int_a^b |K(s,t)|^2 \, dt \, .$$

Integrieren wir beide Seiten dieser Ungleichung nach $s$, so erhalten wir mit (69)

$$\sum_{j=1}^{m} \frac{1}{|\lambda|^2} \leq \int_a^b \left[ \int_a^b |K(s,t)|^2 \, dt \right] ds$$

oder

$$\frac{m}{|\lambda|^2} \leq \int_a^b \left[ \int_a^b |K(s,t)|^2 \, dt \right] ds \, ,$$

woraus die Ungleichung

$$m \leq |\lambda|^2 \int_a^b \left( \int_a^b |K(s,t)|^2 \, dt \right) ds$$

hervorgeht, in der wir wegen der Stetigkeit des Kerns das rechts stehende Integral auch als Doppelintegral auffassen können. Aus dieser Ungleichung folgt, daß die Anzahl der zu einer charakteristischen Zahl $\lambda$ gehörenden linear unabhängigen Eigenfunktion nicht größer ist als die auf der rechten Seite dieser Ungleichung stehende Zahl.

Satz 8. *Zu jeder charakteristischen Zahl gehören nur endlich viele linear unabhängige Eigenfunktionen, d. h., die Vielfachheit eines jeden Eigenwertes ist endlich.*

Bemerkung. Für charakteristische Zahlen $\lambda$, die weit vom Koordinatenursprung $\lambda = 0$ entfernt sind, wird die rechte Seite der letzten Ungleichung wegen des Faktors $|\lambda|^2$ sehr groß.

Ist $\lambda$ eine charakteristische Zahl, so haben die Integralgleichungen (61) und (65) gleichzeitig von 0 verschiedene Lösungen. Jetzt soll gezeigt werden, daß jede charakteristische Zahl in beiden Gleichungen dieselbe Vielfachheit hat.

Satz 9. *Die homogene Integralgleichung* (61) *und die transponierte Integralgleichung* (65) *haben gleich viele linear unabhängige Lösungen, d. h., ihre* (*übereinstimmenden*) *charakteristischen Zahlen haben dieselbe Vielfachheit.*

Wir führen den Beweis indirekt. Wir nehmen an, die charakteristische Zahl $\lambda$ habe in (61) die Vielfachheit $m$, in (65) die Vielfachheit $n$, und es sei $m < n$. Diese Annahme wollen wir zu einem Widerspruch führen. Es seien

$$\varphi_1(s), \varphi_2(s), \ldots, \varphi_m(s) \tag{70}$$

linear unabhängige Lösungen von (61) und

$$\psi_1(s), \psi_2(s), \ldots, \psi_n(s) \tag{71}$$

linear unabhängige Lösungen von (65), d. h.

$$\begin{aligned} \varphi_j(s) &= \lambda \int_a^b K(s,t) \, \varphi_j(t) \, dt \qquad (j = 1, 2, \ldots, m) \, , \\ \psi_j(s) &= \lambda \int_a^b K(t,s) \, \psi_j(t) \, dt \qquad (j = 1, 2, \ldots, n) \, . \end{aligned} \tag{72}$$

Wir können wieder annehmen, daß die Funktionen (70) wie auch die Funktionen (71) jeweils ein normiertes Orthogonalsystem bilden.

Nun bilden wir den neuen Kern

$$L(s, t) = K(s, t) - \sum_{j=1}^{m} \overline{\varphi_j(t)\, \psi_j(s)} \tag{73}$$

und die beiden zueinander transponierten Integralgleichungen

$$\varphi(s) = \lambda \int_a^b L(s, t)\, \varphi(t)\, dt\,, \tag{74}$$

$$\psi(s) = \lambda \int_a^b L(t, s)\, \psi(t)\, dt\,. \tag{75}$$

Wegen (73) lassen sich diese Integralgleichungen folgendermaßen schreiben:

$$\varphi(s) = \lambda \int_a^b K(s, t)\, \varphi(t)\, dt - \lambda \sum_{j=1}^{m} \overline{\psi_j(s)} \int_a^b \overline{\varphi_j(t)}\, \varphi(t)\, dt\,, \tag{$74_1$}$$

$$\psi(s) = \lambda \int_a^b K(t, s)\, \psi(t)\, dt - \lambda \sum_{j=1}^{m} \overline{\varphi_j(s)} \int_a^b \overline{\psi_j(t)}\, \psi(t)\, dt\,. \tag{$75_1$}$$

Multiplizieren wir beide Seiten von ($74_1$) mit $\psi_k(s)$, wobei $k$ eine beliebige der Zahlen $1, 2, \ldots, m$ ist, und integrieren über $s$, so erhalten wir für eine beliebige Lösung $\varphi(s)$ der Integralgleichung ($74_1$)

$$\int_a^b \varphi(s)\, \psi_k(s)\, ds = \int_a^b \left[\lambda \int_a^b K(s, t)\, \psi_k(s)\, ds\right] \varphi(t)\, dt - \lambda \sum_{j=1}^{m} \int_a^b \overline{\varphi_j(t)}\, \varphi(t)\, dt \int_a^b \overline{\psi_j(s)}\, \psi_k(s)\, ds\,.$$

Da die Funktionen (71) orthogonal und normiert sind, können wir diese Gleichung mit Hilfe von (72) auch in der Gestalt

$$\int_a^b \varphi(s)\, \psi_k(s)\, ds = \int_a^b \psi_k(s)\, \varphi(s)\, ds - \lambda \int_a^b \overline{\varphi_k(s)}\, \varphi(s)\, ds$$

schreiben, woraus wegen $\lambda \neq 0$ die Beziehungen

$$\int_a^b \overline{\varphi_k(s)}\, \varphi(s)\, ds = 0 \qquad (k = 1, 2, \ldots, m) \tag{76}$$

hervorgehen.

Somit erfüllt jede Lösung der Integralgleichung ($74_1$) die Bedingungen (76). Auf Grund dieser Bedingungen wird aus ($74_1$)

$$\varphi(s) = \lambda \int_a^b K(s, t)\, \varphi(t)\, dt\,,$$

d. h., jede Lösung von ($74_1$) und damit von (74) genügt auch der Integralgleichung (61). Deshalb muß $\varphi(s)$ eine Linearkombination der Funktionen (70) sein:

$$\varphi(s) = \sum_{j=1}^{m} c_j \varphi_j(s)\,. \tag{77}$$

Um zu zeigen, daß alle Koeffizienten $c_j$ gleich 0 sind, multiplizieren wir beide Seiten von (77) mit $\overline{\varphi_k(s)}$ und integrieren über $s$,

$$\int_a^b \varphi(s)\, \overline{\varphi_k(s)}\, ds = \sum_{j=1}^{m} c_j \int_a^b \varphi_j(s)\, \overline{\varphi_k(s)}\, ds\,.$$

Da die Funktionen (70) orthogonal und normiert sind, erhalten wir unter Benutzung von (76) die Relation $0=c_k$. Somit folgt aus (77) die Beziehung $\varphi(s)\equiv 0$, d. h., die homogene Integralgleichung (74) hat nur die Nullösung.

Wir zeigen nun, daß die transponierte Integralgleichung (75) eine von der Nullösung verschiedene Lösung hat. Setzen wir in ($75_1$) nämlich $\psi(s)=\psi_k(s)$ mit $k>m$, so erhalten wir, da die Funktionen (71) ein Orthogonalsystem bilden, die Integralgleichung

$$\psi_k(s)=\lambda\int_a^b K(t,s)\,\psi_k(t)\,dt\,,$$

die mit einer der Integralgleichungen (72) übereinstimmt. Hieraus folgt, daß die Funktion $\psi(s)=\psi_k(s)$ für $k>m$ der Integralgleichung (75) genügt. Somit folgt, daß die Integralgleichung (74) nur die Nullösung hat, während die transponierte Integralgleichung (75) von der Nullösung verschiedene Lösungen besitzt. Aus der Annahme $m<n$ ergibt sich also ein Widerspruch zu Satz 7.

Ebenso läßt sich beweisen, daß auch der Fall $m>n$ unmöglich ist. Daher ist $m=n$, und Satz 9 ist bewiesen.

Bemerkung. Aus unserem Beweis geht zugleich hervor, daß die homogenen Integralgleichungen (74) und (75) nur die Nullösung haben, daß also $\lambda$ keine charakteristische Zahl des Kerns $L(s,t)$ ist.

Wir kommen nun zur Auflösung der inhomogenen Integralgleichung

$$\varphi(s)=f(s)+\lambda\int_a^b K(s,t)\,\varphi(t)\,dt \tag{78}$$

für den Fall, daß $\lambda$ eine charakteristische Zahl ist. Wir haben bereits gesehen, daß die Bedingung [für $f(s)$]

$$\int_a^b f(s)\,\psi(s)\,ds=0\,, \tag{79}$$

in der $\psi(s)$ eine beliebige Lösung der Integralgleichung

$$\psi(s)=\lambda\int_a^b K(t,s)\,\psi(t)\,dt \tag{80}$$

bedeutet, für die Lösbarkeit der Integralgleichung (78) notwendig ist.

Wir beweisen jetzt, daß diese Bedingung auch hinreichend ist. Dazu nehmen wir an, sie sei erfüllt, und bilden gemäß (73) den Kern $L(s,t)$. Wie wir gezeigt haben, ist $\lambda$ keine charakteristische Zahl dieses Kerns, so daß die Integralgleichung

$$\varphi(s)=f(s)+\lambda\int_a^b L(s,t)\,\varphi(t)\,dt \tag{81}$$

eine Lösung $\varphi(s)$ besitzt.

Wir schreiben (81) in der Gestalt

$$\varphi(s)=f(s)+\lambda\int_a^b K(s,t)\,\varphi(t)\,dt-\lambda\sum_{j=1}^{m}\overline{\psi_j(s)}\int_a^b\overline{\varphi_j(t)}\,\varphi(t)\,dt\,. \tag{$81_1$}$$

Wie beim Beweis von Satz 9 multiplizieren wir ($81_1$) mit $\psi_k(s)$, integrieren nach $s$ und erhalten

$$\int_a^b \varphi(s)\,\psi_k(s)\,ds=\int_a^b f(s)\,\psi_k(s)\,ds+\int_a^b \psi_k(s)\,\varphi(s)\,ds-\lambda\int_a^b\overline{\varphi_k(t)}\,\varphi(t)\,dt\,,$$

woraus nach (79) die Beziehungen

$$\int_a^b \overline{\varphi_k(t)}\, \varphi(t)\, dt = 0 \qquad (k = 1, 2, \ldots, m)$$

hervorgehen. Somit fällt in ($81_1$) oder, was dasselbe ist, in der Integralgleichung (81) der Bestandteil fort, der sie von der Integralgleichung (78) unterscheidet, und unsere Lösung $\varphi(s)$ von (81) ist auch eine Lösung von (78). Damit ist bewiesen, daß die Bedingung (79) auch hinreichend ist.

Wenn (79) erfüllt ist, läßt sich, wie immer bei linearen inhomogenen Gleichungen, jede Lösung von (78) als Summe einer beliebigen speziellen Lösung $\varphi_0(s)$ von (78) und der allgemeinen Lösung der zugehörigen homogenen Gleichung darstellen,

$$\varphi(s) = \varphi_0(s) + \sum_{j=1}^{m} c_j \varphi_j(s) \; ; \tag{82}$$

die $c_j$ sind dabei beliebige Konstanten. Die Integralgleichung (78) hat also in diesem Fall unendlich viele Lösungen. Die Lösung $\varphi_0(s)$ läßt sich mit Hilfe der Resolvente des Kerns $L(s, t)$ bilden.

Die angestellten Überlegungen führen uns zu dem folgenden Satz.

Satz 10. *Ist $\lambda$ eine charakteristische Zahl, so ist für die Lösbarkeit der Integralgleichung* (78) *notwendig und hinreichend, daß die gegebene Funktion $f(s)$ der Bedingung* (79) *genügt, und zwar für jede beliebige Eigenfunktion $\psi(s)$ der transponierten Integralgleichung, d. h. für jede beliebige Lösung der Integralgleichung* (80). *Ist die Bedingung* (79) *erfüllt, so hat die Integralgleichung* (78) *unendlich viele Lösungen, die alle durch die Formel* (82) *dargestellt werden.*

Bemerkung. Man braucht die Bedingung (79) nicht für jede Eigenfunktion $\psi(s)$, sondern nur für ein System $\psi_1(s), \ldots, \psi_m(s)$ zu $\lambda$ gehöriger linear unabhängiger Eigenfunktionen von (80) nachzuprüfen. Denn jede andere Lösung ist eine Linearkombination dieser Funktionen; folglich ist die Bedingung (79) für jede Lösung $\psi(s)$ von (80) erfüllt, wenn sie für die Funktionen $\psi(s) = \psi_k(s)$ $(k = 1, 2, \ldots, m)$ erfüllt ist.

An Stelle der zur homogenen Integralgleichung

$$\varphi(s) = \lambda \int_a^b K(s, t)\, \varphi(t)\, dt \tag{83}$$

*transponierten* Gleichung

$$\psi(s) = \lambda \int_a^b K(t, s)\, \psi(t)\, dt \tag{$84_1$}$$

betrachtet man oft die sogenannte zu (83) *adjungierte* Integralgleichung

$$\omega(s) = \bar{\lambda} \int_a^b \overline{K(t, s)}\, \omega(t)\, dt\,. \tag{$84_2$}$$

Die Gleichungen (84) haben zueinander konjugiert komplexe Lösungen $\psi(s) = \overline{\omega(s)}$, und die Lösbarkeitsbedingung (79) muß dann in der Gestalt

$$\int_a^b f(s)\, \overline{\omega(s)}\, ds = 0$$

geschrieben werden, wobei für $\omega(s)$ die Lösungen von ($84_2$) zu nehmen sind.

Der Formelapparat, mit dessen Hilfe die grundlegenden Sätze bewiesen wurden, ist zuerst von FREDHOLM im Jahre 1903 entwickelt worden. Die erhaltenen Sätze sind den Sätzen über die Auflösung linearer Gleichungssysteme völlig analog [III/1, 15].

**11. Die Fredholmschen Minoren.** Die Überlegungen des vorigen Abschnittes ermöglichen es uns, ein zu einer gegebenen charakteristischen Zahl gehöriges vollständiges Eigenfunktionensystem der homogenen Integralgleichung mit dem Kern $K(s, t)$ aufzustellen. Wir wollen hier nur die Ergebnisse anführen, ohne sie zu beweisen.[1]

Unter Benutzung der Bezeichnung (49) führen wir die Größen

$$B_n\begin{pmatrix} s_1 & \dots & s_p \\ t_1 & \dots & t_p \end{pmatrix} = \int_a^b \dots \int_a^b K\begin{pmatrix} s_1 & \dots & s_p & r_1 & \dots & r_n \\ t_1 & \dots & t_p & r_1 & \dots & r_n \end{pmatrix} dr_1 \dots dr_n ,$$

$$B_0\begin{pmatrix} s_1 & \dots & s_p \\ t_1 & \dots & t_p \end{pmatrix} = K\begin{pmatrix} s_1 & \dots & s_p \\ t_1 & \dots & t_p \end{pmatrix}$$

ein. Der $p$-te Fredholmsche Minor wird nun durch die Reihe

$$D_p(s, t; \lambda) = D\begin{pmatrix} s_1 & \dots & s_p \\ t_1 & \dots & t_p \end{pmatrix}; \lambda\Bigg) = \sum_{n=0}^{\infty} (-1)^n \frac{\lambda^{n+p-1}}{n!} B_n\begin{pmatrix} s_1 & \dots & s_p \\ t_1 & \dots & t_p \end{pmatrix}$$

definiert. Offenbar stimmt diese Reihe für $p = 1$ mit (53) überein. Es sei $\lambda_0$ eine Nullstelle von $D(\lambda)$ mit der Vielfachheit $r$. Das erste Glied der Folge

$$D(\lambda_0),\ D\left(\begin{matrix} s_1 \\ t_1 \end{matrix}; \lambda_0\right),\ D\left(\begin{matrix} s_1 & s_2 \\ t_1 & t_2 \end{matrix}; \lambda_0\right), \dots ,$$

welches nicht identisch verschwindet, sei

$$D\left(\begin{matrix} s_1 & \dots & s_q \\ t_1 & \dots & t_q \end{matrix}; \lambda_0\right).$$

Die Zahl $q$ ist die *Vielfachheit der charakteristischen Zahl* $\lambda_0$. Man kann zeigen, daß sie nicht größer ist als die Vielfachheit $r$ der Wurzel $\lambda = \lambda_0$ von $D(\lambda) = 0$. Sind $s'_i$ und $t'_i$ Werte der Veränderlichen $s_i$ und $t_i$, für die die Ungleichung

$$D\left(\begin{matrix} s'_1 & \dots & s'_q \\ t'_1 & \dots & t'_q \end{matrix}; \lambda_0\right) \neq 0$$

erfüllt ist, so wird ein zur charakteristischen Zahl $\lambda_0$ gehöriges vollständiges System (im allgemeinen nicht orthogonaler und nicht normierter) Eigenfunktionen durch

$$\varphi_k(s) = D\left(\begin{matrix} s'_1 & \dots & s'_{k-1} & s & s'_{k+1} & \dots & s'_q \\ t'_1 & \dots & t'_{k-1} & t'_k & t'_{k+1} & \dots & t'_q \end{matrix}; \lambda_0\right) \qquad (k = 1, 2, \dots, q)$$

bestimmt, und ein derselben charakteristischen Zahl entsprechendes Eigenfunktionensystem der transponierten Integralgleichung lautet

$$\psi_k(s) = D\left(\begin{matrix} s'_1 & \dots & s'_{k-1} & s'_k & s'_{k+1} & \dots & s'_q \\ t'_1 & \dots & t'_{k-1} & s & t'_{k+1} & \dots & t'_q \end{matrix}; \lambda_0\right) \qquad (k = 1, 2, \dots, q) .$$

**12. Integralgleichungen mit ausgeartetem Kern.** Wir gehen nun auf eine Klasse von Integralgleichungen ein, deren Auflösung auf ein endliches lineares Gleichungssystem führt. Ein Kern $K(s, t)$ heißt *ausgeartet*, wenn er sich als Summe endlich vieler Produkte darstellen läßt, deren Faktoren nur von $s$ bzw. nur von $t$ abhängige

---

[1]) Vgl. etwa I. I. PRIWALOW, Integralgleichungen (russ.), Moskau – Leningrad 1935, S. 61.

Funktionen sind,

$$K(s,t)=\sum_{k=1}^{n}\varrho_k(s)\,\sigma_k(t)\,. \tag{85}$$

Die Funktionen $\varrho_k(s)$ können wir ebenso wie die Funktionen $\sigma_k(t)$ als linear unabhängig annehmen. Denn ließe sich ein $\varrho_p(s)$ linear durch die übrigen $\varrho_k(s)$ ausdrücken, so könnten wir diesen Ausdruck für $\varrho_p(s)$ in (85) einsetzen, und die Anzahl der Summanden würde sich verkleinern.

Wir betrachten eine Integralgleichung mit einem Kern der Gestalt (85) und die zu ihr transponierte Integralgleichung:

$$\begin{aligned}\varphi(s)&=f(s)+\lambda\int_a^b K(s,t)\,\varphi(t)\,dt\,,\\ \psi(s)&=g(s)+\lambda\int_a^b K(t,s)\,\psi(t)\,dt\,.\end{aligned} \tag{86}$$

Mit (85) erhalten wir

$$\begin{aligned}\varphi(s)&=f(s)+\lambda\sum_{k=1}^{n}\varrho_k(s)\int_a^b\sigma_k(t)\,\varphi(t)\,dt\,,\\ \psi(s)&=g(s)+\lambda\sum_{k=1}^{n}\sigma_k(s)\int_a^b\varrho_k(t)\,\psi(t)\,dt\end{aligned} \tag{87}$$

oder

$$\begin{aligned}\varphi(s)&=f(s)+\lambda\sum_{k=1}^{n}x_k\varrho_k(s)\,,\\ \psi(s)&=g(s)+\lambda\sum_{k=1}^{n}y_k\sigma_k(s)\,,\end{aligned} \tag{88}$$

wenn mit $x_k$ und $y_k$ die durch

$$x_k=\int_a^b\sigma_k(t)\,\varphi(t)\,dt,\qquad y_k=\int_a^b\varrho_k(t)\,\psi(t)\,dt$$

bestimmten *Zahlen* bezeichnet werden. Folglich hat jede Lösung der Gleichungen (87) die Gestalt (88), und wir brauchen statt Funktionen nur noch die Zahlen $x_k$ und $y_k$ zu ermitteln.

Setzen wir die Ausdrücke (88) in die Gleichungen (87) ein, so erhalten wir durch Koeffizientenvergleich bezüglich der linear unabhängigen Funktionen $\varrho_k(s)$ und $\sigma_k(s)$ die beiden Gleichungssysteme

$$x_i-\lambda\sum_{k=1}^{n}a_{ik}x_k=f_i\,, \tag{89$_1$}$$

$$y_i-\lambda\sum_{k=1}^{n}a_{ki}y_k=g_i \tag{89$_2$}$$

zur Bestimmung der $x_k$ und $y_k$; dabei ist

$$a_{ik}=\int_a^b\sigma_i(s)\,\varrho_k(s)\,ds,\qquad f_i=\int_a^b f(s)\,\sigma_i(s)\,ds,\qquad g_i=\int_a^b g(s)\,\varrho_i(s)\,ds\,. \tag{90}$$

Die Determinanten der Gleichungssysteme ($89_1$) und ($89_2$) unterscheiden sich nur dadurch, daß die Zeilen mit den entsprechenden Spalten vertauscht sind.

Ist beispielsweise die Determinante des Gleichungssystems ($89_1$) von 0 verschieden, dann gibt es für beliebige $f_i$ wohlbestimmte Zahlen $x_i$. Durch Einsetzen dieser Zahlen in (88) erhalten wir $\varphi(s)$. Zu den homogenen Integralgleichungen

$$\varphi(s) = \lambda \int_a^b K(s, t)\, \varphi(t)\, \mathrm{d}t\,, \qquad \psi(s) = \lambda \int_a^b K(t, s)\, \psi(t)\, \mathrm{d}t$$

gehören die homogenen Gleichungssysteme

$$x_i - \lambda \sum_{k=1}^{n} a_{ik} x_k = 0\,, \tag{$91_1$}$$

$$y_i - \lambda \sum_{k=1}^{n} a_{ki} y_k = 0 \qquad (i = 1, 2, \ldots, n)\,. \tag{$91_2$}$$

Setzt man die Determinante eines dieser Gleichungssysteme (welches man nimmt, ist gleichgültig) gleich 0, so ergibt sich eine algebraische Gleichung zur Bestimmung der charakteristischen Zahlen. Wenn $\lambda = \lambda_0$ irgendeine Wurzel dieser Gleichung ist, hat das System ($91_1$) eine von 0 verschiedene Lösung $(x_1, x_2, \ldots, x_n)$. Setzt man diese in die Formel

$$\varphi(s) = \lambda_0 \sum_{k=1}^{n} x_k \varrho_k(s) \tag{92}$$

ein, so erhält man eine Eigenfunktion.

Die bisher bewiesenen Sätze reduzieren sich im vorliegenden Fall auf die bekannten Sätze der linearen Algebra [**III/1, 8, 9, 10, 15**].

Wir bemerken, daß wir auch für die inhomogene Integralgleichung (87) ein homogenes Gleichungssystem ($91_1$) erhalten, falls alle Zahlen $f_i$ gleich 0 sind,

$$\int_a^b f(s)\, \sigma_i(s)\, \mathrm{d}s = 0 \qquad (i = 1, 2, \ldots, n)\,. \tag{93}$$

Ist $\lambda$ unter dieser Voraussetzung keine charakteristische Zahl, so liefert uns das System ($91_1$) nur die Nullösung, und wegen (88) erhalten wir $\varphi(s) = f(s)$. Daß dies eine Lösung ist, läßt sich unmittelbar nachprüfen, indem man sie in (87) einsetzt und dabei die Gleichungen (93) beachtet.

Ausgeartete Kerne kann man zur näherungsweisen Auflösung von Integralgleichungen benutzen; man approximiert dabei den gegebenen Kern durch einen ausgearteten Kern und löst die entstehende Integralgleichung mit Hilfe der eben beschriebenen algebraischen Methode. Dieses wie auch andere Näherungsverfahren zur Auflösung von Integralgleichungen findet man in dem Buch von L. W. Kantorowitsch und W. I. Krylow, Näherungsmethoden der höheren Analysis.[1]

**13. Beispiele.** 1. Es sei

$$K(s, t) = \cos(s + t) = \cos s \cos t - \sin s \sin t \qquad (0 \leqq s, t \leqq \pi)\,.$$

Dann ist

$$\varrho_1(s) = \sigma_1(s) = \cos s, \qquad \varrho_2(s) = \sigma_2(s) = \mathrm{i} \sin s\,,$$

wobei der imaginäre Faktor i nur für die Zwischenrechnungen von Bedeutung ist. Für die Werte $a_{ik}$ erhalten wir

$$a_{11} = \int_0^\pi \cos^2 s\, \mathrm{d}s = \frac{\pi}{2}, \qquad a_{12} = a_{21} = 0, \qquad a_{22} = -\int_0^\pi \sin^2 s\, \mathrm{d}s = -\frac{\pi}{2}\,.$$

[1]) Zu Erscheinungsort und -jahr deutscher und/oder englischer Übersetzungen vgl. die Literaturhinweise am Schluß des Buches (Anm. d. Red.)

Das System ($89_1$) nimmt dann die Gestalt

$$\left(1-\lambda\frac{\pi}{2}\right)x_1=f_1,\qquad \left(1+\lambda\frac{\pi}{2}\right)x_2=f_2$$

an. Es existieren die beiden charakteristischen Zahlen $\lambda_{1,2}=\pm\frac{2}{\pi}$, und die zugehörigen normierten Eigenfunktionen sind

$$\varphi_1(s)=\sqrt{\frac{2}{\pi}}\cos s,\qquad \varphi_2(s)=\sqrt{\frac{2}{\pi}}\sin s\,.$$

2. Es sei

$$K(s,t)=st+s^2t^2\qquad(-1\leqq s,\,t\leqq 1)\,.$$

Dann ist $\varrho_1(s)=\sigma_1(s)=s$, $\varrho_2(s)=\sigma_2(s)=s^2$ und

$$a_{11}=\frac{2}{3},\qquad a_{12}=a_{21}=0,\qquad a_{22}=\frac{2}{5}\,.$$

Es existieren die beiden Eigenwerte $\lambda_1=\frac{3}{2}$ und $\lambda_2=\frac{5}{2}$, und die zugehörigen normierten Eigenfunktionen sind

$$\varphi_1(s)=\sqrt{\frac{3}{2}}\,s,\qquad \varphi_2(s)=\sqrt{\frac{5}{2}}\,s^2\,.$$

In diesen beiden Beispielen war der Kern $K(s,t)$ reell und erfüllte die Bedingung $K(t,s)=$ $=K(s,t)$. Solche Kerne haben nur reelle charakteristische Zahlen.

Die Theorie der Integralgleichungen mit symmetrischen Kernen werden wir später entwickeln. Solche Integralgleichungen treten in der mathematischen Physik häufig auf.

3. Wir bringen ein Beispiel für einen ausgearteten reellen Kern mit imaginären charakteristischen Zahlen Es sei

$$K(s,t)=s-t\qquad(0\leqq s,\,t\leqq 1)\,.$$

Wir können jetzt

$$\varrho_1(s)=s,\qquad \varrho_2(s)=-1,\qquad \sigma_1(t)=1,\qquad \sigma_2(t)=t$$

setzen, woraus

$$a_{11}=\frac{1}{2},\qquad a_{12}=-1,\qquad a_{21}=\frac{1}{3},\qquad a_{22}=-\frac{1}{2}$$

folgt. Zur Bestimmung der charakteristischen Zahlen ergibt sich die Gleichung

$$\begin{vmatrix} 1-\frac{1}{2}\lambda & \lambda \\ -\frac{1}{3}\lambda & 1+\frac{1}{2}\lambda \end{vmatrix}=\frac{1}{12}\lambda^2+1=0\,,$$

die rein imaginäre Wurzeln hat. In diesem Beispiel erfüllt der reelle Kern die Bedingung $K(t,s)=-K(s,t)$.

Solche schiefsymmetrischen Kerne haben nur rein imaginäre charakteristische Zahlen.

4. Wir geben noch ein Beispiel für einen ausgearteten Kern, der keine charakteristischen Zahlen hat. Es sei

$$K(s,t)=\sin s\sin 2t\qquad(0\leqq s,\,t\leqq\pi)\,.$$

Jetzt ist $n=1$, und das einzige vorkommende Element $a_{ik}$ lautet

$$a_{11}=\int_0^\pi \sin s \sin 2s\,ds=0\,.$$

Aus den homogenen Gleichungssystemen ($91_1$) und ($91_2$) folgt $x_1=y_1=0$, so daß die homogene Integralgleichung für jedes $\lambda$ nur die Nullösung hat. Die Gleichung für die charakteristischen Zahlen lautet jetzt $1=0$; sie läßt sich für kein $\lambda$ erfüllen, da sie $\lambda$ gar nicht enthält.

**14. Verallgemeinerung der erhaltenen Ergebnisse.** Beim Aufbau der Integralgleichungstheorie haben wir vorausgesetzt, daß die gesuchte Funktion $\varphi(s)$ und die gegebene Funktion $f(s)$ Funktionen einer einzigen unabhängigen Veränderlichen sind, die in einem Intervall $[a, b]$ variiert. Dieses Intervall war auch der Definitionsbereich für die beiden Argumente des Kerns $K(s, t)$. Die gesamte Theorie bleibt bestehen, wenn wir an Stelle von $\varphi(s)$ und $f(s)$ Punktfunktionen $\varphi(M)$ und $f(M)$ zugrunde legen, die auf einem beschränkten abgeschlossenen Bereich $B$ beliebiger Dimensionszahl, etwa auf einer Fläche oder einer Kurve, definiert sind.

Dann ist der Kern $K(M; N)$ eine Funktion der Punkte $M$, $N$, die in dem Bereich $B$ variieren, und das Integral ist als Integral über den Bereich $B$ bzw. eine Fläche oder eine Kurve aufzufassen, so daß sich die Integralgleichung in der Gestalt

$$\varphi(M)=f(M)+\int_B K(M; N)\,\varphi(N)\,d\omega_N \tag{94}$$

schreiben läßt. Wir schreiben nur ein einziges Integralzeichen, möchten aber darauf aufmerksam machen, daß das Integral über $B$ ein mehrfaches sein kann. Dabei bezeichnet $d\omega_N$ das Element des Bereiches $B$ (etwa das Flächen- oder Linienelement). Wenn etwa der Definitionsbereich ein beschränkter Bereich $B$ der $x, y$-Ebene ist, läßt sich die Integralgleichung (94) in rechtwinkligen Koordinaten folgendermaßen schreiben:

$$\varphi(x, y)=f(x, y)+\iint_B K(x, y; \xi, \eta)\,\varphi(\xi, \eta)\,d\xi\,d\eta\,.$$

Die Funktion $f(M)$ setzen wir auf dem (abgeschlossenen) Bereich $B$ als stetig voraus und suchen auf $B$ stetige Lösungen $\varphi(M)$. Den Kern $K(M; N)$ setzen wir als stetige Funktion der beiden Punkte $M$, $N$ voraus, wobei jeder Punkt unabhängig vom andern auf $B$ variieren kann.

Als weitere Verallgemeinerung betrachten wir ein System von $m$ Integralgleichungen mit derselben Anzahl gesuchter Funktionen:

$$\varphi_i(s)=f_i(s)+\int_a^b \sum_{j=1}^m K_{ij}(s, t)\,\varphi_j(t)\,dt \qquad (i=1, 2, \dots, m)\,.$$

An Stelle eines Kerns haben wir im vorliegenden Fall eine Kernmatrix aus den Funktionen $K_{ik}(s, t)$.

Dieses System läßt sich leicht in eine einzige Integralgleichung mit einer einzigen gesuchten Funktion überführen. Zur Vereinfachung der Bezeichnungen beschränken wir uns auf den Fall $m=2$:

$$\left.\begin{aligned}\varphi_1(s)&=f_1(s)+\int_a^b [K_{11}(s, t)\,\varphi_1(t)+K_{12}(s, t)\,\varphi_2(t)]\,dt\,,\\ \varphi_2(s)&=f_2(s)+\int_a^b [K_{21}(s, t)\,\varphi_1(t)+K_{22}(s, t)\,\varphi_2(t)]\,dt\,.\end{aligned}\right\} \tag{95}$$

Wir bemerkten vorhin, daß die gesamte Theorie der Integralgleichungen bestehen bleibt, wenn der Grundbereich kein Intervall, sondern ein beliebiger beschränkter Bereich etwa der Ebene, einer Fläche oder des Raumes ist. Man kann sogar annehmen, daß der veränderliche Punkt nicht nur eine einzige Strecke oder einen einzigen derartigen Bereich, sondern mehrere getrennt liegende Strecken oder Bereiche durchläuft. Auch in diesem Fall bleibt die gesamte Theorie bestehen. Zur Überführung des Systems (95) in eine einzige Gleichung nehmen wir als Grundbereich das Intervall $[a, b]$ zweimal. Anders ausgedrückt, wir nehmen als Grundbereich zwei Exemplare $J_1$ und $J_2$ des Intervalls $[a, b]$. Die Intervalle $J_1$ und $J_2$ sind natürlich unabhängig voneinander. Wir setzen $f(M)=f_1(M)$, wenn sich der Punkt $M$ in $J_1$ befindet, und $f(M)=f_2(M)$, wenn er sich in $J_2$ befindet. Analog wird auch $\varphi(M)$ durch $\varphi_1(M)$ und $\varphi_2(M)$ definiert. Den Kern definieren wir durch

$$\begin{array}{ll} K(M, N)=K_{11}(M, N) & K(M, N)=K_{12}(M, N) \\ \text{für } M, N \text{ in } J_1, & \text{für } M \text{ in } J_1 \text{ und } N \text{ in } J_2\,, \\ K(M, N)=K_{21}(M, N) & K(M, N)=K_{22}(M, N) \\ \text{für } M \text{ in } J_2 \text{ und } N \text{ in } J_1, & \text{für } M, N \text{ in } J_2\,. \end{array} \tag{96}$$

Damit läßt sich das Integralgleichungssystem (95) in die Integralgleichung

$$\varphi(M)=f(M)+\int_J K(M, N)\,\varphi(N)\,d\omega_N \tag{97}$$

mit dem Grundbereich $J=J_1+J_2$ und dem stetigen Kern $K(M, N)$ überführen. (Wenn $M$ oder $N$ von einem Exemplar des Intervalls zum anderen übergeht, braucht der Kern nicht stetig zu sein; vgl. dazu den folgenden Absatz.) Die Integration ist ebenfalls über die beiden Exemplare $J_1$ und $J_2$ des Intervalls $[a, b]$ zu erstrecken; man kann daher $M=s$, $N=t$ und $d\omega_N=dt$ setzen.

Die bisherige Theorie bleibt auch unter allgemeineren Voraussetzungen in bezug auf den bisher als stetig angenommenen Kern richtig. Wir können beispielsweise voraussetzen, daß der Kern $K(s, t)$ beschränkt und in endlich vielen Punkten und auf endlich vielen Linien, die in der Form $t=\omega(s)$ darstellbar sind, unstetig ist. Solche Kerne werden wir im folgenden regulär nennen. Wenn der Kern auf der Geraden $s=s_0$ unstetig ist (der Kern ist dann nicht regulär), dann wird im allgemeinen die Funktion

$$\omega(s)=\int_a^b K(s, t)\,h(t)\,dt \tag{98}$$

auch bei stetigem $h(t)$ an der Stelle $s=s_0$ unstetig sein.

Der Kern $K(s, t)$ sei jetzt regulär. Zur Vereinfachung wollen wir annehmen, daß sich seine Unstetigkeiten auf der Diagonalen des Quadrats $k_0$ befinden, und die Funktion $h(t)$ sei beispielsweise stetig und damit beschränkt, d. h. $|h(t)|\leqq m$ mit einer positiven Zahl $m$. Wir zeigen, daß $\omega(s)$ in (98) unter diesen Voraussetzungen stetig ist. Zunächst haben wir

$$|\omega(s)-\omega(s')|\leqq m\int_a^b |K(s, t)-K(s', t)|\,dt\,. \tag{99}$$

Bei beliebig vorgegebenem positivem $\varepsilon$ existiert wegen der Beschränktheit des Integranden eine positive Zahl $\delta$ derart, daß das über das Intervall $[s-\delta, s+\delta]$ erstreckte Integral in (99) kleiner ist als $\varepsilon$. Wir setzen voraus, daß sich $s'$ im Innern dieses Intervalls befindet. Bei der Integration über die übrigbleibenden Intervalle $[a, s-\delta]$ und $[s+\delta, b]$ ist der Integrand eine stetige Funktion seiner beiden Veränderlichen $s'$ und $t$; daher ist das Integral über jedes dieser beiden Intervalle für alle $s'$, die hinreichend nahe bei $s$ liegen, ebenfalls kleiner als $\varepsilon$. Hieraus folgt, daß die linke Seite der Ungleichung (99) für alle hinreichend nahe bei $s$ liegenden $s'$ kleiner als $3\,m\varepsilon$ ist, woraus sich die Stetigkeit von $\omega(s)$ ergibt.

Wenn $K'(s, t)$ und $K''(s, t)$ zwei Kerne mit den für $K(s, t)$ angegebenen Eigenschaften sind, läßt sich in analoger Weise zeigen, daß die Funktion

$$K'''(s, t) = \int_a^b K''(s, t_1)\, K'(t_1, t)\, dt_1$$

in bezug auf beide Argumente stetig ist. Wenn somit der Kern $K(s, t)$ die angegebenen Eigenschaften besitzt, dann ist bereits der zweite iterierte Kern eine stetige Funktion. Die Änderung der Integrationsreihenfolge, die wir beim Beweis der grundlegenden Sätze durchgeführt haben, bleibt auch bei diesen Voraussetzungen über den Kern richtig.

Schwierigkeiten ergeben sich, wenn der Kern nicht mehr beschränkt ist. Im folgenden werden wir die damit zusammenhängenden Probleme untersuchen und diejenigen nichtbeschränkten Kerne aussondern, für welche die bisher bewiesenen Sätze erhalten bleiben.

**15. Kompakte Mengen stetiger Funktionen.** Eine wesentliche Rolle in der Theorie der Integralgleichungen spielt der Begriff der Kompaktheit unendlicher Mengen von Funktionen. Wir beschäftigen uns jetzt mit diesem Begriff für Mengen stetiger Funktionen. In Teil V wird die Kompaktheit anderer Funktionenklassen und unter allgemeineren Gesichtspunkten systematisch untersucht.

Vorbereitend erinnern wir an einige Resultate aus [**II, 92, 93**]. Ist $\mathfrak{E}$ eine unendliche Menge reeller oder komplexer Zahlen, die dem Betrag nach durch ein und dieselbe Zahl $M > 0$ beschränkt sind, so daß für jede Zahl $x$ aus $\mathfrak{E}$ die Ungleichung $|x| \leq M$ gilt, so läßt sich aus jeder unendlichen Zahlenfolge $x_1, x_2, x_3, \ldots$ aus $\mathfrak{E}$ eine konvergente Teilfolge $x_{n_1}, x_{n_2}, x_{n_3}, \ldots$ $(n_1 > n_2 > n_3 > \ldots)$ auswählen.

Alle rationalen Zahlen aus einem beliebigen Intervall $[a, b]$ können in Form einer (nichtmonotonen) Folge [**II, 93**] $x_1, x_2, x_3, \ldots$ angeordnet werden.

Jede unendliche Menge von Zahlen oder irgendwelcher Objekte, deren Elemente mit Hilfe positiver ganzer Zahlen numeriert und damit als Folge dargestellt werden können, heißt *abzählbare Menge*. Wir bemerken, daß die rationalen Zahlen aus einem Intervall $[a, b]$ dort überall dicht liegen, d. h., jedes noch so kleine feste Teilintervall $[\alpha, \beta]$ von $[a, b]$ enthält eine unendliche Menge rationaler Zahlen. Folglich bilden die rationalen Zahlen aus dem Intervall $[a, b]$ eine dort überall dichte abzählbare Menge. Analog ist die Menge der Punkte eines beliebigen (endlichen oder unendlichen) Bereichs der Ebene, des dreidimensionalen oder $n$-dimensionalen Raumes, deren Koordinaten rationale Zahlen sind, eine abzählbare, in dem Bereich überall dichte Menge.

Wir wenden uns nun der Untersuchung unendlicher Mengen von auf einem endlichen Intervall $[a, b]$ stetigen Funktionen zu.

Definition 1. Die unendliche Menge $\mathfrak{E}$ von auf dem Intervall $[a, b]$ stetigen Funktionen heißt *kompakt*, wenn aus jeder beliebigen unendlichen Folge von Funktionen $\varphi_k(x)$ $(k = 1, 2, \ldots)$, die zu $\mathfrak{E}$ gehören, eine auf $[a, b]$ gleichmäßig konvergente Teilfolge $\{\varphi_{n_k}(x)\}$ ausgewählt werden kann.

Für die Kompaktheit einer Menge $\mathfrak{E}$ stetiger Funktionen genügt die Beschränktheit der Funktionen allein nicht. Wir halten deshalb eine weitere Eigenschaft der

Menge $\mathfrak{S}$ stetiger Funktionen $f(x)$ fest, die für die Kompaktheit eine wesentliche Rolle spielt. Bekanntlich ist jede in $[a, b]$ stetige Funktion dort auch gleichmäßig stetig, d. h., zu jedem vorgegebenen $\varepsilon > 0$ existiert ein $\delta > 0$ derart, daß

$$|f(x'') - f(x')| \leqq \varepsilon \quad \text{für alle} \quad x', x'' \in [a, b] \quad \text{mit} \quad |x'' - x'| < \delta \tag{100}$$

gilt. Bei gegebenem $\varepsilon > 0$ kann für verschiedene $f(x)$ die Zahl $\delta > 0$ unterschiedlich sein. Ist $\mathfrak{S}$ aber eine überabzählbare Menge verschiedener stetiger Funktionen, so braucht bei gegebenem $\varepsilon > 0$ eine Zahl $\delta > 0$, bei der (100) für alle $f(x)$ aus $\mathfrak{S}$ erfüllt ist, nicht zu existieren.

Definition 2. Man sagt, daß eine Menge $\mathfrak{S}$ aus *gleichgradig stetigen Funktionen* besteht, wenn zu jedem vorgegebenem $\varepsilon > 0$ und für alle Funktionen $f(x)$ aus $\mathfrak{S}$ eine Zahl $\delta > 0$ existiert, so daß (100) erfüllt ist.

Wir formulieren nun einen wichtigen Satz, der uns ein hinreichendes Kriterium für die Kompaktheit zur Verfügung stellt.

Satz von ARZELÀ. *Ist $\mathfrak{S}$ eine Menge (Familie) von Funktionen $f(x)$, die im Intervall $[a, b]$ gleichgradig stetig und dem Betrag nach durch ein und dieselbe Zahl $L$ beschränkt sind, d. h. $|f(x)| \leqq L$ für alle $f(x)$ aus $\mathfrak{S}$, so ist die Menge $\mathfrak{S}$ kompakt.*[1])

Bevor wir zum Beweis dieses Satzes kommen, zeigen wir vorbereitend den

Hilfssatz. *Aus jeder Folge von Funktionen $f_n(x)$ $(n = 1, 2, \ldots)$, die auf einem Intervall $[a, b]$ erklärt und dem Betrag nach durch ein und dieselbe Zahl $L$ beschränkt sind, kann man eine Teilfolge auswählen, die auf einer beliebig vorgegebenen abzählbaren Menge von Punkten $x_k$ $(k = 1, 2, \ldots)$ aus dem Intervall $[a, b]$ konvergiert.*

Da für $a \leqq x \leqq b$ nach Voraussetzung $|f_n(x)| \leqq L$ $(n = 1, 2, \ldots)$ ist, können wir aus der Zahlenfolge $\{f_n(x_1)\}$ eine konvergente Teilfolge auswählen, d. h., wir können aus der Funktionenfolge $\{f_n(x)\}$ eine Teilfolge

$$f_1^{(1)}(x),\ f_2^{(1)}(x),\ f_3^{(1)}(x),\ \ldots \tag{I}$$

auswählen, die im Punkt $x = x_1$ konvergiert. Setzen wir in den Funktionen von (I) jetzt $x = x_2$, so erhalten wir die Zahlen $f_k^{(1)}(x_2)$, deren absolute Beträge ebenfalls nicht größer sind als $L$. Somit können wir aus der Funktionenfolge (I) eine Teilfolge

$$f_1^{(2)}(x),\ f_2^{(2)}(x),\ f_3^{(2)}(x),\ \ldots \tag{II}$$

auswählen, die natürlich im Punkt $x = x_1$ konvergiert, da sie ja aus der im Punkt $x = x_1$ konvergenten Folge (I) ausgewählt wurde, außerdem aber auch noch in $x = x_2$ konvergiert. Setzen wir $x = x_3$, so können wir aus der Folge (II), da alle Zahlen $f_k^{(2)}(x_3)$ dem absoluten Betrag nach höchstens gleich $L$ sind, eine neue Teilfolge

$$f_1^{(3)}(x),\ f_2^{(3)}(x),\ f_3^{(3)}(x),\ \ldots \tag{III}$$

auswählen, die in den Punkten $x = x_1$, $x = x_2$ und $x = x_3$ konvergiert. Setzen wir diese Konstruktion weiter fort, so erhalten wir nacheinander Folgen

$$f_1^{(m)}(x),\ f_2^{(m)}(x),\ f_3^{(m)}(x),\ \ldots \qquad (m = 1, 2, 3, \ldots), \tag{m}$$

die jeweils in den Punkten $x = x_1$, $x = x_2$, ..., $x = x_m$ konvergieren. Wir bilden nun eine neue Folge, indem wir aus der Folge (I) die erste Funktion, aus der Folge (II) die zweite Funktion, aus der Folge (III) die dritte Funktion nehmen usw.:

$$f^{(1)}(x) = f_1^{(1)}(x), \qquad f^{(2)}(x) = f_2^{(2)}(x), \qquad f^{(3)}(x) = f_3^{(3)}(x), \ \ldots, \qquad f^{(n)}(x) = f_n^{(n)}(x), \ \ldots \tag{*}$$

[1]) Der Satz von ARZELÀ wurde speziell für gleichmäßig beschränkte gleichgradig stetige Funktionenfolgen schon von ASCOLI bewiesen. (Anm. d. Red.)

Von dieser Folge läßt sich zeigen, daß sie in jedem Punkt $x=x_k$ konvergiert. Wählen wir nämlich einen beliebigen Punkt $x=x_k$, so bilden alle Funktionen der Folge (*) von der Nummer $m=k$ ab, d. h., alle Funktionen

$$f^{(k)}(x)=f_k^{(k)}(x), \qquad f^{(k+1)}(x)=f_{k+1}^{(k+1)}(x), \ldots \tag{**}$$

auf Grund unserer Konstruktion eine Teilfolge der Folge ($m$) für $m=k$. Wir erhalten also eine konvergente Zahlenfolge, wenn wir in der Folge (**) $x=x_k$ setzen, d. h., die Funktionenfolge (**) konvergiert im Punkt $x=x_k$. Dasselbe gilt auch von der Folge (*), womit unser Hilfssatz bewiesen ist.

Nun sind wir in der Lage, den Satz von Arzelà zu beweisen. Es sei eine Funktionenfolge aus $\mathfrak{S}$ gegeben. Nach dem Hilfssatz können wir aus dieser Folge eine Teilfolge auswählen, die in allen Punkten einer abzählbaren, auf $[a, b]$ überall dichten Punktmenge $x_k$ ($k=1, 2, 3, \ldots$) gegen einen Grenzwert konvergiert. Dies können beispielsweise alle Punkte sein, die dem Intervall $[a, b]$ angehören und rationale Abszissen haben. Es sei

$$f_1(x),\ f_2(x),\ f_3(x), \ldots \tag{$\times$}$$

eine solche Teilfolge. Um zu zeigen, daß sie auf dem gesamten Intervall $[a, b]$ gleichmäßig konvergiert, bilden wir die Differenz $f_p(x)-f_q(x)$ und schreiben dafür

$$f_p(x)-f_q(x)=[f_p(x)-f_p(x')]+[f_p(x')-f_q(x')]+[f_q(x')-f_q(x)]\,, \tag{$\alpha$}$$

wobei $x'$ einer der Punkte $x_k$ ist. Es sei $\varepsilon$ eine vorgegebene positive Zahl und $\delta$ die ihr in der Definition der gleichgradigen Stetigkeit zugeordnete Zahl. Dann zerlegen wir das Intervall $[a, b]$ durch eine endliche Menge $T$ von Punkten, die wir aus den $x_k$ wählen, in Teilintervalle, deren Länge jeweils höchstens gleich $\delta$ ist. Dies ist offenbar möglich, da die Menge der Punkte $x_k$ auf $[a, b]$ überall dicht ist. In jedem Punkt aus $T$ hat die Folge ($\times$) einen Grenzwert. Daher existiert eine Zahl $N$ derart, daß die Ungleichung

$$|f_p(x')-f_q(x')|<\varepsilon \quad \text{für} \quad p,\ q>N \tag{$\beta$}$$

erfüllt ist, wenn $x'$ ein Punkt aus $T$ ist. Wir wählen nun für den Punkt $x'$, der in der Beziehung ($\alpha$) vorkommt, einen Punkt aus $T$ und benutzen die Ungleichung

$$|f_p(x)-f_q(x)|\leqq|f_p(x)-f_p(x')|+|f_p(x')-f_q(x')|+|f_q(x')-f_q(x)|\,, \tag{$\gamma$}$$

die unmittelbar aus ($\alpha$) folgt. Bei beliebiger Lage von $x$ in $[a, b]$ gibt es stets ein $x'$ aus $T$ derart, daß $|f_n(x)-f_n(x')|<\varepsilon$ ist für alle $n$. Dieses $x'$ ist ein Endpunkt des Teilintervalls, in dem $x$ liegt. Außerdem gilt für $p,\ q>N$ die Ungleichung ($\beta$) für beliebige $x'$ aus $T$. Somit können wir wegen ($\gamma$) schließen: Bei beliebig vorgegebenem positivem $\varepsilon$ existiert ein nicht von $x$ abhängiges $N$ derart, daß die Ungleichung $|f_p(x)-f_q(x)|<3\varepsilon$ für $p,\ q>N$ und alle $x$ aus $[a, b]$ erfüllt ist. Daraus ergibt sich aber, daß die Folge ($\times$) auf dem gesamten Intervall $[a, b]$ gleichmäßig konvergiert; damit ist unser Satz bewiesen.

Der Beweis ist offenbar sowohl für reellwertige als auch für komplexwertige Funktionen richtig. Wenn bekannt ist, daß eine Folge $\{f_n(x)\}$ gleichgradig stetiger Funktionen in jedem Punkt des Intervalls $[a, b]$ oder in den Punkten $x_k$ einer in $[a, b]$ überall dichten Menge konvergiert, ist es nicht mehr notwendig, eine Teilfolge auszuwählen, die in allen Punkten $x_k$ konvergiert. Damit erhält man den

Satz. *Wenn eine Folge* $f_1(x), f_2(x), \ldots$ *auf dem Intervall* $[a, b]$ *gleichgradig stetiger Funktionen in allen Punkten dieses Intervalls (oder auch nur in den Punkten* $x_k$ *einer auf* $[a, b]$ *überall dichten Menge) konvergiert, konvergiert sie gleichmäßig auf* $[a, b]$.

Der Beweis des Satzes läßt sich Wort für Wort auf den Fall einer Menge $\mathfrak{S}$ von Funktionen $f(P)$ übertragen, die auf einem abgeschlossenen Bereich $B$ des $n$-dimensionalen Raumes oder auf einer Fläche definiert sind. In diesem Fall nennt man die Funktionen aus $\mathfrak{S}$ gleichgradig stetig, wenn bei beliebig vorgegebenem positivem $\varepsilon$ für alle Funktionen aus der Menge $\mathfrak{S}$ eine positive Zahl $\eta$ existiert derart, daß $|f(P)-f(Q)| \leqq \varepsilon$ gilt, sobald $P$ und $Q$ dem Bereich $B$ angehören und ihr Abstand $|PQ| \leqq \eta$ ist.

Wir haben gezeigt, daß die Beschränktheit aller Funktionen der Menge $\mathfrak{S}$ dem Betrag nach durch eine feste Zahl zusammen mit der gleichgradigen Stetigkeit eine hinreichende Bedingung für die Kompaktheit von $\mathfrak{S}$ darstellt. Man kann auch beweisen, daß diese beiden Eigenschaften dafür sogar notwendig sind (vgl. Teil V).

Es sei jetzt

$$v(s) = \int_a^b K(s, t)\, u(t)\, dt \tag{101}$$

ein Integraloperator mit stetigem Kern $K(s, t)$. Wir wissen, daß er stetige Funktionen $u(t)$ in stetige Funktionen $v(s)$ abbildet. $\mathfrak{S}$ sei eine unendliche Menge beschränkter Funktionen: $|u(t)| \leqq m$. Der Kern ist wegen der Stetigkeit im Quadrat $k_0$ auch beschränkt: $|K(s, t)| \leqq M$, und damit erhalten wir

$$|v(s)| \leqq Mm(b-a)\,.$$

Somit ist die Menge der Funktionen $v(s)$ ebenfalls beschränkt. Weiterhin besteht die Ungleichung

$$|v(s)-v(s')| \leqq m \int_a^b |K(s, t)-K(s', t)|\, dt\,.$$

Auf Grund der Stetigkeit des Kerns existiert zu jedem vorgegebenen $\varepsilon > 0$ ein von $v(s)$ unabhängiges $\delta > 0$ mit

$$|K(s, t)-K(s', t)| \leqq \frac{\varepsilon}{m(b-a)}\,, \quad \text{sofern} \quad |s-s'| \leqq \delta$$

ist. Aus den letzten beiden Ungleichungen ergibt sich

$$|v(s)-v(s')| \leqq \varepsilon \quad \text{für} \quad |s-s'| \leqq \delta\,.$$

Definition. Ein Operator heißt *vollstetiger Operator* von $C$ in $C$[1]), wenn er jeder beschränkten Menge von auf $[a, b]$ stetigen Funktionen eine kompakte Menge von Funktionen zuordnet, die ebenfalls auf $[a, b]$ stetig sind.

Wir hatten soeben bewiesen, daß die Funktionen $v(s)$ beschränkt und gleichgradig stetig sind. Folglich bilden sie eine kompakte Menge, und der Operator (101) ist vollstetig. Die benutzte Beweismethode eignet sich auch für den Nachweis dieser Eigenschaft im Fall eines polaren Kerns.

**16. Nichtbeschränkte Kerne.** Die bisher bewiesenen Sätze können für unbeschränkte Kerne ihre Gültigkeit verlieren. In diesem und im nächsten Abschnitt werden wir diese Sätze jedoch auf einen bestimmten Typ unbeschränkter Kerne übertragen, nämlich auf Kerne der Gestalt

$$K(s, t) = \frac{L(s, t)}{|s-t|^{\alpha}}\,, \tag{102}$$

[1]) Das Symbol $C$ oder $C[a, b]$ bezeichnet die Menge (den Raum) der auf $[a, b]$ stetigen Funktionen.

wobei $L(s, t)$ eine im Quadrat $k_0$ stetige Funktion und $0<\alpha<1$ ist. Solche Kerne heißen *polare Kerne*[1]). Die stetige Funktion $L(s, t)$ ist in $k_0$ dem Betrag nach beschränkt, und daher ist

$$|K(s, t)| \leqq \frac{A}{|s-t|^\alpha} \tag{102$_1$}$$

mit einer Konstanten $A$.

Zunächst schätzen wir das folgende Integral über ein beliebiges endliches Intervall, das $s$ enthält, ab:

$$\int_c^d \frac{1}{|s-t|^\alpha} \, dt = \int_c^s \frac{dt}{(s-t)^\alpha} + \int_s^d \frac{dt}{(t-s)^\alpha} \leqq \frac{2(d-c)^{1-\alpha}}{1-\alpha} \qquad (0<\alpha<1)\,.$$

Danach betrachten wir den Integraloperator

$$v(s) = \int_a^b \frac{L(s, t)}{|s-t|^\alpha} u(t) \, dt \tag{103}$$

auf einer Menge $\mathfrak{G}$ stetiger, dem Betrag nach gleichmäßig durch eine bestimmte Zahl $m$ beschränkter Funktionen: $|u(t)| \leqq m$. Wir wollen beweisen, daß dann die Funktionen $v(s)$ in $C$ eine kompakte Menge bilden, d. h., daß der Operator (103) ein vollstetiger Operator von $C$ in sich ist.

Die Beschränktheit der Funktionen $v(s)$ durch ein und dieselbe Zahl folgt aus

$$|v(s)| \leqq mD \qquad \left(D = \frac{2(b-a)^{1-\alpha}}{1-\alpha} A\right).$$

Es bleibt noch die gleichgradige Stetigkeit der $v(s)$ zu beweisen. Offenbar gilt

$$|v(s') - v(s)| \leqq m \int_a^b \left| \frac{L(s', t)}{|s'-t|^\alpha} - \frac{L(s, t)}{|s-t|^\alpha} \right| dt\,. \tag{104}$$

Mit einer gewissen Zahl $\delta > 0$, die im Vergleich zu $b-a$ klein ist, überdecken wir die Punkte $s$ und $s'$ der Zahlengeraden durch die Intervalle $\omega_{2\delta}$ bzw. $\omega'_{2\delta}$ der Länge $2\delta$, deren Mittelpunkte gerade $s$ bzw. $s'$ sind. Diese Intervalle können sich überschneiden und auch aus dem Intervall $[a, b]$ herausführen.

Der Integrand in (104) ist höchstens gleich $\frac{A}{|s'-t|^\alpha} + \frac{A}{|s-t|^\alpha}$. Integrieren wir diese Summe jeweils über $\omega_{2\delta}$ sowie $\omega'_{2\delta}$ und addieren die Ergebnisse, so erhalten wir eine positive Zahl, die nicht größer als $\frac{2^{3-\alpha}\delta^{1-\alpha}}{1-\alpha} A$ ist. Nun bleibt noch über den restlichen Teil von $[a, b]$ zu integrieren, auf dem $|s'-t|$, $|s-t| > \delta$ gilt, so daß dieser Anteil des Integrals in (104) dem Betrag nach nicht größer als

$$\frac{1}{\delta^{2\alpha}} \int_a^b \left| |s-t|^\alpha L(s', t) - |s'-t|^\alpha L(s, t) \right| dt \tag{105}$$

ist. Unser Ziel ist zu beweisen, daß zu beliebig vorgegebenem $\varepsilon > 0$ ein $\eta > 0$ (unabhängig von $u(t)$) existiert mit

$$|v(s') - v(s)| \leqq \varepsilon \quad \text{für} \quad |s'-s| \leqq \eta\,.$$

[1]) Mit den von HILBERT eingeführten polaren Integralgleichungen haben diese Kerne nichts zu tun. Sie sind singulär und dabei integrabel (Anm. d. Red.)

Dazu wählen wir zuerst $\delta$ gemäß

$$m\,\frac{2^{3-\alpha}\delta^{1-\alpha}}{1-\alpha}\,A \leqq \frac{\varepsilon}{2}\,.$$

Wegen der Stetigkeit des Integranden im Integral (105) existiert ein solches $\eta$, daß auch das Integral über den restlichen Teil des Intervalls $[a, b]$ höchstens gleich $\frac{\varepsilon}{2}$ ist. Daraus erhalten wir insgesamt schließlich $|v(s') - v(s)| \leqq \varepsilon$. Wir haben damit bewiesen, daß der Operator (103) als Operator von $C$ in $C$ vollstetig ist.

Wir untersuchen noch einige weitere Eigenschaften dieses Operators. Es sei $\gamma$ eine kleine positive Zahl. Wir führen einen stetigen Kern ein, der den Kern $K(s, t)$ approximiert, und zwar setzen wir

$$K_\gamma(s, t) = \begin{cases} K(s, t) & \text{für} \quad |s-t| \geqq \gamma\,, \\ \dfrac{L(s, t)}{\gamma^\alpha} & \text{für} \quad |s-t| < \gamma\,. \end{cases} \tag{106}$$

Der Kern $K_\gamma(s, t)$ unterscheidet sich von dem Kern $K(s, t)$ nur für $|s-t| < \gamma$, und es ist $|K_\gamma(s, t)| \leqq |K(s, t)|$, so daß

$$\int_a^b |K_\gamma(s, t)|\,dt \leqq D \qquad \left(D = \frac{2(b-a)^{1-\alpha}}{1-\alpha}\,A\right)$$

gilt.

Neben der Transformation (103) betrachten wir noch die Transformation

$$v_\gamma(s) = \int_a^b K_\gamma(s, t)\,u(t)\,dt\,. \tag{107}$$

Die soeben durchgeführten Abschätzungen können wir unter Berücksichtigung von (106) wiederholen und erhalten so leicht den folgenden

Hilfssatz. *Sind die stetigen Funktionen $u(t)$ dem Betrag nach durch ein und dieselbe Zahl beschränkt, so definiert der Integralausdruck in* (107) *für* $0 \leqq \gamma \leqq \varepsilon$, *wobei* $\varepsilon > 0$ *und* $K_0(s, t) = K(s, t)$ *ist, eine Klasse gleichgradig stetiger Funktionen, die ebenfalls dem Betrag nach durch ein und dieselbe Zahl beschränkt sind.*

Im folgenden benötigen wir die Formel

$$\int_a^b \left[\int_a^b K_\gamma(s, t)\,u_1(t)\,dt\right] u_2(s)\,ds = \int_a^b \left[\int_a^b K_\gamma(s, t)\,u_2(s)\,ds\right] u_1(t)\,dt$$

der Vertauschbarkeit der Integrationsreihenfolge, wobei $u_1(t)$ und $u_2(s)$ auf $[a, b]$ stetige Funktionen sind. Für den stetigen Kern $K_\gamma(s, t)$ ist diese Formel bekannt [II, 81], und man zeigt leicht, daß

$$\int_a^b K_\gamma(s, t)\,u_1(t)\,dt \to \int_a^b K(s, t)\,u_1(t)\,dt \quad \text{für} \quad \gamma \to +0 \tag{108}$$

gleichmäßig in $s$ gilt, so daß sie auch auf polare Kerne übertragbar ist.

Wir brauchen noch eine weitere Aussage. Es seien $\varphi_\gamma(t)$ auf $[a, b]$ stetige Funktionen, die von dem positiven Parameter $\gamma$ abhängen und gleichmäßig für $\gamma \to +0$ gegen die offenbar wieder stetige Funktion $\varphi_0(t)$ konvergieren. Dann konvergiert auch

$$\int_a^b K_\gamma(s, t)\,\varphi_\gamma(t)\,dt \to \int_a^b K(s, t)\,\varphi_0(t)\,dt\,, \tag{109}$$

was man mit Hilfe der Ungleichung

$$\left| \int_a^b [K(s,t)\,\varphi_0(t) - K_\gamma(s,t)\,\varphi_\gamma(t)]\,dt \right|$$
$$\leqq \left| \int_a^b K(s,t)\,[\varphi_0(t) - \varphi_\gamma(t)]\,dt \right| + \left| \int_a^b [K(s,t) - K_\gamma(s,t)]\,\varphi_\gamma(t)\,dt \right|$$

beweist.

**17. Integralgleichungen mit polarem Kern.** Wir untersuchen nun die Integralgleichung

$$\varphi(s) = f(s) + \lambda \int_a^b K(s,t)\,\varphi(t)\,dt \tag{110}$$

mit einem Kern der Gestalt (102), in der $f(s)$ die gegebene und $\varphi(s)$ die gesuchte Funktion ist, die beide auf $[a, b]$ als stetig angenommen werden.

Wir setzen zunächst voraus, daß $\lambda$ keine charakteristische Zahl ist, also die Integralgleichung

$$\varphi(s) = \lambda \int_a^b K(s,t)\,\varphi(t)\,dt \tag{111}$$

nur die Nullösung hat, und zeigen, daß die homogene Integralgleichung

$$\varphi_\gamma(s) = \lambda \int_a^b K_\gamma(s,t)\,\varphi_\gamma(t)\,dt \tag{111$_1$}$$

für alle hinreichend nahe bei 0 liegenden $\gamma$ ebenfalls nur die Nullösung besitzt. Den Beweis führen wir indirekt. Es existiere eine Nullfolge positiver Zahlen $\gamma_1, \gamma_2, \ldots, \gamma_n, \ldots$, für die die Integralgleichungen

$$\varphi_{\gamma_n}(s) = \lambda \int_a^b K_{\gamma_n}(s,t)\,\varphi_{\gamma_n}(t)\,dt \qquad (n = 1, 2, \ldots) \tag{112}$$

von der Nullösung verschiedene Lösungen besitzen. Da diese Lösungen nur bis auf einen konstanten Faktor bestimmt sind, können wir annehmen, daß die Abschätzung

$$|\varphi_{\gamma_n}(s)| \leqq 1 \tag{113}$$

für jedes $\gamma_n$ besteht und daß für einen gewissen Wert von $s$ in dieser Ungleichung das Gleichheitszeichen gilt.

Nach dem Hilfssatz aus [16] sind die Funktionen $\varphi_{\gamma_n}(s)$ gleichgradig stetig und wegen (113) gleichmäßig beschränkt. Wir können also aus der Folge $\{\varphi_{\gamma_n}(s)\}$ eine Teilfolge auswählen, die auf $[a, b]$ gleichmäßig gegen eine Grenzfunktion $\varphi_0(s)$ konvergiert. Führen wir mit dieser Teilfolge in (112) den Grenzübergang durch, so erhalten wir

$$\varphi_0(s) = \lambda \int_a^b K(s,t)\,\varphi_0(t)\,dt\,. \tag{114}$$

Da aber der Grenzübergang in bezug auf $s$ gleichmäßig ist und in (113) für mindestens ein $s$ das Gleichheitszeichen angenommen wird, muß die stetige Funktion $\varphi_0(s) \not\equiv 0$ sein. Demnach ist $\lambda$ charakteristische Zahl der Integralgleichung (111). Das widerspricht jedoch der oben gemachten Voraussetzung. Somit hat die Integralgleichung (111$_1$) für alle hinreichend nahe bei 0 liegenden $\gamma > 0$ als einzige

Lösung nur die Nullösung, und daher besitzt die Integralgleichung mit stetigem Kern

$$\varphi_\gamma(s) = f(s) + \lambda \int_a^b K_\gamma(s, t)\, \varphi_\gamma(t)\, dt \tag{115}$$

bei jeder gegebenen Funktion $f(s)$ genau eine Lösung (für ein festes $\gamma$).

Jetzt wollen wir zeigen, daß diese Lösungen für alle genügend kleinen $\gamma > 0$ dem Betrag nach durch ein und dieselbe Zahl beschränkt sind. Es sei $m_\gamma = \max\limits_{a \leqq s \leqq b} |\varphi_\gamma(s)|$. Zu zeigen ist, daß keine Folge $\{m_{\gamma_n}\}$ existiert, die für $\gamma_n \to 0$ gegen $\infty$ strebt. Angenommen, es existiert eine solche Folge. Offenbar gilt die Beziehung

$$\frac{|\varphi_{\gamma_n}(s)|}{m_{\gamma_n}} \leqq 1\,, \tag{116}$$

in der für wenigstens ein $s$ das Gleichheitszeichen angenommen wird. Setzen wir in (115) $\gamma = \gamma_n$ und dividieren beide Seiten durch $m_{\gamma_n}$, so erhalten wir

$$\frac{\varphi_{\gamma_n}(s)}{m_{\gamma_n}} = \lambda \int_a^b K_{\gamma_n}(s, t) \frac{\varphi_{\gamma_n}(t)}{m_{\gamma_n}}\, dt + \frac{f(s)}{m_{\gamma_n}}\,. \tag{117}$$

Der zweite Summand auf der rechten Seite strebt auf $[a, b]$ gleichmäßig gegen 0, der erste liefert wegen (115) und dem Hilfssatz aus **[16]** eine Folge gleichmäßig beschränkter und gleichgradig stetiger Funktionen. Nach dem Satz von Arzelà können wir annehmen, daß die Folge, die der erste Summand für $\gamma_n \to 0$ darstellt, eine Teilfolge enthält, welche gleichmäßig auf $[a, b]$ gegen eine Grenzfunktion konvergiert. Deshalb konvergiert auch die entsprechende Teilfolge auf der linken Seite gleichmäßig auf $[a, b]$ gegen eine Grenzfunktion $\varphi_0(s)$, die nicht identisch verschwindet, da in (116) das Gleichheitszeichen angenommen wird. Führen wir in (117) bei der gewählten Teilfolge den Grenzübergang durch, so erhalten wir die Integralgleichung (114); es zeigt sich also, daß $\lambda$ eine charakteristische Zahl der Integralgleichung (111) ist. Das widerspricht aber der Voraussetzung. Somit sind alle Funktionen $\varphi_\gamma(s)$ für hinreichend nahe bei 0 liegende $\gamma$ dem Betrag nach durch ein und dieselbe Zahl beschränkt. Hiernach folgt aus (110) und dem Hilfssatz aus **[16]**, daß die Funktionen $\varphi_\gamma(s)$ gleichgradig stetig sind. Benutzen wir noch einmal den Satz von Arzelà und führen den Grenzübergang durch, so erhalten wir die Integralgleichung

$$\omega(s) = f(s) + \lambda \int_a^b K(s, t)\, \omega(t)\, dt\,, \tag{118}$$

in der $\omega(t)$ eine stetige Funktion ist.

Damit haben wir bewiesen, daß die Integralgleichung (110) für jede gegebene Funktion $f(s)$ eine Lösung besitzt, falls $\lambda$ keine charakteristische Zahl ist. Die Eindeutigkeit der Lösung folgt unmittelbar daraus, daß die homogene Integralgleichung (111) nach Voraussetzung nur die Nullösung als Lösung hat.

Wir betrachten nun die zu (111) transponierte homogene Integralgleichung

$$\psi(s) = \lambda \int_a^b K(t, s)\, \psi(t)\, dt \tag{119}$$

und zeigen, daß sie ebenfalls nur die Nullösung als Lösung hat. Angenommen, $\psi(s)$ wäre eine von der Nullösung verschiedene Lösung dieser Integralgleichung. Multiplizieren wir beide Seiten von (110) mit $\psi(s)$, integrieren über $s$ und vertauschen gemäß [**16**] die Integrationsreihenfolge in dem entstandenen Doppelintegral, so erhalten wir

$$\int_a^b \varphi(s)\,\psi(s)\,ds = \int_a^b \left[\lambda \int_a^b K(s,t)\,\psi(s)\,ds\right] \varphi(t)\,dt + \int_a^b f(s)\,\psi(s)\,ds\,.$$

Hieraus folgt für die Lösbarkeit der Integralgleichung (110) wegen (119) die Bedingung (vgl. die Herleitung der Gleichung (79) in [**10**])

$$\int_a^b f(s)\,\psi(s)\,ds = 0\,. \tag{120}$$

Wie aber bereits gezeigt wurde, ist die Integralgleichung (110) für beliebige $f(s)$ lösbar. Dieser Widerspruch zeigt, daß die homogene Integralgleichung (119) nur die Nullösung als Lösung besitzt.

Damit haben wir für Kerne der Gestalt (102) die folgende Aussage bewiesen. Es besteht die Alternative: *Entweder sind beide Integralgleichungen*

$$\varphi(s) = f(s) + \lambda \int_a^b K(s,t)\,\varphi(t)\,dt\,,$$

$$\psi(s) = g(s) + \lambda \int_a^b K(t,s)\,\psi(t)\,dt$$

*für beliebige gegebene stetige Funktionen $f(s)$ und $g(s)$ zugleich lösbar, und zwar eindeutig, oder die zugehörigen homogenen Integralgleichungen haben von der Nullösung verschiedene Lösungen.*

Bemerkung. Ist $\lambda$ keine charakteristische Zahl, so haben wir gezeigt, daß die Integralgleichung (115) für jedes positive, hinreichend nahe bei 0 gelegene $\gamma$ eine eindeutig bestimmte Lösung besitzt, und diese Lösungen sind dem Betrag nach durch ein und dieselbe Zahl beschränkt. Weiterhin haben wir durch Auswahl einer Teilfolge und anschließenden Grenzübergang die Lösung der Ausgangsgleichung (110) erhalten.

Unter Benutzung der Eindeutigkeit der Lösung der Integralgleichung (110) läßt sich leicht zeigen, daß die Auswahl einer Teilfolge nicht notwendig ist. Denn hätte $\varphi_\gamma(s)$ in einem Punkt $s$ für $\gamma \to +0$ keinen Grenzwert, so könnten wir zwei Teilfolgen auswählen, die gegen zwei stetige Grenzfunktionen gleichmäßig konvergieren, deren Funktionswerte im Punkt $s$ voneinander verschieden sind. Damit würden wir zwei verschiedene Lösungen der Integralgleichung (110) erhalten. Das ist aber unmöglich, wenn $\lambda$ keine charakteristische Zahl ist. Folglich konvergieren die $\varphi_\gamma(s)$ ohne jede Auswahl gegen eine Grenzfunktion $\omega(s)$. Die Gleichmäßigkeit der Konvergenz folgt daraus, daß die Funktionen $\varphi_\gamma(s)$ wegen (115) dem Betrag nach beschränkt und gleichgradig stetig sind.

**18. Lösbarkeit im Fall einer charakteristischen Zahl.** Wir setzen jetzt voraus, daß $\lambda$ eine charakteristische Zahl ist. Besitzt eine der homogenen Integralgleichungen

$$\varphi(s) = \lambda \int_a^b K(s,t)\,\varphi(t)\,dt\,, \tag{121$_1$}$$

$$\psi(s) = \lambda \int_a^b K(t,s)\,\psi(t)\,dt \tag{121$_2$}$$

endlich viele linear unabhängige Lösungen, so läßt sich durch Wiederholung des Beweises von Satz 9 in Abschnitt [10] zeigen, daß auch die zweite Integralgleichung ebenso viele linear unabhängige Lösungen hat. Dann können wir genau wie in [10] beweisen, daß die Bedingung (120), in der $\psi(s)$ eine beliebige Lösung der Integralgleichung $(121_2)$ ist, für die Lösbarkeit der Integralgleichung (110) nicht nur notwendig, sondern auch hinreichend ist.

Es ist noch nachzuweisen, daß die Anzahl der linear unabhängigen Lösungen von $(121_1)$ endlich ist. Wir führen den Beweis indirekt und nehmen an, daß die Integralgleichung $(121_1)$ unendlich viele linear unabhängige Lösungen

$$\varphi_n(s) = \lambda \int_a^b K(s, t)\, \varphi_n(t)\, dt \qquad (n = 1, 2, \ldots) \tag{122}$$

hat. Man kann voraussetzen, daß diese Lösungen paarweise orthogonal sind,

$$\int_a^b \varphi_p(t)\, \overline{\varphi_q(t)}\, dt = 0 \quad \text{für} \quad p \neq q\,, \tag{123}$$

und den Bedingungen

$$|\varphi_n(s)| \leqq 1 \qquad (n = 1, 2, \ldots) \tag{124}$$

genügen, in denen das Gleichheitszeichen mindestens an einer Stelle $s$ angenommen wird. Aus (122) und (124) folgt, daß die $\varphi_n(s)$ auf $[a, b]$ gleichgradig stetig sind und daß in der Folge $\{\varphi_n(s)\}$ eine Teilfolge existiert, die gleichmäßig auf $[a, b]$ gegen eine Grenzfunktion $\varphi_0(s)$ konvergiert. Führen wir in (123) bezüglich dieser Teilfolge $\{\varphi_p(t)\}$ den Grenzübergang durch, so erhalten wir

$$\int_a^b \varphi_0(t)\, \overline{\varphi_q(t)}\, dt = 0$$

und durch Grenzübergang hinsichtlich $\varphi_q(s)$

$$\int_a^b |\varphi_0(t)|^2\, dt = 0\,.$$

Die Funktion $\varphi_0(t)$ kann aber nicht identisch verschwinden, da in (124) für alle $n$ mindestens an einer Stelle das Gleichheitszeichen angenommen wird. Unsere Annahme führt also zu einem Widerspruch. Damit ist bewiesen, daß die Integralgleichung $(121_1)$ nur endlich viele linear unabhängige Lösungen haben kann.

Für einen Kern der Gestalt (102) gilt demnach folgende Aussage: Ist $\lambda$ eine charakteristische Zahl der Integralgleichung (110), so haben die Integralgleichungen $(121_1)$ und $(121_2)$ dieselbe endliche Anzahl linear unabhängiger Lösungen, und für die Lösbarkeit der Integralgleichung (110) ist notwendig und hinreichend, daß die gegebene Funktion $f(s)$ der Bedingung (120) genügt, in der $\psi(s)$ eine beliebige Lösung der Integralgleichung $(121_2)$ ist.

In einem der folgenden Abschnitte werden wir zeigen, daß für polare Kerne in jedem beschränkten Teil der $\lambda$-Ebene nur endlich viele charakteristische Zahlen existieren können und jede von ihnen nur eine endliche Vielfachheit besitzt.

**19. Der mehrdimensionale Fall.** Alle unsere Ergebnisse lassen sich ohne wesentliche Änderungen in den Beweisen auf den mehrdimensionalen Fall übertragen. Im zweidimensionalen Fall nimmt die Integralgleichung mit polarem Kern die Gestalt

$$\varphi(s) = f(s) + \lambda \int_B \frac{L(s, t)}{r^\alpha}\, \varphi(t)\, dt \tag{125}$$

an, in der $B$ ein beschränkter quadrierbarer Bereich der Ebene sei. Das Integral ist natürlich als Doppelintegral über $B$ zu verstehen, wobei $t$ der variable Integrationspunkt, $dt$ das Flächenelement (in kartesischen Koordinaten $dt = dx\,dy$), $r$ der Abstand zwischen den Punkten $s$ und $t$, $0<\alpha<2$ und die Funktion $L(s, t)$ stetig bezüglich $s$ und $t$ aus dem abgeschlossenen Bereich $B$ ist. Ebenso kann man die Integralgleichung mit polarem Kern im dreidimensionalen oder allgemein im $n$-dimensionalen Raum $(0<\alpha<n)$ aufschreiben. Die Theorie der Integralgleichungen läßt sich ganz analog auch bei Integration über glatte Flächen entwickeln. Die genauen Voraussetzungen für die Glattheit formulieren wir erst in Teil IV/2, wenn wir die Integralgleichungen in der Potentialtheorie anwenden.

**20. Integralgleichungen mit regulären iterierten Kernen.** Wir untersuchen jetzt das Produkt zweier Integraloperatoren mit polaren Kernen im eindimensionalen Fall $(n=1)$. Für beliebige Dimensionen werden in Teil V detaillierte Beweise angegeben.

Es seien $K_1$, $K_2$ zwei Operatoren mit polaren Kernen der Gestalt

$$K_1 u_1 = v_1(s) = \int_a^b \frac{L_1(s, t)}{|s-t|^\alpha} u_1(t)\, dt ,$$

$$K_2 u_2 = v_2(s) = \int_a^b \frac{L_2(s, t)}{|s-t|^\beta} u_2(t)\, dt .$$

Dabei sind die Funktionen $L_i(s, t)$ in $k_0$ stetig $(i=1, 2)$ und $0 \leqq \alpha, \beta < 1$. Das Produkt $K_2 K_1$ dieser Operatoren ist der Integraloperator mit dem Kern

$$M(s, t) = \int_a^b \frac{L_2(s, \tau)\, L_1(\tau, t)}{|s-\tau|^\beta\, |\tau-t|^\alpha}\, d\tau .$$

Wir zeigen zuerst, daß die Funktion $M(s, t)$ in $k_0$ außerhalb der Diagonalen $s=t$ stetig ist. Wir setzen voraus, daß $s_0 \neq t_0$ ist und der Punkt $(s_0, t_0)$ im Innern von $k_0$ liegt. Das Intervall $a \leqq \tau \leqq b$ zerlegen wir in zwei Teile $r_1$ und $r_2$. Dabei soll der Punkt $\tau = s_0$ im Innern von $r_1$ und der Punkt $\tau = t_0$ im Innern von $r_2$ liegen. Nun wählen wir $\varepsilon$ so klein, daß die Intervalle $|\tau - s_0| \leqq \varepsilon$ und $|\tau - t_0| \leqq \varepsilon$ sich innerhalb von $r_1$ bzw. $r_2$ befinden. Damit können wir das Integrationsintervall $a \leqq \tau \leqq b$ in folgende fünf Teilintervalle zerlegen: $[a, s_0-\varepsilon]$, $[s_0-\varepsilon, s_0+\varepsilon]$, $[s_0+\varepsilon, t_0-\varepsilon]$, $[t_0-\varepsilon, t_0+\varepsilon]$, $[t_0+\varepsilon, b]$, wobei wir o. B. d. A. $s_0 < t_0$ angenommen haben.

Die Integrale über $[s_0-\varepsilon, s_0+\varepsilon]$ und $[t_0-\varepsilon, t_0+\varepsilon]$ können dem Betrag nach bei entsprechender Wahl von $\varepsilon$ nach Belieben klein gemacht werden. Die Integrale über die restlichen Intervalle sind stetige Funktionen von $(s_0, t_0)$.

Daraus folgt, daß $M(s, t)$ eine im Innern von $k_0$ außerhalb der Diagonalen $s=t$ stetige Funktion ist. Wenn sich der Punkt $(s_0, t_0)$ auf dem Rand von $k_0$ befindet, läßt sich der Beweis analog führen.

Wir betrachten jetzt die beiden Fälle $\alpha+\beta>1$ sowie $\alpha+\beta<1$ und setzen wie zuvor wieder $s \neq t$ voraus.

I. $\alpha+\beta>1$. Zunächst führen wir die Bezeichnung $|s-t| = \delta$ und die neuen Koordinaten

$$s' = \frac{s}{\delta}, \qquad t' = \frac{t}{\delta}, \qquad \tau' = \frac{\tau}{\delta} \tag{126}$$

ein, so daß $|s'-t'|=1$ wird. Dann gilt

$$\int_a^b \frac{d\tau}{|s-\tau|^\beta\,|\tau-t|^\alpha} \leqq \int_{-\infty}^{\infty} \frac{d\tau}{|s-\tau|^\beta|\tau-t|^\alpha} = \frac{\delta}{\delta^{\alpha+\beta}} \int_{-\infty}^{\infty} \frac{d\tau'}{|s'-\tau'|^\beta\,|\tau'-t'|^\alpha}.$$

Im letzten Integral legen wir den Koordinatenursprung der $\tau'$-Achse in den Punkt $s'$ und wählen als positive Richtung die von $s'$ nach $t'$. Dann erhalten wir

$$\int_a^b \frac{d\tau}{|s-\tau|^\beta\,|\tau-t|^\alpha} \leqq \delta^{-(\alpha+\beta-1)} \int_{-\infty}^{\infty} \frac{d\tau'}{|\tau'|^\beta\,|\tau'-1|^\alpha}.$$

Das uneigentliche Integral auf der rechten Seite konvergiert für $\alpha$, $\beta<1$ und $\alpha+\beta>1$. Es hängt auch nicht von $s$ und $t$ ab, so daß

$$\int_a^b \frac{d\tau}{|s-\tau|^\beta\,|\tau-t|^\alpha} \leqq c\,|s-t|^{-(\alpha+\beta-1)} \tag{126$_1$}$$

und

$$M(s,t) = L(s,t)\,|s-t|^{-(\alpha+\beta-1)} \qquad (\alpha+\beta>1)$$

gilt, wobei $L(s,t)$ eine, wie oben gezeigt wurde, für $s\neq t$ stetige und wegen (126$_1$) auch beschränkte Funktion ist.

II. $\alpha+\beta<1$. In diesem Fall konvergiert das Integral in (126$_1$) auch für $s=t$. Wir beweisen zunächst die Ungleichung

$$|s-\tau|^{-\beta}\,|\tau-t|^{-\alpha} \leqq |s-\tau|^{-(\alpha+\beta)} + |\tau-t|^{-(\alpha+\beta)}.$$

Dazu multiplizieren wir beide Seiten mit $|s-\tau|^{\alpha+\beta}$ und setzen $|s-\tau|\,|\tau-t|^{-1}=r$. Man sieht leicht, daß die entstehende Ungleichung

$$r^\alpha \leqq 1 + r^{\alpha+\beta}$$

richtig ist, da $r^\alpha\leqq 1$ für $r\leqq 1$ und $r^\alpha \leqq r^{\alpha+\beta}$ für $r\geqq 1$ gilt. Damit haben wir für den Kern $M(s,t)$ im Fall $\alpha+\beta<1$ die Ungleichung

$$|M(s,t)| \leqq c\left[\int_a^b \frac{d\tau}{|s-\tau|^{\alpha+\beta}} + \int_a^b \frac{d\tau}{|\tau-t|^{\alpha+\beta}}\right]$$

bewiesen, in der die Integrale auf der rechten Seite gleichmäßig bezüglich $s\in[a,b]$, $t\in[a,b]$ konvergieren. Daraus läßt sich leicht folgern, daß das uneigentliche Integral

$$M(s,t) = \int_a^b \frac{L_1(s,\tau)\,L_2(\tau,t)}{|s-\tau|^\alpha\,|\tau-t|^\beta}\,d\tau$$

im ganzen Quadrat $k_0$ einschließlich der Diagonalen $s=t$ gleichmäßig konvergiert und somit $M(s,t)$ eine in $k_0$ stetige Funktion ist.

Jetzt betrachten wir die Potenzen eines Operators mit dem polaren Kern

$$K(s,t) = \frac{L(s,t)}{|s-t|^\alpha}.$$

Der Operator $K^2$ hat den Kern

$$K^2(s,t) = \int_a^b \frac{L(s,\tau)\,L(\tau,t)}{|s-\tau|^\alpha\,|\tau-t|^\alpha}\,d\tau.$$

Auf Grund des oben Gesagten besitzen die Kerne $K^2(s, t)$, $K^3(s, t)$, ... die Exponenten der Polarität $2\alpha-1$, $3\alpha-2$, ... Es sei $p$ eine natürliche Zahl, die die Ungleichungen

$$(p-1)\,\alpha-(p-2)>0, \qquad p\alpha-(p-1)<0$$

erfüllt. Dann ist der Kern $K^p(s, t)$ des Integraloperators $K^p$ in $k_0$ stetig. Wir bemerken noch, daß der Kern $K^l(s, t)$ nichts anderes als der iterierte Kern $K_l(s, t)$ ist. Den Fall $\alpha+\beta=1$ haben wir oben nicht betrachtet. Ihn kann man immer ausschließen, indem man $\alpha$ oder $\beta$ etwas abändert. Das läßt sich durch Erweiterung des Bruches mit $|s-t|^{\varepsilon}$ realisieren, wobei $\varepsilon>0$ eine kleine Zahl ist.

Im Fall $\alpha+\beta=1$ hat die Abschätzung des Kerns $M(s, t)$ die Gestalt

$$|M(s, t)| \leqq C_1 \left|\lg |s-t|\right| + C_2 .$$

Den mehrdimensionalen Fall werden wir im vollen Umfang erst in Teil V behandeln. Hier wollen wir nur ein einziges Resultat angeben. Im $n$-dimensionalen Raum ist die Komposition polarer Kerne definiert durch

$$M(P, Q) = \int\limits_B \frac{L_1(P, R)}{r_1^{\alpha}} \frac{L_2(R, Q)}{r_2^{\beta}} \, d\omega_R .$$

Hier sind $r_1$ und $r_2$ die Abstände zwischen den Punkten $P$ und $R$ bzw. zwischen $R$ und $Q$, $0<\alpha<n$, $0<\beta<n$ sowie $L_1(P, R)$ und $L_2(R, Q)$ stetige Funktionen, wobei jedes der Argumente in dem beschränkten Bereich $B$ des $n$-dimensionalen Raumes variiert. Der Kern $M(P, Q)$ ist stetig, falls $P$ von $Q$ verschieden ist, und besitzt die Abschätzung:

$$|M(P, Q)| \leqq \frac{C}{r^{\alpha+\beta-n}} \qquad \text{für} \quad \alpha+\beta>n ,$$

$$|M(P, Q)| \leqq C_1 \left|\lg |r|\right| + C_2 \quad \text{für} \quad \alpha+\beta=n ,$$

wobei $r$ den Abstand zwischen den Punkten $P$ und $Q$ bezeichnet. Im Fall $\alpha+\beta<n$ ist $M(P, Q)$ im abgeschlossenen Bereich $B$ stetig.

Nun betrachten wir die homogene Integralgleichung mit polarem Kern

$$\varphi(s) = \lambda \int_a^b K(s, t)\, \varphi(t)\, dt . \tag{127}$$

Ersetzen wir $\varphi(t)$ unter dem Integral durch die Darstellung auf der rechten Seite von (127), so erhalten wir

$$\varphi(s) = \lambda^2 \int_a^b K_2(s, t)\, \varphi(t)\, dt .$$

Wenn wir diesen Prozeß fortsetzen, entsteht allgemein

$$\varphi(s) = \lambda^p \int_a^b K_p(s, t)\, \varphi(t)\, dt . \tag{128}$$

Wir nehmen an, daß der Kern $K_p(s, t)$ bereits regulär ist.

Offenbar genügt jede Lösung der Integralgleichung (127) auch der Integralgleichung (128). Aber die Integralgleichung (128) kann nur endlich viele charakteristische Zahlen in jedem beschränkten Bereich der $\lambda$-Ebene besitzen. Die Vielfachheit einer jeden charakteristischen Zahl ist dabei endlich, und jede Lösung $\varphi(s)$ der Integralgleichung mit regulärem Kern ist stetig. Folglich können wir all das auch von den Lösungen der Integralgleichung (127) sagen.

Man kann zeigen, daß jede Eigenfunktion der Integralgleichung (128) (wenn also $\lambda^p$ eine charakteristische Zahl in (128) ist) eine Linearkombination der Eigenfunktionen der Integralgleichungen

$$\varphi(s) = \lambda \varepsilon^k \int_a^b K(s, t)\, \varphi(t)\, dt \qquad (\varepsilon = e^{2\pi i/p},\ k = 0, 1, \ldots, p-1)$$

ist.

**21. Der Fredholmsche Formelapparat für polare Kerne.** Wir betrachten die Integralgleichung

$$\varphi(s) = f(s) + \lambda \int_a^b K(s, t)\, \varphi(t)\, dt \tag{129}$$

mit einem polaren Kern der Gestalt

$$K(s, t) = \frac{L(s, t)}{|s - t|^\alpha}. \tag{130}$$

In diesem Fall hat $K(s, s)$ keinen Sinn, und die erste Spur des Kerns $K(s, t)$ existiert nicht. Wir setzen nun voraus, daß $\alpha < \frac{1}{2}$ ist.[1]) Dann sind alle iterierten Kerne, angefangen mit dem zweiten iterierten Kern $K_2(s, t)$ stetig, und es existieren folglich die Spuren

$$A_m = \int_a^b K_m(s, s)\, ds \qquad (m = 2, 3, \ldots). \tag{131}$$

Wir kehren zu den stetigen Kernen zurück und erinnern daran, daß die Resolvente $R(s, t; \lambda)$ durch

$$R(s, t; \lambda) = \frac{D(s, t; \lambda)}{D(\lambda)} \tag{132}$$

definiert ist, wobei wir $D(s, t; \lambda)$ durch Multiplikation zweier Potenzreihen erhalten haben:

$$D(s, t; \lambda) = [K(s, t) + \lambda K_2(s, t) + \lambda^2 K_3(s, t) + \ldots]\, D(\lambda). \tag{133}$$

Die Reihe (50) für $D(\lambda)$ ist für alle $\lambda$ erklärt, und für hinreichend kleine $|\lambda|$ gilt

$$D(\lambda) = e^{-\left(A_1\lambda + A_2\frac{\lambda^2}{2} + A_3\frac{\lambda^3}{3} + \ldots\right)}.$$

Multiplizieren wir Zähler und Nenner des Quotienten in (132) mit $e^{A_1\lambda}$ und führen die Bezeichnungen

$$D(s, t; \lambda)\, e^{A_1\lambda} = D_2(s, t; \lambda), \qquad D(\lambda)\, e^{A_1\lambda} = D_2(\lambda)$$

ein, so können wir die zu (133) analoge Identität

$$D_2(s, t; \lambda) = [K(s, t) + \lambda K_2(s, t) + \ldots]\, D_2(\lambda) \tag{134}$$

aufschreiben. Formal erhält man auch (134) aus (133), wenn man dort $D(\lambda)$ durch die Spuren ausdrückt und danach $A_1 = 0$ setzt.

Der Quotient

$$R_2(s, t; \lambda) = \frac{D_2(s, t; \lambda)}{D_2(\lambda)} \tag{135}$$

---

1) Der polare Kern heißt *schwach polar*, wenn $2\alpha < 1$ ist.

liefert offenbar die analytische Fortsetzung des Ausdrucks, der in (134) in den eckigen Klammern steht, auf die ganze $\lambda$-Ebene.

Bisher haben wir über stetige Kerne gesprochen. Im Fall des polaren Kerns (130) mit $\alpha < \frac{1}{2}$ kann man zeigen, daß

$$D_2(\lambda) = e^{-\left(A_2 \frac{\lambda^2}{2} + A_3 \frac{\lambda^3}{3} + \dots\right)}$$

eine ganze Funktion von $\lambda$ ist und daß die Lösung der Integralgleichung (129) in der Form

$$\varphi(s) = f(s) + \lambda \int_a^b R_2(s, t; \lambda)\, f(t)\, dt$$

dargestellt werden kann. Dabei sind die Nullstellen von $D_2(\lambda)$ die Pole der Funktion $R_2(s, t; \lambda)$. Wir erwähnen noch, daß alle Glieder in den Darstellungen von $D(\lambda)$ und $D(s, t; \lambda)$, die $A_1$ enthalten, lediglich aus denjenigen Elementen der Hauptdiagonalen der Determinanten gebildet werden, die in den Formeln für $d_n$ und $d_n(s, t)$ auftreten. Man kann deshalb $D_2(\lambda)$ und $D_2(s, t; \lambda)$ mit Hilfe der erwähnten Formeln erhalten, wenn man dort $K(s, s) \equiv 0$ setzt.

Die zuletzt angeführten Ergebnisse stammen von D. Hilbert. Ist $\alpha$ in dem polaren Kern eine solche Zahl, daß für $n > m$ die iterierten Kerne $K_n(s, t)$ stetige Funktionen sind, dann läßt sich ganz analog die Resolvente in der Form

$$R_{m+1}(s, t; \lambda) = \frac{D_{m+1}(s, t; \lambda)}{D_{m+1}(\lambda)}$$

darstellen. Dabei erhält man $D_{m+1}(\lambda)$ aus $D(\lambda)$, indem man $A_1 = A_2 = \dots = A_m = 0$ setzt, und es ist

$$D_{m+1}(s, t; \lambda) = [K(s, t) + \lambda K_2(s, t) + \lambda^2 K_3(s, t) + \dots]\, D_{m+1}(\lambda)\,.$$

**22. Das Lebesguesche Integral.** Bisher haben wir Integralgleichungen mit stetigen oder polaren Kernen betrachtet und die Lösungen in der Klasse der in einem endlichen Intervall oder beschränkten Bereich stetigen Funktionen gesucht. Dabei waren alle auftretenden Integrale als Riemannsche Integrale zu verstehen. Bevor wir zur Theorie der Integralgleichungen mit Lebesgueschen Integralen kommen, erinnern wir kurz an einige wichtige Resultate, die in Teil II dargestellt wurden, und ergänzen sie hier in einigen Punkten.

Zwei stetige Funktionen $f(x)$ und $g(x)$, die beispielsweie in einem Intervall $[a, b]$ oder in einem Gebiet definiert sind, betrachten wir als gleich, wenn sie identisch übereinstimmen, d. h., wenn für alle $x$ aus dem Definitionsbereich $f(x) = g(x)$ gilt. In der Lebesgueschen Theorie wurde der Begriff der „äquivalenten" Funktionen [**II, 104**] eingeführt, und zwar heißen zwei meßbare Funktionen $f(x)$ und $g(x)$, die auf einer meßbaren Menge $\mathfrak{E}$ definiert sind, äquivalent auf $\mathfrak{E}$, wenn $f(x) = g(x)$ fast überall auf $\mathfrak{E}$ ist, d. h., wenn das Maß der Menge derjenigen $x$, für die $f(x) \neq g(x)$ ist, gleich 0 ist. Folgende Aussage läßt sich leicht zeigen: Ist $f(x)$ äquivalent $g(x)$ und $g(x)$ äquivalent einer meßbaren Funktion $\omega(x)$ auf $\mathfrak{E}$, so ist auch $f(x)$ äquivalent $\omega(x)$ auf $\mathfrak{E}$.

Zwei stetige Funktionen $f(x)$ und $g(x)$, die in einem Punkt $x = c$ nicht gleich sind, stimmen auf Grund der Stetigkeit auch in einem ganzen Intervall, das den Punkt $x = c$ enthält, nicht überein und sind demnach nicht äquivalent. Die Menge aller zu einer meßbaren Funktion äquivalenten Funktionen bildet eine Klasse $D$, die aus unendlich vielen Funktionen besteht. Jede solche Klasse kann nicht mehr als eine stetige Funktion enthalten, es ist aber durchaus möglich, daß in ihr keine stetige

Funktion vorkommt. Im folgenden entspricht im Rahmen der Lebesgueschen Theorie dem Gleichheitszeichen zwischen zwei Funktionen deren Äquivalenz. Wie wir gezeigt haben, kann die Äquivalenz von $f(x)$ und der im Intervall $[a, b]$ identisch verschwindenden Funktion durch die Gleichung

$$\int_a^b |f(x)|\,dx = 0$$

und die Äquivalenz der Funktionen $\varphi(x)$ und $\psi(x)$ durch

$$\int_a^b |\varphi(x) - \psi(x)|\,dx = 0$$

charakterisiert werden, wobei natürlich die Summierbarkeit dieser Funktionen vorauszusetzen ist.

Die Lebesguesche Theorie läßt sich leicht auf komplexe Funktionen

$$f(x) = f_1(x) + i f_2(x)$$

übertragen. Die Meßbarkeit und Summierbarkeit einer solchen Funktion läuft auf die entsprechenden Eigenschaften von $f_1(x)$ und $f_2(x)$ hinaus. Das Integral ist durch die Beziehung

$$\int_a^b f(x)\,dx = \int_a^b f_1(x)\,dx + i \int_a^b f_2(x)\,dx$$

definiert. Weiter folgt aus den Ungleichungen

$$|f_1| \leqq \sqrt{f_1^2 + f_2^2}, \qquad |f_2| \leqq \sqrt{f_1^2 + f_2^2}, \qquad \sqrt{f_1^2 + f_2^2} \leqq |f_1| + |f_2|$$

die Aussage: Für die Summierbarkeit der (meßbaren) Funktion $f(x)$ ist die Summierbarkeit ihres Betrages $|f(x)|$ notwendig und hinreichend. Die Zugehörigkeit von $f(x)$ zu $L_2$ [**II, 161**] ist gleichbedeutend mit der Zugehörigkeit von $f_1(x)$ und $f_2(x)$ zu $L_2$ oder, anders gesagt, mit der von $|f(x)|$ zu $L_2$.

Wir betrachten nun die Klasse $L_2$ der komplexwertigen Funktionen auf der meßbaren Menge $\mathfrak{E}$. Jede solche Funktion nennen wir Element von $L_2$ [vgl. **II, 161, 162**]. Äquivalente Funktionen werden wir als ein einziges Element von $L_2$ identifizieren. Diese Elemente können mit beliebigen komplexen Zahlen multipliziert und zueinander addiert werden. Wenn bei der Addition die Summanden durch äquivalente Funktionen ersetzt werden, dann ist das Ergebnis auch eine zur ursprünglichen Summe äquivalente Funktion.

Wir führen die Bezeichnung

$$(\varphi, \psi) = \int_a^b \varphi(s)\,\overline{\psi(s)}\,ds \tag{136}$$

ein. Die Zahl $(\varphi, \psi)$ heißt *Skalarprodukt* von $\varphi(s)$ und $\psi(s)$. Es besitzt folgende, leicht zu verifizierende Eigenschaften:

$$\begin{aligned} &(c\varphi, d\psi) = c\bar{d}(\varphi, \psi) \qquad (c, d \text{ Konstanten}), \\ &(\varphi_1 + \varphi_2, \psi_1 + \psi_2) = (\varphi_1, \psi_1) + (\varphi_2, \psi_1) + (\varphi_1, \psi_2) + (\varphi_2, \psi_2), \\ &(\varphi, \psi) = \overline{(\psi, \varphi)}. \end{aligned} \tag{137}$$

Im Fall $(\psi, \varphi) = (\varphi, \psi)$ ist $(\varphi, \psi)$ eine reelle Zahl. Die Norm eines Elementes $\varphi$ wird durch

$$\|\varphi\| = \sqrt{(\varphi, \varphi)} = \sqrt{\int_a^b |\varphi(s)|^2\,ds} \tag{138}$$

definiert. Offenbar ist $\|\varphi\| \geqq 0$, wobei das Gleichheitszeichen nur für das Nullelement gilt, d. h. für die Funktion $\varphi(s)$, die fast überall in $[a, b]$ gleich 0 ist (äquivalent der identisch verschwindenden Funktion).

Die Elemente $\varphi$ und $\psi$ heißen orthogonal, wenn $(\varphi, \psi) = 0$ ist. Das Nullelement ist zu jedem Element orthogonal. Weiterhin gelten die Beziehungen

$$\|c\varphi\| = |c| \, \|\varphi\|, \qquad |(\varphi, \psi)| \leqq \|\varphi\| \, \|\psi\|$$

und die Dreiecksungleichung

$$\|\varphi + \psi\| \leqq \|\varphi\| + \|\psi\| . \tag{139}$$

Sind die Elemente $\psi_1, \psi_2, \ldots, \psi_m$ paarweise orthogonal, so erhalten wir aus (137) den Satz des PYTHAGORAS

$$\|\psi_1 + \psi_2 + \ldots + \psi_m\|^2 = \|\psi_1\|^2 + \|\psi_2\|^2 + \ldots + \|\psi_m\|^2 .$$

Eine Folge von Elementen $\varphi_n$ konvergiert in $L_2$ gegen das Element $\varphi$, wenn

$$\|\varphi - \varphi_n\|^2 = \int_a^b |\varphi(s) - \varphi_n(s)|^2 \, ds \to 0 \quad \text{für} \quad n \to \infty \tag{140}$$

gilt (Konvergenz im Mittel). Dafür schreiben wir kurz $\varphi_n \Rightarrow \varphi$. Das Grenzelement $\varphi$ ist eindeutig bestimmt. Besitzt die Folge $\{\varphi_n\}$ ein Grenzelement, so konvergiert sie in sich, d. h. $\|\varphi_m - \varphi_n\| \to 0$ bei unbeschränktem Anwachsen von $m$ und $n$. Auch umgekehrt folgt aus der Konvergenz in sich die Existenz eines Grenzelementes der Folge $\{\varphi_n\}$ [**II, 162**]. Diese Eigenschaft nennt man üblicherweise *Vollständigkeit des Raumes* $L_2$. Hätten wir statt $L_2$ den Raum der auf dem endlichen Intervall $[a, b]$ stetigen Funktionen $\varphi(s)$ zugrunde gelegt, so könnten wir für diesen Raum alle angegebenen Definitionen und Eigenschaften wiederholen bis auf die Vollständigkeit, denn für eine Folge stetiger Funktionen $\{\varphi_n\}$ folgt aus $\|\varphi_m - \varphi_n\| \to 0$ für $m, n \to \infty$ nicht die Existenz einer (stetigen) Grenzfunktion $\varphi(s)$. Aber aus der Existenz einer stetigen Grenzfunktion $\varphi(s)$ einer Folge stetiger Funktionen $\{\varphi_n(s)\}$ folgt natürlich die Konvergenz dieser Folge in sich, d. h. die Gültigkeit von $\|\varphi_m - \varphi_n\| \to 0$ für $n, m \to \infty$. Das ergibt sich aus der Beziehung

$$\varphi_m - \varphi_n = (\varphi_m - \varphi) + (\varphi - \varphi_n)$$

und der Dreiecksungleichung

$$\|\varphi_m - \varphi_n\| \leqq \|\varphi_m - \varphi\| + \|\varphi - \varphi_n\| .$$

Die Ausdrücke $c\varphi$, $\varphi + \psi$ und $(\varphi, \psi)$ hängen stetig von der Zahl $c$ und den Elementen $\varphi$ und $\psi$ ab, d. h., aus $c_n \to c$, $\varphi_n \Rightarrow \varphi$ und $\psi_n \Rightarrow \psi$ folgt

$$c_n\varphi_n \Rightarrow c\varphi, \qquad \varphi_n + \psi_n \Rightarrow \varphi + \psi, \qquad (\varphi_n, \psi_n) \to (\varphi, \psi) . \tag{141}$$

Die ersten beiden Beziehungen in (141) ergeben sich aus den Gleichungen

$$c\varphi - c_n\varphi_n = (c - c_n)\, \varphi + c_n(\varphi - \varphi_n) ,$$

$$(\varphi + \psi) - (\varphi_n + \psi_n) = (\varphi - \varphi_n) + (\psi - \psi_n)$$

und aus der Dreiecksungleichung. Die dritte wurde in [**II, 162**] bewiesen. Aus $\varphi_n \Rightarrow \varphi$ folgt wegen der Definition (138) der Norm $\|\varphi_n\| \to \|\varphi\|$.

Die Konvergenz von unendlichen Reihen in $L_2$ ist die Konvergenz im Mittel, d. h.,

$$S(x) = \sum_{k=1}^{\infty} u_k(x) \tag{142}$$

ist gleichbedeutend mit

$$\lim_{n \to \infty} \int_{\mathfrak{B}} |S(x) - S_n(x)|^2 \, dx = 0 ,$$

wobei wir

$$S_n(x) = \sum_{k=1}^{n} u_k(x)$$

gesetzt haben. Alle Funktionen $u_k(x)$ kann man durch äquivalente Funktionen ersetzen. Dabei geht auch $S(x)$ in eine äquivalente Funktion über. Aus $(S_n, \bar{v}) \to (S, \bar{v})$ für irgendein Element $v$ aus $L_2$ folgt, daß man die Reihe (142) gliedweise mit $v(x)$ multiplizieren und gliedweise integrieren kann:

$$\int_{\mathfrak{G}} S(x)\, v(x)\, dx = \sum_{k=1}^{\infty} \int_{\mathfrak{G}} u_k(x)\, v(x)\, dx\,. \tag{143}$$

Im nächsten Abschnitt wollen wir uns mit einigen weiterführenden Eigenschaften von Orthonormalsystemen in $L_2$ beschäftigen. Die Grundlagen dieser Theorie wurden in [**II, 163**] entwickelt.

**23. Orthonormalsysteme in $L_2$.** Zunächst formulieren wir einen Satz, dessen Beweis erst in Kapitel III gegeben wird.

Satz 1. *Es sei $f(x)$ eine Funktion aus $L_2$ über dem endlichen Intervall $[a, b]$ und $\varepsilon > 0$ eine beliebig vorgegebene Zahl. Dann existiert eine auf $[a, b]$ stetige Funktion $\varphi(x)$ mit*

$$\|f - \varphi\|^2 = \int_a^b |f(x) - \varphi(x)|^2\, dx \leqq \varepsilon\,. \tag{144}$$

Dieser Satz bleibt auch für beschränkte Gebiete der Ebene oder des Raumes richtig. Er läßt sich auch folgendermaßen formulieren: *Im Fall eines beschränkten Gebietes ist die Menge aller stetigen Funktionen dicht in $L_2$.*

Im dritten Kapitel wird dieser Satz ausführlich behandelt. Dort wird er unter Benutzung einer Eigenschaft der Funktionen aus $L_2$ bewiesen, die *Stetigkeit im Mittel* genannt wird und in folgender Weise charakterisiert werden kann: *Für jedes beliebige $\varepsilon > 0$ existiert zu jeder Funktion $f(x)$ aus $L_2$ über $[a, b]$ ein $\eta > 0$ mit*

$$\int_a^b |f(x+h) - f(x)|^2\, dx < \varepsilon \quad \textit{für} \quad |h| < \eta\,.$$

Dabei wird $f(x+h) = 0$ gesetzt, wenn $x+h$ außerhalb des Intervalls $[a, b]$ liegt. Den Beweis dieser Eigenschaft führen wir in Teil V.

Diese Aussage läßt sich auch auf den Fall eines unbeschränkten Gebietes übertragen. Man muß dann aber die Menge aller stetigen Funktionen ersetzen durch die Menge aller stetigen Funktionen, die in allen hinreichend weit vom Ursprung des Koordinatensystems entfernt liegenden Punkten der Geraden, der Ebene bzw. des Raumes verschwinden. Beispielsweise müssen im Fall eines ebenen Gebietes die betrachteten Funktionen außerhalb eines Kreises mit dem Mittelpunkt im Koordinatenursprung gleich 0 sein, wobei der Radius des Kreises für verschiedene Funktionen unterschiedlich sein kann. Solche Funktionen nennt man *finit.*

Wir wenden uns jetzt der Frage nach der Abgeschlossenheit (Vollständigkeit) eines orthonormierten Funktionensystems in $L_2$ über einem endlichen Intervall $[a, b]$ zu.

Satz 2. *Ist das Orthonormalsystem $\varphi_k(x)$ $(k = 1, 2, \ldots)$ stetiger Funktionen in der Klasse der auf $[a, b]$ stetigen Funktionen abgeschlossen, so ist es auch in $L_2$ abgeschlossen (vollständig).*

Zum Beweis benutzen wir die Dreiecksungleichung (139)

$$\|g+h\| \leqq \|g\| + \|h\| ,$$

die wir noch in Integralform aufschreiben:

$$\left[\int_a^b |g(x)+h(x)|^2 \, dx\right]^{1/2} \leqq \left[\int_a^b |g(x)|^2 \, dx\right]^{1/2} + \left[\int_a^b |h(x)|^2 \, dx\right]^{1/2} . \tag{145}$$

Dabei sind $g(x)$ und $h(x)$ Funktionen aus $L_2$ über $[a, b]$. Gegeben seien die Funktion $f(x)$ aus $L_2$ und ein $\varepsilon > 0$. Auf Grund des Satzes 1 existiert eine stetige Funktion $\varphi(x)$, die der Ungleichung

$$\int_a^b |f(x) - \varphi(x)|^2 \, dx \leqq \frac{\varepsilon^2}{4} \tag{146}$$

genügt. Mit $a_k$ bezeichnen wir die Fourierkoeffizienten von $\varphi(x)$ bezüglich des Orthonormalsystems $\{\varphi_k(x)\}$. Da dieses System nach Voraussetzung in der Klasse der stetigen Funktionen abgeschlossen ist, existiert eine Zahl $n$ derart, daß

$$\int_a^b |\varphi(x) - S_n(x)|^2 \, dx \leqq \frac{\varepsilon^2}{4} \tag{147}$$

mit

$$S_n(x) = \sum_{k=1}^n a_k \varphi_k(x) \tag{148}$$

gilt. Setzen wir in (145) $g(x) = f(x) - \varphi(x)$, $h(x) = \varphi(x) - S_n(x)$ und benutzen (146) sowie (147), so erhalten wir

$$\int_a^b |f(x) - S_n(x)|^2 \, dx \leqq \varepsilon^2 .$$

Ersetzen wir weiterhin in dem Ausdruck $S_n(x)$ die Fourierkoeffizienten $a_k$ der Funktion $\varphi(x)$ durch die Fourierkoeffizienten $b_k$:

$$b_k = \int_a^b f(x) \, \overline{\varphi_k(x)} \, dx$$

der Funktion $f(x)$, dann kann der Wert des Integrals auf der linken Seite nur kleiner werden [**II, 160**], und folglich ist

$$\int_a^b |f(x) - \sigma_n(x)|^2 \, dx \leqq \varepsilon^2 , \tag{149}$$

wobei wir mit

$$\sigma_n(x) = \sum_{k=1}^n b_k \varphi_k(x)$$

die $n$-te Partialsumme der Fourierreihe von $f(x)$ bezeichnet haben. Da sowohl $\varepsilon > 0$ als auch $f(x)$ aus $L_2$ über $[a, b]$ beliebig gewählt wurden, ergibt sich somit die Abgeschlossenheit und demnach auch die Vollständigkeit des Orthonormalsystems $\{\varphi_k(x)\}$ in $L_2$.

In Teil II wurde für gewisse Systeme trigonometrischer Funktionen die Abgeschlossenheit in der Klasse der im Intervall $[-1, 1]$ oder $[0, 1]$ stetigen Funktionen bewiesen. Folglich sind diese Funktionensysteme auch in $L_2$ abgeschlossen (und damit auch vollständig).

Als weiteres Beispiel führen wir das Orthonormalsystem über dem Intervall $[-1, 1]$ der Funktionen

$$\varphi_k(x) = \sqrt{\frac{2k+1}{2}}\, P_k(x) \qquad (k=0, 1, 2, \ldots) \tag{150}$$

an, wobei die $P_k(x)$ die Legendreschen Polynome bezeichnen [**III/2, 105**]. Dieses System kann man auch durch Anwendung des Orthogonalisierungsverfahrens auf die Potenzfunktionen $x^m$ $(m=0, 1, 2, \ldots)$ erhalten. Jedes beliebige Polynom $n$-ten Grades $Q_n(x)$ läßt sich durch die $\varphi_k(x)$ ausdrücken:

$$Q_n(x) = \sum_{k=0}^{n} a_k \varphi_k(x)\,. \tag{151}$$

Nach dem Satz von Weierstrass [**II, 168**] ist die Menge aller Polynome in der Klasse der in jedem festen endlichen Intervall stetigen Funktionen überall dicht. Dies bedeutet speziell im Fall des Intervalls $[-1, 1]$, daß zu jeder gegebenen, in $[-1, 1]$ stetigen Funktion $f(x)$ und jedem beliebigem $\varepsilon > 0$ ein Polynom $Q(x)$ existiert, das der Ungleichung

$$|f(x) - Q(x)| \leqq \sqrt{\frac{\varepsilon}{2}}$$

genügt. Das Polynom $Q(x)$ stellen wir dabei in der Form (151) dar, wobei $n$ sein Grad ist. Damit erhalten wir

$$\int_{-1}^{1} |f(x) - Q(x)|^2 \, dx \leqq \varepsilon\,,$$

und das auf der linken Seite stehende Integral kann, wenn die Koeffizienten $a_k$ in (151) durch die Fourierkoeffizienten der Funktion $f(x)$ ersetzt werden, nur einen kleineren Wert annehmen. Hieraus folgt, da $\varepsilon$ beliebig wählbar ist, die Abgeschlossenheit des Orthonormalsystems (150) in der Klasse der im Intervall $[-1, 1]$ stetigen Funktionen, also auch in $L_2$. Mit Hilfe der linearen Substitution $x = \alpha t + \beta$ $(\alpha \neq 0)$ können wir bei entsprechender Wahl von $\alpha$ und $\beta$ das Intervall $[-1, 1]$ in ein beliebiges endliches Intervall $[a, b]$ transformieren. Setzen wir daher $x = \alpha t + \beta$ in die Funktionen (150) ein und multiplizieren diese mit $\alpha^{-1/2}$, so erhalten wir ein Orthonormalsystem im Intervall $[a, b]$, das in $L_2$ abgeschlossen ist. Später werden wir noch die Abgeschlossenheit der Hermiteschen und der Laguerreschen Funktionen über den Intervallen $(-\infty, \infty)$ bzw. $(0, \infty)$ beweisen.

Bisher haben wir Orthonormalsysteme nur über endliche Intervalle der $x$-Achse betrachtet. Jetzt wollen wir ein Quadrat $k_0$, das durch die Ungleichungen $a \leqq x \leqq b$, $a \leqq y \leqq b$ definiert ist, zugrunde legen. Für diesen Fall beweisen wir den

Satz 3. *Wenn die Funktionen $\varphi_k(x)$ $(k=0, 1, 2, \ldots)$ ein abgeschlossenes Orthonormalsystem in $L_2$ über dem Intervall $[a, b]$ darstellen, dann bilden die Funktionen $\omega_{kl}(x, y) = \varphi_k(x)\, \varphi_l(y)$ $(k, l = 0, 1, 2, \ldots)$ ein abgeschlossenes Orthonormalsystem in $L_2$ über dem Quadrat $k_0$.*

Wir skizzieren kurz den Beweis. Nach [**II, 110**] ist

$$\iint_{k_0} \omega_{mn}(x, y)\, \overline{\omega_{m_1 n_1}(x, y)}\, dx\, dy = \int_a^b \varphi_m(x)\, \overline{\varphi_{m_1}(x)}\, dx \left[\int_a^b \varphi_n(y)\, \overline{\varphi_{n_1}(y)}\, dy\right],$$

und dieses Integral besitzt, da das Funktionensystem $\{\varphi_k(x)\}$ orthonormiert ist, den Wert 1 für $m = m_1$ sowie $n = n_1$ und den Wert 0 in allen anderen Fällen. In $L_2$

sind die Begriffe Abgeschlossenheit und Vollständigkeit äquivalent. Es genügt demnach zu beweisen: Gehört $f(x, y)$ über $k_0$ zu $L_2$ und gilt

$$\iint_{k_0} f(x, y)\, \overline{\omega_{mn}(x, y)}\, dx\, dy = 0 \qquad (m, n = 0, 1, 2, \ldots), \tag{152}$$

so ist $f(x, y)$ fast überall in $k_0$ gleich 0. Um das zu zeigen, setzen wir

$$F_m(y) = \int_a^b f(x, y)\, \overline{\varphi_m(x)}\, dx .$$

Aus (152) folgt damit

$$\int_a^b F_m(y)\, \overline{\varphi_n(y)}\, dy = \iint_{k_0} f(x, y)\, \overline{\omega_{mn}(x, y)}\, dx\, dy = 0 ,$$

so daß wegen der Vollständigkeit des Systems $\{\varphi_k(y)\}$ fast überall in $[a, b]$ die Gleichung $F_m(y) = 0$ gelten muß. Für ein solches festes $y$ erhalten wir dann

$$\int_a^b f(x, y)\, \overline{\varphi_m(x)}\, dx = 0 .$$

Wegen der Vollständigkeit des Systems $\{\varphi_k(x)\}$ verschwindet bei diesem fixierten $y$ die Funktion $f(x, y)$ fast überall hinsichtlich der Variablen $x$. Nun wenden wir den Satz von Fubini auf das Integral über die Funktion $|f(x, y)|^2$ mit dem Integrationsbereich $k_0$ an. Aus dem oben Gesagten ergibt sich, daß dieses Integral gleich 0 ist, d. h. auch $f(x, y) = 0$ fast überall in $k_0$, was zu beweisen war.

**24. Lineare beschränkte Operatoren in $L_2$.** Ein systematisches Studium der Theorie linearer Operatoren erfolgt erst im Teil V. Hier beschränken wir uns darauf, kurz die einfachsten Eigenschaften solcher Operatoren vorzustellen.

Wir betrachten den Integraloperator

$$v(s) = \int_a^b K(s, t)\, u(t)\, dt \tag{153}$$

und setzen einstweilen der Einfachheit halber den Kern als stetig voraus. In [4] wurde gezeigt, daß der Operator (153) jeder Funktion $u(t)$ aus $L_2$ eine stetige Funktion $v(s)$ zuordnet. Diese Bildfunktion kann wieder als Element des Raumes $L_2$ angesehen werden. Damit bildet der Integraloperator (153) die Funktionen aus $L_2$ in Funktionen ab, die auch zu $L_2$ gehören, man sagt dafür kurz, daß er ein *Operator in* $L_2$ ist. Wir vereinbaren, den Zusammenhang (153) zwischen $u$ und $v$ kurz in der Form $v = Ku$ zu schreiben.

Der Operator (153) besitzt die Eigenschaft der Linearität:

$$K(c_1u_1 + c_2u_2) = c_1Ku_1 + c_2Ku_2 \qquad (c_1, c_2 \text{ Konstanten}) .$$

Um eine weitere wichtige Eigenschaft des Operators $K$ zu formulieren, bezeichnen wir den größten Wert der Funktion $|K(s, t)|$ im Quadrat $k_0$ mit $M$. Wenn wir nun den Integranden in (153) abschätzen und danach die Bunjakowskische Ungleichung anwenden, finden wir

$$|v(s)| \leq M \int_a^b 1 \cdot |u(t)|\, dt \leq M \sqrt{b-a} \sqrt{\int_a^b |u(t)|^2\, dt} .$$

Jetzt quadrieren wir diese Ungleichung, integrieren über $[a, b]$ und erhalten

$$\int_a^b |v(s)|^2\, ds \leq M^2(b-a)^2 \int_a^b |u(t)|^2\, dt$$

oder

$$\|v\|^2 \leqq M^2(b-a)^2 \|u\|^2.$$

Damit haben wir die Ungleichung

$$\|Ku\| \leqq C \|u\| \tag{154}$$

mit $C = M(b-a)$ bewiesen. Ein beliebiger linearer Operator, der mit einer entsprechenden Konstanten $C \geqq 0$ der Ungleichung (154) genügt, heißt *beschränkter Operator*. In Abschnitt [25] werden wir eine schwächere Bedingung als die Stetigkeit des Kerns für die Beschränktheit des Integraloperators (153) angeben. Wir erwähnen noch, daß nicht jeder lineare beschränkte Operator in $L_2$ ein Integraloperator ist, wie etwa das Beispiel des identischen Operators, der die Abbildung $Ku = u$ realisiert, zeigt.

Die Zahl $C$ in (154) kann offenbar durch jede beliebige größere Zahl ersetzt werden. Wir wollen jetzt den kleinsten möglichen Wert von $C$ für einen gegebenen Operator $K$ ermitteln. Es sei

$$\|Ku\| \leqq C \quad \text{für} \quad \|u\| = 1\,. \tag{155}$$

Ist $\|u\| > 0$, so ist die Norm des Elementes $u/\|u\|$ gleich 1 und folglich

$$\left\| K\left(\frac{1}{\|u\|}\, u\right) \right\| \leqq C, \quad \text{d. h.} \quad \frac{1}{\|u\|} \|Ku\| \leqq C\,,$$

woraus sich wieder (154) ergibt. Demnach sind (154) und (155) äquivalent. Die Menge der nichtnegativen Zahlen $\|Ku\|$ für $\|u\| = 1$ besitzt eine eindeutig bestimmte obere Grenze, die wegen (155) auch der kleinste mögliche Wert von $C$ ist. Wir bezeichnen sie mit $n_k$ oder $\|K\|$ und nennen sie die Norm des Operators $K$:

$$n_k = \|K\| = \sup_{\|u\|=1} \|Ku\|\,. \tag{156}$$

Für den Operator (153) mit stetigem Kern gilt $\|K\| \leqq M(b-a)$. Im Fall $\|K\| = 0$ bildet der Operator jedes Element aus $L_2$ in das Nullelement ab (annullierender Operator). Die Norm des identischen Operators ($Ku = u$) ist offensichtlich gleich 1.

Jeder lineare beschränkte Operator $K$ ist stetig, d. h., für jede Folge von Elementen $\varphi_n \Rightarrow \varphi$ gilt $K\varphi_n \Rightarrow K\varphi$. In der Tat ergibt sich dies aus

$$\|K\varphi - K\varphi_n\| = \|K(\varphi - \varphi_n)\| \leqq \|K\|\, \|\varphi - \varphi_n\| \to 0\,.$$

Die Summe und das Produkt linearer beschränkter Operatoren

$$(K + L)\, u = Ku + Lu, \qquad (LK)\, u = L(Ku)$$

sind wieder lineare und beschränkte Operatoren, wobei das Produkt im allgemeinen von der Reihenfolge der Faktoren abhängt. Ohne Schwierigkeiten zeigt man

$$\|K + L\| \leqq \|K\| + \|L\|, \qquad \|LK\| \leqq \|L\|\, \|K\|\,,$$

und für die Potenzen des Operators $K$ mit positiven ganzzahligen Exponenten folgen hieraus die Ungleichungen

$$\|K^m\| \leqq \|K\|^m.$$

**25. Integralgleichungen mit Kernen aus $L_2$.** Wir behandeln nun die Integralgleichung

$$\varphi(s) = f(s) + \lambda \int_a^b K(s, t)\, \varphi(t)\, dt\,, \tag{157}$$

in der $(a, b)$ ein endliches oder unendliches Intervall, $f(s)$ eine gegebene Funktion aus $L_2$ über $(a, b)$ und $K(s, t)$ eine im Quadrat $k_0$ meßbare Funktion ist. Weiter setzen wir die Existenz des Integrals

$$P^2 = \int_a^b \int_a^b |K(s, t)|^2 \, ds \, dt < \infty \tag{158}$$

voraus. Die Lösung $\varphi(s)$ soll auch wieder Element von $L_2$ sein.

Zunächst untersuchen wir die Eigenschaften des Operators der Gestalt (153) mit einem Kern, der der Bedingung (158) genügt. Solch ein Kern gehört bezüglich $t$ (bezüglich $s$) zu $L_2$ über $(a, b)$ für fast alle $s$ (fast alle $t$). Folglich existiert das Integral in (153) für beliebige $u(t)$ aus $L_2$ und definiert eine auf $(a, b)$ meßbare Funktion $v(s)$. Das wird in Teil V im Zusammenhang mit dem Beweis des Satzes von Fubini gezeigt.

Integrieren wir die Gleichung (153) unter den Voraussetzungen dieses Abschnitts nach $s$ und wenden danach die Bunjakowskische Ungleichung an, so erhalten wir

$$\int_a^b |v(s)|^2 \, ds \leqq P^2 \int_a^b |u(t)|^2 \, dt$$

oder

$$\|Ku\| \leqq P \, \|u\|, \qquad \|K\| \leqq P\,, \tag{159}$$

wobei $P$ durch (158) erklärt ist. Somit ist jeder Integraloperator $K$ der Gestalt (153) mit einem Kern aus $L_2$ ein linearer beschränkter Operator in $L_2$ über $(a, b)$. Wir weisen nochmals darauf hin, daß das Intervall auch unendlich sein kann.

Jetzt wenden wir uns wieder der Integralgleichung (157) zu. Das Integral in (158) läßt sich nach dem Satz von Fubini **[II, 110]** als iteriertes Doppelintegral berechnen, d. h.

$$P^2 = \int_a^b Q^2(s) \, ds = \int_a^b R^2(t) \, dt$$

mit

$$Q(s) = \left( \int_a^b |K(s, t)|^2 \, dt \right)^{1/2}, \qquad R(t) = \left( \int_a^b |K(s, t)|^2 \, ds \right)^{1/2}.$$

Weiterhin bestehen für die iterierten Kerne [5] die Ungleichungen

$$|K_{n+1}(s, t)| \leqq Q(s) \, R(t) \, P^{n-1} \qquad (n = 1, 2, \ldots)\,.$$

Wir bilden die Reihe

$$\sum_{n=0}^{\infty} K_{n+1}(s, t) \, \lambda^n = K_1(s, t) + K_2(s, t) \, \lambda + \ldots \tag{160}$$

und bezeichnen ihre $n$-te Partialsumme mit $S_n$. Dann erhalten wir mit Hilfe der angegebenen Ungleichungen

$$|S_{n+p} - S_n|^2 \leqq Q^2(s) \, R^2(t) \, \frac{P^{n-1} |\lambda|^n - P^{n+p-1} |\lambda|^{n+p}}{1 - P|\lambda|}$$

und daraus

$$\int_a^b \int_a^b |S_{n+p} - S_n|^2 \, ds \, dt \leqq P^4 \, \frac{P^{n-1} |\lambda|^n - P^{n+p-1} |\lambda|^{n+p}}{1 - P|\lambda|}.$$

Für $|\lambda| < P^{-1}$ strebt die rechte Seite dieser Beziehung für $n \to \infty$ und beliebige $p > 0$ gegen 0, d. h.; die Folge $S_n$ konvergiert in $L_2$ in sich. Folglich konvergiert die Reihe (160) in $L_2$ über $k_0$ gegen eine Funktion $R(s, t; \lambda)$, die als Funktion von $s$ und $t$ zu $L_2$ gehört [**II, 162**].

$$R(s, t; \lambda) = \sum_{n=0}^{\infty} K_{n+1}(s, t) \lambda^n \qquad (|\lambda| < P^{-1}) \tag{161}$$

gehört aber als Funktion von $t$ für fast alle $s$ aus $(a, b)$ auch zu $L_2$ über dem Intervall $(a, b)$ [**II, 110, 111**]. Damit können wir wie in [**5**] zeigen, daß für $|\lambda| < P^{-1}$ die Integralgleichung (157) eine Lösung aus $L_2$ hat, die durch

$$\varphi(s) = f(s) + \lambda \int_a^b R(s, t; \lambda) f(t) \, dt \tag{162}$$

dargestellt wird. Der Nachweis, daß das Integral auf der rechten Seite für beliebige $f(t)$ aus $L_2$ einen Sinn hat und eine Funktion von $s$ aus $L_2$ definiert, läßt sich leicht mit Hilfe der Bunjakowskischen Ungleichung führen.

Abschließend beweisen wir die Eindeutigkeit der Lösung der Integralgleichung (157) unter der Voraussetzung $|\lambda| < P^{-1}$, d. h. $|\lambda| P < 1$. Wir nehmen an, daß uns zwei Lösungen $\varphi = f + \lambda K \varphi$ und $\tilde{\varphi} = f + \lambda K \tilde{\varphi}$ vorliegen. Dann gilt offenbar

$$\varphi - \tilde{\varphi} = \lambda K (\varphi - \tilde{\varphi}) .$$

Berücksichtigen wir, daß $\|\lambda K\| \leqq |\lambda| P < 1$ ist, so erhalten wir

$$\|\varphi - \tilde{\varphi}\|_{L_2} \leqq \theta \|\varphi - \tilde{\varphi}\|_{L_2} \qquad (0 < \theta < 1) .$$

Hieraus ergibt sich aber die Äquivalenz von $\varphi - \tilde{\varphi}$ mit der identisch verschwindenden Funktion.

**26. Die adjungierte Gleichung.** Oft wird statt der transponierten Integralgleichung die adjungierte Integralgleichung betrachtet. Legen wir die Integralgleichung

$$\varphi(s) = f(s) + \lambda \int_a^b K(s, t) \varphi(t) \, dt \tag{163}$$

zugrunde, so haben wir die Gleichung

$$\psi(s) = g(s) + \lambda \int_a^b K(t, s) \psi(t) \, dt$$

die zugehörige transponierte Integralgleichung genannt, während wir die Gleichung

$$\psi(s) = g(s) + \bar{\lambda} \int_a^b \overline{K(t, s)} \psi(t) \, dt \tag{164}$$

die zu (163) adjungierte Integralgleichung nennen werden. Für den „adjungierten Kern" benutzen wir, wie allgemein üblich, die Bezeichnung

$$K^*(s, t) = \overline{K(t, s)}$$

und für den zugehörigen adjungierten Operator die Schreibweise

$$v(s) = K^* u(t) = \int_a^b K^*(s, t) u(t) \, dt .$$

Die Determinanten, die im Zähler und Nenner der Resolvente für den adjungierten Kern auftreten, haben dann die Gestalt

$$K^* \begin{pmatrix} x_1 & x_2 & \dots & x_n \\ y_1 & y_2 & \dots & y_n \end{pmatrix} = \overline{K \begin{pmatrix} y_1 & y_2 & \dots & y_n \\ x_1 & x_2 & \dots & x_n \end{pmatrix}} .$$

Der adjungierte Kern genügt offenbar der Bedingung

$$P^2 = \int_a^b \int_a^b |K^*(s, t)|^2 \, ds \, dt < \infty$$

mit demselben $P$ wie in (158). Weiterhin gilt

$$Q^*(s) = \int_a^b |K^*(s, t)|^2 \, dt = R(s), \qquad R^*(t) = \int_a^b |K^*(s, t)|^2 \, ds = Q(t) .$$

Alle im Abschnitt [9] durchgeführten Überlegungen lassen sich auf die adjungierte Integralgleichung übertragen.

Für das Skalarprodukt besteht die Beziehung

$$(K\varphi, \psi) = (\varphi, K^*\psi) , \tag{165}$$

die, ausführlich geschrieben, die Gestalt

$$\int_a^b \left[ \int_a^b K(s, t) \, \varphi(t) \, dt \right] \overline{\psi(s)} \, ds = \int_a^b \left[ \overline{\int_a^b \overline{K(t, s)} \, \psi(t) \, dt} \right] \varphi(s) \, ds$$

annimmt. Um sie zu verifizieren, ist nur die Integrationsreihenfolge zu vertauschen (Satz von Fubini). Der adjungierte Operator ist offensichtlich linear und beschränkt. Leicht lassen sich auch die folgenden Beziehungen zeigen:

$$(K_1 + K_2)^* = K_1^* + K_2^*, \qquad (\lambda K)^* = \bar{\lambda} K^*, \qquad (K_1 K_2)^* = K_2^* K_1^* .$$

Die letzte Gleichung ergibt sich aus

$$(K_1 K_2)^* = \left[ \int_a^b K_1(s, \tau) \, K_2(\tau, t) \, d\tau \right]^* = \int_a^b \overline{K_1(t, \tau)} \, \overline{K_2(\tau, s)} \, d\tau$$

$$= \int_a^b K_2^*(s, \tau) \, K_1^*(\tau, t) \, d\tau = K_2^* K_1^*$$

und liefert für die Potenzen des Operators

$$(K^n)^* = (K^*)^n .$$

Die Resolvente des Kerns $K^*(s, t)$ besitzt die Darstellung

$$R^*(s, t; \bar{\lambda}) = \sum_{n=0}^{\infty} K_{n+1}^*(s, t) \, \bar{\lambda}^n$$

mit

$$K_1^*(s, t) = K^*(s, t), \qquad K_{n+1}^*(s, t) = (K^*)^{n+1} .$$

Schließlich lautet die Lösung der Integralgleichung (164)

$$\psi(s) = g(s) + \bar{\lambda} \int_a^b R^*(s, t; \bar{\lambda}) \, g(t) \, dt . \tag{166}$$

**27. Der ausgeartete Kern.** In diesem Abschnitt betrachten wir den ausgearteten Kern

$$K_1(s, t) = \sum_{k=1}^{n} \varrho_k(s) \, \sigma_k(t)$$

mit Funktionen $\varrho_k(s)$, $\sigma_k(t)$ aus $L_2$. Ihm entspricht der endlichdimensionale Operator

$$v(s) = K_1 u(t) = \sum_{k=1}^{n} (u, \bar{\sigma}_k) \, \varrho_k(s) . \tag{167}$$

Dem adjungierten Kern

$$K_1^*(s, t) = \overline{K_1(t, s)} = \sum_{k=1}^{n} \overline{\sigma_k(s)}\, \overline{\varrho_k(t)}$$

ist der endlichdimensionale Operator

$$v(s) = K_1^* u(t) = \sum_{k=1}^{n} (u, \varrho_k)\, \overline{\sigma_k(s)} \tag{168}$$

zugeordnet. Die Integralgleichung

$$\varphi(s) = f(s) + \lambda \int_a^b K_1(s, t)\, \varphi(t)\, dt \tag{169}$$

nimmt dann die Gestalt

$$\varphi(s) = f(s) + \lambda \sum_{k=1}^{n} (\varphi, \bar{\sigma}_k)\, \varrho_k(s) \tag{170}$$

an, in der die Unbekannten $x_k = (\varphi, \bar{\sigma}_k)$ aus dem linearen Gleichungssystem

$$x_i - \lambda \sum_{k=1}^{n} a_{ik} x_k = f_i \qquad (i = 1, 2, \ldots, n) \tag{171}$$

mit $a_{ik} = (\varrho_k, \bar{\sigma}_i)$ und $f_i = (f, \bar{\sigma}_i)$ zu bestimmen sind. Die Determinante dieses Gleichungssystems hat die Gestalt

$$D(\lambda) = \begin{vmatrix} 1 - \lambda a_{11} & -\lambda a_{12} & \ldots & -\lambda a_{1n} \\ -\lambda a_{21} & 1 - \lambda a_{22} & \ldots & -\lambda a_{2n} \\ \cdot & \cdot & \cdot & \cdot \\ -\lambda a_{n1} & -\lambda a_{n2} & \ldots & 1 - \lambda a_{nn} \end{vmatrix}. \tag{172}$$

Für die adjungierte Integralgleichung

$$\psi(s) = g(s) + \bar{\lambda} \int_a^b K_1^*(s, t)\, \psi(t)\, dt \tag{173}$$

kann die Lösung in der Gestalt

$$\psi(s) = g(s) + \bar{\lambda} \sum_{k=1}^{n} (\psi, \varrho_k)\, \overline{\sigma_k(s)} \tag{174}$$

geschrieben werden, wobei sich die Unbekannten $y_k = (\psi, \varrho_k)$ aus dem linearen Gleichungssystem

$$y_i - \bar{\lambda} \sum_{k=1}^{n} b_{ik} y_k = g_i \qquad (i = 1, 2, \ldots, n) \tag{175}$$

mit $b_{ik} = (\bar{\sigma}_k, \varrho_i)$ und $g_i = (g, \varrho_i)$ ergeben. Die Determinante $D_0(\bar{\lambda})$ des Gleichungssystems (175) erhält man aus der Determinante $D(\lambda)$, indem man $\lambda$ durch $\bar{\lambda}$ und $a_{ik}$ durch $\bar{a}_{ki}$ ersetzt, d. h. in der Determinante (172) alle Elemente durch ihre konjugiert komplexen Werte ersetzt sowie ihre Zeilen und Spalten vertauscht. Daraus folgt, daß die Gleichungen

$$D(\lambda) = 0 \quad \text{und} \quad D_0(\bar{\lambda}) = 0 \tag{176}$$

dieselben Wurzeln haben und die Ränge der den beiden Determinanten entsprechenden Matrizen bei jeder einzelnen dieser Wurzeln übereinstimmen. Somit besitzt jedes der (171) bzw. (175) entsprechenden homogenen Gleichungssysteme für dieselbe Wurzel die gleiche Anzahl linear unabhängiger Lösungen. Das können wir auch so ausdrücken, daß die Integralgleichungen (169) und (173) dieselben charakteristischen Zahlen und für jede von ihnen dieselbe Anzahl linear unabhängiger Eigenfunktionen haben. Es kann aber durchaus der Fall eintreten (nämlich wenn $D(\lambda)=\text{const}\neq 0$ ist), daß die Gleichungen (176) gar keine Lösungen besitzen.

**28. Lösung der Integralgleichung mit einem Kern aus $L_2$ für beliebige $\lambda$.** Wir beschäftigen uns jetzt mit der Integralgleichung

$$\varphi(s)=f(s)+\lambda\int_a^b K(s,t)\,\varphi(t)\,dt\,, \tag{177}$$

in der $f(s)\in L_2$ über $[a, b]$ und $K(s, t)\in L_2$ über $k_0$ ist. Es sei $\omega_k(s)$ $(k=1, 2, \ldots)$ irgendein abgeschlossenes Orthonormalsystem im Intervall $[a, b]$, so daß die Funktionen $\omega_k(s)\,\omega_l(t)$ $(k, l=1, 2, \ldots)$ ein abgeschlossenes Orthonormalsystem in $k_0$ bilden. Um die folgenden Formeln zu vereinfachen, setzen wir die $\omega_k(s)$ als reell voraus. Damit können wir die Reihenentwicklung des Kerns

$$K(s,t)=\sum_{k,l=1}^{\infty} b_{kl}\,\omega_k(s)\,\omega_l(t) \tag{178}$$

aufschreiben, in der die $b_{kl}$ die Fourierkoeffizienten von $K(s, t)$ bezüglich des Orthonormalsystems $\{\omega_k(s)\,\omega_l(t)\}$ bezeichnen.

Die Reihe (178) konvergiert im Mittel, was mit der Gültigkeit der Vollständigkeitsrelation

$$\int_a^b\int_a^b |K(s,t)|^2\,ds\,dt=\sum_{k,l=1}^{\infty}|b_{kl}|^2 \tag{179}$$

gleichbedeutend ist. Wir zerlegen die Reihe (178) in die zwei Teilsummen

$$K'(s,t)=\sum_{k,l=1}^{n} b_{kl}\,\omega_k(s)\,\omega_l(t)\,,$$

$$K''(s,t)=\sum_{k\text{ oder }l>n} b_{kl}\,\omega_k(s)\,\omega_l(t)\,.$$

Die Summation in der zweiten Teilsumme erfolgt über alle Zahlenpaare $(k, l)$, in denen wenigstens eine der Zahlen größer als $n$ ist. Entsprechend dieser Zerlegung ist

$$K(s,t)=K'(s,t)+K''(s,t)\,, \tag{180}$$

$$\int_a^b\int_a^b |K'(s,t)|^2\,ds\,dt=\sum_{k,l=1}^{n}|b_{kl}|^2\,,$$

$$\int_a^b\int_a^b |K''(s,t)|^2\,ds\,dt=\sum_{k\text{ oder }l>n}|b_{kl}|^2\,.$$

Nun sei $\varepsilon>0$ eine beliebig vorgegebene kleine Zahl. Dann können wir $n$ so wählen, daß die Ungleichung

$$\int_a^b\int_a^b |K''(s,t)|^2\,ds\,dt\leqq\varepsilon^2 \tag{181}$$

erfüllt ist. Auf diese Weise ist es also möglich, den Kern $K(s, t)$ in zwei Summanden zu zerlegen, von denen der eine ein ausgearteter Kern $K'(s, t)$ und der andere $K''(s, t)$ im Sinne der Ungleichung (181) klein ist. Weiter können wir die Ausgangsintegralgleichung in der Gestalt

$$\varphi(s) = \varphi_0(s) + \lambda \int_a^b K''(s, t)\, \varphi(t)\, dt \tag{182}$$

schreiben, wobei

$$\varphi_0(s) = f(s) + \lambda \int_a^b K'(s, t)\, \varphi(t)\, dt \tag{183}$$

ist. Setzen wir $|\lambda| < \varepsilon^{-1}$ voraus, so läßt sich $\varphi(s)$ wegen (182) durch die Resolvente des Kerns $K''(s, t)$ und $\varphi_0(s)$ in der Form

$$\varphi(s) = \varphi_0(s) + \lambda \int_a^b R''(s, t; \lambda)\, \varphi_0(t)\, dt$$

ausdrücken. In dieser Gleichung ersetzen wir $\varphi_0(s)$ durch den Ausdruck (183) und erhalten

$$\varphi(s) = f(s) + \lambda \int_a^b K'(s, t)\, \varphi(t)\, dt + \lambda \int_a^b R''(s, t; \lambda)\, f(t)\, dt$$
$$+ \lambda^2 \int_a^b \left[ \int_a^b R''(s, \tau; \lambda)\, K'(\tau, t)\, d\tau \right] \varphi(t)\, dt$$

oder, wenn wir noch die Gestalt von $K'(s, t)$ berücksichtigen,

$$\varphi(s) = \bar{f}(s, \lambda) + \lambda \int_a^b \sum_{k=1}^n \varrho_k(s, \lambda)\, \omega_k(t)\, \varphi(t)\, dt\,, \tag{184}$$

wobei wir

$$\bar{f}(s, \lambda) = f(s) + \lambda \int_a^b R''(s, t; \lambda)\, f(t)\, dt \tag{185}$$

und

$$\varrho_k(s, \lambda) = \sum_{m=1}^n b_{km} \left\{ \omega_m(s) + \lambda \int_a^b R''(s, \tau; \lambda)\, \omega_m(\tau)\, d\tau \right\} \tag{186}$$

gesetzt haben. Die Funktionen $\bar{f}(s, \lambda)$ und $\varrho_k(s, \lambda)$ sind in dem Kreis $d_\varepsilon$: $|\lambda| < \varepsilon^{-1}$ der $\lambda$-Ebene regulär, dabei kann $\varepsilon > 0$ beliebig klein gewählt werden. Die Gleichung (184) ist eine Integralgleichung mit ausgeartetem Kern. Ihre Lösung läßt sich wie in [27] auf ein algebraisches Problem zurückführen. Die Determinante $D(\lambda)$ (vgl. [27]) für die Integralgleichung (184) hängt sowohl über den Faktor vor dem Integral als auch über die Funktionen $\varrho_k(s, \lambda)$ von $\lambda$ ab. Sie ist in $d_\varepsilon$ eine reguläre Funktion von $\lambda$, und jede der Wurzeln der Gleichung $D(\lambda) = 0$ ist eine charakteristische Zahl der Integralgleichung (184). Weitere charakteristische Zahlen gibt es in $d_\varepsilon$ nicht.

Es sei noch erwähnt, daß aus den Eigenschaften der Resolvente die Äquivalenz der Integralgleichungen (184) für $\varphi(s)$ mit der Ausgangsintegralgleichung (177) in dem Kreis $d_\varepsilon$ der $\lambda$-Ebene folgt. Weiterhin sind auf Grund der Definition der Resolvente auch (185) und die Integralgleichung

$$f(s) = \bar{f}(s, \lambda) - \lambda \int_a^b K''(s, t)\, \bar{f}(t, \lambda)\, dt \tag{187}$$

äquivalent. Aus dieser Gleichung und (185) folgt, daß $f(s)$ und $\bar{f}(s, \lambda)$ nur gleichzeitig in $d_\varepsilon$ verschwinden können. Das bedeutet, die charakteristischen Zahlen der

Integralgleichungen (185) und (187) stimmen in $d_\varepsilon$ überein, was sich ja auch aus der Äquivalenz dieser Gleichungen im Kreis $d_\varepsilon$ ergibt.

Für die adjungierte Integralgleichung

$$\psi(s) = g(s) + \bar{\lambda} \int_a^b K^*(s, t)\, \psi(t)\, \mathrm{d}t \tag{188}$$

gilt entsprechend

$$K^*(s, t) = K'^*(s, t) + K''^*(s, t)$$

mit

$$K'^*(s, t) = \sum_{k,l=1}^{n} \overline{b_{kl}} \omega_l(s)\, \omega_k(t)$$

und

$$K''^*(s, t) = \sum_{k \text{ oder } l > n} \bar{b}_{kl} \omega_l(s)\, \omega_k(t)\,.$$

Durch analoge Überlegungen wie zuvor erhalten wir für $\psi(s)$ die Integralgleichung mit ausgeartetem Kern

$$\psi(s) = \tilde{g}(s, \lambda) + \bar{\lambda} \int_a^b \sum_{k=1}^{n} \overline{\omega_k(s)}\, \overline{\varrho_k(t, \lambda)}\, \psi(t)\, \mathrm{d}t\,,$$

die sich als adjungierte Integralgleichung von (184) erweist. Wir können deshalb festhalten, daß die Integralgleichungen (184) und (187) in dem Kreis $d_\varepsilon$: $|\lambda| < \varepsilon^{-1}$ dieselben charakteristischen Zahlen mit jeweils den gleichen Vielfachheiten besitzen. Die Endlichkeit der Vielfachheit $m_0$ einer beliebigen festen charakteristischen Zahl $\lambda_0$ folgt wie in [**10**] aus der Ungleichung $m_0 \leqq |\lambda_0|^2 \int_a^b \int_a^b |K(s, t)|^2\, \mathrm{d}s\, \mathrm{d}t$.

Es bleibt noch die Lösbarkeitsbedingung für die inhomogene Integralgleichung in dem Fall zu betrachten, daß $\lambda$ eine charakteristische Zahl ist. Sie kann folgendermaßen formuliert werden:

Notwendig und hinreichend für die Lösbarkeit der Integralgleichung

$$\varphi(s) = f(s) + \lambda \int_a^b K(s, t)\, \varphi(t)\, \mathrm{d}t$$

ist die Bedingung, daß $f(s)$ zu allen Eigenfunktionen der homogenen adjungierten Integralgleichung

$$\psi(s) = \bar{\lambda} \int_a^b K^*(s, t)\, \psi(t)\, \mathrm{d}t$$

orthogonal ist, d. h.

$$\int_a^b f(s)\, \overline{\psi(s)}\, \mathrm{d}s = 0$$

gilt. In [**10**] wurde eine analoge Bedingung für stetige Kerne und unter Verwendung des transponierten Kerns bewiesen. Dieser Beweis kann auch für den Nachweis der vorliegenden Lösbarkeitsbedingung für Kerne aus $L_2$ herangezogen werden. Es sind lediglich der transponierte durch den adjungierten Kern zu ersetzen und einige unwesentliche Abänderungen anzubringen.

Damit haben wir für die Integralgleichung (177) mit einem Kern aus $L_2$ über $k_0$ und einer Funktion $f(s)$ aus $L_2$ über $[a, b]$ die folgenden grundlegenden Fredholmschen Sätze erhalten.

Satz 1. *In jedem beschränkten Teil der $\lambda$-Ebene befinden sich nur endlich viele charakteristische Zahlen $\lambda$ der Integralgleichung* (177), *und jede von ihnen hat eine endliche Vielfachheit.*

Satz 2. *Ist $\lambda$ keine charakteristische Zahl, so ist die Integralgleichung* (177) *für jede gegebene Funktion $f(s)$ lösbar, und die Lösung ist eindeutig bestimmt.*

Satz 3. *Ist $\lambda$ eine charakteristische Zahl der Integralgleichung* (177), *so ist $\bar{\lambda}$ eine charakteristische Zahl der Integralgleichung* (188) *mit derselben Vielfachheit wie die von $\lambda$. Andere charakteristische Zahlen hat die Integralgleichung* (188) *nicht.*

Satz 4. *Ist $\lambda$ eine charakteristische Zahl der Integralgleichung* (177), *so ist notwendig und hinreichend für ihre Lösbarkeit die Orthogonalität von $f(s)$ zu allen Eigenfunktionen der adjungierten Integralgleichung* (188), *die zur charakteristischen Zahl $\bar{\lambda}$ gehören. Ist diese Bedingung erfüllt, so besitzt die Integralgleichung* (177) *unendlich viele Lösungen.*

Es sei noch darauf hingewiesen, daß im letzten Fall des Satzes 4 die allgemeine Lösung der Integralgleichung als Summe einer beliebigen partikulären Lösung $\varphi_0(s)$ dieser Integralgleichung und der Linearkombination mit willkürlichen Konstanten als Koeffizienten irgendeines vollen Satzes von zu $\lambda$ gehörenden Eigenfunktionen darstellbar ist. Die Anzahl der dabei in die Linearkombination eingehenden Eigenfunktionen ist gleich der Vielfachheit $m$ der charakteristischen Zahl $\lambda$:

$$\varphi(s) = \varphi_0(s) + c_1\varphi_1(s) + c_2\varphi_2(s) + \dots + c_m\varphi_m(s) .$$

Die Verallgemeinerung der Fredholmschen Theorie auf den Fall von Kernen aus $L_2$ erfolgte in den Arbeiten von Carleman (Math. Annalen **9**, Heft 3/4, 1921) und S. G. Michlin (Doklady AN SSSR **42**, Nr. 9, 1944).

Abschließend erwähnen wir noch, daß schwach polare Kerne (siehe [**49**]) auch Kerne aus $L_2$ sind.

**29. Vollstetige Operatoren in $L_2$.** Ein Operator $K$ in $L_2$, der also eine Abbildung $v = Ku$ von $L_2$ in sich definiert, heißt *vollstetiger Operator* in $L_2$, wenn er jede in $L_2$ beschränkte Menge von Funktionen $u(t)$, d. h. Funktionen $u(t)$ mit

$$\int_a^b |u(t)|^2 \, dt \leq C^2 \qquad (C > 0 \text{ eine Konstante}),$$

in eine kompakte Menge überführt. Letzteres bedeutet, daß in jeder Folge aus dieser Menge von Funktionen $v(s)$ eine konvergente Teilfolge existiert. Wir stellen uns in diesem Abschnitt das Ziel, den folgenden Satz zu beweisen.

Satz. *Ein Integraloperator mit dem Kern $K(s, t)$ aus $L_2(k_0)$ ist ein vollstetiger Operator in $L_2$.*

Zuvor beweisen wir den

Hilfssatz 1. *Ist $B_n$ $(n = 1, 2, \dots)$ eine unendliche Folge linearer beschränkter vollstetiger Operatoren in $L_2$ und $B$ ein solcher linearer beschränkter Operator in $L_2$, daß die Norm der Differenz $B - B_n$ für $n \to \infty$ gegen 0 strebt, so ist auch $B$ ein vollstetiger Operator.*

Es sei $\{x_n\}$ eine unendliche Folge von Elementen aus einer beschränkten Menge in $L_2$, d. h. $\|x_n\| \leq C$ für alle $n$. Dann haben wir zu beweisen, daß man aus der Folge $\{Bx_n\}$ eine in $L_2$ konvergente Teilfolge auswählen kann. Da $B_1$ ein vollstetiger

Operator ist, läßt sich aus der Folge $\{B_1 x_n\}$ eine konvergente Teilfolge auswählen. Es sei $x_{k1}$ ($k=1, 2, \ldots$) eine solche Teilfolge von $\{x_n\}$, für die also die Folge $\{B_1 x_{k1}\}$ konvergiert. Weil auch $B_2$ ein vollstetiger Operator ist, läßt sich aus der Folge $\{B_2 x_{k1}\}$ wieder eine konvergente Teilfolge aussondern. Es sei $x_{k2}$ ($k=1, 2, \ldots$) eine solche Teilfolge von $\{x_{k1}\}$, für die die Folge $\{B_2 x_{k2}\}$ konvergiert. Da aber $\{x_{k2}\}$ Teilfolge von $\{x_{k1}\}$ ist, folgt auch die Konvergenz von $\{B_1 x_{k2}\}$. Ebenso kann man nun wiederum in der Folge $\{x_{k2}\}$ eine solche Teilfolge $\{x_{k3}\}$ bestimmen, daß $\{B_m x_{k3}\}$ für $m=1, 2, 3$ jeweils eine konvergente Folge wird. Setzt man dieses Verfahren weiter fort, so erhält man die Folgen $\{x_{kp}\}$ ($p=1, 2, \ldots$). Nun bilden wir die Diagonalfolge (vgl. [**15**])

$$x_{11}, x_{22}, x_{33}, \ldots, \tag{189}$$

die eine Teilfolge der Ausgangsfolge $x_n$ ($n=1, 2, \ldots$) ist. Die Folge $B_m x_{kk}$ ($k=1, 2, \ldots$) ist jetzt aber für jedes $m$ konvergent. Damit bleibt uns nur noch zu zeigen, daß auch die Folge $B x_{kk}$ ($k=1, 2, \ldots$) konvergiert. Wie wir wissen [**II, 162**], genügt es dazu, die Konvergenz in sich zu beweisen, d. h. zu bestätigen, daß zu einem beliebigen $\varepsilon > 0$ ein $N$ existiert mit

$$\|Bx_{pp} - Bx_{qq}\| \leqq \varepsilon \quad \text{für} \quad p, q \geqq N. \tag{190}$$

Zunächst ergibt sich unter Verwendung von Satz 4 aus [**II, 161**] die Ungleichung

$$\|Bx_{pp} - Bx_{qq}\| \leqq \|Bx_{pp} - B_l x_{pp}\| + \|B_l x_{pp} - B_l x_{qq}\| + \|B_l x_{qq} - Bx_{qq}\|.$$

Nach Voraussetzung strebt die Norm der Differenz $B - B_l$ für $l \to \infty$ gegen 0, d. h. $\|B - B_l\| \to 0$ für $l \to \infty$. Daher wählen wir zuerst $l$ so, daß die Ungleichung

$$\|B - B_l\| \leqq \frac{\varepsilon}{3C}$$

besteht. Damit haben wir einerseits

$$\|Bx_{pp} - B_l x_{pp}\| = \|(B - B_l)\, x_{pp}\| \leqq \|B - B_l\|\, C \leqq \frac{\varepsilon}{3}$$

und andererseits

$$\|B_l x_{qq} - Bx_{qq}\| \leqq \frac{\varepsilon}{3}.$$

Da die Folge $B_l x_{kk}$ ($k=1, 2, \ldots$) konvergiert, können wir weiterhin $N$ so wählen, daß schließlich auch

$$\|B_l x_{pp} - B_l x_{qq}\| \leqq \frac{\varepsilon}{3} \quad \text{für} \quad p, q \geqq N$$

ist. Zusammen folgt daher (190), was zu beweisen war.

Hilfssatz 2. *Jeder endlichdimensionale Operator ist vollstetig.*

Ein endlichdimensionaler Operator [**27**] hat die Gestalt

$$Lu = \sum_{k=1}^{m} (u, \sigma_k)\, \varrho_k(s),$$

dabei sind die Funktionen $\varrho_k(s)$, $\sigma_k(t)$ und $u(t)$ aus $L_2$ über $[a, b]$. Wir betrachten eine beschränkte Folge von Funktionen $u_n$ ($n=1, 2, \ldots$) aus $L_2$, d. h. $\|u_n\| \leqq C$. Es sei $D$ der größte Wert der Normen $\|\sigma_k\|$. Damit können wir

$$v_n(s) = Lu_n = \sum_{k=1}^{m} d_{kn} \varrho_k(s) \qquad (d_{kn} = (u_n, \sigma_k))$$

schreiben, und auf Grund unserer Annahmen folgt für die Koeffizienten die Abschätzung $|d_{kn}| = |(u_n, \sigma_k)| \leqq CD$. Daher ist auch jede der unendlichen Folgen $d_{kn}$ $(n = 1, 2, \ldots)$ beschränkt, und es existiert eine Folge von natürlichen Zahlen $n_1, n_2, \ldots$, so daß jede der Folgen $d_{kn_1}, d_{kn_2}, \ldots$ einen Grenzwert besitzt. Diese Grenzwerte bezeichnen wir mit

$$\lim_{n_l \to \infty} d_{kn_l} = d_k .$$

Es sei $u_{n_l}(t)$ die Funktion der Ausgangsfolge $\{u_n\}$ mit den Koeffizienten $d_{kn_l}$ in der Darstellung von $v_{n_l} = Lu_{n_l}$. Weiterhin führen wir die Funktion

$$v_0(s) = \sum_{k=1}^{m} d_k \varrho_k(s)$$

aus $L_2$ ein. Unter Verwendung des Satzes 4 aus [II, 161] erhalten wir damit

$$\|v_0(s) - v_{n_l}(s)\| = \left\| \sum_{k=1}^{m} (d_k - d_{kn_l})\, \varrho_k(s) \right\| \leqq \sum_{k=1}^{m} |d_k - d_{kn_l}|\, c_0 ,$$

wobei $c_0$ der größte Wert der Normen $\|\varrho_k\|$ ist. Aus dieser Ungleichung folgt jedoch $\|v_0(s) - v_{n_l}(s)\| \to 0$ für $n_l \to \infty$, was zu beweisen war.

Jetzt kommen wir zum Beweis des oben formulierten Satzes. Wir sahen, daß ein Kern $K(s, t)$ aus $L_2$ in der Form

$$K(s, t) = K_1(s, t) + K_2(s, t)$$

dargestellt werden kann, wobei $K_1(s, t)$ ein ausgearteter Kern ist und $K_2(s, t)$ die Ungleichung

$$\int_a^b \int_a^b |K_2(s, t)|^2 \, ds \, dt \leqq \varepsilon^2 \tag{191}$$

mit einer beliebig kleinen festen Zahl $\varepsilon > 0$ erfüllt. Der ausgeartete Kern $K_1(s, t)$ entspricht einem endlichdimensionalen Operator und $K_2(s, t)$ einem Operator, dessen Norm wegen (191) und (159) nicht größer als $\varepsilon$ ist. Betrachten wir eine Nullfolge von Zahlen $\varepsilon_n > 0$ und nehmen für jedes der Folgenglieder die beschriebene Aufspaltung des Kerns $K(s, t)$ vor, so erhalten wir eine Folge endlichdimensionaler Operatoren mit den Kernen $K_1^{(\varepsilon_n)}(s, t)$, für die $\|K - K_1^{(\varepsilon_n)}\| \to 0$ für $n \to \infty$ gilt. Daraus folgt, daß der Integraloperator $K$ mit dem Kern $K(s, t)$ vollstetig ist, womit wir den Satz bewiesen haben.

Ist für jedes beliebige $\varepsilon > 0$ der Operator $K$ als Summe zweier linearer Operatoren $K_{1,\varepsilon}$ und $K_{2,\varepsilon}$ darstellbar, wobei $K_{1,\varepsilon}$ endlichdimensional und die Norm von $K_{2,\varepsilon}$ nicht größer als $\varepsilon$ ist, so folgt aus den Hilfssätzen 1 und 2, daß $K$ ebenfalls ein vollstetiger Operator ist. Auch die Umkehrung dieser Aussage ist richtig: Jeder vollstetige Operator gestattet für jedes $\varepsilon > 0$ eine solche Darstellung, oder anders ausgedrückt, ein vollstetiger Operator kann in der Operatornorm durch endlichdimensionale Operatoren $K_{1,\varepsilon}$ approximiert werden. Das wird in [V, 134] bewiesen. Nicht nur im Raum $L_2$ gilt das, sondern auch in jedem beliebigen Hilbertschen Raum $H$ (wir meinen hier einen vollständigen separablen Raum $H$ – siehe [V, 121].

Aus den Beweisen der Fredholmschen Sätze, die wir in [28] angegeben haben, ist ersichtlich, daß diese Sätze auch allgemeiner für Operatorgleichungen

$$\varphi = f + \lambda K \varphi$$

in einem beliebigen (komplexen) Hilbertschen Raum $H$ gelten, wenn $K$ ein linearer vollstetiger Operator in $H$ ist.

**30. Symmetrische Kerne.** Ein komplexwertiger Kern $K(s, t)$ wird symmetrischer oder hermitescher Kern genannt, wenn er die Beziehung

$$K^*(s, t) = \overline{K(t, s)} = K(s, t) \tag{192}$$

erfüllt. Aus dieser Definition folgt sofort, daß $K(s, s)$ reell ist. Im Fall eines reellwertigen Kerns geht (192) in

$$K(t, s) = K(s, t) \tag{193}$$

über.

Ein Integraloperator $K\varphi$ mit symmetrischem Kern genügt der Beziehung

$$(K\varphi, \psi) = (\varphi, K\psi) \tag{194}$$

oder, ausführlich geschrieben,

$$\int_a^b \left[ \int_a^b K(s, t)\, \varphi(t)\, dt \right] \overline{\psi(s)}\, ds = \int_a^b \varphi(s) \left[ \overline{\int_a^b \overline{K(t, s)}\, \psi(t)\, dt} \right] ds ,$$

die sich leicht durch Vertauschung der Integrationsreihenfolge verifizieren läßt. Insbesondere ist

$$(K\varphi, \varphi) = (\varphi, K\varphi) ,$$

und daran erkennt man, daß $(K\varphi, \varphi)$ eine reelle Zahl ist.

Integraloperatoren mit symmetrischen Kernen nennt man gewöhnlich *selbstadjungiert*. Für sie ist die Beziehung (194) charakteristisch. Im folgenden bis einschließlich Abschnitt [46] betrachten wir, ohne es jedesmal ausdrücklich neu vorauszusetzen, Integralgleichungen mit symmetrischen Kernen. Der Einfachheit halber beschränken wir uns auf den eindimensionalen Fall $n = 1$. Im mehrdimensionalen Fall sind die Überlegungen dieselben.

Wir beginnen damit, zwei Eigenschaften der oben betrachteten Operatoren herzuleiten. Es sei $\lambda_0$ eine charakteristische Zahl und $\varphi_0(s)$ eine zugehörige Eigenfunktion, d. h. $\varphi_0 = \lambda_0 K\varphi_0$. Daraus ergibt sich $(\varphi_0, \varphi_0) = \lambda_0 (K\varphi_0, \varphi_0)$ oder

$$\frac{1}{\lambda_0} = \frac{(K\varphi_0, \varphi_0)}{\|\varphi_0\|^2} \qquad (\|\varphi_0\|^2 = (\varphi_0, \varphi_0)) ,$$

und folglich ist *jede charakteristische Zahl reell*. Nun seien $\lambda_1$ und $\lambda_2$ zwei verschiedene charakteristische Zahlen und $\varphi_1(s)$ bzw. $\varphi_2(s)$ zugehörige Eigenfunktionen:

$$\varphi_1 = \lambda_1 K\varphi_1, \qquad \varphi_2 = \lambda_2 K\varphi_2 . \tag{195}$$

Aus der ersten dieser Gleichungen erhalten wir

$$\frac{1}{\lambda_1} (\varphi_1, \varphi_2) = (K\varphi_1, \varphi_2) \quad \text{oder auch} \quad \frac{1}{\lambda_1} (\varphi_1, \varphi_2) = (\varphi_1, K\varphi_2) .$$

Verwenden wir nun noch die zweite der Gleichungen (195), so finden wir

$$\frac{1}{\lambda_2} (\varphi_1, \varphi_2) = (\varphi_1, K\varphi_2) = \frac{1}{\lambda_1} (\varphi_1, \varphi_2)$$

und daraus

$$\left(\frac{1}{\lambda_1} - \frac{1}{\lambda_2}\right) (\varphi_1, \varphi_2) = 0 .$$

Da $\lambda_1 \neq \lambda_2$ vorausgesetzt war, haben wir damit $(\varphi_1, \varphi_2) = 0$, d. h., *die Eigenfunktionen, die zu verschiedenen charakteristischen Zahlen gehören, sind zueinander orthogonal.*

Wie wir früher [4] schon erwähnt haben, kann man annehmen, daß die Eigenfunktionen, die zu derselben charakteristischen Zahl gehören, orthogonal sind. Berücksichtigen wir außerdem noch die zuvor hergeleitete Eigenschaft, so sehen wir, daß die Menge aller Eigenfunktionen ein Orthonormalsystem bildet.

In einem der vorangehenden Abschnitte hatten wir ein Beispiel einer Integralgleichung mit nichtsymmetrischem Kern angegeben, die keine einzige charakteristische Zahl besitzt. Für Integralgleichungen mit symmetrischen Kernen ist diese Situation nicht möglich, denn es besteht der folgende Satz, den wir aber erst später beweisen werden:

Satz 1. *Jede Integralgleichung mit einem nicht identisch verschwindenden symmetrischen Kern hat mindestens eine charakteristische Zahl.*[1])

Wir haben früher gezeigt, daß die charakteristischen Zahlen (in unserem Fall sind sie reell) alle endliche Vielfachheit besitzen und ihre Anzahl in jedem beliebigen endlichen Intervall endlich ist. Bilden die charakteristischen Zahlen eine unendliche Menge, so können sie sich nur im Unendlichen häufen, und sie lassen sich nach nichtabnehmenden absoluten Beträgen anordnen:

$$|\lambda_1| \leqq |\lambda_2| \leqq |\lambda_3| \leqq \dots . \tag{196}$$

Entsprechend sei das zugehörige Orthonormalsystem der Eigenfunktionen

$$\varphi_1(s),\ \varphi_2(s),\ \varphi_3(s),\ \dots \tag{197}$$

Offenbar ist auch das Funktionensystem

$$\overline{\varphi_1(s)},\ \overline{\varphi_2(s)},\ \overline{\varphi_3(s)},\ \dots \tag{198}$$

orthonormiert. Ist jedoch der Kern reell, so können wir auch die Eigenfunktionen als reell annehmen, und die Funktionensysteme (197) und (198) sind identisch.

Das System (197) heißt das *System der Eigenfunktionen des Kerns $K(s, t)$ oder der ihm entsprechenden Integralgleichung.*

Für die Eigenfunktionen gilt

$$\frac{\varphi_k(s)}{\lambda_k} = \int_a^b K(s, t)\, \varphi_k(t)\, dt;$$

man erkennt daraus, daß sich die linke Seite als Fourierkoeffizient des Kerns $K(s, t)$, betrachtet als Funktion von $t$, in bezug auf das normierte Orthogonalsystem (198) auffassen läßt. Die Besselsche Ungleichung liefert

$$\sum_{k=1}^{n} \left[\frac{\varphi_k(s)}{\lambda_k}\right]^2 \leqq \int_a^b |K(s, t)|^2\, dt\,. \tag{199}$$

Durch Integration über $s$ ergibt sich

$$\sum_{k=1}^{n} \frac{1}{\lambda_k^2} \leqq \int_a^b \int_a^b |K(s, t)|^2\, dt\, ds$$

[1]) Diesen fundamentalen Existenzsatz haben zuerst D. Hilbert und E. Schmidt für stetige symmetrische Kerne mit völlig verschiedenen Methoden bewiesen. (Anm. d. Red.)

und, falls unendlich viele Eigenwerte vorliegen, durch Grenzübergang $n \to \infty$

$$\sum_{k=1}^{m} \frac{1}{\lambda_k^2} \leq \int_a^b \int_a^b |K(s,t)|^2 \, dt \, ds .$$

Jede charakteristische Zahl tritt in der Folge (196) so oft auf, wie es ihrer Vielfachheit entspricht. Das Gleichheitszeichen, d. h. $|\lambda_k| = |\lambda_{k+1}|$, gilt natürlich nur dann, wenn entweder $\lambda_{k+1} = \lambda_k$ (Vielfachheit $>1$) oder $\lambda_{k+1} = -\lambda_k$ ist. Besitzt die Folge (196) unendlich viele Glieder, so strebt $|\lambda_k| \to \infty$ für $k \to \infty$.

Im Fall eines ausgearteten symmetrischen Kerns

$$K(s,t) = \sum_{k=1}^{m} \sigma_k(s) \overline{\sigma_k(t)} \tag{200}$$

werden wir beweisen, daß er nur endlich viele charakteristische Zahlen besitzt (vgl. [27]). Weiterhin werden wir zeigen, daß Integralgleichungen mit nicht ausgearteten (symmetrischen) Kernen stets unendlich viele charakteristische Zahlen haben.

Alles dies ist für folgende Typen von Kernen richtig: stetige und polare Kerne auf einem endlichen Intervall und Kerne aus $L_2$ auf einem endlichen oder unendlichen Intervall. In den ersten beiden Fällen sind die Eigenfunktionen stetig, für Kerne aus $L_2$ sind sie ebenfalls aus $L_2$.

**31. Reihenentwicklung des Kerns nach Eigenfunktionen.** Das Funktionensystem (197) braucht nicht vollständig zu sein. Deshalb kann man bei der Reihenentwicklung einer Funktion nach dem Funktionensystem der $\varphi_k(s)$, sogar wenn die Reihe gleichmäßig konvergiert, nicht darauf schließen, daß die Reihensumme gleich der entwickelten Funktion ist. Wir beginnen mit der Aufstellung der Fourierreihe für den Kern.

Wir haben bereits gesehen, daß die Fourierkoeffizienten des Kernes in bezug auf das Funktionensystem (198) gleich den Quotienten $\varphi_k(s)/\lambda_k$ sind; folglich hat die Fourierreihe des Kernes die Gestalt

$$\sum_k \frac{\varphi_k(s) \overline{\varphi_k(t)}}{\lambda_k} . \tag{201}$$

Die Summation über $k$ ist dabei bis $\infty$ zu erstrecken, wenn die Anzahl der Eigenfunktionen unendlich ist, anderenfalls bis zu einer endlichen Zahl, die dann gleich der Anzahl aller Eigenfunktionen des Systems der $\varphi_k(s)$ ist.

Wir bemerken, daß die Reihe (201) auch als Fourierreihe der im Quadrat $k_0$ definierten Funktion $K(s,t)$ nach den Funktionen $\varphi_k(s) \overline{\varphi_l(t)}$ $(k, l = 1, 2, 3, \ldots)$ aufgefaßt werden kann, die im Quadrat $k_0$ ein normiertes Orthogonalsystem bilden [23]. Dann gilt

$$\iint_{k_0} K(s,t) \overline{\varphi_k(s)} \varphi_l(t) \, ds \, dt = \frac{1}{\lambda_k} \int_a^b \overline{\varphi_k(s)} \varphi_l(s) \, ds = \begin{cases} 0 & \text{für } k \neq l , \\ \dfrac{1}{\lambda_k} & \text{für } k = l . \end{cases}$$

Satz 1. *Wenn der Kern stetig ist und die Reihe* (201) *im Quadrat* $k_0$ *gleichmäßig konvergiert, ist ihre Summe in* $k_0$ *gleich dem Kern, d. h., es gilt*

$$K(s,t) = \sum_k \frac{\varphi_k(s) \overline{\varphi_k(t)}}{\lambda_k} . \tag{202}$$

Zum Beweis setzen wir zunächst voraus, daß unendlich viele Eigenwerte vorhanden sind, und betrachten die Differenz

$$\omega(s, t) = K(s, t) - \sum_{k=1}^{\infty} \frac{\varphi_k(s)\, \overline{\varphi_k(t)}}{\lambda_k}, \tag{202$_1$}$$

die in $k_0$ eine stetige symmetrische Funktion ist. Fassen wir die Funktion $\omega(s, t)$ bei festem $s$ im Intervall $[a, b]$ als Funktion von $t$ auf, so sind ihre Fourierkoeffizienten in bezug auf das Funktionensystem $\varphi_k(t)$ gleich 0 [3],

$$\int_a^b \omega(s, t)\, \overline{\varphi_k(t)}\, dt = 0 \qquad (k = 1, 2, \ldots). \tag{203}$$

Wir müssen nun beweisen, daß $\omega(s, t)$ in $k_0$ identisch verschwindet. Wir führen den Beweis indirekt. Angenommen, die Funktion $\omega(s, t)$ verschwinde in $k_0$ nicht identisch. Dann können wir sie als Kern einer Integralgleichung auffassen,

$$\psi(s) = \lambda \int_a^b \omega(s, t)\, \psi(t)\, dt.$$

Nach dem im vorigen Abschnitt formulierten Fundamentalsatz hat diese Integralgleichung wenigstens einen Eigenwert $\lambda_0$, zu dem eine gewisse Eigenfunktion $\psi_0(s)$ gehört, die nicht identisch verschwindet:

$$\psi_0(s) = \lambda_0 \int_a^b \omega(s, t), \psi_0(t)\, dt. \tag{204}$$

Wir zeigen, daß diese Funktion $\psi_0(s)$ zu allen Eigenfunktionen $\varphi_k(s)$ des Kerns $K(s, t)$ orthogonal ist. Multiplizieren wir nämlich beide Seiten von (203) mit $\lambda_0\psi_0(s)$ und integrieren über $s$, so erhalten wir

$$\lambda_0 \int_a^b \int_a^b \omega(s, t)\, \psi_0(s)\, \overline{\varphi_k(t)}\, ds\, dt = 0.$$

Hieraus ergibt sich wegen (204) und der Symmetrie von $\omega(s, t)$

$$\int_a^b \psi_0(t)\, \overline{\varphi_k(t)}\, dt = 0 \qquad (k = 1, 2, \ldots). \tag{205}$$

Die Integralgleichung (204) läßt sich in der Gestalt

$$\psi_0(s) = \lambda_0 \int_a^b \left[ K(s, t) - \sum_{k=1}^{\infty} \frac{\varphi_k(s)\, \overline{\varphi_k(t)}}{\lambda_k} \right] \psi_0(t)\, dt$$

schreiben. Wenn wir die gleichmäßige Konvergenz der Reihe (201) und die Beziehung (205) beachten, erhalten wir

$$\psi_0(s) = \lambda_0 \int_a^b K(s, t)\, \psi_0(t)\, dt,$$

d. h., die Funktion $\psi_0(s)$ muß eine Eigenfunktion des ursprünglichen Kerns $K(s, t)$ sein. Folglich muß sie eine Linearkombination der Eigenfunktionen $\varphi_k(s)$ sein, die zum charakteristischen Wert $\lambda_0$ gehören.

Dies ist aber nicht möglich, weil die Funktion $\psi_0(s)$ und die Funktionen $\varphi_k(s)$ zusammen ein Orthogonalsystem bilden und orthogonale Funktionen nicht linear abhängig sein können [3]. Dieser Widerspruch zeigt, daß unsere Annahme, $\omega(s, t)$ sei nicht identisch gleich 0, falsch ist; es ist also $\omega(s, t) \equiv 0$ in $k_0$, und es gilt (202).

Im weiteren werden wir zeigen, daß die Reihe (201) in $k_0$ gleichmäßig konvergiert, wenn die Zahlen $\lambda_k$ bis auf höchstens endlich viele Ausnahmen dasselbe Vorzeichen haben.

Wir setzen jetzt den Kern als stetig oder schwach polar oder aus $L_2$ voraus und bilden seine Fourierreihe in $k_0$:

$$\sum_{k=1}^{\infty} \frac{\varphi_k(s)\,\overline{\varphi_k(t)}}{\lambda_k}.$$

Wie jede Fourierreihe einer Funktion aus $L_2$ konvergiert sie im Mittel, und wir können in diesem Sinne von ihrer Summe in $k_0$ sprechen. Nun bilden wir wieder die Differenz ($202_1$), die zu $L_2$ über $k_0$ gehört, und können danach wie oben weiterschließen. Dabei ist zu berücksichtigen, daß eine im Mittel konvergente Reihe mit einer Funktion aus $L_2$ multipliziert und gliedweise integriert werden kann. Schließlich kommen wir zu dem Ergebnis $\omega(s, t) = 0$ (äquivalent 0), und damit haben wir den

Satz 2. *Für stetige und schwach polare Kerne sowie Kerne aus $L_2$ konvergiert die Reihe* (201) *in $k_0$ im Mittel, und ihre Reihensumme ist gleich dem Kern.*

Aus der Konvergenz im Mittel folgt die Vollständigkeitsrelation

$$\sum_k \frac{1}{\lambda_k^2} = \int_a^b \int_a^b |K(s, t)|^2 \, ds \, dt\,. \tag{206}$$

Wir hätten auch Satz 2 zuerst beweisen und anschließend Satz 1 als unmittelbare Folgerung erhalten können. Man sieht leicht, daß stetige und schwach polare Kerne aus $L_2$ sind.

Besitzt der Kern nur endlich viele charakteristische Zahlen, dann besteht die Reihe (201) aus endlich vielen Summanden, und es gilt die Gleichung

$$K(s, t) = \sum_{k=1}^{m} \frac{\varphi_k(s)\,\overline{\varphi_k(t)}}{\lambda_k}. \tag{207}$$

Diese Formel zeigt, daß $K(s, t)$ ein ausgearteter Kern ist, wenn er nur endlich viele charakteristische Zahlen hat. Wie wir früher in [27] gesehen haben, besitzt auch jeder ausgeartete Kern nur endlich viele charakteristische Zahlen.

Somit gilt: *Ein symmetrischer Kern ist dann und nur dann ausgeartet, wenn er höchstens endlich viele charakteristische Zahlen hat.*

**32. Quellenmäßig darstellbare Funktionen.** Das orthonormierte System der Eigenfunktionen $\varphi_k(s)$ des Kerns $K(s, t)$ braucht nicht vollständig zu sein, und die Fourierreihe bezüglich dieses Systems irgendeiner Funktion $F(s)$ kann dann, selbst wenn sie gleichmäßig konvergiert, eine von $F(s)$ verschiedene Reihensumme haben. Ist aber insbesondere diese Funktion $F(s)$ der Kern selbst, so folgt, wie wir oben gesehen haben, aus der gleichmäßigen Konvergenz der Reihe (201), daß ihre Summe gleich dem Kern ist. Das führt uns zur Definition einer gewissen Klasse von Funktionen.

Definition. Eine Funktion $f(s)$ heißt *quellenmäßig darstellbar*, wenn sie mit Hilfe des Kerns $K(s, t)$ in der Form

$$f(s) = \int_a^b K(s, t)\, h(t)\, dt$$

darstellbar ist.

Ist dabei der Kern auf dem endlichen Intervall $[a, b]$ stetig oder schwach polar, so setzen wir $h(t)$ als stetig voraus, und $f(s)$ ist ebenfalls eine stetige Funktion. Ist dagegen der Kern aus $L_2$, so wählen wir auch $h(t)$ als Funktion aus $L_2$, und $f(s)$ ist ebenfalls aus $L_2$.

Für die Fourierkoeffizienten einer quellenmäßig darstellbaren Funktion $f(s)$ erhalten wir

$$a_k = \int_a^b f(s)\,\overline{\varphi_k(s)}\,ds = \int_a^b\int_a^b K(s,t)\,h(t)\,\overline{\varphi_k(s)}\,ds\,dt$$

$$= \int_a^b \left[\int_a^b \overline{\overline{K(t,s)}\,\varphi_k(s)\,ds}\right] h(t)\,dt = \int_a^b \frac{\overline{\varphi_k(t)}\,h(t)}{\lambda_k}\,dt$$

oder

$$a_k = \frac{h_k}{\lambda_k}, \tag{208}$$

wobei $h_k$ die Fourierkoeffizienten der Funktion $h(t)$ in bezug auf das System $\varphi_k(s)$ sind. Somit hat die Fourierreihe von $f(s)$ die Gestalt

$$\sum_k \frac{h_k}{\lambda_k}\,\varphi_k(s)\,. \tag{209}$$

Wir nehmen an, daß unendlich viele Eigenfunktionen existieren. Unter Verwendung der Cauchyschen Ungleichung ergibt sich

$$\sum_{k=n}^{n+p} \left| h_k \frac{\varphi_k(s)}{\lambda_k} \right| \leq \left(\sum_{k=n}^{n+p} |h_k|^2\right)^{1/2} \left(\sum_{k=n}^{n+p} \left|\frac{\varphi_k(s)}{\lambda_k}\right|^2\right)^{1/2}. \tag{210}$$

Weiterhin setzen wir voraus, daß der Kern der Bedingung

$$\int_a^b |K(s,t)|^2\,dt \leq C^2 \tag{211}$$

mit einer gewissen Konstante $C^2$ (unabhängig von $s$) genügt. Auf Grund der Besselschen Ungleichung ist dann

$$\sum_{k=1}^{\infty} \left|\frac{\varphi_k(s)}{\lambda_k}\right|^2 \leq \int_a^b |K(s,t)|^2\,dt \leq C^2\,,$$

und aus (210) folgt

$$\sum_{k=n}^{n+p} \left| h_k \frac{\varphi_k(s)}{\lambda_k} \right| \leq C \left(\sum_{k=n}^{n+p} |h_k|^2\right)^{1/2}. \tag{212}$$

Die Zahlenreihe $\sum |h_k|^2$ ist aber konvergent, so daß wir mit (212) den folgenden Satz bewiesen haben:

Satz 1. *Die Fourierreihe einer quellenmäßig darstellbaren Funktion* $f(s)$

$$\sum_{k=1}^{\infty} \frac{h_k}{\lambda_k}\,\varphi_k(s) \tag{213}$$

*konvergiert unter der Bedingung* (211) *regulär, d. h., die Reihe der absoluten Beträge ihrer Glieder*

$$\sum_{k=1}^{\infty} \left|\frac{h_k}{\lambda_k}\,\varphi_k(s)\right|$$

*ist gleichmäßig konvergent.*

Hieraus folgt, daß die Reihe (213) selbst absolut und gleichmäßig im Intervall $[a, b]$ konvergiert, wenn die Bedingung (211) erfüllt ist. Für stetige und schwach polare Kerne auf dem endlichen Intervall $[a, b]$ gilt (211) stets. Für Kerne aus $L_2$ kann diese Bedingung für fast alle $s$ erfüllt sein. Weiter unten werden wir folgenden Satz beweisen:

Satz 2. *Ist die Bedingung* (211) *erfüllt, so ist die Summe der Reihe* (213) *gleich der Funktion* $f(s)$. *Im Fall eines Kerns aus* $L_2$ *konvergiert die Reihe* (213) *im Mittel gegen* $f(s)$.

Dieser Satz heißt Entwicklungssatz von Hilbert und E. Schmidt.

Jetzt kommen wir erst einmal zur allgemeinen Theorie der Operatoren, die vollstetigen Integraloperatoren mit symmetrischen Kernen entsprechen, und zwar sowohl über der Familie der auf einem endlichen Intervall stetigen Funktionen als auch über $L_2$.

**33. Der Raum $C_{L_2}$.** Wir haben bereits beschränkte Operatoren und einige ihrer Eigenschaften untersucht. Begriffe wie Skalarprodukt, Orthogonalität von Funktionen usw. sind auch für die Theorie der linearen Operatoren in der Klasse $C$ der auf $[a, b]$ stetigen Funktionen nützlich. Solchen Operatoren sind, wie wir wissen ([4], [16]), die Integraloperatoren mit stetigen oder polaren Kernen zuzurechnen. Wir wollen jetzt einige Begriffe einführen, die es gestatten, die Theorie dieser Operatoren parallel zur Theorie der Operatoren im Raum $L_2$ zu behandeln.

Mit $C_{L_2}$ soll der Raum der im endlichen Intervall $[a, b]$ stetigen Funktionen mit demselben Skalarprodukt, derselben Norm und der Konvergenz wie in $L_2$ bezeichnet werden. Die Elemente dieses Funktionenraumes bezeichnen wir wie früher mit $\varphi(s)$, $\psi(s)$ usw.

Der wesentliche Unterschied zwischen den Räumen $C_{L_2}$ und $C$ besteht darin, daß der Raum $C_{L_2}$ nicht vollständig ist. Wenn nämlich die Folge in $[a, b]$ stetiger Funktionen $\varphi_n(s)$ im Sinne der Norm von $C_{L_2}$ in sich konvergent ist: $\|\varphi_m - \varphi_n\| \to 0$, d. h.

$$\lim_{m,n\to\infty} \int_a^b |\varphi_m(s) - \varphi_n(s)|^2 \, ds = 0 ,$$

dann existiert nicht notwendig eine stetige Funktion $\varphi_0(s)$ mit der Eigenschaft $\|\varphi_m - \varphi_0\| \to 0$ (vgl. [22]).

Die Begriffe beschränkter linearer Operator in $C_{L_2}$ und auch selbstadjungierter Operator werden wie in der Funktionenklasse $L_2$ eingeführt. Das betrifft ebenso den Begriff des vollstetigen Operators: Ein linearer Operator $K$ in $C_{L_2}$ wird vollstetig genannt, wenn er jede im Sinne der Norm beschränkte Menge von Funktionen in eine kompakte Menge abbildet.

Aus der in [4] angegebenen Abschätzung und dem Satz von Arzelà [15] folgt, daß ein Integraloperator mit stetigem Kern in $C_{L_2}$ vollstetig ist. Diese Eigenschaft besitzen auch schwach polare Kerne. Ist nämlich

$$v(s) = \int_a^b \frac{L(s, t)}{|s - t|^\alpha} u(t) \, dt \tag{$213_1$}$$

mit $\alpha < \frac{1}{2}$ und einer stetigen Funktion $L(s, t)$, sind außerdem $s$ und $s'$ zwei Punkte aus dem Intervall $[a, b]$, so erhalten wir mit Hilfe der Bunjakowskischen Ungleichung

$$|v(s') - v(s)|^2 \leqq \int_a^b \left| \frac{L(s', t)}{|s' - t|^\alpha} - \frac{L(s, t)}{|s - t|^\alpha} \right|^2 dt\, \|u\|^2 .$$

Das Integral auf der rechten Seite läßt sich genauso wie in [16] abschätzen, wobei die Voraussetzung $\alpha < \frac{1}{2}$ unbedingt erforderlich ist. Die erhaltene Abschätzung liefert die gleichgradige Stetigkeit der Funktionen $v(s)$, die Bildelemente der Funktionen $u(t)$ mit $\|u\| \leqq C$ für eine feste Zahl $C$ sind. Die gleichmäßige Beschränktheit dieser Familie von Funktionen $v(s)$ folgt aus der Ungleichung

$$|v(s)|^2 \leqq \int_a^b \frac{|L(s, t)|^2}{|s - t|^{2\alpha}}\, dt\, \|u(t)\|^2 .$$

Somit ordnet ein Operator der Gestalt ($213_1$) jeder in $C_{L_2}$ (oder auch in $L_2$) beschränkten Menge von Funktionen eine kompakte Menge stetiger Funktionen zu. Um so mehr ist also die oben erhaltene Familie von Funktionen $v(s)$ kompakt in $C_{L_2}$.

**34. Sätze über die Norm linearer Operatoren.** Wir beweisen jetzt zwei Sätze über die Operatornorm.

Satz 1. *Die Norm eines linearen Operators $A$ ist die obere Grenze der Zahlen $|(A\varphi, \psi)|$ für alle Elemente $\varphi$, $\psi$ mit $\|\varphi\| = \|\psi\| = 1$, d. h.*

$$\|A\| = \sup |(A\varphi, \psi)| \quad \text{für} \quad \|\varphi\| = \|\psi\| = 1 . \tag{214}$$

Ist $A$ der Nulloperator, so ist $(A\varphi, \psi) = 0$ für alle $\varphi$ und $\psi$, und der Satz ist offenbar richtig, da in diesem Fall $\|A\| = 0$ gilt. Wir nehmen nun an, $A$ sei nicht der Nulloperator. Aus der Ungleichung

$$|(A\varphi, \psi)| \leqq \|A\varphi\|\, \|\psi\| \leqq \|A\|\, \|\varphi\|\, \|\psi\|$$

folgt

$$|(A\varphi, \psi)| \leqq \|A\| \quad \text{für} \quad \|\varphi\| = \|\psi\| = 1 . \tag{215}$$

Wenn andererseits $\psi = \frac{1}{\|A\varphi\|} A\varphi$, wobei $A\varphi$ nicht das Nullelement ist, in das Skalarprodukt $(A\varphi, \psi)$ eingesetzt wird, erhalten wir $(A\varphi, \psi) = \|A\varphi\|$. Wegen (156) können wir $\varphi$ so wählen, daß $\|\varphi\| = 1$ und $\|A\varphi\|$ beliebig nahe bei $\|A\|$ liegt. Diese Aussage liefert zusammen mit (215) gerade die Behauptung (214).

Im folgenden werden wir nur Operatoren mit symmetrischen Kernen $K^*(s, t) = \overline{K(t, s)} = K(s, t)$ betrachten. Für solche Operatoren ist die Gleichung

$$(A\varphi, \psi) = (\varphi, A\psi) \tag{216}$$

charakteristisch. $(A\varphi, \varphi)$ ist in diesem Fall eine reelle Zahl. Man nennt solche Operatoren *selbstadjungiert* [30]. Grundlegend für die weiteren Überlegungen wird der folgende Satz sein.

Satz 2. *Die Norm eines selbstadjungierten linearen Operators $A$ läßt sich durch die Beziehung*

$$\|A\| = \sup |(A\varphi, \varphi)| \quad \text{für} \quad \|\varphi\| = 1 \tag{217}$$

*ausdrücken.*

Wir führen die Bezeichnung

$$d = \sup_{\|\varphi\|=1} (A\varphi, \varphi)$$

ein und haben zu beweisen, daß $d = \|A\|$ ist. Für ein vom Nullelement verschiedenes Element $\varphi$ können wir auch

$$d = \sup \left| \left( A \frac{1}{\|\varphi\|} \varphi, \frac{1}{\|\varphi\|} \varphi \right) \right| = \sup \frac{|(A\varphi, \varphi)|}{\|\varphi\|^2}$$

schreiben, woraus

$$|(A\varphi, \varphi)| \leqq d \|\varphi\|^2| \tag{218}$$

folgt. Für das Nullelement $\varphi$ ist diese Ungleichung offenbar ebenfalls erfüllt. Berücksichtigen wir die Linearität des Operators und des Skalarproduktes, so können wir

$$\begin{aligned}&(A(\varphi+\psi), \varphi+\psi) - (A(\varphi-\psi), \varphi-\psi)\\ &= 2(A\varphi, \psi) + 2(A\psi, \varphi) = 2(A\varphi, \psi) + 2(\psi, A\varphi)\end{aligned}$$

oder

$$\begin{aligned}&(A(\varphi+\psi), \varphi+\psi) - (A(\varphi-\psi), \varphi-\psi)\\ &= 2(A\varphi, \psi) + 2\overline{(A\varphi, \psi)} = 4\mathrm{Re}\,(A\varphi, \psi)\end{aligned}$$

schreiben, wobei Re den Realteil kennzeichnet. Andererseits erhalten wir bei Verwendung von (218)

$$\begin{aligned}&|(A(\varphi+\psi), \varphi+\psi) - (A(\varphi-\psi), \varphi-\psi)| \leqq |(A(\varphi+\psi), \varphi+\psi)| + |(A(\varphi-\psi), \varphi-\psi)|\\ &\leqq d(\varphi+\psi, \varphi+\psi) + d(\varphi-\psi, \varphi-\psi) = 2d(\|\varphi\|^2 + \|\psi\|^2),\end{aligned}$$

so daß wir für beliebige $\varphi$ und $\psi$ die Ungleichung

$$2\,|\mathrm{Re}\,(A\varphi, \psi)| \leqq d(\|\varphi\|^2 + \|\psi\|^2) \tag{219}$$

nachgewiesen haben. Nun sei $r$ der Betrag und $\alpha$ das Argument der komplexen Zahl $(A\varphi, \psi)$, d. h. $(A\varphi, \psi) = re^{i\alpha}$ $(r \geqq 0)$. Da $\varphi$ ein beliebiges Element ist, können wir $\varphi$ durch $e^{-i\alpha}\varphi$ ersetzen. Dabei geht $(A\varphi, \psi)$ in $e^{-i\alpha}(A\varphi, \psi) = e^{-i\alpha}e^{i\alpha}r = r = |(A\varphi, \psi)|$ über, und $\|\varphi\|^2$ bleibt unverändert. Damit nimmt die Ungleichung (219) für beliebige $\varphi$ und $\psi$ die Gestalt

$$2\,|(A\varphi, \psi)| \leqq d(\|\varphi\|^2 + \|\psi\|^2) \tag{220}$$

an, woraus $|(A\varphi, \psi)| \leqq d$ für $\|\varphi\| = \|\psi\| = 1$ und weiterhin

$$\|A\| = \sup_{\substack{\|\varphi\|=1\\ \|\psi\|=1}} |(A\varphi, \psi)| \leqq d, \quad \text{d. h.} \quad \|A\| \leqq d\,, \tag{221}$$

folgt. Es bleibt noch zu zeigen, daß auch $d \leqq \|A\|$ ist. Wir haben die Beziehung $|(A\varphi, \varphi)| \leqq \|A\varphi\|\,\|\varphi\|$ und insbesondere

$$|(A\varphi, \varphi)| \leqq \|A\| \quad \text{für} \quad \|\varphi\| = 1\,.$$

Nach Definition ist $d$ die obere Grenze des Ausdrucks auf der linken Seite dieser Ungleichung, was aber gerade $d \leqq \|A\|$ bedeutet. Somit gilt für einen selbstadjungierten linearen Operator

$$\|A\| = \sup_{\|\varphi\|=1} |(A\varphi, \varphi)| = \sup \frac{|(A\varphi, \varphi)|}{\|\varphi\|^2} \qquad (\|\varphi\| \neq 0)\,. \tag{222}$$

Offenbar sind die bewiesenen Sätze sowohl im Raum $L_2$ als auch in $C_{L_2}$ richtig.

**35. Die Existenz eines Eigenwertes.** Wir betrachten nun einen vom Nulloperator verschiedenen vollstetigen selbstadjungierten Operator $A$ in $L_2$ oder $C_{L_2}$ und die mit einem Parameter $\mu$ gebildete homogene Gleichung

$$A\varphi = \mu\varphi\,, \tag{223}$$

die einer homogenen Integralgleichung in der Gestalt [2]

$$\int_a^b K(s, t)\, \varphi(t)\, dt = \mu\varphi(s) \tag{224}$$

entspricht. Jede Zahl $\mu$, für die eine von der Nullösung verschiedene Lösung der Gleichung (224) existiert, heißt ein *Eigenwert* dieser Gleichung. Die charakteristischen Zahlen hängen über die Beziehung $\mu = \lambda^{-1}$ mit den Eigenwerten zusammen.

Nach (222) existiert eine Folge normierter Elemente $\psi_n$ $(n = 1, 2, \ldots)$, für die

$$|(A\psi_n, \psi_n)| \to \|A\| \qquad (\|\psi_n\| = 1) \tag{225}$$

gilt. Da $A$ nicht der Nulloperator und damit $\|A\| > 0$ ist, sind die Größen $(A\psi_n, \psi_n)$ für hinreichend große $n$ von 0 verschieden, unter ihnen gibt es also sicherlich unendlich viele positive oder unendlich viele negative Größen, vielleicht aber auch unendlich viele jeder Art. Auf jeden Fall kann man demnach aus der Folge der Elemente $\psi_n$ eine Teilfolge auswählen, für die, wenn wir der Einfachheit halber die alten Indizes beibehalten,

$$(A\psi_n, \psi_n) \to \mu_1 \tag{226}$$

gilt; dabei ist $\mu_1 = \|A\|$ oder $\mu_1 = -\|A\|$.

Wir bilden nun das Element

$$\tau_n = \mu_1\psi_n - A\psi_n$$

und bestimmen das Quadrat seiner Norm:

$$\|\tau_n\|^2 = (\mu_1\psi_n - A\psi_n, \mu_1\psi_n - A\psi_n) = \mu_1^2(\psi_n, \psi_n) - 2\mu_1(A\psi_n, \psi_n) + (A\psi_n, A\psi_n)\,.$$

Wegen $\|\psi_n\| = 1$ und $\|A\psi_n\|^2 \leqq \|A\|^2 = \mu_1^2$ gilt $\|\tau_n\|^2 \leqq 2\mu_1\,[\mu_1 - (A\psi_n, \psi_n)]$.

Nach (226) konvergiert der Ausdruck auf der rechten Seite für $n \to \infty$ gegen 0, und damit gilt auch $\|\tau_n\| \to 0$, d. h.

$$\mu_1\psi_n - A\psi_n \Rightarrow 0\,. \tag{227}$$

Bis jetzt haben wir noch nicht benutzt, daß $A$ vollstetig ist. Diese Voraussetzung wird erst jetzt gebraucht.

Die $\psi_n$ sind normiert, so daß die Menge dieser Elemente der Norm nach beschränkt und damit die Folge $\{A\psi_n\}$ kompakt ist. Aus dieser Folge kann man eine Teilfolge auswählen, die ein Grenzelement hat. Wir behalten die alten Indizes bei und nehmen dementsprechend an, daß die Folge $\{A\psi_n\}$ selbst ein Grenzelement hat. Dann folgt aus (227) wegen $\mu_1 \neq 0$, daß auch die Folge $\{\psi_n\}$ ein Grenzelement hat. Es möge $\psi_n \Rightarrow \varphi_1$ gelten. Das Grenzelement $\varphi_1$ ist ebenso wie die Elemente $\psi_n$ wegen der Konvergenz $(\psi_n, \psi_n) \to (\varphi_1, \varphi_1)$ normiert. Gehen wir in (227) zur Grenze über und berücksichtigen die Stetigkeit von $A$, so erhalten wir die Gleichung $\mu_1\varphi_1 - A\varphi_1 = 0$, d. h.

$$A\varphi_1 = \mu_1\varphi_1\,. \tag{228}$$

Somit hat die Gleichung (223) den Eigenwert $\mu_1$ und das zugehörige normierte Eigenelement $\varphi_1$. Aus (228) folgt schließlich

$$(A\varphi_1, \varphi_1) = \mu_1\,. \tag{229}$$

Die angestellten Überlegungen führen uns zu dem folgenden Existenzsatz.

Satz 1. *Ist $A$ ein vom Nulloperator verschiedener vollstetiger selbstadjungierter Operator, so hat die Gleichung* (223) *einen Eigenwert $\mu_1$, für den $|\mu_1| = \|A\|$ gilt, und für das zugehörige Eigenelement $\varphi_1$ wird das Maximum der Zahlen $|(A\varphi, \varphi)|$ für alle $\varphi$ mit $\|\varphi\| = 1$ angenommen.*

Es sei noch darauf hingewiesen, daß wir beim Beweis der Konvergenz der Folge $\{\psi_n\}$ nicht die Vollständigkeit des Raumes benutzt haben. Deshalb sind unsere Überlegungen sowohl für den Raum $L_2$ als auch für $C_{L_2}$ gültig.

**36. Die Folge der Eigenwerte und der Entwicklungssatz.** Jetzt betrachten wir an Stelle des ganzen Raumes $L_2$ (oder $C_{L_2}$) nur eine Teilmenge, nämlich die Menge aller seiner Elemente $\varphi$, die zu $\varphi_1$ orthogonal sind, d. h., die der Bedingung

$$(\varphi, \varphi_1) = \int_a^b \varphi(s)\, \overline{\varphi_1(s)}\, ds = 0 \tag{230}$$

genügen. Diese Menge bezeichnen wir mit $F_2$. Für den ursprünglich zugrunde gelegten Raum $L_2$ oder $C_{L_2}$ benutzen wir hier die Bezeichnung $F$ (oder auch $F_1$). Wir erwähnen einige interessante Eigenschaften der Menge $F_2$. Bilden wir eine Linearkombination von Elementen aus $F_2$, so erhalten wir wieder ein Element aus $F_2$. Denn ist $(\omega_1, \varphi_1) = (\omega_2, \varphi_1) = 0$, so gilt auch

$$(c_1\omega_1 + c_2\omega_2, \varphi_1) = c_1(\omega_1, \varphi_1) + c_2(\omega_2, \varphi_1) = 0 .$$

Gehören Elemente $\omega_n$ der Menge $F_2$ an und gilt $\omega_n \Rightarrow \omega_0$, so gehört auch das Element $\omega_0$ der Menge $F_2$ an. Denn durch Grenzübergang folgt aus $(\omega_n, \varphi_1) = 0$ die Beziehung $(\omega_0, \varphi_1) = 0$. Wir zeigen noch, daß auch das Element $A\tau$ der Menge $F_2$ angehört, wenn das Element $\tau$ der Menge $F_2$ angehört. Nach Voraussetzung gilt $(\tau, \varphi_1) = 0$, deshalb ergibt sich

$$(A\tau, \varphi_1) = (\tau, A\varphi_1) = (\tau, \mu_1\varphi_1) = \mu_1(\tau, \varphi_1) = 0 .$$

Somit können wir den Operator $A$ als einen in $F_2$ definierten selbstadjungierten vollstetigen Operator auffassen. Er transformiert die Elemente von $F_2$ wieder in Elemente von $F_2$. Alle unsere Überlegungen in [4] und [35] behalten ihre Gültigkeit, wenn wir $F$ durch $F_2$ ersetzen.

Wir betrachten nun die Norm des Operators $A$ in $F_2$, die wir mit $\gamma_2$ bezeichnen wollen (es sei $\gamma_1 = \|A\|$). Diese Norm wird nach Satz 2 aus [34] durch

$$\gamma_2 = \sup_{\substack{\|\varphi\|=1 \\ \varphi \in F_2}} |(A\varphi, \varphi)|$$

gegeben.

Die Norm $\|A\|$ desselben Operators wird in dem umfassenderen Raum $F$ durch die analoge Beziehung (217) bestimmt, in der $\varphi$ nicht $F_2$, sondern $F$ durchläuft. Somit ist $\gamma_2$ die obere Grenze einer kleineren Zahlenmenge, woraus $\gamma_2 \leqq \|A\|$ folgt. Insbesondere kann $\gamma_2 = 0$ sein, d. h., es kann vorkommen, daß $A$ in $F_2$ der Nulloperator ist. Wir setzen voraus, daß dies nicht der Fall ist. Dann können wir uns durch Wiederholung der Überlegungen von [35] davon überzeugen, daß die Gleichung (223), aufgefaßt als Gleichung in $F_2$, einen Eigenwert $\mu_2$ mit einem zugehörigen normierten Eigenelement $\varphi_2$ aus $F_2$ hat, $A\varphi_2 = \mu_2\varphi_2$. Dabei gilt $|\mu_2| = \gamma_2$ und $(A\varphi_2, \varphi_2) = \mu_2$, und aus $\gamma_2 \leqq \|A\|$ folgt $|\mu_1| \geqq |\mu_2|$.

Wir bilden nun die Menge $F_3$ aller Elemente $\varphi$ von $F$, die den Bedingungen $(\varphi, \varphi_1) = (\varphi, \varphi_2) = 0$ genügen. Für $F_3$ können wir dasselbe beweisen wie soeben für

$F_2$. Der Operator läßt sich als selbstadjungierter vollstetiger Operator in $F_3$ auffassen. Ist er nicht der Nulloperator, so erhalten wir in analoger Weise einen Eigenwert $\mu_3$ mit einem normierten Eigenelement $\varphi_3$ aus $F_3$. In diesem Fall ist $|\mu_3|=\gamma_3$, wobei $\gamma_3$ die Norm von $A$ als Operator in $F_3$ bedeutet, und es gilt $|\mu_1| \geqq |\mu_2| \geqq |\mu_3|$.

Setzen wir dieses Verfahren fort, so erhalten wir die Eigenwerte $\mu_1, \mu_2, \ldots, \mu_n$ mit

$$|\mu_1| \geqq |\mu_2| \geqq \ldots \geqq |\mu_n|$$

und die zugehörigen paarweise orthogonalen und normierten Eigenelemente $\varphi_1, \varphi_2, \ldots, \varphi_n$; dabei ist $|\mu_k|$ die Norm von $A$ als Operator in $F_k$. Deshalb gilt für jedes Element $\varphi$

$$|(A\varphi, \varphi)| \leqq |\mu_k| \cdot \|\varphi\|^2 ,$$

falls die Gleichungen

$$(\varphi, \varphi_1) = (\varphi, \varphi_2) = \ldots = (\varphi, \varphi_{k-1}) = 0$$

erfüllt sind.

Angenommen, das Verfahren breche bei der Konstruktion des folgenden Eigenwertes ab, d. h., $A$ sei im Raum $F_{n+1}$, dessen Elemente durch die Bedingungen

$$(\varphi, \varphi_1) = (\varphi, \varphi_2) = \ldots = (\varphi, \varphi_n) = 0 \tag{231}$$

festgelegt sind, der Nulloperator.

Ist $\omega$ ein beliebiges Element aus $F$, so genügt das Element

$$\varphi = \omega - \sum_{k=1}^{n} (\omega, \varphi_k)\, \varphi_k \tag{232}$$

den Bedingungen (231), d. h., es liegt in $F_{n+1}$. Nach Voraussetzung gilt

$$A\left[\omega - \sum_{k=1}^{n} (\omega, \varphi_k)\, \varphi_k\right] = 0 .$$

Hieraus ergibt sich durch Auflösen der eckigen Klammer wegen $A\varphi_k = \mu_k\varphi_k$ $(k=1, 2, \ldots, n)$

$$A\omega = \sum_{k=1}^{n} (\omega, \varphi_k)\, \mu_k\varphi_k ,$$

d. h., jedes Element der Gestalt $A\omega$ läßt sich nach den Eigenelementen $\varphi_k$ entwickeln. Man kann leicht nachprüfen, daß $(\omega, \varphi_k)\,\mu_k$ die Fourierkoeffizienten des Elementes $A\omega$ sind:

$$(A\omega, \varphi_k) = (\omega, A\varphi_k) = (\omega, \mu_k\varphi_k) = \mu_k(\omega, \varphi_k) .$$

Wir nehmen nun an, daß das Verfahren, nach dem die von 0 verschiedenen Eigenwerte $\mu_s$ konstruiert werden, nicht abbricht. Wir zeigen zunächst, daß die Folge der Eigenwerte $\mu_s$ gegen 0 strebt. Angenommen, die nicht wachsende Folge der positiven Zahlen $\mu_s^2$ habe den positiven Grenzwert $\alpha$. Da alle Eigenelemente $\varphi_s$ die Norm 1 haben, muß die Folge $\{A\varphi_s\}$ kompakt sein. Andererseits erhalten wir, da die $\varphi_s$ paarweise orthogonal sind, nach dem Satz von PYTHAGORAS

$$\|A\varphi_m - A\varphi_n\|^2 = \|\mu_m\varphi_m - \mu_n\varphi_n\|^2 = \mu_m^2 + \mu_n^2 \qquad (m \neq n) .$$

Bei unbeschränkt wachsenden $m$ und $n$ hat die ganz rechts stehende Summe den Grenzwert $2a > 0$, woraus sich ergibt, daß die Folge $\{A\varphi_s\}$ nicht kompakt sein kann. Das ist ein Widerspruch, also gilt $\mu_s \to 0$.

Wir betrachten nochmals das Element (232) aus $F_{n+1}$. Da die Norm von $A$ in $F_{n+1}$ gleich $|\mu_{n+1}|$ ist, erhalten wir

$$\left\| A\left(\omega - \sum_{k=1}^{n} (\omega, \varphi_k)\, \varphi_k\right)\right\|^2 \leqq \mu_{n+1}^2 \left\| \omega - \sum_{k=1}^{n} (\omega, \varphi_k)\, \varphi_k \right\|^2 . \tag{233}$$

Wie man aber leicht nachprüfen kann [3], gilt

$$\left\| \omega - \sum_{k=1}^{n} (\omega, \varphi_k)\, \varphi_k \right\|^2 = \|\omega\|^2 - \sum_{k=1}^{n} |(\omega, \varphi_k)|^2 \leqq \|\omega\|^2 ,$$

so daß aus (233) die Ungleichung

$$\left\| A\left(\omega - \sum_{k=1}^{n} (\omega, \varphi_k)\, \varphi_k\right)\right\|^2 \leqq \mu_{n+1}^2 \|\omega\|^2$$

folgt, deren rechte Seite für $n \to \infty$ gegen 0 strebt. Daher gilt

$$A\left[\omega - \sum_{k=1}^{n} (\omega, \varphi_k)\, \varphi_k\right] = A\omega - \sum_{k=1}^{n} (\omega, \varphi_k)\, \mu_k \varphi_k \Rightarrow 0$$

oder

$$A\omega = \sum_{k=1}^{\infty} (\omega, \varphi_k)\, \mu_k \varphi_k , \tag{234}$$

wobei die Konvergenz der unendlichen Reihe als Konvergenz im Mittel ihrer Abschnitte gegen $A\omega$ zu verstehen ist.

Wir haben oben gezeigt, daß die Eigenelemente, die zu verschiedenen $\mu_s$ gehören, zueinander orthogonal sind und daß die linear unabhängigen Eigenelemente, die demselben Eigenwert entsprechen, orthogonalisiert werden können. Auf dem zuvor beschriebenen Wege erhalten wir daher eine Folge von Eigenelementen, die ein Orthonormalsystem bilden.

Satz 2. *Die Elemente $\varphi_k$ sind alle linear unabhängige Eigenelemente, die zu von 0 verschiedenen Eigenwerten gehören, d. h., wenn das Eigenelement $\tau$ zu einem Eigenwert $\mu_0 \neq 0$ gehört, dann muß $\mu_0$ mit einem oder mehreren (im Fall eines Eigenwertes mit der Vielfachheit $> 1$) $\mu_k$ übereinstimmen, und $\tau$ ist eine Linearkombination der entsprechenden $\varphi_k$ mit konstanten Koeffizienten.*

Es sei $\tau$ ein zu einem gewissen $\mu_0 \neq 0$ gehörendes Eigenelement. Wir zeigen jetzt, daß $\mu_0$ mit einem oder mehreren der $\mu_k$ $(k = 1, 2, \ldots)$ übereinstimmen muß und $\tau$ sich als Linearkombination derjenigen Eigenelemente $\varphi_k$ darstellen läßt, die den mit $\mu_0$ übereinstimmenden Eigenwerten entsprechen. Ist $\mu_0$ von allen $\mu_k$ verschieden, so ist $\tau$ zu allen $\varphi_k$ orthogonal, d. h. $(\tau, \varphi_k) = 0$ $(k = 1, 2, \ldots)$. Setzen wir nun in (234) $\omega = \tau$ und berücksichtigen $A\tau = \mu_0 \tau$ $(\mu_0 \neq 0)$, so erhalten wir $\mu_0 \tau = 0$, und $\tau$ ist das Nullelement, was aber der Annahme widerspricht, daß $\tau$ ein Eigenelement ist. Folglich muß $\mu_0$ mit mindestens einem $\mu_k$ übereinstimmen. Angenommen, es gilt $\mu_0 = \mu_1$ und $\mu_0 = \mu_2$, aber $\mu_0$ ist von allen anderen $\mu_k$ verschieden. (Analog wird der Fall der Vielfachheit $> 2$ behandelt.) Wir bilden das Element

$$\tau' = \tau - [(\tau, \varphi_1)\, \varphi_1 + (\tau, \varphi_2)\, \varphi_2] . \tag{235}$$

Ebenso wie $\tau$ genügt der Ausdruck in der eckigen Klammer der homogenen Gleichung

$$A\varphi = \mu_0 \varphi \qquad (\mu_0 = \mu_1 = \mu_2) . \tag{236}$$

Somit genügt auch $\tau'$ dieser Gleichung. Ist $\tau'$ das Nullelement, so haben wir $\tau = (\tau, \varphi_1)\,\varphi_1 + (\tau, \varphi_2)\,\varphi_2$ als Linearkombination von $\varphi_1, \varphi_2$ dargestellt. Aus (235) folgt unmittelbar die Orthogonalität von $\tau'$ zu den Elementen $\varphi_1$ und $\varphi_2$. Ist $\tau'$ vom Nullelement verschieden und damit ein Eigenelement, das zum Eigenwert $\mu_0 = \mu_1 = \mu_2$ gehört, welcher sich von allen anderen $\mu_k$ $(k > 2)$ unterscheidet, so ist $\tau'$ auch zu allen $\varphi_k$ $(k > 2)$ orthogonal. Setzen wir daher in (232) $\omega = \tau'$, dann kommen wir wie zuvor zu einem Widerspruch, womit Satz 2 bewiesen ist.

In der Theorie der Integralgleichungen haben wir an Stelle von (223) die Gleichung $\varphi = \lambda A \varphi$, d. h. $\lambda = \frac{1}{\mu}$ geschrieben. Wie bewiesen wurde, strebt $|\mu_n| \to 0$, also $|\lambda_n| = \frac{1}{|\mu_n|} \to \infty$ für $n \to \infty$.

Aus den Überlegungen dieses Abschnittes folgt:

Satz 3. *Alle Eigenwerte $\mu$ eines vom Nulloperator verschiedenen vollstetigen Operators $A$ haben endliche Vielfachheiten, und außerhalb eines jeden Intervalls $[-\varepsilon, \varepsilon]$ gibt es nur endlich viele Eigenwerte. Jedes Element der Gestalt $A\omega$ läßt sich in eine Fourierreihe nach den Eigenelementen $\varphi_k$ entwickeln, wobei die Konvergenz dieser Reihe als Konvergenz im Mittel zu verstehen ist.*

Über Satz 3 hinaus bemerken wir noch, daß $|\mu_k|$ gleich dem Maximum der Beträge $|(A\varphi, \varphi)|$ für alle $\varphi$ ist, die den Bedingungen

$$\|\varphi\| = 1 \quad \text{und} \quad (\varphi, \varphi_1) = (\varphi, \varphi_2) = \ldots = (\varphi, \varphi_{k-1}) = 0 \tag{237}$$

genügen.

Weiterhin untersuchen wir die Lösbarkeit der Gleichung

$$A\tau = 0 \tag{238}$$

und beweisen den folgenden

Satz 4. *Die Orthogonalität des Elements $\tau$ zu allen $\varphi_k$, d. h. $(\tau, \varphi_k) = 0$ $(k = 1, 2, \ldots)$, ist notwendig und hinreichend dafür, daß $\tau$ Lösung der Gleichung $A\tau = 0$ ist.*

Zum Beweis der Notwendigkeit sei $A\tau = 0$. Unter Berücksichtigung von $A\varphi_k = \mu_k \varphi_k$ können wir

$$(\tau, \varphi_k) = \frac{1}{\mu_k}\,(A\tau, \varphi_k) = 0$$

schreiben, da nach Voraussetzung $A\tau = 0$ ist, und gerade das war zu zeigen.

Die Hinlänglichkeit folgt unmittelbar aus (234) mit $\omega = \tau$ und den Bedingungen $(\tau, \varphi_k) = 0$ $(k = 1, 2, \ldots)$.

Schließlich gilt auch der folgende

Satz 5. *Besitzt die Gleichung $A\tau = 0$ mit dem symmetrischen vollstetigen Operator $A$ nur die Nullösung, dann konvergiert für jedes Element $f$ des Raumes $L_2$ die Fourierreihe $\sum_{k=1}^{\infty} (f, \varphi_k)\,\varphi_k$ von $f$ in bezug auf das Orthonornalsystem $\{\varphi_k\}$ der Eigenelemente des Operators $A$ in der Norm von $L_2$ gegen $f$.*

Die Aussage dieses Satzes ist nicht nur für $L_2$, sondern auch für jeden anderen Hilbertschen Raum richtig. Bekanntlich [**II, 163**] konvergiert die Reihe $\sum_{k=1}^{\infty} (f, \varphi_k)\,\varphi_k$ in $L_2$ gegen ein gewisses Element $\tilde{f} \in L_2$. Die Beziehungen $(f - \tilde{f}, \varphi_k) = 0$ für $k = 1, 2, \ldots$ sind klar. Wir wählen nun ein beliebiges Element $\omega \in L_2$. Nach Satz 3 dieses Abschnitts kann $A\omega$ in eine Reihe $\sum_{k=1}^{\infty} a_k \varphi_k$ entwickelt werden, die in der Norm von $L_2$ gegen $A\omega$ konvergiert. Deshalb ist

$$(A(f-\bar{f}), \omega) = (f-\bar{f}, A\omega) = \left(f-\bar{f}, \sum_{k=1}^{\infty} a_k\varphi_k\right) = \sum_{k=1}^{\infty} \bar{a}_k(f-\bar{f}, \varphi_k) = 0\,,$$

d. h. $A(f-\bar{f}) = 0$. Auf Grund der Voraussetzungen des Satzes folgt hieraus $f-\bar{f}=0$, was zu beweisen war.

**37. Formulierung der Ergebnisse für Integraloperatoren.** Bei der Darstellung der vorhergehenden Sätze 1 bis 4 haben wir nicht vorausgesetzt, daß der betrachtete lineare vollstetige selbstadjungierte Operator $A$ ein Integraloperator ist. Das soll erst in diesem Abschnitt angenommen werden:

$$\psi(s) = A\varphi(s) = \int_a^b K(s, t)\, \varphi(t)\, dt\,. \tag{239}$$

Ist der Kern $K(s, t)$ stetig, das Intervall $[a, b]$ endlich und $\varphi(t)$ aus $L_2$, so erhalten wir als Bildelement eine stetige Funktion $\psi(s)$. Deshalb hat die Integralgleichung

$$\varphi(s) = f(s) + \lambda \int_a^b K(s, t)\, \varphi(t)\, dt$$

mit stetigen Funktionen $f(s)$ und $K(s, t)$ nur stetige Lösungen, selbst wenn die Lösung $\varphi(s)$ im Raum $L_2$ gesucht wird. Das kann man nicht mehr von der Integralgleichung

$$\int_a^b K(s, t)\, \tau(t)\, dt = 0$$

behaupten. Ist hier der Kern wieder stetig, so kann sie Lösungen $\tau(t)$ aus $L_2$ besitzen, wobei Satz 4 berücksichtigt werden muß. Fügt man zu den Eigenfunktionen $\varphi_k(s)$ des Operators (239) alle linear unabhängigen (auch nicht stetigen) Lösungen dieser Gleichung aus $L_2$, nachdem sie vorher orthogonalisiert wurden, hinzu, so erhält man ein vollständiges (abgeschlossenes) Funktionensystem. Für den Operator (239) wurden die mit dem Parameter $\mu$ versehene Gleichung $A\varphi = \mu\varphi$ und ihre Eigenwerte

$$|\mu_1| \geqq |\mu_2| \geqq |\mu_3| \geqq \ldots$$

betrachtet. Insbesondere war $|\mu_1| = \|A\|$ sowie

$$|\mu_1| = \max \left| \int_a^b K(s, t)\, \varphi(t)\, \overline{\varphi(s)}\, dt\, ds \right| \quad \text{für} \quad \|\varphi\| = 1\,,$$

und für $\varphi(t) = \varphi_1(t)$ wird das Maximum angenommen. Die Größe $\mu_k$ ist durch

$$|\mu_k| = \max \left| \int_a^b K(s, t)\, \varphi(t)\, \overline{\varphi(s)}\, dt\, ds \right|$$

für $\|\varphi\| = 1$ und

$$(\varphi_1, \varphi) = (\varphi_2, \varphi) = \ldots = (\varphi_{k-1}, \varphi) = 0$$

bestimmt, und das Maximum wird analog für $\varphi(t) = \varphi_k(t)$ angenommen. Das Orthonormalsystem der $\varphi_k(t)$ $(k = 1, 2, \ldots)$ kann aus endlich oder auch aus unendlich vielen Funktionen bestehen, im letzteren Fall kann es vollständig oder auch nicht vollständig sein.

Satz 3 besagt jetzt, daß jede quellenmäßig darstellbare Funktion

$$g(s) = \int_a^b K(s, t)\, \omega(t)\, dt$$

in eine Fourierreihe nach den $\varphi_k(s)$ entwickelt werden kann, die im Mittel gegen $g(s)$ konvergiert. Für stetige und schwach polare Kerne ist $g(s)$ bei stetigem $\omega(t)$ eine stetige Funktion, wenn die Bedingung

$$\int_a^b |K(s, t)|^2\, dt \leqq C^2$$

erfüllt ist, und es wurde bewiesen, daß die erwähnte Fourierreihe regulär und folglich auch im Mittel konvergiert. Die Reihensumme ist gleich $g(s)$, da die Grenzfunktion bis auf Äquivalenz eindeutig bestimmt ist.

Die Fourierreihe hat die Gestalt

$$g(s) = \sum_k \frac{(\omega, \varphi_k)}{\lambda_k}\, \varphi_k(s)\,.$$

Im Raum $L_2$ können wir auch $\omega(t)$ aus $L_2$ annehmen, und dann konvergiert diese Reihe im Mittel.

Wir lassen jetzt polare Kerne zu, ohne sie als schwach polar vorauszusetzen. Wir haben gezeigt, daß der einem polaren Kern entsprechende Operator

$$\psi(s) = \int_a^b \frac{L(s, t)}{|s - t|^\alpha}\, \varphi(t)\, dt \qquad (0 < \alpha < 1)$$

stetige Funktionen $\varphi(t)$ wieder in stetige Funktionen $\psi(s)$ transformiert und ein vollstetiger Operator von $C$ in sich ist. Im Fall $\frac{1}{2} \leqq \alpha < 1$ gehört der Kern nicht zu $L_2$. Wir betrachten die Integralgleichung mit polarem Kern

$$\varphi(s) = f(s) + \lambda \int_a^b \frac{L(s, t)}{|s - t|^\alpha}\, \varphi(t)\, dt\,, \tag{240}$$

wobei wir $f(s)$ als in $[a, b]$ und $L(s, t)$ als in $k_0$ stetige Funktionen annehmen. Unter dem Integral ersetzen wir $\varphi(t)$ durch die rechte Seite der Gleichung (240) und führen diese Substitution mehrmals hintereinander aus (vgl. [20]). Bezeichnen wir der Einfachheit halber den Kern in (240) mit $K(s, t)$, so erhalten wir

$$\varphi(s) = F(s) + \lambda^n \int_a^b K_n(s, t)\, \varphi(t)\, dt\,, \tag{241}$$

wobei

$$F(s) = f(s) + \lambda \int_a^b K(s, t)\, f(t)\, dt + \dots + \lambda^{n-1} \int_a^b K_{n-1}(s, t)\, f(t)\, dt$$

eine in $[a, b]$ stetige Funktion ist. Der Kern in (241) ist aber für hinreichend große $n$ regulär. Da jede stetige Lösung $\varphi(s)$ oder Lösung aus $L_2$ der Integralgleichung (240) auch der Integralgleichung (241) genügt, ist folglich $\varphi(s)$ eine stetige Funktion. Analog müssen auch die Eigenfunktionen, die zur Gleichung (240) gehören, stetig sein.

**38. Der Satz von Dini.** In diesem Abschnitt beweisen wir einen Satz, den wir im folgenden benutzen werden.

Satz. *Wenn in einem Intervall* $[a, b]$ *die Glieder einer Reihe*

$$\sum_{k=1}^{\infty} f_k(x) \tag{242}$$

*stetige nichtnegative Funktionen sind, die Reihe in jedem Punkt konvergiert und ihre Summe eine stetige Funktion ist, dann konvergiert die Reihe* (242) *gleichmäßig in* $[a, b]$.

Das Restglied der Reihe (242) bezeichnen wir mit $R_n(x)$,

$$R_n(x) = \sum_{k=n+1}^{\infty} f_k(x) .$$

Da nach Voraussetzung die einzelnen Glieder und die Summe der Reihe stetige Funktionen sind, ist auch die Funktion $R_n(x)$ im Intervall $[a, b]$ stetig. Bei beliebigem festem $x$ kann das Restglied nicht mit $n$ größer werden, da die Glieder der Reihe nichtnegativ sind; es gilt also $R_{n+1}(x) \leqq R_n(x)$. Mit $m_n$ bezeichnen wir den größten Wert, den die nichtnegative stetige Funktion $R_n(x)$ in $[a, b]$ annimmt, und $\xi_n$ sei ein Punkt von $[a, b]$, in dem dieser Wert angenommen wird: $m_n = R_n(\xi_n)$. Wir zeigen, daß die Zahlen $m_n$ nicht mit $n$ größer werden können, $m_{n+1} \leqq m_n$. In der Tat ist $m_{n+1} = R_{n+1}(\xi_{n+1}) \leqq R_n(\xi_{n+1})$. Der Wert $R_n(\xi_{n+1})$ kann jedoch nicht größer sein als der größte Wert $m_n$ der Funktion $R_n(x)$ in $[a, b]$. Hieraus folgt $m_{n+1} \leqq m_n$.

Die nicht wachsende Folge der positiven Zahlen $m_n$ muß einen Grenzwert haben, der entweder gleich 0 oder gleich einer positiven Zahl ist. Ist er gleich 0, so ist die gleichmäßige Konvergenz der Reihe (242) sichergestellt, weil der größte Wert ihres Restgliedes für $n \to \infty$ gegen 0 strebt. Es bleibt also zu beweisen, daß der Grenzwert der Zahlen $m_n$ keine positive Zahl sein kann. Wir führen den Beweis indirekt. Alle Zahlen $\xi_n$, die wir oben eingeführt haben, befinden sich in dem endlichen Intervall $[a, b]$, folglich muß in diesem Intervall wenigstens eine Stelle $x = c$ existieren, die ein Häufungspunkt der $\xi_n$ ist [**II**, 92], also eine Stelle, die so beschaffen ist, daß sich in beliebig kleiner Umgebung unendlich viele Zahlen $\xi_n$ befinden. Nach Voraussetzung konvergiert die Reihe (242) im Punkt $x = c$; folglich existiert ein hinreichend großer Index $N$ derart, daß $R_N(c) < \frac{l}{2}$ ist, wenn wir mit $l$ den als positiv angenommenen Grenzwert der Folge $\{m_n\}$ bezeichnen. Da die Funktion $R_N(x)$ stetig ist, können wir einen Punkt $\xi_n$ mit $n > N$ hinreichend nahe an $c$ wählen, für den ebenfalls die Ungleichung $R_N(\xi_n) < \frac{l}{2}$ erfüllt ist. Wegen $n > N$ erhalten wir $m_n = R_n(\xi_n) \leqq R_N(\xi_n)$, woraus schließlich $m_n < \frac{l}{2}$ folgt. Das ist aber unmöglich, da die Zahlen $m_n$ nicht von kleineren Werten her gegen den Grenzwert $l$ konvergieren. Damit ist der Satz von Dini bewiesen.

Bekanntlich ist die Summe einer Reihe eine stetige Funktion, wenn die Glieder dieser Reihe stetige Funktionen sind und die Reihe gleichmäßig konvergiert. Im allgemeinen ist die Umkehrung hiervon falsch, d. h., man kann aus der Stetigkeit der Summe im allgemeinen nicht auf die gleichmäßige Konvergenz der Reihe schließen. Der Satz von Dini besagt, daß die Umkehrung richtig ist, wenn die Glieder der Reihe nicht nur stetige, sondern auch nichtnegative Funktionen sind; aus der Stetigkeit der Summe folgt also in diesem Fall die gleichmäßige Konvergenz der Reihe.

**39. Reihenentwicklung der iterierten Kerne.** Wir setzen wieder den Kern als stetig voraus. Damit sind auch alle iterierten Kerne stetig. Aus der Definitionsgleichung

$$K_2(s, t) = \int_a^b K(s, t_1)\, K(t_1, t)\, dt_1 \tag{243}$$

ergibt sich, daß der iterierte Kern $K_2(s, t)$ als Funktion von $s$ quellenmäßig darstellbar ist, wobei an die Stelle von $h(t_1)$ die Funktion $K(t_1, t) = \overline{K(t, t_1)}$ tritt und $t$ ein Parameter ist. Wie wir gesehen haben, sind die Fourierkoeffizienten von $K(t, t_1)$ in bezug auf das Funktionensystem (198) gleich $\overline{\varphi_k(t)}/\lambda_k$; somit liefert Satz 2 aus [32] die Beziehung

$$K_2(s, t) = \sum_{k=1}^{\infty} \frac{\varphi_k(s)\, \overline{\varphi_k(t)}}{\lambda_k^2}\,. \tag{244}$$

Sie ist (nach Satz 2) für jedes $s$ aus $[a, b]$ und jedes $t$ aus demselben Intervall bewiesen, d. h., die Entwicklung (244) gilt im ganzen Quadrat $k_0$.

Wir erinnern uns an die Definitionsgleichung [5]

$$K_n(s, t) = \int_a^b K(s, t_1)\, K_{n-1}(t_1, t)\, dt_1\,. \tag{245}$$

Aus (245) folgt, daß die Fourierkoeffizienten des (als Funktion von $s$ aufgefaßten) Kerns $K_n(s, t)$ gleich den durch $\lambda_k$ dividierten Fourierkoeffizienten des (als Funktion von $t_1$ aufgefaßten) Kerns $K_{n-1}(t_1, t)$ sind. Für $K(s, t)$ sind die Fourierkoeffizienten $\frac{\overline{\varphi_k(t)}}{\lambda_k}$, für $K_2(s, t)$ sind sie $\frac{\overline{\varphi_k(t)}}{\lambda_k^2}$, für $K_n(s, t)$ allgemein $\frac{\overline{\varphi_k(t)}}{\lambda_k^n}$. Satz 2 ergibt

$$K_n(s, t) = \sum_{k=1}^{\infty} \frac{\varphi_k(s)\, \overline{\varphi_k(t)}}{\lambda_k^n} \qquad (n = 2, 3, \ldots)\,. \tag{246}$$

Wie (244) konvergieren alle Reihen (246) in $k_0$. Wir untersuchen die Art der Konvergenz.

Nach Satz 2 sind diese Reihen in bezug auf die Veränderliche $s$ im Intervall $[a, b]$ regulär konvergent für jeden festen Wert von $t$ aus demselben Intervall. Wegen der Symmetrie gilt auch die reguläre Konvergenz in bezug auf die Veränderliche $t$ für festes $s$. Wir können darüber hinaus beweisen, daß *die Reihen in bezug auf beide Veränderliche im Quadrat $k_0$ regulär konvergieren.* Es genügt, den Beweis für die Reihe (244) zu führen. Für die übrigen Reihen ($n > 2$) gilt der Beweis wegen $|\lambda_k| \to \infty$ erst recht. Wenn wir die offenbar gültige Abschätzung

$$\left|\frac{\varphi_k(s)\, \overline{\varphi_k(t)}}{\lambda_k^2}\right| \leq \frac{1}{2}\left[\frac{|\varphi_k(s)|^2}{\lambda_k^2} + \frac{|\varphi_k(t)|^2}{\lambda_k^2}\right]$$

benutzen, sehen wir, daß wir nur die gleichmäßige Konvergenz der Reihe $\sum_{k=1}^{\infty} \frac{|\varphi_k(s)|^2}{\lambda_k^2}$ im Intervall $[a, b]$ nachzuweisen brauchen. Diese Reihe entsteht aus der Reihe (244) für $t = s$; folglich ist ihre Summe

$$\sum_{k=1}^{\infty} \frac{|\varphi_k(s)|^2}{\lambda_k^2} = K_2(s, s)\,.$$

Die Glieder dieser Reihe sind nichtnegative stetige Funktionen, und ihre Summe ist in $[a, b]$ ebenfalls stetig. Daher folgt die gleichmäßige Konvergenz dieser Reihe unmittelbar aus dem Satz von Dini.

Wir leiten nun einige Folgerungen aus den hier erhaltenen Formeln her. Setzen wir in (246) $t=s$ und integrieren über $s$, so können wir, weil die Funktionen $\varphi_k(s)$ normiert sind, die sogenannte *Spur eines jeden iterierten Kernes* durch die charakteristischen Zahlen des Ausgangskerns ausdrücken:

$$\int_a^b K_n(s, s)\, ds = \sum_{k=1}^{\infty} \frac{1}{\lambda_k^n}\,. \tag{247}$$

Aus (243) folgt die Beziehung

$$\int_a^b K_2(s, s)\, ds = \int_a^b\int_a^b |K(s, t)|^2\, ds\, dt\,,$$

die mit (247) für $n=2$ auf die Gleichung

$$\sum_{k=1}^{\infty} \frac{1}{\lambda_k^2} = \int_a^b\int_a^b |K(s, t)|^2\, ds\, dt \tag{248}$$

führt.

Die Beziehung (246) kann sich für $n=1$ als falsch erweisen. Aber wir zeigen sogleich, daß für jedes feste $s$ aus $[a, b]$ die Beziehung

$$\lim_{n\to\infty} \int_a^b \left[K(s, t) - \sum_{k=1}^{n} \frac{\varphi_k(s)\,\overline{\varphi_k(t)}}{\lambda_k}\right]^2 dt = 0 \tag{249}$$

besteht, wobei die Konvergenz gegen 0 in bezug auf $s$ gleichmäßig in $[a, b]$ ist. Zum Beweis betrachten wir die Entwicklung von $K(s, t)$ als Funktion von $t$ nach dem orthonormierten System der $\overline{\varphi_k(t)}$. Die Fourierkoeffizienten sind gleich $\varphi_k(s)/\lambda_k$, und es folgt

$$\int_a^b \left[K(s, t) - \sum_{k=1}^{n} \frac{\varphi_k(s)\,\overline{\varphi_k(t)}}{\lambda_k}\right]^2 dt = \int_a^b |K(s, t)|^2\, dt - \sum_{k=1}^{n} \frac{|\varphi_k(s)|^2}{\lambda_k^2}\,.$$

Wir haben aber gesehen, daß

$$\int_a^b |K(s, t)|^2\, dt = K_2(s, s)$$

gilt. Außerdem gilt nach (244)

$$\sum_{k=1}^{n} \frac{|\varphi_k(s)|^2}{\lambda_k^2} \to K_2(s, s) \quad \text{für} \quad n\to\infty$$

und sogar gleichmäßig in bezug auf $s$. Hieraus ergibt sich, daß die Grenzwertbeziehung (249) gleichmäßig bezüglich $s$ erfüllt ist. Wir setzen nun voraus, daß die Reihe (201) für jedes feste $s$ in bezug auf $t$ im Intervall $[a, b]$ gleichmäßig konvergiert, und bezeichnen mit $K_1(s, t)$ die Summe dieser Reihe. Führen wir in der Beziehung (249) den Grenzübergang durch, so erhalten wir

$$\int_a^b |K(s, t) - K_1(s, t)|^2\, dt = 0\,.$$

Daraus folgt unmittelbar $K_1(s, t) \equiv K(s, t)$ in $k_0$; es zeigt sich also, daß es *für den Beweis von* (202) *nicht notwendig ist, die gleichmäßige Konvergenz der Reihe bezüglich* *beider Veränderlicher im Quadrat $k_0$ vorauszusetzen. Man braucht nur vorauszusetzen, daß die Reihe bezüglich einer Veränderlichen gleichmäßig konvergiert, wenn die andere Veränderliche beliebig, aber fest gewählt ist.*

Die Differenz

$$\omega_n(s, t) = K(s, t) - \sum_{k=1}^{n} \frac{\varphi_k(s)\,\overline{\varphi_k(t)}}{\lambda_k} \tag{250}$$

fassen wir als Kern der Integralgleichung

$$\varphi(s) = \lambda \int_a^b \omega_n(s, t)\,\varphi(t)\,dt \tag{251}$$

auf und zeigen, daß *die Zahlen $\lambda_{n+1}, \lambda_{n+2}, \ldots$ alle charakteristischen Werte und die Funktionen $\varphi_{n+1}(s), \varphi_{n+2}(s), \ldots$ die zugehörigen Eigenfunktionen der Integralgleichung* (251) *darstellen.* Zum Beweis multiplizieren wir beide Seiten von (250) mit $\lambda_m \varphi_m(t)$, wobei $m > n$ sei, und integrieren über $t$. Da die Funktionen $\varphi_p(t)$ orthogonal sind, erhalten wir

$$\lambda_m \int_a^b \omega_n(s, t)\,\varphi_m(t)\,dt = \lambda_m \int_a^b K(s, t)\,\varphi_m(t)\,dt$$

oder, da $\varphi_m(t)$ eine Eigenfunktion des Kernes $K(s, t)$ ist, die zum charakteristischen Wert $\lambda_m$ gehört,

$$\lambda_m \int_a^b \omega_m(s, t)\,\varphi_m(t)\,dt = \varphi_m(s)\,.$$

Somit sehen wir, daß die Integralgleichung (251) für $m > n$ dieselben charakteristischen Werte $\lambda_m$ und zugehörigen Eigenfunktionen $\varphi_m(s)$ hat wie die ursprüngliche Integralgleichung. Es bleibt noch zu zeigen, daß dies alle charakteristischen Werte und alle zugehörigen Eigenfunktionen von (251) sind. Deshalb multiplizieren wir beide Seiten von (250) mit $\overline{\varphi_m(s)}$ für $m \leqq n$. Da die Funktionen $\varphi_p(s)$ orthogonal und normiert sind, erhalten wir

$$\int_a^b \omega_n(s, t)\,\overline{\varphi_m(s)}\,dt = \int_a^b K(s, t)\,\overline{\varphi_m(s)}\,ds - \frac{\overline{\varphi_m(t)}}{\lambda_m}\,.$$

Die auf der rechten Seite stehende Differenz ist gleich 0; denn $\varphi_m(t)$ ist eine Eigenfunktion des Kerns $K(s, t)$, die zum charakteristischen Wert $\lambda_m$ gehört. Es gilt daher

$$\int_a^b \omega_n(s, t)\,\overline{\varphi_m(s)}\,ds = 0 \qquad (m \leqq n)\,. \tag{252}$$

Es sei nun $\lambda$ ein charakteristischer Wert der Integralgleichung (251) und $\varphi(s)$ eine zugehörige Eigenfunktion. Multiplizieren wir beide Seiten von (251) mit $\overline{\varphi_m(s)}$ und beachten (252), so erhalten wir

$$\int_a^b \varphi(s)\,\overline{\varphi_m(s)}\,ds = 0 \qquad (m \leqq n)\,. \tag{253}$$

Setzen wir in (251) an Stelle von $\omega_n(s, t)$ den Ausdruck auf der rechten Seite von (250) ein und berücksichtigen (253), so können wir (251) in der Gestalt

$$\varphi(s) = \lambda \int_a^b K(s, t)\,\varphi(t)\,dt$$

schreiben; es zeigt sich also, daß $\varphi(s)$ auch eine Eigenfunktion des ursprünglichen Kerns ist, die außerdem wegen (253) zu allen $\varphi_m(s)$ für $m \leqq n$ orthogonal ist. Hieraus folgt aber, daß $\lambda$ mit einem der charakteristischen Werte $\lambda_k$ für $k > n$ identisch ist und daß $\varphi(s)$ bis auf einen konstanten Faktor eine der Funktionen $\varphi_k(s)$ für $k > n$ oder, im Fall eines mehrfachen charakteristischen Wertes, eine Linearkombination dieser Funktionen ist. Damit ist unsere Behauptung über die charakteristischen Werte und Eigenfunktionen des Kerns $\omega_n(s, t)$ bewiesen.

Aus (246) folgt, daß die iterierten Kerne $K_n(s, t)$ symmetrisch sind. Das ergibt sich auch unmittelbar aus ihrer Definition. Man zeigt leicht, daß die $\lambda_k^n$ und $\varphi_k(s)$ alle charakteristischen Zahlen und Eigenfunktionen der Integralgleichung

$$\varphi(s) = \lambda \int_a^b K_n(s, t)\, \varphi(t)\, dt$$

sind. Ist der Kern $K(s, t)$ schwach polar, so ist $K_2(s, t)$ eine stetige Funktion [20], und es gilt die Entwicklung (246).

Wir nehmen an, daß der Kern der Bedingung

$$\int_a^b |K(s, t)|^2\, dt \leqq C^2 \tag{254}$$

genügt, aus der die Ungleichung

$$\sum_{k=1}^{\infty} \frac{|\varphi_k(s)|^2}{\lambda_k^2} \leqq C^2$$

folgt. Auf Grund der Cauchyschen Ungleichung erhalten wir

$$\sum_{k=m+1}^{\infty} \frac{|\varphi_k(s)|\,|\varphi_k(t)|}{\lambda_k^n}$$

$$\leqq \frac{1}{|\lambda_{m+1}|^{n-2}} \left\{\sum_{k=1}^{\infty} \frac{|\varphi_k(s)|^2}{\lambda_k^2}\right\}^{1/2} \left\{\sum_{k=1}^{\infty} \frac{|\varphi_k(t)|^2}{\lambda_k^2}\right\}^{1/2} \leqq \frac{C^2}{|\lambda_{m+1}|^{n-2}}\,.$$

Deshalb können wir sagen, daß unter der Bedingung (254) die iterierten Kerne (246) für $n \geqq 3$ in $k_0$ regulär konvergieren.

**40. Darstellung der Lösung der Integralgleichung mit Hilfe der charakteristischen Zahlen und Eigenfunktionen.** Zuerst nehmen wir an, daß $\lambda$ in der Integralgleichung

$$\varphi(s) = f(s) + \lambda \int_a^b K(s, t)\, \varphi(t)\, dt \tag{255}$$

keine charakteristische Zahl ist, so daß diese Integralgleichung eine eindeutig bestimmte Lösung besitzt. Wir bezeichnen mit $f_k$ die Fourierkoeffizienten der gegebenen Funktion $f(s)$ und mit $c_k$ die der gesuchten Funktion $\varphi(s)$ in bezug auf das orthonormierte System $\{\varphi_k(s)\}$ der Eigenfunktionen. Ersetzen wir die auf der rechten Seite von (255) stehende, quellenmäßig darstellbare Funktion durch ihre Fourierreihe [32], so erhalten wir

$$\varphi(s) = f(s) + \lambda \sum_{k=1}^{\infty} \frac{c_k}{\lambda_k}\, \varphi_k(s)\,, \tag{256}$$

sofern es unendlich viele charakteristische Zahlen gibt. Vergleichen wir nun die Fourierkoeffizienten auf beiden Seiten von (256), so ergeben sich zur Bestimmung der $c_k$ die Gleichungen

$$c_k = f_k + \lambda \frac{c_k}{\lambda_k} \quad \text{oder} \quad (\lambda_k - \lambda)\, c_k = f_k \lambda_k\,, \tag{257}$$

woraus

$$c_k = \frac{\lambda_k f_k}{\lambda_k - \lambda} \tag{258}$$

folgt, falls $\lambda$ keine charakteristische Zahl ist. Die Gleichung (256) liefert uns daher

$$\varphi(s) = f(s) + \lambda \sum_{k=1}^{\infty} \frac{f_k}{\lambda_k - \lambda}\, \varphi_k(s)\,, \tag{259}$$

und die auf der rechten Seite stehende Reihe konvergiert für stetige oder schwach polare Kerne regulär sowie für Kerne aus $L_2$ im Mittel. Davon kann man sich auch leicht unmittelbar überzeugen, indem man die Beziehung

$$\left| \frac{f_k}{\lambda_k - \lambda}\, \varphi_k(s) \right| = |f_k| \left| \frac{\varphi_k(s)}{\lambda_k} \right| \frac{1}{\left| 1 - \frac{\lambda}{\lambda_k} \right|}\,,$$

die Cauchysche Ungleichung und die Konvergenzaussage

$$\frac{1}{\left| 1 - \frac{\lambda}{\lambda_k} \right|} \to 1 \quad \text{für} \quad k \to \infty$$

benutzt.

Nun betrachten wir den Fall, daß $\lambda$ mit einer der charakteristischen Zahlen, deren Vielfachheit beliebig sein kann, übereinstimmt. Um jedoch die Darstellung etwas zu vereinfachen, beschränken wir uns auf eine charakteristische Zahl der Vielfachheit 3, d. h.

$$\lambda = \lambda_1 = \lambda_2 = \lambda_3\,. \tag{260}$$

Die zweite der Gleichungen (257) führt uns dann sofort zu der notwendigen Lösbarkeitsbedingung (vgl. [39])

$$f_k = \int_a^b f(s)\, \overline{\varphi_k(s)}\, ds = 0 \qquad (k = 1, 2, 3)\,. \tag{261}$$

Die gegebene Funktion $f(s)$ muß also zu den Eigenfunktionen, die zu den charakteristischen Zahlen $\lambda_1 = \lambda_2 = \lambda_3$ gehören, orthogonal sein. Die Koeffizienten $c_k$ für $k > 3$ sind wieder durch (258) bestimmt. Wir nehmen an, daß die Bedingung (261) erfüllt ist. Dann ist die allgemeine Lösung der Integralgleichung (255) in dem jetzt betrachteten Fall gleich der Summe irgendeiner Lösung dieser Integralgleichung und der allgemeinen Lösung der zugehörigen homogenen ($f(s) \equiv 0$) Integralgleichung, d. h.

$$\varphi(s) = f(s) + \lambda \sum_{k=4}^{\infty} \frac{f_k}{\lambda_k - \lambda}\, \varphi_k(s) + c_1\varphi_1(s) + c_2\varphi_2(s) + c_3\varphi_3(s)$$

mit beliebigen Konstanten $c_1$, $c_2$, $c_3$. Kurz gesagt, wenn $\lambda$ mit einer charakteristischen Zahl übereinstimmt, dann wird in einem oder mehreren der Quotienten (258) der Nenner 0. Es müssen dann auch die entsprechenden Fourierkoeffizienten gleich 0 sein und alle entsprechenden Brüche (258) durch beliebige Konstanten ersetzt werden. Somit ist die Bedingung (261) nicht nur notwendig, sondern auch hinreichend für die Lösbarkeit der Integralgleichung.

**41. Die Fredholmschen Formeln für symmetrische Kerne.** Wir wollen nun die Fredholmschen Formeln auf stetige symmetrische Kerne anwenden und setzen dabei $\lambda$ als reell voraus.

In diesem Fall sind der Fredholmsche Zähler (53) und die Resolvente ebenfalls symmetrische Funktionen. Wir haben früher die Reihenentwicklungen der iterierten Kerne aufgestellt [39]. Setzen wir diese Entwicklungen in (39) ein und nehmen dabei an, daß $\lambda$ die Bedingung (41) erfüllt und folglich $|\lambda| < |\lambda_1|$ ist, so erhalten wir

$$R(s, t; \lambda) = K(s, t) + \lambda \sum_{n=1}^{\infty} \frac{\varphi_n(s)\,\overline{\varphi_n(t)}}{\lambda_n^2} + \lambda^2 \sum_{n=1}^{\infty} \frac{\varphi_n(s)\,\overline{\varphi_n(t)}}{\lambda_n^3} + \cdots. \tag{262}$$

Ersetzen wir in dieser Reihe alle Größen durch ihre absoluten Beträge, so entsteht, wie man leicht sieht, eine konvergente Doppelreihe mit positiven Gliedern. Denn fassen wir alle Glieder, die $|\varphi_n(s)|\,|\varphi_n(t)|$ enthalten, in einer Gruppe zusammen, so bekommen wir die Reihe

$$|K(s, t)| + |\varphi_1(s)|\,|\varphi_1(t)| \sum_{k=1}^{\infty} \frac{|\lambda|^k}{|\lambda_1|^{k+1}} + |\varphi_2(s)|\,|\varphi_2(t)| \sum_{k=1}^{\infty} \frac{|\lambda|^k}{|\lambda_2|^{k+1}} + \cdots$$

$$= |K(s, t)| + \sum_{n=1}^{\infty} |\varphi_n(s)|\,|\varphi_n(t)| \frac{|\lambda|}{|\lambda_n|\,(|\lambda_n| - |\lambda|)}.$$

Durch Vergleich dieser Reihe mit der gleichmäßig konvergenten Reihe

$$\sum_{n=1}^{\infty} \frac{|\varphi_n(s)|\,|\varphi_n(t)|}{|\lambda_n|^2} \tag{263}$$

sehen wir, daß der Quotient $\dfrac{|\lambda|\,|\lambda_n|^2}{|\lambda_n|\,(|\lambda_n| - |\lambda|)}$ ihrer $n$-ten Glieder nicht von den Veränderlichen $s$ und $t$ abhängt und für $n \to \infty$ gegen $|\lambda|$ strebt, woraus die absolute Konvergenz der Doppelreihe (262) hervorgeht. Folglich war die Umordnung dieser Reihe in Gruppen von Gliedern, die $\varphi_n(s)\,\varphi_n(t)$ enthalten, möglich. Für die Resolvente erhalten wir damit die Entwicklung nach den Eigenfunktionen:

$$R(s, t; \lambda) = K(s, t) + \lambda \sum_{n=1}^{\infty} \frac{\varphi_n(s)\,\overline{\varphi_n(t)}}{\lambda_n(\lambda_n - \lambda)}. \tag{264}$$

Strenggenommen haben wir diese Reihe nur unter der Voraussetzung hergeleitet, daß $\lambda$ die Bedingung (41) erfüllt. Ersetzen wir aber in (264) alle Glieder durch ihre absoluten Beträge und vergleichen wir wie soeben die erhaltene Reihe mit der Reihe (263), so können wir uns davon überzeugen, daß die Reihe (264) für jedes beliebige von den $\lambda_n$ verschiedene $\lambda$ absolut und gleichmäßig in bezug auf $s$ und $t$ konvergiert. Darüber hinaus konvergiert sie auch in jedem beschränkten Bereich der $\lambda$-Ebene gleichmäßig in bezug auf $\lambda$, wenn man in ihr diejenigen Summanden fortläßt, die in diesem Bereich einen Pol haben. Somit stellt die rechte Seite von (264) die Partialbruchentwicklung einer meromorphen Funktion dar und liefert, ebenso wie die Beziehung (57), die analytische Fortsetzung der Resolvente $R(s, t; \lambda)$ auf die ganze Ebene. Aus (264) folgt insbesondere, daß *im Fall eines symmetrischen Kerns jeder charakteristische Wert ein einfacher Pol der Resolvente ist.* Wir bemerken noch: Wenn wir die Reihe (264) in (45) einsetzen, erhalten wir die Reihenentwicklung (259) der Lösung nach den Eigenfunktionen.

Setzen wir nun $t = s$ in (264) und integrieren über $s$, so folgt

$$\int_a^b R(s, s; \lambda)\,ds = \int_a^b K(s, s)\,ds + \lambda \sum_{n=1}^{\infty} \frac{1}{\lambda_n(\lambda_n - \lambda)}.$$

Dividieren wir beide Seiten von (59) durch $D(\lambda)$, so erhalten wir

$$\int_a^b R(s, s; \lambda)\,ds = -\frac{D'(\lambda)}{D(\lambda)},$$

folglich läßt sich die vorhergehende Formel auch in der Gestalt

$$\frac{D'(\lambda)}{D(\lambda)} = -\int_a^b K(s, s)\, ds + \lambda \sum_{n=1}^{\infty} \frac{1}{\lambda_n(\lambda - \lambda_n)}$$

schreiben. Ist $\lambda_0$ eine Nullstelle von $D(\lambda)$ mit der Vielfachheit $r$, so muß der Wert $\lambda = \lambda_0$ für den Ausdruck auf der linken Seite dieser Beziehung ein einfacher Pol mit dem Residuum $r$ sein [III/2, 21]. Auf der rechten Seite dieser Beziehung sind einige der Zahlen $\lambda_n$ mit $\lambda_0$ identisch. Jeder zugehörige Bruch läßt sich wie folgt schreiben:

$$\frac{\lambda}{\lambda_n(\lambda - \lambda_n)} = \frac{1}{\lambda - \lambda_n} + \frac{1}{\lambda_n},$$

d. h., jeder dieser Brüche liefert uns im Pol $\lambda = \lambda_0$ das Residuum 1; folglich müssen $r$ Zahlen $\lambda_n$ gleich $\lambda_0$ sein. Auf diese Weise gelangen wir zu dem Satz: Wenn im Fall eines symmetrischen Kerns $\lambda_0$ eine Nullstelle von $D(\lambda)$ mit der Vielfachheit $r$ ist, gehören zu diesem charakteristischen Wert genau $r$ linear unabhängige Eigenfunktionen, d. h., *im Fall eines symmetrischen Kerns ist die Vielfachheit einer jeden Nullstelle von $D(\lambda)$ gleich der Vielfachheit des zugehörigen charakteristischen Wertes.*

Wir haben bereits gesehen, daß die Reihe (201) die Fourierentwicklung des Kerns $K(s, t)$ in bezug auf das System der Funktionen $\overline{\varphi_n(t)}$ ist. Setzen wir diese Reihe an Stelle von $K(s, t)$ auf der rechten Seite von (264) ein, so finden wir, daß die Reihe

$$\sum_{n=1}^{\infty} \frac{\varphi_n(s)\, \overline{\varphi_n(t)}}{\lambda_n - \lambda} \tag{265}$$

die Fourierentwicklung der Resolvente darstellt. Da die auf der rechten Seite von (264) stehende Reihe gleichmäßig konvergiert, sind die Reihen (265) und (201) entweder beide gleichmäßig konvergent oder beide nicht, und falls sie gleichmäßig konvergieren, gilt neben (202) die Entwicklung

$$R(s, t; \lambda) = \sum_{n=1}^{\infty} \frac{\varphi_n(s)\, \overline{\varphi_n(t)}}{\lambda_n - \lambda}. \tag{266}$$

Die Fourierkoeffizienten der Funktion $R(s, t; \lambda)$ können wir in einfacher Weise auch unmittelbar erhalten, wenn wir beide Seiten von (264) mit $\varphi_n(t)$ multiplizieren und über $t$ integrieren Da $\varphi_n(t)$ eine Eigenfunktion des Kerns $K(s, t)$ ist und alle $\varphi_n(t)$ orthogonal und normiert sind, ergeben sich als Fourierkoeffizienten der Reihe (265) die Ausdrücke

$$\int_a^b R(s, t; \lambda)\, \varphi_n(t)\, dt = \frac{1}{\lambda_n - \lambda} \varphi_n(s).$$

Diese Beziehung zeigt, daß die Funktionen $\varphi_n(s)$ die Eigenfunktionen des Kernes $R(s, t; \lambda)$, die zu den charakteristischen Werten $\lambda_n - \lambda$ gehören, für einen willkürlich festgelegten reellen Wert von $\lambda$ sind. Es ist leicht ersichtlich, daß die Funktionen $\varphi_n(s)$ alle Eigenfunktionen des symmetrischen Kerns $R(s, t; \lambda)$ darstellen.

Wir können somit feststellen: *Die Funktion $R(s, t; \lambda)$ hat, wenn wir sie als neuen Kern zugrunde legen, dieselben Eigenfunktionen $\varphi_n(s)$ wie der ursprüngliche Kern, und die zugehörigen charakteristischen Werte sind $\lambda_n - \lambda$.* Wenden wir die Beziehung

(264) auf den Kern $R(s,t;\lambda)$ an und bezeichnen mit $\mu$ den Parameter, der in der Resolvente auftritt, so erhalten wir für die Resolvente dieses Kerns

$$\tilde{R}(s,t,\lambda;\mu)=R(s,t;\lambda)+\mu\sum_{n=1}^{\infty}\frac{\varphi_n(s)\,\overline{\varphi_n(t)}}{(\lambda_n-\lambda)\,(\lambda_n-\lambda-\mu)}\,.$$

Durch Einsetzen des Ausdrucks (264) für $R(s,t;\lambda)$ folgt nach elementarer Rechnung

$$\tilde{R}(s,t,\lambda;\mu)=K(s,t)+(\lambda+\mu)\sum_{n=1}^{\infty}\frac{\varphi_n(s)\,\overline{\varphi_n(t)}}{\lambda_n[\lambda_n-(\lambda+\mu)]}=R(s,t;\lambda+\mu)\,,$$

d. h., *wenn wir die Funktion $R(s,t;\lambda)$ als neuen Kern zugrunde legen, ist seine Resolvente die Funktion $R(s,t;\lambda+\mu)$.*

Es sei noch erwähnt, daß auch für schwach polare symmetrische Kerne die Entwicklung (264) gilt, da für solche Kerne die oben benutzten Entwicklungen der iterierten Kerne ebenfalls zur Verfügung stehen und die gleichmäßige Konvergenz der Reihe (262) bewiesen wurde. Ist $K(s,t)$ aus $L_2$, so läßt sich ohne Schwierigkeiten zeigen, daß (266) die Entwicklung der Resolvente $R(s,t;\lambda)$ in eine Fourierreihe bezüglich des Funktionensystems $\varphi_n(s)\ \overline{\varphi_n(t)}$ ist (vgl. [**31**]), das aus den zu den charakteristischen Werten $\lambda_n-\lambda$ gehörenden Eigenfunktionen $\varphi_n(t)$ gebildet wird.

**42. Klassifikation der symmetrischen Kerne.** In Abschnitt [**36**] haben wir die Eigenwerte und die zugehörigen Eigenfunktionen eines Operators $A$ im Zusammenhang mit dem Maximum der Größen $|(A\psi,\psi)|$ bestimmt. Im Fall eines Integraloperators ist

$$(A\psi,\psi)=\int_a^b\left[\int_a^b K(s,t)\,\psi(t)\,\mathrm{d}t\right]\overline{\psi(s)}\,\mathrm{d}s\,. \tag{267}$$

Wir bezeichnen mit $c_k$ die Fourierkoeffizienten der Funktion $\psi(s)$ in bezug auf die Eigenfunktionen $\varphi_k(s)$ des Kernes $K(s,t)$. Wenden wir auf das innere Integral in (267) den Hilbert-Schmidtschen Entwicklungssatz an, multiplizieren die entstehende Reihe mit der Funktion $\overline{\psi(s)}$ und integrieren gliedweise, so erhalten wir

$$(A\psi,\psi)=\sum_{k=1}^{\infty}\frac{|c_k|^2}{\lambda_k}\,. \tag{268}$$

Unter der Annahme $\lambda_k>0$ für alle $k$ gilt

$$J=\sum_{k=1}^{\infty}\frac{|c_k|^2}{\lambda_k}\geqq 0\,, \tag{269}$$

und der zugrunde gelegte Kern heißt *positiv semidefinit.* Existiert eine Funktion $\psi(s)\neq 0$ (aus $L_2$), für die alle $c_k$ verschwinden, dann ist auch das Gleichheitszeichen möglich. Ist jedoch das orthonormierte System $\{\varphi_k(s)\}$ vollständig, so kann dies nicht eintreten, d. h., es gilt dann $J>0$. In diesem Fall heißt der Kern *positiv definit.* Analog werden negativ semidefinite und negativ definite Kerne erklärt.

Wird $\psi(t)=\varphi_m(t)$ in (268) gesetzt, so ist $|c_m|=1$ und $c_k=0$ für $k\neq m$. Somit nimmt der Ausdruck $J$ Werte unterschiedlichen Vorzeichens an, wenn auch die $\lambda_k$ verschiedene Vorzeichen haben.

Die Eigenfunktionen $\varphi_k(s)$ haben wir aus dem Extremalproblem erhalten, das Maximum von $J$ unter der Bedingung zu bestimmen, daß die Norm von $\psi(s)$ gleich 1 ist (vgl. [**36**]). Im folgenden benötigen wir ein anderes Extremalproblem; wir werden nämlich fordern, daß nicht die Funktionen $\psi(s)$ selbst, sondern die mit

Hilfe des Kerns transformierten Funktionen normiert sind:

$$\int_a^b \left| \int_a^b K(s,t)\,\psi(t)\,dt \right|^2 ds = 1\,. \tag{270}$$

Wir entwickeln wieder das innere Integral nach dem Satz von HILBERT und E. SCHMIDT in eine gleichmäßig konvergente oder (für einen Kern aus $L_2$) im Mittel konvergierende Reihe und können dann die Bedingung (270) auf Grund der Vollständigkeitsrelation in der Gestalt

$$\sum_{k=1}^{\infty} \frac{|c_k|^2}{\lambda_k^2} = 1 \tag{271}$$

schreiben. Den Kern setzen wir als positiv semidefinit voraus und bringen (269) auf die Form

$$J = \sum_{k=1}^{\infty} \frac{|c_k|^2}{\lambda_k^2}\,\lambda_k\,.$$

Ersetzen wir hier die $\lambda_k$ durch ihren kleinsten Wert $\lambda_1$, so erhalten wir wegen (271)

$$J \geqq \lambda_1\,. \tag{272}$$

Wählt man speziell $\psi(s) = \lambda_1\varphi_1(s)$, dann ist $c_1 = \lambda_1$, und $c_k = 0$ für $k > 1$, so daß die Bedingung (271) erfüllt ist und in (272) das Gleichheitszeichen gilt. Damit haben wir bewiesen, daß *die erste charakteristische Zahl* $\lambda_1$ *gleich dem Minimum des Integrals* (267) *unter der Bedingung* (270) *ist.* Dieser minimale Wert wird für $\psi(s) = \lambda_1\varphi_1(s)$ angenommen. In derselben Weise können wir zeigen, daß *die charakteristische Zahl* $\lambda_2$ *gleich dem Minimum des Integrals* (267) *ist, falls die Funktionen* $\psi(s)$ *den folgenden Bedingungen genügen:*

$$\int_a^b \left| \int_a^b K(s,t)\,\psi(t)\,dt \right|^2 ds = 1, \qquad \int_a^b \psi(s)\,\overline{\varphi_1(s)}\,ds = 0\,;$$

und dieses Minimum wird im Fall $\psi(s) = \lambda_2\varphi_2(s)$ angenommen.

Man sieht leicht, daß das soeben eingeführte Extremalprinzip zur Bestimmung der charakteristischen Zahlen und der Eigenfunktionen nicht nur für positiv semidefinite Kerne anwendbar ist, sondern auch für jeden Kern, der nur eine endliche Anzahl negativer charakteristischer Zahlen besitzt, d. h., dessen sämtliche charakteristischen Zahlen in einer nichtfallenden Folge angeordnet werden können.

Abschließend sei noch folgendes erwähnt: Gilt beispielsweise $\lambda_1 = \lambda_2 = \lambda_3 < \lambda_4$, so nimmt das Integral (267) unter der Bedingung $\|\psi\| = 1$ sowohl für $\psi(s) = \lambda_1\varphi_1(s)$ als auch für $\psi(s) = \lambda_1\varphi_2(s)$ sowie für $\psi(s) = \lambda_1\varphi_3(s)$ sein Minimum an, mehr noch, auch für jede Linearkombination $\psi(s) = \lambda_1(a_1\varphi_1(s) + a_2\varphi_2(s) + a_3\varphi_3(s))$, deren Koeffizienten der Bedingung

$$|a_1|^2 + |a_2|^2 + |a_3|^2 = 1$$

genügen, wird der minimale Wert des Integrals (267) erreicht. Eine entsprechende Bemerkung gilt auch in bezug auf das oben betrachtete erste Extremalproblem.

**43. Der Mercersche Satz.** Zunächst formulieren wir diesen

Satz. *Ist* $K(s,t)$ *ein positiv oder negativ semidefiniter stetiger Kern, so konvergiert seine Fourierreihe nach den Eigenfunktionen im Quadrat* $k_0$ *regulär.*

Den Beweis wollen wir zunächst nur für reelle, positiv semidefinite Kerne führen. Zuerst zeigen wir die Ungleichung $K(s,s) \geqq 0$.

Wenn auf der Diagonalen $s=t$ des Quadrats $k_0$ ein Punkt $s=t=c$ existieren würde, für den $K(c, c)<0$ wäre, so gäbe es gewiß auch eine Umgebung $\{|s-c|<\varepsilon, |t-c|<\varepsilon\}$ dieses Punktes, in der überall $K(s, t)<0$ ist. Es gibt nun sicher eine stetige Funktion $p(s)$, die im Intervall $c-\varepsilon<s<c+\varepsilon$ positive Werte hat und außerhalb des Intervalls überall gleich 0 ist. Für diese Funktion gilt

$$J=\int_a^b\int_a^b K(s,t)\,p(s)\,p(t)\,ds\,dt=\int_{c-\varepsilon}^{c+\varepsilon}\int_{c-\varepsilon}^{c+\varepsilon} K(s,t)\,p(s)\,p(t)\,ds\,dt<0\,,$$

was unmöglich ist, da der Kern positiv semidefinit sein soll. Wir bilden nun den Kern

$$K(s,t)-\sum_{k=1}^{n}\frac{\varphi_k(s)\,\overline{\varphi_k(t)}}{\lambda_k}\,, \tag{273}$$

dessen charakteristische Werte $\lambda_{n+1}, \lambda_{n+2}, \dots$ ebenfalls sämtlich positiv sind. Wenden wir auf diesen Kern das soeben Bewiesene an, dann erhalten wir

$$K(s,s)-\sum_{k=1}^{n}\frac{|\varphi_k(s)|^2}{\lambda_k}\geqq 0 \quad\text{oder}\quad \sum_{k=1}^{n}\frac{|\varphi_k(s)|^2}{\lambda_k}\leqq K(s,s)\,.$$

Hieraus folgt unmittelbar, daß die Reihe $\sum_{k=1}^{\infty}\frac{|\varphi_k(s)|^2}{\lambda_k}$ mit positiven Gliedern für alle Werte von $s$ konvergiert und ihre Teilsummen für jeden Wert von $s$ aus dem Intervall $[a, b]$ kleiner bleiben als eine positive Zahl $M$. Durch Anwendung der Cauchyschen Ungleichung ergibt sich

$$\sum_{k=n}^{n+p}\left|\frac{\varphi_k(s)\,\overline{\varphi_k(t)}}{\lambda_k}\right|=\sum_{k=n}^{n+p}\left|\frac{\varphi_k(s)}{\sqrt{\lambda_k}}\right|\cdot\left|\frac{\varphi_k(t)}{\sqrt{\lambda_k}}\right|\leqq\sqrt{\sum_{k=n}^{n+p}\frac{|\varphi_k(s)|^2}{\lambda_k}}\sqrt{\sum_{k=n}^{n+p}\frac{|\varphi_k(s)|^2}{\lambda_k}} \tag{274}$$

oder

$$\sum_{k=n}^{n+p}\left|\frac{\varphi_k(s)\,\overline{\varphi_k(t)}}{\lambda_k}\right|\leqq\sqrt{\sum_{k=n}^{n+p}\frac{|\varphi_k(s)|^2}{\lambda_k}}\,\sqrt{M}\,,$$

woraus wegen der Konvergenz der Reihe $\sum_{k=1}^{\infty}\frac{|\varphi_k(s)|^2}{\lambda_k}$ unmittelbar folgt, daß die Reihe (201) für jedes feste $s$ bezüglich $t$ im Intervall $[a, b]$ regulär konvergiert. Analog zeigt man die reguläre Konvergenz bezüglich $s$ für jedes feste $t$.

Damit gilt

$$\sum_{k=1}^{\infty}\frac{|\varphi_k(s)|^2}{\lambda_k}=K(s,s)\,,$$

wobei die Reihe auf Grund des Satzes von Dini gleichmäßig konvergiert. Schließlich folgt aus der Ungleichung (274) die reguläre Konvergenz der Reihe $\sum_{k=1}^{\infty}\frac{\varphi_k(s)\,\overline{\varphi_k(t)}}{\lambda_k}$ in $k_0$, was zu beweisen war.

**44. Schiefsymmetrische Kerne und symmetrisierbare Integralgleichungen.** Ein Kern $K(s, t)$ heißt schiefsymmetrisch, wenn er der Bedingung

$$\overline{K(t,s)}=-K(s,t) \tag{275}$$

oder für reellwertige Kerne der Bedingung

$$K(t,s)=-K(s,t)$$

genügt. Führen wir den Kern $L(s, t)=\mathrm{i}\,K(s, t)$ ein, so erhalten wir aus (275)

$$\overline{L(t,s)}=L(s,t)\,.$$

Damit kann die Integralgleichung

$$\varphi(s)=f(s)+\lambda\int_a^b K(s,t)\,\varphi(t)\,\mathrm{d}t \tag{276}$$

mit dem schiefsymmetrischen Kern $K(s,t)$ als Integralgleichung

$$\varphi(s)=f(s)+\mu\int_a^b L(s,t)\,\varphi(t)\,\mathrm{d}t \tag{277}$$

mit symmetrischem Kern geschrieben werden, wobei $\mu=-i\lambda$, also $\lambda=\mu i$ gesetzt wurde. Hieraus folgt, daß die Integralgleichung mit schiefsymmetrischem Kern (276) mindestens eine charakteristische Zahl besitzt und daß alle ihre charakteristischen Zahlen rein imaginär sind.

Wir wollen jetzt eine Klasse von Integralgleichungen behandeln, die sich durch eine einfache Transformation in Integralgleichungen mit symmetrischen Kernen überführen lassen. Sie haben die Gestalt

$$\varphi(s)=f(s)+\lambda\int_a^b K(s,t)\,p(t)\,\varphi(t)\,\mathrm{d}t\,, \tag{278}$$

wobei $K(s,t)$ ein symmetrischer Kern ist und im Intervall $[a,b]$ die Ungleichung $p(t)>0$ gilt. Multiplizieren wir beide Seiten von (278) mit $\sqrt{p(s)}$ und führen die neue gesuchte Funktion $\psi(s)=\sqrt{p(s)}\,\varphi(s)$ ein, so gelangen wir zu der Integralgleichung

$$\psi(s)=f(s)\sqrt{p(s)}+\lambda\int_a^b L(s,t)\,\psi(t)\,\mathrm{d}t \tag{279}$$

mit dem symmetrischen Kern

$$L(s,t)=K(s,t)\sqrt{p(s)\,p(t)}\,.$$

Es seien $\lambda_k$ die charakteristischen Werte und $\psi_k(s)$ die Eigenfunktionen der Integralgleichung (279). Die Funktionen $\psi_k(s)$ können wir wie immer als orthogonal und normiert annehmen. Aus $\psi_k(s)=\varphi_k(s)\sqrt{p(s)}$ ergibt sich für die Eigenfunktionen der Integralgleichung (278), daß sie bezüglich der Gewichtsfunktion $p(s)$ orthogonal und normiert sind:

$$\int_a^b p(s)\,\varphi_k(s)\,\overline{\varphi_l(s)}\,\mathrm{d}s=\begin{cases}0 & \text{für } k\neq l\,,\\ 1 & \text{für } k=l\,.\end{cases}$$

Im Fall stetiger oder schwach polarer Kerne $K(s,t)$ erhalten wir für den zweiten iterierten Kern $L_2(s,t)$ die Reihenentwicklung

$$L_2(s,t)=\int_a^b K(s,t_1)\,K(t_1,t)\,p(t_1)\sqrt{p(s)\,p(t)}\,\mathrm{d}t_1=\sum_{k=1}^{\infty}\frac{\psi_k(s)\,\overline{\psi_k(t)}}{\lambda_k^2}$$

und weiter, wenn wir noch durch den Faktor $\sqrt{p(s)\,p(t)}$ dividieren, die Beziehung

$$H_2(s,t)=\int_a^b K(s,t_1)\,K(t_1,t)\,p(t_1)\,\mathrm{d}t_1=\sum_{k=1}^{\infty}\frac{\varphi_k(s)\,\overline{\varphi_k(t)}}{\lambda_k^2}\,.$$

Analog dazu ergibt sich für die Funktion

$$H_p(s,t)=\int_a^b H_{p-1}(s,t_1)\,K(t_1,t)\,p(t_1)\,\mathrm{d}t_1$$

die Reihenentwicklung

$$H_p(s, t) = \sum_{k=1}^{\infty} \frac{\varphi_k(s)\, \overline{\varphi_k(t)}}{\lambda_k^p}.$$

Außerdem gilt die Entwicklung

$$K(s, t) = \sum_{k=1}^{\infty} \frac{\varphi_k(s)\, \overline{\varphi_k(t)}}{\lambda_k},$$

wenn die rechts stehende Reihe bezüglich einer der Veränderlichen bei jedem festen Wert der zweiten Veränderlichen gleichmäßig konvergiert.

Wir nehmen nun an, die Funktion $f(s)$ sei mit Hilfe des Kerns $L(s, t)$ quellenmäßig darstellbar,

$$f(s) = \int_a^b L(s, t)\, h(t)\, dt. \tag{280}$$

Dann gilt

$$f(s) = \sum_{k=1}^{\infty} f_k \psi_k(s) \tag{281}$$

mit

$$f_k = \int_a^b f(s)\, \overline{\psi_k(s)}\, ds = \int_a^b f(s) \sqrt{p(s)}\, \overline{\varphi_k(s)}\, ds.$$

Dividieren wir beide Seiten von (280) und (281) durch $\sqrt{p(s)}$, so erhalten wir für die Funktion

$$F(s) = \frac{f(s)}{\sqrt{p(s)}} = \int_a^b K(s, t) \sqrt{p(t)}\, h(t)\, dt$$

die Reihenentwicklung

$$F(s) = \sum_{k=1}^{\infty} f_k \varphi_k(s).$$

Die Integralgleichung (278) kann auch unmittelbar in eine Integralgleichung mit symmetrischem Kern übergeführt werden, indem wir an Stelle von $s$ und $t$ durch die Beziehungen

$$x = \int_a^s p(u)\, du, \qquad y = \int_a^t p(u)\, du$$

neue Veränderliche $x$ und $y$ einführen. Wegen $p(u) > 0$ sind die neuen Veränderlichen monotone Funktion der alten, und damit erweisen sich auch $s$ und $t$ als eindeutige Funktionen von $x$ und $y$. Nach Einführung dieser Veränderlichen ergeben sich die neuen Funktionen $f_1(x) = f(s)$ und $\omega(x) = \varphi(s)$ sowie der neue symmetrische Kern $K_1(x, y) = K(s, t)$. Die Integralgleichung (206) lautet dann

$$\omega(x) = f_1(x) + \lambda \int_0^l K_1(x, y)\, \omega(y)\, dy \qquad \left(l = \int_a^b p(u)\, du\right).$$

**45. Integralgleichungen erster Art.** Wir betrachten jetzt die Integralgleichung erster Art

$$\int_a^b K(s, t)\, \varphi(t)\, dt = f(s) \tag{282}$$

mit symmetrischem Kern und setzen voraus, daß $K(s, t)$ aus $L_2$ über $k_0$, die gegebene Funktion $f(s)$ aus $L_2$ über $[a, b]$ und die gesuchte Lösung $\varphi(s)$ ebenfalls aus $L_2$ ist. Im weiteren wird ein symmetrischer Kern *vollständig* genannt, wenn das System seiner Eigenfunktionen vollständig (abgeschlossen) ist. Falls der Kern nicht vollständig ist, hat die Gleichung

$$\int_a^b K(s, t)\, \varphi(t)\, \mathrm{d}t = 0 \tag{283}$$

eine nicht zur identisch verschwindenden Funktion äquivalente Lösung, und wenn außerdem die Integralgleichung (282) in $L_2$ lösbar ist, ist ihre Lösung nicht eindeutig bestimmt. Andernfalls gilt: *Ist $K(s, t)$ ein vollständiger Kern, so hat die Integralgleichung* (282) *nicht mehr als eine Lösung.* Hätte sie nämlich zwei nicht äquivalente Lösungen $\varphi_1(s)$ und $\varphi_2(s)$, so würde deren Differenz $\varphi(s) = \varphi_1(s) - \varphi_2(s)$ nicht äquivalent der identisch verschwindenden Funktion sein und der Gleichung (283) genügen. Das würde aber bedeuten, daß der Kern nicht vollständig wäre, was unserer Annahme widerspricht.

Mit $f_k$ bezeichnen wir wieder die Fourierkoeffizienten der Funktion $f(s)$ in bezug auf das orthonormierte System der Eigenfunktionen $\varphi_k(s)$ des Kerns und mit $\lambda_k$ dessen charakteristische Zahlen. Der Satz von Picard, den wir nun beweisen werden, gibt uns eine notwendige und hinreichende Bedingung für die Lösbarkeit der Integralgleichung (282).

Satz. *Es sei $K(s, t)$ ein vollständiger Kern. Notwendig und hinreichend für die Lösbarkeit der Integralgleichung* (282) *ist dann die Bedingung, daß die Reihe*

$$\sum_{k=1}^{\infty} \lambda_k^2 |f_k|^2 \tag{284}$$

*konvergiert.*

Wir beginnen damit, die Notwendigkeit zu zeigen. Es seien $\varphi(s)$ eine Lösung (aus $L_2$) der Integralgleichung (282) und $a_k$ die Fourierkoeffizienten dieser Lösung in bezug auf das vollständige Funktionensystem $\{\varphi_k(s)\}$. Bekanntlich lassen sich die Fourierkoeffizienten einer entsprechend (282) quellenmäßig darstellbaren Funktion $f(s)$ durch

$$f_k = \frac{a_k}{\lambda_k}, \quad \text{d. h.} \quad a_k = \lambda_k f_k\,, \tag{285}$$

ausdrücken, und aus der Konvergenz der Reihe mit dem allgemeinen Glied $|a_k|^2$ folgt die der Reihe (284).

Um die Hinlänglichkeit der Bedingung zu beweisen, nehmen wir an, daß die Reihe (284) konvergiert. Dann existiert eine Funktion $\varphi(s)$ aus $L_2$ mit den Fourierkoeffizienten $\lambda_k f_k$. Auf Grund der Vollständigkeit des Systems der Eigenfunktionen $\varphi_k(s)$ ist die Funktion

$$\varphi(s) = \sum_{k=1}^{\infty} \lambda_k f_k \varphi_k(s) \tag{286}$$

(bis auf Äquivalenz) eindeutig bestimmt, wobei die aufgeschriebene Reihe im Mittel konvergiert. Die Funktion (286) genügt der Integralgleichung (282), denn setzen wir (286) in die Integralgleichung ein, so haben beide Seiten der entstehenden Gleichung dieselben Fourierkoeffizienten bezüglich des orthonormierten Systems $\{\varphi_k(s)\}$. Damit ist der Satz bewiesen.

Die Vollständigkeit des Kerns, d. h. also die des Systems seiner Eigenfunktionen $\varphi_k(s)$, ist nicht nur für die Eindeutigkeit, sondern auch für die Existenz der Lösung der Integralgleichung (282) im Raum $L_2$ wesentlich. Angenommen, das System der $\varphi_k(s)$ sei nicht vollständig. Dann existiert eine Funktion aus $L_2$, die zur identisch verschwindenden Funktion nicht äquivalent und zu allen $\varphi_k(s)$ $(k=1, 2, \ldots)$ orthogonal ist. Es sei $\omega(s)$ eine solche Funktion. Wir zeigen, daß im Fall $f(s)=\omega(s)$ die Integralgleichung (282) keine Lösung aus $L_2$ besitzt. Dazu nehmen wir an, es existiere eine Lösung $\varphi(s)$, und $h_k$ seien die Fourierkoeffizienten dieser Funktion bezüglich des Orthonormalsystems $\{\varphi_k(s)\}$. Aus der Integralgleichung (282) ergibt sich

$$\omega(s)=\sum_{k=1}^{\infty} \frac{h_k}{\lambda_k} \varphi_k(s),$$

wenn wir die Fourierkoeffizienten des Ausdrucks auf der linken Seite von (282) wie in Abschnitt [32] berechnen. Die so gefundene Reihe für $\omega(s)$ konvergiert im Mittel. Multiplizieren wir nun noch mit $\overline{\varphi_m(s)}$ und integrieren, so erhalten wir $h_m=0$ $(m=1, 2, 3, \ldots)$, woraus $\omega(s)\equiv 0$ folgt. Das widerspricht jedoch unserer Wahl von $\omega(s)$.

Hat die Integralgleichung (282) mit nicht vollständigem Kern für irgendein $f(s)$ aus $L_2$ eine Lösung $\varphi(t)$ aus $L_2$, so genügt offenbar auch die Funktion $\varphi(t)+\omega(t)$, wobei $\omega(t)$ zum Kern $K(s, t)$ orthogonal ist, der Integralgleichung. Folglich ist in diesem Fall die Lösung der Integralgleichung (282) nicht eindeutig bestimmt.

**46. Symmetrisierung des Kerns.** Wir behandeln in diesem Abschnitt den nichtsymmetrischen Kern $K(s, t)$, den wir der Einfachheit halber als stetig in $k_0$ voraussetzen, und führen bei unseren Betrachtungen die symmetrischen Kerne

$$K_1(s, t)=\int_a^b \overline{K(\tau, s)}\, K(\tau, t)\, d\tau \quad \text{und} \quad K_2(s, t)=\int_a^b K(s, \tau)\, \overline{K(t, \tau)}\, d\tau \tag{287}$$

ein. Zunächst zeigen wir, daß diese beiden Kerne positiv semidefinit sind [42]: Für $K_1(s, t)$ folgt das aus

$$\begin{aligned}\int_a^b\int_a^b K_1(s, t)\, \varphi(t)\, \overline{\varphi(s)}\, dt\, ds &= \int_a^b\int_a^b\int_a^b \overline{K(\tau, s)}\, K(\tau, t)\, \varphi(t)\, \overline{\varphi(s)}\, ds\, d\tau\, dt \\ &= \int_a^b \left[\int_a^b \overline{K(\tau, s)}\, \overline{\varphi(s)}\, ds \int_a^b K(\tau, t)\, \varphi(t)\, dt\right] d\tau \\ &= \int_a^b \left|\int_a^b K(\tau, s)\, \varphi(s)\, ds\right|^2 d\tau \geqq 0\end{aligned}$$

und analog für $K_2(s, t)$. Die charakteristischen Zahlen des positiv semidefiniten Kerns $K_1(s, t)$ sind positiv; mit $\Lambda^2$ wollen wir irgendeine seiner charakteristischen Zahlen bezeichnen, und $\varphi(s)$ sei die zugehörige Eigenfunktion. Wir beweisen nun, daß

$$\psi(s)=\Lambda \int_a^b K(s, t)\, \varphi(t)\, dt \tag{288}$$

Eigenfunktion des Kerns $K_2(s, t)$ ist, die zu derselben charakteristischen Zahl $\Lambda^2$ gehört. In der Tat ergibt sich aus den Formeln (287) und (288)

$$\int_a^b K_2(s, t)\, \psi(t)\, dt=\Lambda \int_a^b\int_a^b\int_a^b K(s, \tau)\, \overline{K(t, \tau)}\, K(t, \sigma)\, \varphi(\sigma)\, d\sigma\, d\tau\, dt$$

$$= \Lambda \int_a^b K(s, \tau) \left[ \int_a^b K_1(\tau, \sigma) \varphi(\sigma) \, d\sigma \right] d\tau$$

$$= \Lambda^3 \int_a^b K(s, \tau) \varphi(\tau) \, d\tau = \Lambda^2 \psi(s) .$$

Die Funktion (288) ist nicht äquivalent zu 0, denn aus der Gleichung $\psi(s) = 0$ würde

$$0 = \int_a^b \overline{K(t, s)} \psi(t) \, dt = \Lambda \int_a^b \int_a^b \overline{K(t, s)} K(t, \tau) \varphi(\tau) \, d\tau \, dt$$

$$= \Lambda \int_a^b K_1(s, \tau) \varphi(\tau) \, d\tau = \Lambda^3 \varphi(s)$$

folgen, und das widerspricht der Eigenschaft von $\varphi(s)$, eine Eigenfunktion zu sein. Ebenso ist

$$\varphi(s) = \Lambda \int_a^b \overline{K(t, s)} \psi(t) \, dt , \tag{289}$$

falls $\psi(s)$ eine zur charakteristischen Zahl $\Lambda^2$ gehörende Eigenfunktion des Kerns $K_2(s, t)$ ist, eine Eigenfunktion des Kerns $K_1(s, t)$, die zur gleichen charakteristischen Zahl gehört. Aus dem Bewiesenen folgt: Die Kerne $K_1(s, t)$ und $K_2(s, t)$ haben dieselben charakteristischen Zahlen $\Lambda_k^2$ $(k = 1, 2, \ldots)$, deren Vielfachheiten jeweils für beide Kerne gleich sind.

Es seien $\varphi_k(s)$ die orthogonalisierten und normierten Eigenfunktionen des Kerns $K_1(s, t)$. Dann läßt sich unter Benutzung der Beziehung (288) leicht

$$\int_a^b \psi_k(s) \overline{\psi_l(s)} \, ds = \frac{\Lambda_k}{\Lambda_l} \int_a^b \varphi_k(s) \overline{\varphi_l(s)} \, ds = \begin{cases} 0 & \text{für} \quad k \neq l , \\ 1 & \text{für} \quad k = l \end{cases}$$

zeigen. Das heißt, die Funktionen $\psi_k(s)$ $(k = 1, 2, \ldots)$ bilden ein orthonormiertes System von Eigenfunktionen des Kerns $K_2(s, t)$. Dabei liefern die Formeln (288), (289) die Zusammenhänge

$$\psi_k(s) = \Lambda_k \int_a^b K(s, t) \varphi_k(t) \, dt, \qquad \varphi_k(s) = \Lambda_k \int_a^b \overline{K(t, s)} \psi_k(t) \, dt \tag{290}$$

$$(\Lambda_k > 0, \ k = 1, 2, \ldots) .$$

Auf Grund der Stetigkeit der Kerne $K_1(s, t)$ und $K_2(s, t)$ folgen aus dem Mercerschen Satz ihre Entwicklungen in absolut und gleichmäßig konvergente Reihen

$$K_1(s, t) = \sum_{k=1}^{\infty} \frac{\varphi_k(s) \overline{\varphi_k(t)}}{\Lambda_k^2}, \qquad K_2(s, t) = \sum_{k=1}^{\infty} \frac{\psi_k(s) \overline{\psi_k(t)}}{\Lambda_k^2} . \tag{291}$$

Wir beweisen nun, daß der ursprüngliche Kern $K(s, t)$ die Reihenentwicklung

$$K(s, t) = \sum_{k=1}^{\infty} \frac{\psi_k(s) \overline{\varphi_k(t)}}{\Lambda_k} \tag{292}$$

besitzt. Diese Reihe ist eine Fourierreihe in bezug auf beide Orthonormalsysteme $\{\psi_k(s)\}$ sowie $\{\overline{\varphi_k(t)}\}$ und konvergiert im Mittel bezüglich $s$ und bezüglich $t$. Mit (291) folgt nämlich

$$\int_a^b \left| K(s, t) - \sum_{k=1}^{n} \frac{\psi_k(s) \overline{\varphi_k(t)}}{\Lambda_k} \right|^2 ds = \int_a^b |K(s, t)|^2 \, ds - \sum_{k=1}^{n} \frac{|\varphi_k(t)|^2}{\Lambda_k^2}$$

$$= K_1(t, t) - \sum_{k=1}^{n} \frac{|\varphi_k(t)|^2}{\Lambda_k^2} = \sum_{k=n+1}^{\infty} \frac{|\varphi_k(t)|^2}{\Lambda_k^2} ,$$

und wegen der gleichmäßigen Konvergenz der Reihen (291) strebt der erhaltene Ausdruck für $n \to \infty$ gleichmäßig in $t$ gegen 0. Dasselbe gilt auch, wenn wir die Rollen von $s$ und $t$ vertauschen.

Bei Verwendung der Reihenentwicklungen (292) läßt sich nun leicht eine Verallgemeinerung des Satzes von HILBERT und SCHMIDT auf den Fall nichtsymmetrischer Kerne gewinnen. Dazu multiplizieren wir beide Seiten der Gleichung (292) mit einer Funktion $h(t)$ aus $L_2$ und integrieren danach gliedweise. Auf diese Weise erhalten wir

$$\int_a^b K(s, t)\, h(t)\, \mathrm{d}t = \sum_{k=1}^{\infty} a_k \psi_k(s) \tag{293}$$

mit

$$a_k = \frac{1}{\Lambda_k} \int_a^b h(t)\, \overline{\varphi_k(t)}\, \mathrm{d}t = \frac{h_k}{\Lambda_k},$$

wobei $h_k$ die Fourierkoeffizienten von $h(t)$ in bezug auf das orthonormierte System $\{\varphi_k(t)\}$ sind. Für die Reihe in (293) ergibt sich die Abschätzung

$$\sum_{k=n}^{n+p} \left| \frac{h_k}{\Lambda_k} \psi_k(s) \right| \leqq \left( \sum_{k=n}^{n+p} |h_k|^2 \right)^{1/2} \left( \sum_{k=n}^{n+p} \frac{|\psi_k(s)|^2}{\Lambda_k^2} \right)^{1/2}. \tag{294}$$

Auf Grund der Stetigkeit des Kerns haben wir auch noch

$$\sum_{k=n}^{n+p} \frac{|\psi_k(s)|^2}{\Lambda_k^2} \leqq \int_a^b |K(s, t)|^2\, \mathrm{d}t \leqq C \tag{295}$$

mit einer Konstanten $C$. Wie in [32] folgt nun aus (294) und (295) die reguläre Konvergenz der Reihe (293). Analog beweist man, daß die Reihe

$$\int_a^b \overline{K(t, s)}\, h(t)\, \mathrm{d}t = \sum_{k=1}^{\infty} b_k \varphi_k(s)$$

regulär konvergiert.

Wie in Abschnitt [45] können wir die Integralgleichung erster Art

$$\int_a^b K(s, t)\, \varphi(t)\, \mathrm{d}t = f(s) \tag{296}$$

betrachten. Bezeichnet $a_k$ die Fourierkoeffizienten von $f(s)$ in bezug auf das orthonormierte System der $\varphi_k(s)$, so ist die Konvergenz der Reihe

$$\sum_{k=1}^{\infty} \Lambda_k^2\, |a_k|^2$$

eine notwendige Bedingung für die Lösbarkeit der Integralgleichung (296). Ist das Funktionensystem $\{\varphi_k(s)\}$ in $L_2$ vollständig, so existiert eine eindeutig bestimmte Lösung in $L_2$. Ist das Funktionensystem $\{\varphi_k(s)\}$ nicht vollständig, so kann man hinsichtlich der Lösbarkeit der Integralgleichung (296) entsprechende Aussagen wie in Abschnitt [45] machen.

**47. Beispiele.** 1. Zunächst betrachten wir noch einmal den Kern aus [1], in dem wir zur Vereinfachung der Schreibweise $l = 1$ setzen:

$$K(s, t) = \begin{cases} s(1-t) & \text{für} \quad s \leqq t \\ t(1-s) & \text{für} \quad s \geqq t \end{cases} \qquad (0 \leqq s \leqq 1,\ 0 \leqq t \leqq 1). \tag{297}$$

In diesem Fall lassen sich alle charakteristischen Werte und Eigenfunktionen geschlossen darstellen. In der homogenen Integralgleichung

$$\varphi(s) = \lambda \int_0^1 K(s, t)\, \varphi(t)\, dt \tag{298}$$

müssen wir bei der Integration von $t = 0$ bis $t = s$, d. h. für $t \leqq s$, den zweiten Ausdruck von (297) und bei der Integration von $t = s$ bis $t = 1$ den ersten Ausdruck benutzen. Somit läßt sich die Integralgleichung auch in der Gestalt

$$\varphi(s) = \lambda \int_0^s t(1-s)\, \varphi(t)\, dt + \lambda \int_s^1 s(1-t)\, \varphi(t)\, dt$$

schreiben.

Durch Differentiation beider Seiten nach $s$ ergibt sich

$$\varphi'(s) = -\lambda \int_0^s t\varphi(t)\, dt + \lambda s(1-s)\, \varphi(s) + \lambda \int_s^1 (1-t)\, \varphi(t)\, dt - \lambda s(1-s)\, \varphi(s)\,.$$

Die integralfreien Glieder heben sich auf; differenzieren wir noch einmal nach $s$, so erhalten wir

$$\varphi''(s) + \lambda\varphi(s) = 0\,. \tag{299}$$

Der Kern (297) genügt offenbar der Bedingung $K(0, t) = K(1, t) = 0$, und die Beziehung (298) liefert $\varphi(0) = \varphi(1) = 0$, d. h., wir können uns auf diejenigen Lösungen der Differentialgleichung (299) beschränken, welche den Randbedingungen $\varphi(0) = \varphi(1) = 0$ genügen. Die Differentialgleichung (299) läßt sich durch elementare Funktionen integrieren; unser Randwertproblem hat bekanntlich [**II, 180**] nur für $\lambda_n = n^2\pi^2$ nicht identisch verschwindende Lösungen, und diese Lösungen sind $\varphi_n(s) = \sqrt{2}\, \sin n\pi s$.

Durch Einsetzen in die Integralgleichung (298) überzeugt man sich leicht davon, daß die angegebenen Zahlen und Funktionen tatsächlich die charakteristischen Werte und Eigenfunktionen von (298) sind.

Hiervon kann man sich auch überzeugen, wenn man beachtet, daß gerade mit Hilfe der Randbedingungen diejenigen Lösungen der Differentialgleichung (299) wieder herausfallen, die bei der Gewinnung der Differentialgleichung durch zweimaliges Differenzieren der Integralgleichung (298) hinzugekommen sind. Die gefundenen charakteristischen Werte und Eigenfunktionen sind bereits bei dem Problem der an den Enden eingespannten schwingenden Saite aufgetreten [**II, 180**]. Diese Tatsache steht in unmittelbarem Zusammenhang damit, daß der Kern (297), wie wir bereits in [**1**] gesehen haben, die statische Ausbiegung der Saite unter Einwirkung einer Einzelkraft darstellt. Diesen Gedankengang werden wir später auf einen umfangreichen Problemkreis der mathematischen Physik ausdehnen. Im vorliegenden Beispiel konvergiert die Reihe (201) gleichmäßig, und es gilt:

$$\frac{2}{\pi^2} \sum_{k=1}^{\infty} \frac{\sin k\pi s \sin k\pi t}{k^2} = \begin{cases} s\,(1-t) & \text{für} \quad s \leqq t, \\ t\,(1-s) & \text{für} \quad s \geqq t \end{cases} \qquad (0 \leqq s \leqq 1;\ 0 \leqq t \leqq 1)\,. \tag{300}$$

Wir setzen nun voraus, daß die Funktion $f(s)$ stetige Ableitungen bis zur zweiten Ordnung hat und den Randbedingungen $f(0) = f(1) = 0$ genügt. Diese Funktion ist dann quellenmäßig darstellbar, und es gilt speziell die Beziehung

$$f(s) = -\int_0^1 K(s, t)\, f''(t)\, dt = -\int_0^s t(1-s)\, f''(t)\, dt - \int_s^1 s(1-t)\, f''(t)\, dt;$$

sie läßt sich leicht durch partielle Integration verifizieren, folgt aber auch aus den Ausführungen von [**1**] über die Bestimmung der Ausbiegung bei kontinuierlich verteilter Belastung, die wir jetzt gleich $f''(t)$ zu wählen haben. Satz 2 zeigt uns dann, daß sich jede Funktion $f(s)$ mit den vorausgesetzten Eigenschaften im Intervall [0, 1] in eine absolut und gleichmäßig konvergente Fourierreihe nach den Funktionen $\sqrt{2}\, \sin k\pi s$

entwickeln läßt. Im folgenden werden wir sehen, daß man die Voraussetzungen für die Funktion $f(s)$ bedeutend abschwächen kann. Übrigens stellt die Reihe in (300) die Entwicklung der auf der rechten Seite stehenden Funktion in eine Fourierreihe dar.

Diese Reihe kann man entweder als Fourierentwicklung der Funktion auf der rechten Seite nach den Funktionen $\sqrt{2}\sin k\pi s$ $(k=1, 2, \ldots)$ auffassen, wobei man $s$ als Variable und $t$ als Parameter betrachtet, oder aber als Fourierentwicklung der Funktion auf der rechten Seite nach den Funktionen $2\sin k\pi s \sin l\pi t$ $(k, l=1, 2, 3, \ldots)$, die im Quadrat $(0 \leqq s \leqq 1,\ 0 \leqq t \leqq 1)$ ein normiertes Orthogonalsystem bilden. In analoger Weise kann man einen Kern der Gestalt

$$K(s, t)=\begin{cases} ast+bs+ct+d & \text{für} \quad s \leqq t\,, \\ ast+bt+cs+d & \text{für} \quad s \geqq t \end{cases}$$

untersuchen. Vgl. etwa I. I. Priwalow, Integralgleichungen (russ.), Moskau – Leningrad 1935, S. 102.

2. Nun betrachten wir einen Kern, der eine Funktion der Differenz $s-t$ ist:

$$K(s, t)=\omega(s-t);$$

dabei sei $\omega(x)$ eine stetige gerade Funktion mit der Periode $2\pi$. Da die Funktion $\omega(x)$ gerade ist, ist der Kern symmetrisch. Die Fourierkoeffizienten von $\omega(x)$ sind

$$c_k=\frac{1}{\pi}\int_{-\pi}^{\pi}\omega(x)\cos kx\,\mathrm{d}x \qquad (k=0, 1, 2, \ldots)\,,$$

und es gilt, wiederum weil $\omega(x)$ gerade ist,

$$\int_{-\pi}^{\pi}\omega(x)\sin kx\,\mathrm{d}x=0\,.$$

Wir betrachten die Integrale $\int_{-\pi}^{\pi}\omega(s-t)\cos kt\,\mathrm{d}t$. Setzen wir $s-t=x$, so erhalten wir, da die Funktion $\omega(x)$ gerade ist,

$$\int_{-\pi}^{\pi}\omega(s-t)\cos kt\,\mathrm{d}t=\cos ks\int_{s-\pi}^{s+\pi}\omega(x)\cos kx\,\mathrm{d}x$$

oder schließlich, da der Integrationsweg die Länge $2\pi$ hat,

$$\int_{-\pi}^{\pi}\omega(s-t)\cos kt\,\mathrm{d}t=\pi c_k\cos ks\,.$$

Entsprechend ergibt sich

$$\int_{-\pi}^{\pi}\omega(s-t)\sin kt\,\mathrm{d}t=\pi c_k\sin ks\,.$$

Jetzt betrachten wir die homogene Integralgleichung

$$\varphi(s)=\lambda\int_{-\pi}^{\pi}\omega(s-t)\,\varphi(t)\,\mathrm{d}t\,.$$

Sind alle Fourierkoeffizienten $c_k$ der Funktion $\omega(x)$ von 0 verschieden, so folgt aus der eben durchgeführten Rechnung, daß diese Integralgleichung die charakteristischen Werte

$$\lambda_k=\frac{1}{\pi c_k} \qquad (k=0, 1, 2, \ldots)$$

hat, zu denen das normierte Orthogonalsystem der Eigenfunktionen

$$\frac{1}{\sqrt{2\pi}}, \frac{1}{\sqrt{\pi}} \cos s, \frac{1}{\sqrt{\pi}} \cos 2s, \ldots, \frac{1}{\sqrt{\pi}} \sin s, \frac{1}{\sqrt{\pi}} \sin 2s, \ldots$$

gehört. Andere Eigenfunktionen kann der Kern nicht haben, weil diese Funktionen ein vollständiges System bilden [**II, 155**]. Zu jedem charakteristischen Wert $\lambda_k$ mit $k \geqq 1$ gehören zwei Eigenfunktionen. Wenn beispielsweise $c_1 = 0$ ist und die übrigen $c_k$ von 0 verschieden sind, enthält das System der Eigenfunktionen nicht die beiden Eigenfunktionen $\frac{1}{\sqrt{\pi}} \cos s$ und $\frac{1}{\sqrt{\pi}} \sin s$, und der Kern ist nicht mehr abgeschlossen.

Unabhängig davon, ob die Koeffizienten $c_n$ verschwinden oder nicht, hat die Reihe (201) jetzt die Gestalt

$$\frac{1}{2} c_0 + \sum_{k=1}^{\infty} c_k (\cos ks \cos kt + \sin ks \sin kt) = \frac{1}{2} c_0 + \sum_{k=1}^{\infty} c_k \cos k(s-t),$$

d. h., sie ist die Fourierreihe der Funktion $\omega(s-t)$. Wir können nicht allgemein beweisen, daß diese Reihe konvergiert. Erfüllen aber die Fourierkoeffizienten $c_k$ die Bedingung $c_k \geqq 0$, so folgt aus dem Mercerschen Satz unmittelbar, daß sie absolut und gleichmäßig konvergiert und $\omega(s-t)$ darstellt. Dasselbe gilt auch, wenn nur endlich viele positive oder negative Koeffizienten $c_k$ vorhanden sind.

**48. Von einem Parameter abhängende Kerne.** Beim Aufbau der Theorie der Integralgleichungen tritt der Parameter $\lambda$ nur als Faktor vor dem Kern auf. In [**41**] haben wir eine Integralgleichung mit dem Kern $R(s, t; \lambda)$ untersucht, der eine analytische Funktion des Parameters $\lambda$ ist.

Bei Integralgleichungen mit Kernen, die analytische Funktionen des Parameters sind, können wesentliche Abweichungen von den Gesetzmäßigkeiten auftreten, die in der bisherigen Theorie dargelegt worden sind. Als einfachstes Beispiel betrachten wir eine Klasse homogener Integralgleichungen, deren Kern ein Polynom ersten Grades in $\lambda$ ist:

$$\varphi(s) = \int_a^b [K_0(s, t) + K_1(s, t)\, \lambda]\, \varphi(t)\, dt;$$

dabei ist

$$K_0(s, t) = \varrho(s)\, \overline{\varrho(t)}, \qquad K_1(s, t) = \sigma(s)\, \overline{\varrho(t)}$$

und

$$\int_a^b |\varrho(s)|^2\, ds = 1, \qquad \int_a^b \sigma(s)\, \overline{\varrho(s)}\, ds = 0\,.$$

Es läßt sich leicht verifizieren, daß unsere Integralgleichung für alle $\lambda$ die Lösung

$$\varphi(s) = \varrho(s) + \sigma(s)\, \lambda$$

besitzt.

Wir betrachten nun den allgemeineren Fall, daß der Kern $K(s, t; \lambda)$ den folgenden Bedingungen genügt; 1. $K(s, t; \lambda)$ ist eine stetige Funktion von $s$, $t$ und $\lambda$, wenn $(s, t)$ dem Quadrat $k_0$ angehört und $\lambda$ im Inneren eines Bereiches $B$ der komplexen Ebene liegt. 2. Für alle $(s, t)$ aus $k_0$ ist $K(s, t; \lambda)$ im Inneren von $B$ eine reguläre Funktion von $\lambda$.

In die Integralgleichung führen wir nun vor dem Integralzeichen einen Hilfsparameter $\mu$ ein:

$$\varphi(s) = f(s) + \mu \int_a^b K(s, t; \lambda)\, \varphi(t)\, dt\,.$$

Alle in [5] und [7] durchgeführten Überlegungen können wir jetzt wiederholen, wobei wir nur das dort auftretende $\lambda$ durch $\mu$ zu ersetzen haben. Dann erhalten wir als Resolvente

$$R(s, t; \mu) = \frac{D(s, t, \lambda; \mu)}{D(\lambda; \mu)} .$$

Zähler und Nenner dieses Bruches sind Potenzreihen in der Veränderlichen $\mu$, und die Koeffizienten dieser Reihen sind im Innern von $B$ reguläre Funktionen von $\lambda$. Denn wenn $\lambda$ einem beliebigen abgeschlossenen Bereich $B_1$ angehört, der im Innern von $B$ liegt, konvergieren diese Reihen für alle Werte von $\mu$ absolut und gleichmäßig in bezug auf $\lambda$ (vgl. [7]) und stellen damit im Inneren von $B$ reguläre Funktionen von $\lambda$ dar [**III/2, 12**]. Für $\mu = 1$ erhalten wir die Integralgleichung

$$\varphi(s) = f(s) + \int_a^b K(s, t; \lambda)\, \varphi(t)\, dt . \tag{301}$$

Hierbei sind zwei Fälle möglich: Entweder verschwindet die im Inneren von $B$ reguläre Funktion $D(\lambda; 1)$ nicht identisch, oder es ist $D(\lambda; 1) \equiv 0$.

Im ersten Fall hat die Integralgleichung (301) die Resolvente

$$R_1(s, t; \lambda) = \frac{D(s, t, \lambda; 1)}{D(\lambda; 1)}$$

für alle Werte von $\lambda$, die keine Nullstellen von $D(\lambda; 1)$ sind. In einem beliebigen abgeschlossenen Bereich $B_1$ im Inneren von $B$ können nur endlich viele solcher Nullstellen liegen. Die Resolvente genügt offensichtlich den Integralgleichungen

$$\begin{aligned} R_1(s, t; \lambda) &= K(s, t; \lambda) + \int_a^b K(s, t_1; \lambda)\, R_1(t_1, t; \lambda)\, dt_1 , \\ R_1(s, t; \lambda) &= K(s, t; \lambda) + \int_a^b K(t_1, t; \lambda)\, R_1(s, t_1; \lambda)\, dt_1 . \end{aligned} \tag{302}$$

Ist $\lambda$ keine Nullstelle von $D(\lambda; 1)$, so hat die Integralgleichung (301) für jedes $f(s)$ genau eine Lösung

$$\varphi(s) = f(s) + \int_a^b R_1(s, t; \lambda)\, f(t)\, dt .$$

Ist $\lambda = \lambda_0$ eine Nullstelle von $D(\lambda; 1)$, so hat die ganze Funktion $D(\lambda_0; \mu)$ die Nullstelle $\mu = 1$, und nach den Ergebnissen von [8] besitzt die homogene Integralgleichung

$$\varphi(s) = \int_a^b K(s, t; \lambda)\, \varphi(t)\, dt \tag{303}$$

für $\lambda = \lambda_0$ eine von der Nullösung verschiedene Lösung. Hieraus ergibt sich unter anderem, daß $\lambda = \lambda_0$ ein Pol von $R_1(s, t; \lambda)$ ist. Denn im entgegengesetzten Fall wäre die Resolvente $R_1(s, t; \lambda)$ im Punkt $\lambda = \lambda_0$ für alle $s$ und $t$ regulär und genügte den Integralgleichungen (302), wovon man sich leicht überzeugt, wenn man mit benachbarten Werten von $\lambda$, für die die Integralgleichungen (302) gelten, den Grenzübergang $\lambda \to \lambda_0$ durchführt. Würden aber die Integralgleichungen (302) für $\lambda = \lambda_0$ gelten, so hätte die Integralgleichung (301) für jede Funktion $f(s)$ genau eine Lösung [6]; somit könnte die homogene Integralgleichung (303) nur die Nullösung als Lösung haben.

Im Fall $D(\lambda; 1) = 0$ hat die homogene Integralgleichung (303) offenbar für alle $\lambda$, die im Innern von $B$ liegen, eine von der Nullösung verschiedene Lösung, und die inhomogene Integralgleichung (301) ist nicht für jede gegebene Funktion $f(s)$ lösbar.

Aus den vorhergehenden Betrachtungen folgt, daß sich unter den angegebenen Voraussetzungen für den Kern $K(s, t; \lambda)$ im Fall $D(\lambda; 1) \not\equiv 0$ die charakteristischen Werte im Inneren von $B$ nicht häufen können, d. h., in jedem abgeschlossenen Bereich $B_1$

im Inneren von $B$ kann es nur endlich viele charakteristische Werte geben. Wenn wir nicht voraussetzen, daß der Kern regulär ist, sondern Pole zulassen, die von $s$ und $t$ unabhängig sind, so ist es möglich, daß sich in einer beliebig kleinen Umgebung eines jeden solchen Pols unendlich viele charakteristische Werte befinden. Hat beispielsweise die Integralgleichung mit einem stetigen symmetrischen Kern

$$\varphi(s) = f(s) + \lambda \int_a^b K(s, t)\, \varphi(t)\, dt$$

unendlich viele charakteristische Werte $\lambda_n$, so gilt $|\lambda_n| \to \infty$, und bei der Integralgleichung

$$\varphi(s) = f(s) + \frac{1}{\lambda} \int_a^b K(s, t)\, \varphi(t)\, dt$$

mit einem Kern $K(s, t; \lambda)$, der den Pol $\lambda = 0$ hat, konvergieren die charakteristischen Werte $\lambda_n^{-1}$ für $n \to \infty$ gegen $\lambda = 0$.

Es kann aber auch vorkommen, daß die Resolvente eines Kerns, der Pole hat, überall regulär ist. Es sei beispielsweise $R(s, t; \lambda)$ die Resolvente einer Integralgleichung mit symmetrischem Kern. Wie wir wissen, ist sie eine meromorphe Funktion in $\lambda$, deren Pole nicht von $s$ und $t$ abhängen. Wir bilden die Integralgleichung

$$\varphi(s) = f(s) - \lambda \int_a^b R(s, t; \lambda)\, \varphi(t)\, dt$$

mit dem Kern $R(s, t; \lambda)$ und dem Parameter $\mu = -\lambda$. Aus [41] geht hervor, daß

$$R(s, t; \lambda + \mu)\,|_{\mu=-\lambda} = R(s, t; 0) = K(s, t)$$

die Resolvente dieser Integralgleichung ist und folglich nicht von $\lambda$ abhängt.

In einer Arbeit von J. D. Tamarkin (Ann. of Math. **28** (1927)) wird für Kerne aus $L_2$ der folgende Satz bewiesen.

Satz. *Der Kern der Integralgleichung*

$$\varphi(s) = f(s) + \int_a^b K(s, t; \lambda)\, \varphi(t)\, dt$$

*sei innerhalb eines Bereichs $B_0$ der $\lambda$-Ebene für fast alle Punkte $(s, t)$ des Quadrats $k_0$ eine reguläre Funktion von $\lambda$, die Integrale*

$$\int_a^b |K(s,t; \lambda)|^2\, dt, \qquad \int_a^b |K(s, t; \lambda)|^2\, ds$$

*mögen für fast alle $s$ bzw. $t$ aus $[a, b]$ existieren, und in jedem abgeschlossenen Teilbereich $B_0'$ von $B_0$ seien die Ungleichungen*

$$\int_a^b |K(s, t; \lambda)|^2\, dt \leqq F_0(s), \qquad \int_a^b |K(s, t; \lambda)|^2\, ds \leqq F_0(t)$$

*erfüllt, wobei $F_0(s)$ eine positive, im Intervall $[a, b]$ integrierbare Funktion ist, die nur von der Wahl von $B_0'$ abhängt. Unter diesen Voraussetzungen ist die Resolvente $R(s, t; \lambda)$ entweder eine für fast alle $(s, t)$ meromorphe Funktion von $\lambda$ in $B_0$, oder sie existiert für kein $\lambda$. Ist $K(s, t; \lambda)$ eine ganze Funktion von $\lambda$, so ist die Resolvente $R(s, t; \lambda)$, sofern sie wenigstens für ein $\lambda$ existiert, der Quotient zweier ganzer Funktionen.*

In der zitierten Arbeit wird ein analoger Satz auch für den Fall bewiesen, daß $K(s, t; \lambda)$ innerhalb von $B_0$ eine meromorphe Funktion ist, in deren Entwicklung in der Umgebung eines jeden Pols $\lambda_0$ die Koeffizienten der negativen Potenzen von $\lambda - \lambda_0$ endliche Summen von Produkten jeweils einer nur von $s$ mit einer nur von $t$ abhängigen Funktion sind.

Integralgleichungen mit Kernen, die analytisch von einem Parameter abhängen, werden in einer Reihe weiterer Arbeiten behandelt, insbesondere in Miranda, Rend. Circolo mat. Palermo **608** (1937); IGLISCH, Math. Ann. **117** (1939), S. I. CHALILOW, Doklady AN SSSR **54**, Nr. 7 (1946). In diesen Arbeiten findet man weitere Literaturangaben.

**49. Funktionen mehrerer Veränderlicher.** Wir haben bisher die Theorie der Integralgleichungen im wesentlichen für den Fall einer einzigen unabhängigen Veränderlichen betrachtet, dabei war der Integrationsbereich ein endliches oder unendliches Intervall. Analog läßt sich auch die Theorie der Integralgleichungen der Form

$$\varphi(P) = f(P) + \lambda \int_B K(P, Q)\, \varphi(Q)\, d\tau_Q$$

für Funktionen mehrerer Veränderlicher entwickeln; dabei ist dann $B$ ein zwei-, drei- oder allgemein $n$-dimensionaler Bereich, über den auch die Integration erfolgt (zur Vereinfachung schreiben wir nur ein Integralzeichen), $f(P)$ eine in diesem Bereich gegebene Funktion und $\varphi(P)$ die gesuchte Funktion. Der Kern $K(P, Q)$ ist ebenfalls eine vorgegebene Funktion und hängt von dem Paar $(P, Q)$ der Punkte $P$ und $Q$ ab. Wie im eindimensionalen Fall kann man Integralgleichungen mit stetigen oder mit polaren Kernen der Gestalt

$$K(P, Q) = \frac{L(P, Q)}{r^\alpha} \tag{304}$$

betrachten. Dabei ist $L(P, Q)$ eine stetige oder einfach eine beschränkte Funktion, $r$ der Abstand zwischen den Punkten $P$ und $Q$ und $0 < \alpha < n$, wobei $n$ die Dimension des zugrunde gelegten Raumes ist. Schwach polare Kerne der Form (304) sind durch die Bedingung $0 < \alpha < \frac{n}{2}$ definiert. Betrachtet man die Integralgleichungen mit Funktionen $f(P)$ und $\varphi(P)$ aus $L_2$ über $B$, so wird der Kern als meßbare Funktion in dem $2n$-dimensionalen Bereich vorausgesetzt, der dadurch charakterisiert ist, daß $P$ und $Q$ unabhängig voneinander den $n$-dimensionalen Bereich $B$ durchlaufen. Dabei wird angenommen, daß

$$\int_B \int_B |K(P, Q)|^2\, d\tau_P\, d\tau_Q < \infty$$

gilt. Im Fall polarer Kerne der Gestalt (304) und der Stetigkeit der Funktionen $f(P)$ und $L(P, Q)$ ist die Lösung in der Klasse der stetigen Funktionen zu ermitteln.

**50. Volterrasche Integralgleichungen.** Wir gehen nun zur Betrachtung der Volterraschen Integralgleichung zweiter Art im eindimensionalen Fall

$$\varphi(s) = f(s) + \lambda \int_a^s K(s, t)\, \varphi(t)\, dt \tag{305}$$

über.

Wie wir schon erwähnt haben, ist diese Integralgleichung ein Spezialfall der Fredholmschen Integralgleichung, und zwar gilt hier $K(s, t) = 0$ für $t > s$, d. h., der Kern verschwindet in einer der beiden Hälften des Quadrats $k_0$, die durch die Diagonale $s = t$ gebildet werden. Wir setzen voraus, daß die gegebene Funktion $f(s)$ im Intervall $a \leqq s \leqq b$ und der Kern $K(s, t)$ im Dreieck $a \leqq s \leqq b$, $a \leqq t \leqq s$ stetig ist; ferner sei $K(s, t) = 0$ für $t > s$. Somit hat der Kern auf der Diagonalen $s = t$ eine Unstetigkeitsstelle erster Art, wenn $K(s, s) \neq 0$ ist. Die grundlegenden Sätze gelten auch für diesen Fall, und die Formeln in [5] bis [11] können beibehalten werden.

Wie früher machen wir einen Lösungsansatz in Gestalt einer Potenzreihe von $\lambda$,

$$\varphi(s) = \varphi_0(s) + \varphi_1(s)\,\lambda + \varphi_2(s)\,\lambda^2 + \dots \tag{306}$$

Für die Funktionen $\varphi_n(s)$ erhalten wir die Beziehungen

$$\varphi_0(s) = f(s), \qquad \varphi_n(s) = \int_a^s K(s, t)\,\varphi_{n-1}(t)\,dt \qquad (n = 1, 2, \dots).$$

In einem endlichen Intervall oder Quadrat gelten für die stetigen Funktionen $f(s)$ und $K(s, t)$ Ungleichungen der Gestalt $|f(s)| \leqq m$, $|K(s, t)| \leqq M$. Schätzen wir die $\varphi_n(s)$ ab, so erhalten wir nacheinander

$$|\varphi_0(s)| \leqq m, \qquad |\varphi_1(s)| \leqq \int_a^s |K(s, t)|\,|\varphi_0(t)|\,dt \leqq mM\,(s - a),$$

$$|\varphi_2(s)| \leqq \int_a^s |K(s, t)|\,|\varphi_1(t)|\,dt \leqq mM^2 \int_a^s (t - a)\,dt = mM^2 \frac{(s-a)^2}{2!}$$

und allgemein

$$|\varphi_n(s)| \leqq m\,\frac{[M(s-a)]^n}{n!}.$$

Befindet sich $s$ in dem endlichen Intervall $[a, b]$, so sind die einzelnen Glieder der Reihe (306) dem absoluten Betrag nach nicht größer als die positiven Zahlen

$$m\,\frac{[|\lambda|\,M(b-a)]^n}{n!},$$

die für alle $\lambda$ eine konvergente Reihe bilden. Folglich konvergiert die Reihe (306) absolut und gleichmäßig in $[a, b]$, ihre Summe $\varphi(s)$ ist eine stetige Funktion und genügt der Integralgleichung (305).

Genau wie in [5] kann man die Resolvente

$$R(s, t; \lambda) = \sum_{n=0}^{\infty} K_{n+1}(s, t)\,\lambda^n \tag{307}$$

bilden; dabei ist

$$K_1(s, t) = K(s, t) \quad \text{und} \quad K_n(s, t) = \int_a^s K_{n-1}(s, t_1)\,K(t_1, t)\,dt_1 \qquad (n = 2, 3, \dots). \tag{308}$$

Aus diesen Formeln geht hervor, daß für $t > s$ die Beziehung $K_n(s, t) = 0$ gilt. Denn ist $t > s$, so ist $t_1 < t$ und $K(t_1, t) = 0$.

Wie soeben läßt sich die absolute und gleichmäßige Konvergenz der Reihe (307) für alle $\lambda$ beweisen. Somit ist die Resolvente der Volterraschen Integralgleichung (305) eine ganze Funktion in $\lambda$, und für jedes $\lambda$ hat diese Integralgleichung für beliebige $f(s)$ genau eine Lösung, die sich durch die Gleichung

$$\varphi(s) = f(s) + \lambda \int_a^s R(s, t; \lambda)\,f(t)\,dt \tag{309}$$

ausdrücken läßt [6]. Demzufolge hat die Volterrasche Integralgleichung keine charakteristischen Zahlen, d. h., die homogene Integralgleichung,

$$\varphi(s) = \lambda \int_a^s K(s, t)\,\varphi(t)\,dt$$

hat für kein $\lambda$ eine von der Nullösung verschiedene Lösung. Somit hat auch der zur Integralgleichung (305) gehörige Fredholmsche Nenner $D(\lambda)$ nirgends Nullstellen [8].

Man kann zeigen: Ist der Kern von der Gestalt

$$K(s,t) = \frac{L(s,t)}{(s-t)^\alpha} \qquad (s > t),$$

mit einer stetigen Funktion $L(s,t)$ und mit $0 < \alpha < 1$, so hat die Integralgleichung (305) ebenfalls für beliebige $f(s)$ genau eine Lösung, die man mit der Methode der sukzessiven Approximation erhalten kann. In diesem Fall sind die Kerne $K_n(s,t)$ von einem bestimmten Wert $n$ ab stetig. Für $\alpha < \frac{1}{2}$ ist bereits der Kern $K_2(s,t)$ stetig [20].

In derselben Weise kann man die Methode der sukzessiven Approximation auch auf ein Integralgleichungssystem

$$\varphi_i(s) = f_i(s) + \lambda \sum_{k=1}^{m} \int_a^s K_{ik}(s,t)\, \varphi_k(t)\, dt \qquad (i = 1, 2, \ldots, m) \tag{310}$$

anwenden.

Für die Volterrasche Integralgleichung ist unter unseren Voraussetzungen charakteristisch, daß die Reihe, die wir durch die Methode der sukzessiven Approximation erhalten, für alle Werte von $\lambda$ in dem angegebenen Intervall konvergiert. Ist der Kern für alle $s \geqq a$ stetig, so erhalten wir auch die Lösung für alle $s \geqq a$.

Jetzt wollen wir die Integralgleichung mit zwei veränderlichen Grenzen

$$\varphi(s) = f(s) + \lambda \int_{\omega(s)}^{s} K(s,t)\, \varphi(t)\, dt \tag{311}$$

oder die Integralgleichung

$$\varphi(s) = f(s) + \lambda \int_{s}^{\omega(s)} K(s,t)\, \varphi(t)\, dt \tag{312}$$

untersuchen. Wir setzen dabei voraus, daß $s$ auf ein gewisses Intervall $[a, b]$ beschränkt ist und die üblichen Stetigkeitsbedingungen für $f(s)$ und $K(s,t)$ erfüllt sind. Außerdem sei in dem angegebenen Intervall $a \leqq \omega(s) \leqq s$. Offenbar existieren positive Zahlen $N$ und $M$ derart, daß für $a \leqq s, t \leqq b$ die Ungleichungen $|f(s)| \leqq \leqq N$, $|K(s,t)| \leqq M$ erfüllt sind.

In den Integralgleichungen (311) bzw. (312) ersetzen wir $f(s)$ und $K(s,t)$ durch die dem Betrag nach sicher nicht kleineren Zahlen $N$ und $M$ und führen an Stelle von $(\omega(s), s)$ bzw. $(s, \omega(s))$ das größere Integrationsintervall $(a, s)$ ein:

$$\varphi(s) = N + \lambda M \int_a^s \varphi(t)\, dt\,. \tag{313}$$

Wenn wir die Methode der sukzessiven Approximation auf diese Gleichung anwenden, erhalten wir, wie sich leicht beweisen läßt, eine Potenzreihe in $\lambda$, deren Koeffizienten positiv und nicht kleiner als die absoluten Beträge der Koeffizienten derjenigen Potenzreihe sind, die wir bei der Auflösung der Integralgleichung (311) bzw. (312) erhalten. Die Integralgleichung (313) hat die übliche Gestalt, wobei an Stelle von $K(s,t)$ für $t \leqq s$ die Konstante $M$ steht. Die zugehörige Potenzreihe konvergiert für jedes $\lambda$ gleichmäßig bezüglich aller $s$ aus dem Intervall $[a, b]$. Dasselbe gilt erst recht für die Reihen, die wir bei der Auflösung der Integralgleichungen (311) und (312) erhalten, und diese Reihen liefern die Lösungen der Integralgleichungen. Die Integralgleichung (313) läßt sich übrigens in geschlossener Form auflösen; ihre Lösung lautet

$$\varphi(s) = N e^{\lambda M (s-a)}$$

Wir bemerken noch, daß sich beispielsweise die Integralgleichung (311) auch in der üblichen Form (305) schreiben läßt, wenn der Kern für $t < \omega(s)$ der Bedingung $K(s, t) = 0$ unterworfen wird.

In dem Integral auf der rechten Seite von (305) können wir die Grenzen vertauschen, wenn wir gleichzeitig das Vorzeichen des Kerns ändern. Somit ist für die Theorie nicht wesentlich, daß gerade die obere Grenze des Integrals veränderlich ist. Wir könnten also die Ungleichung $s \geqq a$ durch die Bedingung $s \leqq a$ ersetzen. Mit Hilfe der einfachen Substitution $s' = -s$, $t' = -t$ geht der eine Fall in den anderen über. Analog dazu könnten wir beispielsweise bei der Integralgleichung (311) die angegebene Ungleichung für $\omega(s)$ durch $s \leqq \omega(s) \leqq b$ ersetzen.

Jetzt betrachten wir noch die Integralgleichung

$$\varphi(s) = f(s) + \lambda \int_{-s}^{s} K(s, t)\, \varphi(t)\, dt\,, \tag{314}$$

in der die gegebene Funktion $f(s)$ in $-b \leqq s \leqq +b$ definiert und stetig ist und der Kern $K(s, t)$ im Quadrat $-b \leqq s \leqq +b$, $-b \leqq t \leqq +b$ auch definiert und stetig ist. Teilen wir das Integrationsintervall in die beiden Teile $(-s, 0)$ und $(0, s)$ und ersetzen wir im ersten Fall die Integrationsveränderliche $t$ durch $-t$, so erhalten wir

$$\varphi(s) = f(s) + \lambda \int_{0}^{s} K(s, -t)\, \varphi(-t)\, dt + \lambda \int_{0}^{s} K(s, t)\, \varphi(t)\, dt\,.$$

Beim Ersetzen von $s$ durch $-s$ und von $t$ durch $-t$ ergibt sich

$$\varphi(-s) = f(-s) - \lambda \int_{0}^{s} K(-s, t)\, \varphi(t)\, dt - \lambda \int_{0}^{s} K(-s, -t)\, \varphi(-t)\, dt\,.$$

Wir führen für $0 \leqq s \leqq b$ und $0 \leqq t \leqq b$ die Beziehungen

$$\varphi(s) = \varphi_1(s), \qquad \varphi(-s) = \varphi_2(s), \qquad f(s) = f_1(s), \qquad f(-s) = f_2(s)\,,$$

$$K(s, t) = K_{11}(s, t), \qquad K(s, -t) = K_{12}(s, t), \qquad K(-s, t) = -K_{21}(s, t)\,,$$

$$K(-s, -t) = -K_{22}(s, t)$$

ein und erhalten damit aus der Integralgleichung (314) das System der beiden Integralgleichungen

$$\varphi_1(s) = f_1(s) + \lambda \int_{0}^{s} K_{11}(s, t)\, \varphi_1(t)\, dt + \lambda \int_{0}^{s} K_{12}(s, t)\, \varphi_2(t)\, dt\,,$$

$$\varphi_2(s) = f_2(s) + \lambda \int_{0}^{s} K_{21}(s, t)\, \varphi_1(t)\, dt + \lambda \int_{0}^{s} K_{22}(s, t)\, \varphi_2(t)\, dt\,,$$

die die übliche Form haben.

Die Auflösung dieses Integralgleichungssystems führt auf zwei im Intervall $0 \leqq s \leqq b$ stetige Funktionen $\varphi_1(s)$ und $\varphi_2(s)$. Die Lösung $\varphi(s)$ der Integralgleichung (314) ergibt sich dann aus den Gleichungen $\varphi(s) = \varphi_1(s)$ für $0 \leqq s \leqq b$ und $\varphi(s) = \varphi_2(-s)$ für $-b \leqq s \leqq 0$. Für $s = 0$ ist wegen $\varphi_1(0) = f_1(0) = f(0)$ und $\varphi_2(0) = f_2(0) = f(0)$ jede dieser beiden Beziehungen anwendbar. Hieraus folgt, daß die Lösung $\varphi(s)$ der Integralgleichung (314) auch im Punkt $s = 0$ stetig ist.

Die verwendete Methode der sukzessiven Approximation kann man auch auf den Fall mehrerer unabhängiger Veränderlicher anwenden. Beispielsweise gelten im Fall zweier unabhängiger Veränderlicher für die Integralgleichung

$$\varphi(x, y) = f(x, y) + \lambda \int_a^x \int_c^y K(x, y; s, t)\, \varphi(s, t)\, ds\, dt \tag{315}$$

alle angegebenen Resultate. Die Entwicklung nach dem Parameter $\lambda$, die für alle Werte von $\lambda$ konvergiert, ist auch für eine allgemeinere Integralgleichung

$$\varphi(x, y) = f(x, y) + \lambda \int_a^x K_1(x, y; s)\, \varphi(s, y)\, ds$$

$$+ \lambda \int_c^y K_2(x, y; s)\, \varphi(x, s)\, ds + \lambda^2 \int_a^x \int_c^y K_3(x, y; s, t)\, \varphi(s, t)\, ds\, dt$$

möglich, in der auf der rechten Seite außer dem Doppelintegral noch einfache Integrale stehen. Hier ist der Parameter $\lambda$ nur eingeführt worden, um die Methode der sukzessiven Approximation einfacher anwenden zu können. Genau wie soeben kann man die eindeutige Lösbarkeit der Integralgleichung

$$\varphi(x, y) = f(x, y) + \lambda \int_{\omega_2(y)}^{y} \int_{\omega_1(x)}^{x} K(x, y; s, t)\, \varphi(s, t)\, ds\, dt$$

beweisen, in der $a \leqq \omega_1(x) \leqq x$ und $c \leqq \omega_2(y) \leqq y$ gilt. Wir könnten auch annehmen, daß die Funktion $\omega_2$ nicht von $y$, sondern von $x$ und die Funktion $\omega_1$ von $y$ abhängt. Die Eindeutigkeit der Lösung der Integralgleichungen (311) und (312) läßt sich ebenfalls leicht nachweisen.

Bemerkung. Die Methode der sukzessiven Approximation ist auch in dem Fall anwendbar, wenn $K(s, t)$ aus $L_2$ über $k_0$ ist mit $K(s, t) = 0$ für $s < t$ und $f(s)$ aus $L_2$ über $[a, b]$. Dann erhält man mit dieser Methode eine Potenzreihe in $\lambda$, die für alle $\lambda$ fast überall in $[a, b]$ konvergiert. Ein analoges Resultat ergibt sich für die Resolvente $R(s, t; \lambda)$.

**51. Die Laplacetransformation.** Im übernächsten Abschnitt werden wir uns mit dem Spezialfall der Volterraschen Integralgleichung beschäftigen, in dem der Kern $K(s, t)$ nur von der Differenz $s - t$ abhängt. Zuvor müssen wir aber eine Integraltransformation studieren, die eng mit der Fouriertransformation zusammenhängt, die sogenannte Laplacetransformation.

Wir erinnern an folgende Tatsachen: Wenn die im Intervall $-\infty < x < \infty$ definierte Funktion $f(x)$ stetig ist und in jedem endlichen Intervall den Dirichletschen Bedingungen genügt und wenn außerdem das Integral

$$\int_{-\infty}^{\infty} |f(x)|\, dx \tag{316}$$

existiert, dann nennt man

$$f_1(\alpha) = \frac{1}{\sqrt{2\pi}} \int_{-\infty}^{\infty} f(x)\, e^{\alpha x i}\, dx \tag{317}$$

Fouriertransformierte der Funktion $f(x)$. Es gilt die Umkehrformel [**II, 173**]

$$f(x) = \frac{1}{\sqrt{2\pi}} \int_{-\infty}^{\infty} f_1(\alpha)\, e^{-\alpha x i}\, d\alpha\,, \tag{318}$$

die der Fourierschen Integralformel gleichwertig ist, wobei das letzte Integral als Integral im Sinne des Hauptwertes zu verstehen ist,

$$f(x) = \frac{1}{\sqrt{2\pi}} \lim_{M\to\infty} \int_{-M}^{M} f_1(\alpha)\, e^{-\alpha x i}\, d\alpha .$$

Wir setzen nun voraus, daß nicht nur das Integral (316), sondern auch das Integral

$$\int_{-\infty}^{\infty} e^{\beta x} |f(x)|\, dx \tag{319}$$

für $-m<\beta<m$ einen endlichen Wert hat. In diesem Fall ist die Funktion $f_1(\alpha)$ durch die Formel (317) nicht nur für reelle, sondern auch für solche komplexen Werte $\alpha = \alpha_1 + \alpha_2 i$ definiert, die der Bedingung $-m<\alpha_2<m$ genügen; denn es gilt $|f(x)\, e^{\alpha x i}| = |f(x)|\, e^{-\alpha_2 x}$, und nach Voraussetzung hat die Formel (317) für $-m<\alpha_2<$ $<m$ einen Sinn. Im Fall der Laplacetransformation ist die Größe $\alpha$ rein imaginär, $\alpha = si$; außerdem fällt der Faktor $(\sqrt{2\pi})^{-1}$ fort, was aber unwesentlich ist.

Nun gehen wir zu einer ausführlichen Untersuchung der Laplacetransformation über. Ganz analog könnte man auch die Fouriertransformation (317) untersuchen.

Wir setzen voraus, daß die Funktion $\varphi(x)$ in dem Intervall $(-\infty, \infty)$ stetig ist bis auf Unstetigkeitsstellen erster Art, von denen es in jedem beschränkten Teilintervall nur endlich viele geben möge. Weiterhin habe diese Funktion in jedem Punkt eine erste Ableitung oder wenigstens eine rechts- bzw. linksseitige erste Ableitung, wobei wir in den Unstetigkeitsstellen unter einer rechts- bzw. linksseitigen Ableitung den Grenzwert des Quotienten

$$\frac{\varphi(c-h) - \varphi(c-0)}{-h} \quad \text{bzw.} \quad \frac{\varphi(c+h) - \varphi(c+0)}{h}$$

für $h \to +0$ zu verstehen haben.

Außerdem setzen wir voraus, daß das Integral

$$\int_{-\infty}^{\infty} e^{-\sigma x} \varphi(x)\, dx \tag{320}$$

absolut konvergiert, wenn $\sigma$ der Ungleichung

$$\alpha < \sigma < \beta \tag{321}$$

genügt, in der $\alpha$ und $\beta$ feste reelle Zahlen sind, die auch $-\infty$ bzw. $\infty$ sein können. Dann lassen sich auf die Funktion $e^{-\sigma x}\varphi(x)$ die Grenzwertrelation für Dirichletsche Integrale und die Fouriersche Formel anwenden [vgl. **II, 173**].

Jetzt betrachten wir die Funktion der komplexen Veränderlichen $s = \sigma + \tau i$

$$f(s) = \int_{-\infty}^{\infty} e^{-sx} \varphi(x)\, dx . \tag{322}$$

In der Ebene der komplexen Veränderlichen $s = \sigma + \tau i$ bestimmt die Ungleichung (321) einen Streifen, der zur imaginären Achse parallel liegt, eine Halbebene (wenn eine der Zahlen $\alpha$, $\beta$ unendlich ist) oder auch die ganze Ebene. Es sei $B$ ein endlicher abgeschlossener Bereich, der im Innern des Streifens (321) liegt. Im Innern von (321) können wir einen Punkt $s_0 = \sigma_0 + \tau_0 i$ wählen, der links von $B$ liegt, d. h., wir können ihn so wählen, daß für alle Punkte $s = \sigma + \tau i$ aus $B$ die Ungleichung $\sigma > \sigma_0$ gilt. Entsprechend können wir einen Punkt $s_1 = \sigma_1 + \tau_1 i$ rechts von $B$ wählen. Somit sind für alle Punkte $s$ von $B$ und für alle reellen $x$ die Ungleichungen

$$|e^{-sx}\varphi(x)| \leqq e^{-\sigma_0 x}|\varphi(x)| \quad \text{für} \quad x \geqq 0,$$

$$|e^{-sx}\varphi(x)| \leqq e^{-\sigma_1 x}|\varphi(x)| \quad \text{für} \quad x \leqq 0$$

erfüllt. Nach Voraussetzung sind die auf der rechten Seite dieser Ungleichungen stehenden Funktionen im Intervall $(0, \infty)$ bzw. $(-\infty, 0)$ integrierbar. Daraus folgt, daß das Integral (322) in $B$ absolut und gleichmäßig in bezug auf $s$ konvergiert. Somit ist die Funktion $f(s)$ im Bereich $B$ regulär [**III/2, 70**]; wegen der willkürlichen Wahl von $B$ ist die Funktion $f(s)$ damit im Innern des Streifens (321) regulär.

Nun beweisen wir einen Satz, der uns gestattet, die ursprüngliche Funktion $\varphi(s)$ durch die transformierte Funktion $f(s)$ auszudrücken. Allgemein stellt die Formel (322) eine Funktionaltransformation der Funktion $\varphi(x)$ mit den angegebenen Eigenschaften dar, wobei man als Ergebnis der Transformation die in dem zugrunde gelegten Streifen reguläre Funktion $f(s)$ einer komplexen Veränderlichen erhält.

Satz 1. *Unter den für $\varphi(x)$ gemachten Voraussetzungen gilt die Umkehrformel*

$$\varphi(x) = \frac{1}{2\pi i} \int_{\sigma - i\infty}^{\sigma + i\infty} e^{sx} f(s)\, ds, \tag{323}$$

*in der das Integral über eine beliebige Gerade zu erstrecken ist, die zur imaginären Achse parallel verläuft und im Innern des Streifens* (321) *liegt; dabei ist das Integral im Sinne des Hauptwertes zu verstehen.*

Das Produkt $e^{-\sigma x}\varphi(x)$ erfüllt die Voraussetzungen, die der Funktion $\varphi(x)$ auferlegt wurden; insbesondere konvergiert das Integral (320) absolut. Daher läßt sich auf die Funktion $e^{-\sigma x}\varphi(x)$ die Fouriersche Formel anwenden:

$$e^{-\sigma x}\varphi(x) = \frac{1}{2\pi} \int_{-\infty}^{\infty} e^{-\alpha x i}\, d\alpha \int_{-\infty}^{\infty} e^{-(\sigma - \alpha i)t}\varphi(t)\, dt = \frac{1}{2\pi} \int_{-\infty}^{\infty} e^{-\alpha x i} f(\sigma - \alpha i)\, d\alpha .$$

Führen wir an Stelle von $\alpha$ die neue Integrationsveränderliche $s = \sigma - \alpha i$ ein, so erhalten wir (323).

Die Funktion $f(s)$, die im Innern des Streifens (321) durch (322) definiert ist, hat ein bestimmtes Verhalten, wenn der Punkt $s$ im Innern des Streifens nach oben oder nach unten gegen $\infty$ strebt; wie sich unter Benutzung der absoluten Konvergenz des Integrals leicht zeigen läßt, konvergiert die Funktion $f(s)$ gegen 0, wenn das Argument in dem Streifen $J_\varepsilon$, der für ein beliebig vorgegebenes positives $\varepsilon$ durch die Ungleichung $\alpha + \varepsilon < \sigma < \beta - \varepsilon$ definiert ist, gegen $\infty$ strebt. Umgekehrt können wir an Stelle von $\varphi(x)$ auch die Funktion $f(s)$ vorgeben, die im Innern des Streifens (321) gewisse Bedingungen erfüllen muß, und dann $\varphi(x)$ mit Hilfe der Formel (323) konstruieren. Wir wollen jetzt die Voraussetzungen für $f(s)$ formulieren. Die Funktion $f(s)$ soll im Innern von (321) regulär sein. Weiterhin soll für jeden Streifen $J_\varepsilon$ eine Funktion $\omega(\varrho)$ existieren, die für $\varrho > 0$ definiert ist, nur positive Werte annimmt und für $\varrho \to \infty$ der Bedingung $\omega(\varrho) \to 0$ genügt. Schließlich soll das Integral $\int_0^\infty \omega(\varrho)\, d\varrho$ konvergieren, und in $J_\varepsilon$ soll die Ungleichung

$$|f(s)| \leqq \omega(|\tau|) \qquad (s = \sigma + \tau i) \tag{324}$$

erfüllt sein. Dann können wir einen dem Satz 1 entsprechenden Satz beweisen.

S a t z 2. *Unter den soeben angegebenen Voraussetzungen liefert die Formel* (323) *eine Funktion* $\varphi(x)$, *die auf der ganzen reellen Achse definiert und stetig ist und nicht von der Wahl der Konstanten* $\sigma$ *abhängt. In diesem Fall läßt sich die ursprüngliche Funktion* $f(s)$ *durch die transformierte Funktion* $\varphi(x)$ *mit Hilfe der Gleichung* (322) *ausdrücken, wobei das Integral im Sinne des Hauptwertes zu verstehen ist.*

Setzen wir auf der rechten Seite von (323) $s=\sigma+\tau i$, so erhalten wir

$$\varphi(x)=\frac{e^{x\sigma}}{2\pi}\int_{-\infty}^{\infty} f(\sigma+\tau i)\, e^{\tau x i}\, d\tau\,. \tag{325}$$

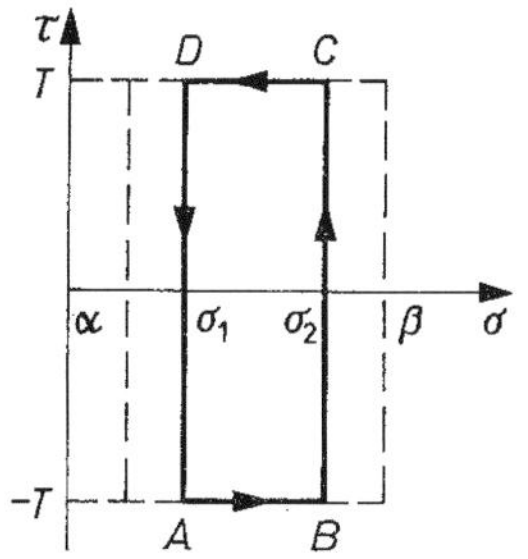


Abb. 1

Bei beliebigem $x$ ist der absolute Betrag des Integranden nicht größer als die Funktion $\omega(\varrho)$, deren Integral konvergiert; folglich konvergiert das Integral in (325) absolut und in bezug auf $x$ gleichmäßig. Somit sehen wir, daß $\varphi(x)$ eine für alle reellen $x$ definierte und stetige Funktion ist [II, 84].

Wir wollen nun beweisen, daß diese Funktion nicht von der Wahl der Konstanten $\sigma$ abhängt. Zu diesem Zweck betrachten wir innerhalb des Streifens (321) ein beliebiges Rechteck $ABCD$, welches von vier Geraden $\sigma=\sigma_1$, $\sigma=\sigma_2$ und $\tau=\pm T$ begrenzt wird (Abb. 1). Auf Grund des Cauchyschen Integralsatzes ist das Integral von $f(s)\,e^{xs}$ über den Rand dieses Rechtecks gleich 0. Wir berechnen zunächst den Wert der beiden Integrale über die zur reellen Achse parallelen Seiten $\tau=\pm T$. Für die Seite $\tau=T$ erhalten wir beispielsweise

$$\int_{\sigma_2}^{\sigma_1} f(\sigma+iT)\, e^{x(\sigma+iT)}\, d\sigma\,. \tag{326}$$

Wegen (324) gilt für dieses Integral die Abschätzung

$$\left|\int_{\sigma_2}^{\sigma_1} f(\sigma+iT)\, e^{x(\sigma+iT)}\, d\sigma\right| \leqq e^{\max|x\sigma_k|}\,\omega(T)\,(\sigma_2-\sigma_1)\,,$$

in der $k=1$ oder $k=2$ zu setzen ist. Auf Grund der Voraussetzung $\omega(\varrho)\to 0$ für $\varrho\to\infty$ folgt hieraus, daß das Integral (326) für $T\to\infty$ gegen 0 konvergiert. Das entsprechende Resultat erhalten wir für das Integral über die Seite $\tau=-T$. Da das Integral über die gesamte Berandung nach dem Cauchyschen Integralsatz gleich 0 ist, unterscheidet sich das über die Gerade $\sigma=\sigma_1$ von oben nach unten erstreckte Integral der Funktion $f(s)\,e^{xs}$ nur durch das Vorzeichen von dem entsprechenden über die Gerade $\sigma=\sigma_2$ von unten nach oben erstreckten Integral. Die Integrale sind also einander gleich, wenn sie beide von unten nach oben erstreckt werden. Da die Wahl der Geraden $\sigma=\sigma_1$ und $\sigma=\sigma_2$ willkürlich ist, hat damit das Integral der Funktion $f(s)\,e^{xs}$ über die Gerade $\sigma=\sigma_0$ für jede Gerade innerhalb des Streifens, d. h. für jeden beliebigen Wert $\sigma_0$, der die Ungleichung $\alpha<\sigma_0<\beta$ erfüllt, ein und denselben Wert.

Es bleibt noch zu zeigen, daß sich $f(s)$ nach der Formel (322) durch $\varphi(x)$ ausdrücken läßt. Setzen wir hierzu in (323) $s=\sigma-\tau i$, so erhalten wir

$$e^{-x\sigma}\varphi(x)=\frac{1}{2\pi}\int_{-\infty}^{\infty} f(\sigma-\tau i)\, e^{-\tau x i}\, d\tau\,.$$

Wir multiplizieren beide Seiten mit $e^{xui}$ und integrieren über $x$ von $-\infty$ bis $\infty$. Da auf die Funktion $f(\sigma-\tau i)$ als Funktion der reellen Veränderlichen $\tau$ die Fouriersche Formel

$$f(\sigma-ui)=\frac{1}{2\pi}\int_{-\infty}^{\infty} e^{xui}\, dx \int_{-\infty}^{\infty} f(\sigma-\tau i)\, e^{-\tau x i}\, d\tau$$

anwendbar ist, erhalten wir die Gleichung

$$f(\sigma-ui)=\int_{-\infty}^{\infty}\varphi(x)\, e^{-(\sigma-ui)x}\, dx\,,$$

aus der unmittelbar (322) folgt, da die reelle Konstante $u$ willkürlich ist. Von den Formeln (322) und (323) ist jede im Sinne von Satz 1 bzw. Satz 2 Umkehrformel der anderen.

Wir wollen zeigen: Ist $\beta=\infty$ in Satz 2, d. h., ist die gegebene Funktion $f(s)$ in der Halbebene $\sigma>\alpha$ regulär und erfüllt sie dort die übrigen Bedingungen, so verschwindet die durch (323) definierte Funktion $\varphi(x)$ für $x<0$. In diesem Fall muß nach Voraussetzung für ein beliebig vorgegebenes positives $\varepsilon$ in der Halbebene $\sigma\geqq\alpha+\varepsilon$ eine Funktion $\omega(\varrho)$ mit den angegebenen Eigenschaften existieren. Um zu beweisen, daß $\varphi(x)=0$ ist für $x<0$, schätzen wir das Integral unter Benutzung der Ungleichung (324) in der üblichen Weise ab und erhalten

$$|\varphi(x)|\leqq e^{x\sigma}\,\frac{1}{\pi}\int_0^{\infty}\omega(\varrho)\, d\varrho\,.$$

Ist $x$ eine feste negative Zahl, so strebt für $\sigma\to\infty$ der Ausdruck auf der rechten Seite gegen 0; der Ausdruck auf der linken Seite ist aber von $\sigma$ unabhängig, folglich gilt wirklich $\varphi(x)=0$ für $x<0$. In diesem Fall hat die Umkehrtransformation von (323) an Stelle von (322) die Gestalt

$$f(s)=\int_0^{\infty} e^{-sx}\varphi(x)\, dx\,. \tag{327}$$

Nimmt man umgekehrt $\varphi(x)$ als vorgegeben an, so nennt man die Transformation (322) gewöhnlich *zweiseitige Laplacetransformation* und die Transformation (327) *einseitige Laplacetransformation.* Die einseitige Transformation ist offenbar ein Spezialfall der zweiseitigen und geht aus ihr hervor, wenn die gegebene Funktion $\varphi(x)$ für negative Werte von $x$ verschwindet. Im Fall der einseitigen Laplacetransformation müssen wir von $\varphi(x)$ fordern, daß das Integral in (327) in einer Halbebene $\sigma>\alpha$ absolut konvergiert. Ist $B$ ein endlicher abgeschlossener Bereich im Innern der Halbebene, so gibt es eine Gerade $\sigma=\sigma_0>\alpha$, die im Innern der Halbebene liegt und links von $B$ verläuft. Nach Voraussetzung konvergiert das Integral

$\int\limits_0^\infty e^{-\sigma_0 x}|\varphi(x)|\,dx$, und da die Integrationsveränderliche $x > 0$ ist, erhalten wir für alle $s$ aus $B$ die Ungleichung $|e^{-sx}\varphi(x)| < e^{-\sigma_0 x}|\varphi(x)|$. Das Integral (327) konvergiert also absolut und gleichmäßig in bezug auf $s$ für alle $s$ aus $B$; es stellt somit eine in $B$ reguläre Funktion $f(s)$ dar, die dann auch in der ganzen Halbebene $\sigma > \alpha$ regulär ist.

Aus den angegebenen Abschätzungen folgt unmittelbar auch die Aussage: Konvergiert das Integral (327) absolut im Punkt $s_0 = \sigma_0 + \tau_0 i$, so konvergiert es auch absolut und gleichmäßig in der Halbebene $\sigma \geqq \sigma_0$. Wir bemerken noch, daß sich die aufgestellten Sätze auch unter allgemeineren Voraussetzungen in bezug auf $\varphi(x)$ und $f(s)$ beweisen lassen. Häufig werden die Integrale auf den rechten Seiten von (327) und (322) mit $L_1(\varphi)$ bzw. $L_2(\varphi)$ bezeichnet:

$$L_1(\varphi) = \int\limits_0^\infty e^{-sx}\varphi(x)\,dx, \qquad L_2(\varphi) = \int\limits_{-\infty}^\infty e^{-sx}\varphi(x)\,dx\,.$$

Die Transformationen $L_1(\varphi)$ und $L_2(\varphi)$ sind linear, d. h., es gilt

$$L_i(c_1\varphi) = c_1 L_i(\varphi), \qquad L_i(c_1\varphi_1 + c_2\varphi_2) = c_1 L_i(\varphi_1) + c_2 L_i(\varphi_2)\,,$$

wobei $c_1$ und $c_2$ willkürliche Konstante und die $\varphi_i(x)$ Funktionen sind, die den angegebenen Bedingungen genügen. Führen wir an Stelle der Veränderlichen $x$ die neue Veränderliche $u = e^{-x}$ ein und schreiben $\varphi(x) = \psi(u)$, so erhalten wir die Transformationen (322) und (323) in der Gestalt

$$f(s) = \int\limits_0^\infty u^{s-1}\psi(u)\,du, \qquad \psi(u) = \frac{1}{2\pi i}\int\limits_{\sigma - i\infty}^{\sigma + i\infty} u^{-s} f(s)\,ds\,.$$

Würden wir die entsprechenden Überlegungen für die Fouriertransformation (317) durchführen, so erhielten wir an Stelle eines vertikalen Streifens, in dem $f(s)$ eine reguläre Funktion ist, einen horizontalen Streifen (d. h. einen Streifen, der zur reellen Achse parallel verläuft), in dem $f_1(\alpha)$ regulär ist ($\alpha = si$). Im übrigen sind die Resultate bis auf einen konstanten Faktor vor dem Integral völlig analog.

**52. Faltung von Funktionen.** Es seien $\varphi_1(x)$ und $\varphi_2(x)$ zwei für $x \geqq 0$ definierte stetige Funktionen. Die durch die Beziehung

$$\varphi_3(x) = \int\limits_0^x \varphi_1(t)\,\varphi_2(x-t)\,dt \tag{328}$$

definierte Funktion $\varphi_3(x)$ heißt *Faltung* dieser beiden Funktionen.

Die Funktion $\varphi_3(x)$ ist für $x \geqq 0$ definiert und ebenfalls stetig. Führen wir an Stelle von $t$ die neue Integrationsveränderliche $\tau = x - t$ ein, so können wir

$$\varphi_3(x) = \int\limits_0^x \varphi_1(x-\tau)\,\varphi_2(\tau)\,d\tau \tag{329}$$

schreiben. Vielfach bezeichnet man die Faltung zweier Funktionen mit[1])

$$\varphi_3 = \varphi_1 * \varphi_2\,.$$

[1]) In dem Buch von J. Mikusiński, Operatorenrechnung, wird die Faltung zweier Funktionen $f$ und $g$ einfach mit $fg$ bezeichnet; vgl. auch L. Berg, Operatorenrechnung I, II.

Aus (328) und (329) geht unmittelbar hervor, daß die *Faltung* von der Reihenfolge der Funktionen unabhängig ist, d. h., es gilt $\varphi_2 * \varphi_1 = \varphi_1 * \varphi_2$.

Jetzt setzen wir voraus, daß sich auf die Funktionen $\varphi_1(x)$ und $\varphi_2(x)$ die Transformation (327) anwenden läßt, wobei die Integrale in einer Halbebene $\sigma > \alpha$ absolut konvergieren. Dann läßt sich zeigen: Auch die nach (327) gebildete Transformierte von $\varphi_3(x)$ konvergiert in dieser Halbebene, und es gilt die Beziehung

$$L_1(\varphi_1 * \varphi_2) = L_1(\varphi_1)\, L_1(\varphi_2)\,, \tag{330}$$

d. h., *die Faltung im Bereich der Funktionen $\varphi_k(x)$ entspricht der gewöhnlichen Multiplikation im Bereich der transformierten Funktionen*

$$f_k(s) = \int_0^\infty \mathrm{e}^{-sx} \varphi_k(x)\, \mathrm{d}x\,. \tag{331}$$

Zum Beweis bilden wir das auf der rechten Seite von (330) auftretende Produkt

$$\int_0^\infty \mathrm{e}^{-su} \varphi_1(u)\, \mathrm{d}u \cdot \int_0^\infty \mathrm{e}^{-sv} \varphi_2(v)\, \mathrm{d}v; \tag{332}$$

dabei werden die Integrationsveränderlichen mit $u$ und $v$ bezeichnet. Dieses Produkt läßt sich als absolut konvergentes Doppelintegral über den ersten Quadranten der $u, v$-Ebene darstellen:

$$\int_0^\infty \mathrm{e}^{-su} \varphi_1(u)\, \mathrm{d}u \cdot \int_0^\infty \mathrm{e}^{-sv} \varphi_2(v)\, \mathrm{d}v = \int_0^\infty \int_0^\infty \mathrm{e}^{-s(u+v)} \varphi_1(u)\, \varphi_2(v)\, \mathrm{d}u\, \mathrm{d}v\,.$$

Die Möglichkeit einer solchen Darstellung des Produktes (332) als Doppelintegral folgt unmittelbar aus der absoluten Konvergenz der beiden einfachen Integrale. Um sich davon zu überzeugen, braucht man nur in diesen Integralen die Integration zunächst über ein endliches Intervall $(0, m)$ zu erstrecken und das Produkt in ein Doppelintegral umzuformen. Anschließend läßt man $m$ über alle Grenzen wachsen und benutzt dabei die übliche Definition eines uneigentlichen Doppelintegrals [**II, 89**]. In dem erhaltenen Doppelintegral führen wir die neuen Integrationsveränderlichen $x = u + v$ und $t = v$ ein. Damit gelangen wir zu dem absolut konvergenten Doppelintegral

$$\iint_B \mathrm{e}^{-sx} \varphi_1(x-t)\, \varphi_2(t)\, \mathrm{d}t\, \mathrm{d}x\,.$$

Dabei ist der Integrationsbereich in den alten Veränderlichen durch die Ungleichungen $u \geqq 0$, $v \geqq 0$ und in den neuen Veränderlichen durch die Ungleichungen $t \geqq 0, x - t \geqq 0$ definiert, d. h., in der $t, x$-Ebene ist der Integrationsbereich derjenige Teil des ersten Quadranten, der oberhalb der Winkelhalbierenden $t = x$ liegt. Führen wir das Doppelintegral auf zwei Quadraturen zurück, so erhalten wir die Gleichung

$$\int_0^\infty \mathrm{e}^{-su} \varphi_1(u)\, \mathrm{d}u \cdot \int_0^\infty \mathrm{e}^{-sv} \varphi_2(v)\, \mathrm{d}v = \int_0^\infty \mathrm{e}^{-sx} \left[ \int_0^x \varphi_1(x-t)\, \varphi_2(t)\, \mathrm{d}t \right] \mathrm{d}x;$$

damit ist die Beziehung (330) bewiesen.

Für die Funktion $\varphi_3(x)$ gilt die Abschätzung

$$|\varphi_3(x)| \leqq \int_0^x |\varphi_1(x-t)|\, |\varphi_2(t)|\, \mathrm{d}t\,,$$

aus der unter anderem die Ungleichung

$$\int_0^m \mathrm{e}^{-\sigma x} |\varphi_3(x)|\, \mathrm{d}x \leqq \int_0^m \mathrm{d}x \int_0^x \mathrm{e}^{-\sigma x} |\varphi_1(x-t)|\, |\varphi_2(t)|\, \mathrm{d}t$$

folgt, die mit Hilfe der Dirichletschen Formel [II, 82] folgendermaßen geschrieben werden kann:

$$\int_0^m e^{-\sigma x}|\varphi_3(x)|\,dx \leqq \int_0^m |\varphi_2(t)|\,dt \int_t^m e^{-\sigma x}|\varphi_1(x-t)|\,dx\,.$$

Ersetzen wir auf der rechten Seite $x$ durch die neue Integrationsveränderliche $\tau = x - t$, so erhalten wir

$$\int_0^m e^{-\sigma x}|\varphi_3(x)|\,dx \leqq \int_0^m e^{-\sigma t}|\varphi_2(t)|\,dt \cdot \int_0^{m-t} e^{-\sigma\tau}|\varphi_1(\tau)|\,d\tau$$

und damit erst recht

$$\int_0^m e^{-\sigma x}\,|\varphi_3(x)|\,dx \leqq \int_0^\infty e^{-\sigma t}|\varphi_2(t)|\,dt \cdot \int_0^\infty e^{-\sigma\tau}|\varphi_1(\tau)|\,d\tau\,,$$

d. h., aus der absoluten Konvergenz der Integrale (332) in der Halbebene $\sigma > \alpha$ folgt die absolute Konvergenz des entsprechenden Integrals für $\varphi_3(x)$. Die Zurückführbarkeit des Doppelintegrals über den ersten Quadranten auf zwei Quadraturen kann man übrigens leicht in der üblichen Weise verifizieren, wenn man zunächst einen oberhalb der Symmetrieachse $t = x$ liegenden endlichen Teil des Quadranten betrachtet und danach zur Grenze übergeht. Wenn eine Beziehung der Gestalt (330) gilt, so sagen wir, es gelte ein *Faltungssatz.*

In analoger Weise läßt sich der Begriff der Faltung zweier Funktionen auch für die zweiseitige Laplacetransformation einführen und ein Faltungssatz beweisen. Man gelangt dann zu dem Satz: Sind $\varphi_1(x)$ und $\varphi_2(x)$ in dem unendlichen Intervall $(-\infty, \infty)$ definierte stetige Funktionen, konvergieren die Integrale $L_2(\varphi_1)$ und $L_2(\varphi_2)$ in einem Streifen $\alpha \leqq \sigma \leqq \beta$ absolut und ist eine der beiden Funktionen $e^{-\sigma t}\varphi_i(t)$ $(i = 1, 2)$ beschränkt $(\alpha \leqq \sigma \leqq \beta)$, so ist auch das Integral

$$\varphi_3(x) = \int_{-\infty}^{\infty} \varphi_1(t)\,\varphi_2(x-t)\,dt$$

für jedes reelle $x$ konvergent. Die Laplacetransformation der Funktion $\varphi_3(x)$ ist in dem angegebenen Streifen absolut konvergent, und es gilt der Faltungssatz

$$L_2(\varphi_3) = L_2(\varphi_1) \cdot L_2(\varphi_2)$$

(vgl. G. Doetsch, Handbuch der Laplace-Transformation, Bd. 1).

**53. Ein spezieller Fall Volterrascher Integralgleichungen.** Wir untersuchen nun eine Volterrasche Integralgleichung, deren Kern nur von der Differenz seiner beiden Argumente abhängt:

$$\varphi(x) = f(x) + \int_0^x K(x-t)\,\varphi(t)\,dt\,. \tag{333}$$

Wir setzen voraus, daß die stetigen Funktionen $f(x)$ und $K(x)$ für $x \to \infty$ gegen 0 streben und für große $x$ den Bedingungen

$$|f(x)| \leqq A e^{-ax}, \qquad |K(x)| \leqq B e^{-bx} \tag{334}$$

genügen; dabei sind die Konstanten $A$ und $B$ positiv und die Konstanten $a$ und $b$ nichtnegativ. Es seien $f_0$ und $K_0$ die oberen Grenzen von $|f(x)|$ bzw. $|K(x)|$ für $x \geqq 0$. Wenden wir auf die Integralgleichung (320) die Methode der sukzessiven Approximation an [**50**], so erhalten wir für $\varphi(x)$ im Fall $x \geqq 0$ die Abschätzung

$|\varphi(x)| \leqq f_0 e^{K_0 x}$. Hieraus ist ersichtlich, daß auf die Funktionen $\varphi(x)$, $f(x)$ und $K(x)$ die einseitige Laplacetransformation mit $\sigma > \max(a, b, K_0)$ anwendbar ist. Die Transformierten

$$\Phi(s) = L_1(\varphi), \qquad F(s) = L_1(f), \qquad L(s) = L_1(K) \tag{335}$$

sind in der Halbebene $\sigma > K_0$ regulär. Wendet man auf beide Seiten der Integralgleichung (333) die einseitige Laplacetransformation an und benutzt die Faltungsformel, so erhält man

$$\Phi(s) = F(s) + L(s)\,\Phi(s)\,,$$

woraus

$$\Phi(s) = \frac{F(s)}{1 - L(s)} \tag{336}$$

folgt.

Da die Funktion $\Phi(s)$ in der Halbebene $\sigma > K_0$ regulär ist und die Funktionen $L(s)$ und $F(s)$ völlig unabhängig voneinander sind, kann der Nenner des Bruches in (336) in $\sigma > K_0$ keine Nullstellen haben. Durch Umkehrung der ersten Gleichung (335) ergibt sich

$$\varphi(x) = \frac{1}{2\pi i} \int_{\sigma - i\infty}^{\sigma + i\infty} \Phi(s)\, e^{sx} ds \qquad (\sigma > K_0)\,. \tag{337}$$

Damit erhalten wir, wenn wir $F(s)$ und $L(s)$ aus den Gleichungen (335) und $\Phi(s)$ aus (336) bestimmen, aus (337) die Lösung der Integralgleichung (333) in geschlossener Form. Wir bemerken noch: Bei der Bestimmung der Funktion $\varphi(x)$ in einem endlichen Intervall $(0, l)$ benutzen wir, gemäß der Integralgleichung (333), nur Werte von $f(x)$ und $K(x)$ aus $(0, l)$; daher können wir diese Funktionen außerhalb des Intervalls $(0, l)$ beliebig fortsetzen, insbesondere so, daß sie den angegebenen Bedingungen genügen. Wir können sie sogar für hinreichend große positive Werte $x$ identisch gleich 0 annehmen.

Wir zeigen, daß auch alle zur Integralgleichung (333) gehörigen iterierten Kerne nur von der Differenz $x - t$ abhängen.

Es gilt [50]

$$K_2(x, t) = \int_t^x K(x - t_1)\, K(t_1 - t)\, dt_1\,.$$

Führen wir an Stelle von $t_1$ die neue Integrationsveränderliche $\tau = t_1 - t$ ein, so erhalten wir

$$K_2(x, t) = \int_0^{x-t} K(x - t - \tau)\, K(\tau)\, d\tau\,,$$

woraus unmittelbar folgt, daß $K_2(x, t)$ eine Funktion der Differenz $x - t$ ist, d. h. $K_2(x, t) = K_2(x - t)$.

Der Beweis für die höheren iterierten Kerne verläuft analog. Deshalb erkennt man auf Grund der Beziehung (307) für $\lambda = 1$, daß auch die Resolvente nur von der Differenz $x - t$ abhängt. Bezeichnen wir sie mit $R(x - t)$, so können wir die Lösung der Integralgleichung (333) unter Benutzung von (309) in der Gestalt

$$\varphi(x) = f(x) + \int_0^x R(x - t)\, f(t)\, dt \tag{338}$$

schreiben. Wenden wir auf beiden Seiten dieser Gleichung die Laplacetransformation an und führen neben (335) die Bezeichnung

$$M(s) = L_1(R) \tag{339}$$

ein, so erhalten wir

$$\Phi(s) = F(s) + M(s)\, F(s)\,.$$

Wenn wir die Formel (336) benutzen, können wir $M(s)$ durch die bekannte Funktion $L(s)$ ausdrücken,

$$M(s) = \frac{L(s)}{1 - L(s)}\,, \tag{340}$$

und durch Umkehrung von (339) ergibt sich für die Resolvente

$$R(x) = \frac{1}{2\pi \mathrm{i}} \int\limits_{\sigma-\mathrm{i}\infty}^{\sigma+\mathrm{i}\infty} M(s)\, \mathrm{e}^{sx}\, \mathrm{d}s\,. \tag{341}$$

Setzen wir diesen Ausdruck in (338) ein, so erhalten wir die Lösung $\varphi(x)$.

Diese Methode zur Auflösung der Integralgleichung (333) ist auch für ein System von Volterraschen Integralgleichungen der Gestalt

$$\varphi_j(x) = f_j(x) + \sum_{k=1}^{p} \int\limits_0^x K_{jk}(x-t)\, \varphi_k(t)\, \mathrm{d}t \qquad (j = 1, 2, \ldots, p)$$

anwendbar.

Wenn wir auf beide Seiten die Laplacetransformation anwenden, erhalten wir

$$\Phi_j(s) = F_j(s) + \sum_{k=1}^{p} L_{jk}(s)\, \Phi_k(s) \qquad (j = 1, 2, \ldots, p)\,.$$

Durch Auflösung dieses linearen Gleichungssystems bestimmen wir die Funktionen $\Phi_j(s)$ und finden für die Lösung des Integralgleichungssystems

$$\varphi_j(x) = \frac{1}{2\pi \mathrm{i}} \int\limits_{\sigma-\mathrm{i}\infty}^{\sigma+\mathrm{i}\infty} \Phi_j(s)\, \mathrm{e}^{sx}\, \mathrm{d}s\,.$$

Schließlich sei noch erwähnt, daß die Bedingungen (334) für den Kern $K(x)$ und die gegebene Funktion $f(x)$ bedeutend abgeschwächt werden können. Es genügt zu fordern, daß eine positive Konstante $c$ existiert derart, daß die absoluten Beträge von $f(x)\, \mathrm{e}^{-cx}$ und $K(x)\, \mathrm{e}^{-cx}$ für $x > 0$ beschränkt sind. Unter dieser Voraussetzung gelten die Beziehungen (337) und (341) für alle hinreichend großen Werte von $\sigma$. Das kann man leicht beweisen, indem man beide Seiten der Integralgleichung (333) mit $\mathrm{e}^{-cx}$ multipliziert und die neue gesuchte Funktion $\varphi_1(x) = \varphi(x)\, \mathrm{e}^{-cx}$, die gegebene Funktion $f_1(x) = f(x)\, \mathrm{e}^{-cx}$ und den Kern $K_1(x) = K(x)\, \mathrm{e}^{-cx}$ einführt.

**54. Volterrasche Integralgleichungen erster Art.** Bisher haben wir uns mit Integralgleichungen zweiter Art beschäftigt. Wie wir sogleich sehen werden, läßt sich eine Volterrasche Integralgleichung erster Art unter einigen zusätzlichen Voraussetzungen leicht in eine Integralgleichung zweiter Art überführen. Aus der Gestalt einer Volterraschen Integralgleichung erster Art

$$\int\limits_a^x K(x, t)\, \varphi(t)\, \mathrm{d}t = f(x) \tag{342}$$

folgt unmittelbar, daß die gegebene Funktion $f(x)$ der Bedingung $f(a)=0$ genügen muß. Differenzieren wir die Integralgleichung (342) nach $x$ und dividieren durch $K(x, x)$, so gelangen wir zu der Gleichung zweiter Art

$$\varphi(x)+\int_a^x \frac{K_x(x, t)}{K(x, x)} \varphi(t)\, \mathrm{d}t=\frac{f'(x)}{K(x, x)}; \tag{343}$$

dabei setzen wir voraus, daß $f'(x)$ stetig und $K(x, x) \neq 0$ ist. Der allgemeine Fall wird in dem Buch von H. Müntz, Integralgleichungen (russ.), Moskau **1934**, untersucht.

Wenn wir die Bedingung $f(a)=0$ berücksichtigen, können wir von der Integralgleichung (343) leicht zu der Integralgleichung (342) zurückkehren, d. h., die beiden Integralgleichungen sind einander äquivalent, und die Integralgleichung (342) hat infolgedessen genau eine Lösung.

Wir betrachten jetzt eine Integralgleichung erster Art mit einem Kern der Gestalt

$$K(x, t)=\frac{H(x, t)}{(x-t)^{1-\alpha}} \qquad (0<\alpha<1),$$

wobei $H(x, t)$ eine stetige Funktion mit einer stetigen Ableitung nach $x$ bedeutet. Zu diesem Typ der Integralgleichungen gehört die Abelsche Integralgleichung, die wir bereits früher betrachtet haben. Wir wollen also die Integralgleichung

$$\int_0^x \frac{H(x, t)}{(x-t)^{1-\alpha}} \varphi(t)\, \mathrm{d}t=f(x) \tag{344}$$

untersuchen, wobei wir wie in der Abelschen Integralgleichung die untere Integrationsgrenze gleich 0 setzen. Multiplizieren wir beide Seiten dieser Integralgleichung mit $(z-x)^{-\alpha}$, integrieren über $x$ von $x=0$ bis $x=z$ und wenden die Dirichletsche Formel an [II, 82], so gelangen wir zu der Integralgleichung

$$\int_0^z \varphi(t)\, \mathrm{d}t \int_t^z \frac{H(x, t)}{(z-x)^\alpha (x-t)^{1-\alpha}}\, \mathrm{d}x=\int_0^z \frac{f(x)}{(z-x)^\alpha}\, \mathrm{d}x \tag{345}$$

mit dem Kern

$$K_1(z, t)=\int_t^z \frac{H(x, t)}{(z-x)^\alpha (x-t)^{1-\alpha}}\, \mathrm{d}x .$$

Dieser Kern ist bereits nicht mehr singulär, was man mit Hilfe einer Transformation der Integrationsveränderlichen leicht nachprüfen kann. Man führt dazu durch

$$x=\frac{z+t}{2}+\frac{z-t}{2} \cos \theta$$

die neue Integrationsveränderliche $\theta$ ein und erhält damit

$$K_1(z, t)=\int_0^\pi \frac{H\left(\frac{z+t}{2}+\frac{z-t}{2} \cos \theta, t\right) \sin \theta}{(1+\cos \theta)^{1-\alpha}(1-\cos \theta)^\alpha}\, \mathrm{d}\theta . \tag{346}$$

Da $H(x, t)$ stetig ist und das Integral in (346) in bezug auf $z$ und $t$ gleichmäßig konvergiert, kann man aus (346) schließen, daß auch $K_1(z, t)$ stetig ist. Unter Benutzung von Relationen aus der Theorie der $\Gamma$-Funktion [III/2, 71, 72] ergibt sich

$$\int_0^\pi (1+\cos\theta)^{\alpha-1}(1-\cos\theta)^{-\alpha}\sin\theta\,d\theta=\frac{\pi}{\sin\pi\alpha},$$

und aus (346) folgt

$$K_1(z,z)=H(z,z)\frac{\pi}{\sin\pi\alpha}.$$

Somit genügt der neue stetige Kern $K_1(z,t)$ der Bedingung $K_1(z,z)\neq 0$, sobald die Funktion $H(x,t)$ der entsprechenden Bedingung $H(x,x)\neq 0$ genügt. Außerdem folgt aus (346) unmittelbar, daß der Kern $K_1(z,t)$ eine stetige Ableitung nach $z$ hat, wenn die Ableitung $H_x(x,t)$ existiert und stetig ist. Falls $f'(x)$ vorhanden und stetig ist, folgt ebenso aus

$$f_1(z)=\int_0^z \frac{f(x)}{(z-x)^\alpha}\,dx=\int_0^z \frac{(z-x)^{1-\alpha}f'(x)}{1-\alpha}\,dx,$$

daß die rechte Seite der Integralgleichung (345) die stetige Ableitung

$$f_1'(z)=\int_0^z \frac{f'(x)}{(z-x)^\alpha}\,dx$$

besitzt.

Somit hat die Integralgleichung (345) unter den angegebenen Voraussetzungen die Lösung $\varphi(x)$. Es bleibt noch zu beweisen, daß diese Funktion auch die ursprüngliche Integralgleichung (344) erfüllt. Zu diesem Zweck setzen wir $\varphi(x)$ in (344) ein und bilden die Differenz

$$\omega(x)=f(x)-\int_0^x \frac{H(x,t)}{(x-t)^{1-\alpha}}\varphi(t)\,dt.$$

Multiplizieren wir beide Seiten mit $(z-x)^{-\alpha}$, integrieren nach $x$ für $0\leqq x\leqq z$ und wenden die Dirichletsche Formel an [II, 82], so erhalten wir wegen (344) die Gleichung

$$\int_0^z \frac{\omega(x)}{(z-x)^\alpha}\,dx=0.$$

Durch Multiplikation beider Seiten mit $(u-z)^{\alpha-1}$, Integration nach $z$ von $z=0$ bis $z=u$ und Vertauschen der Integrationen ergibt sich für beliebige $u$ die Beziehung

$$\int_0^u \omega(x)\,dx=0,$$

aus der unmittelbar die Identität $\omega(x)\equiv 0$ folgt.

Wir setzen nun voraus, daß die in der Integralgleichung (342) auftretende Funktion $K(x,t)$ nur von der Differenz $x-t$ abhängt, d. h., wir betrachten die Integralgleichung erster Art

$$\int_0^x K(x-t)\,\varphi(t)\,dt=f(x). \tag{347}$$

Zunächst multiplizieren wir beide Seiten mit $e^{-sx}$ und integrieren über $x$ von $x=0$ bis $x=\infty$. Für die gegebenen Funktionen $f(x)$ und $K(x)$ sowie für die gesuchte Funktion $\varphi(x)$ führen wir die einseitigen Laplacetransformierten

$$\Phi(s)=L_1(\varphi), \qquad F(s)=L_1(f), \qquad L(s)=L_1(K) \tag{348}$$

ein. Auf Grund des Faltungssatzes ergibt sich

$$L(s)\,\Phi(s)=F(s)\,. \tag{349}$$

Wir nehmen an, daß $K(x, t)$ der Bedingung $K(x, x)\neq 0$ genügt, die wir bereits erwähnt haben und die im vorliegenden Fall die Gestalt $K(0)\neq 0$ hat. Dann existiert sicher eine Lösung der Integralgleichung (347). Weiter können wir wie früher annehmen, daß $f(x)$ und $K(x)$ für große positive Werte von $x$ verschwinden. Beachten wir, daß die Funktion $f(x)$ sonst willkürlich ist, so finden wir wie in [53], daß $L(s)$ für Werte von $s$ mit hinreichend großem Realteil nicht verschwindet. Die Beziehung (349) liefert dann $\Phi(s)$, und wir erhalten, wenn wir die Umkehrformel auf die erste der Gleichungen (348) anwenden, die Lösung der Integralgleichung (347) in der geschlossenen Form

$$\varphi(t)=\frac{1}{2\pi i}\int_{\sigma-i\infty}^{\sigma+i\infty} e^{st}\Phi(s)\,ds\,. \tag{350}$$

Diese Methode ist auch auf die Integralgleichung (344) anwendbar, wenn $H(x, t)$ nur von der Differenz $x-t$ abhängt. Hierbei läßt sich leicht verifizieren, daß für $0<\alpha<1$ die Laplacetransformation anwendbar ist und auch der Faltungssatz gültig bleibt.

**55. Beispiele.** 1. Wir untersuchen die Integralgleichung

$$\varphi(x)=f(x)+\int_0^x (x-t)\,\varphi(t)\,dt\,. \tag{351}$$

In diesem Fall ist $K(x)=x$ und

$$L(s)=\int_0^\infty e^{-sx}x\,dx=\frac{1}{s^2}\,,$$

wobei wir den Realteil von $s$ als positiv annehmen. Die Gleichung (340) ergibt

$$M(s)=\frac{1}{s^2-1}\,,$$

und wegen (351) ist

$$R(x)=\frac{1}{2\pi i}\int_{\sigma-i\infty}^{\sigma+i\infty}\frac{e^{sx}}{s^2-1}\,ds \qquad (x>0) \tag{352}$$

die Resolvente, wobei $\sigma$ eine beliebige hinreichend große reelle Zahl bedeutet.

Wir betrachten das Integral über die geschlossene Kurve in der Ebene der Veränderlichen $s=\sigma+\tau i$, die aus einem Abschnitt der Geraden $\sigma=\sigma_0$ mit $\sigma_0>1$ und einem Halbkreis besteht, der links von dieser Geraden liegt und seinen Mittelpunkt im Schnittpunkt der Geraden mit der reellen Achse hat. Führen wir in dem Integral in (352) an Stelle von $s$ durch die Gleichung $s-\sigma_0=is_1$ eine neue Integrationsveränderliche $s_1$ ein, so erhalten wir in der Ebene der Veränderlichen $s_1$ einen Integrationsweg, der aus einem Abschnitt der reellen Achse und einem Halbkreis besteht, dessen Mittelpunkt im

Ursprung liegt. Unter Benutzung des Jordanschen Lemmas [**III/2, 60**] können wir uns wegen $x > 0$ davon überzeugen, daß das Integral über den Halbkreis gegen 0 konvergiert, wenn der Radius gegen $\infty$ strebt. Hieraus folgt unmittelbar, daß der Wert des Integrals in (352) für $\sigma > 1$ gleich der Summe der Residuen des Integranden in den Punkten $s = \pm 1$ ist, d. h., es gilt

$$R(x) = \frac{1}{2}\,(e^{x} - e^{-x})\,,$$

und die Lösung der Integralgleichung (351) läßt sich wegen (338) in der Gestalt

$$\varphi(x) = f(x) + \frac{1}{2}\,e^{x}\int_0^x e^{-t}f(t)\,dt - \frac{1}{2}\,e^{-x}\int_0^x e^{t}f(t)\,dt$$

schreiben.

2. Für die Integralgleichung

$$\varphi(x) = f(x) + \int_0^x e^{x-t}\varphi(t)\,dt \tag{353}$$

ist $K(x) = e^{x}$ und folglich

$$L(s) = \int_0^\infty e^{(1-s)x}\,dx = \frac{1}{s-1}\,,$$

woraus sich die Beziehungen

$$M(s) = \frac{1}{s-2}\,, \qquad R(x) = \frac{1}{2\pi i}\int_{\sigma-i\infty}^{\sigma+i\infty}\frac{e^{sx}}{s-2}\,ds$$

ergeben.

Wenden wir wie im vorhergehenden Beispiel den Residuensatz an, so erhalten wir

$$R(x) = e^{2x}\,,$$

und die Lösung der Gleichung (353) ist

$$\varphi(x) = f(x) + e^{2x}\int_0^x e^{-2t}f(t)\,dt\,.$$

3. Für die Besselfunktion $J_0(x)$ gilt bekanntlich die Beziehung [**III/2, 152**]

$$\int_0^\infty e^{-kz}J_0(k\varrho)\,dk = \frac{1}{\sqrt{\varrho^2 + z^2}}\,.$$

Hieraus folgt

$$\int_0^\infty e^{-sx}J_0(x)\,dx = \frac{1}{\sqrt{1+s^2}}\,. \tag{354}$$

Mit Hilfe der asymptotischen Darstellungen der Besselfunktionen in [**III/2, 153**] können wir uns davon überzeugen, daß die Beziehung (354) gilt, wenn der Realteil von $s$ positiv ist.

Jetzt betrachten wir die Integralgleichung

$$\varphi(x) = f(x) + \lambda\int_0^x J_0(x-t)\,\varphi(t)\,dt\,. \tag{355}$$

Im vorliegenden Fall ist $K(x)=\lambda J_0(x)$, und wegen (354) gilt

$$L(s)=\frac{\lambda}{\sqrt{1+s^2}} \quad \text{und} \quad M(s)=\frac{\lambda}{\sqrt{1+s^2}-\lambda},$$

so daß sich für die Resolvente

$$R(x)=\frac{\lambda}{2\pi i}\int_{\sigma-i\infty}^{\sigma+i\infty}\frac{e^{sx}}{\sqrt{1+s^2}-\lambda}\,ds$$

oder

$$R(x)=\frac{\lambda}{2\pi i}\int_{\sigma-i\infty}^{\sigma+i\infty}\frac{\sqrt{1+s^2}-s}{1-\lambda^2+s^2}\,e^{sx}\,ds+\frac{\lambda}{2\pi i}\int_{\sigma-i\infty}^{\sigma+i\infty}\frac{s+\lambda}{1-\lambda^2+s^2}\,e^{sx}\,ds$$

ergibt.

Das zweite Integral in der letzten Gleichung kann man wie soeben nach dem Residuensatz berechnen. Wir gehen nun auf die Umformung des ersten Integrals ein. In derselben Weise wie (354) läßt sich für ganze positive $n$ die Beziehung

$$\int_0^\infty e^{-ax}J_n(x)\,dx=\frac{(\sqrt{1+a^2}-a)^n}{\sqrt{1+a^2}}$$

beweisen. Integrieren wir sie nach $a$ von $a=s$ bis $a=\infty$, so erhalten wir

$$\int_0^\infty e^{-sx}\frac{J_n(x)}{x}\,dx=\frac{(\sqrt{1+s^2}-s)^n}{n}.$$

Andererseits ergibt sich durch Anwendung des Residuensatzes

$$\frac{1}{2\pi i}\int_{\sigma-i\infty}^{\sigma+i\infty}\frac{1}{1-\lambda^2+s^2}\,e^{sx}\,ds=\frac{1}{\sqrt{1-\lambda^2}}\sin\left(\sqrt{1-\lambda^2}\,x\right).$$

Daher gilt

$$L_1\left(\frac{J_1(x)}{x}\right)=\sqrt{1+s^2}-s, \qquad L_1\left(\frac{\sin\sqrt{1-\lambda^2}\,x}{\sqrt{1-\lambda^2}}\right)=\frac{1}{1-\lambda^2+s^2}.$$

Auf Grund des Faltungssatzes [**52**] ergibt sich

$$L_1\left(\frac{\sin(\sqrt{1-\lambda^2}\,x)}{\sqrt{1-\lambda^2}}*\frac{J_1(x)}{x}\right)=\frac{\sqrt{1+s^2}-s}{1-\lambda^2+s^2},$$

folglich gilt für das erste Integral, das in dem Ausdruck für $R(x)$ auftritt,

$$\frac{1}{2\pi i}\int_{\sigma-i\infty}^{\sigma+i\infty}\frac{\sqrt{1+s^2}-s}{1-\lambda^2+s^2}\,e^{sx}\,ds=\frac{1}{\sqrt{1-\lambda^2}}\int_0^x\sin\left[\sqrt{1-\lambda^2}\,(x-t)\right]\cdot\frac{J_1(t)}{t}\,dt.$$

Die Resolvente der Integralgleichung (355) läßt sich damit in der Gestalt

$$R(x)=\frac{\lambda}{\sqrt{1-\lambda^2}}\int_0^x\sin\left[\sqrt{1-\lambda^2}\,(x-t)\right]\cdot\frac{J_1(t)}{t}\,dt+\lambda\cos\left(\sqrt{1-\lambda^2}\,x\right)+\frac{\lambda^2}{\sqrt{1-\lambda^2}}\sin\left(\sqrt{1-\lambda^2}\,x\right)$$

darstellen.

4. Wir betrachten nun die Integralgleichung erster Art

$$\int_0^x e^{x-t}\varphi(t)\, dt = x . \tag{356}$$

Wenden wir auf beide Seiten die einseitige Laplacetransformation an, so erhalten wir

$$\frac{\Phi(s)}{s-1} = \frac{1}{s^2}, \quad \text{d. h.} \quad \Phi(s) = \frac{s-1}{s^2},$$

und

$$\varphi(x) = \frac{1}{2\pi i} \int_{\sigma-i\infty}^{\sigma+i\infty} \frac{s-1}{s^2} e^{sx}\, ds = 1 - x .$$

5. Nunmehr wollen wir die Integralgleichung

$$\int_0^x J_0(x-t)\, \varphi(t)\, dt = \sin x \tag{357}$$

untersuchen.

Wegen

$$L_1[J_0(x)] = \frac{1}{\sqrt{s^2+1}} \quad \text{und} \quad L_1(\sin x) = \frac{1}{s^2+1} \tag{358}$$

ergibt sich

$$\frac{1}{\sqrt{s^2+1}}\, \Phi(s) = \frac{1}{s^2+1} \quad \text{oder} \quad \Phi(s) = \frac{1}{\sqrt{s^2+1}},$$

folglich gilt

$$\varphi(x) = \frac{1}{2\pi i} \int_{\sigma-i\infty}^{\sigma+i\infty} \frac{e^{sx}}{\sqrt{s^2+1}}\, ds$$

oder nach der ersten Relation (358)

$$\varphi(x) = J_0(x) .$$

Setzen wir diese Lösung in die Integralgleichung (357) ein, so erhalten wir

$$\int_0^x J_0(x-t)\, J_0(t)\, dt = \sin x .$$

6. Schließlich betrachten wir noch einen Kern, der für $t \to x$ gleich $\infty$ wird:

$$\varphi(x) = f(x) + \lambda \int_0^x \frac{1}{(x-t)^\alpha}\, \varphi(t)\, dt \qquad (0 < \alpha < 1) .$$

Wir konstruieren die zugehörige Resolvente, gehen aber dabei nicht auf den Beweis ein, daß die oben entwickelte Methode auf den vorliegenden singulären Fall anwendbar ist.

Für $L(s)$ und $M(s)$ ergeben sich die Ausdrücke

$$L(s) = \lambda \int_0^\infty \frac{e^{-sx}}{x^\alpha}\, dx = \lambda \Gamma(1-\alpha)\, s^{\alpha-1}, \qquad M(s) = \frac{\lambda \Gamma(1-\alpha)\, s^{\alpha-1}}{1 - \lambda \Gamma(1-\alpha)\, s^{\alpha-1}},$$

und für di Resolvente folgt die Gleichung

$$R(x) = \frac{1}{2\pi i} \int_{\sigma-i\infty}^{\sigma+i\infty} e^{sx} \frac{\lambda \Gamma(1-\alpha)\, s^{\alpha-1}}{1 - \lambda \Gamma(1-\alpha)\, s^{\alpha-1}}\, ds \qquad (x > 0) ,$$

in der $\sigma$ eine hinreichend große positive Zahl ist.

Durch Reihenentwicklung erhalten wir

$$\frac{\lambda\Gamma(1-\alpha)\,s^{\alpha-1}}{1-\lambda\Gamma(1-\alpha)\,s^{\alpha-1}} = \sum_{n=1}^{\infty}\lambda^n\,[\Gamma(1-\alpha)]^n s^{n(\alpha-1)}\,,$$

folglich ist nur noch das Integral

$$\frac{1}{2\pi i}\int_{\sigma-i\infty}^{\sigma+i\infty} e^{sx} s^{n(\alpha-1)}\,ds$$

zu berechnen.

Substituieren wir $sx=\tau$, ändern in entsprechender Weise den Integrationsweg und benutzen die Beziehung (154) aus [**III/2, 74**], so erhalten wir

$$\frac{1}{2\pi i}\int_{\sigma-i\infty}^{\sigma+i\infty} e^{sx} s^{n(\alpha-1)}\,ds = \frac{x^{n(1-\alpha)-1}}{\Gamma[n(1-\alpha)]}\,,$$

woraus schließlich

$$R(x)=\sum_{n=1}^{\infty}\frac{[\lambda\Gamma(1-\alpha)\,x^{1-\alpha}]^n}{x\Gamma[n(1-\alpha)]}$$

folgt.

**56. Belastete Integralgleichungen.** Beim Aufbau der Theorie der Integralgleichungen mit stetigen Kernen sind wir von dem gewöhnlichen Integralbegriff ausgegangen. Man kann aber die ganze Theorie oder zumindest einen Teil der Theorie auf der Grundlage eines anderen Integralbegriffs entwickeln. Wir haben bereits die Möglichkeit erwähnt, den Lebesgueschen Integralbegriff zugrunde zu legen. Es ist nur wesentlich, daß der benutzte Integralbegriff die Eigenschaften besitzt, auf die wir uns beim Aufbau der Theorie stützen. In diesem Abschnitt gehen wir auf einen neuen Integralbegriff ein, mit dem die ganze am Anfang dieses Kapitels dargestellte Theorie der Integralgleichungen entwickelt werden kann. Die Ergebnisse dieses Abschnittes stammen von A. Kneser[1]).

Wir beschränken uns auf den einfachsten Fall. Die Funktion $f(x)$ sei in einem endlichen Intervall $[a, b]$ stetig, $x_p$ $(p=1, 2, \ldots, m)$ seien feste Punkte in diesem Intervall und $a_p$ irgendwelche positiven Zahlen. Wir definieren das Integral von $f(x)$ über das Intervall $[a, b]$ als Summe aus dem gewöhnlichen Integral und aus den mit $a_p$ multiplizierten Werten der Funktion $f(x)$ in den Punkten $x=x_p$. Zur Unterscheidung von dem gewöhnlichen Integral versehen wir das Integral oben mit einem Querstrich. Diese Definition läßt sich dann durch die Formel

$$\int_a^{\bar{b}} f(x)\,dx=\int_a^b f(x)\,dx+\sum_{p=1}^{m} a_p f(x_p) \tag{359}$$

ausdrücken.

Ohne Mühe erkennt man, daß das neue Integral die üblichen Eigenschaften

$$\int_a^{\bar{b}} [f_1(x)+f_2(x)]\,dx=\int_a^{\bar{b}} f_1(x)\,dx+\int_a^{\bar{b}} f_2(x)\,dx,\qquad \int_a^{\bar{b}} cf(x)\,dx=c\int_a^{\bar{b}} f(x)\,dx$$

besitzt.

[1]) A. Kneser, Rend. Circolo mat. Palermo **38** (1914); oder auch A. Kneser, Die Integralgleichungen und ihre Anwendungen in der mathematischen Physik, 2. Aufl., Braunschweig 1922, S. 117.

Weiter kann man bei iterierten Integralen über das Intervall $[a, b]$ die Integrationsfolge umkehren,

$$\int_a^b \left[\int_a^b F(s, t)\, dt\right] ds = \int_a^b \left[\int_a^b F(s, t)\, ds\right] dt .$$

Denn wenden wir unmittelbar die Definitionsgleichung (359) an, so können wir verifizieren, daß beide Seiten der letzten Beziehung mit dem Ausdruck

$$\int_a^b\int_a^t F(s, t)\, ds\, dt + \sum_{p=1}^{m} a_p \int_a^b [F(s, x_p) + F(x_p, s)]\, ds + \sum_{p,q=1}^{m} a_p a_q F(x_p, x_q)$$

übereinstimmen.

Bis jetzt haben wir noch nicht benutzt, daß die Koeffizienten $a_p$ positiv sind. Für die folgende Eigenschaft ist dies aber wichtig. Im Fall $f(x) \geqq 0$ ist das Integral (359) ebenfalls nicht negativ, und es kann nur dann verschwinden, wenn $f(x) \equiv 0$ ist. Die entsprechende Eigenschaft besitzt auch das iterierte Integral. Hieraus folgt in derselben Weise wie früher, daß die Bunjakowskische Ungleichung auch für den neuen Integralbegriff richtig bleibt. Im Fall $|f(x)| \leqq m$ existiert eine positive Konstante $k$, mit der die Ungleichung

$$\left|\int_a^b f(x)\, dx\right| \leqq km$$

gilt. Wegen $a_p > 0$ können wir offenbar $k = (b - a) + a_1 + \dots + a_m$ wählen.

Aus dieser Eigenschaft folgt wie früher [I, 145], daß man eine gleichmäßig konvergente Reihe auch im Sinne des neuen Integralbegriffs gliedweise integrieren darf. Mit diesem Integralbegriff läßt sich in derselben Weise wie mit dem üblichen Integralbegriff die gesamte Theorie der Integralgleichungen mit stetigen Kernen entwickeln. Ist $K(s, t) = K(t, s)$, so gilt offenbar

$$\int_a^b K(s, t)\, \varphi(t)\, dt = \int_a^b K(t, s)\, \varphi(t)\, dt .$$

Die Integralgleichung

$$\varphi(s) = f(s) + \lambda \int_a^b K(s, t)\, \varphi(t)\, dt \tag{360}$$

ist offenbar der mit dem üblichen Integralbegriff geschriebenen Integralgleichung

$$\varphi(s) = f(s) + \lambda \int_a^b K(s, t)\, \varphi(t)\, dt + \lambda \sum_{p=1}^{m} a_p K(s, x_p)\, \varphi(x_p) \tag{361}$$

gleichwertig.

Die charakteristischen Zahlen und Eigenfunktionen werden wie bisher durch die homogene Integralgleichung

$$\varphi(s) = \lambda \int_a^b K(s, t)\, \varphi(t)\, dt$$

definiert.

Wenn der Kern symmetrisch ist, kann man die Eigenfunktionen als orthogonal voraussetzen (sogenannte belastete Orthogonalität):

$$\int_a^b \varphi_1(s)\, \overline{\varphi_2(s)}\, ds = 0 \quad \text{oder} \quad \int_a^b \varphi_1(s)\, \overline{\varphi_2(s)}\, ds + \sum_{p=1}^{m} a_p \varphi_1(x_p)\, \overline{\varphi_2(x_p)} = 0 .$$

Schließlich bleiben der Hilbert-Schmidtsche und der Mercersche Satz richtig. Gleichungen der Gestalt (360) heißen *belastete Integralgleichungen.*

Als Beispiel betrachten wir den symmetrischen Kern $K(s, t)$, der für $s \leqq t$ gleich $s$ und für $s \geqq t$ gleich $t$ ist, und wählen als Grundintervall das Intervall $[0, 1]$. In (359) setzen wir $m = 1$ und nehmen den einzigen zusätzlichen Summanden auf der rechten Seite an der Stelle $x = 1$, so daß also die Gleichung

$$\overline{\int_a^b} f(x)\,\mathrm{d}x = \int_a^b f(x)\,\mathrm{d}x + a_1 f(1) \qquad (a_1 > 0)$$

betrachtet wird. Die homogene Integralgleichung

$$\varphi(s) = \lambda \overline{\int_0^1} K(s, t)\,\varphi(t)\,\mathrm{d}t$$

läßt sich auch in der Gestalt

$$\varphi(s) = \lambda \int_0^s t\varphi(t)\,\mathrm{d}t + \lambda s \int_s^1 \varphi(t)\,\mathrm{d}t + \lambda s a_1 \varphi(1) \tag{362}$$

schreiben.

Durch Differentiation nach $s$ erhalten wir zunächst

$$\varphi'(s) = \lambda \int_s^1 \varphi(t)\,\mathrm{d}t + \lambda a_1 \varphi(1)\,, \tag{363}$$

und durch nochmalige Differentiation gelangen wir zu der Differentialgleichung

$$\varphi''(s) + \lambda\varphi(s) = 0\,. \tag{364}$$

Aus (362) und (363) ergeben sich die beiden Randbedingungen $\varphi(0) = 0$ und $\varphi'(1) = \lambda a_1 \varphi(1)$. Umgekehrt sieht man leicht, daß jede Lösung der Differentialgleichung (364), die diesen Randbedingungen genügt, eine Lösung der Integralgleichung (362) ist. Im Fall $a_1 = 0$ haben wir eine gewöhnliche Integralgleichung, und die Randbedingungen $\varphi(0) = \varphi'(1) = 0$ enthalten den Parameter $\lambda$ nicht. Setzen wir $\lambda = \mu^2$, so ergibt sich auf Grund der ersten Randbedingung $\varphi(s) = C \sin \mu s$, und die zweite Randbedingung liefert die Gleichung $\cos \mu = a_1 \mu \sin \mu$ zur Bestimmung von $\mu$.

Allgemeinere Klassen von Integralgleichungen wurden von L. LICHTENSTEIN[1]) untersucht. Es sei $B$ ein (offenes) ebenes Gebiet und $l$ sein Rand. LICHTENSTEIN betrachtete Integralgleichungen der Gestalt

$$\varphi(M) + \lambda \iint_B K_1(M, N)\,\varphi(N)\,\mathrm{d}\sigma_N + \lambda \int_l K_2(M, N)\,\varphi(N)\,\mathrm{d}s_N \tag{365}$$
$$+ \lambda \sum_{k=1}^{m} K_3(M, P_k)\,\varphi(P_k) = f(M)\,,$$

wobei $P_k$ feste Punkte aus dem abgeschlossenen Bereich $B \cup l$ sind, und definierte analog zu (359) das Integral

$$\overline{\int_{B \cup l}} K(M, N)\,\varphi(N)\,\mathrm{d}\omega_N = \iint_B K_1(M, N)\,\varphi(N)\,\mathrm{d}\sigma_N$$
$$+ \int_l K_2(M, N)\,\varphi(N)\,\mathrm{d}s_N + \sum_{k=1}^{m} K_3(M, P_k)\,\varphi(P_k)\,.$$

Dann läßt sich die Integralgleichung (365) in der Gestalt

$$\varphi(M) + \lambda \overline{\int_{B \cup l}} K(M, N)\,\varphi(N)\,\mathrm{d}\omega_N = f(M)$$

[1]) Studia math. **3** (1931).

schreiben; die gesamte Fredholmsche Theorie läßt sich auf diese Integralgleichung übertragen. Wir bemerken nur, daß im vorliegenden Fall die Lösungen der transponierten Integralgleichung

$$\psi(M)+\lambda \int_{\overline{B \cup l}} K(N, M)\, \psi(N)\, \mathrm{d}\omega_N = f(M)$$

auch für stetige gegebene Funktionen $f(M)$ bei einem Übergang zum Rand $l$ und in den Punkten $P_k$ im allgemeinen unstetig sind. Dasselbe gilt auch für die Lösungen der homogenen transponierten Integralgleichung.

Die angegebenen Resultate gelten auch im dreidimensionalen Fall. Ein anderes Verfahren zur Untersuchung belasteter Integralgleichungen wurde in einer Arbeit von N. M. GÜNTER[1]) entwickelt.

**57. Integralgleichungen erster Art mit Cauchyschen Kernen.** Wir beginnen nun mit der Untersuchung einfacher Integralgleichungen im eindimensionalen Fall, bei denen die Integrale im Sinne des Hauptwertes zu verstehen sind [**III/2, 26**]. Wir benutzen hierbei die früheren Ergebnisse über den Hauptwert eines Integrals und über Integrale vom Cauchyschen Typ [**III/2, 26, 27, 28**]. Die Grundlagen für die Theorie solcher singulärer Integralgleichungen findet man in den Arbeiten von POINCARÉ und HILBERT. In Arbeiten sowjetischer Mathematiker wurde die Theorie wesentlich weiterentwickelt. Eine systematische Darstellung der gesamten Theorie im eindimensionalen Fall findet man in dem Buch von N. I. MUSCHELISCHWILI, Singuläre Integralgleichungen, und in dem Buch von N. P. VEKUA, Systeme singulärer Integralgleichungen und Randwertprobleme. Die Theorie der singulären Integralgleichungen im mehrdimensionalen Fall wird in dem Buch von S. G. MICHLIN, Mehrdimensionale singuläre Integrale und Integralgleichungen, dargestellt.

Im folgenden nennen wir eine Kurve glatt, wenn sie eine Darstellung $x=x(s)$, $y=y(s)$ besitzt, in der $s$ die Bogenlänge bedeutet und die Funktionen $x(s)$, $y(s)$ stetige Ableitungen bis zur zweiten Ordnung haben.

Wir beginnen mit der Integralgleichung erster Art mit Cauchyschem Kern:

$$\frac{1}{\pi i} \int_L \frac{\omega(\tau)}{\tau-\xi}\, \mathrm{d}\tau = f(\xi)\ ; \tag{366}$$

dabei ist $L$ eine glatte geschlossene Kurve und $f(\xi)$ eine auf $L$ vorgegebene Funktion, die einer Lipschitzbedingung[2]) genügt.

Wir setzen voraus, daß die gesuchte Funktion $\omega(\tau)$ ebenfalls einer Lipschitzbedingung genügt.

In [**III/2, 29**] haben wir die Relation

$$\frac{1}{2\pi i} \int_L \frac{1}{\xi-\eta} \left[\frac{1}{2\pi i} \int_L \frac{\omega(\tau)}{\tau-\xi}\, \mathrm{d}\tau\right] \mathrm{d}\xi = \frac{1}{4}\, \omega(\eta) \tag{367}$$

bewiesen, aus der unmittelbar hervorgeht, daß die Funktion

$$\omega(\tau) = \frac{1}{\pi i} \int_L \frac{f(\xi)}{\xi-\tau}\, \mathrm{d}\xi \tag{368}$$

[1]) Studia math. 4 (1933).

[2]) Gemeint ist eine Bedingung $|f(\xi_2)-f(\xi_1)| \leqq C\, |\xi_2-\xi_1|^\alpha$, $0<\alpha\leqq 1$. Für $\alpha<1$ wird diese Bedingung allgemein nach O. HÖLDER, der als erster ihre fundamentale Bedeutung in der Potentialtheorie erkannte, *Hölderbedingung* genannt. (Anm. d. Red.)

der Integralgleichung (366) genügt. Man sieht leicht, daß die Lösung dieser Integralgleichung eindeutig bestimmt ist. Denn multiplizieren wir beide Seiten von (366) mit $\frac{1}{\pi i}\cdot\frac{1}{\xi-\eta}$, integrieren über $\xi$ und berücksichtigen (367), so erhalten wir (368). Von den Gleichungen (366) und (368) folgt also wegen (367) eine aus der anderen. Wir bemerken: Aus (368) ergibt sich unmittelbar, daß mit $f(\xi)$ auch $\omega(\tau)$ einer Lipschitzbedingung genügt [III/2, 27].

**58. Randwertprobleme für analytische Funktionen.** Bevor wir zur Lösung von Integralgleichungen mit Cauchyschem Kern übergehen, wollen wir uns mit einigen Randwertproblemen für analytische Funktionen beschäftigen. Zunächst führen wir einen neuen Begriff ein und beweisen einen Hilfssatz.

Eine Funktion $f(z)$ sei in der Umgebung von $z=\infty$ regulär. Man sagt, sie sei *im Unendlichen von endlicher Ordnung*, wenn ihre Entwicklung in der Umgebung von $z=\infty$ die Gestalt

$$f(z)=z^m\left(a_0+\frac{a_1}{z}+\frac{a_2}{z^2}+\dots\right)\qquad(a_0\neq 0)\tag{369}$$

hat; die ganze Zahl $m$, die positiv, negativ oder gleich 0 sein kann, heißt die *Ordnung von $f(z)$ im Unendlichen.* Im Fall $m\leqq 0$ ist $f(z)$ im Punkt $z=\infty$ regulär, im Fall $m>0$ ist $z=\infty$ ein Pol von $f(z)$. Für $m<0$ gilt $f(\infty)=0$.

Satz. *Ist eine Funktion $f(z)$ in der ganzen $z$-Ebene regulär und im Unendlichen von endlicher Ordnung, so ist sie ein Polynom.*

Die Entwicklung (369) gilt im vorliegenden Fall in der ganzen $z$-Ebene und kann keine Potenzen von $z$ mit negativen Exponenten enthalten; denn $f(z)$ ist im Punkt $z=0$ regulär. Somit ist die Funktion $f(z)$ für $m>0$ ein Polynom und für $m=0$ eine Konstante (ein Polynom nullten Grades). Diese Konstante kann insbesondere auch 0 sein. Der identisch verschwindenden Funktion schreibt man ebenfalls eine endliche Ordnung im Unendlichen zu. Ihre Ordnung ist, wie die aller anderen Konstanten, gleich 0. Der bewiesene Satz ist im wesentlichen eine Verallgemeinerung des Satzes von LIOUVILLE [III/2, 9].

Es sei $L$ eine glatte geschlossene Kurve. Wir lösen jetzt nacheinander drei Randwertprobleme.

Problem 1. *Gesucht wird eine Funktion $\varphi^+(z)$, die im Inneren von $L$ regulär ist, sowie eine Funktion $\varphi^-(z)$, die im Äußeren von $L$ regulär ist und eine endliche Ordnung im Unendlichen besitzt. Weiterhin sollen beide Funktionen bis an $L$ heran stetig sein und auf $L$ der Randbedingung*

$$\varphi^+(\tau)-\varphi^-(\tau)=f(\tau)\qquad(\tau \text{ auf } L)\tag{370}$$

*genügen, in der $f(\tau)$ eine auf $L$ vorgegebene komplexwertige Funktion bedeutet, die dort einer Lipschitzbedingung genügt.*

Durch

$$\varphi_0(z)=\frac{1}{2\pi i}\int\limits_L\frac{f(\tau)}{\tau-z}\,d\tau\tag{371}$$

werden eine im Inneren von $L$ reguläre Funktion $\varphi_0^+(z)$ und eine im Äußeren von $L$ reguläre und im Unendlichen verschwindende Funktion $\varphi_0^-(z)$ definiert. Für die

Randwerte eines Integrals vom Cauchyschen Typ gelten die Formeln [III/2, 29]

$$\varphi_0^+(\tau) = \frac{1}{2} f(\tau) + \frac{1}{2\pi i} \int\limits_L \frac{f(\xi)}{\xi - \tau} d\xi, \qquad \varphi_0^-(\tau) = -\frac{1}{2} f(\tau) + \frac{1}{2\pi i} \int\limits_L \frac{f(\xi)}{\xi - \tau} d\xi; \tag{372}$$

daraus folgt, daß die Funktionen $\varphi_0^+(\tau)$ und $\varphi_0^-(\tau)$ der Beziehung (370) genügen, d. h., der Ausdruck (371) liefert eine Lösung des Problems 1. Man verifiziert leicht, daß die Funktionen $\varphi_0^+(\tau)$ und $\varphi_0^-(\tau)$ ebenfalls auf $L$ einer Lipschitzbedingung genügen [III/2, 27]. Offenbar ist auch die Funktion

$$\varphi(z) = \frac{1}{2\pi i} \int\limits_L \frac{f(\tau)}{\tau - z} d\tau + P(z) \tag{373}$$

mit einem beliebigen Polynom $P(z)$ eine Lösung des Problems 1, und die analog zu (372) gebildeten Funktionen $\varphi^+(\tau)$ und $\varphi^-(\tau)$ genügen auf $L$ je einer Lipschitzbedingung. Wir zeigen, daß der Ausdruck (373) alle Lösungen des Problems 1 liefert. Es sei $\varphi^+(z)$, $\varphi^-(z)$ eine beliebige Lösung des Problems 1. Aus (370) und der entsprechenden Beziehung für $\varphi_0(z)$ folgt

$$\varphi^+(\tau) - \varphi_0^+(\tau) = \varphi^-(\tau) - \varphi_0^-(\tau) \quad (\tau \text{ auf } L),$$

d. h., die Differenzen $\varphi^+(z) - \varphi_0^+(z)$ und $\varphi^-(z) - \varphi_0^-(z)$ haben auf $L$ die gleichen Werte. Somit bestimmen diese Differenzen eine Funktion, die in der ganzen Ebene regulär ist [III/2, 24] und im Unendlichen eine endliche Ordnung besitzt. Auf Grund unseres Satzes sind die Differenzen gleich ein und demselben Polynom $P(z)$, woraus gerade (373) folgt.

Wird $\varphi^-(\infty) = 0$ gefordert, so ist in (373) speziell $P(z) \equiv 0$ zu setzen.

Jetzt formulieren wir ein weiteres Problem, das zuerst von Hilbert untersucht wurde; dabei nehmen wir im folgenden an, daß sich der Punkt $z = 0$ innerhalb von $L$ befindet.

Problem 2 (das homogene Hilbertsche Problem). *Gesucht sind zwei Funktionen* $\varphi^+(z)$ *und* $\varphi^-(z)$, *welche den im Problem* 1 *gestellten Bedingungen genügen und dabei statt* (370) *die Randbedingung*

$$\varphi^+(\tau) = g(\tau)\, \varphi^-(\tau) \qquad (\tau \text{ auf } L) \tag{374}$$

*erfüllen, in der* $g(\tau)$ *eine auf* $L$ *vorgegebene komplexwertige Funktion ist, die dort einer Lipschitzbedingung genügt und nicht verschwindet.*

Es sei $k$ die ganze Zahl, die gleich dem durch $2\pi$ dividierten Zuwachs des Arguments von $g(\tau)$ beim Umlauf des Punktes $\tau$ um die Kurve $L$ ist,

$$k = \frac{1}{2\pi} [\arg g(\tau)]_L. \tag{375}$$

Das Argument der Funktion

$$g_0(\tau) = \tau^{-k} g(\tau) \tag{376}$$

erhält keinen Zuwachs, wenn $\tau$ die Kurve $L$ umläuft, und somit ist $\lg g_0(\tau)$ auf $L$ eine stetige Funktion. Hierbei legen wir irgendeinen Wert des Logarithmus fest.

Es läßt sich leicht zeigen, daß $\lg g_0(\tau)$ ebenso wie $g_0(\tau)$ einer Lipschitzbedingung genügt, worauf wir aber nicht näher eingehen wollen. Nunmehr bilden wir die Funktion

$$\psi_0(z) = e^{\omega_0(z)} \tag{377}$$

mit

$$\omega_0(z) = \frac{1}{2\pi i} \int_L \frac{\lg g_0(\tau)}{\tau - z}\, d\tau\,. \tag{378}$$

Diese Formeln bestimmen im Inneren bzw. im Äußeren von $L$ die beiden im allgemeinen voneinander verschiedenen regulären Funktionen

$$\psi_0^+(z) = e^{\omega_0^+(z)} \quad \text{und} \quad \psi_0^-(z) = e^{\omega_0^-(z)}\,. \tag{379}$$

Unter Benutzung der Formeln (372) für die Randwerte des Cauchyschen Integrals läßt sich unmittelbar verifizieren, daß die Funktionen (379) auf $L$ die Randbedingung

$$\psi_0^+(\tau) = g_0(\tau)\, \psi_0^-(\tau) \tag{380}$$

erfüllen.

Jetzt führen wir die im Innern bzw. im Äußeren von $L$ regulären Funktionen

$$\varphi_0^+(z) = \psi_0^+(z), \qquad \varphi_0^-(z) = z^{-k} \psi_0^-(z) \tag{381}$$

ein.

Wegen (376) und (380) sehen wir, daß $\varphi_0^+(z)$ und $\varphi_0^-(z)$ Lösungen des homogenen Hilbertschen Problems sind. Aus (378) und (379) folgt $\omega_0(\infty) = 0$ sowie $\psi_0^-(\infty) = 1$, und nach (381) ist die Ordnung von $\varphi_0^-(z)$ im Unendlichen gleich $-k$.

Wir bemerken noch, daß $\varphi_0^+(z)$ nirgends verschwindet und $\varphi_0^-(z)$ nur für $z = \infty$ verschwinden kann. Ist $P(z)$ ein beliebiges Polynom, dann stellen die Funktionen

$$\varphi^+(z) = P(z)\, \varphi_0^+(z), \qquad \varphi^-(z) = P(z)\, \varphi_0^-(z) \tag{382}$$

ebenfalls eine Lösung des homogenen Hilbertschen Problems dar. Ist $m$ der Grad von $P(z)$, so ist die Ordnung von $\varphi^-(z)$ im Unendlichen gleich $m - k$. Wie beim Problem 1 genügen die Funktionen $\varphi^+(\tau)$ und $\varphi^-(\tau)$ auf $L$ je einer Lipschitzbedingung.

Wir zeigen schließlich, daß durch (382) alle Lösungen des Problems 2 bestimmt werden. Es sei $\varphi^+(z)$, $\varphi^-(z)$ eine beliebige Lösung dieses Problems. Die Quotienten

$$\frac{\varphi^+(z)}{\varphi_0^+(z)} \quad \text{und} \quad \frac{\varphi^-(z)}{\varphi_0^-(z)} \tag{383}$$

sind im Innern bzw. im Äußeren von $L$ regulär, und der zweite von ihnen ist im Unendlichen von endlicher Ordnung. Außerdem sind diese Quotienten auf $L$ identisch. Folglich definieren die Quotienten (383) eine Funktion, die in der ganzen Ebene regulär und im Unendlichen von endlicher Ordnung ist; auf Grund unseres Satzes ist diese Funktion ein Polynom, woraus die Ausdrücke (382) für $\varphi^+(z)$ und $\varphi^-(z)$ hervorgehen.

Problem 3 (das inhomogene Hilbertsche Problem). *Gesucht sind zwei Funktionen $\varphi^+(z)$ und $\varphi^-(z)$, welche den im Problem 1 gestellten Bedingungen genügen und dabei statt (374) die Randbedingung*

$$\varphi^+(\tau) = g(\tau)\, \varphi^-(\tau) + f(\tau) \qquad (\tau \text{ auf } L) \tag{384}$$

*erfüllen; dabei sind $g(\tau)$ und $f(\tau)$ auf $L$ vorgegebene Funktionen, die dort einer Lipschitzbedingung genügen; außerdem soll auf $L$ die Funktion $g(\tau)$ von 0 verschieden sein.*

Es möge $\varphi_0^+(z)$, $\varphi_0^-(z)$ die soeben konstruierte Lösung des Problems 2 sein, die (außer eventuell in $z = \infty$) nirgends verschwindet. Aus (374) folgt $g(\tau) = \varphi_0^+(\tau)/\varphi_0^-(\tau)$.

Durch Einsetzen in (384) erhalten wir diese Bedingung in der Gestalt

$$\frac{\varphi^+(\tau)}{\varphi_0^+(\tau)} - \frac{\varphi^-(\tau)}{\varphi_0^-(\tau)} = \frac{f(\tau)}{\varphi_0^+(\tau)},$$

d. h., wir gelangen zum ersten Problem für den Quotienten $\varphi(z)/\varphi_0(z)$. Wegen (373) geht hieraus die Beziehung

$$\frac{\varphi(z)}{\varphi_0(z)} = \frac{1}{2\pi i} \int_L \frac{f(\tau)}{\varphi_0^+(\tau)\,(\tau - z)}\, d\tau + P(z)$$

hervor, in der $P(z)$ ein beliebiges Polynom ist. Schließlich folgt

$$\varphi(z) = \frac{\varphi_0(z)}{2\pi i} \int_L \frac{f(\tau)}{\varphi_0^+(\tau)\,(\tau - z)}\, d\tau + P(z)\,\varphi_0(z)\,. \qquad (385)$$

Für das im Inneren von $L$ liegende Gebiet haben wir die Funktion $\varphi_0(z)$ durch $\varphi_0^+(z)$, für das äußere Gebiet durch $\varphi_0^-(z)$ zu ersetzen. Der Ausdruck (385) liefert die allgemeine Lösung des Problems 3. Die Funktionen $\varphi_0^+(z)$ und $\varphi_0^-(z)$ werden durch (381) bestimmt, ebenso die Zahl $k$ durch (375). Der erste Summand auf der rechten Seite ist im Unendlichen höchstens von der Ordnung $-k-1$ und der zweite von der Ordnung $m-k$, wobei $m$ der Grad des Polynoms $P(z)$ ist. Wie in den ersten beiden Problemen erfüllen $\varphi^+(\tau)$ und $\varphi^-(\tau)$ auf $L$ je eine Lipschitzbedingung.

Jetzt wollen wir uns mit denjenigen Lösungen des Problems 3 beschäftigen, die im Unendlichen verschwinden. Anders ausgedrückt, wir suchen die Lösungen, die im Unendlichen von negativer Ordnung sind. Dazu betrachten wir die Fälle $k > 0$, $k = 0$ und $k < 0$ einzeln. Im Fall $k > 0$ hat der erste Summand auf der rechten Seite von (385) stets eine negative Ordnung im Unendlichen, dagegen hat der zweite Summand dann und nur dann eine negative Ordnung, wenn $m < k$ ist. Somit liefert die Beziehung (385) für $k > 0$ die allgemeine im Unendlichen verschwindende Lösung des Problems 3, wenn $P(z)$ ein beliebiges Polynom von einem Grad kleiner als $k$ ist. In diesem Fall gibt es unendlich viele im Unendlichen verschwindende Lösungen des Problems 3. Die allgemeine Lösung enthält $k$ willkürliche Konstanten, die Koeffizienten von $P(z)$.

Im Fall $k = 0$ hat der erste Summand wie bei $k > 0$ eine negative Ordnung im Unendlichen, und im zweiten Summanden hat man $P(z) \equiv 0$ zu setzen. Die Lösung des Problems 3 ist jetzt offenbar eindeutig bestimmt. Im Fall $k < 0$ findet man, wenn man berücksichtigt, was über die Ordnung der Summanden auf der rechten Seite von (385) gesagt wurde, folgendes: Es muß $P(z) \equiv 0$ sein, und außerdem dürfen im ersten Summanden keine Glieder auftreten, die $z^{-k-1}, z^{-k-2}, \ldots, z^0$ enthalten, d. h., in der für hinreichend große $|z|$ geltenden Entwicklung

$$\frac{1}{2\pi i} \int_L \frac{f(\tau)}{\varphi_0^+(\tau)\,(\tau - z)}\, d\tau = -\frac{z^{-1}}{2\pi i} \int_L \frac{f(\tau)}{\varphi_0^+(z)}\, d\tau - \frac{z^{-2}}{2\pi i} \int_L \frac{\tau f(\tau)}{\varphi_0^+(\tau)}\, d\tau + \ldots$$

dürfen keine Glieder mit $z^{-1}, z^{-2}, \ldots, z^{-k}$ vorkommen. Dies führt uns zu folgenden notwendigen und hinreichenden Bedingungen dafür, daß das Problem 3 eine im Unendlichen verschwindende Lösung hat:

$$\int_L \frac{\tau^s f(\tau)}{\varphi_0^+(\tau)}\, d\tau = 0 \qquad (s = 0, 1, \ldots, -k-1)\,. \qquad (386)$$

Sind diese Bedingungen erfüllt, so existiert genau eine im Unendlichen verschwindende Lösung des Problems 3. Diese Lösung wird durch (385) bestimmt, dabei ist $P(z) \equiv 0$.

**59. Integralgleichungen zweiter Art mit Cauchyschem Kern.** Wir betrachten die Integralgleichung

$$A(\xi)\,\varphi(\xi) + \frac{B(\xi)}{\pi i} \int\limits_L \frac{\varphi(\tau)}{\tau - \xi}\, d\tau = f(\xi)\,, \tag{387}$$

in der $A(\xi)$, $B(\xi)$ und $f(\xi)$ auf $L$ vorgegebene Funktionen sind, die dort je einer Lipschitzbedingung genügen und für die

$$A(\xi) + B(\xi) \neq 0, \qquad A(\xi) - B(\xi) \neq 0 \qquad (\xi \text{ auf } L)$$

gilt.

Die Lösung $\varphi(\xi)$ suchen wir ebenfalls unter den Funktionen, die auf $L$ einer Lipschitzbedingung genügen.

Führen wir die Funktion

$$\Phi(z) = \frac{1}{2\pi i} \int\limits_L \frac{\varphi(\tau)}{\tau - z}\, d\tau \tag{388}$$

ein, so folgt aus (372) unter Benutzung der früheren Bezeichnungen:

$$\varphi(\xi) = \Phi^+(\xi) - \Phi^-(\xi)\,, \tag{389}$$

$$\frac{1}{\pi i} \int\limits_L \frac{\varphi(\tau)}{\tau - \xi}\, d\tau = \Phi^+(\xi) + \Phi^-(\xi)\,. \tag{390}$$

Setzen wir diese Ausdrücke in (387) ein, so erhalten wir

$$[A(\xi) + B(\xi)]\,\Phi^+(\xi) - [A(\xi) - B(\xi)]\,\Phi^-(\xi) = f(\xi) \tag{391}$$

oder

$$\Phi^+(\xi) = \frac{A(\xi) - B(\xi)}{A(\xi) + B(\xi)}\,\Phi^-(\xi) + \frac{f(\xi)}{A(\xi) + B(\xi)}\,, \tag{392}$$

d. h., $\Phi(z)$ muß eine Lösung des Problems 3 sein, die für $z = \infty$ verschwindet. Es möge umgekehrt eine solche Funktion $\Phi(z)$ existieren. Bestimmen wir $\varphi(\xi)$ gemäß (389), so erhalten wir für $\Phi(z)$ auf Grund der Ausführungen in [58] die Darstellung (388), aus der (390) folgt. Bestimmen wir aus (389) und (390) die Funktionen $\Phi^+(\xi)$ und $\Phi^-(\xi)$ und setzen sie in (392) ein, so erhalten wir (387). Somit ist die Auflösung der Integralgleichung (387) der Auflösung des Problems 3 mit der Randbedingung (392) gleichwertig. Hierbei wird $\varphi(\xi)$ durch (389) bestimmt. Um die allgemeine Lösung des Problems zu erhalten, gehen wir von den Resultaten des vorigen Abschnittes aus. Entsprechend (375) führen wir die ganze Zahl

$$k = \frac{1}{2\pi} \left[\arg \frac{A(\xi) - B(\xi)}{A(\xi) + B(\xi)}\right]_L$$

ein, die Index der Gleichung (391) genannt wird.

Es sei $\Phi_0(z)$ die in [58] konstruierte von 0 verschiedene Lösung des Problems 2 mit der Randbedingung

$$\Phi^+(\xi) = \frac{A(\xi) - B(\xi)}{A(\xi) + B(\xi)}\,\Phi^-(\xi)\,.$$

Wir betrachten drei Fälle:

1. $k > 0$. Dann gilt

$$\Phi(z) = \frac{\Phi_0(z)}{2\pi i} \int_L \frac{f(\tau)}{[A(\tau) + B(\tau)]\, \Phi_0^+(\tau)\, (\tau - z)}\, d\tau + P_{k-1}(z)\, \Phi_0(z)\,, \tag{393}$$

wobei $P_{k-1}$ ein willkürliches Polynom $k$-ten Grades ist.

2. $k = 0$. Die Lösung erhält man aus (393) für $P_{k-1}(z) \equiv 0$:

$$\Phi(z) = \frac{\Phi_0(z)}{2\pi i} \int_L \frac{f(\tau)}{[A(\tau) + B(\tau)]\, \Phi_0^+(\tau)\, (\tau - z)}\, d\tau\,. \tag{394}$$

3. $k < 0$. Für die Lösbarkeit des Problems 3 sind die Bedingungen

$$\int_L \frac{\tau^s f(\tau)}{[A(\tau) + B(\tau)]\, \Phi_0^+(\tau)}\, d\tau = 0 \qquad (s = 0, 1, \ldots, -k-1) \tag{395}$$

notwendig und hinreichend; falls sie erfüllt sind, läßt sich die Lösung durch (394) darstellen.

Mit Hilfe der Beziehungen (385) und (389) können wir jetzt die Lösungen $\varphi(\xi)$ der Integralgleichung (387) gewinnen. Unter Benutzung der Sprungrelationen für das Cauchysche Integral erhalten wir im Fall $k \geqq 0$

$$\begin{aligned}\varphi(\xi) = {} & \frac{\Phi_0^+(\xi) + \Phi_0(\xi)}{2[A(\xi) + B(\xi)]\, \Phi_0^+(\xi)}\, f(\xi) \\ & + \frac{\Phi_0^+(\xi) - \Phi_0^-(\xi)}{2\pi i} \int_L \frac{f(\tau)}{[A(\tau) + B(\tau)]\, \Phi_0^+(\tau)\, (\tau - \xi)}\, d\tau + [\Phi_0^+(\xi) - \Phi_0^-(\xi)]\, P_{k-1}(\xi)\,,\end{aligned}$$

wobei für $k = 0$ noch $P_{k-1}(z) \equiv 0$ zu setzen ist. Im Fall $k < 0$ erhalten wir dasselbe Resultat mit $P_{k-1}(\xi) \equiv 0$, wenn die Bedingungen (395) erfüllt sind.

Hieraus folgt unmittelbar, daß die homogene Integralgleichung

$$A(\xi)\, \varphi(\xi) + \frac{B(\xi)}{\pi i} \int_L \frac{\varphi(\tau)}{\tau - \xi}\, d\tau = 0 \tag{396}$$

für $k > 0$ die allgemeine Lösung

$$\varphi(\xi) = [\Phi_0^+(\xi) - \Phi_0^-(\xi)]\, P_{k-1}(\xi) \tag{397}$$

und für $k \leqq 0$ nur die Nullösung besitzt. Durch (397) sind $k$ linear unabhängige Lösungen der Integralgleichung (396) gegeben:

$$\varphi(\xi) = [\Phi_0^+(\xi) - \Phi_0^-(\xi)]\, \xi^s \qquad (s = 0, 1, 2, \ldots, k-1)\,.$$

Somit ist im Fall $k > 0$ die inhomogene Integralgleichung (387) für jede Funktion $f(\xi)$ lösbar, und die homogene Integralgleichung (396) hat $k$ linear unabhängige Lösungen. Im Fall $k = 0$ hat die Integralgleichung (387) für jede Funktion $f(\xi)$ genau eine Lösung, die homogene Integralgleichung (396) speziell nur die Nulllösung. Im Fall $k < 0$ müssen die $-k$ Bedingungen (395) für die Lösbarkeit der Integralgleichung (387) erfüllt sein. Sind diese Bedingungen erfüllt, so hat die Integralgleichung (387) eine eindeutig bestimmte Lösung, die homogene Integralgleichung speziell nur die Nullösung. Diese Ergebnisse unterscheiden sich wesentlich von denjenigen der Fredholmschen Theorie für nichtsinguläre Integralgleichungen.

Wir erwähnen, daß die Integralgleichung erster Art

$$\frac{1}{2\pi i} \int_L \frac{\varphi(\tau)}{\tau - \xi} d\tau = f(\xi)$$

ein Spezialfall der Integralgleichung (387) ist, der sich für $A(\xi) = 0$ und $B(\xi) = \frac{1}{2}$ ergibt. In diesem Fall ist $k = 0$.

**60. Randwertprobleme für eine Strecke.** Wir betrachten nun die Probleme aus [58] für den Fall, daß an Stelle einer geschlossenen Kurve $L$ eine Strecke $[a, b]$ auf der reellen Achse zugrunde gelegt wird. Im folgenden bezeichnen wir mit $\Phi(z)$ immer eine Funktion, die außerhalb von $[a, b]$ regulär, im Unendlichen von endlicher Ordnung ist und auf $[a, b]$ bei Annäherung von oben und unten stetige Grenzwerte besitzt; eine Ausnahme bilden dabei höchstens die Endpunkte $a$ und $b$. In deren Umgebung wird nur die Ungleichung

$$|\Phi(z)| \leqq \frac{A}{|z - c|^{\alpha}} \tag{398}$$

gefordert, in der $A$ und $\alpha$ $(0 \leqq \alpha < 1)$ Konstante sind und für $c$ die beiden Endpunkte einzusetzen sind, also $c = a$ oder $c = b$. Mit $\Phi^{+}(\xi)$ und $\Phi^{-}(\xi)$ werden die Randwerte von $\Phi(z)$ auf $[a, b]$ bei Annäherung von oben bzw. von unten her bezeichnet.

Problem 1. *Gesucht ist eine Funktion $\Phi(z)$, die für $a < \xi < b$ die Randbedingung*

$$\Phi^{+}(\xi) - \Phi^{-}(\xi) = f(\xi)$$

*erfüllt; dabei ist $f(\xi)$ eine vorgegebene Funktion, die in dem abgeschlossenen Intervall $[a, b]$ einer Lipschitzbedingung genügt.*

Wie in [58] werden die Lösungen des Problems durch den Ausdruck

$$\Phi(z) = \frac{1}{2\pi i} \int_a^b \frac{f(\tau)}{\tau - z} d\tau + P(z) \tag{399}$$

dargestellt, in dem $P(z)$ ein willkürliches Polynom ist. Die Bedingung (398) läßt sich unmittelbar verifizieren, da $\Phi(z)$ in der Nähe der Endprodukte die Gestalt

$$\Phi(z) = \pm \frac{f(c)}{2\pi i} \lg \frac{1}{z - c} + F(z)$$

hat [III/2, 28], wobei $F(z)$ für $z \to c$ einen endlichen Grenzwert annimmt. Es läßt sich zeigen, daß durch (399) alle Lösungen des Problems gegeben sind. Zum Beweis genügt es, für zwei Lösungen $\Phi_1(z)$ und $\Phi_2(z)$ des Problems zu zeigen, daß die Differenz $\omega(z) = \Phi_2(z) - \Phi_1(z)$ ein Polynom ist. Wie in [58] ist diese Differenz in der ganzen Ebene höchstens mit Ausnahme der Punkte $z = a$ und $z = b$ regulär und im Unendlichen von endlieher Ordnung. Es bleibt noch zu beweisen, daß $\omega(z)$ auch in den Punkten $z = a$ und $z = b$ regulär ist.

Die Regularität von $\omega(z)$ im Punkt $z = c$ folgt aus der Tatsache, daß für $\omega(z)$ in der Umgebung von $z = c$ die Abschätzung (398) gilt. Man kann sich davon überzeugen, wenn man den Beweis des folgenden Satzes aus [III/2, 10] wiederholt: Ist eine Funktion $f(z)$ in der Umgebung eines Punktes $z = a$ regulär, eindeutig und dem Betrag nach beschränkt, so ist sie auch im Punkt $z = a$ selbst regulär. Dabei läßt sich die Voraussetzung der Beschränktheit $|f(z)| \leqq N$ ohne Nachteil für den Beweis durch die Bedingung (398), d. h. $|f(z)| \leqq \frac{C}{\varrho^{\alpha}}$ $(0 \leqq \alpha < 1)$, ersetzen.

Die Lösung des Problems 1, die der Bedingung $\Phi(\infty)=0$ genügt, erhält man aus (399) für $P(z)\equiv 0$.

Die folgenden Probleme wollen wir nur für den Spezialfall $g(\xi)=-1$ untersuchen.

Problem 2. *Gesucht ist eine Funktion $\Phi(z)$, die für $a<\xi<b$ der Randbedingung*

$$\Phi^+(\xi)+\Phi^-(\xi)=0 \tag{400}$$

*genügt.*

Da die Funktion $\sqrt{z-c}$ ihr Vorzeichen ändert, wenn $z$ den Punkt $c$ umläuft, erhalten wir für das Problem 2 die Lösung

$$\Phi_0(z)=\frac{1}{\sqrt{(z-a)(z-b)}} \tag{401}$$

mit beliebig wählbarem Vorzeichen der Wurzel. Diese Lösung ist in jedem endlichen Teilgebiet der Ebene von 0 verschieden, und es gilt $\Phi(\infty)=0$.

Das Problem wird auch gelöst durch

$$\Phi(z)=\frac{P(z)}{\sqrt{(z-a)(z-b)}}, \tag{402}$$

wo mit $P(z)$ ein beliebiges Polynom bezeichnet wird. Durch (402) werden alle Lösungen des Problems geliefert. Denn ist $\Phi(z)$ irgendeine Lösung des Problems, so läßt sich analog wie beim Problem 1 leicht zeigen, daß der Quotient $\Phi(z)/\Phi_0(z)$ ein Polynom ist, woraus (402) folgt.

Problem 3. *Gesucht ist eine Funktion $\Phi(z)$, die für $a<\xi<b$ die Randbedingung*

$$\Phi^+(\xi)+\Phi^-(\xi)=f(\xi) \tag{403}$$

*erfüllt; dabei ist $f(\xi)$ eine vorgegebene Funktion, die in dem abgeschlossenen Intervall $[a, b]$ einer Lipschitzbedingung genügt.*

Es sei $\Phi_0(z)$ wieder die Funktion (401). Da $\Phi_0(z)$ der Gleichung (400) genügt, können wir die Randbedingung (403) auch in der Gestalt

$$\frac{\Phi^+(\xi)}{\Phi_0^+(\xi)}-\frac{\Phi^-(\xi)}{\Phi_0^-(\xi)}=\frac{f(\xi)}{\Phi_0^+(\xi)} \tag{404}$$

schreiben, d. h., die Funktion $\Phi(z)/\Phi_0(z)$ ist eine Lösung des Problems 1.

Wir bestimmen das Vorzeichen der Wurzel in (401) beispielsweise so, daß die Entwicklung von $\Phi_0(z)$ in der Umgebung von $z=\infty$ mit $z^{-1}$ beginnt. Dann ist die Wurzel $\sqrt{(\xi-a)(\xi-b)}$ auf dem oberen Ufer des Schnittes $[a, b]$ rein imaginär mit einem positiven Koeffizienten bei i, und wir können die Bedingung (404) in der Gestalt

$$\frac{\Phi^+(\xi)}{\Phi_0^+(\xi)}-\frac{\Phi^-(\xi)}{\Phi_0^-(\xi)}=f(\xi)\sqrt{(\xi-a)(\xi-b)} \tag{405}$$

schreiben.

Jetzt zeigen wir, daß die Funktion

$$\sqrt{(\xi-a)(b-\xi)} \tag{406}$$

in dem abgeschlossenen Intervall $[a, b]$ einer Lipschitzbedingung mit dem Exponenten $\frac{1}{2}$ genügt. Dazu benutzen wir die elementare Ungleichung

$$\sqrt{\alpha+\beta}-\sqrt{\alpha}\leqq\sqrt{|\beta|} \quad \text{für} \quad \alpha\geqq 0, \qquad \alpha+\beta\geqq 0\,. \tag{407}$$

Die Punkte $\xi$ und $\eta$ mögen dem Intervall $[a, b]$ angehören. Setzen wir

$$\alpha = (\eta - a)(b - \eta) \quad \text{und} \quad \alpha + \beta = (\xi - a)(b - \xi),$$

so erhalten wir aus (407)

$$\sqrt{(\xi - a)(b - \xi)} - \sqrt{(\eta - a)(b - \eta)} \leqq \sqrt{|(a+b)\,\xi - \xi^2 - (a+b)\,\eta + \eta^2|}$$
$$= \sqrt{|[(a+b) - (\xi + \eta)]\,(\xi - \eta)|},$$

woraus sich wegen $\xi + \eta \geqq 2a$

$$\sqrt{(\xi - a)(b - \xi)} - \sqrt{(\eta - a)(b - \eta)} \leqq \sqrt{b - a}\,\sqrt{|\eta - \xi|}$$

ergibt.

Völlig analog dazu läßt sich auch beweisen, daß

$$\sqrt{(\eta - a)(b - \eta)} - \sqrt{(\xi - a)(b - \xi)} \leqq \sqrt{b - a}\,\sqrt{|\eta - \xi|}$$

und damit

$$\left|\sqrt{(\eta - a)(b - \eta)} - \sqrt{(\xi - a)(b - \xi)}\right| \leqq \sqrt{b - a}\,\sqrt{|\eta - \xi|}$$

gilt. Hieraus erkennt man, daß die Funktion (406) in dem Intervall $[a, b]$ einer Lipschitzbedingung mit dem Exponenten $\alpha = \frac{1}{2}$ genügt. Folglich genügt auch der gesamte Ausdruck auf der rechten Seite von (405) einer Lipschitzbedingung [III/2, 27]. Durch Lösung des Problems 1 für $\Phi(z)/\Phi_0(z)$ mit der Randbedingung (405) erhalten wir

$$\Phi(z) = \frac{1}{2\pi i \sqrt{(z-a)(b-z)}} \int_a^b \frac{f(\tau)\sqrt{(\tau - a)(b - \tau)}}{\tau - z}\,d\tau + \frac{P(z)}{\sqrt{(z-a)(z-b)}}, \tag{408}$$

wobei mit $P(z)$ wie immer ein beliebiges Polynom bezeichnet wird. Wenn man die Abschätzung für Cauchysche Integrale in der Umgebung der Intervallendpunkte benutzt, kann man leicht verifizieren, daß die Funktion (408) der Bedingung (398) genügt. Suchen wir die Lösungen, die der Bedingung $\Phi(\infty) = 0$ genügen, so müssen wir $P(z)$ in (408) gleich einer Konstanten setzen:

$$\Phi(z) = \frac{1}{2\pi i \sqrt{(z-a)(z-b)}} \int_a^b \frac{f(\tau)\sqrt{(\tau - a)(\tau - b)}}{\tau - z}\,d\tau + \frac{C}{\sqrt{(z-a)(z-b)}}. \tag{409}$$

Bei der Lösung des Problems 3 kann man zusätzlich fordern, daß $\Phi(z)$ in der Umgebung der Intervallendpunkte beschränkt ist. Dann müssen wir an Stelle der Lösung (401) des Problems 2 die Lösung

$$\Phi_0(z) = \sqrt{(z-a)(z-b)} \tag{410}$$

benutzen, und an Stelle von (408) erhalten wir

$$\Phi(z) = \frac{\sqrt{(z-a)(z-b)}}{2\pi i} \int_a^b \frac{f(\tau)}{\sqrt{(\tau - a)(\tau - b)}\,(\tau - z)}\,d\tau + P(z)\sqrt{(z-a)(z-b)}. \tag{411}$$

Damit wir eine Lösung erhalten, die der Bedingung $\Phi(\infty) = 0$ genügt, haben wir $P(z) \equiv 0$ zu setzen, und außerdem muß die Bedingung

$$\int_a^b \frac{f(\tau)}{\sqrt{(\tau - a)(\tau - b)}}\,d\tau = 0 \tag{412}$$

erfüllt sein.

Fordern wir die Beschränktheit nur in dem einen Endpunkt $z=a$, so müssen wir an Stelle von (410) die Funktion

$$\Phi_0(z)=\sqrt{\frac{z-a}{z-b}}$$

nehmen, und an Stelle von (411) ergibt sich

$$\Phi(z)=\frac{1}{2\pi i}\sqrt{\frac{z-a}{z-b}}\int_a^b\sqrt{\frac{\tau-b}{\tau-a}}\frac{f(\tau)}{\tau-z}\,d\tau+P(z)\sqrt{\frac{z-a}{z-b}}. \tag{413}$$

In diesem Fall haben wir für alle $f(\xi)$ genau eine Lösung, welche die Bedingung $\Phi(\infty)=0$ erfüllt:

$$\Phi(z)=\frac{1}{2\pi i}\sqrt{\frac{z-a}{z-b}}\int_a^b\sqrt{\frac{\tau-b}{\tau-a}}\frac{f(\tau)}{\tau-z}\,d\tau.$$

Den Beweis von (411) und (413) übergehen wir. Man findet ihn in dem in [57] Buch von MUSCHELISCHWILI, das auch der Darstellung der letzten Abschnitte zugrunde gelegen hat.

**61. Die Umkehrung des Cauchyschen Integrals.** Wir stellen nun eine Umkehrformel für das Integral

$$\frac{1}{\pi i}\int_a^b\frac{\varphi(\tau)}{\tau-\xi}\,d\tau=f(\xi)\qquad(a<\xi<b) \tag{414}$$

auf. Wir gehen wie in [58] vor und führen die Funktion

$$\Phi(z)=\frac{1}{2\pi i}\int_a^b\frac{\varphi(\tau)}{\tau-z}\,d\tau$$

ein, die die Bedingung $\Phi(\infty)=0$ erfüllt. Dann gilt

$$\begin{aligned}\varphi(\xi)&=\Phi^+(\xi)-\Phi^-(\xi),\\ \Phi^+(\xi)+\Phi^-(\xi)&=\frac{1}{\pi i}\int_a^b\frac{\varphi(\tau)}{\tau-\xi}\,d\tau;\end{aligned} \tag{415}$$

somit ist die Integralgleichung (414) der Gleichung $\Phi^+(\xi)+\Phi^-(\xi)=f(\xi)$ $(a<\xi<b)$ äquivalent. Dies ist das Problem 3 aus [60] mit der Nebenbedingung $\Phi(\infty)=0$. Nach Lösung dieses Problems ergibt sich $\varphi(\xi)$ aus (415). Unter Benutzung der Beziehung (409) und der Formeln für die Randwerte eines Cauchyschen Integrals erhalten wir schließlich

$$\varphi(\xi)=\frac{1}{\pi i\sqrt{(\xi-a)(\xi-b)}}\int_a^b\frac{f(\tau)\sqrt{(\tau-a)(\tau-b)}}{\tau-\xi}\,d\tau+\frac{C}{\sqrt{(\xi-a)(\xi-b)}}.$$

Bemerkung. Diese Funktion genügt einer Lipschitzbedingung nicht in dem abgeschlossenen Intervall $[a,b]$, sondern nur in jedem abgeschlossenen inneren Teilintervall; bei Annäherung von $\xi$ an $a$ oder an $b$ kann $\varphi(\xi)$ unbeschränkt anwachsen. Ist die Bedingung (412) erfüllt, so lautet die in beiden Endpunkten beschränkte Lösung der Integralgleichung (414)

$$\varphi(\xi) = \sqrt{(\xi - a)(\xi - b)} \int_a^b \frac{f(\tau)}{\sqrt{(\tau - a)(\tau - b)}\,(\tau - \xi)}\, d\tau .$$

Eine ausführlichere Untersuchung dieses Umkehrproblems findet man in dem in [57] genannten Buch von MUSCHELISCHWILI.

**62. Die Fouriertransformation im Raum $L_1$.** In [II, 173] haben wir die Fouriertransformation und die mit ihr verwandte Laplacetransformation behandelt, wobei wir den Riemannschen Integralbegriff zugrunde gelegt haben. Jetzt wollen wir kurz die Fouriertransformation unter Verwendung des Lebesgueschen Integrals betrachten.

Wir setzen voraus, daß die Funktion $\varphi(x)$ im Intervall $(-\infty, \infty)$ summierbar ist oder, anders ausgedrückt, in diesem Intervall zur Funktionenklasse $L_1$ gehört, und führen die Bezeichnung

$$\|\varphi\|_{L_1} = \|\varphi\|_1 = \int_{-\infty}^{\infty} |\varphi(x)|\, dx$$

ein. Da $|\varphi(x)\, e^{-i\alpha x}| = |\varphi(x)|$ für reelle $\alpha$ und $x$ ist, existiert das Integral

$$\Phi(\alpha) = \frac{1}{\sqrt{2\pi}} \int_{-\infty}^{\infty} \varphi(x)\, e^{-i\alpha x}\, dx \qquad (-\infty < \alpha < \infty) \tag{416}$$

für alle $\alpha$ aus dem Intervall $(-\infty, \infty)$. Die Funktion $\Phi(\alpha)$ heißt *Fouriertransformierte der Funktion* $\varphi(x)$. Manchmal ist es bequemer (vgl. etwa [65]), den Faktor $1/\sqrt{2\pi}$ wegzulassen.

Als nächstes wollen wir einige Eigenschaften der Fouriertransformierten von Funktionen aus $L_1$ herleiten.

1⁰. ***$\Phi(\alpha)$ ist eine beschränkte Funktion.*** Das folgt offenbar aus der Ungleichung

$$|\Phi(\alpha)| \leq \frac{1}{\sqrt{2\pi}} \int_{-\infty}^{\infty} |\varphi(x)|\, dx = \frac{1}{\sqrt{2\pi}} \|\varphi\|_1 .$$

2⁰. *Konvergiert die Folge der Funktionen $\varphi_k(x)$ $(k = 1, 2, \ldots)$ aus $L_1$ gegen die Funktion $\varphi(x) \in L_1$ in der Metrik von $L_1$, d. h., gilt*

$$\|\varphi_k - \varphi\|_1 \to 0 ,$$

*dann strebt die zugehörige Folge der Fouriertransformierten $\Phi_k(\alpha)$ $(k = 1, 2, \ldots)$ gleichmäßig auf der ganzen reellen Achse gegen $\Phi(\alpha)$.*

Diese Eigenschaft ergibt sich unmittelbar aus der Ungleichung

$$|\Phi_k(\alpha) - \Phi(\alpha)| \leq \frac{1}{\sqrt{2\pi}} \|\varphi_k - \varphi\|_1 . \tag{417}$$

Konvergiert die Folge $\{\varphi_k(x)\}$ in der Metrik von $L_1$ gegen die beiden Funktionen $\varphi(x)$ und $\hat{\varphi}(x)$, so sieht man leicht, daß diese beiden Funktionen äquivalent sein müssen (Eindeutigkeit des Grenzübergangs in $L_1$).

3⁰. *Die Fouriertransformierte $\Phi(\alpha)$ der Funktion $\varphi(x) \in L_1$ ist eine auf der ganzen reellen Achse gleichmäßig stetige Funktion.*

Aus der Beziehung

$$e^{-i(\alpha+h)x} - e^{-i\alpha x} = -2ie^{-i\left(\alpha+\frac{h}{2}\right)x} \sin\frac{hx}{2}$$

erhalten wir nämlich die Ungleichung

$$|\Phi(\alpha+h)-\Phi(\alpha)| \leqq \sqrt{\frac{2}{\pi}} \int_{-\infty}^{\infty} |\varphi(x)| \left|\sin\frac{hx}{2}\right| dx$$

$$\leqq \sqrt{\frac{2}{\pi}} \left[\int_{-\infty}^{-R} |\varphi(x)|\, dx + \int_{R}^{\infty} |\varphi(x)|\, dx + \frac{Rh}{2} \int_{-\infty}^{\infty} |\varphi(x)|\, dx\right].$$

Zu einem beliebig vorgegebenen $\varepsilon > 0$ können wir zunächst $R$ so festlegen, daß die Summe der ersten beiden Integrale auf der rechten Seite kleiner als $\varepsilon/2$ ist, und danach ein $\delta$ derart wählen, daß für $h < \delta$ auch der dritte Summand kleiner als $\varepsilon/2$ wird. Damit gilt im Fall $h < \delta$ für alle $\alpha$ die Beziehung $|\Phi(\alpha+h)-\Phi(\alpha)| < \sqrt{\frac{2}{\pi}}\,\varepsilon$, die zu beweisen war.

Wir kommen nun zur Faltung (vgl. [52])

$$\varphi_3(x) = \int_{-\infty}^{\infty} \varphi_1(t)\, \varphi_2(x-t)\, dt = \int_{-\infty}^{\infty} \varphi_1(x-t)\, \varphi_2(t)\, dt \qquad (418)$$

zweier Funktionen $\varphi_1(x)$ und $\varphi_2(x)$ aus $L_1$. Die Funktion $\varphi_3(x)$ gehört auch wieder zur Funktionenklasse $L_1$, da nach dem Satz von FUBINI

$$\int_{-\infty}^{\infty} |\varphi_3(x)|\, dx \leqq \int_{-\infty}^{\infty}\int_{-\infty}^{\infty} |\varphi_1(x-t)|\, |\varphi_2(t)|\, dt\, dx$$

$$= \int_{-\infty}^{\infty} |\varphi_2(t)| \left[\int_{-\infty}^{\infty} |\varphi_1(x-t)|\, dx\right] dt = \|\varphi_1\|_1 \cdot \|\varphi_2\|_1$$

gilt, d. h.

$$\|\varphi_3\|_1 \leqq \|\varphi_1\|_1 \cdot \|\varphi_2\|_1 .$$

Wir berechnen, wobei wir wieder den Satz von FUBINI benutzen, die Fouriertransformierte $\Phi_3(\alpha)$ der Funktion $\varphi_3(x)$:

$$\Phi_3(\alpha) = \frac{1}{\sqrt{2\pi}} \int_{-\infty}^{\infty}\int_{-\infty}^{\infty} \varphi_1(x-t)\, \varphi_2(t)\, e^{-i\alpha x} dt\, dx$$

$$= \int_{-\infty}^{\infty} \varphi_2(t)\, e^{-i\alpha t} \left[\frac{1}{\sqrt{2\pi}} \int_{-\infty}^{\infty} \varphi_1(x-t)\, e^{-i\alpha(x-t)}\, dx\right] dt$$

$$= \int_{-\infty}^{\infty} \varphi_2(t)\, e^{-i\alpha t} \Phi_1(\alpha)\, dt = \sqrt{2\pi}\, \Phi_1(\alpha)\, \Phi_2(\alpha)$$

und erhalten

$$\Phi_3(\alpha) = \sqrt{2\pi}\, \Phi_1(\alpha)\, \Phi_2(\alpha) .$$

Damit haben wir die folgende Eigenschaft der Fouriertransformation bewiesen:

4⁰. *Die Fouriertransformierte der Faltung von $\varphi_1(x)$ und $\varphi_2(x)$ ist gleich dem mit $\sqrt{2\pi}$ multiplizierten Produkt der Fouriertransformierten dieser beiden Funktionen.*

Die Funktion $\psi(x)$ sei auf der ganzen reellen Achse definiert und dort beliebig oft differenzierbar. Außerdem verschwinde $\psi(x)$ außerhalb eines (von $\psi(x)$ abhängigen) endlichen Intervalls. Solche Funktionen heißen *finit*. Die Klasse der finiten Funktionen bezeichnen wir mit $C_0^\infty$. Es ist klar, daß $C_0^\infty$ zu $L_1$ gehört. Eine wichtige Eigenschaft der Funktionenklasse $L_1$ wird im folgenden Satz formuliert, den wir aber erst in [112] beweisen werden.

Satz 1. *Für jede Funktion $\varphi(x)$ aus der Funktionenklasse $L_1$ läßt sich zu beliebigem $\varepsilon > 0$ eine finite Funktion $\psi(x)$ finden mit*

$$\|\varphi - \psi\|_1 < \varepsilon\,. \tag{419}$$

Hieraus folgt leicht, daß sich zu jeder Funktion $\varphi(x)$ aus $L_1$ eine Folge von finiten Funktionen $\psi_k(x)$, $k = 1, 2, \ldots$, angeben läßt, die in der Metrik von $L_1$ gegen $\varphi(x)$ konvergiert. Diese Eigenschaft besagt, daß die Klasse $C_0^\infty$ in der Funktionenklasse $L_1$ dicht liegt.

Satz 1 werden wir später beim Beweis einiger weiterer wichtiger Eigenschaften der Fouriertransformation in $L_1$ benutzen.

5⁰. *Gehört die Funktion $\varphi(x)$ zu $L_1$, so gilt $\Phi(\alpha) \to 0$ für $\alpha \to \pm\infty$.*

Zum Beweis wählen wir zu einem beliebigen festen $\varepsilon > 0$ eine finite Funktion $\psi(x)$, die die Ungleichung (419) erfüllt. Es sei $\Psi(\alpha)$ die Fouriertransformierte von $\psi(x)$. Wegen (417) ist

$$|\Phi(\alpha) - \Psi(\alpha)| < \frac{\varepsilon}{\sqrt{2\pi}}\,. \tag{420}$$

Durch partielle Integration erhalten wir für die Funktion $\Psi(\alpha)$ die Beziehung

$$\sqrt{2\pi}\,\Psi(\alpha) = \int_{-\infty}^{\infty} \psi(x)\, e^{-i\alpha x}\, dx = \frac{1}{i\alpha} \int_{-\infty}^{\infty} \psi'(x)\, e^{-i\alpha x}\, dx\,. \tag{421}$$

Die Integration braucht hier nur über das endliche Intervall zu erfolgen, außerhalb dessen $\psi(x) = 0$ ist. Der ausintegrierte Bestandteil verschwindet offenbar. Aus (421) ergibt sich $\Psi(\alpha) \to 0$ für $\alpha \to \pm\infty$. Somit gilt $|\Psi(\alpha)| < \frac{\varepsilon}{\sqrt{2\pi}}$ für hinreichend großes $|\alpha|$, woraus zusammen mit (420) für diese $|\alpha|$ die Ungleichung $|\Phi(\alpha)| < \varepsilon \sqrt{\frac{2}{\pi}}$ folgt und damit $\Phi(\alpha) \to 0$, was zu beweisen war.

Etwas schwieriger ist der Beweis der folgenden Eigenschaft.

6⁰. *Ist die Funktion $\varphi(x)$ aus $L_1$ und ihre Fouriertransformierte $\Phi(\alpha) \equiv 0$, so ist die Funktion $\varphi(x)$ äquivalent zu 0.*

Wir zeigen zuerst, daß das Integral von $\varphi(x)$ über jedes endliche Intervall verschwindet,

$$\int_a^b \varphi(t)\, dt = 0, \qquad -\infty < a < b < \infty\,. \tag{422}$$

Dazu führen wir eine stetige Hilfsfunktion $p(x)$ ein, die folgendermaßen konstruiert ist. Es seien $l > 0$, $\delta > 0$ feste Zahlen und $p(x) = 0$ für $|x| \geqq l + \delta$, $p(x) = 1$ für $|x| \leqq l$, und in den Intervallen $l < |x| < l + \delta$ sei die Funktion $p(x)$ linear. Die Fouriertransformierte $P(\alpha)$ der Funktion $p(x)$ läßt sich leicht berechnen:

$$P(\alpha) = \sqrt{\frac{2}{\pi}}\, \frac{\cos l\alpha - \cos (l + \delta)\,\alpha}{\alpha^2 \delta}\,.$$

Aus dieser Darstellung ist ersichtlich, daß $P(\alpha)$ eine Funktion aus $L_1$ ist. Da außerdem die Funktion $p(x)$ den Dirichletschen Bedingungen [II, 173] genügt, kann sie mit Hilfe der Umkehrformel durch $P(\alpha)$ in der Form

$$p(x)=\frac{1}{\sqrt{2\pi}}\int_{-\infty}^{\infty} P(\alpha)\, e^{i\alpha x}\, d\alpha$$

ausgedrückt werden.

Nun können wir zeigen, daß die Faltung einer Funktion $\varphi(x)$, die unsere Voraussetzungen erfüllt, mit der Funktion $p(x)$ im Intervall $(-\infty, \infty)$ identisch verschwindet. Nach dem Satz von FUBINI ist nämlich

$$\sqrt{2\pi}\int_{-\infty}^{\infty} \varphi(t)\, p(x-t)\, dt = \int_{-\infty}^{\infty} \varphi(t)\left[\int_{-\infty}^{\infty} P(\alpha)\, e^{i\alpha(x-t)}\, d\alpha\right] dt$$
$$= \int_{-\infty}^{\infty} P(\alpha)\, e^{i\alpha x}\left[\int_{-\infty}^{\infty} \varphi(t)\, e^{-i\alpha t}\, dt\right] d\alpha = 0$$

und somit tatsächlich $\int_{-\infty}^{\infty} \varphi(t)\, p(x-t)\, dt = 0$.

Setzen wir den analytischen Ausdruck für $p(x)$ ein, so kann dieses Ergebnis in der Form

$$\int_{x-l}^{x+l} \varphi(t)\, dt + \int_{x-l-\delta}^{x-l}\left(1+\frac{t-x+l}{\delta}\right)\varphi(t)\, dt + \int_{x+l}^{x+l+\delta}\left(1-\frac{t-x-l}{\delta}\right)\varphi(t)\, dt = 0$$

dargestellt werden. Mit $\delta \to 0$ erhalten wir hieraus

$$\int_{x-l}^{x+l} \varphi(t)\, dt = 0$$

für jedes $l > 0$ und $x$ aus $(-\infty, \infty)$. Im Falle $x=\frac{a+b}{2}$ und $l=\frac{b-a}{2}$ ergibt sich damit die Gleichung (422).

Aus (422) folgt nun ohne Mühe, daß $\varphi(x)$ äquivalent zu 0 ist. Es sei $\psi_k(x)$ eine finite Funktion mit $\|\varphi-\psi_k\|_1 < \frac{1}{k}$ und $[a, b]$ jenes Intervall der Zahlengerade, außerhalb dessen $\psi_k(x)=0$ gilt. Wir zerlegen dieses Intervall in eine beliebige endliche Anzahl von Teilintervallen mittels der Zerlegungspunkte $a=x_0<x_1<\ldots<x_n=b$. Mit $\xi_j$ bezeichnen wir denjenigen Punkt des Teilintervalls $[x_{j-1}, x_j]$, in dem die stetige Funktion $\psi_k(x)$ ihren Integralmittelwert über diesem Intervall annimmt, d. h.

$$\psi_k(\xi_j)=\frac{1}{x_j-x_{j-1}}\int_{x_{j-1}}^{x_j} \psi_k(t)\, dt, \qquad j=1, \ldots, n\,,$$

gilt. Dann finden wir unter Benutzung von (422)

$$\sum_{j=1}^{n} |\psi_k(\xi_j)|\,(x_j-x_{j-1}) = \sum_{j=1}^{n}\left|\int_{x_{j-1}}^{x_j} \psi_k(t)\, dt\right|$$
$$= \sum_{j=1}^{n}\left|\int_{x_{j-1}}^{x_j} [\psi_k(t)-\varphi(t)]\, dt\right| \leqq \sum_{j=1}^{n}\int_{x_{j-1}}^{x_j} |\psi_k(t)-\varphi(t)|\, dt$$
$$= \|\psi_k-\varphi\|_1 < \frac{1}{k}\,.$$

Wird die Zerlegung des Intervalls $[a, b]$ immer weiter verfeinert, so strebt die auf der linken Seite dieser Beziehung stehende Summe gegen das Integral $\int_a^b |\psi_k(t)|\, dt$. Wir haben damit die Ungleichung

$$\int_{-\infty}^{\infty} |\psi_k(t)|\, dt = \int_a^b |\psi_k(t)|\, dt \leqq \frac{1}{k}$$

bewiesen, aus der $\psi_k(x) \to 0$ für $k \to \infty$ folgt in der Metrik von $L_1$. Da aber gleichzeitig $\psi_k(x) \to \varphi(x)$ in $L_1$ gilt, ist die Funktion $\varphi(x)$ äquivalent zu 0.

7⁰. *Es sei $\varphi(x)$ eine Funktion aus $L_1$ und $\Phi(\alpha)$ ihre Fouriertransformierte. Dann besteht für fast alle $x$, insbesondere in jeder Stetigkeitsstelle von $\varphi(x)$, die Beziehung*

$$\varphi(x) = \frac{1}{\sqrt{2\pi}} \lim_{k \to \infty} \int_{-k}^{k} \left(1 - \frac{|\alpha|}{k}\right) \Phi(\alpha)\, e^{i\alpha x}\, d\alpha\,. \tag{423}$$

Den Beweis dieser Formel findet man beispielsweise in dem Buch von E. C. TITCHMARSH, Introduction to the Theory of Fourier Integrals, Oxford 1948. Die Notwendigkeit für eine solche kompliziertere Umkehrformel wird dadurch hervorgerufen, daß zwar die Funktion $\Phi(\alpha)$ für $\alpha \to \pm\infty$ gegen 0 strebt (Eigenschaft 5⁰), aber $\Phi(\alpha)$ nicht unbedingt zur Funktionenklasse $L_1$ gehört. Ist $\Phi(\alpha)$ aus $L_1$, so gilt die gewöhnliche Umkehrformel

$$\varphi(x) = \frac{1}{\sqrt{2\pi}} \int_{-\infty}^{\infty} \Phi(\alpha)\, e^{i\alpha x}\, d\alpha\,.$$

Es sei noch erwähnt, daß aus der Umkehrformel (423) unmittelbar die Eigenschaft 6⁰ der Fouriertransformation folgt. Da aber die Herleitung der Beziehung (423) zu aufwendig ist, haben wir einen davon unabhängigen Beweis der Eigenschaft 6⁰ gegeben.

8⁰ (Satz von WIENER). *Die für $-\infty \leqq \alpha \leqq \infty$ definierte Funktion $F(\alpha)$ besitze die Darstellung*

$$F(\alpha) = c + \int_{-\infty}^{\infty} f(x)\, e^{-i\alpha x}\, dx$$

*mit einer Funktion $f(x)$ aus $L_1$. Weiterhin sei $F(\alpha) \neq 0$ für alle $\alpha$ und damit $c = F(\pm\infty) \neq 0$. Dann läßt sich auch die Funktion $G(\alpha) = \frac{1}{F(\alpha)}$ in der Form*

$$G(\alpha) = c^{-1} + \int_{-\infty}^{\infty} g(x)\, e^{-i\alpha x}\, dx$$

*mit einer Funktion $g(x)$ aus $L_1$ darstellen.*

Auf den Beweis dieses Satzes gehen wir hier nicht ein.

**63. Die Fouriertransformation im Raum $L_2$. Hermitesche Polynome.** In diesem Abschnitt führen wir einige grundlegende Resultate an, die die Fouriertransformation in der Funktionenklasse $L_2$ über dem Intervall $(-\infty, \infty)$ betreffen. Zur Abkürzung legen wir die folgende Bezeichnung fest: Im Fall

$$\|\varphi(x) - \varphi_k(x)\|_2^2 = \int_{-\infty}^{\infty} |\varphi(x) - \varphi_k(x)|^2\, dx \to 0 \quad \text{für} \quad k \to \infty$$

schreiben wir kurz

$$\varphi(x) = \text{l.i.m.}\ \varphi_k(x) \quad \text{für} \quad k \to \infty .$$

Ist $\varphi(x)$ aus $L_2$ über dem Intervall $(-\infty, \infty)$, so gehört diese Funktion zwar zu $L_1$ über jedem endlichen Intervall, aber es ist durchaus möglich, daß $\varphi(x)$ nicht zu $L_1$ über dem ganzen Intervall $(-\infty, \infty)$ gehört **[II, 161]**. Die Fouriertransformation für die Funktionenklasse $L_2$ wird deshalb durch die Beziehung

$$\Phi(\alpha) = \underset{k\to\infty}{\text{l.i.m.}}\ \frac{1}{\sqrt{2\pi}} \int_{-k}^{k} \varphi(x)\, \mathrm{e}^{-\mathrm{i}\alpha x}\, \mathrm{d}x \tag{424}$$

definiert. Dabei zeigt es sich, daß der Grenzwert auf der rechten Seite in (424) für jede Funktion $\varphi(x)$ aus $L_2$ existiert und daß $\Phi(\alpha)$ ebenfalls aus $L_2$ ist. Die Umkehrformel der Transformation (424) hat im wesentlichen dieselbe Gestalt:

$$\varphi(x) = \underset{k\to\infty}{\text{l.i.m.}}\ \frac{1}{\sqrt{2\pi}} \int_{-k}^{k} \Phi(\alpha)\, \mathrm{e}^{\mathrm{i}\alpha x} \mathrm{d}\alpha . \tag{425}$$

Daraus folgt, daß die Funktionen $\Phi(\alpha)$ und $\varphi(x)$ nur gleichzeitig äquivalent zu 0 sein können. Durch die Abbildungen (424) und (425) wird eine eineindeutige Beziehung zwischen den Funktionen $\varphi(x)$ und $\Phi(\alpha)$ aus dem Raum $L_2$ über dem Intervall $(-\infty, \infty)$ definiert. Dabei haben zwei einander entsprechende Funktionen $\varphi(x)$ und $\Phi(\alpha)$ im $L_2$ dieselbe Norm, nämlich

$$\int_{-\infty}^{\infty} |\Phi(\alpha)|^2\, \mathrm{d}\alpha = \int_{-\infty}^{\infty} |\varphi(x)|^2\, \mathrm{d}x . \tag{426}$$

Sind $\Phi_k(\alpha)$ die Fouriertransformierten der Funktionen $\varphi_k(x)$ $(k=1, 2)$ aus $L_2$, so gilt

$$\int_{-\infty}^{\infty} \Phi_1(\alpha)\, \overline{\Phi_2(\alpha)}\, \mathrm{d}\alpha = \int_{-\infty}^{\infty} \varphi_1(x)\, \overline{\varphi_2(x)}\, \mathrm{d}x .$$

Unter Benutzung dieser letzten Beziehung, der Bunjakowskischen Ungleichung und der Tatsache, daß das Produkt zweier Funktionen aus $L_2$ zum Raum $L_1$ gehört, kann man weiterhin zeigen, daß auch im $L_2$ die Faltung die Beziehung (418) für alle $x$ erfüllt. Dabei ist für alle $x$

$$\varphi_3(x) = \int_{-\infty}^{\infty} \varphi_1(x-t)\, \varphi_2(t)\, \mathrm{d}t = \int_{-\infty}^{\infty} \Phi_1(\alpha)\, \Phi_2(\alpha)\, \mathrm{e}^{\mathrm{i}\alpha x}\, \mathrm{d}\alpha ,$$

und daraus folgt die gleichmäßige Stetigkeit der Faltung $\varphi_3(x)$ für $-\infty < x < \infty$ und $\varphi_3(x) \to 0$ für $x \to \pm\infty$. Gehört eine der Funktionen $\varphi_k(x)$ $(k=1, 2)$ zu $L_2$ und die andere zu $L_1$, dann ist $\varphi_3(x)$ eine Funktion aus $L_2$.

Eine besondere Rolle spielen in der Theorie der Fouriertransformation die Hermiteschen Funktionen, die folgendermaßen definiert sind **[III/2, 159]**:

$$\psi_n(x) = (-1)^n\, \mathrm{e}^{x^2/2} \frac{\mathrm{d}^n}{\mathrm{d}x^n} (\mathrm{e}^{-x^2}) = \mathrm{e}^{-x^2/2} H_n(x) \qquad (n = 0, 1, 2, \ldots) . \tag{427}$$

Hierbei ist $H_n(x)$ ein Polynom $n$-ten Grades, und zwar das Hermitesche Polynom. Die Funktionen (427) bilden über dem Intervall $(-\infty, \infty)$ ein Orthogonalsystem. Es sei $T$ der Operator der Fouriertransformation

$$T\varphi = \frac{1}{\sqrt{2\pi}} \int_{-\infty}^{\infty} \varphi(x)\, \mathrm{e}^{-\mathrm{i}\alpha x}\, \mathrm{d}x .$$

Wir zeigen nun, daß die Hermiteschen Funktionen $\psi_n(x)$ Eigenfunktionen dieses Operators sind, die zu den entsprechenden Eigenwerten $\lambda_n = (-\mathrm{i})^n$ gehören. Zuvor sei noch bemerkt, daß die $\psi_n(x)$ stetige Funktionen sind, deren absolute Beträge im Intervall $(-\infty, \infty)$ sowohl integrierbar als auch quadratisch integrierbar sind. Wir haben also die Beziehung

$$T\psi_n = (-\mathrm{i})^n \psi_n \tag{428}$$

zu beweisen, d. h.

$$J_n = \frac{1}{\sqrt{2\pi}} \int_{-\infty}^{\infty} \mathrm{e}^{-\mathrm{i}\alpha x + x^2/2} \frac{\mathrm{d}^n}{\mathrm{d}x^n} (\mathrm{e}^{-x^2})\, \mathrm{d}x = (-\mathrm{i})^n \mathrm{e}^{\alpha^2/2} \frac{\mathrm{d}^n}{\mathrm{d}\alpha^n} (\mathrm{e}^{-\alpha^2}) .$$

Nach $n$ partiellen Integrationen erhalten wir

$$J_n = \frac{(-1)^n}{\sqrt{2\pi}} \int_{-\infty}^{\infty} \mathrm{e}^{-x^2} \frac{\mathrm{d}^n}{\mathrm{d}x^n} (\mathrm{e}^{-\mathrm{i}\alpha x + x^2/2})\, \mathrm{d}x ,$$

da die ausintegrierten Glieder verschwinden. Jetzt fügen wir außerhalb des Integrals den Faktor $\mathrm{e}^{\alpha^2/2}$ und unter dem Integralzeichen den Faktor $\mathrm{e}^{-\alpha^2/2}$ hinzu und erhalten auf diese Weise

$$\begin{aligned} J_n &= \frac{(-1)^n}{\sqrt{2\pi}} \mathrm{e}^{\alpha^2/2} \int_{-\infty}^{\infty} \mathrm{e}^{-x^2} \frac{\mathrm{d}^n}{\mathrm{d}x^n} \mathrm{e}^{(x-\mathrm{i}\alpha)^2/2}\, \mathrm{d}x \\ &= \frac{(-1)^n \mathrm{i}^n}{\sqrt{2\pi}} \mathrm{e}^{\alpha^2/2} \int_{-\infty}^{\infty} \mathrm{e}^{-x^2} \frac{\mathrm{d}^n}{\mathrm{d}\alpha^n} \mathrm{e}^{(x-\mathrm{i}\alpha)^2/2}\, \mathrm{d}x \\ &= (-\mathrm{i})^n \mathrm{e}^{\alpha^2/2} \frac{\mathrm{d}^n}{\mathrm{d}\alpha^n} \left[ \frac{1}{\sqrt{2\pi}} \int_{-\infty}^{\infty} \mathrm{e}^{-x^2/2 - \alpha^2/2 - \mathrm{i}x\alpha}\, \mathrm{d}x \right] . \end{aligned}$$

Durch Differentiation nach $\alpha$ läßt sich leicht zeigen, daß der in den eckigen Klammern stehende Ausdruck gleich $\mathrm{e}^{-\alpha^2}$ ist. Damit ist die Beziehung (428) bewiesen. Die Punkte $\lambda = \pm 1$ und $\lambda = \pm \mathrm{i}$ sind Punkte des Spektrums des Operators $T$, und die $\psi_n(x)$ sind die zu den Eigenwerten $\lambda_n = (-\mathrm{i})^n$ gehörenden Eigenfunktionen.

Abschließend beweisen wir noch, daß das im Intervall $(-\infty, \infty)$ orthogonale System der Hermiteschen Funktionen vollständig (abgeschlossen) ist. Angenommen, es existiert eine Funktion $\omega(x)$ aus $L_2$, die orthogonal zu allen Hermiteschen Funktionen ist. Da sich die Potenzfunktionen $x^n$ $(n = 0, 1, 2, \ldots)$ als Linearkombinationen der ersten $n+1$ Hermiteschen Polynome $H_k(x)$ $(k = 0, 1, \ldots, n)$ ausdrücken lassen, folgt daraus

$$\int_{-\infty}^{\infty} \mathrm{e}^{-x^2/2} x^n \omega(x)\, \mathrm{d}x = 0 \qquad (n = 0, 1, 2, \ldots) . \tag{429}$$

Die Funktion $\omega(x)$ können wir offenbar als reell voraussetzen. Wir haben zu beweisen, daß $\omega(x)$ äquivalent zu 0 ist.

Offensichtlich gilt die Abschätzung

$$\mathrm{e}^{-x^2/2} \leqq C \mathrm{e}^{-\delta|x|} ,$$

in der $\delta$ eine feste positive Zahl und $C$ eine von der Wahl von $\delta$ abhängige Konstante bedeuten. Wir bilden die Funktion der komplexen Veränderlichen $z = u + iv$, die in dem Streifen $|v| \leqq \delta_1$ mit $0 < \delta_1 < \delta$ durch

$$F(z) = \int_{-\infty}^{\infty} e^{-x^2/2} \omega(x)\, e^{izx}\, dx = \int_{-\infty}^{\infty} e^{-x^2/2} \omega(x)\, e^{-vx} e^{iux}\, dx$$

erklärt ist. Für den Integranden gilt

$$|e^{-x^2/2} \omega(x)\, e^{i(u+iv)x}| \leqq C e^{-(\delta-\delta_1)|x|} |\omega(x)| , \tag{430}$$

wobei die rechte Seite als Produkt zweier Funktionen aus $L_2$ integrierbar ist. Die Funktion $F(z)$ ist demnach im angegebenen Streifen der $z$-Ebene regulär, und für ihre Ableitungen gilt

$$F^{(n)}(z) = i^n \int_{-\infty}^{\infty} e^{-x^2/2} x^n \omega(x)\, e^{izx}\, dx . \tag{431}$$

Auf der rechten Seite der zu (430) analogen Abschätzung des Integranden in (431) tritt jetzt zwar der Faktor $x^n$ hinzu, doch auf Grund des Faktors $e^{-(\delta-\delta_1)x}$ konvergiert das Integral in (431) gleichmäßig für $z$ aus dem erwähnten Streifen. Das rechtfertigt die Differentiation nach $z$ unter dem Integralzeichen. Aus (431) erhalten wir

$$F^{(n)}(0) = i^n \int_{-\infty}^{\infty} e^{-x^2/2} x^n \omega(x)\, dx \qquad (n = 1, 2, \ldots) ,$$

und wegen (429) gilt für alle Ableitungen $F^{(n)}(0) = 0$. Folglich verschwindet $F(z)$ in dem angegebenen Streifen der $z$-Ebene identisch und somit auch auf der ganzen reellen Achse:

$$\int_{-\infty}^{\infty} e^{-x^2/2} \omega(x)\, e^{-izx}\, dx = 0 \qquad (-\infty < z < +\infty) .$$

Demnach ist die Fouriertransformierte der Funktion $e^{-x^2/2}\omega(x)$ identisch gleich 0; das bedeutet aber, daß diese Funktion sowie $\omega(x)$ selbst äquivalent zu 0 sein müssen.

In analoger Weise läßt sich beweisen, daß die Laguerreschen Funktionen ein im Intervall $(0, \infty)$ vollständiges Funktionensystem bilden.

**64. Die Fouriersche Integralgleichung.** Wir gehen nun zur Untersuchung von Integralgleichungen mit unendlichem Integrationsintervall über. In diesem Fall brauchen die grundlegenden Sätze, die wir für Fredholmsche Integralgleichungen aufgestellt haben, nicht mehr zu gelten. Am einfachsten erweisen sich Integralgleichungen, die mit der Fourierschen Formel zusammenhängen.

Wir erinnern an die früher bewiesene Fouriersche Formel [**II, 173**]. Die Funktion $f(s)$ sei stetig und im Intervall $0 \leqq s < \infty$ absolut integrierbar. Außerdem möge jedes endliche Teilintervall in endlich viele Intervalle zerlegbar sein, in denen die Funktion $f(s)$ monoton wächst oder fällt. Bilden wir die Funktion

$$f_1(s) = \sqrt{\frac{2}{\pi}} \int_0^{\infty} f(t) \cos st\, dt ,$$

so können wir $f(s)$ durch $f_1(s)$ in folgender Weise ausdrücken:

$$f(s) = \sqrt{\frac{2}{\pi}} \int_0^{\infty} f_1(t) \cos st\, dt .$$

Durch Addition der letzten beiden Beziehungen erhalten wir die Integralgleichung

$$f(s)+f_1(s)=\sqrt{\frac{2}{\pi}}\int_0^\infty [f(t)+f_1(t)] \cos st \, dt ,$$

d. h., für jede den Voraussetzungen genügende Funktion $f(s)$ ist die Funktion $\varphi(s)=f(s)+f_1(s)$ eine Eigenfunktion der Integralgleichung

$$\varphi(s)=\lambda \int_0^\infty \varphi(t) \cos st \, dt , \tag{432}$$

die zu dem charakteristischen Wert $\lambda=\sqrt{2}/\sqrt{\pi}$ gehört. Wählen wir beispielsweise $f(s)=e^{-ps}$ $(p>0)$, so ist

$$f_1(s)=\frac{2}{\pi}\frac{p}{p^2+s^2} ,$$

und wir erhalten für $\lambda=\sqrt{2}/\sqrt{\pi}$ bei beliebiger Wahl des Parameters $p>0$ die unendlich vielen Lösungen $e^{-ps}+\frac{2}{\pi}\frac{p}{p^2+s^2}$ der Integralgleichung (432).

**65. Integralgleichungen mit unendlichem Integrationsintervall.** Wir behandeln jetzt die Integralgleichung

$$\varphi(x)=f(x)+\int_{-\infty}^{\infty} k(x-t)\,\varphi(t) \, dt \tag{433}$$

mit einem Kern, der nur von der Differenz $x-t$ abhängt. Wir setzen voraus, daß die Funktionen $k(x)$ und $f(x)$ über dem Intervall $(-\infty, \infty)$ zu $L_1$ gehören. Die Lösung soll ebenfalls in der Funktionenklasse $L_1$ liegen. $F(\alpha)$, $\Phi(\alpha)$ und $K(\alpha)$ seien die Fouriertransformierten der Funktionen $f(x)$, $\varphi(x)$ bzw. $k(x)$ ohne Vorfaktor, d. h. beispielsweise

$$K(\alpha)=\int_{-\infty}^{\infty} k(x)\, e^{i\alpha x} \, dx .$$

Wir wenden auf die Integralgleichung (433) die Fouriertransformation an und erhalten

$$\Phi(\alpha)=F(\alpha)+K(\alpha)\,\Phi(\alpha) . \tag{434}$$

Aus dieser Gleichung folgt

$$\Phi(\alpha)=F(\alpha)\,[1-K(\alpha)]^{-1} . \tag{435}$$

Da $\Phi(\alpha)$ eine stetige Funktion sein muß, ist für die Lösbarkeit der Integralgleichung (433) für beliebige $f(s)$ aus $L_1$ die Bedingung

$$1-K(\alpha)\neq 0 \qquad (-\infty<\alpha<+\infty) \tag{436}$$

notwendig.

Die Bedingung (436) erweist sich für die Lösbarkeit der Integralgleichung (433) in der Klasse $L_1$ auch als hinreichend. Denn nach dem Satz von Wiener (d. h. der Eigenschaft 8⁰ in [62]) existiert in der Klasse $L_1$ eine Funktion $k_1(x)$ mit

$$[1-K(\alpha)]^{-1}=1+\int_{-\infty}^{\infty} k_1(x)\, e^{-i\alpha x} \, dx=1+K_1(\alpha) . \tag{437}$$

Aus der Eigenschaft 4⁰ in [62] über die Fouriertransformation der Faltung folgt dann, daß (435) mit der Darstellung

$$\varphi(x)=f(x)+\int_{-\infty}^{\infty} k_1(x-t)\, f(t)\, dt \tag{438}$$

gleichbedeutend ist, wobei die Funktion $\varphi(x)$ als Faltung zweier Funktionen aus $L_1$ ebenfalls zu dieser Funktionenklasse gehört. Es sei noch erwähnt, daß die Lösung (438) der Integralgleichung (433) in der Klasse $L_1$ unter der Bedingung (436) eindeutig bestimmt ist. Das folgt aus der Eigenschaft 6⁰ in Abschnitt [62].

Nun betrachten wir die homogene Integralgleichung

$$\varphi(x)=\int_{-\infty}^{\infty} k(x-t)\, \varphi(t)\, dt \tag{439}$$

und machen für ihre Lösung den Ansatz $\varphi(x)=e^{ax}$. Setzen wir diese Funktion in die Integralgleichung (439) ein, so erhalten wir nach einer Transformation der Integrationsvariablen für $a$ die Gleichung

$$\int_{-\infty}^{\infty} k(s)\, e^{-as} ds=1\,. \tag{440}$$

In dem bereits in [62] genannten Buch von TITCHMARSH werden Bedingungen angegeben, unter denen alle Lösungen der Integralgleichung (439) Linearkombinationen der Funktionen $x^p e^{a_\nu x}$, $p=0, 1, \ldots, q_\nu-1$, sind, wobei $a_\nu$ die Wurzeln der Gleichung (440) und $q_\nu$ die zugehörigen Vielfachheiten bezeichnen. Es sei noch darauf hingewiesen, daß diese Lösungen nicht zu $L_1$ gehören. Deshalb müssen an den Kern $k(s)$ Voraussetzungen gestellt werden, die die Konvergenz der entsprechenden Integrale garantieren.

**66. Beispiele.** Zur Verdeutlichung des oben Gesagten behandeln wir jetzt zwei Beispiele, bei deren Lösung wir uns wesentlich auf die Ergebnisse des vorigen Abschnitts stützen werden.

1. In der Integralgleichung (433) sei

$$f(x)=e^{-|x|} \quad \text{und} \quad k(x)=\begin{cases} \lambda e^{x} & \text{für} \quad x\leqq 0\,, \\ 0 & \text{für} \quad x>0\,. \end{cases}$$

Sie hat demnach jetzt die Gestalt

$$\varphi(x)=e^{-|x|}+\lambda\int_{x}^{\infty} e^{x-t}\varphi(t)\, dt\,.$$

Die Fouriertransformierten von $f(x)$ und $k(x)$ sind

$$F(\alpha)=\frac{2}{1+\alpha^2} \quad \text{bzw.} \quad K(\alpha)=\frac{\lambda}{1-i\alpha}\,.$$

Weiterhin benötigen wir

$$1-K(\alpha)=\frac{1-\lambda-i\alpha}{1-i\alpha}\,.$$

Damit gilt $K(\alpha)\neq 1$, wenn $\lambda-1$ weder eine rein imaginäre Zahl noch gleich 0 ist. Die Fouriertransformierte $\Phi(\alpha)$ der Lösung (435) hat die Gestalt

$$\Phi(\alpha)=\frac{2}{(\alpha-i)\,(\alpha+i-\lambda i)}\,,$$

so daß die Lösung selbst

$$\varphi(x) = \frac{1}{\pi} \int_{-\infty}^{\infty} \frac{e^{ix\alpha}}{(\alpha - i)(\alpha + i - \lambda i)} \, d\alpha$$

lautet. Dieses Integral läßt sich leicht mit Hilfe der Residuentheorie berechnen, wobei es notwendig ist, die Fälle $x \geqq 0$ und $x < 0$ sowie $\operatorname{Re}(1-\lambda) > 0$ und $< 0$ zu unterscheiden:

$$\varphi(x) = \begin{cases} \dfrac{2}{2-\lambda} e^{-x} & \text{für } x > 0, \\ \dfrac{2}{2-\lambda} e^{(1-\lambda)x} & \text{für } x \leqq 0, \end{cases} \qquad \operatorname{Re}(1-\lambda) > 0,$$

$$\varphi(x) = \begin{cases} \dfrac{2}{2-\lambda} \left(e^{-x} - e^{(1-\lambda)x}\right) & \text{für } x > 0, \\ 0 & \text{für } x \leqq 0, \end{cases} \qquad \operatorname{Re}(1-\lambda) < 0.$$

Im Fall $\lambda = 2$ lautet die Lösung $\varphi(x) = -2xe^{-x}$ für $x > 0$ und $\varphi(x) = 0$ für $x \leqq 0$.

2. Als zweites Beispiel untersuchen wir die Integralgleichung mit symmetrischem Kern

$$\varphi(x) = f(x) + \lambda \int_{-\infty}^{\infty} e^{-|x-t|} \varphi(t) \, dt, \tag{441}$$

in der $k(x) = \lambda e^{-|x|}$ und damit $K(\alpha) = \dfrac{2\lambda}{1+\alpha^2}$ ist. Hieraus ergibt sich

$$1 - K(\alpha) = \frac{\alpha^2 + 1 - 2\lambda}{1 + \alpha^2},$$

und folglich muß $1 - 2\lambda$ eine von 0 verschiedene, nichtnegative Zahl sein.

Nach Formel (437) finden wir

$$K_1(\alpha) = \frac{K(\alpha)}{1 - K(\alpha)} = \frac{2\lambda}{1 - 2\lambda + \alpha^2},$$

so daß

$$k_1(x) = \frac{\lambda}{\pi} \int_{-\infty}^{\infty} \frac{e^{ix\alpha}}{1 - 2\lambda + \alpha^2} \, d\alpha$$

ist. Wenden wir hierauf den Residuensatz an, wobei die Fälle $x > 0$ und $x < 0$ gesondert behandelt werden müssen, so erhalten wir

$$k_1(x) = \frac{\lambda}{\sqrt{1-2\lambda}} e^{-|x|\sqrt{1-2\lambda}};$$

der Realteil von $\sqrt{1-2\lambda}$ ist dabei positiv zu wählen. Schließlich ergibt sich für die Lösung die Darstellung

$$\varphi(x) = f(x) + \frac{\lambda}{\sqrt{1-2\lambda}} \int_{-\infty}^{\infty} e^{-|x-t|\sqrt{1-2\lambda}} f(t) \, dt.$$

Falls $f(x)$ eine beschränkte Funktion ist, ist auch $\varphi(x)$ beschränkt. Die zur Integralgleichung (441) gehörende homogene Gleichung besitzt die Lösung

$$\varphi(x) = C_1 e^{\sqrt{1-2\lambda}\, x} + C_2 e^{-\sqrt{1-2\lambda}\, x} \qquad \left(\lambda \neq \frac{1}{2}\right) \tag{442}$$

bzw.

$$\varphi(x) = C_1 + C_2 x \qquad \left(\lambda = \frac{1}{2}\right). \tag{443}$$

Damit beim Einsetzen von (442) bzw. (443) in die rechte Seite von (441) das Integral existiert, ist notwendig, daß der Realteil der Wurzel $\sqrt{1-2\lambda}$ im Intervall $(-1, 1)$ liegt bzw. $\left(\text{für } \lambda = \frac{1}{2}\right)$ gleich 0 ist. Im Fall $1 - 2\lambda < 0$ liefert die Formel (442) die beschränkten Lösungen $\sin\sqrt{2\lambda - 1}\, x$ und $\cos\sqrt{2\lambda-1}\, x$.

**67. Halbunendliche Integrationsintervalle.** Die Untersuchung einer Integralgleichung, deren Kern nur von der Differenz der Argumente abhängt, ist im Fall eines halbunendlichen Intervalls $(0, \infty)$ wesentlich schwieriger als im Fall des Intervalls $(-\infty, \infty)$. Homogene Integralgleichungen solcher Art wurden von N. Wiener und E. Hopf (Sitzungsber. Preuß. Akad. 1931) und allgemeine Integralgleichungen mit symmetrischen Kernen, d. h. unter der Voraussetzung $k(s-t) = k(t-s)$, von W. A. Fock (Mat. Sbornik **14** (1944)) untersucht. In der Arbeit von I. M. Rapoport (Doklady AN SSSR **59**, Nr. 8 (1948)) wird ein Zusammenhang zwischen dieser Klasse von Integralgleichungen und dem Hilbertschen Randwertproblem hergestellt. Wir folgen der Methode dieser Arbeit und beschränken uns darauf, den Gang der Untersuchung in großen Zügen anzugeben.

Wir betrachten hierzu die Integralgleichung

$$\varphi(x) = f(x) + \int_0^\infty k(x-t)\, \varphi(t)\, dt. \tag{444}$$

Die Funktion $k(x)$ sei im Intervall $-\infty < x < \infty$, die Funktion $f(x)$ im Intervall $0 \leqq x < \infty$ vorgegeben. Die Aufgabe besteht darin, eine im Intervall $0 \leqq x < \infty$ definierte Lösung $\varphi(x)$ aufzufinden. Wir setzen dabei voraus, daß die vorgegebenen Funktionen stetig sind und daß die Produkte $k(x)\, e^{-cx}$ und $f(x)\, e^{-cx}$ für eine gewisse reelle Zahl $c$ absolut integrierbar sind und in endlich vielen Teilintervallen, die das Intervall $-\infty < x < \infty$ bzw. $0 \leqq x < \infty$ überdecken, jeweils monoton wachsen oder fallen.

Wir definieren die Funktion $f(x)$ auch für $x < 0$, indem wir dort $f(x) = 0$ annehmen, und suchen nun eine Funktion $\varphi(x)$, die im ganzen Intervall $-\infty < x < \infty$ der Integralgleichung (444) genügt. Wir setzen noch voraus, daß die Funktion $\varphi(x)\, e^{-cx}$ für $-\infty < x < \infty$ absolut integrierbar ist.

Damit wir den Faltungssatz für die zweiseitige Laplacetransformation anwenden können, muß das Integrationsintervall die ganze Zahlengerade sein. Um dies zu erreichen, verfahren wir folgendermaßen. Wir führen die Funktionen

$$\varphi_+(x) = \begin{cases} 0 & \text{für } x > 0, \\ \varphi(x) & \text{für } x < 0 \end{cases} \quad \text{und} \quad \varphi_-(x) = \begin{cases} -\varphi(x) & \text{für } x > 0, \\ 0 & \text{für } x < 0 \end{cases} \tag{445}$$

ein.

Die Integralgleichung (444) läßt sich damit in der Gestalt

$$\varphi_+(x) - \varphi_-(x) = f(x) - \int_{-\infty}^{\infty} k(x-t)\, \varphi_-(t)\, dt \tag{446}$$

schreiben. Wir bilden die zweiseitigen Laplacetransformierten [**51**]

$$\Phi^+(s) = L_2(\varphi_+), \qquad \Phi^-(s) = L_2(\varphi_-), \qquad F(s) = L_2(f), \qquad L(s) = L_2(k)$$

und nehmen dabei $s = c + \tau i$ an. Nach unseren Voraussetzungen über die absolute Konvergenz der Integrale lassen sich diese Transformierten bilden, und nach (446) folgt

$$\Phi^+(s) - \Phi^-(s) = F(s) - L(s)\, \Phi^-(s) \qquad (s = c + \tau i). \tag{447}$$

Wenn wir berücksichtigen, daß $f(x) = 0$ gilt für $x < 0$, erhalten wir

$$F(s) = \int_0^\infty e^{-sx} f(x)\, dx;$$

dabei konvergiert das Integral auf der rechten Seite absolut, wenn der Realteil von $s = \sigma + \tau i$ der Ungleichung $\operatorname{Re} s = \sigma > c$ genügt; die Funktion $F(s)$ ist rechts von der Geraden $\sigma = c$ regulär und hat auf dieser Geraden stetige Grenzwerte [51]. Ganz analog dazu sind wegen der vorausgesetzten absoluten Konvergenz des Integrals $\int_{-\infty}^{\infty} e^{-cx}\varphi(x)\, dx$ die Integrale

$$\int_{-\infty}^{\infty} e^{-sx}\varphi_+(x)\, dx \quad \text{und} \quad \int_{-\infty}^{\infty} e^{-sx}\varphi_-(x)\, dx$$

absolut konvergent, wenn $\sigma$ den Ungleichungen $\sigma \leqq c$ bzw. $\sigma \geqq c$ genügt. Damit kann man bestätigen, daß die Funktion $\Phi^+(s)$ in der Halbebene $\operatorname{Re} s = \sigma < c$ und die Funktion $\Phi^-(s)$ in der Halbebene $\operatorname{Re} s = \sigma > c$ regulär ist und daß beide Funktionen auf der Geraden $\sigma = c$ stetige Grenzwerte haben. Außerdem läßt sich zeigen, daß beide Funktionen in den angegebenen Bereichen für $|s| \to \infty$ gegen 0 streben. Die Beziehung (447) verknüpft die Randwerte der Funktionen $\Phi^+(s)$ und $\Phi^-(s)$ auf der Geraden $\sigma = c$. Wenn man (447) in der Gestalt

$$\Phi^+(s) = [1 - L(s)]\, \Phi^-(s) + F(s) \tag{448}$$

schreibt, wird man auf das inhomogene Hilbertsche Problem geführt [58]. Von der dortigen Bedingung (384) unterscheidet sich die Bedingung (448) nur dadurch, daß an Stelle der geschlossenen Kurve $L$, die den Koordinatenursprung im Inneren und den unendlich fernen Punkt im Außengebiet enthält, jetzt die Gerade $s = c + \tau i$ auftritt. Dies führt zu gewissen Änderungen in den Formeln. An Stelle des Faktors $\tau^{-k}$ in (376) steht jetzt der Faktor

$$\left(\frac{s - \alpha}{s - \beta}\right)^{-k} \qquad (\alpha < c,\ \beta > c)\,,$$

dessen Argument einen Zuwachs von $-2k\pi$ erhält, wenn die Gerade $\sigma = c$ von unten nach oben durchlaufen wird. Der Ausdruck (376) hat jetzt die Gestalt

$$g_0(s) = \left(\frac{s - \alpha}{s - \beta}\right)^{-k} [1 - L(s)] \quad \text{mit} \quad k = \frac{1}{2\pi} \{\arg\, [1 - L(s)]\}_{c-i\infty}^{c+i\infty};$$

dabei wird, wie auch im folgenden, $1 - L(c + \tau i) \neq 0$ vorausgesetzt. An Stelle der Beziehungen (381) gilt jetzt

$$\varphi_0^+(s) = \psi_0^+(s), \qquad \varphi_0^-(s) = \left(\frac{s - \alpha}{s - \beta}\right)^{-k} \psi_0^-(s)\,,$$

und an Stelle des Polynoms $P(z)$ steht jetzt der Bruch $\frac{P(s)}{(s - \beta)^k}$, so daß wir jetzt den verallgemeinerten Liouvilleschen Satz auf eine überall außer im Punkt $s = \beta$ reguläre Funktion anzuwenden haben.

Wenn wir annehmen, daß die Funktionen $L(c + \tau i)$ und $F(c + \tau i)$ einer Lipschitzbedingung genügen, können wir eine Lösung des durch (448) charakterisierten Problems angeben, die im Unendlichen verschwindet:

$$\frac{\varphi_0(s)}{2\pi i} \int_{c-i\infty}^{c+i\infty} \frac{F(\tau)}{\varphi_0^+(\tau)\,(\tau - s)}\, d\tau + \frac{P_{k-1}(s)}{(s - \beta)^k}\, \varphi_0(s) = \begin{cases} \Phi^+(s) & \text{für } \operatorname{Re} s < c\,, \\ \Phi^-(s) & \text{für } \operatorname{Re} s > c\,. \end{cases} \tag{449}$$

Dabei ist

$$\varphi_0(s) = \begin{cases} \varphi_0^+(s) & \text{für } \operatorname{Re} s < c\,, \\ \varphi_0^-(s) & \text{für } \operatorname{Re} s > c\,, \end{cases}$$

$$\varphi_0^+(s) = \exp \frac{1}{2\pi i} \int\limits_{c-i\infty}^{c+i\infty} \log \left\{ \left( \frac{\tau - \alpha}{\tau - \beta} \right)^{-k} [1 - L(\tau)] \right\} \frac{d\tau}{\tau - s},$$

$$\varphi_0^-(s) = \left( \frac{s - \alpha}{s - \beta} \right)^{-k} \cdot \exp \frac{1}{2\pi i} \int\limits_{c-i\infty}^{c+i\infty} \log \left\{ \left( \frac{\tau - \alpha}{\tau - \beta} \right)^{-k} [1 - L(\tau)] \right\} \frac{d\tau}{\tau - s},$$

und $P_{k-1}(s)$ ist ein Polynom höchstens $(k-1)$-ten Grades mit willkürlichen Koeffizienten; für $k \leqq 0$ ist $P_{k-1}(s) \equiv 0$ zu setzen.

In Übereinstimmung mit den Ergebnissen am Schluß von [58] erhalten wir drei Fälle.

Im Fall $k > 0$ hat das durch (448) charakterisierte Problem eine Lösung, die von $k$ willkürlichen Konstanten abhängt.

Im Fall $k = 0$ hat das Problem genau eine Lösung.

Im Fall $k < 0$ muß das in (449) auftretende Integral im Punkt $s = \beta$ eine Nullstelle der Vielfachheit $-k$ haben, die den Pol des in $\varphi_0^-(s)$ eingehenden Faktors $\left(\frac{s-\alpha}{s-\beta}\right)^{-k}$ ausgleicht. Das führt auf die notwendigen und hinreichenden Bedingungen

$$\int\limits_{c-i\infty}^{c+i\infty} \frac{F(\tau)}{\varphi_0^+(\tau)\,(\tau - \beta)^m}\, d\tau = 0 \qquad (m = 0, 1, \ldots, -k-1) \tag{450}$$

für die Lösbarkeit des Problems. Wenn diese Bedingungen erfüllt sind, hat das Problem genau eine Lösung.

Wenn wir mit Hilfe der Beziehung (449) die Funktion $\Phi^-(s)$ bilden, finden wir nach der Umkehrformel (323) für die Funktion $\varphi(x)$ im Fall $x > 0$ den Ausdruck

$$\varphi(x) = -\varphi_-(x) = -\frac{1}{2\pi i} \int\limits_{\sigma-i\infty}^{\sigma+i\infty} e^{sx} \Phi^-(s)\, ds \qquad (\sigma > c,\ x > 0)\,. \tag{451}$$

Es läßt sich zeigen, daß das Produkt $\varphi(x)\, e^{-cx}$ im Intervall $0 \leqq x < \infty$ absolut integrierbar ist. Wenn man die Umkehrformel für die Funktion $\Phi^+(s)$ aufschreibt, findet man $\varphi(x)$ für $x < 0$.

Wir formulieren nun das Ergebnis der Untersuchung. Es sei $k$ der durch $2\pi$ geteilte Zuwachs des Arguments von $1 - L(s)$, wenn $s$ von $c - i\infty$ bis $c + i\infty$ läuft. Dann hat die Integralgleichung (444) für $k > 0$ gerade $k$ linear unabhängige Lösungen und für $k = 0$ genau eine Lösung, die homogene Integralgleichung nur die Nullösung. Im Fall $k < 0$ sind die Bedingungen (450) notwendig und hinreichend für die Lösbarkeit der Integralgleichung. Wenn sie erfüllt sind, hat die Integralgleichung (444) genau eine Lösung.

**68. Beispiele.** 1. Beispiel. Wir betrachten den symmetrischen Kern

$$k(x) = \lambda e^{-|x|}$$

mit dem reellen Parameter $\lambda$. Für $c$ können wir eine beliebige Zahl wählen, die der Ungleichung $-1 < c < 1$ genügt. Für die Funktion $L(s)$ gilt

$$L(s) = \lambda \int\limits_0^\infty e^{-sx} e^{-x} dx + \lambda \int\limits_{-\infty}^0 e^{-sx} e^{x} dx = \frac{2\lambda}{1 - s^2},$$

folglich ist

$$1 - L(s) = \frac{(s - \lambda_1)\,(s - \lambda_2)}{(s-1)\,(s+1)} \tag{452}$$

mit

$$\lambda_{1,2} = \pm\sqrt{1 - 2\lambda} \qquad (\mathrm{Re}\,\lambda_1 \geqq \mathrm{Re}\,\lambda_2)\,.$$

Die Größe $k$ hängt von $\lambda$ und von der Klasse der Lösungen ab, die durch die Zahl $c$ charakterisiert wird. Wenn $\operatorname{Re} \lambda_1 < c$ und $\operatorname{Re} \lambda_2 < c$ gilt, ist $k = 1$; wenn $\operatorname{Re} \lambda_1 > c$ und $\operatorname{Re} \lambda_2 < c$ gilt, ist $k = 0$; wenn schließlich $\operatorname{Re} \lambda_1 > c$ und $\operatorname{Re} \lambda_2 > c$ gilt, ist $k = -1$.

1. Es sei $\lambda < 0$. Für jedes $c$ im Intervall $(-1, 1)$ ist $k = 0$, folglich $\lambda_1 \geqq 1$ und $\lambda_2 \leqq -1$. Die Randbedingungen (448) haben die Gestalt

$$\Phi^+(s) = \frac{(s-\lambda_1)(s-\lambda_2)}{(s-1)(s+1)} \Phi^-(s) + F(s) . \tag{453}$$

Da der Koeffizient (452) besonders einfach ist, kann man das durch (453) charakterisierte Problem lösen, ohne Cauchysche Integrale zu benutzen. Offenbar gilt

$$\varphi_0^+(s) = \frac{s-\lambda_1}{s-1} \quad \text{und} \quad \varphi_0^-(s) = \frac{s+1}{s-\lambda_2} .$$

Die Bedingung (453) schreiben wir in der Gestalt

$$\frac{s-1}{s-\lambda_1} \Phi^+(s) - \frac{s-\lambda_2}{s+1} \Phi^-(s) = \frac{s-1}{s-\lambda_1} F(s) . \tag{454}$$

Das Produkt $\dfrac{s-1}{s-\lambda_1} F(s)$ können wir leicht als Differenz der Form (370) darstellen, wenn wir berücksichtigen, daß $F(s)$ für $\operatorname{Re} s > c$ regulär ist:

$$\frac{s-1}{s-\lambda_1} F(s) = \frac{\lambda_1 - 1}{s-\lambda_1} F(\lambda_1) - \frac{(\lambda_1-1) F(\lambda_1) - (s-1) F(s)}{s-\lambda_1} .$$

Folglich gilt [**58**]

$$\frac{s-\lambda_2}{s+1} \Phi^-(s) = \frac{(\lambda_1-1) F(\lambda_1) - (s-1) F(s)}{s-\lambda_1} ,$$

woraus

$$\Phi^-(s) = \frac{(s+1)\left[(\lambda_1-1) F(\lambda_1) - (s-1) F(s)\right]}{(s-\lambda_1)(s-\lambda_2)} \tag{455}$$

folgt; die Lösung der Integralgleichung

$$\varphi(x) = f(x) + \lambda \int_0^\infty e^{-|x-t|} \varphi(t)\, dt \tag{456}$$

hat für $\lambda < 0$ die Gestalt

$$\varphi(x) = -\varphi_-(x) = \frac{1}{2\pi i} \int_{\sigma - i\infty}^{\sigma + i\infty} e^{sx} \frac{(s^2-1) F(s) - (\lambda_1 - 1)(s+1) F(\lambda_1)}{(s-\lambda_1)(s-\lambda_2)} ds .$$

2. Wir betrachten den Fall $0 < \lambda < \dfrac{1}{2}$ und setzen voraus, daß $c$ der Bedingung $\sqrt{1-2\lambda} < c < 1$ genügt. Es gilt $\lambda_2 < \lambda_1 < c$ und folglich $k = 1$. Die auf der rechten Seite der Beziehung (453) stehende Funktion hat in dem Bereich $\sigma > c$ möglicherweise einen einfachen Pol für $s = 1$ und strebt für $|s| \to \infty$ gegen 0. Man verifiziert leicht, daß wir mit einer willkürlichen Konstante $A$ den Ansatz

$$\Phi^+(s) = \frac{(s-\lambda_1)(s-\lambda_2)}{(s-1)(s+1)} \Phi^-(s) + F(s) = \frac{A}{s-1}$$

zu machen haben. Wir finden

$$\Phi^-(s) = -\frac{s^2-1}{(s-\lambda_1)(s-\lambda_2)} F(s) + \frac{(s+1) A}{(s-\lambda_1)(s-\lambda_2)} ,$$

und die Lösung der Integralgleichung (456) ist für $0<\lambda<\frac{1}{2}$ und $\sqrt{1-2\lambda}<c<1$:

$$\varphi(x)=\frac{1}{2\pi i}\int_{\sigma-i\infty}^{\sigma+i\infty} e^{sx}\frac{s^2-1}{(s-\lambda_1)(s-\lambda_2)}F(s)\,ds-\frac{A}{2\pi i}\int_{\sigma-i\infty}^{\sigma+i\infty} e^{sx}\frac{s+1}{(s-\lambda_1)(s-\lambda_2)}\,ds\,.$$

Der zweite Ausdruck auf der rechten Seite stellt die Lösung der homogenen Integralgleichung dar. Wenn wir links von der Integrationsgeraden einen Halbkreis mit großem Radius hinzufügen, erhalten wir durch Anwendung des Jordanschen Lemmas und des Residuensatzes die Lösung der homogenen Integralgleichung in der Gestalt

$$\varphi_0(x)=-A\,\frac{\sqrt{1-2\lambda}+1}{2\sqrt{1-2\lambda}}\,e^{\sqrt{1-2\lambda}\,x}-A\,\frac{\sqrt{1-2\lambda}-1}{2\sqrt{1-2\lambda}}\,e^{-\sqrt{1-2\lambda}\,x}\,.$$

3. Es sei $0<\lambda<\frac{1}{2}$ und $-\sqrt{1-2\lambda}<c<+\sqrt{1-2\lambda}$. Für die sich ergebende engere Klasse von Lösungen gilt $k=0$. Das Lösungsverfahren ist dasselbe wie im ersten Fall.

4. Es sei $0<\lambda<\frac{1}{2}$ und $-1<c<-\sqrt{1-2\lambda}$. Die Klasse der Lösungen ist noch enger ($k=-1$). Das Lösungsverfahren unterscheidet sich von dem im ersten Fall nur dadurch, daß jetzt in (455) der Ausdruck in eckigen Klammern für $s=\lambda_2$ verschwinden muß. Daraus folgt für die Lösbarkeit der Integralgleichung (456) in der betrachteten Klasse die notwendige und hinreichende Bedingung

$$(\lambda_1-1)\,F(\lambda_1)-(\lambda_2-1)\,F(\lambda_2)=0\,. \tag{457}$$

5. Es sei $\lambda\geqq\frac{1}{2}$ und $0<c<1$ ($k=1$). Das Lösungsverfahren ist dasselbe wie im zweiten Fall. Die Lösung der homogenen Integralgleichung läßt sich für $\lambda>\frac{1}{2}$ in der Form

$$\varphi_0(x)=\cos\nu x+\frac{\sin\nu x}{\nu}$$

darstellen; dabei ist $\nu^2=2\lambda-1$. Für $\lambda=\frac{1}{2}$ hat die homogene Integralgleichung die Lösung

$$\varphi_0(x)=1+x\,.$$

6. Es sei $\lambda\geqq\frac{1}{2}$ und $-1<c<0$ ($k=-1$). Das Lösungsverfahren ist dasselbe wie im Fall 4. Wenn die Bedingung (457) erfüllt ist, verschwindet die (eindeutig bestimmte) Lösung im Unendlichen. Es läßt sich zeigen, daß diese Bedingung der Bedingung

$$\int_0^\infty\left(\cos\nu x+\frac{\sin\nu x}{\nu}\right)f(x)\,dx=0\qquad\left(\lambda>\frac{1}{2}\right)$$

bzw.

$$\int_0^\infty(1+x)\,f(x)\,dx=0\qquad\left(\lambda=\frac{1}{2}\right)$$

äquivalent ist.

2. Beispiel. Jetzt behandeln wir die homogene Integralgleichung mit dem Kern

$$K(x)=\frac{1}{2}\int_{|x|}^\infty\frac{e^{-t}}{t}\,dt$$

(Milnesche Integralgleichung). Die Funktion $K(x)$ wird für $x=0$ von der Ordnung $\log x$ unendlich. Trotzdem ist die vorhergehende Methode anwendbar. Die Funktion $L(s)$ lautet jetzt

$$L(s)=\int_{-\infty}^{\infty} e^{sx}\left[\frac{1}{2}\int_{|x|}^{\infty}\frac{e^{-t}}{t}\,dt\right]dx=\frac{1}{2}\int_{0}^{\infty} e^{sx}\left[\int_{x}^{\infty}\frac{e^{-t}}{t}\,dt\right]dx+\frac{1}{2}\int_{-\infty}^{0} e^{sx}\left[\int_{-x}^{\infty}\frac{e^{-t}}{t}\,dt\right]dx\,.$$

Das iterierte Integral im ersten Summanden kann man in ein Doppelintegral über den durch die Ungleichung $t\geqq x$ bestimmten Teilbereich des ersten Quadranten der $x, t$-Ebene umwandeln. Ändern wir die Integrationsreihenfolge, so können wir den ersten Summanden in der Gestalt

$$\frac{1}{2}\int_{0}^{\infty}\frac{e^{-t}}{t}\left[\int_{0}^{t} e^{sx}\,dx\right]dt=\frac{1}{2s}\int_{0}^{\infty}\frac{e^{(s-1)t}-e^{-t}}{t}\,dt$$

schreiben.

Dieses Integral läßt sich beispielsweise durch Differentiation nach dem Parameter $s$ berechnen. Wir erhalten auf diese Weise

$$\frac{1}{2s}\int_{0}^{\infty}\frac{e^{(s-1)t}-e^{-t}}{t}\,dt=-\frac{1}{2s}\log(1-s)\,,$$

wobei wir annehmen, daß der Realteil von $s$ kleiner als 1 ist. Ebenso läßt sich auch der zweite Summand in dem Ausdruck für $L(s)$ ausrechnen, so daß sich schließlich

$$L(s)=\frac{1}{2}\log\frac{1+s}{1-s}\qquad(s=\sigma+i\tau;\ -1<\sigma<1)$$

ergibt; dabei ist derjenige Wert des Logarithmus zu nehmen, der für $s=0$ verschwindet. Aus der Potenzreihenentwicklung des Logarithmus erkennen wir, daß die Gleichung

$$1-\frac{1}{2s}\log\frac{1+s}{1-s}=0$$

die Doppelwurzel $s=0$ besitzt.

Es läßt sich zeigen, daß die letzte Gleichung keine weitere Lösung hat, deren Realteil im Intervall $(-1, 1)$ liegt.

Für $0<c<1$ wird

$$k=\frac{1}{2\pi}\left\{\arg\left[1-\frac{1}{2s}\log\frac{1+s}{1-s}\right]\right\}_{c-i\infty}^{c+i\infty}=1\,,$$

und wir können die Lösung nach (449) und (451) bestimmen, wenn wir $F(s)\equiv 0$ setzen.

Die Darstellung der letzten beiden Abschnitte stammt von J. I. Tscherski.

**69. Halbunendliche Integrationsintervalle (Fortsetzung).** Unter ganz allgemeinen Voraussetzungen wurden Integralgleichungen der Form (444) ausführlich in der Arbeit von M. G. Krein (Uspechi mat. nauk **13**, 5 (1958)) untersucht. Systeme solcher Integralgleichungen haben I. Z. Gochberg und M. G. Krein in mehreren gemeinsamen Arbeiten behandelt. In diesem Abschnitt wollen wir kurz die Ergebnisse der Arbeit von M. G. Krein vorstellen.

Im folgenden werden wir oft Klassen von Funktionen benutzen, die sich durch Fouriertransformierte von Funktionen aus $L_1(-\infty, \infty)$, $L_1(0, \infty)$ und $L_1(-\infty, 0)$ darstellen lassen. Um die Schreibweise etwas abzukürzen, verwenden wir für diese drei Funktionenklassen die Symbole $L$, $L_+$ bzw. $L_-$. Mit $R$, $R_+$ und $R_-$ bezeichnen wir die

Klassen derjenigen Funktionen, die in der Form

$$F(\lambda) = c + \int_{-\infty}^{\infty} f(x)\, e^{i\lambda x}\, dx\,,$$

$$F_1(\lambda) = c + \int_{0}^{\infty} f_1(x)\, e^{i\lambda x}\, dx \quad \text{bzw.} \quad F_2(\lambda) = c + \int_{-\infty}^{0} f_2(x)\, e^{i\lambda x}\, dx$$

darstellbar sind, wobei $f(x)$, $f_1(x)$ und $f_2(x)$ Funktionen aus $L$, $L_+$ bzw. $L_-$ sind und $c$ eine Konstante ist, die natürlich für verschiedene Funktionen verschieden sein kann. Die Funktionen aus $R_+$ lassen sich zu im Gebiet $\operatorname{Im} \lambda > 0$ regulären Funktionen fortsetzen, die auf der reellen Achse stetige Grenzwerte besitzen; eine analoge Aussage gilt für $R_-$.

Wichtig für das Folgende ist der

Satz von Wiener und Lévy. *Es sei $F_0(z)$ eine in einem gewissen Gebiet $\mathfrak{D}$ der komplexen Ebene oder einer Riemannschen Fläche reguläre Funktion und $F(\lambda)$ eine solche Funktion aus $R$, daß die Kurve $z = F(\lambda)$ $(-\infty \leqq \lambda \leqq \infty)$ in $\mathfrak{D}$ liegt. Dann ist auch $F_0[F(\lambda)]$ aus $R$.*

Der Satz von Wiener aus Abschnitt [**62**] ist ein Spezialfall dieses Satzes für $F_0(z) = z^{-1}$.

Im folgenden benötigen wir den Begriff des Index einer stetigen gerichteten Kurve in der komplexen Ebene. Der Index ist der durch $2\pi$ dividierte Zuwachs des Argumentes beim Durchlaufen dieser Kurve und stets eine ganze Zahl. Besitzt die Kurve die Darstellung

$$\zeta = \Phi(\lambda) \qquad (-\infty \leqq \lambda \leqq \infty)\,,$$

wobei $\Phi(\lambda)$ eine stetige, von 0 verschiedene Funktion ist, für die $\Phi(\infty) = \Phi(-\infty)$ gilt, so stellen wir den Index dieser Kurve (oder der Funktion $\Phi(\lambda)$) in der Form

$$\operatorname{ind} \Phi = \frac{1}{2\pi}\, [\arg \Phi(\lambda)]_{-\infty}^{\infty}$$

dar.

Im Fall $F_0(z) = \lg z$ ergibt sich aus dem Satz von Wiener und Lévy der folgende

Satz. *Es sei $g(x)$ aus $L$, und die Fouriertransformierte $G(\lambda)$ von $g(x)$ genüge den Bedingungen*

$$1 - G(\lambda) \neq 0 \quad (-\infty < \lambda < \infty) \qquad \textit{sowie} \qquad \operatorname{ind}\,[1 - G(\lambda)] = 0\,.$$

*Dann existiert eine solche Funktion $l(t)$ aus $L$, für die*

$$\lg\,[1 - G(\lambda)] = \int_{-\infty}^{\infty} l(t)\, e^{i\lambda t}\, dt$$

*gilt.*

Aus dieser Darstellung folgt unmittelbar die Konvergenz von $\lg\,[1 - G(\lambda)] \to 0$ für $\lambda \to \pm\infty$.

Im weiteren werden wir häufig eine Faktorisierung von im Intervall $-\infty \leqq \lambda \leqq \infty$ stetigen Funktionen $\omega(\lambda)$ aus der Klasse $R$ im Fall $c = 1$ benötigen. Darunter verstehen wir die Darstellung von $\omega(\lambda)$ als Produkt der Gestalt

$$\omega(\lambda) = \omega_+(\lambda) \left(\frac{\lambda - i}{\lambda + i}\right)^k \omega_-(\lambda) \qquad (-\infty \leqq \lambda \leqq \infty)\,, \tag{458}$$

wobei $\omega_+(\lambda)$ und $\omega_-(\lambda)$ reguläre Funktionen in den Halbebenen $\operatorname{Im} \lambda > 0$ bzw. $\operatorname{Im} \lambda < 0$ sind, die auf der reellen Achse stetige Grenzwerte haben. Außerdem sollen $\omega_+(\lambda)$ und $\omega_-(\lambda)$ den Bedingungen

$$\omega_+(\lambda) \neq 0 \quad \text{für} \quad \operatorname{Im} \lambda \geqq 0 \qquad \text{und} \qquad \omega_-(\lambda) \neq 0 \quad \text{für} \quad \operatorname{Im} \lambda \leqq 0$$

genügen.

Aus der Darstellung (458) ergibt sich leicht $k = \operatorname{ind} \omega(\lambda)$. Die Faktorisierung (458) heißt im Fall $k = 0$ kanonisch.

Von jetzt an betrachten wir nur noch Funktionen der Gestalt

$$\omega(\lambda) = 1 - G(\lambda)\,, \tag{459}$$

wobei $G(\lambda)$ die Fouriertransformierte einer Funktion aus $L_1$ ist, so daß $\omega(\pm\infty) = 1$ gilt. Wir können damit annehmen, daß

$$\omega_+(\pm\infty) = \omega_-(\pm\infty) = 1$$

ist.

Wir kommen nun zu den grundlegenden Resultaten, die das soeben skizzierte Problem der Faktorisierung betreffen.

Notwendig und hinreichend dafür, daß die Funktion (459) eine kanonische Faktorisierung erlaubt, sind die beiden Bedingungen

$$\omega(\lambda) \neq 0 \quad (-\infty \leqq \lambda \leqq +\infty) \qquad \text{und} \qquad \operatorname{ind} \omega(\lambda) = 0\,. \tag{460}$$

Die kanonische Faktorisierung ist dann sogar eindeutig bestimmt. Außerdem existiert, falls die Bedingungen (460) erfüllt sind, eine Funktion $M(t)$ aus $L_1$ mit

$$\omega(\lambda) = \exp \int\limits_{-\infty}^{\infty} M(t)\, e^{i\lambda t}\, dt \tag{461}$$

und

$$\omega_+(\lambda) = \exp \int\limits_{0}^{\infty} M(t)\, e^{i\lambda t}\, dt, \qquad \omega_-(\lambda) = \exp \int\limits_{-\infty}^{0} M(t)\, e^{i\lambda t} dt\,, \tag{462}$$

wobei $\exp \alpha = e^{\alpha}$ bedeutet. Aus diesen Darstellungen folgt $\omega(\lambda) \in R$ und $\omega_\pm(\lambda) \in R_\pm$.

Die Faktoren in der kanonischen Faktorisierung lassen sich auch aus den Beziehungen

$$\lg \omega_+(\lambda) = \frac{1}{2\pi i} \int\limits_{-\infty}^{\infty} \frac{\lg \omega(\mu)}{\mu - \lambda}\, d\mu \qquad (\operatorname{Im} \lambda > 0)\,, \tag{463}$$

$$\lg \omega_-(\lambda) = \frac{-1}{2\pi i} \int\limits_{-\infty}^{\infty} \frac{\lg \omega(\mu)}{\mu - \lambda}\, d\mu \qquad (\operatorname{Im} \lambda < 0) \tag{464}$$

bestimmen.

Im Fall der allgemeinen Faktorisierung gilt der Satz: Notwendig und hinreichend dafür, daß die Funktion (459) die Faktorisierung (458) erlaubt, ist die Bedingung

$$\omega(\lambda) \neq 0 \qquad (-\infty \leqq \lambda \leqq \infty)\,.$$

Die Gleichung (458) kann dann in der Gestalt

$$\left(\frac{\lambda - i}{\lambda + i}\right)^{-k} \omega(\lambda) = \omega_-(\lambda)\, \omega_+(\lambda) \qquad (-\infty \leqq \lambda \leqq \infty)$$

geschrieben werden, und das ist die kanonische Faktorisierung der Funktion

$$\omega_1(\lambda) = \left(\frac{\lambda - i}{\lambda + i}\right)^{-k} \omega(\lambda)\,.$$

Folglich gelten für die Faktoren $\omega_\pm(\lambda)$ die Formeln (461) bis (464), wenn in ihnen $\omega(\lambda)$ durch $\omega_1(\lambda)$ ersetzt wird.

Wir behandeln jetzt die Integralgleichung (444)

$$\varphi(t) = f(t) + \int\limits_{0}^{\infty} k(t - s)\, \varphi(s)\, ds \tag{$444_1$}$$

mit einem Kern $k(t)$ aus $L_+$. Die Fouriertransformierte des Kerns sei

$$K(\lambda) = \int_0^\infty k(t)\, e^{i\lambda t}\, dt .$$

Bevor wir zur Formulierung der Sätze über die Lösungen der Integralgleichung (444) kommen, wollen wir einige Funktionenräume aufzählen, deren Elemente im Intervall $(0, \infty)$ definiert sind und die im folgenden eine Rolle spielen werden: die Räume $L_1$ und $L_2$, der Raum $M$ der meßbaren beschränkten Funktionen, der Raum $C$ der in $0 \leq x \leq \infty$ stetigen Funktionen und der Raum $C'$ derjenigen Funktionen aus $C$, für die $f(\infty) = 0$ gilt. Mit dem Buchstaben $\mathfrak{E}$ bezeichnen wir irgendeinen dieser Räume. Alle auftretenden Funktionen betrachten wir als komplexwertig. In den unten angegebenen Resultaten, die das Symbol $\mathfrak{E}$ enthalten, könnte $\mathfrak{E}$ auch noch einige andere Funktionenräume bedeuten. Wir formulieren nun die grundlegenden Sätze über die Lösungen der Integralgleichung (444).

Satz 1. *Die Bedingungen*

$$1 - K(\lambda) \neq 0 \quad \textit{für} \quad -\infty \leq \lambda \leq +\infty \tag{465}$$

*und*

$$\nu = -\operatorname{ind}\,[1 - K(\lambda)] = 0 \tag{466}$$

*sind notwendig und hinreichend dafür, daß die Integralgleichung* (444) *bei beliebigem* $f(x)$ *aus* $\mathfrak{E}$ *genau eine einzige Lösung aus* $\mathfrak{E}$ *hat.*

Satz 2. *Ist die Bedingung* (465) *erfüllt, so ist die Ungleichung* $\nu > 0$ *eine notwendige und hinreichende Bedingung dafür, daß die homogene Integralgleichung*

$$\varphi(t) = \int_0^\infty k(t-s)\, \varphi(s)\, ds \tag{467}$$

*in irgendeinem der Räume* $\mathfrak{E}$ *von* 0 *verschiedene Lösungen hat.*

*Diese Lösungen sind in allen Räumen* $\mathfrak{E}$ *dieselben. Die Menge aller Lösungen besitzt eine Basis, die aus* $\nu$ *Funktionen* $\varphi_k(x)$ $(k = 0, 1, \ldots, \nu - 1)$ *besteht. Die Funktionen* $\varphi_k(x)$ *streben für* $x \to \infty$ *gegen* 0, *und zwischen ihnen bestehen die folgenden Beziehungen:*

$$\varphi_k(t) = \int_0^t \varphi_{k+1}(s)\, ds \qquad (k = 0, 1, \ldots, \nu - 2)\,,$$

$$\varphi_{\nu-1}(t) = \int_0^t \psi(s)\, ds + c$$

*mit* $c \neq 0$ *sowie* $\varphi_k(t)$ $(k = 0, 1, \ldots, \nu - 2)$ *und* $\psi(t)$ *aus* $L_+$.

Satz 3. *Ist die Bedingung* (465) *erfüllt und* $\nu > 0$, *so hat die Integralgleichung* (444) *bei beliebigem* $f(x)$ *aus* $\mathfrak{E}$ *unendlich viele Lösungen aus* $\mathfrak{E}$.

*Ist dagegen* $\nu < 0$, *so hat bei gegebenem* $f(x)$ *aus* $\mathfrak{E}$ *die Integralgleichung* (444) *entweder gar keine Lösung aus* $\mathfrak{E}$, *oder sie hat genau eine Lösung. Damit der letzte Fall eintritt, sind die folgenden Bedingungen notwendig und hinreichend:*

$$\int_0^\infty f(t)\, \psi_k(t)\, dt = 0 \qquad (k = 0, 1, \ldots, |\nu| - 1)\,.$$

*Dabei bezeichnen die Funktionen* $\psi_k(t)$ *irgendeine Basis der Menge aller Lösungen der transponierten homogenen Integralgleichung*

$$\psi(t) = \int_0^\infty k(s-t)\, \psi(s)\, ds\,.$$

Als nächstes skizzieren wir, wie die Resolvente für die Lösung der Integralgleichung ($444_1$) bestimmt werden kann.

1. Sind die Bedingungen (465), (466) erfüllt, so haben wir die eindeutige Faktorisierung

$$[1-K(\lambda)]^{-1}=\omega_+(\lambda)\,\omega_-(\lambda)$$

mit

$$\omega_+(\lambda)=1+\int_0^\infty \gamma_+(t)\,e^{i\lambda t}\,dt \tag{468$_1$}$$

und

$$\omega_-(\lambda)=1+\int_0^\infty \gamma_-(t)\,e^{-i\lambda t}\,dt\,. \tag{468$_2$}$$

Die Resolvente ist dann durch die Beziehung

$$\gamma(t,s)=\gamma_+(t-s)+\gamma_-(s-t)+\int_0^\infty \gamma_+(t-r)\,\gamma_-(s-r)\,dr \tag{469}$$

$$(0\leqq t,\ s<\infty,\ \gamma_+(t)=0 \text{ und } \gamma_-(t)=0 \text{ für } t<0)$$

definiert, so daß die Lösung der Integralgleichung mit der gegebenen Funktion $f(t)$ aus $\mathfrak{G}$ die Darstellung

$$\varphi(t)=f(t)+\int_0^\infty \gamma(t,s)\,f(s)\,ds$$

besitzt. Die Beziehung (469) kann auch in der Gestalt

$$\gamma(t,s)=\gamma(t-s,0)+\gamma(0,s-t)+\int_0^\infty \gamma(t-r,0)\,\gamma(0,s-r)\,dr \tag{470}$$

geschrieben werden. Gilt insbesondere $k(t-s)=k(s-t)$, so nimmt (470) die Gestalt

$$\gamma(t,s)=\gamma(|t-s|,0)+\int_0^{\min(t,s)} \gamma(t-r,0)\,\gamma(s-r,0)\,dr$$

an. Es sei auch noch erwähnt, daß $\gamma_+(s)$ und $\gamma_-(s)$ die eindeutig bestimmten Lösungen der Integralgleichungen

$$\gamma_+(s)+\int_0^\infty k(s-t)\,\gamma_+(t)\,dt=k(s)\,,$$

$$\gamma_-(s)+\int_0^\infty k(t-s)\,\gamma_-(t)\,dt=k(-s) \qquad (0\leqq s\leqq+\infty)$$

sind.

2. Wir nehmen nun an, daß zwar die Bedingung (465) erfüllt ist, daß jedoch $\nu=-\operatorname{ind}[1-K(\lambda)]>0$ gilt. Dann erlaubt die Funktion $(1-K(\lambda))^{-1}$ die Faktorisierung

$$(1-K(\lambda))^{-1}=G_-(\lambda)\left(\frac{\lambda-i}{\lambda+i}\right)^\nu G_+(\lambda) \qquad (-\infty\leqq\lambda\leqq\infty)\,. \tag{471}$$

Für die Funktionen $\omega_-(\lambda)$ und $\omega_+(\lambda)$, die durch die Gleichungen

$$\omega_-(\lambda)=G_-(\lambda) \quad \text{und} \quad \omega_+(\lambda)=\left(\frac{\lambda-i}{\lambda+i}\right)^\nu G_+(\lambda)$$

definiert sind, haben wir die Darstellungen ($468_{1,2}$) und die Formel (469) für die Resolvente. Außerdem gelten für $l=1,2,\ldots,\nu$ die Darstellungen

$$\frac{i^l\omega_+(\lambda)}{(\lambda-i)^l}=\int_0^\infty g_l(t)\,e^{i\lambda t}\,dt\,,$$

wobei die $g_l(s)$ Lösungen der homogenen Integralgleichung (467) sind. Natürlich lassen sich durch diese Funktionen $g_l(s)$ auch die Lösungen $\varphi_l(s)$ aus Satz 2 ausdrücken.

3. Im Fall $\nu = -\operatorname{ind}[1-K(\lambda)] < 0$ besitzt die transponierte Integralgleichung

$$\varphi(t) = f(t) + \int_0^\infty k(s-t)\, \varphi(s)\, ds$$

den Index $-\nu > 0$. Stellt die Formel (471) die Faktorisierung der Funktion $(1-K(\lambda))^{-1}$ dar, die der Integralgleichung (444) entspricht, so ist

$$[1-K(\lambda)]^{-1} = \omega_-(-\lambda)\, \omega_+(-\lambda)$$

die zur transponierten Integralgleichung gehörende Faktorisierung, wobei $\omega_-(-\lambda)$ die Rolle von $\omega_+(\lambda)$ und $\omega_+(-\lambda)$ die von $\omega_-(\lambda)$ übernimmt.

In der am Anfang dieses Abschnitts zitierten Arbeit von M. G. Krein wird darauf hingewiesen, daß die soeben beschriebenen Ergebnisse auch in dem Fall angewendet werden können, wo der Kern $k(t)$ die Eigenschaft hat, daß erst das Produkt $e^{-ht}k(t)$ bei entsprechender Wahl einer reellen Zahl $h$ zu $L$ gehört. Denn setzen wir

$$\hat{k}(t) = e^{-ht}k(t), \qquad \hat{\varphi}(t) = e^{-ht}\varphi(t), \qquad \hat{f}(t) = e^{-ht}f(t),$$

so erhalten wir statt $(444_1)$ die Integralgleichung

$$\hat{\varphi}(s) = \hat{f}(s) + \int_0^\infty \hat{k}(s-t)\, \hat{\varphi}(t)\, dt, \qquad (444_2)$$

auf die die oben angegebenen Resultate anwendbar sind. Dies führt uns auf die entsprechenden Sätze für die Integralgleichung $(444_1)$.

Als Beispiel formulieren wir das Analogon des Satzes 1 für diesen Fall. Die Bedingungen

$$1-K(\lambda+ih) \neq 0, \qquad \operatorname{ind}[1-K(\lambda+ih)] = 0 \qquad (-\infty < \lambda < \infty)$$

sind notwendig und hinreichend dafür, daß die Integralgleichung $(444_1)$ bei beliebigem $f(s)$ mit $e^{-hs}f(s) \in L$ genau eine Lösung $\varphi(s)$ mit $e^{-hs}\varphi(s) \in L$ hat.

Wir bemerken noch, daß die Resolvente $\gamma_h(t,s)$ der Integralgleichung $(444_1)$ durch die Resolvente $\hat{\gamma}(t,s)$ der Integralgleichung $(444_2)$ mit Hilfe der Beziehung

$$\gamma_h(t,s) = e^{h(t-s)}\hat{\gamma}(t,s)$$

ausgedrückt werden kann. Die Arbeit von M. G. Krein enthält noch weitere Untersuchungen dieses Falles, insbesondere auch für die homogene Integralgleichung.

Abschließend betrachten wir kurz einen Spezialfall der Integralgleichung $(444_1)$, bei dem die Bedingungen (465) und (466) erfüllt sind und $K(\lambda)$ eine rationale Funktion von $\lambda$ ist. Es läßt sich leicht ein Kern $k(t)$ aus $L$ konstruieren, dessen Fouriertransformierte $K(\lambda)$ unseren Voraussetzungen genügt. Es sei beispielsweise $n$ der Grad des Nennerpolynoms. Dann ist wegen $K(\pm\infty) = 0$ der Grad des Zählers $\leqq n-1$ und

$$1-K(\lambda) = \frac{(\lambda-\alpha_1)(\lambda-\alpha_2)\dots(\lambda-\alpha_n)}{(\lambda-\beta_1)(\lambda-\beta_2)\dots(\lambda-\beta_n)}.$$

Auf Grund der Bedingungen (465) und (466) dürfen die Zahlen $\alpha_k$ und $\beta_k$ $(k=1,\dots,n)$ nicht reell sein, und sowohl die Anzahl der Nullstellen als auch die Anzahl der Polstellen des Bruches müssen in der oberen sowie in der unteren Halbebene gleich sein. Es seien $\alpha_j$, $\beta_j$ $(j=1,\dots,m)$ aus der unteren und $\alpha_j$, $\beta_j$ $(j=m+1,\dots,n)$ aus der oberen Halbebene, und die $\alpha_j$ $(j=1,\dots,m)$ seien voneinander verschieden. Dann gilt

$$\omega_+(\lambda) = \prod_{j=1}^m \frac{\lambda-\beta_j}{\lambda-\alpha_j} = 1 + \sum_{j=1}^m \frac{A_j}{\lambda-\alpha_j}$$

sowie

$$\gamma(t,0) = -i \sum_{j=1}^m A_j e^{-i\alpha_j t}.$$

Ist der Kern $k(t)$ symmetrisch, d. h., gilt $k(-t) = k(t)$, so ist $\gamma(t,0) = \gamma(0,t)$ und

$$\gamma(t,s) = i \sum_{j,l=1}^m \frac{A_j A_l}{\alpha_j+\alpha_l} e^{-i(\alpha_j t+\alpha_l s)} [e^{i(\alpha_j+\alpha_l)\min(t,s)} - 1] + i \sum_{j=1}^m A_j e^{-\alpha_j(t-s)}.$$

# II. Variationsrechnung

**70. Problemstellung.** Zunächst wollen wir einige konkrete Probleme betrachten, die den Gegenstand der Variationsrechnung beleuchten. Es sei ein inhomogenes isotropes Medium gegeben. In jedem Punkt $(x, y, z)$ dieses Mediums sei eine Geschwindigkeit $v(x, y, z)$ definiert, die nicht von der Richtung abhängt. Wir bestimmen die Zeit, in welcher ein Punkt, der sich mit dieser Geschwindigkeit bewegt, eine gewisse Kurve $l$ beschreibt. Das Linienelement $\mathrm{d}s$ wird in der Zeit $\mathrm{d}s/v$, die ganze Kurve $l$ also in der Zeit

$$T = \int_l \frac{\mathrm{d}s}{v(x, y, z)} \tag{1}$$

durchlaufen.

Wir variieren $l$, halten aber dabei die Endpunkte $(x_0, y_0, z_0)$ und $(x_1, y_1, z_1)$ von $l$ fest. Die Größe $T$ ändert sich dann in Abhängigkeit von $l$. In diesem Fall heißt $T$ ein *Funktional der Kurve l*. Bei einer bestimmten Wahl von $l$ hat $T$ einen bestimmten Zahlenwert. In der geometrischen Optik wird folgendes Problem gestellt: Bei festen Endpunkten $(x_0, y_0, z_0)$ und $(x_1, y_1, z_1)$ ist die Kurve $l$ so zu bestimmen, daß das Funktional $T$ seinen kleinsten Wert hat. Wir nehmen an, daß sich $l$ mit $x$ als Parameter darstellen läßt; $y$ und $z$ sind dann Funktionen von $x$, und das Integral (1) läßt sich in der Gestalt

$$T = \int_{x_0}^{x_1} \frac{\sqrt{1 + y'^2 + z'^2}}{v(x, y, z)}\, \mathrm{d}x \tag{2}$$

schreiben, wobei $y'$ und $z'$ die ersten Ableitungen der Funktionen $y$ und $z$ sind. Das Problem führt auf die Bestimmung zweier Funktionen $y(x)$ und $z(x)$, für die der Ausdruck (2) den kleinsten Wert annimmt und die den Randbedingungen

$$y(x_0) = y_0, \qquad z(x_0) = z_0, \qquad y(x_1) = y_1, \qquad z(x_1) = z_1$$

genügen.

Im ebenen Fall hat das Funktional (2) die Gestalt

$$T = \int_{x_0}^{x_1} \frac{\sqrt{1 + y'^2}}{v(x, y)}\, \mathrm{d}x; \tag{$2_1$}$$

die Aufgabe besteht jetzt darin, eine Funktion $y(x)$ zu ermitteln, die das Funktional $(2_1)$ zu einem Minimum macht und den beiden Randbedingungen

$$y(x_0) = y_0, \qquad y(x_1) = y_1$$

genügt.

Wir betrachten jetzt ein Problem, bei dem das Funktional ein mehrfaches Integral ist. Gegeben sei eine geschlossene Raumkurve $l$, durch die eine Fläche mit möglichst kleinem Flächeninhalt hindurchgelegt werden soll. Es sei $\lambda$ die Projektion von $l$ auf die $x$, $y$-Ebene und $B$ der von $\lambda$ begrenzte Bereich. Die Gleichung der gesuchten Fläche möge sich in der Form $z=z(x, y)$ schreiben lassen. Dann läßt sich ihr Inhalt durch das Integral

$$S=\iint\limits_B \sqrt{1+z_x^2+z_y^2}\, dx\, dy \tag{3}$$

ausdrücken, wobei $z_x$ und $z_y$ die partiellen Ableitungen von $z(x, y)$ nach $x$ bzw. $y$ sind.

Für eine gewisse Fläche $B$ hat die Größe $S$ einen festen Wert; $S$ ist also ein Funktional der Fläche $B$. Die Aufgabe besteht darin, eine Funktion $z(x, y)$ zu ermitteln, für die $S$ den kleinsten Wert annimmt. Die Randbedingung besteht in diesem Fall darin, daß die gesuchte Funktion $z$ auf der Kurve $\lambda$ gegebene Werte annimmt. Diese müssen gleich den Ordinaten $z$ der Punkte der Kurve $l$ sein, durch die die Fläche gelegt werden soll.

Das Grundproblem der Variationsrechnung besteht allgemein in der Ermittlung der größten und kleinsten Werte von Funktionalen, die von Kurven oder Flächen abhängen und sich durch bestimmte Integrale ausdrücken lassen. Dieses Problem ist das Analogon zu der Aufgabe der Differentialrechnung, die größten bzw. kleinsten Werte einer Funktion zu ermitteln. Bekanntlich hängt diese Aufgabe unmittelbar mit der Bestimmung der (relativen) Extrema der Funktion zusammen, d. h. mit der Bestimmung derjenigen Werte der unabhängigen Veränderlichen, für welche die Funktion im Vergleich zu allen hinreichend benachbarten Werten einen größten oder kleinsten Wert annimmt. Ein analoger Zusammenhang besteht bei dem Problem der Variationsrechnung. So suchen wir beispielsweise im Fall des Funktionals (2) eine Kurve $l$, für die $T$ einen Wert annimmt, der nicht größer ist als die entsprechenden Werte für alle hinreichend nahe bei $l$ gelegenen Kurven. Hat das Funktional für eine Kurve oder Fläche einen Wert, der nicht kleiner (oder nicht größer) ist als für alle benachbarten Kurven oder Flächen, so sagt man wieder, das Funktional habe für diese Kurve oder Fläche ein (relatives) Extremum.

Im folgenden geben wir eine genaue Formulierung der Probleme und definieren den Begriff der Nachbarschaft von Kurven bzw. Flächen, die hier dieselbe Rolle spielen wie die unabhängigen Veränderlichen in der gewöhnlichen Differentialrechnung. Zur Bestimmung der Werte von $x$, für welche die Funktion $f(x)$ einen Extremwert annimmt, ist die Gleichung $f'(x)=0$ aufzulösen. In der Variationsrechnung wird bewiesen, daß die Kurve $y=y(x)$ oder die Fläche $z=z(x, y)$, für die ein Funktional einen Extremwert hat, einer Differentialgleichung genügen muß. Wir wollen zunächst diese Differentialgleichung bestimmen. Sie stellt eine notwendige Bedingung für ein Extremum des Funktionals dar, genauso wie die Gleichung $f'(x)=0$ eine notwendige Bedingung dafür ist, daß die vorgegebene Funktion $f(x)$ an der Stelle $x$ ein Extremum hat. Zur Herleitung der erwähnten Differentialgleichung benötigen wir zwei Hilfssätze, die wir im folgenden Abschnitt beweisen.

**71. Fundamentallemmata der Variationsrechnung.** Lemma 1. *Ist das Integral*

$$\int\limits_{x_0}^{x_1} f(x)\, \eta(x)\, dx\,, \tag{4}$$

*in dem $f(x)$ eine feste, in einem Intervall $[x_0, x_1]$ stetige Funktion bedeutet, für jede Funktion $\eta(x)$, die nebst ihrer ersten Ableitung im Intervall $[x_0, x_1]$ stetig ist und in den Endpunkten verschwindet, gleich* 0, *so ist $f(x)$ im Intervall $[x_0, x_1]$ identisch gleich* 0.

Wir führen den Beweis indirekt. Es sei $f(x)$ in einem Punkt $x=\xi$ im Inneren des Intervalls von 0 verschieden, etwa $f(\xi)>0$. Infolge der Stetigkeit ist $f(x)$ auch in einem Teilintervall $[\xi_1, \xi_2]$ von $[x_0, x_1]$, das $\xi$ im Innern enthält, positiv. Dann wählen wir die Funktion $\eta(x)$ folgendermaßen:

$$\eta(x)=\begin{cases} 0 & \text{für} \quad x_0 \leqq x \leqq \xi_1\,, \\ (x-\xi_1)^2\,(x-\xi_2)^2 & \text{für} \quad \xi_1 \leqq x \leqq \xi_2\,, \\ 0 & \text{für} \quad \xi_2 \leqq x \leqq x_1\,. \end{cases} \tag{5}$$

Die Funktion $\eta(x)$ erfüllt alle Voraussetzungen des Lemmas. Denn auf Grund der Konstruktion ist $\eta(x_0)=\eta(x_1)=0$. Das Produkt $(x-\xi_1)^2\,(x-\xi_2)^2$ und seine erste Ableitung nach $x$ verschwinden beide für $x=\xi_1$ und $x=\xi_2$. Außerhalb des Intervalls $[\xi_1, \xi_2]$ ist $\eta(x)$ identisch gleich 0. Hieraus folgt die Stetigkeit der Funktion $\eta(x)$ und ihrer Ableitung im ganzen Intervall $[x_0, x_1]$. Da $\eta(x)$ außerhalb von $[\xi_1, \xi_2]$ identisch verschwindet, läßt sich das Integral (4) in der Gestalt

$$\int_{\xi_1}^{\xi_2} f(x)\,(x-\xi_1)^2\,(x-\xi_2)^2\,\mathrm{d}x$$

schreiben, woraus folgt, daß es einen positiven Wert hat; denn der Integrand ist im Inneren des Integrationsintervalls stetig und positiv. Nach Voraussetzung sollte aber das Integral gleich 0 sein. Das ist ein Widerspruch; damit ist das Lemma bewiesen.

Jetzt beweisen wir das entsprechende Lemma für Doppelintegrale.

Lemma 2. *Ist das Integral*

$$\iint_B f(x, y)\,\eta(x, y)\,\mathrm{d}x\,\mathrm{d}y\,, \tag{6}$$

*in dem $f(x, y)$ eine feste, in einem Bereich $B$ stetige Funktion bedeutet, für jede Funktion $\eta(x, y)$, die nebst ihren partiellen Ableitungen erster Ordnung in $B$ stetig ist und auf dem Rand $l$ von $B$ verschwindet, gleich* 0, *so ist $f(x, y)$ in $B$ identisch gleich* 0.

Angenommen, in einem Punkt $(\xi, \eta)$ im Inneren von $B$ wäre die Funktion $f(x, y)$ positiv; dann ist sie auch in einem ganz im Inneren von $B$ liegenden Kreis um $(\xi, \eta)$ vom Radius $\varrho$ positiv. Die Funktion $\eta(x, y)$ wählen wir jetzt folgendermaßen:

$$\eta(x, y)=\begin{cases} 0 & \text{für} \quad (x-\xi)^2+(y-\eta)^2 \geqq \varrho^2\,, \\ [(x-\xi)^2+(y-\eta)^2-\varrho^2]^2 & \text{für} \quad (x-\xi)^2+(y-\eta)^2 < \varrho^2\,. \end{cases}$$

Man sieht leicht, daß $\eta(x, y)$ allen Voraussetzungen des Lemmas genügt. Das Integral (6) reduziert sich auf das Integral einer stetigen positiven Funktion über die angegebene Kreisfläche und ist deshalb positiv, was der Voraussetzung des Lemmas widerspricht.

Bemerkung. Beide Lemmata bleiben auch dann richtig, wenn der Funktion $\eta$ schärfere Bedingungen auferlegt werden. Wir können beispielsweise fordern, daß sie stetige Ableitungen bis zu einer gewissen Ordnung $n$ haben soll und daß sie in den Randpunkten des Intervalls $[x_0, x_1]$ bzw. im Fall des Integrals (6) auf der Randkurve $l$ zusammen mit ihren Ableitungen bis zur $(n-1)$-ten Ordnung verschwindet. Der Beweis bleibt der gleiche wie zuvor, man braucht nur in (5) den

Exponenten 2 durch $n+1$ zu ersetzen. Das Lemma läßt sich auch für dreifache und allgemein für $n$-fache Integrale beweisen.

Die folgenden beiden Lemmata sind von ganz anderer Art. Von ihrem Inhalt her könnten sie zu einem einzigen Hilfssatz zusammengefaßt werden, wir werden sie aber getrennt behandeln, um eine größere Klarheit zu erreichen.

Lemma 3. *Ist die Funktion $g(x)$ im Intervall $[x_0, x_1]$ stetig und*

$$\int_{x_0}^{x_1} g(x)\,\eta'(x)\,\mathrm{d}x = 0 \tag{7}$$

*für jede Funktion $\eta(x)$, die zusammen mit ihrer Ableitung in $[x_0, x_1]$ stetig ist und der Bedingung $\eta(x_0) = \eta(x_1) = 0$ genügt, so ist $g(x)$ eine Konstante.*

Zum Beweis setzen wir $c = \frac{1}{x_1 - x_0} \int_{x_0}^{x_1} g(x)\,\mathrm{d}x$ und erhalten damit

$$\int_{x_0}^{x_1} [g(x) - c]\,\mathrm{d}x = 0\,. \tag{8}$$

Die Funktion

$$\eta(x) = \int_{x_0}^{x} [g(t) - c]\,\mathrm{d}t$$

genügt den Bedingungen des Lemmas, so daß nach Voraussetzung $\int_{x_0}^{x_1} g(x)\,[g(x) - c]\,\mathrm{d}x = 0$ gilt. Multiplizieren wir beide Seiten der Gleichung (8) mit $c$, so erhalten wir unter Beachtung der letzten Beziehung $\int_{x_0}^{x_1} [g(x) - c]^2\,\mathrm{d}x = 0$, woraus $g(x) \equiv c$ folgt.

Lemma 4. *Sind $a(x)$ und $b(x)$ im Intervall $[x_0, x_1]$ stetig und gilt*

$$\int_{x_0}^{x_1} [a(x)\,\eta(x) + b(x)\,\eta'(x)]\,\mathrm{d}x = 0 \tag{9}$$

*für jede Funktion $\eta(x)$, die denselben Bedingungen wie in Lemma 3 genügt, so besitzt $b(x)$ in $[x_0, x_1]$ die stetige Ableitung $b'(x) = a(x)$.*

Wir setzen $A(x) = \int_{x_0}^{x} a(t)\,\mathrm{d}t$ und erhalten durch partielle Integration

$$\int_{x_0}^{x_1} a(x)\,\eta(x)\,\mathrm{d}x = -\int_{x_0}^{x_1} A(x)\,\eta'(x)\,\mathrm{d}x\,.$$

Die Gleichung (9) kann damit in der Form

$$\int_{x_0}^{x_1} [-A(x) + b(x)]\,\eta'(x)\,\mathrm{d}x = 0$$

geschrieben werden. Nun läßt sich Lemma 3 anwenden, so daß sich

$$b(x) = \int_{x_0}^{x} a(t)\,\mathrm{d}t + \mathrm{const.}$$

ergibt, d. h. $b'(x) = a(x)$.

**72. Die Eulersche Gleichung im einfachsten Fall.** Wir betrachten das Funktional

$$J=\int_{x_0}^{x_1} F(x, y, y')\,dx\,, \tag{10}$$

in dem $F$ eine vorgegebene Funktion von drei Veränderlichen ist. Diese Funktion setzen wir nebst ihren partiellen Ableitungen bis zur zweiten Ordnung in einem Bereich $B$ der $x$, $y$-Ebene für beliebige Werte von $y'$ als stetig voraus.

Das Funktional $J$ hat einen bestimmten Zahlenwert, wenn wir die Funktion $y=y(x)$ oder, was dasselbe ist, die durch $y=y(x)$ dargestellte Kurve so festlegen, daß sie dem Bereich $B$ angehört.

Weiterhin setzen wir voraus, daß die Werte der Funktion $y(x)$ in den Endpunkten des Integrationsintervalls vorgegeben sind:

$$y(x_0)=y_0, \qquad y(x_1)=y_1\,. \tag{11}$$

Von der gesuchten Funktion fordern wir, daß sie eine stetige erste Ableitung besitzt. Die Klasse der im Intervall $[x_0, x_1]$ stetig differenzierbaren Funktionen bezeichnen wir mit $C_1$ (entsprechend bezeichnen wir die Klasse der Funktionen, die $n$ stetige Ableitungen besitzen, mit $C_n$). Im folgenden nehmen wir an, daß alle vorkommenden Funktionen dieser Klasse angehören.

Von allen möglichen Kurven $y_1(x)$, die im ganzen Intervall $[x_0, x_1]$ der Ungleichung $|y_1(x)-y(x)|\leqq\varepsilon$ genügen, sagen wir, daß *sie in einer $\varepsilon$-Umgebung der Kurve $y=y(x)$ liegen* (zu dieser $\varepsilon$-benachbart sind). Zuweilen fügen wir noch die Bedingung $|y_1'(x)-y'(x)|\leqq\varepsilon$ hinzu, d. h., wir fordern, daß nicht nur die Ordinaten, sondern auch die Richtungskoeffizienten der Tangenten einander $\varepsilon$-benachbart sind. Im ersten Fall spricht man manchmal von einer $\varepsilon$-Umgebung ($\varepsilon$-Nachbarschaft) nullter Ordnung, im zweiten Fall, bei dem zwei Ungleichungen zu erfüllen sind, von einer $\varepsilon$-Umgebung ($\varepsilon$-Nachbarschaft) erster Ordnung.[1]

Definition. Die Kurve $y(x)$ liege im Inneren des Bereiches $B$, gehöre der Klasse $C_1$ an und genüge der Bedingung (11). Man sagt, das Funktional $J$ habe für $y(x)$ ein *relatives Extremum,* wenn sein Wert für $y(x)$ nicht kleiner (oder nicht größer) ist als für beliebige andere Kurven aus $C_1$, die sich in einer $\varepsilon$-Nachbarschaft von $y(x)$ befinden und der Bedingung (11) genügen.

Dieser Begriff des relativen Extremums entspricht völlig dem Begriff des Maximums und Minimums einer Funktion [I, 58]. Neben dem Begriff des relativen Extremums kann man auch den des *absoluten Extremums* einführen. Es sei eine Klasse $D$ von Funktionen $y(x)$ gegeben, für die das Integral (10) einen Sinn hat. Man sagt, das Funktional $J$ nehme innerhalb der Klasse $D$ für die Kurve $y(x)$ ein absolutes Extremum an, wenn sein Wert für $y(x)$ nicht kleiner (oder nicht größer) ist als für alle anderen Kurven aus $D$.

Zunächst wollen wir uns mit relativen Extrema beschäftigen und nur am Schluß des Kapitels kurz auf absolute Extrema eingehen. Zur Abkürzung nennen wir ein relatives Extremum einfach ein Extremum. In den folgenden Abschnitten betrachten wir auch Funktionale, die nicht von der Gestalt (10) sind. Auch hier interessieren sowohl relative als auch absolute Extrema. Wir werden aber nicht jedesmal besonders darauf hinweisen und uns zunächst nur mit relativen Extrema beschäftigen.

---

[1]) In der deutschen Literatur spricht man, falls neben $|y_1(x)-y(x)|\leqq\varepsilon$ auch noch $|y_1'(x)-y'(x)|\leqq\eta$ gilt, von der engeren Nachbarschaft $(\varepsilon, \eta)$. (Anm. d. Red.)

Wir leiten eine notwendige Bedingung her, welche die Funktion $y(x)$ erfüllen muß, wenn das Funktional $J$ für $y(x)$ ein Extremum haben soll. Es sei $\eta(x)$ eine beliebige Funktion, die in den Endpunkten des Integrationsintervalls verschwindet, und wir bilden neben der Funktion $y(x)$, die dem Funktional einem Extremwert erteilen soll, die neue Funktion $y(x)+\alpha\eta(x)$, in der $\alpha$ ein kleiner Parameter ist. Diese neue Funktion erfüllt dieselben Randbedingungen wie $y(x)$. Setzen wir sie in das Funktional $J$ ein, so stellt $J$ eine Funktion des Parameters $\alpha$ dar:

$$J(\alpha)=\int_{x_0}^{x_1} F(x, y(x)+\alpha\eta(x), y'(x)+\alpha\eta'(x))\,\mathrm{d}x\,. \tag{12}$$

Bei beliebig vorgegebenem positivem $\varepsilon$ befindet sich die Funktion $y(x)+\alpha\eta(x)$ für alle hinreichend kleinen Werte des Parameters $\alpha$ in einer $\varepsilon$-Nachbarschaft (sogar von erster Ordnung) der Kurve $y(x)$. Erteilt also $y(x)$ dem Funktional $J$ einen Extremwert, so muß die Funktion (12) für $\alpha=0$ ein Extremum haben; folglich muß ihre Ableitung für $\alpha=0$ verschwinden. Differenzieren wir unter dem Integralzeichen und kennzeichnen die Ableitungen von $F$ durch tiefgestellte Indizes, so erhalten wir

$$J'(0)=\int_{x_0}^{x_1} [F_y(x, y, y')\,\eta(x)+F_{y'}(x, y, y')\,\eta'(x)]\,\mathrm{d}x=0\,.$$

In den Koeffizienten von $\eta(x)$ und $\eta'(x)$ steht für $y(x)$ diejenige Funktion, die nach Voraussetzung dem Funktional (10) einen Extremwert erteilt. Folglich sind diese Koeffizienten stetige Funktionen von $x$. Nach Lemma 4 ist der Koeffizient von $\eta'(x)$ nach $x$ differenzierbar. Durch partielle Integration ergibt sich

$$J'(0)=[F_{y'}\eta(x)]_{x_0}^{x_1}+\int_{x_0}^{x_1}\eta(x)\left[F_y-\frac{\mathrm{d}}{\mathrm{d}x}F_{y'}\right]\mathrm{d}x=0\,. \tag{13}$$

Der erste Ausdruck auf der rechten Seite ist gleich 0, da $\eta(x)$ nach Voraussetzung in den Endpunkten des Intervalls verschwindet; es gilt also

$$J'(0)=\int_{x_0}^{x_1}\eta(x)\left[F_y-\frac{\mathrm{d}}{\mathrm{d}x}F_{y'}\right]\mathrm{d}x=0\,.$$

Unter Benutzung von Lemma 1 finden wir, daß die Funktion $y(x)$, die dem Integral (10) einen Extremwert erteilen soll, der Differentialgleichung

$$F_y-\frac{\mathrm{d}}{\mathrm{d}x}F_{y'}=0 \tag{14}$$

genügt. Setzen wir diese Funktion $y(x)$ in die Funktion $F_{y'}(x, y, y')$ ein, so besitzt letztere, wie wir gesehen haben, eine stetige totale (vollständige) Ableitung [I, 68] nach $x$. Aber diese totale Differentiation können wir nicht nach der üblichen Differentiationsregel

$$\frac{\mathrm{d}}{\mathrm{d}x}F_{y'}=F_{xy'}+F_{yy'}y'+F_{y'y'}y'' \tag{15}$$

für zusammengesetzte Funktionen ausführen, da wir nicht die Existenz der stetigen Ableitung zweiter Ordnung $y''(x)$ vorausgesetzt haben. Im folgenden werden wir jedoch zeigen, daß die Funktion $y(x)$ zweimal stetig differenzierbar ist und damit die Differentialgleichung (14) die Gestalt

$$F_{y'y'}y''+F_{yy'}y'+F_{xy'}-F_y=0 \tag{16}$$

annimmt, wenn überall längs der zu untersuchenden Kurve $y=y(x)$ die Ableitung $F_{y'y'}\neq 0$ ist. Die Gleichung (16) wurde von EULER aufgestellt und wird gewöhnlich die *Eulersche Gleichung der Variationsrechnung* genannt. Sie ist eine Differentialgleichung zweiter Ordnung, so daß ihr allgemeines Integral zwei willkürliche Konstanten enthält, die durch die beiden Randbedingungen (11) festgelegt werden.

Das Produkt $J'(0)\,\alpha$, das als Differential der Funktion $J(\alpha)$ für $\alpha=0$ aufgefaßt werden kann, heißt die *erste Variation* des Funktionals (10) und wird mit $\delta J$ bezeichnet. Unter Berücksichtigung von (13) können wir schreiben:

$$\delta J = J'(0)\,\alpha = [F_{y'}\delta y]_{x_0}^{x_1} + \int_{x_0}^{x_1}\left(F_y - \frac{\mathrm{d}}{\mathrm{d}x}F_{y'}\right)\delta y\,\mathrm{d}x \qquad (\delta y = \alpha\eta(x))\,. \tag{17}$$

Wir beweisen jetzt unter Verwendung der Voraussetzung $F_{y'y'}\neq 0$ die Existenz der stetigen Ableitung zweiter Ordnung $y''(x)$. Die totale Ableitung, die in der Gleichung (14) auftritt, ist offenbar der Grenzwert der Beziehung

$$\frac{F_{y'}(x+\Delta x,\, y+\Delta y,\, y'+\Delta y') - F_{y'}(x,\, y,\, y')}{\Delta x} = [F_{xy'}] + \frac{\Delta y}{\Delta x}\,[F_{yy'}] + \frac{\Delta y'}{\Delta x}\,[F_{y'y'}]$$

für $\Delta x\to 0$, wobei die eckigen Klammern bedeuten, daß die entsprechenden Ableitungen in diesen Klammern an gewissen Zwischenstellen zwischen $(x, y, y')$ und $(x+\Delta x, y+\Delta y, y'+\Delta y')$ zu bilden sind. Es sei daran erinnert, daß wir die Stetigkeit der Ableitungen zweiter Ordnung der Funktion $F(x, y, y')$ vorausgesetzt haben. Somit strebt für $\Delta x\to 0$ die linke Seite gegen die totale Ableitung von $F(x, y, y')$ nach $x$. Die ersten beiden Summanden auf der rechten Seite haben die Grenzwerte $F_{xy'}(x, y, y')$ bzw. $y'F_{yy'}(x, y, y')$, und $[F_{y'y'}]$ konvergiert gegen $F_{y'y'}(x, y, y')$. Ist dieser letzte Ausdruck von 0 verschieden, dann existiert auch der Grenzwert

$$\lim\frac{\Delta y'}{\Delta x} = y'' = \frac{\frac{\mathrm{d}}{\mathrm{d}x}F_{y'}(x, y, y') - F_{xy'}(x, y, y') - y'F_{yy'}(x, y, y')}{F_{y'y'}(x, y, y')}\,,$$

der sich in denjenigen Abschnitten der Kurve $y(x)$ als stetige Funktion von $x$ erweist, in denen $F_{y'y'}(x, y, y')\neq 0$ gilt. Ist $F_{y'y'}=0$ lediglich in einzelnen Punkten der Kurve, so kann nur in diesen Punkten entweder $y''$ nicht existieren oder die Stetigkeit von $y''$ verletzt sein.

Setzen wir wieder voraus, daß die Funktion $y(x)$ dem Integral (10) einen Extremwert erteilt, so erhalten wir für diese Funktion die Gleichung (14) oder (16), d. h., diese Differentialgleichungen sind notwendige Kriterien für $y(x)$, damit das Integral (10) ein Extremum annimmt. Wie wir uns erinnern, wurde $y'(x)$ als stetige Funktion vorausgesetzt. Im folgenden werden wir auch den Fall betrachten, daß $y'(x)$ in einzelnen Punkten Unstetigkeitsstellen erster Art besitzt.

Die grundlegende Eulersche Gleichung (16) ist eine Differentialgleichung zweiter Ordnung, und das Extremalproblem führt uns zu der Aufgabe, eine Integralkurve dieser Gleichung zu ermitteln, die die beiden Punkte $(x_0, y_0)$ und $(x_1, y_1)$ mit voneinander verschiedenen Abszissen $x_0$ und $x_1$ verbindet. Im Zusammenhang damit führen wir einen Satz von S. N. BERNSTEIN (aus dem Jahr 1912) an, der sich auf die Gleichung (16) bezieht:

Es sei $F(x, y, y')$ eine für alle Werte der Argumente definierte Funktion, für die $F$, $F_y$, $F_{y'}$ in jedem Punkt $(x, y)$ bei beliebigem $y'$ stetig sind und für die eine solche Konstante $k>0$ und in jedem endlichen Teil der $x, y$-Ebene beschränkte

Funktionen $\alpha(x, y) \geqq 0$, $\beta(x, y) \geqq 0$ derart existieren, daß bei beliebigen Argumenten

$$F_y(x, y, y') > k \quad \text{und} \quad |F(x, y, y')| \leqq \alpha(x, y)\, y'^2 + \beta(x, y)$$

gilt. Dann geht durch je zwei beliebige Punkte $(x_0, y_0)$ und $(x_1, y_1)$ mit verschiedenen Abszissen genau eine Integralkurve $y(x)$ der Differentialgleichung

$$y'' = F(x, y, y')\,. \tag{18}$$

Den Beweis dieses Satzes findet man z. B. in dem Buch von N. I. ACHIESER: Vorlesungen über Variationsrechnung (russ.), Moskau 1955.

**73. Ausdehnung der Ergebnisse auf mehrere gesuchte Funktionen und Ableitungen höherer Ordnung.** Die Eulersche Gleichung läßt sich unter Voraussetzungen, welche den oben angegebenen analog sind, auch dann leicht aufstellen, wenn das Funktional von mehreren Funktionen abhängt, wie dies beispielsweise bei dem Funktional (2) der Fall ist.

Zunächst beschränken wir uns auf den Fall zweier Funktionen,

$$J = \int_{x_0}^{x_1} F(x, y, y', z, z')\, \mathrm{d}x\,. \tag{19}$$

Wir bilden zwei Funktionen, die zu $y(x)$ bzw. $z(x)$ benachbart sind, $y(x) + \alpha\eta(x)$, $z(x) + \alpha_1\eta_1(x)$; dabei bedeuten $\eta(x)$ und $\eta_1(x)$ willkürliche Funktionen, die in den Endpunkten des Intervalls verschwinden. Setzen wir sie in das Integral (19) ein, so erhalten wir eine Funktion $J(\alpha, \alpha_1)$ von $\alpha$ und $\alpha_1$. Damit $y(x)$ und $z(x)$ das Funktional (19) zu einem Extremum machen, ist notwendig, daß die partiellen Ableitungen von $J(\alpha, \alpha_1)$ nach $\alpha$ und $\alpha_1$ für $\alpha = \alpha_1 = 0$ verschwinden. Analog zu der Rechnung im vorigen Abschnitt erhält man für die partiellen Ableitungen die Ausdrücke

$$\begin{aligned} J_\alpha(0, 0) &= [F_{y'}\eta]_{x_0}^{x_1} + \int_{x_0}^{x_1} \eta(x) \left(F_y - \frac{\mathrm{d}}{\mathrm{d}x} F_{y'}\right) \mathrm{d}x\,, \\ J_{\alpha_1}(0, 0) &= [F_{z'}\eta_1]_{x_0}^{x_1} + \int_{x_0}^{x_1} \eta_1(x) \left(F_z - \frac{\mathrm{d}}{\mathrm{d}x} F_{z'}\right) \mathrm{d}x\,. \end{aligned} \tag{20}$$

Da die integralfreien Ausdrücke auf den rechten Seiten dieser Beziehungen verschwinden, können wir uns wie vorhin davon überzeugen, daß die Funktionen $y(x)$ und $z(x)$ notwendigerweise die beiden Differentialgleichungen zweiter Ordnung

$$F_y - \frac{\mathrm{d}}{\mathrm{d}x} F_{y'} = 0, \qquad F_z - \frac{\mathrm{d}}{\mathrm{d}x} F_{z'} = 0 \tag{21}$$

befriedigen müssen, wenn sie das Funktional (19) zu einem Extremum machen sollen. Außer diesen Differentialgleichungen sind noch die Randbedingungen

$$y(x_0) = y_0, \qquad y(x_1) = y_1, \qquad z(x_0) = z_0, \qquad z(x_1) = z_1$$

erfüllt, die zum Ausdruck bringen, daß die Endpunkte der gesuchten Raumkurve fest sind.

Wegen (20) läßt sich die Variation des Integrals (19) in der Form

$$\begin{aligned} \delta J &= J_\alpha(0, 0)\, \alpha + J_{\alpha_1}(0, 0)\, \alpha_1 \\ &= [F_{y'}\delta y + F_{z'}\delta z]_{x_0}^{x_1} + \int_{x_0}^{x_1} \left[\left(F_y - \frac{\mathrm{d}}{\mathrm{d}x} F_{y'}\right) \delta y + \left(F_z - \frac{\mathrm{d}}{\mathrm{d}x} F_{z'}\right) \delta z\right] \mathrm{d}x \end{aligned} \tag{22}$$

$(\delta y = \alpha\eta(x),\ \delta z = \alpha_1\eta_1(x))$ ausdrücken.

Für das Funktional

$$J=\int_{x_0}^{x_1} F(x, y_1, y_1', y_2, y_2', \ldots, y_n, y_n')\,\mathrm{d}x\,, \tag{23}$$

das von den $n$ Funktionen $y_1(x), \ldots, y_n(x)$ abhängt, lassen sich die notwendigen Bedingungen für ein Extremum durch das System der $n$ Differentialgleichungen zweiter Ordnung

$$F_{y_k}-\frac{\mathrm{d}}{\mathrm{d}x}F_{y_k'}=0 \qquad (k=1, 2, \ldots, n) \tag{24}$$

ausdrücken; die Bedingungen dafür, daß die Endpunkte fest sind, lauten

$$y_k(x_0)=y_k^{(0)}, \qquad y_k(x_1)=y_k^{(1)} \qquad (k=1, 2, \ldots, n)\,.$$

Die erste Variation des Funktionals (23) hat die Gestalt

$$\delta J=\sum_{k=1}^{n} J_{\alpha_k}(0, 0, \ldots, 0)\,\alpha_k=\left[\sum_{k=1}^{n} F_{y_k'}\delta y_k\right]_{x_0}^{x_1}+\int_{x_0}^{x_1}\sum_{k=1}^{n}\left(F_{y_k}-\frac{\mathrm{d}}{\mathrm{d}x}F_{y_k'}\right)\delta y_k\,\mathrm{d}x \tag{25}$$

$(\delta y_k=\alpha_k\eta_k(x))$.

Jetzt betrachten wir den Fall, daß das Integral Ableitungen der gesuchten Funktion von höherer als erster Ordnung enthält,

$$J=\int_{x_0}^{x_1} F(x, y, y', \ldots, y^{(n)})\,\mathrm{d}x\,. \tag{26}$$

Wie oben bilden wir eine Nachbarfunktion $y(x)+\alpha\eta(x)$, setzen sie in das Integral (26) ein, differenzieren nach $\alpha$ und setzen $\alpha=0$. Auf diese Weise erhalten wir

$$J'(0)=\int_{x_0}^{x_1}[F_y\eta(x)+F_{y'}\eta'(x)+\ldots+F_{y^{(n)}}\eta^{(n)}(x)]\,\mathrm{d}x\,. \tag{27}$$

Wenn wir alle Summanden auf der rechten Seite außer dem ersten durch mehrmalige partielle Integration umformen, erhalten wir

$$\int_{x_0}^{x_1} F_{y^{(k)}}\eta^{(k)}(x)\,\mathrm{d}x=\left[F_{y^{(k)}}\eta^{(k-1)}(x)-\frac{\mathrm{d}}{\mathrm{d}x}F_{y^{(k)}}\eta^{(k-2)}(x)+\ldots\right. \tag{28}$$

$$\left.+(-1)^{k-1}\frac{\mathrm{d}^{k-1}}{\mathrm{d}x^{k-1}}F_{y^{(k)}}\eta(x)\right]_{x_0}^{x_1}+(-1)^k\int_{x_0}^{x_1}\frac{\mathrm{d}^k}{\mathrm{d}x^k}F_{y^{(k)}}\eta(x)\,\mathrm{d}x\,.$$

Wir setzen voraus, daß die Funktion $\eta(x)$ und ihre Ableitungen bis zur $(n-1)$-ten Ordnung in den Endpunkten verschwinden. Dann fallen die integralfreien Ausdrücke fort, und wir erhalten, wenn wir $J'(0)$ gleich 0 setzen, die Gleichung

$$J'(0)=\int_{x_0}^{x_1}\eta(x)\left[F_y-\frac{\mathrm{d}}{\mathrm{d}x}F_{y'}+\ldots+(-1)^n\frac{\mathrm{d}^n}{\mathrm{d}x^n}F_{y^{(n)}}\right]\mathrm{d}x=0\,,$$

aus der auf Grund der Bemerkung zum Lemma 1 die Eulersche Gleichung

$$F_y-\frac{\mathrm{d}}{\mathrm{d}x}F_{y'}+\ldots+(-1)^n\frac{\mathrm{d}^n}{\mathrm{d}x^n}F_{y^{(n)}}=0\,, \tag{29}$$

eine Differentialgleichung der Ordnung $2n$, hervorgeht. Ihr allgemeines Integral enthält $2n$ willkürliche Konstanten, zu deren Bestimmung wir noch $2n$ Randbedingungen vorgeben müssen. Im einfachsten Fall bestehen diese Randbedingungen in der Vorgabe der Funktion und ihrer Ableitungen bis zur $(n-1)$-ten Ordnung in den Endpunkten des Intervalls. Aus diesen Randbedingungen folgen gerade die obigen Bedingungen für die Funktion $\eta(x)$. Wir bemerken noch, daß wir alle Funktionen, die in den vorhergehenden Formeln auftreten, als stetig annehmen. Von der gesuchten Funktion $y(x)$ fordern wir beispielsweise, daß sie zur Funktionenklasse $C_{2n}$ gehört, d. h. nebst ihren Ableitungen bis zur $2n$-ten Ordnung stetig ist.

Bei der Betrachtung der Funktionale (23) und (26) gelangen wir zu den Differentialgleichungen (24) bzw. (29), wenn wir im ersten Fall voraussetzen, daß die Funktionen $y_k(x)$ $(k=1, 2, \ldots, n)$ stetige Ableitungen bis zur zweiten Ordnung besitzen, und im zweiten Fall, daß $y(x)$ mindestens $2n$-mal stetig differenzierbar ist. Unter gewissen Bedingungen können diese Differenzierbarkeitseigenschaften auch nachgewiesen werden. So gilt für das Funktional (23) folgende Aussage: Erteilen die Funktionen $y_k(x)$ $(k=1, 2, \ldots, n)$ dem Funktional (23) einen Extremwert und ist die Determinante $|F_{y_i' y_k'}|$ $(i, k=1, 2, \ldots, n)$ auf den Kurven $y_k=y_k(x)$ $(k=1, 2, \ldots, n)$ von 0 verschieden, dann besitzen die Funktionen $y_k(x)$ stetige Ableitungen zweiter Ordnung. Im Fall des Funktionals (26) führt uns das Verschwinden der ersten Variation zu der Gleichung

$$F_{y^{(n)}} - \int_{x_0}^{x} F_{y^{(n-1)}}\,dx + \int_{x_0}^{x}\int_{x_0}^{x} F_{y^{(n-2)}}\,dx\,dx + \ldots + (-1)^n \underbrace{\int_{x_0}^{x}\int_{x_0}^{x}\ldots\int_{x_0}^{x}}_{n} F_y\,dx\,dx\ldots dx$$
$$= C_0 + C_1(x-x_0) + \ldots + C_{n-1}(x-x_0)^{n-1}, \tag{30}$$

in der $C_0, C_1, \ldots, C_{n-1}$ willkürliche Konstanten sind. Das ergibt sich nämlich aus dem folgenden Hilfssatz (vgl. Lemma 3 [71]).

Hilfssatz. *Gilt für die stetige Funktion $M(x)$ und jede Funktion $\eta(x)$, die bis zur Ordnung $n$ stetig differenzierbar ist und den Bedingungen*

$$\eta(x_0) = \eta'(x_0) = \ldots = \eta^{(n-1)}(x_0) = 0,$$
$$\eta(x_1) = \eta'(x_1) = \ldots = \eta^{(n-1)}(x_1) = 0$$

*genügt, die Gleichung*

$$\int^{x_1} M(x)\,\eta^{(n)}(x)\,dx = 0, \tag{31}$$

*so ist $M(x)$ ein Polynom $(n-1)$-ten Grades.*

Hat die Funktion $y(x)$ stetige Ableitungen bis zur $2n$-ten Ordnung, so können wir die Gleichung (30) $n$-mal differenzieren und erhalten die Differentialgleichung (29). Ist auch die Funktion $F$ nach allen ihren Argumenten $(n+1)$-mal stetig differenzierbar, so lassen sich die entsprechenden totalen Ableitungen nach $x$ mit Hilfe der bekannten Differentiationsregel für zusammengesetzte Funktionen (vgl. (15)) ermitteln.

**74. Ausdehnung der Ergebnisse auf mehrfache Integrale.** Wir leiten jetzt eine notwendige Bedingung dafür her, daß ein mehrfaches Integral einen Extremwert annimmt. Diese Bedingung wurde zum ersten Mal von M. W. Ostrogradski aufgestellt. Zu diesem Zweck betrachten wir das Doppelintegral

$$J = \iint_B F(x, y, u, u_x, u_y)\,dx\,dy, \tag{32}$$

wobei wir mit $u_x$ und $u_y$ die partiellen Ableitungen der Funktion $u(x, y)$ und mit $B$ einen endlichen Bereich der $x, y$-Ebene bezeichnen. Die Funktion $F(x, y, u, p, q)$ besitze stetige Ableitungen bis zur zweiten Ordnung, wenn sich der Punkt $(x, y, u)$ innerhalb eines gewissen dreidimensionalen Bereichs $\mathfrak{D}$ befindet und sowohl $p$ als auch $q$ beliebig sind ($p = u_x$, $q = u_y$). Gesucht wird eine innerhalb von $\mathfrak{D}$ liegende Fläche $u(x, y)$ mit dem Rand $\lambda$, deren eindeutige Projektion auf die $x, y$-Ebene der Bereich $B$ mit dem Rand $l$ sei und die das Funktional (32) zu einem Extremum macht. Mit anderen Worten, wir suchen eine im Bereich $B$ definierte Funktion $u(x, y)$, die dem Funktional einen Extremwert erteilt und auf dem Rand $l$ vorgegebene Werte annimmt. Wir setzen weiterhin voraus, daß $u(x, y)$ in $B$ stetige Ableitungen bis zur zweiten Ordnung besitzt. Wie früher bilden wir eine Nachbarfunktion $u(x, y) + \alpha\eta(x, y)$, wobei $\eta(x, y)$ eine willkürliche Funktion ist, die auf $l$ verschwindet. Setzen wir dies in das Integral (32) ein, differenzieren nach $\alpha$ und setzen danach $\alpha = 0$, so erhalten wir den Ausdruck

$$\delta J = J'_\alpha(0)\,\alpha = \alpha \iint_B (F_u \eta + F_{u_x}\eta_x + F_{u_y}\eta_y)\, dx\, dy$$

für die erste Variation des Funktionals. Unter Benutzung der bekannten Riemannschen Formel[1])

$$\iint_B \left(\frac{\partial Q}{\partial x} - \frac{\partial P}{\partial y}\right) dx\, dy = \int_l P\, dx + Q\, dy$$

formen wir die letzten beiden Summanden in folgender Weise um:

$$\begin{aligned}
&\iint_B (F_{u_x}\eta_x + F_{u_y}\eta_y)\, dx\, dy \\
&= \iint_B \left[\frac{\partial}{\partial x}(\eta F_{u_x}) + \frac{\partial}{\partial y}(\eta F_{u_y})\right] dx\, dy - \iint_B \eta \left(\frac{\partial}{\partial x} F_{u_x} + \frac{\partial}{\partial y} F_{u_y}\right) dx\, dy \\
&= \int_l \eta F_{u_x}\, dy - \eta F_{u_y}\, dx - \iint_B \eta \left(\frac{\partial}{\partial x} F_{u_x} + \frac{\partial}{\partial y} F_{u_y}\right) dx\, dy\,.
\end{aligned}$$

Somit gelangen wir zu folgendem Ausdruck für die erste Variation:

$$\delta J = \int \delta u (F_{u_x}\, dy - F_{u_y}\, dx) + \iint_B \left(F_u - \frac{\partial}{\partial x} F_{u_x} - \frac{\partial}{\partial y} F_{u_y}\right) \delta u\, dx\, dy \qquad (33)$$

$$(\delta u = \alpha\eta(x, y))\,.$$

Eine notwendige Bedingung für ein Extremum ist, daß diese erste Variation verschwindet. Da $\eta(x, y)$ auf $l$ verschwindet, muß das auf der rechten Seite von (33) stehende Doppelintegral gleich 0 sein. Hieraus erhalten wir auf Grund von Lemma 2 in [71] für die gesuchte Funktion $u(x, y)$, die das Funktional (32) zum Extremum machen soll, die Ostrogradskische Gleichung

$$F_u - \frac{\partial}{\partial x} F_{u_x} - \frac{\partial}{\partial y} F_{u_y} = 0 \qquad (34)$$

oder, ausführlich geschrieben,

$$F_{u_x u_x} u_{xx} + 2F_{u_x u_y} u_{xy} + F_{u_y u_y} u_{yy} + F_{u_x u} u_x + F_{u_y u} u_y + F_{x u_x} + F_{y u_y} - F_u = 0\,. \qquad (35)$$

---

[1]) Meist *Gaußscher Integralsatz* genannt. – Anm. d. Red.

Wir haben also eine partielle Differentialgleichung zweiter Ordnung erhalten, die im Innern des Bereichs $B$ erfüllt sein muß. Die Randbedingung besteht, wie bereits bemerkt wurde, darin, daß $u$ auf der Randkurve $l$ vorgegeben ist.

Wenn das mehrfache Integral von mehreren Funktionen abhängt, ergibt sich ein System von Differentialgleichungen. Im Fall eines dreifachen Integrals und einer Funktion $u(x, y, z)$, die von drei unabhängigen Veränderlichen abhängt, erhalten wir

$$F_u - \frac{\partial}{\partial x} F_{u_x} - \frac{\partial}{\partial y} F_{u_y} - \frac{\partial}{\partial z} F_{u_z} = 0 . \tag{36}$$

Kommen unter dem Integralzeichen die Ableitungen der Funktion $u(x, y)$ bis zur $n$-ten Ordnung vor, so lautet die Ostrogradskische Gleichung

$$\begin{aligned} F_u - \frac{\partial}{\partial x} F_{u_x} - \frac{\partial}{\partial y} F_{u_y} + \frac{\partial^2}{\partial x^2} F_{u_{xx}} + \frac{\partial^2}{\partial x \partial y} F_{u_{xy}} \\ + \frac{\partial^2}{\partial y^2} F_{u_{yy}} - \dots + (-1)^n \frac{\partial^n}{\partial y^n} F_{u_{yy\dots y}} = 0 . \end{aligned} \tag{37}$$

Bei unseren Überlegungen haben wir alle auftretenden Funktionen als stetig vorausgesetzt. Außerdem haben wir angenommen, daß die bei der Herleitung der Beziehung (33) vorzunehmende partielle Integration möglich ist, was von dem Verhalten der partiellen Ableitungen $u_x$ und $u_y$ in der Umgebung der Randkurve $l$ von $B$ abhängt. Auf das Problem der Extrema von mehrfachen Integralen bei vorgegebenen Randbedingungen kommen wir später nochmals von einem allgemeineren Gesichtspunkt her zurück.

Schließlich bemerken wir noch, daß man gewöhnlich diejenigen Funktionen, welche den Differentialgleichungen (29) bzw. (34) genügen, genauer gesagt, ihre geometrischen Bilder, *Extremalen* des Problems nennt. Für einfache Integrale sind dies Kurven, für Doppelintegrale Flächen. Da die Eulerschen und Ostrogradskischen Gleichungen nur notwendige Bedingungen für ein Extremum des zugehörigen Funktionals sind, können wir natürlich nicht behaupten, daß jede Extremale das Funktional im Vergleich zu allen hinreichend benachbarten Kurven oder Flächen zu einem Extremum macht.

**75. Bemerkungen zu den Eulerschen und Ostrogradskischen Gleichungen.** Zunächst betrachten wir Spezialfälle der Eulerschen Gleichung (14). Wir setzen voraus, daß die Funktion $F$ die Veränderliche $y$ nicht enthält. Dann nimmt die Gleichung (14) die Gestalt

$$\frac{\mathrm{d}}{\mathrm{d}x} F_{y'} = 0$$

an und hat offenbar das erste Integral $F_{y'} = C$. Enthält $F$ die Veränderliche $x$ nicht explizit, so ist, wie man leicht sieht,

$$F - y' F_{y'} = C \tag{38}$$

ein erstes Integral. Denn es gilt

$$\begin{aligned} \frac{\mathrm{d}}{\mathrm{d}x} (F - y' F_{y'}) &= F_y y' + F_{y'} y'' - F_{y'} y'' - F_{y'y} y'^2 - F_{y'y'} y' y'' \\ &= -y' (F_{y'y'} y'' + F_{y'y} y' - F_y) . \end{aligned}$$

Da $F$ die Veränderliche $x$ nicht explizit enthält, ist der Faktor von $-y'$ gleich der linken Seite der Eulerschen Gleichung, und da $y$ diese Gleichung erfüllt, gilt

$$\frac{\mathrm{d}}{\mathrm{d}x}(F-y'F_{y'})=0\,,$$

d. h., (38) ist tatsächlich ein Integral von (14).

Enthält $F$ die Ableitung $y'$ nicht, so lautet die Eulersche Gleichung (14)

$$F_y(x, y)=0\,,$$

d. h., sie ist keine Differentialgleichung, sondern eine gewöhnliche Gleichung. Sie liefert uns eine oder mehrere Kurven, aber keine zweiparametrige Kurvenschar, wie dies bei Differentialgleichungen der Fall ist. Die Randbedingungen können im allgemeinen nicht erfüllt werden.

Jetzt gehen wir auf einige Fälle ein, in denen die Eulersche Gleichung identisch erfüllt ist. Wir nehmen zunächst an, es sei $F=A(x, y)+B(x, y)\,y'$, und die Beziehung

$$\frac{\partial A}{\partial y}-\frac{\partial B}{\partial x}=0 \tag{39}$$

sei identisch erfüllt. Dann läßt sich leicht verifizieren, daß die linke Seite der Differentialgleichung (14) identisch verschwindet und das Integral (10) sich in der Form

$$J=\int_l (A\,\mathrm{d}x+B\,\mathrm{d}y) \tag{40}$$

schreiben läßt. Wegen (39) hängt dieses Integral nicht vom Integrationsweg ab, d. h., es hat für jede Kurve $l$, die die Punkte $(x_0, y_0)$ und $(x_1, y_1)$ verbindet, ein und denselben Wert, was auch der Grund dafür ist, daß die Eulersche Gleichung identisch erfüllt ist. Wie man leicht sieht, kann man im vorliegenden Fall

$$F(x, y, y')=\frac{\mathrm{d}}{\mathrm{d}x}G(x, y)$$

schreiben, wobei $G(x, y)$ gleich dem Integral (40) mit variabler oberer Grenze ist.

In entsprechender Weise wird die Eulersche Gleichung (29) zu einer Identität, wenn der Integrand in (26) das bezüglich $x$ gebildete totale Differential einer Funktion ist, die von $x, y, y', \ldots, y^{(n-1)}$ abhängt:

$$F(x, y, y', \ldots, y^{(n)})=\frac{\mathrm{d}}{\mathrm{d}x}G(x, y, y', \ldots, y^{(n-1)})\,.$$

Wir betrachten nun das Funktional (32) und setzen voraus, daß der Integrand die Gestalt

$$F(x, y, u, u_x, u_y)=\frac{\partial A}{\partial x}+\frac{\partial B}{\partial y} \tag{41}$$

hat, wobei $A$ und $B$ Funktionen von $x$, $y$ und $u$ sind; dabei wird $u$ als Funktion von $x$ und $y$ angesehen. Durch Einsetzen kann man unmittelbar nachprüfen, daß dann die Ostrogradskische Gleichung identisch erfüllt ist. Im Grunde genommen geht dies daraus hervor, daß nach der Riemannschen Formel das Doppelintegral über die Funktion (41) gleich dem Kurvenintegral

$$\int_l (A\,\mathrm{d}y-B\,\mathrm{d}x)$$

ist und somit der Wert des Doppelintegrals durch die Werte, welche die Funktion $u$ auf dem Rand $l$ von $B$ annimmt, vollständig bestimmt ist. Legen wir die Werte von $u$ auf $l$ fest, so hat das Doppelintegral bezüglich $B$ bei jeder Wahl von $u$ ein und denselben Wert.

Einen Ausdruck der Gestalt (41) nennt man Divergenzausdruck. Fügen wir zum Integranden irgendeines Funktionals (32) einen solchen Divergenzausdruck hinzu, so hat dies offenbar keinen Einfluß auf die Ostrogradskische Gleichung, d. h., das neue Funktional hat dieselbe Ostrogradskische Gleichung wie das ursprüngliche. Dies liegt an der quasilinearen Gestalt von (34).

Wir haben gesehen, daß die Ostrogradskische Gleichung identisch erfüllt ist, wenn der Integrand in (32) ein Divergenzausdruck ist. Auch die Umkehrung läßt sich beweisen.

Enthält der Integrand $F$ partielle Ableitungen von höherer als erster Ordnung, so ist die Bedingung (41) ebenfalls notwendig und hinreichend dafür, daß die Ostrogradskische Gleichung (37) eine Identität darstellt. In diesem Fall dürfen $A$ und $B$ partielle Ableitungen von derselben Ordnung wie $F$ enthalten. So ist beispielsweise

$$F = u_{xx}u_{yy} - u_{xy}^2 = (u_x u_{yy})_x - (u_x u_{xy})_y ,$$

und es läßt sich leicht verifizieren, daß hierfür die Gleichung (37) für $n=2$ eine Identität darstellt.

**76. Beispiele.** 1. Zunächst wollen wir das Funktional ($2_1$) speziell für $v(x, y) = \sqrt{y}$ untersuchen:

$$J = \int_{x_0}^{x_1} \frac{\sqrt{1+y'^2}}{\sqrt{y}}\, dx . \tag{42}$$

Zu diesem Funktional führt das Problem der Brachystochrone: Unter allen Kurven, welche zwei vorgegebene Punkte $(x_0, y_0)$ und $(x_1, y_1)$ verbinden, soll diejenige gefunden werden, auf der ein reibungsfrei gleitender Massepunkt unter der Wirkung der Schwerkraft den ganzen Weg in der kürzesten Zeit durchläuft. Hierbei nimmt man an, daß die $y$-Achse senkrecht nach unten gerichtet ist, d. h. die Richtung der Schwerkraft besitzt. Im Funktional (42) enthält der Integrand die Veränderliche $x$ nicht explizit, so daß wir unmittelbar ein erstes Integral der Eulerschen Gleichung angeben können:

$$\frac{\sqrt{1+y'^2}}{\sqrt{y}} - \frac{y'^2}{\sqrt{y}\,\sqrt{1+y'^2}} = \frac{1}{\sqrt{C_1}}$$

oder

$$y'^2 = \frac{C_1 - y}{y} . \tag{43}$$

Setzen wir

$$y = \frac{C_1}{2}(1 - \cos u) , \quad \text{d. h.} \quad y' = \frac{C_1}{2} u' \sin u ,$$

und substituieren wir diese Ausdrücke in (43), so erhalten wir die Beziehung

$$\frac{C_1}{2}(1 - \cos u)\, du = \pm dx$$

und damit

$$x = \pm \frac{C_1}{2}(u - \sin u) + C_2, \qquad y = \frac{C_1}{2}(1 - \cos u) .$$

Hieraus ist ersichtlich, daß die Extremalen des Funktionals (42) Zykloiden sind. Die Konstanten $C_1$ und $C_2$ lassen sich durch die Vorgabe des Anfangs- und Endpunktes bestimmen. Ist einer dieser Punkte der Koordinatenursprung, so hat man $C_2 = 0$ zu setzen. Dann hat der Koordinatenursprung den Parameterwert $u = 0$. Schließlich sei noch erwähnt, daß das betrachtete Problem eine Singularität besitzt, und zwar wird für $u = 0$, wie sich leicht nachprüfen läßt, $y' = \frac{dy}{dx}$ unendlich groß, und der Nenner des Integranden in (42) verschwindet dort. Führen wir in diesem Integral die Veränderliche $u$ ein, so ist bei $u = 0$ keine Singularität mehr vorhanden.

2. Es seien $u$ und $v$ Parameter, die die Lage eines Punktes auf einer Fläche bestimmen, und

$$ds^2 = E(u, v)\, du^2 + 2F(u, v)\, du\, dv + G(u, v)\, dv^2$$

sei das Quadrat des Linienelementes auf dieser Fläche [**II, 142**].

Als geodätische Linien der Fläche bezeichnet man diejenigen Kurven, die dem Integral

$$\int_{u_0}^{u_1} \sqrt{E + 2Fv' + Gv'^2}\, du \tag{44}$$

ein Minimum erteilen. Das Integral (44) liefert die Länge der Kurve; dabei fassen wir $v$ auf der Kurve als Funktion von $u$ auf. Die Eulersche Gleichung hat die Gestalt

$$\frac{1}{2}\, \frac{E_v + 2F_v v' + G_v v'^2}{\sqrt{E + 2Fv' + Gv'^2}} - \frac{d}{du}\, \frac{F + Gv'}{\sqrt{E + 2Fv' + Gv'^2}} = 0 .$$

Wir betrachten die Einheitskugel $x = \sin\theta \cos\varphi$, $y = \sin\theta \sin\varphi$, $z = \cos\theta$. Dabei ist $ds^2 = d\theta^2 + \sin^2\theta\, d\varphi^2$, und das Integral (44) lautet

$$\int_{\theta_0}^{\theta_1} \sqrt{1 + \varphi'^2 \sin^2\theta}\, d\theta ,$$

wenn $\varphi'$ die Ableitung von $\varphi$ nach $\theta$ bedeutet. Der Integrand enthält $\varphi$ nicht explizit, folglich ist

$$\frac{\varphi' \sin^2\theta}{\sqrt{1 + \varphi'^2 \sin^2\theta}} = C_1$$

ein erstes Integral der zugehörigen Eulerschen Gleichung.

Setzen wir $C_1 = 0$, so erhalten wir die Lösung $\varphi = \text{const}$. Die Meridiane der Kugel sind also geodätische Linien. Da die Pole willkürlich gewählt werden können, sind offenbar alle Großkreise geodätische Linien.

3. Wir betrachten jetzt das Grundproblem der geometrischen Optik im Raum:

$$J = \int_{x_0}^{x_1} \frac{\sqrt{1 + y'^2 + z'^2}}{v(y, z)}\, dx = \int_{x_0}^{x_1} n(y, z) \sqrt{1 + y'^2 + z'^2}\, dx , \tag{45}$$

wobei die Geschwindigkeit $v$ bzw. der Brechungsindex $n = v^{-1}$ von $x$ unabhängig sind.

Stellen wir für das Integral (45) die Eulerschen Gleichungen auf und lösen sie nach $y''$ und $z''$ auf, so erhalten wir die Differentialgleichungen

$$ny'' = n_y(1 + y'^2 + z'^2), \qquad nz'' = n_z(1 + y'^2 + z'^2); \tag{46}$$

ein erstes Integral lautet, wie man leicht verifiziert,

$$n = C \sqrt{1 + y'^2 + z'^2} . \tag{47}$$

Ist $n$ auch von der Veränderlichen $y$ unabhängig, so hat die erste Differentialgleichung (46) die Gestalt $y'' = 0$; es ist also $y = C_1 x + C_2$, folglich ist jede Extremale eine ebene Kurve, die in einer zur $z$-Achse parallelen Ebene liegt. Setzen wir $v = \sqrt{z}$, so erhalten wir das Problem der Brachystochrone im Raum, wobei die $z$-Achse in Richtung der Schwerkraft verläuft.

Wir wählen nun $n = z^{-1}$ und betrachten nur den Halbraum $z > 0$. Setzen wir $n = z^{-1}$ und $y = C_1 x + C_2$ in (47) ein, so erhalten wir für die Funktion $z$ folgende Differentialgleichung erster Ordnung mit getrennten Variablen:

$$\frac{Cz\,dz}{\sqrt{1-(1+C_1^2)\,C^2z^2}} = dx\,;$$

hieraus ergibt sich

$$(x-C_3)^2 + C_1^2(x-C_3)^2 + z^2 = \frac{1}{(1+C_1^2)\,C^2}\,.$$

Führen wir an Stelle von $C$ durch $C_4^2 = \frac{1}{(1+C_1)^2\,C^2}$ eine neue willkürliche Konstante $C_4$ und an Stelle von $C_2$ die Konstante $C_2' = C_2 + C_1 C_3$ ein, so wird wegen $y = C_1 x + C_2$

$$C_1^2 = \frac{(y-C_2')^2}{(x-C_3)^2}\,,$$

und wir können die vorhergehende Beziehung in der Gestalt

$$(x-C_3)^2 + (y-C_2')^2 + z^2 = C_4^2 \tag{48}$$

schreiben.

Somit sind die Extremalen des Integrals

$$J = \int_{x_0}^{x_1} \frac{\sqrt{1+y'^2+z'^2}}{z}\,dx$$

Halbkreise, und zwar die Schnittkurven der Kugeln (48), deren Mittelpunkte in der Ebene $z = 0$ liegen, mit den Ebenen $y = C_1 x + C_2$, die auf der Ebene $z = 0$ senkrecht stehen.

Man kann diesem Resultat eine interessante geometrische Deutung geben. Definieren wir im Halbraum $z > 0$ ein Linienelement, d. h. eine Metrik, durch

$$ds = \frac{\sqrt{dx^2+dy^2+dz^2}}{z}\,,$$

so drückt das Integral (45) in dieser Metrik die Bogenlänge aus. Da $z$ im Nenner des Integranden steht, wird die Länge einer Kurve bei Annäherung an die Ebene $z = 0$ unendlich groß, d. h., diese Ebene ist in der Geometrie mit dieser neuen Metrik die unendlich ferne Ebene.

Die angegebenen Halbkreise spielen in dieser Geometrie die Rolle der Geraden. Außer ihnen nennt man in dieser Geometrie auch diejenigen Halbgeraden Geraden, die zur Ebene $z = 0$ senkrecht verlaufen. Diese Halbgeraden sind ausgeartete Halbkreise. Unter Ebenen versteht man Halbkugeln mit dem Mittelpunkt in der Ebene $z = 0$ sowie Halbebenen, die zur Ebene $z = 0$ senkrecht liegen. Bei diesen Definitionen sind für die Punkte, Geraden und Ebenen in der neuen Geometrie, wie sich leicht verifizieren läßt, alle Axiome der gewöhnlichen euklidischen Geometrie außer dem Parallelenaxiom erfüllt. Wir haben also im Halbraum $z > 0$ ein einfaches Modell der Lobatschewskischen Geometrie. Wir bemerken noch, daß wir bei den Geraden, die senkrecht zur Ebene $z = 0$ verlaufen, $x$ nicht als unabhängige Veränderliche verwenden können. Wenn wir uns bei der Wahl der unabhängigen Veränderlichen nicht festlegen wollen, müssen wir die Gleichung der Extremalen in einer Parameterdarstellung $x(t)$, $y(t)$, $z(t)$ suchen. Dann hat das Integral $J$ die Gestalt

$$J = \int_{t_0}^{t_1} \frac{\sqrt{x_t^2+y_t^2+z_t^2}}{z}\,dt\,.$$

Im weiteren betrachten wir das grundlegende Problem der Variationsrechnung im Fall der Parameterdarstellung. Dann sind die erwähnten Halbgeraden ebenfalls Extremalen des Integrals $J$.

Im ebenen Fall hat das entsprechende Integral die Gestalt

$$J = \int_{M_0}^{M_1} \frac{\sqrt{dx^2 + dy^2}}{y} = \int_{x_0}^{x_1} \frac{\sqrt{1 + y'^2}}{y}\, dx;$$

die Extremalen sind Kreise, deren Mittelpunkt auf der $x$-Achse liegt, oder Geraden, die zur $x$-Achse senkrecht verlaufen. In der Halbebene $y > 0$ spielen die entstehenden Halbkreise und Halbgeraden die Rolle von Geraden; wir haben also ein Modell der ebenen Lobatschewskischen Geometrie vor uns. Insbesondere geht durch zwei beliebige Punkte $M_0$ und $M_1$ der Halbebene $y > 0$ eine und nur eine Extremale hindurch.

4. Unter den Kurven, die zwei Punkte $M_0$ und $M_1$ der $x, y$-Ebene verbinden, wird diejenige gesucht, die bei Rotation um die $x$-Achse eine Fläche mit dem kleinstmöglichen Flächeninhalt beschreibt. Der Flächeninhalt einer Rotationsfläche läßt sich durch das Integral [**I, 106**]

$$S = 2\pi \int_{M_0}^{M_1} y \sqrt{dx^2 + dy^2} = 2\pi \int_{x_0}^{x_1} y \sqrt{1 + y'^2}\, dx$$

ausdrücken. Lassen wir den konstanten Faktor $2\pi$ unberücksichtigt, so gelangen wir zu einem Variationsproblem für das Integral

$$J = \int_{x_0}^{x_1} y \sqrt{1 + y'^2}\, dx .$$

Im vorliegenden Fall enthält der Integrand $x$ nicht explizit, und wir erhalten nach (38) als erstes Integral der Eulerschen Gleichung

$$y \sqrt{1 + y'^2} - \frac{y y'^2}{\sqrt{1 + y'^2}} = C_1 ,$$

woraus

$$\frac{C_1\, dy}{\sqrt{y^2 - C_1^2}} = dx$$

folgt.

Durch Integration finden wir

$$x - C_2 = C_1 \lg \left(y + \sqrt{y^2 - C_1^2}\right) - C_1 \lg C_1 \quad \text{oder} \quad y + \sqrt{y^2 - C_1^2} = C_1 e^{\frac{x - C_2}{C_1}}$$

und schließlich

$$y = \frac{C_1}{2} \left(e^{\frac{x - C_2}{C_1}} + e^{-\frac{x - C_2}{C_1}}\right) = C_1 \cosh \frac{x - C_2}{C_1} .$$

Somit sind die Extremalen Kettenlinien, deren Symmetrieachsen parallel zur $y$-Achse verlaufen [**I, 178**]. Es läßt sich zeigen, daß beim vorliegenden Problem durch zwei gegebene Punkte $M_0$ und $M_1$ nicht immer eine und nur eine Extremale hindurchgeht. Je nach der Lage dieser Punkte kann es zwei, eine oder gar keine Extremale geben.

Wie wir oben gesehen haben, sind die Kugelgroßkreise die geodätischen Linien der Kugel. Liegen die Punkte $M_0$ und $M_1$ der Kugeloberfläche nicht diametral zueinander, so kann man sie durch zwei Kreisbögen eines und nur eines Großkreises verbinden. Liegen jedoch die Punkte $M_0$ und $M_1$ diametral zueinander, so kann man sie durch unendlich viele Großkreishälften verbinden.

Die Eulersche Gleichung ist nur eine notwendige Bedingung für ein Extremum des zugehörigen Funktionals; wir können also nicht folgern, daß eine gefundene Extremale tatsächlich dem Funktional einen Extremwert erteilt. Später werden wir auch einige hinreichende Bedingungen angeben. Bei den geodätischen Linien auf der Kugel hat die Entfernung auf dem kleineren Bogen des Großkreises durch die Punkte $M_0$ und $M_1$ ein Minimum. Auf keiner Kurve der Kugelfläche, die die Punkte $M_0$ und $M_1$ verbindet, hat die Entfernung zwischen den Punkten $M_0$ und $M_1$ ein Maximum; denn man kann offenbar zu jeder Kurve auf der Kugel eine ihr beliebig benachbarte Kurve konstruieren, die die Punkte $M_0$ und $M_1$ verbindet und eine größere Länge besitzt.

5. Wir wollen das Variationsproblem des Integrals

$$J = \iint_B \sqrt{1 + u_x^2 + u_y^2}\, dx\, dy$$

betrachten.

Wie wir in [**70**] gesehen haben, führt die Aufgabe, durch eine vorgegebene Berandung eine Fläche mit kleinstem Flächeninhalt hindurchzulegen, auf dieses Integral. Legen wir durch die gegebene Berandung eine beliebige Fläche hindurch, so können wir durch die gleiche Berandung offenbar auch eine Fläche hindurchlegen, die der ersten beliebig benachbart ist und einen größeren Flächeninhalt besitzt; folglich kann das Variationsproblem nur auf einen Minimalwert führen. Setzen wir den Integranden in die Gleichung (34) ein, so erhalten wir die Differentialgleichung zweiter Ordnung

$$r(1 + q^2) - 2spq + t(1 + p^2) = 0 \tag{49}$$

$$(p = u_x,\ q = u_y,\ r = u_{xx},\ s = u_{xy},\ t = u_{yy})$$

für die gesuchten Minimalflächen.

Wir erinnern daran, daß die mittlere Krümmung einer Fläche durch die Formel

$$H = \frac{1}{2}\left(\frac{1}{R_1} + \frac{1}{R_2}\right) = \frac{EN - 2FM + GL}{2(EG - F^2)} \tag{50}$$

definiert ist [**II, 146**], in der $E, F, G$ und $L, M, N$ die Koeffizienten der ersten bzw. zweiten Gaußschen Fundamentalform der Flächentheorie sind. Falls die Flächengleichung in expliziter Form gegeben ist, gilt [**II, 143**]

$$E = 1 + p^2, \qquad F = pq, \qquad G = 1 + q^2,$$

$$L = \frac{r}{\sqrt{1 + p^2 + q^2}}, \qquad M = \frac{s}{\sqrt{1 + p^2 + q^2}}, \qquad N = \frac{t}{\sqrt{1 + p^2 + q^2}}.$$

Die Differentialgleichung (49) besagt dann, daß die mittlere Krümmung in allen Punkten der Minimalfläche verschwinden muß. Dieses Resultat haben wir bereits früher durch Variation des Flächenelements erhalten [**II, 151**].

Die Gleichung (49), eine partielle Differentialgleichung zweiter Ordnung mit zwei unabhängigen Veränderlichen, ist von demselben Typus wie die Laplacesche Differentialgleichung. Wir zeigen, daß wir mit Hilfe analytischer Funktionen einer komplexen Veränderlichen die Lösungen der Differentialgleichung (49) gewinnen können, und zwar in derselben Weise, wie wir früher die Lösungen der Laplaceschen Differentialgleichung erhalten haben [**III/2, 2**]. Aus dem Ausdruck (50) folgt unmittelbar $H = 0$ auf einer Fläche, welche die Bedingungen $E = G = M = 0$ erfüllt. Es sei $\boldsymbol{r}$ der Radiusvektor der Fläche mit den Komponenten $x, y, z$. Dann lassen sich die vorliegenden Bedingungen auch in der Gestalt [**II, 143**] $\boldsymbol{r}_u^2 = \boldsymbol{r}_v^2 = \boldsymbol{r}_{uv} \cdot \boldsymbol{m} = 0$ ausdrücken, wobei $\boldsymbol{m}$ der Einheitsvektor in Richtung der Flächennormale ist. Diese Bedingungen sind sicher erfüllt, wenn $\boldsymbol{r}$ den Bedingungen $\boldsymbol{r}_u^2 = 0$, $\boldsymbol{r}_v^2 = 0$, $\boldsymbol{r}_{uv} = 0$ genügt.

Die ersten beiden dieser Beziehungen sind skalare Gleichungen, die dritte ist eine Vektorgleichung. In Komponentenschreibweise lauten sie

$$\left(\frac{\partial x}{\partial u}\right)^2 + \left(\frac{\partial y}{\partial u}\right)^2 + \left(\frac{\partial z}{\partial u}\right)^2 = 0, \qquad \left(\frac{\partial x}{\partial v}\right)^2 + \left(\frac{\partial y}{\partial v}\right)^2 + \left(\frac{\partial z}{\partial v}\right)^2 = 0, \tag{51}$$

$$\frac{\partial^2 x}{\partial u \partial v} = \frac{\partial^2 y}{\partial u \partial v} = \frac{\partial^2 z}{\partial u \partial v} = 0. \tag{52}$$

Die Beziehungen (51) sind offenbar nicht erfüllbar, wenn die Ableitungen der Koordinaten nach $u$ und $v$ reellwertig sind. Wir nehmen an, daß die Koordinaten analytische Funktionen der komplexen Veränderlichen $u$ und $v$ sind. Die Beziehungen (52) zeigen, daß jede der Komponenten $x, y, z$ als Summe einer Funktion von $u$ und einer Funktion von $v$ dargestellt werden kann [**II, 177**],

$$x = \varphi_1(u) + \psi_1(v), \qquad y = \varphi_2(u) + \psi_2(v), \qquad z = \varphi_3(u) + \psi_3(v)\,, \tag{53}$$

wobei wegen (51) noch $\sum_{s=1}^{3} \varphi_s'^2(u) = 0$, $\sum_{s=1}^{3} \psi_s'^2(v) = 0$ sein muß.

Wir setzen $u = \varrho + \sigma i$. Damit die Fläche reell ist, nehmen wir an, daß $\psi_s(v)$ Werte besitzt, die zu den entsprechenden von $\varphi_s(u)$ konjugiert komplex sind. Genauer gesagt, wir setzen voraus, daß die Werte der Funktionen $\psi_s(v)$ für $v = \varrho - \sigma i$ gleich den konjugiert komplexen Werten der Funktionen $\varphi_s(u)$ in den zu $v$ konjugiert komplexen Punkten $u = \varrho + \sigma i$ sind. Die Ansätze (53) haben dann die Gestalt

$$x = 2\,\mathrm{Re}\,\varphi_1(u), \qquad y = 2\,\mathrm{Re}\,\varphi_2(u), \qquad z = 2\,\mathrm{Re}\,\varphi_3(u)\,.$$

Ersetzen wir die Funktionen $\varphi_s(u)$ durch $\frac{1}{2}\,\varphi_s(u)$, so können wir diese Formeln auch in der Gestalt

$$x = \mathrm{Re}\,\varphi_1(u), \qquad y = \mathrm{Re}\,\varphi_2(u), \qquad z = \mathrm{Re}\,\varphi_3(u) \tag{54}$$

schreiben; hierbei ist wieder die Bedingung

$$\sum_{s=1}^{3} \varphi_s'^2(u) = 0 \tag{55}$$

zu erfüllen.

In der Parameterdarstellung (54) sind $\varrho$ und $\sigma$, d. h. der Real- und der Imaginärteil der komplexen Veränderlichen $u$, reelle Parameter. Als unabhängige komplexe Veränderliche können wir eine der Funktionen $\varphi_s(u)$ nehmen. Beispielsweise können wir $t = \varphi_3(u)$ setzen und annehmen, daß die ersten beiden Funktionen komplexe Funktionen der Veränderlichen $t$ sind. Sie sind dann durch die Beziehung $\varphi_1'^2(t) + \varphi_2'^2(t) + 1 = 0$ verknüpft. Wir sehen daher, daß die Gesamtheit der Minimalflächen von einer analytischen Funktion abhängt (Satz von Weierstrass). So können wir beispielsweise

$$x = \mathrm{Re}\,\varphi_1(t), \qquad y = \mathrm{Re}\, i \int \sqrt{1 + \varphi_1'^2(t)}\, dt, \qquad z = \mathrm{Re}\, t$$

schreiben, wobei $\varphi_1(t)$ eine willkürliche analytische Funktion der komplexen Veränderlichen $t$ bedeutet.

Man kann auch die symmetrisierte Schreibweise

$$x = \mathrm{Re}\, i \left[ f(u) - u f'(u) - \frac{1 - u^2}{2} f''(u) \right],$$
$$y = \mathrm{Re} \left[ f(u) - u f'(u) + \frac{1 + u^2}{2} f''(u) \right],$$
$$z = \mathrm{Re}\, i\, [f'(u) - u f''(u)]$$

benutzen mit einer willkürlichen analytischen Funktion $f(u)$. Daß die Funktionen, deren Realteile hier zu bilden sind, tatsächlich der Beziehung (55) genügen, läßt sich leicht zeigen.

6. Schließlich betrachten wir das Funktional

$$D(u) = \iint\limits_B (u_x^2 + u_y^2)\, dx\, dy\,, \tag{56}$$

wobei $B$ ein beschränkter abgeschlossener Bereich der $x, y$-Ebene bedeutet. Nach (34) lautet die Ostrogradskische Gleichung für dieses Funktional:

$$u_{xx} + u_{yy} = 0\,,$$

sie ist also die Laplacesche Differentialgleichung. Wir erwarten demnach, daß eine harmonische Funktion, die auf dem Rand $l$ des Bereiches $B$ vorgegebene Randwerte annimmt, dem Funktional (56) einen kleineren Wert erteilt als alle anderen Funktionen, die in dem abgeschlossenen Bereich $B$ stetig sind, im Innern von $B$ stetige partielle Ableitungen erster Ordnung besitzen und auf $l$ dieselben Randwerte annehmen wie die harmonische Funktion. Wir haben aber keinen strengen Beweis für diese Aussage, denn die Ostrogradskische Gleichung stellt nur eine notwendige Bedingung für einen Extremwert dar; außerdem erinnern wir daran, daß wir bei der Herleitung dieser Gleichung die Existenz von stetigen zweiten Ableitungen der gesuchten Funktion vorausgesetzt haben. Jetzt nehmen wir an, $B$ sei der Einheitskreis.

Wir wissen, daß bei beliebig auf dem Rand vorgegebenen stetigen Werten eine eindeutige harmonische Funktion $v$ existiert, die das Dirichletsche Problem mit diesen Randwerten löst. Wir können aber nichts über das Verhalten der ersten Ableitungen dieser Funktion bei Annäherung an den Rand aussagen; folglich können wir nicht behaupten, daß das Funktional (56) für diese harmonische Funktion einen endlichen Wert hat. Man kann in der Tat solche stetigen Randwerte vorgeben, daß das Funktional (56) für die zugehörige harmonische Funktion gleich $\infty$ wird. Das heißt genauer: Wenn wir das Integral (56) über eine konzentrische Kreisfläche $B_r$ mit einem Radius $r<1$ erstrecken, wächst es für $r\to 1$ unbeschränkt an. Es läßt sich zeigen, daß dann das Funktional (56) überhaupt für jede Funktion mit stetigen Ableitungen erster Ordnung, die dieselben Randwerte hat, gleich $\infty$ ist.

Allgemein gilt der folgende Satz: *Wenn bei vorgegebenen Randwerten auf der Kurve $l$ das Funktional* (56) *für eine Funktion $u$ einen endlichen Wert $D(u)$ hat, dann hat es auch für die harmonische Funktion $v$ mit denselben Randwerten einen endlichen Wert $D(v)$; es ist $D(v)\leqq D(u)$, und das Gleichheitszeichen gilt nur dann, wenn die Funktionen $u$ und $v$ identisch sind.*

Diesen Satz werden wir später vollständig beweisen; an dieser Stelle wollen wir den Beweis unter der zusätzlichen Voraussetzung führen, daß die harmonische Funktion $v$ im Innern des Einheitskreises beschränkte partielle Ableitungen erster Ordnung besitzt. Dann ist das Integral (56) mit dieser Funktion offenbar endlich. Die Funktion $u$ können wir in der Form $u=v+\varphi$ darstellen, wobei $\varphi$ auf dem Rand der Einheitskreisscheibe verschwindet und im Innern stetige Ableitungen erster Ordnung hat. Das Funktional (56) für diese Funktion kann in der Gestalt

$$D(v+\varphi)=D(v)+D(\varphi)+2\iint\limits_B (v_x\varphi_x+v_y\varphi_y)\,dx\,dy \tag{57}$$

geschrieben werden. Wenden wir die Greensche Formel auf das Doppelintegral im letzten Summanden der rechten Seite über dem Kreis $B_r$ mit dem Radius $r<1$ und der Randkurve $C_r$ an, so erhalten wir

$$\iint\limits_{B_r}(v_x\varphi_x+v_y\varphi_y)\,dx\,dy=-\iint\limits_{B_r}\varphi\Delta v\,dx\,dy+\int\limits_{C_r}\varphi\frac{\partial v}{\partial n}\,ds\,.$$

Da $v$ eine harmonische Funktion ist, verschwindet das Doppelintegral auf der rechten Seite. In dem Kurvenintegral längs der Kreislinie $C_r$ mit $r<1$ strebt für $r\to 1$ die Funktion $\varphi$ gleichmäßig bezüglich des Winkels der Polarkoordinaten gegen 0. Bei diesem Grenzübergang bleibt die Ableitung $\frac{\partial v}{\partial n}$ beschränkt, so daß das Kurvenintegral gegen 0 konvergiert. Damit strebt auch das Integral auf der linken Seite gegen 0, und die Gleichung (57) kann in der Gestalt

$$D(v+\varphi)=D(v)+D(\varphi)$$

geschrieben werden. Offenbar ist $D(\varphi)\geqq 0$, wobei das Gleichheitszeichen nur gelten kann, wenn $\varphi$ im Kreis $B$ identisch verschwindet. Folglich ergibt sich in der Tat $D(v)\leqq D(u)$, und das Gleichheitszeichen gilt nur dann, wenn $u$ und $v$ übereinstimmen.

**77. Isoperimetrische Probleme.** Wir erinnern an das Problem der relativen Extremwerte im Fall einer Funktion von mehreren Veränderlichen [I, 167]. Ganz analog dazu kann man auch in der Variationsrechnung nach den Extremwerten eines Funktionals fragen für den Fall, daß die gesuchte Funktion gewisse Nebenbedingungen erfüllen muß. Speziell betrachten wir das folgende Problem. Unter allen Funktionen $y(x)$, für die mit einem vorgegebenen Wert $a$ die Nebenbedingung

$$J_1 = \int_{x_0}^{x_1} G(x, y, y')\, \mathrm{d}x = a \tag{58}$$

erfüllt ist, soll diejenige bestimmt werden, die dem Integral

$$J = \int_{x_0}^{x_1} F(x, y, y')\, \mathrm{d}x \tag{59}$$

einen Extremwert erteilt. Dieses Problem wird gewöhnlich *isoperimetrisches Problem* genannt. Die Benennung rührt von einem der wichtigsten Probleme dieses Typus her, nämlich von dem Problem, diejenige geschlossene Kurve zu ermitteln, die bei gegebener Länge $a$ die Fläche größten Inhalts einschließt (den Kreis). Unser Problem läßt sich auf das einfachste Problem der Variationsrechnung ohne Nebenbedingungen zurückführen, denn es gilt der folgende

Satz von Euler. *Erteilt die Funktion* $y(x)$ *dem Integral* (59) *unter der Bedingung* (58) *und den gewöhnlichen Randbedingungen* (11) *einen Extremwert und ist* $y(x)$ *keine Extremale des Integrals in* (58), *so existiert eine Konstante* $\lambda$ *derart, daß* $y(x)$ *eine Extremale des Integrals*

$$\int_{x_0}^{x_1} H(x, y, y')\, \mathrm{d}x \tag{60}$$

*darstellt, wenn man* $H = F + \lambda G$ *setzt.*

Wir führen eine Nachbarfunktion

$$y(x) + \alpha_1 \eta_1(x) + \alpha_2 \eta_2(x) \tag{61}$$

von $y(x)$ ein. Dabei sind $\alpha_1$ und $\alpha_2$ kleine Parameter und $\eta_1(x)$ sowie $\eta_2(x)$ Funktionen, die in den Randpunkten des Integrationsintervalls verschwinden. Setzen wir die Funktion (61) in das Integral (58) ein, so erhalten wir

$$J_1(\alpha_1, \alpha_2) = \int_{x_0}^{x_1} G(x,\, y + \alpha_1\eta_1 + \alpha_2\eta_2,\, y' + \alpha_1\eta_1' + \alpha_2\eta_2')\, \mathrm{d}x\,.$$

Hieraus folgt durch die übliche Umformung

$$\left.\frac{\mathrm{d}J_1}{\mathrm{d}\alpha_i}\right|_{\alpha_1=\alpha_2=0} = \int_{x_0}^{x_1} \left(G_y - \frac{\mathrm{d}}{\mathrm{d}x} G_{y'}\right) \eta_i\, \mathrm{d}x \qquad (i = 1, 2)\,.$$

Da $y(x)$ keine Extremale des Integrals (58) ist, verschwindet die Differenz $G_y - \frac{\mathrm{d}}{\mathrm{d}x} G_{y'}$ nicht identisch im Intervall $(x_0, x_1)$, man kann daher die Funktion $\eta_2(x)$ so wählen, daß

$$\int_{x_0}^{x_1} \left(G_y - \frac{\mathrm{d}}{\mathrm{d}x} G_{y'}\right) \eta_2\, \mathrm{d}x$$

von 0 verschieden ist.

Wir wenden uns der Bedingung $J_1(\alpha_1, \alpha_2)=a$ zu. Sie ist für $\alpha_1=\alpha_2=0$ erfüllt, da $y(x)$ nach Voraussetzung eine Lösung unseres Problems ist. Wegen der Wahl von $\eta_2$ ist die partielle Ableitung von $J_1(\alpha_1, \alpha_2)$ nach $\alpha_2$ für $\alpha_1=\alpha_2=0$ von 0 verschieden. Somit bestimmt die Gleichung $J_1(\alpha_1, \alpha_2)=a$ nach dem Satz über implizite Funktionen [I, 159] den Parameter $\alpha_2$ als Funktion von $\alpha_1$ für alle Werte von $\alpha_1$, die hinreichend nahe bei 0 liegen, wobei für die Ableitung von $\alpha_2$ nach $\alpha_1$ an der Stelle $\alpha_1=0$ offenbar

$$\left.\frac{\mathrm{d}\alpha_2}{\mathrm{d}\alpha_1}\right|_{\alpha_1=0} = -\int_{x_0}^{x_1}\left(G_y-\frac{\mathrm{d}}{\mathrm{d}x}G_{y'}\right)\eta_1\,\mathrm{d}x\Big/\int_{x_0}^{x_1}\left(G_y-\frac{\mathrm{d}}{\mathrm{d}x}G_{y'}\right)\eta_2\,\mathrm{d}x=k \tag{62}$$

gilt.

Setzen wir die Funktion (61) in das Integral (59) ein, differenzieren nach $\alpha_1$ und beachten, daß $\alpha_2$ eine Funktion von $\alpha_1$ ist, so erhalten wir

$$\left.\frac{\mathrm{d}J}{\mathrm{d}\alpha_1}\right|_{\alpha_1=0} = \int_{x_0}^{x_1}\left(F_y-\frac{\mathrm{d}}{\mathrm{d}x}F_{y'}\right)\eta_1\,\mathrm{d}x+k\int_{x_0}^{x_1}\left(F_y-\frac{\mathrm{d}}{\mathrm{d}x}F_{y'}\right)\eta_2\,\mathrm{d}x\,.$$

Daraus und aus dem Ausdruck (62) für die Konstante $k$ folgt mit

$$\lambda=-\int_{x_0}^{x_1}\left(F_y-\frac{\mathrm{d}}{\mathrm{d}x}F_{y'}\right)\eta_2\,\mathrm{d}x\Big/\int_{x_0}^{x_1}\left(G_y-\frac{\mathrm{d}}{\mathrm{d}x}G_{y'}\right)\eta_2\,\mathrm{d}x$$

die Beziehung

$$\left.\frac{\mathrm{d}J}{\mathrm{d}\alpha_1}\right|_{\alpha_1=0} = \int_{x_0}^{x_1}\left(F_y-\frac{\mathrm{d}}{\mathrm{d}x}F_{y'}\right)\eta_1\,\mathrm{d}x+\lambda\int_{x_0}^{x_1}\left(G_y-\frac{\mathrm{d}}{\mathrm{d}x}G_{y'}\right)\eta_1\,\mathrm{d}x$$

oder

$$\left.\frac{\mathrm{d}J}{\mathrm{d}\alpha_1}\right|_{\alpha_1=0} = \int_{x_0}^{x_1}\left[\left(F_y-\frac{\mathrm{d}}{\mathrm{d}x}F_{y'}\right)+\lambda\left(G_y-\frac{\mathrm{d}}{\mathrm{d}x}G_{y'}\right)\right]\eta_1\,\mathrm{d}x\,.$$

Da $y(x)$ dem Integral (59) unter der Bedingung (58) einen Extremwert erteilt, muß $\left.\frac{\mathrm{d}J}{\mathrm{d}\alpha_1}\right|_{\alpha_1=0}=0$ sein. Da $\eta_1(x)$ beliebig ist, ergibt sich nach dem Fundamentallemma hieraus die Differentialgleichung

$$H_y-\frac{\mathrm{d}}{\mathrm{d}x}H_{y'}=0$$

mit $H=F+\lambda G$, d. h. die Eulersche Gleichung des Integrals (60). Das allgemeine Integral dieser Differentialgleichung enthält drei willkürliche Konstanten, und zwar zwei Integrationskonstanten und $\lambda$. Diese Konstanten müssen aus den beiden Randbedingungen und der Bedingung (58) bestimmt werden.

Wir machen noch einige Bemerkungen zu dem erhaltenen Resultat. Bei der Multiplikation des Integranden in (59) mit einer willkürlichen Konstanten bleiben die Extremalen dieses Integrals offenbar dieselben wie früher; wir können infolgedessen die Funktion $H$ mit zwei Konstanten $\lambda_1$ und $\lambda_2$ in der symmetrischen Form $H=\lambda_1 F+\lambda_2 G$ schreiben. Da $F$ und $G$ in dem Ausdruck für $H$ symmetrisch auftreten, können wir sagen: Die Ermittlung der Extrema führt für das Integral (59) unter der Bedingung, daß das Integral in (58) einen konstanten Wert hat, auf dieselben Extremalen wie für das Integral in (58) unter der Bedingung, daß das Integral (59) einen konstanten Wert hat. Hierin besteht das sogenannte *Dualitätsprinzip* in seiner einfachsten Form. Wir nehmen dabei an, daß die Konstanten $\lambda_1$ und $\lambda_2$ von 0 verschieden sind, d. h., wir schließen diejenigen Kurven aus, welche Extremalen des Integrals (58) bzw. (59) sind.

An Beispielen erkennt man den Sinn der beim Eulerschen Satz gemachten Voraussetzung, daß $y(x)$ keine Extremale des Integrals (58) sein soll. In einem allgemeineren Fall lautet das isoperimetrische Problem folgendermaßen: Gesucht sind diejenigen Funktionen $y_i(x)$ $(i=1, 2, \ldots, n)$, die das Integral

$$J=\int_{x_0}^{x_1} F(x, y_1, y_1', \ldots, y_n, y_n')\,dx$$

unter den Nebenbedingungen

$$\int_{x_0}^{x_1} G_s(x, y_1, y_1', \ldots, y_n, y_n')\,dx=a_s \qquad (s=1, 2, \ldots, p)$$

und den Randbedingungen

$$y_i(x_0)=y_i^{(0)}, \qquad y_i(x_1)=y_i^{(1)} \qquad (i=1, 2, \ldots, n)$$

zu einem Extremum machen.

Unter bestimmten zusätzlichen Voraussetzungen, die gewährleisten, daß der Satz über implizite Funktionen anwendbar ist, läßt sich beweisen, daß die Lösungen $y_i(x)$ des gestellten Problems Extremalen des Integrals

$$\int_{x_0}^{x_1} H(x, y_1, y_1', \ldots, y_n, y_n')\,dx$$

sind; dabei ist $H=F+\sum_{s=1}^{p} \lambda_s G_s$, und die $\lambda_s$ sind Konstante. Der Beweis läßt sich analog zum orhergehenden Beweis führen. Wir bemerken noch, daß die Zahl $p$ der Nebenbedingungen auch größer sein kann als die Zahl $n$ der gesuchten Funktionen.

**78. Extrema mit Nebenbedingungen.** Wir untersuchen nun Probleme mit Nebenbedingungen, die eine andere Form als (58) haben. Wir beginnen mit einem einfachen Beispiel. Gesucht sind zwei Funktionen $y(x)$ und $z(x)$, die dem Integral

$$J=\int_{x_0}^{x_1} F(x, y, y', z, z')\,dx \tag{63}$$

einen Extremwert erteilen und die Gleichung

$$G(x, y, z)=0 \tag{64}$$

sowie die Randbedingungen

$$y(x_0)=y_0, \qquad z(x_0)=z_0, \qquad y(x_1)=y_1, \qquad z(x_1)=z_1$$

erfüllen; die Koordinaten $x_i, y_i, z_i$ $(i=1, 2)$ müssen dabei offenbar der Gleichung (64) genügen.

Geometrisch bedeutet dies, diejenigen Kurven zu ermitteln, welche auf der Fläche (64) liegen und dem Integral (63) einen Extremwert erteilen. Man könnte $z$ aus der Gleichung (64) als Funktion von $x$ und $y$ darstellen und diese Funktion in das Integral (63) einsetzen; dann würde man zu dem einfachsten Problem der

Variationsrechnung für eine einzige gesuchte Funktion $y(x)$ ohne Nebenbedingungen gelangen. Wir benutzen diese Bemerkung zur Herleitung einer Gleichung, welcher die Funktionen $y(x)$ und $z(x)$ genügen müssen, wenn sie das gestellte Problem lösen sollen. Wir nehmen an, längs der Extremalen sei die partielle Ableitung $G_z$ von 0 verschieden und die Gleichung (64) in der Form $z = \varphi(x, y)$ darstellbar. Setzen wir diesen Ausdruck in das Integral (63) ein, so erhält es die Gestalt

$$J = \int_{x_0}^{x_1} F(x, y, y', \varphi, \varphi_x + \varphi_y y')\,\mathrm{d}x\,. \tag{65}$$

Die ebene Kurve $l$, die durch Projektion unserer Raumkurve auf die $x, y$-Ebene entsteht, muß bei festen Endpunkten dem Integral (65) einen Extremwert erteilen; folglich erfüllt sie die zu diesem Integral gehörige Eulersche Gleichung. Zur Aufstellung dieser Gleichung führen wir einige Umformungen durch. Mit $[F]$ bezeichnen wir den Integranden von (65). Diese Funktion hängt von $x$, $y$ und $y'$ ab. Mit $F$ bezeichnen wir die frühere Funktion $F(x, y, y', z, z')$, so daß wir $[F]$ aus $F$ durch die Substitution $z = \varphi(x, y)$, $z' = \varphi_x + \varphi_y y'$ erhalten. Es gilt

$$\frac{\partial[F]}{\partial y} = F_y + F_z\varphi_y + F_{z'}(\varphi_{xy} + \varphi_{yy}y'), \qquad \frac{\partial[F]}{\partial y'} = F_{y'} + F_{z'}\varphi_y\,,$$

$$\frac{\mathrm{d}}{\mathrm{d}x}\,\frac{\partial[F]}{\partial y'} = \frac{\mathrm{d}}{\mathrm{d}x}\,F_{y'} + \varphi_y\,\frac{\mathrm{d}}{\mathrm{d}x}\,F_{z'} + F_{z'}(\varphi_{xy} + \varphi_{yy}y')\,.$$

Die Eulersche Gleichung für das Integral (65) lautet

$$\frac{\partial[F]}{\partial y} - \frac{\mathrm{d}}{\mathrm{d}x}\,\frac{\partial[F]}{\partial y'} = 0$$

oder nach den obigen Formeln

$$F_y + \varphi_y\left(F_z - \frac{\mathrm{d}}{\mathrm{d}x}\,F_{z'}\right) - \frac{\mathrm{d}}{\mathrm{d}x}\,F_{y'} = 0\,.$$

Aus (64) folgt durch Differentiation nach $y$ die Beziehung $\varphi_y = -G_y/G_z$. Setzen wir diesen Ausdruck in die vorhergehende Gleichung ein, so erhalten wir

$$F_y - \frac{\mathrm{d}}{\mathrm{d}x}\,F_{y'} - G_y\,\frac{F_z - \dfrac{\mathrm{d}}{\mathrm{d}x}\,F_{z'}}{G_z} = 0\,.$$

Längs unserer Extremalen $y = y(x)$ und $z = z(x)$ ist der Quotient, der in der letzten Gleichung auftritt, eine Funktion von $x$, die wir mit

$$\lambda(x) = -\frac{F_z - \dfrac{\mathrm{d}}{\mathrm{d}x}\,F_{z'}}{G_z}$$

bezeichnen. Die letzten beiden Gleichungen führen uns zu Differentialgleichungen für $y(x)$ und $z(x)$, in denen die Ableitung der Funktion $\lambda(x)$ nicht auftritt:

$$\frac{\mathrm{d}}{\mathrm{d}x}\,F_{y'} - [F_y + \lambda(x)\,G_y] = 0, \qquad \frac{\mathrm{d}}{\mathrm{d}x}\,F_{z'} - [F_z + \lambda(x)\,G_z] = 0\,.$$

Dies sind die notwendigen Bedingungen, denen die Funktionen $y(x)$ und $z(x)$ genügen müssen, damit sie dem Funktional (63) unter der Nebenbedingung (64) einen Extremwert erteilen. Es ist leicht zu sehen, daß man diese Gleichungen auch mit $F^* = F + \lambda(x)\, G$ in der Gestalt

$$\frac{\mathrm{d}}{\mathrm{d}x} F^*_{y'} - F^*_y = 0, \qquad \frac{\mathrm{d}}{\mathrm{d}x} F^*_{z'} - F^*_z = 0 \tag{66}$$

schreiben kann. Die Extremalen unseres Problems sind also Extremalen des Funktionals mit dem Integranden $F^*$ ohne Nebenbedingungen. Es sei noch erwähnt, daß wir im vorliegenden Fall an Stelle eines konstanten Faktors $\lambda$, wie er beim isoperimetrischen Problem auftritt, einen Faktor $\lambda(x)$ haben, der eine Funktion von $x$ ist. Eliminieren wir aus (64) und (66) die Funktion $\lambda(x)$ und eine der gesuchten Funktionen, beispielsweise $z$, so erhalten wir eine Differentialgleichung zweiter Ordnung für eine einzige Funktion $y(x)$. Die beiden willkürlichen Konstanten, die bei ihrer Integration auftreten, sind aus den beiden Randbedingungen für $y(x)$ zu bestimmen.

Nebenbedingungen der Gestalt (64), die keine Ableitungen der gesuchten Funktionen enthalten, werden gewöhnlich *holonome Bedingungen* genannt. Die oben beschriebenen Zusammenhänge gelten auch für das Funktional (23), das von mehreren Funktionen abhängt, mit *nichtholonomen Bedingungen* der Gestalt

$$G_s(x, y_1, y_1', \ldots, y_n, y_n') = 0 \qquad (s = 1, 2, \ldots, p), \tag{67}$$

d. h., unter bestimmten zusätzlichen Voraussetzungen genügen die Funktionen $y_i$, die dem Integral (23) unter den Bedingungen (67) einen Extremwert erteilen, den Gleichungen

$$\frac{\mathrm{d}}{\mathrm{d}x} F^*_{y_i'} - F^*_{y_i} = 0 \qquad (i = 1, 2, \ldots, n) \tag{68}$$

mit

$$F^* = F + \sum_{s=1}^{k} \lambda_s(x)\, G_s(x, y_1, y_1', \ldots, y_n, y_n'). \tag{69}$$

Das Gleichungssystem (68) unterscheidet sich wesentlich von dem entsprechenden Gleichungssystem im Fall holonomer Bedingungen. Da in (67) die Ableitungen $y_i'$ vorkommen, enthalten die Funktionen $F^*_{y_i'}$ auch die Funktionen $\lambda_s(x)$, und die Gleichungen (68) enthalten die Ableitungen der $\lambda_s(x)$ nach $x$. Damit stellen die Gleichungen (67) und (68) ein System von $n+p$ Differentialgleichungen für die $n+p$ unbekannten Funktionen $y_i$ und $\lambda_s(x)$ dar, die in bezug auf die $y_i$ von zweiter Ordnung und in bezug auf $\lambda_s(x)$ von erster Ordnung sind.

Wir führen nun durch die Gleichungen

$$z_i(x) = y_i'(x) \qquad (i = 1, 2, \ldots, n) \tag{70}$$

neue Funktionen $z_i(x)$ in die Betrachtung ein. Die Gleichungen (67) stellen $p$ holonome Bedingungen für die Funktionen $y_i$ und $z_i$ dar, und die Gleichungen (68) und (70) bilden ein System von $2n$ Differentialgleichungen erster Ordnung für die $2n+p$ Funktionen $y_i$, $z_i$ und $\lambda_s(x)$. Lösen wir (67) nach $p$ beliebigen der Funktionen $y_i$ und $z_i$ auf und setzen die gefundenen Ausdrücke in die Differentialgleichungen (68) und (70) ein, so erhalten wir $2n$ Differentialgleichungen erster Ordnung für $2n$ der Funktionen $y_i$, $z_i$ und $\lambda_s(x)$. Die allgemeine Lösung dieses Differentialgleichungssystems enthält $2n$ willkürliche Konstanten, die aus $2n$ Randbedingungen zu bestimmen sind.

**79. Beispiele.** 1. Unter allen Kurven mit der festen Länge $l$, die zwei vorgegebene Punkte $A$ und $B$ verbinden, soll diejenige bestimmt werden, die zusammen mit der

Strecke $AB$ die Fläche größten Inhalts begrenzt. Wir legen die $x$-Achse durch die Punkte $A$ und $B$; es seien $x_0$ und $x_1$ die Abszissen dieser Punkte. Wir nehmen an, die gesuchte Kurve $y$ sei im Intervall $[x_0, x_1]$ eine eindeutige Funktion von $x$. Unser Problem besteht darin, den größten Wert des Integrals

$$\int_{x_0}^{x_1} y \, dx \tag{71}$$

unter der Nebenbedingung

$$\int_{x_0}^{x_1} \sqrt{1+y'^2} \, dx = l \tag{72}$$

zu ermitteln. Das Integral (72) gibt die Länge der Kurve $y(x)$ zwischen den Punkten $x=x_0$ und $x=x_1$ an. Seine Extremalen sind offenbar Geraden. Das kann man unmittelbar verifizieren, wenn man die Eulersche Gleichung für dieses Integral aufstellt. Im Fall $l<x_1-x_0$ wird die Bedingung (72) von keiner einzigen Kurve erfüllt. Im Fall $l=x_1-x_0$ wird die Bedingung (72) nur von der Strecke $AB$ erfüllt. In beiden Fällen hat das aufgestellte Problem keinen Sinn; deshalb nehmen wir im folgenden $l>x_1-x_0$ an. Dann gilt $F^*=y+\lambda\sqrt{1+y'^2}$, wobei die Funktion $F^*$ die Veränderliche $x$ nicht explizit enthält. Damit lautet das erste Integral der zugehörigen Eulerschen Gleichung:

$$F^*-y'F^*_{y'}=y+\lambda\sqrt{1+y'^2}-\frac{\lambda y'^2}{\sqrt{1+y'^2}}=b\,,$$

woraus

$$y'=\frac{\sqrt{\lambda^2-(y-b)^2}}{y-b} \quad \text{oder} \quad \frac{(y-b)\,dy}{\sqrt{\lambda^2-(y-b)^2}}=dx$$

folgt. Durch Integration erhalten wir $(x-a)^2+(y-b)^2=\lambda^2$, d. h., die Extremalen sind Kreisbögen mit dem Radius $|\lambda|$.

Es sei $\omega$ der Winkel, unter dem die Strecke $AB$ vom Mittelpunkt des Kreises aus erscheint. Dann gilt

$$x_1-x_0=2\lambda\sin\frac{\omega}{2} \quad \text{und} \quad l=\lambda\omega\,.$$

Zur Bestimmung von $\omega$ steht uns die Gleichung

$$\frac{\sin(\omega/2)}{\omega/2}=\frac{x_1-x_0}{l}$$

zur Verfügung, die in unserem Fall stets lösbar ist. Unter Benutzung des Dualitätsprinzips können wir den folgenden Satz aufstellen: Unter den Kurven, die eine Fläche von gegebenem Flächeninhalt begrenzen, hat der Kreis eine extremale (offenbar kleinste) Länge. Wir bemerken noch, daß $y$ im Fall $l>\frac{\pi}{2}(x_1-x_0)$ keine eindeutige Funktion von $x$ ist.

Mit diesen Ergebnissen läßt sich zeigen: Wenn eine geschlossene Kurve unter den Kurven gegebener Länge eine Fläche größten Inhalts begrenzt, muß diese Kurve ein Kreis sein.

2. Es soll die Gleichgewichtslage eines homogenen Fadens von gegebener Länge $l$ mit festen Endpunkten, der der Einwirkung der Schwerkraft unterworfen ist, bestimmt werden. Wir nehmen an, daß die Richtung der Schwerkraft mit der negativen Richtung der $y$-Achse übereinstimmt. Die Gleichgewichtslage wird durch die Forderung bestimmt, daß der Schwerpunkt des Fadens die tiefstmögliche Lage einnehmen soll. Wir setzen weiterhin voraus, daß alle zur $y$-Achse parallelen Geraden den Faden höchstens in einem Punkt treffen. Es handelt sich bei diesem Problem darum, den Extremwert

des Integrals [vgl. Beispiel 4 aus 76]

$$\int_{x_0}^{x_1} y\,\mathrm{d}s = \int_{x_0}^{x_1} y\sqrt{1+y'^2}\,\mathrm{d}x$$

unter der Nebenbedingung

$$\int_{x_0}^{x_1} \sqrt{1+y'^2}\,\mathrm{d}x = l \tag{73}$$

und den Randbedingungen $y(x_0)=y_0$, $y(x_1)=y_1$ zu bestimmen. Im vorliegenden Fall gilt

$$F^* = y\sqrt{1+y'^2} + \lambda\sqrt{1+y'^2},$$

das erste Integral der Eulerschen Gleichung lautet:

$$\frac{y+\lambda}{\sqrt{1+y'^2}} = a \quad \text{oder} \quad \frac{\mathrm{d}y}{\sqrt{(y+\lambda)^2-a^2}} = \frac{\mathrm{d}x}{a}.$$

Setzen wir

$$y+\lambda = a\cosh z = a\,\frac{\mathrm{e}^z+\mathrm{e}^{-z}}{2},$$

so können wir die letzte Differentialgleichung leicht integrieren und erhalten

$$y+\lambda = a\cosh\left(\frac{x}{a}+b\right) = a\,\frac{\mathrm{e}^{\frac{x}{a}+b}+\mathrm{e}^{-\left(\frac{x}{a}+b\right)}}{2} \qquad (a>0),$$

d. h., die Extremalen des Problems sind Kettenlinien. Die Konstanten $a$, $b$ und $\lambda$ sind aus den Randbedingungen

$$y_0+\lambda = a\cosh\left(\frac{x_0}{a}+b\right), \qquad y_1+\lambda = a\cosh\left(\frac{x_1}{a}+b\right)$$

und der Bedingung (73) zu bestimmen. Subtrahieren wir die eine Randbedingung von der anderen und formen die Differenz der hyperbolischen Kosinus in ein Produkt um, so erhalten wir

$$y_1-y_0 = 2a\sinh\mu\sinh\nu \tag{74}$$

mit

$$\mu = \frac{x_1+x_0}{2a}+b, \qquad \nu = \frac{x_1-x_0}{2a}.$$

Setzen wir den gefundenen Ausdruck für $y$ in die Bedingung (73) ein, so bekommen wir

$$a\left[\sinh\left(\frac{x_1}{a}+b\right)-\sinh\left(\frac{x_0}{a}+b\right)\right] = l$$

oder

$$2a\cosh\mu\sinh\nu = l. \tag{75}$$

Wegen (74) ergibt sich

$$\tanh\mu = \frac{y_1-y_0}{l}. \tag{76}$$

Die Zahl $l$ genügt offenbar der Ungleichung $l>\sqrt{(x_1-x_0)^2+(y_1-y_0)^2}>|y_1-y_0|$; die Gleichung (76) hat also eine einzige Wurzel. Aus (74) und (75) folgt $\sqrt{l^2-(y_1-y_0)^2} = 2a\sinh\nu$ oder

$$\frac{\sinh\nu}{\nu} = \frac{\sqrt{l^2-(y_1-y_0)^2}}{x_1-x_0}. \tag{77}$$

Da nun

$$\frac{\sinh x}{x} = 1 + \frac{x^2}{3!} + \frac{x^4}{5!} + \ldots$$

für $0 \leqq x < \infty$ eine von 1 bis $\infty$ monoton wachsende Funktion ist, die jeden Wert, der größer als 1 ist, genau einmal annimmt, hat die Gleichung (77) eine einzige (positive) Wurzel. Nachdem $\nu$ und $\mu$ bestimmt sind, lassen sich die Größen $a$, $b$ und $\lambda$ ohne Schwierigkeit berechnen.

3. Wir betrachten einen elastischen homogenen Stab, der im nichtdeformierten Zustand geradlinig ist. Wie man aus der Elastizitätstheorie weiß, ist seine potentielle Energie im deformierten Zustand proportional dem Integral des Quadrats seiner Krümmung, erstreckt über den ganzen Stab. Angenommen, der Stab habe die Länge $l$ und sei in den Punkten $(x_0, y_0)$ und $(x_1, y_1)$ eingespannt. Wir benutzen als unabhängige Veränderliche die vom Punkt $(x_0, y_0)$ aus gerechnete Bogenlänge $s$ und bezeichnen mit $\theta(s)$ den Winkel zwischen der Tangente an den Stab und der $x$-Achse. Die Krümmung läßt sich durch $\theta'(s)$ ausdrücken, und das Integral, dessen Extremum gesucht wird, hat die Gestalt

$$\int_0^l \theta'^2 \, ds. \tag{78}$$

Bekanntlich gilt $\frac{dx}{ds} = \cos\theta$, $\frac{dy}{ds} = \sin\theta$. Daraus folgen die beiden Bedingungsgleichungen

$$\int_0^l \cos\theta \, ds = x_1 - x_0, \qquad \int_0^l \sin\theta \, ds = y_1 - y_0. \tag{79}$$

Die Aussage, daß der Stab in den Endpunkten eingespannt ist, ist mit der Vorgabe der Funktion $\theta(s)$ für $s = 0$ und $s = l$ äquivalent:

$$\theta(0) = a, \qquad \theta(l) = b. \tag{80}$$

In unserem Fall gilt $F^* = \theta'^2 + \lambda_1 \cos\theta + \lambda_2 \sin\theta$. Diese Funktion enthält die unabhängige Veränderliche $s$ nicht explizit; wir können daher unmittelbar das erste Integral $\theta'^2 = C + \lambda_1 \cos\theta + \lambda_2 \sin\theta$ der Eulerschen Gleichung angeben.

Wir führen die beiden Konstanten $h = C + \sqrt{\lambda_1^2 + \lambda_2^2}$, $k^2 = \frac{2\sqrt{\lambda_1^2 + \lambda_2^2}}{C + \sqrt{\lambda_1^2 + \lambda_2^2}}$ und statt $\theta$ die neue Veränderliche $\varphi = \frac{\theta - \theta_0}{2}$ ein; dabei sei $\theta_0 = \arctan \frac{\lambda_1}{\lambda_2}$. Mit diesen Bezeichnungen läßt sich das angegebene erste Integral der Eulerschen Gleichung in der Gestalt

$$\frac{d\varphi}{ds} = \frac{\sqrt{h}}{2} \sqrt{1 - k^2 \sin^2 \varphi}$$

schreiben; daraus erhalten wir $s$ als Funktion von $\varphi$ in Gestalt eines elliptischen Integrals:

$$s = \frac{2}{\sqrt{h}} \int \frac{d\varphi}{\sqrt{1 - k^2 \sin^2 \varphi}} + s_0.$$

Die Konstanten $k$, $h$, $\theta_0$ und $s_0$ müssen aus den Bedingungen (79) und (80) bestimmt werden. Zur Ermittlung der kartesischen Koordinaten der Stabpunkte genügt es, in den Beziehungen

$$\frac{dx}{ds} = \cos\theta = \cos(2\varphi + \theta_0), \qquad \frac{dy}{ds} = \sin\theta = \sin(2\varphi + \theta_0)$$

das Linienelement $ds$ durch $d\varphi$ auszudrücken:

$$dx = \frac{2\cos(2\varphi+\theta_0)}{\sqrt{h}\,\sqrt{1-k^2\sin^2\varphi}}\,d\varphi, \qquad dy = \frac{2\sin(2\varphi+\theta_0)}{\sqrt{h}\,\sqrt{1-k^2\sin^2\varphi}}\,d\varphi .$$

Hieraus lassen sich $x$ und $y$ unmittelbar durch Quadraturen bestimmen.

4. Wir wollen nun die geodätischen Linien auf einer gegebenen Fläche

$$G(x, y, z) = 0 \tag{81}$$

ermitteln.

Zu diesem Zweck haben wir die Extremalen des Integrals $\int\limits_{x_0}^{x_1} \sqrt{1+y'^2+z'^2}\,dx$ unter der Nebenbedingung (81) zu bestimmen. Die Gleichungen (66) lauten jetzt

$$\frac{d}{dx}\frac{y'}{\sqrt{1+y'^2+z'^2}} - \lambda G_y = 0, \qquad \frac{d}{dx}\frac{z'}{\sqrt{1+y'^2+z'^2}} - \lambda G_z = 0 . \tag{82}$$

Um die wichtigste geometrische Eigenschaft der geodätischen Linien zu erhalten, bilden wir das totale Differential von (81) nach $x$: $G_x + G_y y' + G_z z' = 0$. Multiplizieren wir beide Seiten mit $\lambda$ und setzen statt $\lambda G_y$ und $\lambda G_z$ die aus (82) folgenden Ausdrücke ein, so gelangen wir nach einfachen Umformungen zu der Beziehung

$$\frac{d}{dx}\frac{1}{\sqrt{1+y'^2+z'^2}} - \lambda G_x = 0 ,$$

die den Gleichungen (82) analog ist. Hierbei sind die zu differenzierenden Brüche gleich den Richtungskosinus der Tangente an die gesuchte geodätische Linie, so daß wir diese Gleichungen folgendermaßen schreiben können:

$$\frac{d\cos\alpha}{dx} = \lambda G_x, \qquad \frac{d\cos\beta}{dx} = \lambda G_y, \qquad \frac{d\cos\gamma}{dx} = \lambda G_z .$$

Unter Benutzung der Formel $\frac{dx}{ds} = \cos\alpha$ können wir die Differentiation nach $x$ durch die Differentiation nach $s$ ersetzen und erhalten somit die Gleichungen

$$\frac{d\cos\alpha}{ds} = \mu G_x, \qquad \frac{d\cos\beta}{ds} = \mu G_y, \qquad \frac{d\cos\gamma}{ds} = \mu G_z ,$$

dabei ist $\mu = \lambda\cos\alpha$. Bekanntlich [**II, 136**] sind die linken Seiten dieser Gleichungen den Richtungskosinus der Hauptnormalen der gesuchten Kurve, die rechten Seiten dagegen den Richtungskosinus der Normalen der gegebenen Fläche proportional. Hieraus folgt unmittelbar, daß *die Hauptnormalen jeder geodätischen Linie gleichzeitig Normalen der gegebenen Fläche sind.*

5. Schließlich betrachten wir noch das Problem der Brachystochrone unter Berücksichtigung der Reibung. Unter den Verbindungskurven zweier gegebener Punkte $A$ und $B$ wird diejenige gesucht, die ein Massepunkt, der sich mit einer gegebenen Geschwindigkeit nach unten bewegt, in kürzester Zeit durchläuft; dabei soll die Reibung berücksichtigt werden; diese lasse sich durch eine bestimmte Funktion $R(v)$ der Geschwindigkeit ausdrücken.

Aus Sätzen der Mechanik folgt unmittelbar, daß die gesuchte Kurve in derjenigen Ebene liegen muß, die von der vertikalen Geraden durch $A$ und der Geraden $AB$ aufgespannt wird. Wir wählen diese Ebene als $x, y$-Ebene, wobei die $y$-Achse vertikal nach unten gerichtet sein soll. Es seien $(x_0, y_0)$ und $(x_1, y_1)$ die Koordinaten der Punkte $A$ bzw. $B$. Der Zuwachs der kinetischen Energie bei der Bewegung längs der Kurve setzt sich aus der positiv gerechneten Arbeit der Schwerkraft und der negativ gerechneten Reibungsarbeit zusammen, d. h., es gilt

$$d\,\frac{v^2}{2} = g\,dy - R(v)\,ds ;$$

dabei ist $g$ die Schwerebeschleunigung und $ds = \sqrt{dx^2 + dy^2}$. Wählen wir $x$ als unabhängige Veränderliche in den Funktionen $v$ und $y$, so erhalten wir

$$vv' - gy' + R(v) \sqrt{1 + y'^2} = 0 \,. \tag{83}$$

Wir müssen die Extremwerte des Integrals $\int\limits_{x_0}^{x_1} \frac{\sqrt{1+y'^2}}{v} dx$ unter der nichtholonomen Bedingung (83) ermitteln, wobei $v$ und $y$ die gesuchten Funktionen sind.

Die üblichen Randbedingungen bestehen in der Vorgabe der Funktionswerte in den Randpunkten des Intervalls:

$$y(x_0) = y_0, \qquad y(x_1) = y_1 \,, \tag{84}$$

$$v(x_0) = v_0, \qquad v(x_1) = v_1 \,. \tag{85}$$

Die erste Bedingung (85) besagt, daß die Anfangsgeschwindigkeit vorgegeben ist. Nach der zweiten Bedingung (85) ist auch die Endgeschwindigkeit vorgegeben; diese Bedingung ist vom mechanischen Standpunkt aus unnatürlich. Auf diese Frage gehen wir später ein. Nach der allgemeinen Theorie müssen wir die Eulerschen Gleichungen für die Funktion

$$F^* = \sqrt{1 + y'^2}\, H + \lambda(x)\, vv' - \lambda(x)\, gy' \tag{86}$$

mit

$$H = \frac{1}{v} + \lambda(x)\, R(v)$$

aufstellen. Die Funktion $F^*$ enthält $y$ nicht explizit, die zugehörige Eulersche Gleichung in bezug auf $y$ hat also offenbar das erste Integral $F^*_{y'} = C$ oder

$$\frac{Hy'}{\sqrt{1 + y'^2}} = C + \lambda(x)\, g \,, \tag{87}$$

während die Eulersche Gleichung der Funktion $F^*$ in bezug auf $v$

$$\sqrt{1 + y'^2}\, H_v + \lambda(x)\, v' - \frac{d}{dx} [\lambda(x)\, v] = 0$$

oder

$$\frac{v\lambda'(x)}{\sqrt{1 + y'^2}} = H_v \tag{88}$$

lautet.

Somit erhalten wir das System der drei Differentialgleichungen (83), (87) und (88) für die Funktionen $y$, $v$ und $\lambda$. Differenzieren wir $H^2 - (C + g\lambda)^2$ nach $x$ und benutzen die angegebenen drei Differentialgleichungen, so erkennen wir, daß der Ausdruck

$$H^2 - (C + g\lambda)^2 = a^2 \,, \tag{89}$$

in dem $a$ eine willkürliche Konstante ist, ein Integral darstellt. Aus (89) läßt sich $\lambda$ als Funktion von $v$ bestimmen, $\lambda = \lambda(v)$. Durch Division der Differentialgleichungen (87) und (88) erhalten wir

$$dy = \frac{(C + g\lambda)\, v\, d\lambda}{HH_v} \,. \tag{90}$$

Wegen (87) und (89) ergibt sich $y' = \frac{C + g\lambda}{a}$, woraus

$$dx = \frac{av\, d\lambda}{HH_v} \tag{91}$$

folgt. Setzen wir in die rechten Seiten der Differentialgleichungen (90) und (91) die Funktion $\lambda=\lambda(v)$ ein und führen die Quadratur aus, so erhalten wir mit zwei willkürlichen Konstanten $d_1$ und $d_2$:

$$x=d_1+\varphi(v, a, C), \qquad y=d_2+\psi(v, a, C).$$

Diese beiden Gleichungen liefern die gesuchte Brachystochrone in Parameterdarstellung mit $v$ als Parameter. Die willkürlichen Konstanten sind aus den Randbedingungen (84) und (85) zu bestimmen. Die zweite Bedingung (85) ist, wie wir später sehen werden, durch die Bedingung $F^*_{v'}|_{x=x_1}=0$ zu ersetzen; dadurch kommt die Tatsache zum Ausdruck, daß die Geschwindigkeit $v$ für $x=x_1$ einen willkürlichen Wert annehmen kann. Die letzte Bedingung hat wegen (86) die Gestalt $\lambda v|_{x=x_1}=0$. Wenn wir annehmen, daß die Geschwindigkeit von 0 verschieden ist, erhalten wir $\lambda|_{x=x_1}=0$.

**80. Die Invarianz der Eulerschen und Ostrogradskischen Gleichungen.** Bei der Ermittlung der Extrema einer von einer einzigen Veränderlichen abhängigen Funktion $y=f(x)$ können wir die unabhängige Veränderliche $x$ mit Hilfe einer Beziehung $x=\varphi(\xi)$ durch eine neue unabhängige Veränderliche $\xi$ ersetzen. Dabei setzen wir voraus, daß $\varphi(\xi)$ echt monoton ist und eine von 0 verschiedene Ableitung besitzt. Nach der Kettenregel der Differentialrechnung gilt

$$\frac{\mathrm{d}y}{\mathrm{d}\xi}=f'(x)\,\varphi'(\xi). \tag{92}$$

Die notwendige Bedingung für ein Extremum lautet in der neuen unabhängigen Veränderlichen $f'(x)\,\varphi'(\xi)=0$; wegen $\varphi'(\xi)\neq 0$ ist diese Bedingung der früheren $f'(x)=0$ gleichwertig. In verschiedenen Fällen läßt sich auch eine zu (92) analoge Formel für die linke Seite der Eulerschen Gleichung aufstellen. Wir beginnen mit der Betrachtung des Funktionals

$$J=\int_{x_0}^{x_1} F(x, y, y')\,\mathrm{d}x. \tag{93}$$

Zur Abkürzung führen wir folgende Bezeichnung für die linke Seite der Eulerschen Gleichung ein:

$$[F]_y=F_y-\frac{\mathrm{d}}{\mathrm{d}x}F_{y'}.$$

In der neuen unabhängigen Veränderlichen $\xi$ können wir

$$F(x, y, y')=F\left[x(\xi), y, \frac{\mathrm{d}y/\mathrm{d}\xi}{\mathrm{d}x/\mathrm{d}\xi}\right]=\Phi\left(\xi, y, \frac{\mathrm{d}y}{\mathrm{d}\xi}\right)$$

schreiben, und $J$ nimmt die Gestalt

$$\int_{x_0}^{x_1} F(x, y, y')\,\mathrm{d}x=\int_{\xi_0}^{\xi_1}\Phi\left(\xi, y, \frac{\mathrm{d}y}{\mathrm{d}\xi}\right)\frac{\mathrm{d}x}{\mathrm{d}\xi}\,\mathrm{d}\xi$$

an. Setzen wir in dem Integranden für $y$ eine Nachbarfunktion $y+\alpha\eta$ ein, so erhalten wir in der üblichen Weise

$$\frac{\partial}{\partial\alpha}\int_{x_0}^{x_1} F(x, y+\alpha\eta, y'+\alpha\eta')\,\mathrm{d}x\,|_{\alpha=0}=\int_{x_0}^{x_1}[F]_y\eta\,\mathrm{d}x.$$

Dieser Ausdruck lautet in der neuen unabhängigen Veränderlichen:

$$\frac{\partial}{\partial\alpha}\int_{\xi_0}^{\xi_1}\Phi\left(\xi, y+\alpha\eta, \frac{\mathrm{d}y}{\mathrm{d}\xi}+\alpha\frac{\mathrm{d}\eta}{\mathrm{d}\xi}\right)\frac{\mathrm{d}x}{\mathrm{d}\xi}\,\mathrm{d}\xi\,|_{\alpha=0}=\int_{\xi_0}^{\xi_1}\left[\Phi\frac{\mathrm{d}x}{\mathrm{d}\xi}\right]_y\eta\,\mathrm{d}\xi.$$

Durch Vergleich der beiden letzten Relationen folgt

$$\int_{x_0}^{x_1} \left\{ [F]_y - \left[ \Phi \frac{dx}{d\xi} \right]_y \frac{d\xi}{dx} \right\} \eta \, dx = 0 ,$$

woraus sich, da die Funktion $\eta$ willkürlich ist, auf Grund des Lemmas 1 [71] die Beziehung

$$[F]_y = \left[ \Phi \frac{dx}{d\xi} \right]_y \frac{d\xi}{dx} \tag{94}$$

ergibt. Bei dem Ausdruck auf der rechten Seite ist zu beachten, daß $\xi$ die unabhängige Veränderliche ist; daher gilt

$$\left[ \Phi \frac{dx}{d\xi} \right]_y = \frac{dx}{d\xi} \Phi_y - \frac{d}{d\xi} \left\{ \Phi_{\frac{dy}{d\xi}} \frac{dx}{d\xi} \right\} .$$

Die Beziehung (94) ist der bereits diskutierten Beziehung (92) analog, und die Eulersche Gleichung $\left[ \Phi \frac{dx}{d\xi} \right]_y = 0$ ist offenbar der Eulerschen Gleichung $[F]_y = 0$ gleichwertig. Dieser Zusammenhang läßt sich auf den Fall verallgemeinern, daß der Integrand mehrere gesuchte Funktionen enthält.

Wir betrachten nun ein Funktional mit zwei unabhängigen Veränderlichen:

$$J = \iint_B F(x, y, u, u_x, u_y) \, dx \, dy .$$

Es sei $B_1$ ein Bereich in der $\xi$, $\eta$-Ebene, und die Gleichungen $x = x(\xi, \eta)$, $y = y(\xi, \eta)$ mögen eine stetig differenzierbare und eineindeutige Abbildung von $B_1$ in $B$ definieren. Wir nehmen noch an, daß die Funktionaldeterminante $\frac{D(x, y)}{D(\xi, \eta)}$ von 0 verschieden ist. Schreiben wir den Integranden in den neuen unabhängigen Veränderlichen, so ergibt sich

$$F(x, y, u, u_x, u_y) = F[x(\xi, \eta), y(\xi, \eta), u, u_\xi \xi_x + u_\eta \eta_x, u_\xi \xi_y + u_\eta \eta_y]$$
$$= \Phi(\xi, \eta, u, u_\xi, u_\eta) .$$

Wie soeben ersetzen wir $u$ durch $u + \alpha\eta$, differenzieren das Integral nach $\alpha$, setzen $\alpha = 0$ und erhalten jetzt

$$\iint_B [F]_u \, \eta \, dx \, dy = \iint_{B_1} \left[ \Phi \frac{D(x, y)}{D(\xi, \eta)} \right]_u \eta \, d\xi \, d\eta . \tag{94$_1$}$$

Das Symbol $[\ ]_u$ bezeichnet die linke Seite der Ostrogradskischen Gleichung, es ist also beispielsweise

$$[F]_u = F_u - \frac{\partial}{\partial x} F_{u_x} - \frac{\partial}{\partial y} F_{u_y} .$$

Führen wir in dem Integral, welches auf der rechten Seite der Beziehung (94$_1$) steht, die Variablensubstitution aus, so erhalten wir, da $\eta$ willkürlich ist, für die linke Seite der Ostrogradskischen Gleichung die Transformaionsformel

$$[F]_u = \left[ \Phi \frac{D(x, y)}{D(\xi, \eta)} \right]_u \frac{D(\xi, \eta)}{D(x, y)} .$$

Eine entsprechende Formel erhalten wir auch bei mehr als zwei unabhängigen Veränderlichen. Die Ostrogradskische Gleichung $[F]_u = 0$ ist der Ostrogradskischen Gleichung $\left[\Phi \frac{D(x, y)}{D(\xi, \eta)}\right]_{u=0}$ in den neuen Veränderlichen gleichwertig.

Man kann auch die unabhängigen Veränderlichen und die Funktionen gleichzeitig transformieren. Führen wir beispielsweise im Funktional (93) für $x, y$ durch $x = \varphi(\xi, \eta)$, $y = \psi(\xi, \eta)$ die neuen Veränderlichen $\xi, \eta$ ein, so erhalten wir an Stelle der Funktion $y = f(x)$ in den neuen Veränderlichen eine Funktion $\eta = f_1(\xi)$, und das Funktional (93) nimmt die Gestalt

$$J = \int_{\xi_0}^{\xi_1} F\left[\varphi(\xi, \eta)\ \psi(\xi, \eta), \frac{\psi_\xi + \psi_\eta \eta'}{\varphi_\xi + \varphi_\eta \eta'}\right] (\varphi_\xi + \varphi_\eta \eta')\, d\xi = \int_{\xi_0}^{\xi_1} \Phi(\xi, \eta, \eta')\, d\xi$$

an. Wie oben ist die Eulersche Gleichung $[F]_y = 0$ der Eulerschen Gleichung $[\Phi]_y = 0$ gleichwertig.

Im folgenden Abschnitt untersuchen wir die Eulersche Gleichung im Fall der Parameterdarstellung.

**81. Variationsprobleme in Parameterdarstellung.** Bei der Ermittlung des Extremums eines Funktionals kann die Forderung, die gesuchte Kurve habe eine explizite Darstellung $y = y(x)$, das Problem wesentlich einschränken; es kann nämlich vorkommen, daß zur $y$-Achse parallele Geraden die Extremale in mehr als einem Punkt schneiden. Wir betrachten jetzt den allgemeineren Fall, daß die gesuchte Kurve in Parameterdarstellung erscheint. Nehmen wir an, daß $x$ und $y$ Funktionen eines Parameters $t$ sind, so können wir das Integral (93) in der Gestalt

$$J = \int_{t_0}^{t_1} F\left(x, y, \frac{y'}{x'}\right) x'\, dt \tag{95}$$

schreiben, wobei $x'$ und $y'$ die Ableitungen nach $t$ bedeuten und $t_0$ bzw. $t_1$ die Parameterwerte in den Endpunkten der Kurve sind. Dabei hat $J$ bei beliebiger Wahl des Parameters $t$ die Gestalt (95).

Wir weisen darauf hin, daß der Integrand die unabhängige Veränderliche $t$ nicht explizit enthält und eine homogene Funktion ersten Grades in $x'$ und $y'$ ist. Allgemeiner betrachten wir ein Integral

$$J = \int_{t_0}^{t_1} F(x, y, x', y')\, dt\,, \tag{96}$$

wobei der Integrand die unabhängige Veränderliche $t$ nicht explizit enthält und eine homogene Funktion ersten Grades in $x'$ und $y'$ ist, d. h.

$$F(x, y, kx', ky') = kF(x, y, x', y')\,. \tag{97}$$

Wir zeigen, daß dann das Integral (96) bei einer beliebigen Transformation des Parameters $t$ seine Gestalt nicht ändert. Hierzu führen wir an Stelle von $t$ den Parameter $\tau$ ein, indem wir $\tau = \tau(t)$ setzen und dabei $\tau'(t) > 0$ annehmen, so daß bei wachsendem $t$ auch $\tau$ wächst. Gehen wir in (96) zur Veränderlichen $\tau$ über, so erhalten wir

$$J = \int_{\tau_0}^{\tau_1} F(x, y, x'_\tau \tau'_t, y'_\tau \tau'_t)\, t'_\tau\, d\tau\,,$$

und unter Benutzung von (97) ergibt sich

$$\int_{\tau_0}^{\tau_1} F(x, y, x'_\tau \tau'_t, y'_\tau \tau'_t)\, t'_\tau \mathrm{d}\tau = \int_{\tau_0}^{\tau_1} F(x, y, x'_\tau, y'_\tau)\, \mathrm{d}\tau ,$$

d. h., das Integral (96) behält bei Parameteränderungen seine Gestalt.

Bemerkung. An Stelle der Größe $k$ in (97) steht jetzt $\tau'_t$; es genügt daher zu fordern, daß die Identität (97) für $k>0$ gilt. Im folgenden setzen wir dies voraus (positiv homogene Funktionen).

Wir erinnern daran, daß in die Definition der Nachbarkurven einer in expliziter Form dargestellten Kurve die Ordinaten eingehen, die zu gleichen Abszissen gehören. Ist die Kurvengleichung in Parameterdarstellung gegeben, so läßt sich die Nachbarschaft unabhängig von der Wahl des Parameters definieren. Wir sagen, eine Kurve $l$ liege in der $\varepsilon$-Nachbarschaft nullter Ordnung einer Kurve $l_1$, wenn man zwischen den Punkten von $l$ und $l_1$ eine solche umkehrbar eindeutige und stetige Beziehung herstellen kann, daß die Entfernung zwischen einander entsprechenden Punkten nicht größer als $\varepsilon$ ist. Entsprechend läßt sich auch die $\varepsilon$-Nachbarschaft erster Ordnung definieren.

Nun leiten wir eine notwendige Bedingung für ein Extremum her. Es sei $l$ eine Kurve, die das Integral zu einem Extremum macht. Zunächst wählen wir für die Kurve $l$ eine beliebige Parameterdarstellung der Gestalt $x=x(t)$, $y=y(t)$. Wir bilden eine Nachbarkurve $x=x(t)+\alpha\eta(t)$, $y=y(t)+\alpha_1\eta_1(t)$, wobei wir unter einander entsprechenden Punkten solche mit gleichen Parameterwerten verstehen. Führen wir den Ausdruck für die Nachbarkurve in das Integral (96) ein und setzen die Ableitungen nach $\alpha$ und $\alpha_1$ an der Stelle $\alpha=\alpha_1=0$ gleich 0, so können wir in der üblichen Weise zeigen, daß die Funktionen $x(t)$ und $y(t)$ für alle $t$ dem System der beiden Eulerschen Gleichungen

$$F_x - \frac{\mathrm{d}}{\mathrm{d}t} F_{x'} = 0, \qquad F_y - \frac{\mathrm{d}}{\mathrm{d}t} F_{y'} = 0 \tag{98}$$

genügen. Diese Differentialgleichungen enthalten den Parameter nicht explizit. Eine der Funktionen $x(t)$, $y(t)$ können wir als „willkürlich" annehmen. Denn durch Parametertransformation $t=t(\tau)$ erhalten wir $x[t(\tau)]$ und $y[t(\tau)]$; da aber $t(\tau)$ willkürlich gewählt werden kann, können wir eine dieser Funktionen von $\tau$ willkürlich wählen. Daher dürfen wir erwarten, daß die beiden Differentialgleichungen (98) auf eine einzige Differentialgleichung zurückgeführt werden können. Das wollen wir jetzt beweisen.

Zu diesem Zweck differenzieren wir beide Seiten der wegen der Homogenität von $F$ geltenden Identität [**I, 154**]

$$F = x'F_{x'} + y'F_{y'}$$

nach $x$, $y$, $x'$ bzw. $y'$ und erhalten

$$\begin{aligned} F_x &= x'F_{xx'} + y'F_{xy'}, \qquad & F_y &= x'F_{yx'} + y'F_{yy'}, \\ 0 &= x'F_{x'x'} + y'F_{x'y'}, \qquad & 0 &= x'F_{x'y'} + y'F_{y'y'} . \end{aligned} \tag{99}$$

Aus den letzten beiden Relationen finden wir

$$\frac{F_{x'x'}}{y'^2} = \frac{F_{x'y'}}{-x'y'} = \frac{F_{y'y'}}{x'^2} = F_1(x, y, x', y') , \tag{100}$$

wobei wir mit $F_1$ den gemeinsamen Wert der drei Quotienten bezeichnet haben. Jetzt kehren wir zu den Gleichungen (98) zurück und schreiben sie ausführlich:

$$F_x - x'F_{xx'} - y'F_{yx'} - x''F_{x'x'} - y''F_{x'y'} = 0 ,$$

$$F_y - x'F_{xy'} - y'F_{yy'} - x''F_{x'y'} - y''F_{y'y'} = 0 .$$

Eliminieren wir hierin $F_{x'x'}$, $F_{x'y'}$ und $F_{y'y'}$ mit Hilfe von (100) sowie $F_x$, $F_y$ mit Hilfe von (99), so erhalten wir

$$y'T = 0, \qquad x'T = 0$$

mit

$$T = F_1(x, y, x', y')\,(x'y'' - y'x'') + F_{xy'} - F_{yx'} .$$

Wir nehmen an, daß $x'$ und $y'$ nicht gleichzeitig verschwinden. Dann reduzieren sich die beiden Gleichungen tatsächlich auf die eine Gleichung

$$T = F_1(x, y, x', y')\,(x'y'' - y'x'') + F_{xy'} - F_{yx'} = 0 . \tag{101}$$

Zu dieser dem Gleichungssystem (98) äquivalenten Differentialgleichung für zwei gesuchte Funktionen müssen wir noch eine Bedingung für die Wahl des Parameters $t$ hinzufügen. Wenn wir beispielsweise als Parameter die Bogenlänge $s$ der gesuchten Extremale wählen, hat die zusätzliche Bedingung die Gestalt $x'^2 + y'^2 = 1$. Mit Hilfe der Formel für den Krümmungsradius einer ebenen Kurve [**I, 71**] folgt aus der Differentialgleichung (101)

$$\frac{1}{R} = \frac{F_{xy'} - F_{yx'}}{(x'^2 + y'^2)^{3/2}\,F_1} . \tag{102}$$

Diese Überlegungen lassen sich ohne Mühe auch auf Funktionale erweitern, die von Kurven im $n$-dimensionalen Raum abhängen. Wir betrachten etwa das Integral

$$J = \int_{t_0}^{t_1} F(x_1, x_1', \ldots, x_n, x_n')\, \mathrm{d}t , \tag{103}$$

wobei die $x_i$ Funktionen von $t$ und die $x_i'$ ihre Ableitungen sind. Wie oben nehmen wir an, daß $F$ eine positiv homogene Funktion ersten Grades in den $x_i'$ ist. Dann ändert sich das Integral (103) bei beliebiger Änderung des Parameters $t$ nicht. Damit eine Kurve im $n$-dimensionalen Raum der $(x_1, \ldots, x_n)$ das Integral (103) zu einem Extremum macht, müssen notwendigerweise, wie sich wie oben zeigen läßt, die Eulerschen Gleichungen

$$F_{x_i} - \frac{\mathrm{d}}{\mathrm{d}t} F_{x_i'} = 0 \tag{104}$$

oder

$$F_{x_i} - \sum_{s=1}^{n} x_s' F_{x_i' x_s} - \sum_{s=1}^{n} x_s'' F_{x_i' x_s'} = 0 \qquad (i = 1, 2, \ldots, n)$$

erfüllt sein.

Es läßt sich leicht verifizieren, daß die linken Seiten dieser Differentialgleichungen durch die folgende Beziehung miteinander verknüpft sind:

$$\sum_{i=1}^{n} x_i' \left(F_{x_i} - \frac{\mathrm{d}}{\mathrm{d}t} F_{x_i'}\right) = \sum_{i=1}^{n} x_i' F_{x_i} - \sum_{i,s=1}^{n} x_i' x_s' F_{x_i' x_s} - \sum_{i,s=1}^{n} x_i' x_s'' F_{x_i' x_s'} = 0 . \tag{105}$$

Denn auf Grund des Eulerschen Satzes gilt, da $F$ positiv homogen ist,

$$F = \sum_{i=1}^{n} x_i' F_{x_i'} ;$$

differenzieren wir diese Identität nach $x_s$ und $x'_s$, so erhalten wir

$$F_{x_s} = \sum_{i=1}^{n} x'_i F_{x'_i x_s}, \qquad 0 = \sum_{i=1}^{n} x'_i F_{x'_i x'_s} .$$

Aus diesen Identitäten folgt unmittelbar die Beziehung (105). Somit ist im System (104) eine der Differentialgleichungen eine Folge der übrigen, und wir können zum System (104) noch eine Gleichung hinzufügen, die die Wahl des Parameters charakterisiert. Wir bemerken noch, daß sich die Überlegungen dieses Abschnittes auch auf den Fall mehrfacher Integrale ausdehnen lassen.

**82. Die geodätischen Linien im $n$-dimensionalen Raum.** Im $n$-dimensionalen reellen Raum sei durch

$$ds^2 = \sum_{i,k=1}^{n} a_{ik}\, dx_i\, dx_k \qquad (a_{ik} = a_{ki}) \tag{106}$$

mit vorgegebenen Funktionen $a_{ik}$ der Argumente $x_s$ eine Metrik definiert. Diese Funktionen setzen wir nebst ihren partiellen Ableitungen erster Ordnung als stetig voraus. Die Vorgabe der Metrik (106) ist gleichbedeutend damit, daß sich die Länge einer beliebigen Kurve $x_s(t)$ $(s = 1, 2, \ldots, n)$ durch das Integral

$$J = \int ds = \int_{t_0}^{t_1} \sqrt{\sum_{i,k=1}^{n} a_{ik} x'_i x'_k}\; dt \tag{107}$$

ausdrücken läßt; wir nehmen dabei an, der Radikand sei für beliebige $x_s$ und $x'_s$ positiv, sofern nicht alle $x'_s$ verschwinden, d. h., die vorgegebene quadratische Form (106) sei positiv definit. Ohne Einschränkung der Allgemeinheit setzen wir noch voraus, daß wie schon bei (106) $a_{ik} = a_{ki}$ gilt.

Die Extremalen des Integrals (107) heißen *geodätische Linien*. Dieser Begriff ist eine unmittelbare Verallgemeinerung des bereits behandelten Begriffs der geodätischen Linie auf einer gegebenen Fläche. Zur Abkürzung bezeichnen wir den Radikanden mit $\varphi$:

$$\varphi = \sum_{i,k=1}^{n} a_{ik} x'_i x'_k . \tag{108}$$

Für die Extremalen gelten dann die Eulerschen Gleichungen

$$\frac{1}{2\sqrt{\varphi}}\, \varphi_{x_i} - \frac{d}{dt}\left(\frac{1}{2\sqrt{\varphi}}\, \varphi_{x'_i}\right) = 0 \qquad (i = 1, 2, \ldots, n) . \tag{109}$$

Eine Differentialgleichung dieses Systems ist eine Folge der übrigen, so daß wir noch eine Gleichung hinzuzufügen haben; wir nehmen

$$\varphi = \sum_{i,k=1}^{n} a_{ik} x'_i x'_k = 1 . \tag{110}$$

Aus (107) und (110) folgt unmittelbar, daß der Parameter $t$ mit der Bogenlänge $s$ einer Kurve im $n$-dimensionalen Raum übereinstimmt. Wegen (110) vereinfacht sich das Differentialgleichungssystem (109) zu

$$\varphi_{x_i} - \frac{d}{ds}\, \varphi_{x'_i} = 0 \qquad (i = 1, 2, \ldots, n) . \tag{111}$$

Es läßt sich leicht nachprüfen, daß das System (111) das Integral $\varphi = \text{const}$ besitzt. Denn es ist

$$\frac{d\varphi}{ds} = \sum_{i=1}^{n} \varphi_{x_i} x'_i + \sum_{i=1}^{n} \varphi_{x'_i} x''_i ,$$

andererseits ist $\varphi$ ein homogenes Polynom zweiten Grades in den $x_i'$, es gilt also $\sum_{i=1}^{n} \varphi_{x_i'} x_i' = 2\varphi$ und damit

$$2 \frac{\mathrm{d}\varphi}{\mathrm{d}s} = \sum_{i=1}^{n} \varphi_{x_i'} x_i'' + \sum_{i=1}^{n} x_i' \frac{\mathrm{d}}{\mathrm{d}s} \varphi_{x_i'} .$$

Es ergibt sich also

$$\frac{\mathrm{d}\varphi}{\mathrm{d}s} = 2 \frac{\mathrm{d}\varphi}{\mathrm{d}s} + \sum_{i=1}^{n} x_i' \left(\varphi_{x_i} - \frac{\mathrm{d}}{\mathrm{d}s} \varphi_{x_i'}\right) ;$$

wegen (111) ist daher $\frac{\mathrm{d}\varphi}{\mathrm{d}s} = 0$, d. h., $\varphi = \mathrm{const}$ ist ein Integral des Differentialgleichungssystems (111), und die Nebenbedingung (110) ist erfüllt, wenn man die willkürliche Konstante gleich 1 setzt.

Ausführlich geschrieben lautet (111)

$$\varphi_{x_i} - \sum_{s=1}^{n} \varphi_{x_i' x_s} x_s' - \sum_{i=1}^{n} \varphi_{x_i' x_s'} x_s'' = 0$$

oder, wenn wir überall den Ausdruck (108) einsetzen,

$$\frac{1}{2} \sum_{p,q=1}^{n} \frac{\partial a_{pq}}{\partial x_i} x_p' x_q' - \sum_{p,s=1}^{n} \frac{\partial a_{pi}}{\partial x_s} x_s' x_p' - \sum_{s=1}^{n} a_{si} x_s'' = 0 .$$

Jetzt gehen wir auf die zweite Summe näher ein. In ihr sind die Koeffizienten von $x_s' x_p'$ und $x_p' x_s'$ einander nicht gleich, wir können dies aber erreichen, wenn wir jeden von ihnen durch

$$\frac{1}{2} \left(\frac{\partial a_{pi}}{\partial x_s} + \frac{\partial a_{si}}{\partial x_p}\right)$$

ersetzen. Fassen wir die erste und zweite Summe zusammen und vertauschen die Vorzeichen, so erhalten wir unser Differentialgleichungssystem schließlich in der Gestalt

$$\sum_{s=1}^{n} a_{si} x_s'' + \sum_{p,q=1}^{n} \frac{1}{2} \left(\frac{\partial a_{pi}}{\partial x_q} + \frac{\partial a_{qi}}{\partial x_p} - \frac{\partial a_{pq}}{\partial x_i}\right) x_p' x_q' = 0 \qquad (i = 1, 2, \dots, n) . \tag{112}$$

Dabei bedeuten die Striche Ableitungen nach der Bogenlänge $s$. Der in der zweiten Summe stehende Ausdruck wird in der Differentialgleichung *Christoffelsches Dreiindizessymbol erster Art* genannt und folgendermaßen bezeichnet:

$$\frac{1}{2} \left(\frac{\partial a_{pi}}{\partial x_q} + \frac{\partial a_{qi}}{\partial x_p} - \frac{\partial a_{pq}}{\partial x_i}\right) = \begin{bmatrix} pq \\ i \end{bmatrix} .$$

Die Gleichung (112) läßt sich nach $x_s''$ auflösen. Wir bezeichnen mit $a^{ik}$ die Elemente der zur Matrix $\|a_{ik}\|^{-1}$ transponierten Matrix, also

$$a^{ik} = \frac{A_{ik}}{D} \qquad \text{oder} \qquad \|a^{ik}\| = (\|a_{ik}\|^{-1})^* .$$

Dabei ist die Determinante $D$ der Matrix $\|a_{ik}\|$ von 0 verschieden, da die quadratische Form (106) definit ist; die $A_{ik}$ sind die algebraischen Komplemente der Elemente $a_{ik}$ dieser Determinante. Die Elemente $a^{ik}$ genügen den Relationen

$$\sum_{s=1}^{n} a^{is} a_{ks} = \begin{cases} 0 & (i \neq k) , \\ 1 & (i = k) . \end{cases} \tag{113}$$

Multiplizieren wir beide Seiten von (112) mit $a^{ji}$, summieren über $i$ und ändern im zweiten Summanden die Summationsfolge, so erhalten wir wegen (113) mit

$$\begin{Bmatrix} pq \\ j \end{Bmatrix} = \sum_{i=1}^{n} a^{ji} \begin{bmatrix} pq \\ i \end{bmatrix} \tag{114}$$

die Differentialgleichungen

$$x_j'' + \sum_{p,q=1}^{n} \begin{Bmatrix} pq \\ j \end{Bmatrix} x_p' x_q' = 0 \,. \tag{115}$$

Wir haben also folgendes Ergebnis: Mit Hilfe der Beziehung (110) haben die Eulerschen Gleichungen die Gestalt (111) angenommen, und diese Differentialgleichungen sind nicht mehr voneinander abhängig. Es ist uns gelungen, sie nach den $x_s''$ aufzulösen.

Als Beispiel betrachten wir die Aufgabe, die geodätischen Linien auf einer beliebigen Zylinderfläche zu ermitteln. Wir wählen die $z$-Achse parallel zu den Erzeugenden; die Gleichung der Leitkurve in der $x$, $y$-Ebene sei $x=\varphi(\sigma)$, $y=\psi(\sigma)$, wobei wir als Parameter $\sigma$ ihre Bogenlänge nehmen, so daß

$$\varphi'^2(\sigma) + \psi'^2(\sigma) = 1$$

gilt. Als Flächenparameter, welche die Lage eines Punktes auf der Zylinderfläche bestimmen, wählen wir den soeben eingeführten Parameter $\sigma$ und die Koordinate $z$. Dann gilt

$$\mathrm{d}s^2 = \mathrm{d}\sigma^2 + \mathrm{d}z^2,$$

so daß im vorliegenden Beispiel $a_{11}=a_{22}=1$, $a_{12}=a_{21}=0$ ist. Die Differentialgleichungen (115) liefern $\sigma''=0$ (für $j=1$) und $z''=0$ (für $j=2$), wobei die Ableitungen nach der Bogenlänge $s$ zu nehmen sind. Damit ergibt sich

$$\sigma = As + B, \qquad z = A_1 s + B_1, \qquad A^2 + A_1^2 = 1 \,.$$

Im Fall $A \neq 0$ läßt sich die Gleichung dieser Kurven in der Form $z=C_1\sigma + C_2$ schreiben, wobei $C_1$ und $C_2$ willkürliche Konstanten sind. Diese Linien, deren vollständige Parameterdarstellung durch

$$x = \varphi(\sigma), \qquad y = \psi(\sigma), \qquad z = C_1\sigma + C_2 \tag{116}$$

gegeben ist, sind Schraubenlinien, die wir bereits in [**II, 139**] untersucht haben. Die additive Konstante im Ausdruck für $z$ spielt natürlich keine Rolle.

**83. Natürliche Randbedingungen.** Bis jetzt haben wir beim Aufsuchen der Extrema eines Funktionals (93) als Randbedingungen angenommen, daß beide Endpunkte der gesuchten Kurve fest sind, d. h., daß die Werte $y(x_0)$ und $y(x_1)$ gegeben sind. Jetzt wollen wir uns mit einer anderen Art von Randbedingungen beschäftigen. Wir suchen die Extrema des Integrals

$$J = \int_{x_0}^{x_1} F(x, y, y')\,\mathrm{d}x \,. \tag{117}$$

Der linke Endpunkt der gesuchten Kurve soll dabei wie früher fest sein, d. h., es sei die Randbedingung $y(x_0)=y_0$ gegeben. Dem rechten Endpunkt der Kurve wird dagegen nur die Bedingung auferlegt, daß er sich auf der Geraden $x=x_1$ parallel zur $y$-Achse befindet; dies bedeutet, daß im Funktional (117) bis $x_1$ integriert wird.

Wir zeigen sogleich, daß in diesem freien Endpunkt ebenfalls eine Randbedingung erfüllt sein muß, wenn das Integral (117) ein Extremum haben soll. In der Tat, erteilt eine Kurve dem Integral (117) im Vergleich zu allen Nachbarkurven mit freiem rechten Endpunkt ein Extremum, so erteilt sie dem Integral (117) erst recht ein Extremum, wenn der rechte Endpunkt der Kurve fest ist. Dann muß sie aber, wie wir oben gezeigt haben, die Eulersche Gleichung erfüllen, d. h. Extremale des Integrals (117) sein. Wir wenden uns jetzt dem allgemeinen Ausdruck [vgl. 72]

$$\delta J = [F_{y'}\delta y]_{x_0}^{x_1} + \int_{x_0}^{x_1} \left(F_y - \frac{\mathrm{d}}{\mathrm{d}x} F_{y'}\right) \delta y \,\mathrm{d}x \qquad (\delta y = \alpha\eta)$$

für die erste Variation des Integrals (117) zu.

Wie oben muß diese erste Variation verschwinden. Das in dieser Formel auftretende Integral ist gleich 0, da die Funktion $y(x)$, wie wir soeben gezeigt haben, die Eulersche Gleichung erfüllen muß. Das integralfreie Glied muß an der Stelle $x=x_0$ verschwinden, da dieser Endpunkt fest ist. Damit führt das Verschwinden der ersten Variation auf die Beziehung $F_{y'}\eta=0$ für $x=x_1$. Im freien Endpunkt ist $\eta$ willkürlich, so daß wir schließlich die Randbedingung

$$F_{y'}|_{x=x_1}=0 \tag{118}$$

erhalten.

Diese Randbedingung liefert eine Relation zwischen $y$ und $y'$ im freien Endpunkt. Es läßt sich leicht nachprüfen, daß die Bedingung (118) für das Integral ($2_1$) die Gestalt $y'=0$ hat, d. h., die Extremale des Integrals ($2_1$) muß im rechten Endpunkt senkrecht zur Geraden $x=x_1$ verlaufen. Die Randbedingung (118) heißt *natürliche Randbedingung*. Durch Wiederholung der eben angestellten Überlegungen für den Fall des Integrals

$$J=\int_{x_0}^{x_1} F(x, y_1, y_1', \ldots, y_n, y_n')\,\mathrm{d}x$$

erhalten wir im freien Endpunkt die $n$ Randbedingungen $F_{y_i'}=0$ $(i=1, 2, \ldots, n)$.

Wir betrachten nun ein Integral, das Ableitungen zweiter Ordnung enthält:

$$J=\int_{x_0}^{x_1} F(x, y, y', y'')\,\mathrm{d}x\,.$$

Beachten wir, daß im freien Endpunkt die Werte von $\eta(x)$ und $\eta'(x)$ willkürlich sind, so erhalten wir dort mit Hilfe von (27) und (28) die beiden natürlichen Randbedingungen

$$F_{y'}-\frac{\mathrm{d}}{\mathrm{d}x}F_{y''}=0, \qquad F_{y''}=0\,. \tag{119}$$

Die erste dieser Bedingungen liefert einen Zusammenhang zwischen den Größen $y, y', y'', y'''$.

In derselben Weise ergibt sich für das Doppelintegral

$$J=\iint_B F(x, y, u, u_x, u_y)\,\mathrm{d}x\,\mathrm{d}y \tag{120}$$

auf der Randkurve $l$ die natürliche Randbedingung

$$F_{u_x}\frac{\mathrm{d}y}{\mathrm{d}s}-F_{u_y}\frac{\mathrm{d}x}{\mathrm{d}s}=0\,, \tag{121}$$

wobei $s$ die Bogenlänge auf $l$ bedeutet. Diese Randbedingung folgt unmittelbar aus dem Ausdruck (33) für die erste Variation des Integrals (120).

**84. Funktionale von allgemeinerer Gestalt.** Wir untersuchen nun die erste Variation von Funktionalen, die außer gewöhnlichen Integralen noch weitere Summanden enthalten, welche von den Funktionswerten in den Endpunkten des Integrationsintervalls oder auf der Randkurve des Integrationsbereiches abhängen. Bei der Untersuchung der Extrema solcher Funktionale gelangen wir zu den früheren Eulerschen Gleichungen; die zusätzlichen Summanden haben nur auf die Form der natürlichen Randbedingungen Einfluß. Durch diese zusätzlichen Glieder erhalten wir verschiedene Formen von natürlichen Randbedingungen, die für die

Anwendungen der Variationsrechnung in der mathematischen Physik von Bedeutung sind. Wir beschränken uns hier auf einzelne Spezialfälle.

Als erstes Beispiel betrachten wir das Funktional

$$J = \int_{x_0}^{x_1} F(x, y, y')\,dx - \varphi(y_0) + \psi(y_1)\,, \tag{122}$$

in dem $y_0$ und $y_1$ die Werte der Funktion $y(x)$ in den Endpunkten des Integrationsintervalls bedeuten und $\varphi(y_0)$ sowie $\psi(y_1)$ vorgegebene Funktionen ihrer Argumente sind. Das Minuszeichen vor $\varphi(y_0)$ wurde nur zur Vereinfachung der folgenden Rechnungen eingeführt. Wir führen die Nachbarkurven $y(x) + \alpha\eta(x)$ ein, setzen sie in das Funktional (122) ein, differenzieren nach $\alpha$ und setzen $\alpha = 0$. Damit erhalten wir den Ausdruck

$$\delta J = \int_{x_0}^{x_1} [F]_y\,\delta y\,dx + \{\psi'(y_1) + F_{y'}[x_1, y_1, y'(x_1)]\}\,\delta y_1 - \{\varphi'(y_0) + F_{y'}[x_0, y_0, y'(x_0)]\}\,\delta y_0 \tag{123}$$

für die erste Variation. Erteilt eine Kurve $y(x)$ dem Funktional (122) bei freien Endpunkten einen Extremwert, so erst recht bei festen Endpunkten. In (123) können wir somit $\delta y_1 = \delta y_0 = 0$ setzen, und aus dem Fundamentallemma folgt wie früher, daß $y(x)$ die Eulersche Gleichung erfüllen muß. Sind beide Endpunkte frei, so sind in (123) die Größen $\delta y_1$ und $\delta y_0$ willkürlich, und wir erhalten die Randbedingungen

$$\varphi'(y) + F_{y'}|_{x=x_0} = 0, \qquad \psi'(y) + F_{y'}|_{x=x_1} = 0\,.$$

Setzen wir beispielsweise $\varphi(y) = l(y-a)^2$, so erhalten wir für $x = x_0$ die natürliche Randbedingung

$$\frac{1}{2l} F_{y'}|_{x=x_0} + y_0 - a = 0\,.$$

Beim Grenzübergang $l \to \infty$ ergibt sich $y_0 = a$, d. h., wir gelangen zum Fall fester Endpunkte.

Im Fall eines Doppelintegrals nehmen wir als zusätzliches Glied ein Integral über die Randkurve $l$ des Grundbereichs $B$ und wählen dabei als unabhängige Veränderliche in diesem Kurvenintegral die von einem bestimmten Punkt auf $l$ an zu zählende Bogenlänge $s$ von $l$. Wir nehmen an, daß im Integranden des Kurvenintegrals die unabhängige Veränderliche $s$, die gesuchte Funktion $u$ und ihre Tangentialableitung $u_s$ auftreten, also

$$J = \iint_B F(x, y, u, u_x, u_y)\,dx\,dy + \int_l \Phi(s, u, u_s)\,ds\,. \tag{124}$$

In der üblichen Weise erhalten wir für die erste Variation

$$\delta J = \iint_B [F]_u\,\delta u\,dx\,dy + \int_l \left(F_{u_x}\frac{dy}{ds} - F_{u_y}\frac{dx}{ds} + \Phi_u - \frac{d}{ds}\,\Phi_{u_s}\right)\delta u\,ds\,. \tag{125}$$

Durch eine der vorigen analoge Betrachtung läßt sich zeigen: Damit die Funktion $u(x, y)$ dem Funktional (124) unter der natürlichen Randbedingung einen Extremwert erteilt, ist notwendig, daß die Funktion $u$ der Ostrogradskischen Gleichung genügt und auf der Randkurve $l$ die Randbedingung

$$F_{u_x}\frac{dy}{ds} - F_{u_y}\frac{dx}{ds} + \Phi_u - \frac{d}{ds}\,\Phi_{u_s}|_l = 0 \tag{126}$$

erfüllt.

Als Beispiel betrachten wir das Funktional

$$J = \iint_B (u_x^2 + u_y^2)\,\mathrm{d}x\,\mathrm{d}y + \int_l p(s)\,u\,\mathrm{d}s\,,$$

in dem $p(s)$ eine auf $l$ vorgegebene Funktion bezeichnet. Die Ostrogradskische Gleichung ist dann mit der Laplaceschen Differentialgleichung identisch, und die Randbedingung lautet

$$2u_x \frac{\mathrm{d}y}{\mathrm{d}s} - 2u_y \frac{\mathrm{d}x}{\mathrm{d}s} + p(s)\,\Big|_l = 0.$$

Beachten wir, daß $\frac{\mathrm{d}x}{\mathrm{d}s}$ und $\frac{\mathrm{d}y}{\mathrm{d}s}$ die Richtungskosinus der Tangente an $l$ und folglich $\frac{\mathrm{d}y}{\mathrm{d}s}$ und $\left(-\frac{\mathrm{d}x}{\mathrm{d}s}\right)$ die Richtungskosinus der äußeren Normalen von $l$ sind, so können wir die Randbedingung in der Gestalt

$$\frac{\partial u}{\partial n}\bigg|_l = -\frac{1}{2}\,p(s)$$

schreiben.

Somit haben wir bei vorgegebenen Werten der Normalableitung auf der Randkurve des Bereichs die Laplacesche Differentialgleichung zu integrieren, d. h. das Neumannsche Problem zu lösen. Setzen wir $\Phi = p(s)\,u + q(s)\,u^2$, so erhalten wir die Randbedingung

$$\frac{\partial u}{\partial n} + q(s)\,u\,\Big|_l = -\frac{1}{2}\,p(s)\,.$$

Wir erwähnen noch eine Möglichkeit, die natürlichen Randbedingungen abzuändern, ohne gleichzeitig die Eulersche bzw. Ostrogradskische Gleichung zu ändern. Dies läßt sich nicht durch Hinzufügen zusätzlicher Summanden zum Funktional erreichen, sondern dadurch, daß zum Integranden des Ausgangsintegrals ein Ausdruck hinzugefügt wird, der auf die Gestalt der Eulerschen bzw. Ostrogradskischen Gleichung keinen Einfluß hat. Wir haben solche Ausdrücke bereits in [75] gebildet. Betrachten wir beispielsweise an Stelle des Integrals

$$\int_{x_0}^{x_1} F(x, y, y')\,\mathrm{d}x$$

das Integral

$$\int_{x_0}^{x_1} (F + A(x, y) + B(x, y)\,y')\,\mathrm{d}x$$

mit $A_y = B_x$, so ändert sich die Eulersche Gleichung nicht, und die natürliche Randbedingung lautet $F_{y'} + B = 0$ an Stelle von $F_{y'} = 0$.

In entsprechender Weise kann man im Falle eines mehrfachen Integrals vorgehen.

**85. Die allgemeine Form der ersten Variation.** Bis jetzt haben wir bei der Bestimmung der ersten Variation vorausgesetzt, daß sich das Integrationsintervall oder der Integrationsbereich nicht ändert. Jetzt wollen wir einen Ausdruck für die erste Variation ableiten, ohne diese Voraussetzung zu machen. Dies gibt uns die Möglichkeit, das Grundproblem der Variationsrechnung für den allgemeinen Fall beweglicher Endpunkte zu behandeln. Zunächst betrachten wir den einfachen Fall eines Integrals der Form (117). Bisher haben wir angenommen, daß die Nachbarkurven sich durch einen Summanden $\alpha\eta(x)$ von der Ausgangskurve $y(x)$ unterscheiden. Jetzt nehmen wir an, daß die Nachbarkurven $y(x, \alpha)$ den Parameter $\alpha$ nicht notwendig linear enthalten. Für $\alpha = 0$ erhalten wir die Ausgangskurve $y(x) = y(x, 0)$, für die wir die Variation des Integrals berechnen wollen. Wir führen in das Integral

$$J = \int_{x_0}^{x_1} F(x, y, y')\, \mathrm{d}x \tag{127}$$

an Stelle von $y(x)$ den Ausdruck $y(x, \alpha)$ ein und nehmen an, daß sich auch die Integrationsgrenzen in Abhängigkeit von $\alpha$ ändern können:

$$J(\alpha) = \int_{x_0(\alpha)}^{x_1(\alpha)} F[x, y(x, \alpha), y_x(x, \alpha)]\, \mathrm{d}x\,. \tag{128}$$

Für $\alpha = 0$ erhalten wir dieselben Argumente und dieselben Grenzen wie im Integral (127):

$$y(x, 0) = y(x), \qquad x_1(0) = x_1, \qquad x_0(0) = x_0\,.$$

In Übereinstimmung mit der allgemeinen Definition der ersten Variation als Produkt der Ableitung nach $\alpha$ an der Stelle $\alpha = 0$ mit $\alpha$ schreiben wir

$$\delta x_0 = \left.\frac{\mathrm{d}x_0(\alpha)}{\mathrm{d}\alpha}\right|_{\alpha=0} \alpha, \qquad \delta x_1 = \left.\frac{\mathrm{d}x_1(\alpha)}{\mathrm{d}\alpha}\right|_{\alpha=0} \alpha, \qquad \delta y = \left.\frac{\partial y(x, \alpha)}{\partial \alpha}\right|_{\alpha=0} \alpha\,,$$

$$\delta y' = \left.\frac{\partial}{\partial \alpha}\left[\frac{\partial y(x, \alpha)}{\partial x}\right]\right|_{\alpha=0} \alpha = \frac{\mathrm{d}}{\mathrm{d}x}\left[\frac{\partial y(x, \alpha)}{\partial \alpha}\right]_{\alpha=0} \alpha = \frac{\mathrm{d}}{\mathrm{d}x}\, \delta y;$$

dabei nehmen wir an, daß $y(x, \alpha)$ stetige Ableitungen bis zur zweiten Ordnung besitzt. Bilden wir vom Integral (128) die Ableitung nach $\alpha$, setzen $\alpha = 0$ und multiplizieren mit $\alpha$, so erhalten wir für die erste Variation den Ausdruck

$$\delta J = F(x_1, y_1, y_1')\, \delta x_1 - F(x_0, y_0, y_0')\, \delta x_0 + \int_{x_0}^{x_1} (F_y \delta y + F_{y'} \delta y')\, \mathrm{d}x$$

oder

$$\delta J = [F(x, y, y')\, \delta x]_{x_0}^{x_1} + \int_{x_0}^{x_1} (F_y \delta y + F_{y'} \delta y')\, \mathrm{d}x\,. \tag{129}$$

Den zweiten Summanden formen wir wie üblich durch partielle Integration um:

$$\int_{x_0}^{x_1} F_{y'} \delta y'\, \mathrm{d}x = \int_{x_0}^{x_1} F_{y'} \frac{\mathrm{d}}{\mathrm{d}x}\, \delta y\, \mathrm{d}x$$

$$= F_{y'}(x_1, y_1, y_1')\, (\delta y)_1 - F_{y'}(x_0, y_0, y_0')\, (\delta y)_0 - \int_{x_0}^{x_1} \delta y\, \frac{\mathrm{d}}{\mathrm{d}x} F_{y'}\, \mathrm{d}x; \tag{130}$$

dabei werden mit $(\delta y)_1$ und $(\delta y)_0$ die Werte der Variation von $y$ in den Endpunkten bezeichnet:

$$(\delta y)_i = \left[\frac{\partial y(x_i, \alpha)}{\partial \alpha}\right]_{\alpha=0} \alpha \qquad (i = 0, 1)\,. \tag{131}$$

Wir suchen nun die erste Variation der Ordinaten in den Endpunkten der Kurve und beschränken die Rechnungen auf die Ordinate $y_1$ des rechten Endpunktes. Offenbar gilt $y_1 = f[x_1(\alpha), \alpha]$, und bei einer Änderung von $\alpha$ ändert sich nicht nur das zweite Argument, wie dies bei der Definition von $(\delta y)_1$ der Fall war, sondern es ändern sich beide Argumente der Funktion $f$, so daß für die erste Variation $\delta y_1$ der Ordinate $y_1$

$$\delta y_1 = \left[\frac{\mathrm{d}}{\mathrm{d}\alpha} f[x_1(\alpha), \alpha]\right]_{\alpha=0} \alpha = \left[\frac{\partial f}{\partial x_1} \cdot \frac{\mathrm{d}x_1}{\mathrm{d}\alpha}\right]_{\alpha=0} \alpha + \left[\frac{\partial f}{\partial \alpha}\right]_{\alpha=0} \alpha = y_1' \delta x_1 + (\delta y)_1 \tag{132}$$

gilt, wenn $y_1'$ der Richtungskoeffizient der Tangente im rechten Endpunkt der Kurve ist. In entsprechender Weise gilt für die Variation $\delta y_0$ der Ordinate im linken Endpunkt

$$\delta y_0 = y_0' \delta x_0 + (\delta y)_0 \,. \tag{133}$$

Setzen wir in (130) an Stelle der Größen $(\delta y)_1$ und $(\delta y)_0$ ihre Werte aus den Relationen (132) und (133) ein, so erhalten wir schließlich für die erste Variation des Integrals (127)

$$\begin{aligned}\delta J = {} & [F(x_1, y_1, y_1') - y_1' F_{y'}(x_1, y_1, y_1')]\, \delta x_1 \\ & + F_{y'}(x_1, y_1, y_1')\, \delta y_1 - [F(x_0, y_0, y_0') - y_0' F_{y'}(x_0, y_0, y_0')]\, \delta x_0 \\ & - F_{y'}(x_0, y_0, y_0')\, \delta y_0 + \int_{x_0}^{x_1} \left(F_y - \frac{\mathrm{d}}{\mathrm{d}x} F_{y'}\right) \delta y \, \mathrm{d}x\end{aligned} \tag{134}$$

oder

$$\delta J = [(F - y' F_{y'})\, \delta x + F_{y'} \delta y]_{x_0}^{x_1} + \int_{x_0}^{x_1} \left(F_y - \frac{\mathrm{d}}{\mathrm{d}x} F_{y'}\right) \delta y \, \mathrm{d}x \,. \tag{135}$$

Die rechte Seite dieser Beziehung ist in bezug auf $\delta x_i$ und $\delta y_i$ linear und behält auch dann ihren Sinn, wenn die Nachbarkurven von mehreren Parametern abhängen. Hierbei hat man unter der ersten Variation das totale Differential nach diesen Parametern für die Ausgangswerte dieser Parameter zu verstehen, d. h., es ist

$$\delta J = \sum_{i=1}^{n} \left(\frac{\partial J}{\partial \alpha_i}\right)_{\alpha_1 = \ldots = \alpha_n = 0} \alpha_i \,, \tag{136}$$

wenn die betrachtete Kurve aus einer von $n$ Parametern abhängenden Kurvenschar für $\alpha_i = 0$ $(i = 1, \ldots, n)$ hervorgeht.

Falls das Integral von $n$ unbekannten Funktionen abhängt,

$$J = \int_{x_0}^{x_1} F(x, y_1, y_1', \ldots, y_n, y_n')\, \mathrm{d}x \,, \tag{137}$$

führen ganz analoge Rechnungen zu der Formel

$$\begin{aligned}\delta J = {} & \left[F - \sum_{i=1}^{n} y_i' F_{y_i'}\right]_{x=x_1} \delta x_1 + \sum_{i=1}^{n} [F_{y_i'}]_{x=x_1} \delta y_i^{(1)} \\ & - \left[F - \sum_{i=1}^{n} y_i' F_{y_i'}\right]_{x=x_0} \delta x_0 - \sum_{i=1}^{n} [F_{y_i'}]_{x=x_0} \delta y_i^{(0)} + \sum_{i=1}^{n} \int_{x_0}^{x_1} \left(F_{y_i} - \frac{\mathrm{d}}{\mathrm{d}x} F_{y_i'}\right) \delta y_i \, \mathrm{d}x\end{aligned}$$

oder

$$\delta J = \left[\left(F - \sum_{i=1}^{n} y_i' F_{y_i'}\right) \delta x + \sum_{i=1}^{n} F_{y_i'} \delta y_i\right]_{x=x_0}^{x=x_1} + \sum_{i=1}^{n} \int_{x_0}^{x_1} \left(F_{y_i} - \frac{\mathrm{d}}{\mathrm{d}x} F_{y_i'}\right) \delta y_i \, \mathrm{d}x \tag{$137_1$}$$

für die erste Variation, wenn mit $\delta x_0$, $\delta x_1$, $\delta y_i^{(0)}$ und $\delta y_i^{(1)}$ die Variationen der Koordinaten in den Endpunkten der Kurve bezeichnet werden.

Der Unterschied zwischen den in (132) auftretenden Größen $\delta y_1$ und $(\delta y)_1$ soll noch geometrisch gedeutet werden. Die Koordinaten des rechten Endpunktes einer Vergleichskurve $y=f(x,\alpha)$ sind $x_1(\alpha)$ und $y_1(\alpha)=f[x_1(\alpha),\alpha]$. Bei Änderung von $\alpha$ beschreibt der rechte Endpunkt eine Kurve $\lambda$. Der Anfangswert des Parameters $\alpha$ ist $\alpha=0$, so daß die Größe $\alpha$ auch als Zuwachs zum Anfangswert $\alpha=0$ aufgefaßt werden kann. Nach (132) ist $\delta y_1$ das Differential der Funktion $y_1(\alpha)=$ $=f[x_1(\alpha),\alpha]$ nach der Veränderlichen $\alpha$, d. h., $\delta y_1$ ist der lineare Anteil des Zuwachses von $y_1(\alpha)$ im rechten Endpunkt.

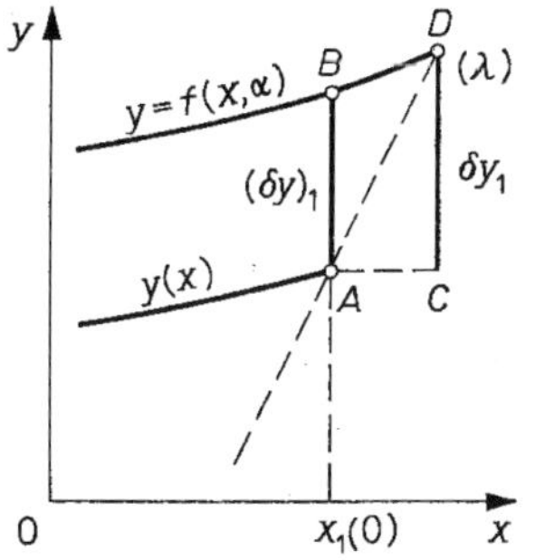


Abb. 2

In Abb. 2 wird dieser Zuwachs durch die Strecke $CD$ dargestellt. Nach (131) ist $(\delta y)_1$ das Differential der Funktion $f[x_1(0),\alpha]$, wir haben also im ersten Argument $x_1(\alpha)$ vor der Berechnung des Differentials $\alpha=0$ zu setzen. Somit ist $(\delta y)_1$ der lineare Anteil des Ordinatenzuwachses im Endpunkt $x_1(0)$, wenn man von der Ausgangskurve $y(x)$ zur Vergleichskurve $y=f(x,\alpha)$ übergeht. In Abb. 2 wird dieser Zuwachs durch die Strecke $AB$ dargestellt.

**86. Die Transversalitätsbedingung.** Bei der Betrachtung der natürlichen Randbedingungen hatten wir angenommen, daß sich der eine Endpunkt der Extremalen auf der Geraden $x=x_0$ bzw. $x=x_1$ parallel zur $y$-Achse bewegen kann. Jetzt setzen wir voraus, daß er sich auf einer beliebig vorgegebenen Kurve $\lambda$ in der $x, y$-Ebene bewegen kann.

Wir betrachten etwa den Fall, daß der linke Endpunkt $(x_0, y_0)$ fest und der rechte auf $\lambda$ beweglich ist. Wie vorhin läßt sich folgendes beweisen: Wenn eine Kurve $y=y(x)$ einem Integral ein Extremum erteilt, dann muß sie die Eulersche Gleichung erfüllen, d. h. eine Extremale sein. Die erste Variation muß verschwinden. Nun verschwindet der Summand, der das Integralzeichen enthält, auf Grund der Eulerschen Gleichung, während der integralfreie Ausdruck für $x=x_0$ verschwindet, weil der linke Endpunkt als fest angenommen wurde. Damit führt das Verschwinden der ersten Variation auf die Bedingung

$$[F(x,y,y')-y'F_{y'}(x,y,y')]\,\delta x+F_{y'}(x,y,y')\,\delta y=0 \tag{138}$$

im beweglichen Endpunkt, wobei $\delta x$ und $\delta y$ die Projektionen einer infinitesimalen Verschiebung längs der Kurve $\lambda$ auf die Koordinatenachsen sind. Nehmen wir beide Endpunkte als beweglich an, so erhalten wir in beiden Endpunkten die Randbedingung (138). Zur Herleitung dieses Ergebnisses braucht man nur die frühere Überlegung zu wiederholen: Erteilt eine Kurve bei beweglichen Endpunkten einem Integral ein Extremum, so erst recht bei festen Endpunkten oder bei einem festen Endpunkt.

Bezeichnen wir mit $\overline{y'}=\frac{\delta y}{\delta x}$ den Richtungskoeffizienten der Tangente an die Kurve $\lambda$, so können wir die Bedingung (138) auch in der Gestalt

$$F(x, y, y')+(\overline{y'}-y')\, F_{y'}(x, y, y')=0 \tag{139}$$

schreiben. Wir sehen somit, daß diese Bedingung, die gewöhnlich *Transversalitätsbedingung* genannt wird, einen Zusammenhang zwischen dem Richtungskoeffizienten $y'$ der Tangente an die Extremale und dem Richtungskoeffizienten $\overline{y'}$ der Tangente an die Kurve $\lambda$ in jedem Punkt dieser Kurve herstellt. Ist die Gleichung von $\lambda$ in der impliziten Form $\varphi(x, y)=0$ vorgegeben, so lautet die Transversalitätsbedingung

$$\frac{F-y'F_{y'}}{\varphi_x}=\frac{F_{y'}}{\varphi_y}\,. \tag{140}$$

Wir betrachten nun die Transversalitätsbedingung im dreidimensionalen Raum. Das zugrunde liegende Integral lautet

$$J=\int_{x_0}^{x_1} F(x, y, y', z, z')\, dx\,. \tag{141}$$

Mit Hilfe des Ausdruckes ($137_1$) erhalten wir durch eine der soeben angestellten analoge Überlegung: Ist einer der Endpunkte auf einer vorgegebenen Fläche $S$ beweglich, so muß in diesem Endpunkt die Transversalitätsbedingung

$$(F-y'F_{y'}-z'F_{z'})\,\delta x+F_{y'}\delta y+F_{z'}\delta z=0 \tag{142}$$

erfüllt sein, wobei $\delta x$, $\delta y$, $\delta z$ die Komponenten einer infinitesimalen Verschiebung auf der Fläche $S$ bezeichnen. Die Bedingung (142) bedeutet, daß die Koeffizienten von $\delta x$, $\delta y$, $\delta z$ den Richtungskosinus der Normalen an $S$ proportional sind.

Ist die Gleichung der Fläche in der impliziten Form $\varphi(x, y, z)=0$ vorgegeben, so hat die Transversalitätsbedingung (142) offenbar die Gestalt

$$\frac{F-y'F_{y'}-z'F_{z'}}{\varphi_x}=\frac{F_{y'}}{\varphi_y}=\frac{F_{z'}}{\varphi_z}\,. \tag{143}$$

Sie besteht aus zwei Beziehungen, die $x$, $y$, $z$, $y'$ und $z'$ miteinander verknüpfen. Diese Bedingungen treten an die Stelle der beiden Randbedingungen $y(x_0)=y_0$ und $z(x_0)=z_0$ im Fall fester Endpunkte.

Für den allgemeinen Fall eines Integrals (137) stellt die Extremale eine Kurve im $(n+1)$-dimensionalen $(x, y_1, \dots, y_n)$-Raum dar; wenn sich ein Endpunkt auf einer vorgegebenen Hyperfläche $\varphi(x, y_1, \dots, y_n)=0$ bewegt, muß in ihm die Transversalitätsbedingung

$$\left(F-\sum_{i=1}^{n} y_i'F_{y_i'}\right)\delta x+\sum_{i=1}^{n} F_{y_i'}\delta y_i=0 \tag{144}$$

oder

$$\frac{F-\sum\limits_{i=1}^{n} y_i'F_{y_i'}}{\varphi_x}=\frac{F_{y_1'}}{\varphi_{y_1}}=\dots=\frac{F_{y_n'}}{\varphi_{y_n}} \tag{145}$$

erfüllt sein.

Wir erwähnen noch einen Spezialfall. Wir setzen voraus, daß das Ausgangsintegral die Gestalt

$$J=\int_{x_0}^{x_1}\frac{\sqrt{1+y'^2+z'^2}}{v(x, y, z)}\,dx=\int_{x_0}^{x_1} n(x, y, z)\sqrt{1+y'^2+z'^2}\,dx$$

hat. Dieses Integral tritt in der geometrischen Optik auf. Es läßt sich zeigen, daß jetzt die Transversalitätsbedingung (145) mit der Orthogonalitätsbedingung identisch ist, d. h., die Extremalen verlaufen normal zur Fläche $S$. Setzen wir $F = n\sqrt{1+y'^2+z'^2}$ in die Bedingung (145) ein, so erhalten wir nach Multiplikation mit einem geeigneten Faktor

$$\frac{1}{\varphi_x} = \frac{y'}{\varphi_y} = \frac{z'}{\varphi_z}.$$

Da die Größen 1, $y'$ und $z'$ den Richtungskosinus der Tangente an die Extremale und andererseits die partiellen Ableitungen von $\varphi$ den Richtungskosinus der Normalen auf $S$ proportional sind, drücken die angegebenen Beziehungen die Orthogonalitätsbedingung aus. Entsprechendes gilt auch für das Integral

$$J = \int_{x_0}^{x_1} n(x, y)\sqrt{1+y'^2}\,\mathrm{d}x$$

im ebenen Fall, nur tritt an die Stelle der Fläche $S$ eine Kurve $\lambda$ der $x$, $y$-Ebene.

Bemerkung. Gehen wir im Integral (141) zur Parameterdarstellung über, so erhält der Integrand die Form $\Phi(x, y, z, x', y', z')$, und es läßt sich leicht zeigen, daß man die Bedingung (145) dann in der Gestalt

$$\frac{\Phi_{x'}}{\varphi_x} = \frac{\Phi_{y'}}{\varphi_y} = \frac{\Phi_{z'}}{\varphi_z} \tag{146}$$

schreiben kann.

**87. Die kanonischen Veränderlichen.** Die Transversalitätsbedingung bildet die Grundlage der in der Variationsrechnung wichtigen geometrischen Theorie der Extremalprobleme, zu deren Darlegung wir im nächsten Abschnitt übergehen. Zunächst transformieren wir die in den Eulerschen Gleichungen auftretenden Veränderlichen in die sogenannten kanonischen Veränderlichen. Wir beginnen mit dem Fall des dreidimensionalen Raumes, in dem das Ausgangsintegral die Gestalt

$$J = \int_{x_0}^{x_1} F(x, y, y', z, z')\,\mathrm{d}x \tag{147}$$

hat.

Die Eulerschen Gleichungen

$$F_y - \frac{\mathrm{d}}{\mathrm{d}x} F_{y'} = 0, \qquad F_z - \frac{\mathrm{d}}{\mathrm{d}x} F_{z'} = 0 \tag{148}$$

dieses Integrals bilden ein System zweier Differentialgleichung zweiter Ordnung. Für $y'$ und $z'$ führen wir durch die Relationen

$$v = F_{y'}, \qquad w = F_{z'} \tag{149}$$

die neuen Veränderlichen $v$ und $w$ ein, wobei wir annehmen, daß sich diese Relationen nach $y'$ und $z'$ auflösen lassen (wir würden dann $y' = y'(x, y, z, v, w)$, $z' = z'(x, y, z, v, w)$ erhalten), das bedeutet, daß die zugehörige Funktionaldeterminante von 0 verschieden ist:

$$\frac{D(F_{y'}, F_{z'})}{D(y', z')} \neq 0\,.$$

An Stelle von $F$ führen wir noch durch

$$H(x, y, z, v, w) = y'v + z'w - F = y'F_{y'} + z'F_{z'} - F \tag{150}$$

eine neue Funktion $H$ ein, die von vornherein mit den neuen Veränderlichen $v$ und $w$ gebildet wird. Von dieser Funktion $H(x, y, z, v, w)$ wollen wir die partiellen Ableitungen nach den letzten vier Veränderlichen berechnen. Es gilt

$$H_y = \frac{\partial y'}{\partial y} v + \frac{\partial z'}{\partial y} w - F_y - F_{y'} \frac{\partial y'}{\partial y} - F_{z'} \frac{\partial z'}{\partial y}$$

oder wegen (149)

$$H_y = -F_y . \tag{151}$$

Analog ergibt sich

$$H_z = -F_z, \qquad H_v = y', \qquad H_w = z' . \tag{152}$$

Somit erhalten wir an Stelle zweier Differentialgleichungen zweiter Ordnung (148) in den neuen Veränderlichen ein System von vier Differentialgleichungen erster Ordnung für die Funktionen $y, z, v, w$ der unabhängigen Veränderlichen $x$:

$$\frac{dy}{dx} = H_v, \qquad \frac{dz}{dx} = H_w, \qquad \frac{dv}{dx} = -H_y, \qquad \frac{dw}{dx} = -H_z . \tag{153}$$

Ein Differentialgleichungssystem der Gestalt (153) wird gewöhnlich *kanonisch* genannt. Mit Hilfe von (150) und (152) kann man $F$ unmittelbar durch $H$ ausdrücken:

$$F = vH_v + wH_w - H . \tag{154}$$

Das allgemeine Integral des Systems (148) bzw. (153) enthält vier willkürliche Konstanten. Sind die Voraussetzungen für den Existenz- und Eindeutigkeitssatz aus der Theorie der Differentialgleichungen erfüllt, so können wir durch jeden Punkt $(x, y, z)$ des Raumes ein Büschel von Extremalen hindurchlegen, indem wir willkürliche Anfangswerte der Ableitungen $y'$ und $z'$ vorgeben. Solch ein Extremalenbüschel stellt eine Kurvenschar dar, die von zwei willkürlichen Konstanten abhängt, und zwar von den Anfangswerten der Ableitungen $y'$ und $z'$. Allgemein nennen wir die Gesamtheit der Lösungen der Eulerschen Gleichungen, die von zwei willkürlichen Konstanten abhängen und einen bestimmten Bereich des Raumes überdecken, ohne sich gegenseitig zu schneiden, ein *Extremalenfeld*; es soll also durch jeden Punkt dieses Bereiches eine und nur eine Extremale der Schar hindurchgehen. Existiert eine solche Extremalschar, so haben wir in jedem Punkt des Feldes wohlbestimmte Werte von $y'$ und $z'$. Damit haben wir auch in jedem solchen Punkt wohlbestimmte Werte für $v$ und $w$. Wir können also annehmen, daß in dem Bereich des Raumes, der von der Extremalenschar überdeckt wird, $v$ und $w$ als Funktionen der Koordinaten $x, y, z$ bestimmt sind. Die Funktionen $v(x, y, z)$ und $w(x, y, z)$ nennen wir *Gefällfunktionen*[1]) *des Extremalenfeldes*. Wir wollen zeigen, daß dieselben gewisse partielle Differentialgleichungen erfüllen müssen. Wir gehen davon aus, daß die vier von der unabhängigen Veränderlichen $x$ abhängenden Funktionen $y(x)$, $z(x)$, $v[x, y(x), z(x)]$, $w[x, y(x), z(x)]$ das Differentialgleichungssystem (153) erfüllen.

Schreibt man in den beiden letzten Differentialgleichungen von (153) die totalen

[1]) Russisch функции наклона; auch *Feldgrößen* genannt. (Anm. d. Red.)

Ableitungen $\frac{dv}{dx}$ und $\frac{dw}{dx}$ ausführlich auf, so erhält man

$$v_x + v_y \frac{dy}{dx} + v_z \frac{dz}{dx} = -H_y, \qquad w_x + w_y \frac{dy}{dx} + w_z \frac{dz}{dx} = -H_z . \tag{155}$$

Unter Berücksichtigung der beiden übrigen Gleichungen (153) erhalten wir das System der partiellen Differentialgleichungen

$$v_x + v_y H_v + v_z H_w = -H_y, \qquad w_x + w_y H_v + w_z H_w = -H_z \tag{156}$$

für die Gefällfunktionen $v(x, y, z)$ und $w(x, y, z)$.

Wir gehen jetzt umgekehrt davon aus, daß $v(x, y, z)$ und $w(x, y, z)$ irgendwelche Lösungen des Systems (156) sind. Setzen wir diese Funktionen in die rechten Seiten der ersten beiden Differentialgleichungen (153) ein, so erhalten wir ein System von zwei Differentialgleichungen erster Ordnung für $y$ und $z$. Durch Integration des Systems erhalten wir $y$ und $z$ als Funktionen von $x$ und zwei willkürlichen Konstanten. Setzen wir diese Ausdrücke $y(x, C_1, C_2)$ und $z(x, C_1, C_2)$ in die Funktionen $v(x, y, z)$ und $w(x, y, z)$ ein, so hängen auch diese Funktionen von $x$ und zwei willkürlichen Konstanten ab.

Es läßt sich leicht zeigen, daß dann auch die letzten beiden Gleichungen (153) erfüllt sind. In der Tat, unter Benutzung der Kettenregel und der ersten beiden Differentialgleichungen (153) ergibt sich

$$\frac{dv}{dx} = v_x + v_y H_v + v_z H_w ,$$

woraus wir auf Grund der ersten Differentialgleichung (156) gerade $\frac{dv}{dx} = -H_y$ erhalten. Ebenso läßt sich auch die Richtigkeit der letzten Differentialgleichung (153) beweisen.

Wenn die oben erwähnten Extremalen $y(x, C_1, C_2)$ und $z(x, C_1, C_2)$ einen bestimmten Bereich des Raumes überdecken, ohne sich zu schneiden, d. h., wenn sie ein Extremalenfeld bilden, sind die Funktionen $v$ und $w$ Gefällfunktionen dieser Extremalenschar. Somit haben wir folgendes bewiesen: *Zu jeder Lösung des Differentialgleichungssystems* (156) *können wir eine zugehörige Extremalenschar konstruieren, für welche diese Lösung die Gefällfunktionen liefert.* Hierbei beschränken wir uns natürlich nur auf einen Bereich des Raumes, in dem die Funktionen $y(x, C_1, C_2)$ und $z(x, C_1, C_2)$ ein Extremalenfeld darstellen, den sie also überdecken, ohne sich zu schneiden.

Bemerkung. Wir schreiben noch die Transversalitätsbedingung auf kanonische Veränderliche um. In den ursprünglichen Veränderlichen hatte die Bedingung die Gestalt (142). Unter Benutzung der Relationen (150) und (152) erhalten wir die Transversalitätsbedingung

$$-H\delta x + v\delta y + w\delta z = 0 . \tag{157}$$

**88. Das Extremalenfeld im dreidimensionalen Raum.** Wir entwickeln nun eine geometrische Theorie für das Integral (147).

Wir betrachten spezielle Extremalenscharen, die wir sogleich festlegen werden. Es sei $l$ eine Raumkurve. Den Wert des Integrals (147) längs dieser Kurve nennen wir *Quasilänge* oder *J-Länge*. So drückt beispielsweise im Fall des Integrals (2), das zu einem Problem der geometrischen Optik gehört, die Quasilänge die Zeit aus, in der ein Punkt, der sich mit einer im Raum vorgegebenen Geschwindigkeit $w(x, y, z)$ bewegt, die Kurve $l$ durchläuft.

Wir betrachten ein räumliches Extremalenbüschel mit einem gegebenen Punkt $M_0$ als Zentrum. Dieses Büschel möge in einer gewissen Umgebung des Punktes $M_0$ ein Extremalenfeld bilden (die Extremalen des Büschels in dieser Umgebung, außer im Punkt $M_0$ selbst, mögen sich nicht schneiden). Auf jeder Extremalen legen wir vom Punkt $M_0$ aus ein Bogenstück $M_0M$ so fest, daß die Quasilängen dieser Kurvenbögen auf allen Extremalen gleich ein und derselben Zahl $\varrho$ sind. Der geometrische Ort aller Punkte $M$ ist eine Fläche, die wir *Quasikugel* mit dem Mittelpunkt $M_0$ nennen. Lassen wir die Zahl $\varrho$ variieren, so erhalten wir eine Schar von Quasikugeln, die von einem einzigen Parameter abhängt und eine gewisse Umgebung des Punktes $M_0$ überdeckt. Es ist leicht zu sehen, daß die Extremalen des Büschels die Quasikugeln transversal schneiden, d. h., in jedem Punkt, der einer gewissen Umgebung von $M_0$ angehört, erfüllen die Gefällfunktionen $v(x, y, z)$ und $w(x, y, z,)$ unseres Extremalenbüschels die Transversalitätsbedingung (157). Dabei sind $\delta x$, $\delta y$, $\delta z$ die Komponenten der infinitesimalen Verschiebung auf der Quasikugel, die durch $M_0$ hindurchgeht.

Zum Beweis gehen wir auf die Formel

$$\delta J = [-H\delta x + v\delta y + w\delta z]_{x=x_0}^{x=x_1} + \int_{x_0}^{x_1} \left[\left(F_y - \frac{d}{dx} F_{y'}\right)\delta y + \left(F_z - \frac{d}{dx} F_{z'}\right)\delta z\right] dx \qquad (158)$$

zurück, die die erste Variation des Funktionals (147) im allgemeinen Fall darstellt, und setzen voraus, daß sich der Endpunkt $M$ der Extremalen unseres Büschels auf der Quasikugel bewegt. Hierbei bleibt die Größe des Funktionals $J$ laut Konstruktion konstant; folglich ist $\delta J = 0$. Auf der rechten Seite von (158) verschwindet der Integralausdruck, da die Kurve eine Extremale ist. Der integralfreie Ausdruck verschwindet für $x = x_0$, da der Punkt $M_0$ fest ist und somit in diesem Punkt $\delta x = \delta y = \delta z = 0$ gilt. Daraus folgt, daß er auch für $x = x_1$ verschwindet; d. h., im Punkt $M$, der sich auf der Quasikugel bewegt, muß die Transversalitätsbedingung (157) erfüllt sein. Wir erwähnen noch, daß das ganze Extremalenbüschel von zwei willkürlichen Konstanten abhängt und eine Bewegung des Punktes $M$ auf der Quasikugel einer Änderung der Werte dieser Konstanten entspricht, die in diesem Fall die Rolle der Parameter spielen, über die wir in [86] gesprochen haben.

Es sei $M$ ein Punkt aus der Umgebung des Punktes $M_0$. Dann gibt es eine bestimmte Extremale, die $M_0$ mit $M$ verbindet, und der Wert des Integrals (147) längs des Extremalbogens $M_0M$ ist eine Funktion $\theta(x, y, z)$ der Koordinaten des Punktes $M$. Die Schar der Quasikugeln hat offenbar die Gleichung

$$\theta(x, y, z) = \varrho; \qquad (159)$$

dabei ist $\varrho$ der bereits eingeführte Parameter. Gewöhnlich sagt man, daß das Extremalenbüschel mit dem Zentrum $M_0$ ein *Zentralfeld von Extremalen* bildet. Die konstruierten Quasikugeln heißen *Transversalflächen* dieses Feldes, und die Funktion $\theta$ nennt man *Fundamentalfunktion*[1]) des Feldes.

Wir kommen nun zur Konstruktion des allgemeinen Extremalenfeldes. Es sei $S_0$ eine Fläche im dreidimensionalen Raum. In jedem Punkt dieser Fläche bestimmt die Transversalitätsbedingung in der Form (142) die Werte $y'$, $z'$ oder in der Form (157) die Werte $v$ und $w$. Fassen wir die Werte $y'$ und $z'$ als Anfangswerte für die

---

[1]) Russisch основная функция; auch *Eikonal* oder *geodätischer Abstand* genannt. (Anm. d. Red.)

Ableitungen auf, so finden wir, daß zu jedem Punkt $M_0$ der Fläche $S_0$ eine Extremale existiert, welche transversal zu $S_0$ verläuft. Lassen wir den Flächenpunkt $M_0$ variieren, so erhalten wir eine Schar von Extremalen, die von zwei Parametern abhängen und die Fläche $S_0$ transversal schneiden. In einer gewissen Umgebung von $S_0$ mögen die Extremalen ein Extremalfeld bilden. Wir legen auf jeder Extremalen unserer Schar vom Punkt $M_0$ aus einen Kurvenbogen $M_0M$ derart fest, daß die Größe des Integrals (147) längs dieser Extremalenbögen einen vorgegebenen Wert $\varrho$ hat. Der geometrische Ort der Endpunkte $M$ dieser Bögen ist eine Fläche $S$.

Es ist leicht zu sehen, daß die Extremalen der Schar die Fläche $S$ transversal schneiden. Man braucht dabei nur die beim Zentralfeld durchgeführte Überlegung zu wiederholen. Im vorliegenden Fall ist der Punkt $M_0$ allerdings nicht fest, sondern auf der Fläche $S_0$ variabel; da aber die Extremalen unserer Schar auf Grund ihrer Konstruktion die Fläche $S_0$ transversal schneiden, verschwindet auf der rechten Seite der Formel (158) der integralfreie Ausdruck für $x = x_0$ genau wie im Fall des Zentralfeldes. Somit schneiden die Flächen $S$, die einen gewissen Teil des Raumes in der Umgebung der Fläche $S_0$ überdecken, die Extremalen der konstruierten Schar transversal. Auch in diesem Fall sagt man, daß die Extremalenschar ein Extremalenfeld darstellt; die Flächen $S$ heißen Transversalflächen dieses Feldes. Somit *stellt eine Extremalenschar ein Extremalenfeld dar, wenn eine Schar von Flächen existiert, die von einem einzigen Parameter abhängen und die Extremalen der Schar transversal schneiden.* Der Wert des längs der Extremalenbögen $M_0M$ unseres Feldes erstreckten Integrals (147) ist eine Funktion $\theta(x, y, z)$ der Koordinaten des Punktes $M$, die Gleichung (159) ist die Gleichung für die Schar der Transversalflächen unseres Feldes. Insbesondere ergibt sich für $\varrho = 0$ die Fläche $S_0$. Im Fall des angegebenen Problems der geometrischen Optik stellen die Quasikugeln des Zentralfeldes die Wellenfronten der von einer Punktquelle in $M_0$ ausgehenden Wellen zu verschiedenen Zeitpunkten dar. Im allgemeinen Fall liefern die Transversalflächen $S$ ebenfalls Wellenfronten zu verschiedenen Zeitpunkten, nur ist jetzt im Anfangszeitpunkt die Wellenfront $S_0$ vorhanden.

In jedem Punkt der Transversalfläche $S$ müssen die Koeffizienten von $\delta x$, $\delta y$ und $\delta z$ in der Transversalitätsbedingung (157) den Richtungskosinus der Flächennormalen von $S$ proportional sein. Andererseits sind die Richtungskosinus den partiellen Ableitungen der Funktion auf der linken Seite von (159) proportional, d. h., diese partiellen Ableitungen müssen den Koeffizienten in der Transversalitätsbedingung (157) proportional sein. Bemerkenswert ist, daß im vorliegenden Fall, wie wir sogleich zeigen werden, nicht nur Proportionalität, sondern sogar Gleichheit vorliegt,

$$\frac{\partial \theta}{\partial x} = -H(x, y, z, v, w), \qquad \frac{\partial \theta}{\partial y} = v, \qquad \frac{\partial \theta}{\partial z} = w; \tag{160}$$

dabei sind natürlich $v$ und $w$ als Funktionen von $x$, $y$ und $z$ aufzufassen. Diese Funktionen sind die Gefällfunktionen des Feldes, die wir bereits im vorigen Abschnitt eingeführt haben. Unsere Behauptung folgt, wie wir jetzt beweisen wollen, unmittelbar aus (158).

Zur Erleichterung des Verständnisses betrachten wir zunächst ein Zentralfeld. Hier ist, wie wir bereits gesehen haben, $\theta(x, y, z)$ gleich dem Integral (147) über den Extremalenbogen $M_0M$.

Jetzt möge sich der Endpunkt $M$ nicht wie früher auf einer Quasikugel, sondern willkürlich im Raum bewegen. Dann ändert sich natürlich im allgemeinen auch die Extremale des Feldes, die $M_0$ mit dem variierenden Punkt $M$ verbindet. Die Verschiebung von $M$ hängt jetzt nicht von zwei Parametern ab wie bei der Bewegung auf der Quasikugel, sondern von drei Parametern, die wir nicht näher festlegen wollen. Wir bezeichnen mit $\delta$ das Differential, welches sich auf die Änderung dieser Parameter bezieht. Wir kehren nun zum Ausdruck (158) für die erste Variation zurück. Das Integral $J$ können wir durch die Funktion $\theta(x, y, z)$ ersetzen. Auf der rechten Seite von (158) fällt der Integralausdruck weg, da wir über eine Extremale integrieren. Das integralfreie Glied verschwindet für $x = x_0$ ebenfalls, da $M_0$ fest ist. An der oberen Grenze verschwindet es aber nicht, da sich $M$ nicht auf einer Quasikugel, sondern in beliebiger Weise bewegt; es besteht also die Beziehung

$$\delta\theta(x, y, z) = -H\delta x + v\delta y + w\delta z\,, \tag{161}$$

aus der gerade (160) folgt.

Ebenso läßt sich der Beweis dieser Beziehungen auch für ein beliebiges Feld durchführen. Statt einer Quasikugel haben wir die Fläche $S$; das integralfreie Glied auf der rechten Seite von (158) verschwindet wie früher an der unteren Grenze, da die Extremalen des Feldes zur Fläche $S_0$ transversal liegen.

Eliminieren wir $v$ und $w$ aus den drei Gleichungen (160), so erhalten wir für die Fundamentalfunktion des Feldes die partielle Differentialgleichung erster Ordnung[1])

$$\theta_x + H(x, y, z, \theta_y, \theta_z) = 0\,. \tag{162}$$

Somit zeigt sich, daß *die Fundamentalfunktion eines beliebigen Feldes der Differentialgleichung* (162) *genügt.* Jetzt zeigen wir umgekehrt, daß allgemein jede Lösung der Gleichung (162) Fundamentalfunktion eines Feldes ist.

Es sei $\theta^{(0)}$ eine Lösung der Differentialgleichung (162). Dann definieren wir $v$ und $w$ durch

$$v = \theta_y^{(0)}, \qquad w = \theta_z^{(0)}\,. \tag{163}$$

Durch Differentiation der Identität

$$\theta_x^{(0)} + H(x\, y, z, \theta_y^{(0)}, \theta_z^{(0)}) = 0 \tag{164}$$

nach $y$ und $z$ erhalten wir die beiden Differentialgleichungen (156). Also gehört, wie wir gesehen haben, zu den konstruierten Funktionen $v$ und $w$ im allgemeinen eine Extremalenschar, deren Gefällfunktionen sie darstellen. Wegen (163) und (164) ist die linke Seite der Gleichung (157) das totale Differential der Funktion $\theta^{(0)}$, d. h., $\theta^{(0)}(x, y, z) = C$ ist eine Schar von Transversalflächen der Extremalenschar; mithin bildet diese Schar von Extremalen ein Feld. Wegen (161) ist in diesem Fall die linke Seite der Gleichung (157) das totale Differential der Fundamentalfunktion des Feldes, und somit ist die Funktion $\theta^{(0)}$ die Fundamentalfunktion des obenerwähnten Feldes. Wie wir noch anmerken wollen, folgt aus dem Gesagten als notwendige und hinreichende Bedingung dafür, daß die Extremalenschar ein Feld bildet, die Eigenschaft des Ausdrucks auf der linken Seite der Gleichung (157), ein totales Differential zu sein. Dies ist damit gleichbedeutend, daß das mit diesem Ausdruck gebildete Kurvenintegral vom Weg unabhängig ist.

Im Fall des Grundproblems der geometrischen Optik lautet die Transversalitätsbedingung

$$\left(n\sqrt{1+y'^2+z'^2} - n\,\frac{y'^2}{\sqrt{1+y'^2+z'^2}} - n\,\frac{z'^2}{\sqrt{1+y'^2+z'^2}}\right)\delta x$$
$$+\,n\,\frac{y'}{\sqrt{1+y'^2+z'^2}}\,\delta y + n\,\frac{z'}{\sqrt{1+y'^2+z'^2}}\,\delta z = 0$$

[1]) Meist *Hamilton-Jacobische Differentialgleichung* oder *Eikonalgleichung* genannt. (Anm. d. Red.)

oder einfacher

$$\frac{dx}{ds}\,\delta x + \frac{dy}{ds}\,\delta y + \frac{dz}{ds}\,\delta z = 0\,.$$

Daraus folgt unmittelbar, daß hier die Transversalitätsbedingung mit der Orthogonalitätsbedingung übereinstimmt und die Transversalflächen eines beliebigen Feldes die Extremalen dieses Feldes orthogonal schneiden. Die kanonischen Variablen und die Funktion $H$ werden durch

$$v = \frac{ny'}{\sqrt{1+y'^2+z'^2}}\,, \qquad w = \frac{nz'}{\sqrt{1+y'^2+z'^2}}\,,$$

$$H = \frac{ny'^2}{\sqrt{1+y'^2+z'^2}} + \frac{nz'^2}{\sqrt{1+y'^2+z'^2}} - n\sqrt{1+y'^2+z'^2}$$

gegeben. Der letzte Ausdruck läßt sich vereinfachen zu

$$H = -\frac{n}{\sqrt{1+y'^2+z'^2}} = -\sqrt{n^2-v^2-w^2}\,.$$

Die Beziehung (162) lautet schließlich

$$\theta_x - \sqrt{n^2-\theta_y^2-\theta_z^2} = 0 \quad \text{oder} \quad \theta_x^2+\theta_y^2+\theta_z^2 = n^2(x, y, z)\,.$$

Im Fall $n = \text{const}$ ist der Raum homogen, und die Extremalen sind Geraden. Sie bilden dann und nur dann ein Feld, wenn sie die Normalen einer Fläche $S_0$ sind. Die übrigen Transversalflächen $S_0$ des Feldes erhalten wir, wenn wir auf diesen Normalen Strecken von ein und derselben Länge abtragen. Wir können diese Flächen auch erhalten, wenn wir eine Schar von Kugeln mit den Mittelpunkten auf $S_0$ und gleichen Radien konstruieren; dann ist die gesuchte Fläche die Enveloppe dieser Kugelschar (Konstruktion von Huygens). Diese Konstruktion bleibt auch für den inhomogenen Raum richtig, sofern die Kugeln durch Quasikugeln ersetzt werden. Wir weisen noch darauf hin, daß wir in **[II, 140]** Voraussetzungen angegeben haben, unter denen eine Geradenschar speziell eine Schar von Normalen einer Fläche darstellt.

**89. Die allgemeine Theorie der Extremalenfelder.** Die hier entwickelte geometrische Theorie bleibt auch im ebenen Fall richtig: das Grundintegral hat dann die Gestalt

$$J = \int_{x_0}^{x_1} F(x, y, y')\,dx\,. \tag{165}$$

Statt $y'$ führen wir durch $u = F_{y'}$ die neue Veränderliche $u$ ein; außerdem setzen wir $H(x, y, u) = y'F_{y'} - F$. An Stelle der Eulerschen Gleichung für das Integral (165) haben wir das System der beiden Differentialgleichungen erster Ordnung

$$\frac{dy}{dx} = H_u, \qquad \frac{du}{dx} = -H_y\,. \tag{166}$$

Die Transversalitätsbedingung

$$(F_y - y'F_{y'})\,\delta x + F_{y'}\delta y = 0 \tag{167}$$

hat in den neuen Veränderlichen die Gestalt

$$-H\delta x + u\delta y = 0\,. \tag{168}$$

In der Ebene enthält eine Extremalenschar einen Parameter. Wie setzen voraus, daß eine Extremalenschar einen Teil der Ebene überdeckt, ohne daß die Extremalen sich schneiden. In diesem Teil der Ebene sind $y'$ und die neue Veränderliche $u$ als Funktionen der Punktkoordinaten $x, y$ bestimmt ($u$ ist die Gefällfunktion der Schar). Kehren wir zur Transversalitätsbedingung (168) zurück, so sehen wir, daß sie sich als Differentialgleichung erster Ordnung zur Bestimmung der Transversalkurven der Extremalenschar deuten läßt:

$$\frac{\delta y}{\delta x}=\frac{H}{u}\,. \tag{169}$$

Wir haben jetzt die Besonderheit, daß jede dieser Extremalenscharen im allgemeinen ein Feld bildet. Hierbei nehmen wir natürlich an, daß Voraussetzungen erfüllt sind, die die Existenz und Eindeutigkeit der Lösungen der Differentialgleichungen (169) gewährleisten.

Wir gehen nun zur Darlegung der allgemeinen Theorie der Extremalenfelder beliebiger Dimensionszahl über. Wir wollen hier keine Beweise führen, da sie völlig analog zu den Beweisen für den dreidimensionalen Raum verlaufen. Das Grundintegral enthält $n$ Funktionen $q_1, \ldots, q_n$ einer unabhängigen Veränderlichen $x$ und ihre Ableitungen $q_k'$,

$$J=\int_{x_0}^{x_1} F(x, q_1, q_1', \ldots, q_n, q_n')\,\mathrm{d}x\,. \tag{170}$$

Die zugehörigen Extremalen werden durch das System der $n$ Differentialgleichungen zweiter Ordnung

$$F_{q_k}-\frac{\mathrm{d}}{\mathrm{d}x}F_{q_k'}=0 \qquad (k=1, 2, \ldots, n) \tag{171}$$

gegeben. An Stelle der $q_k'$ führen wir neue Veränderliche $p_k$ ein durch

$$p_k=F_{q_k'}; \tag{172}$$

dabei nehmen wir an, daß die Funktionaldeterminante

$$\frac{D(F_{q_1'}, \ldots, F_{q_n'})}{D(q_1', \ldots, q_n')} \tag{173}$$

von 0 verschieden ist und die Differentialgleichungen (172) nach $q_k'$ auflösbar sind.

Die von den Veränderlichen $x$, $q_k$ und $p_k$ abhängende Funktion $H$ wird durch

$$H(x, q_k, p_k)=\sum_{s=1}^{n} q_s' p_s - F \tag{174}$$

bestimmt. Durch Differentiation ergeben sich mit Hilfe von (172) die Beziehungen $H_{q_k}=-F_{q_k}$, $H_{p_k}=q_k'$, und das Differentialgleichungssystem (171) läßt sich in die $2n$ Differentialgleichungen erster Ordnung

$$\frac{\mathrm{d}q_k}{\mathrm{d}x}=H_{p_k}, \qquad \frac{\mathrm{d}p_k}{\mathrm{d}x}=-H_{q_k} \tag{175}$$

überführen (kanonisches System).

Mit Hilfe des Integrals (170) kann man den Begriff der Quasilänge einer beliebigen Kurve im $(n+1)$-dimensionalen Raum mit den Koordinaten $x, q_1, \ldots, q_n$ definieren. Überdeckt die Gesamtheit der Extremalen, die von $n$ willkürlichen

Konstanten abhängt, einen Teilbereich des $(n+1)$-dimensionalen Raumes, ohne daß die Extremalen sich schneiden, so sagt man, daß diese Extremalen ein *Extremalenfeld* bilden. In diesem Teilbereich sind die $q'_k$ und damit auch die $p_k$ bestimmte Funktionen der Veränderlichen $x, q_1, \ldots, q_n$ (Gefällfunktionen der Schar). Das Zentralfeld wird wie im dreidimensionalen Raum definiert. Um das allgemeine Feld zu erhalten, gehen wir von einer durch die Gleichung $\varphi(x, q_1, \ldots, q_n) = 0$ dargestellten Hyperfläche $S_0$ aus. Die Transversalitätsbedingung liefert uns $n$ Beziehungen zur Bestimmung der Werte der Ableitungen $q'_k$ in jedem Punkt von $S_0$. Nehmen wir diese Werte bei der Integration des Differentialgleichungssystems (171) als Anfangswerte, so erhalten wir im allgemeinen eine Schar von Extremalen, die zu $S_0$ transversal verlaufen. Die übrigen Flächen $S$, die die Extremalenschar transversal schneiden, lassen sich wie im dreidimensionalen Fall konstruieren; diese Extremalen bilden also ein Feld. In jedem Feld existiert eine Fundamentalfunktion $\theta(x, q_1, \ldots, q_n)$, die beispielsweise beim Zentralfeld gleich dem Integral über den Extremalenbogen vom Zentrum $M_0$ des Feldes bis zu einem veränderlichen Punkt $M$ ist. Analog dazu läßt sich die Fundamentalfunktion auch für ein beliebiges Feld definieren. Für ein beliebiges Feld gilt

$$\theta_x = -H, \qquad \theta_{q_k} = F_{q'_k} = p_k,$$

woraus folgt, daß die Fundamentalfunktion der partiellen Differentialgleichung

$$\theta_x + H(x, q_1, \ldots, q_n, \theta_{q_1}, \ldots, \theta_{q_n}) = 0 \tag{176}$$

genügt.

Umgekehrt ist eine beliebige Lösung dieser Differentialgleichung im allgemeinen Fundamentalfunktion eines Feldes, wobei die Funktionen (172), die zu diesem Feld gehören, durch die Beziehungen $p_k = \theta_{q_k}$ bestimmt sind und der Ausdruck

$$-H\delta x + \sum_{k=1}^{n} p_k \delta q_k$$

das totale Differential der Fundamentalfunktion $\theta(x, q_1, \ldots, q_n)$ des Feldes ist.

**90. Ein Ausnahmefall.** Wir betrachten nun einen wichtigen Ausnahmefall. Wir setzen voraus, daß $F$ eine homogene Funktion ersten Grades in bezug auf die Ableitungen $q'_k$ ist, wie dies beispielsweise bei den Variationsproblemen in Parameterdarstellung der Fall ist. Auf Grund der Eulerschen Formel für homogene Funktionen gilt

$$\sum_{s=1}^{n} q'_s F_{q'_s} = F. \tag{177}$$

Differenzieren wir diese Identität nach $q'_k$, so erhalten wir

$$\sum_{s=1}^{n} q'_s F_{q'_s q'_k} = 0,$$

so daß die Determinante dieses homogenen Gleichungssystems gleich 0 sein muß. Dies ist aber die Determinante (173), die von 0 verschieden sein sollte, damit der Übergang zu den kanonischen Veränderlichen möglich ist. Aus der Identität (177) folgt unmittelbar, daß die Funktion $H$ jetzt identisch gleich 0 ist. Wie früher können wir den Begriff des Feldes von Extremalen definieren, und für jedes Feld gibt es eine Fundamentalfunktion $\theta(x, q_1, \ldots, q_n)$, deren partielle Ableitungen durch

$$\theta_x = F - \sum_{s=1}^{n} q_s' F_{q_s'} \equiv 0, \qquad \theta_{q_k} = F_{q_k'} \tag{178}$$

bestimmt sind.

Die erste dieser Relationen zeigt, daß die Fundamentalfunktion die Veränderliche $x$ nicht explizit enthält. Die rechten Seiten der Relationen $\theta_{q_k} = F_{q_k'}$ sind homogene Funktionen nullten Grades in den $q_k'$, so daß man aus diesen Gleichungen die Quotienten $\frac{q_k'}{q_1'}$ $(k = 2, \ldots, n)$ im allgemeinen durch die Ableitungen $\theta_{q_k}$ ausdrücken kann. Setzen wir die gefundenen Ausdrücke in (177) ein, so erhalten wir eine partielle Differentialgleichung, die jetzt an die Stelle der Differentialgleichung (176) tritt.

Wir führen alle Rechnungen für das Integral

$$J = \int_{x_0}^{x_1} \sqrt{\sum_{i,k=1}^{n} a_{ik} q_i' q_k'}\, dx \tag{179}$$

aus, das die Bogenlänge einer Kurve im $n$-dimensionalen Raum ausdrückt. Die Koeffizienten $a_{ik}$ genügen der Bedingung $a_{ik} = a_{ki}$ und sind gegebene Funktionen der Veränderlichen $q_k$. Jetzt gilt

$$\theta_{q_k} = F_{q_k'} = \sum_{s=1}^{n} \frac{a_{ks} q_s'}{F} \qquad \left(F = \sqrt{\sum_{i,k=1}^{n} a_{ik} q_i' q_k'}\right),$$

woraus

$$\frac{q_k'}{F} = \sum_{s=1}^{n} A_{ks} \theta_{q_s}$$

folgt. Mit $A_{ik}$ werden dabei die Elemente der zur Matrix der $a_{ik}$ inversen Matrix bezeichnet [**III/1, 25**].

Setzen wir den Ausdruck $\frac{q_k'}{F}$ in (177) ein, so erhalten wir die gesuchte partielle Differentialgleichung

$$\sum_{i,k=1}^{n} A_{ik} \theta_{q_i} \theta_{q_k} = 1\,, \tag{180}$$

welcher die Fundamentalfunktion jedes beliebigen Feldes von Extremalen des Integrals (179) genügen muß.

Das über eine Extremale des Feldes zwischen den Punkten $M_0$ und $M$ erstreckte Integral (179) liefert den geodätischen Abstand zwischen $M_0$ und $M$; für das Quadrat $\Gamma = \theta^2$ dieses Abstandes erhalten wir in jedem Feld die partielle Differentialgleichung

$$\sum_{i,k=1}^{n} A_{ik} \Gamma_{q_i} \Gamma_{q_k} = 4\Gamma\,. \tag{181}$$

Es tritt jetzt als unabhängige Veränderliche ein Parameter auf, der völlig willkürlich gewählt werden kann und der nicht in den Koeffizienten $a_{ik}$ und der Funktion $\theta$ vorkommt. Wir können also hier das Feld und die Fundamentalfunktion im $n$-dimensionalen $q_1, q_2, \ldots, q_n$-Raum betrachten. In diesem Raum kann man eine der Veränderlichen als unabhängige Veränderliche zugrunde legen; so erhält man an Stelle von (176) die symmetrische Differentialgleichung (180).

Für das Grundproblem der geometrischen Optik in Parameterdarstellung gilt

$$F = n(x, y, z)\sqrt{x'^2 + y'^2 + z'^2};$$

die Differentialgleichung (180) lautet

$$\theta_x^2 + \theta_y^2 + \theta_z^2 = n^2(x, y, z) .$$

Diese Differentialgleichung haben wir bereits früher erhalten; dabei gingen wir von einer Form des Grundintegrals aus, bei der $x$ als unabhängige Veränderliche auftrat.

In der bisherigen Theorie haben wir nirgends vorausgesetzt, daß die unabhängige Veränderliche nicht im Integranden $F$ vorkommen soll. Im Fall der geodätischen Linien, zu dem das Integral (179) gehört, erhalten die $a_{ik}$ die unabhängige Veränderliche nicht, so daß man auch anders vorgehen kann. Wie in [82] bezeichnen wir mit $\varphi$ die in (179) unter dem Wurzelzeichen stehende Summe und wählen als Parameter die Bogenlänge, d. h., wir setzen

$$\varphi = \sum_{i,k=1}^{n} a_{ik} q_i' q_k' = 1 .$$

Dann erhalten wir das Differentialgleichungssystem (111):

$$\varphi_{q_i} - \frac{\mathrm{d}}{\mathrm{d}s} \varphi_{q_i'} = 0 \qquad (i = 1, 2, \ldots, n) ,$$

bei dem wir bereits in der üblichen Weise zu den kanonischen Veränderlichen übergehen können, und zwar führen wir an Stelle der $q_i'$ die neuen Veränderlichen $p_i = \varphi_{q_i'}$ ein.

Die Funktion $H$ wird durch $H(q_k, p_k) = \sum_{s=1}^{n} q_s' p_s - \varphi$ definiert; da $\varphi$ ein homogenes Polynom zweiten Grades in den $q_s'$ ist, folgt unmittelbar $H = \varphi$. Wenn wir in $\varphi$ die $q_k$ und $p_k$ einführen und $p_k = \theta_{q_k}$ in die Beziehung $\varphi = 1$ einsetzen, erhalten wir eine partielle Differentialgleichung für $\theta$. Bezeichnen wir die durch $q_k$ und $p_k$ ausgedrückte Funktion $\varphi$ zum Unterschied mit $\psi$, so erhält das kanonische Differentialgleichungssystem die Form

$$\frac{\mathrm{d}q_k}{\mathrm{d}s} = \psi_{p_k}, \qquad \frac{\mathrm{d}p_k}{\mathrm{d}s} = -\psi_{q_k} \qquad (k = 1, 2, \ldots, n) .$$

Da $\psi(q_k, p_k)$ ein homogenes Polynom zweiten Grades in den $p_k$ ist, können wir beweisen, daß die angegebenen Differentialgleichungen ihre Gestalt behalten, wenn in ihnen gleichzeitig $p_k$ durch $\alpha p_k$ und $s$ durch $\alpha^{-1}s$ ersetzt wird, wobei $\alpha$ eine willkürliche Konstante ist. Es seien $q_k^{(0)}$ und $p_k^{(0)}$ die Anfangswerte der $q_k$ und $p_k$ für $s = 0$. Es läßt sich zeigen, daß die Größen $p_k$, $p_k^{(0)}$ und $s$ in einer Lösung des kanonischen Systems in den Kombinationen $sp_k$, $sp_k^{(0)}$ auftreten, d. h., die Lösung hat die Gestalt

$$q_k = \varphi_k(r_k, q_k^{(0)}), \qquad t_k = \psi_k(r_k, q_k^{(0)}) \qquad (k = 1, 2, \ldots, n)$$

mit $t_k = sp_k$ und $r_k = sp_k^{(0)}$. Aus den Beziehungen $\psi(q_k, p_k) = 1$ und $t_k = sp_k$ folgt, daß sich das Quadrat des geodätischen Abstands zwischen den Punkten $(q_1^{(0)}, q_2^{(0)}, \ldots, q_n^{(0)})$ und $(q_1, q_2, \ldots, q_n)$ in der Form

$$s^2 = \Gamma = \psi(q_k, t_k) = \psi[q_k, \psi_k(r_k, q_k^{(0)})]$$

darstellen läßt. Wegen $q_k = \varphi_k(r_k, q_k^{(0)})$ können wir die $r_k$ durch die $q_k$ und $q_k^{(0)}$ ausdrücken; somit läßt sich die rechte Seite der letzten Formel durch die $q_k$ und $q_k^{(0)}$ ausdrücken.

**91. Der Jacobische Satz.** Wenn wir das System (175) gewöhnlicher Differentialgleichungen vollständig integrieren, können wir alle möglichen Felder konstruieren, die zu einem gegebenen Variationsproblem gehören; deshalb können wir jede Lösung der Gleichung (176) ermitteln. Auf diesen Zusammenhang gehen wir in Teil IV/2 bei der Behandlung der partiellen Differentialgleichungen erster Ordnung ein. Gelingt es uns umgekehrt, die Lösungen der Differentialgleichung (176) zu finden, so können wir, wie wir jetzt zeigen wollen, das allgemeine Integral des Systems (175) konstruieren. Wir müssen nur noch genauer formulieren, was wir darunter verstehen, die Lösungen der Differentialgleichung (176) zu finden. Diese Differentialgleichung bestimmt $\theta$ als Funktion der unabhängigen Veränderlichen $x, q_1, \ldots, q_n$. Sie enthält die Funktion $\theta$ nicht selbst; deshalb erhalten wir wiederum eine Lösung der Differentialgleichung, wenn wir zu einer beliebigen Lösung einen willkürlichen konstanten Summanden $a$ hinzufügen. Unter dem *vollständigen Integral* dieser Differentialgleichung verstehen wir eine Lösung, die außer dieser willkürlichen Konstanten $a$ noch $n$ weitere willkürliche Konstanten enthält,

$$\theta = \theta(x, q_1, \ldots, q_n, a_1, \ldots, a_n) + a; \tag{182}$$

dabei nehmen wir an, daß die Determinante, deren Elemente die partiellen Ableitungen zweiter Ordnung $\theta_{q_i a_k}$ sind, von 0 verschieden ist. Wie sich zeigen wird, gibt uns die Kenntnis eines vollständigen Integrals der Differentialgleichung (176) die Möglichkeit, durch einfaches Differenzieren ein allgemeines Integral des Differentialgleichungssystems (175) zu konstruieren. Es gilt der Satz von JACOBI: *Ist ein vollständiges Integral* (182) *der Differentialgleichung* (176) *bekannt, so liefern die Identitäten*

$$\theta_{a_k} = b_k, \qquad (k = 1, \ldots, n) \tag{183}$$

$$\theta_{q_k} = p_k, \tag{$183_1$}$$

*in denen mit $a_k$ und $b_k$ willkürliche Konstanten bezeichnet werden, eine Lösung des Differentialgleichungssystems* (175), *die von $2n$ willkürlichen Konstanten abhängt.*

Wegen der Voraussetzung, daß die Determinante $|\theta_{q_i a_k}|$ von 0 verschieden ist, lassen sich die Gleichungen (183) nach den $q_i$ auflösen; es ergeben sich Funktionen der unabhängigen Veränderlichen $x$ und der willkürlichen Konstanten $a_s$ und $b_s$ $(s = 1, 2, \ldots, n)$ für die $q_i$. Setzt man diese Ausdrücke für die $q_i$ in die linken Seiten der Gleichungen ($183_1$) ein, so sind auch die $p_k$ durch $x, a_s$ und $b_s$ $(s = 1, 2, \ldots, n)$ ausgedrückt. Wir haben noch zu zeigen, daß die auf diesem Wege gewonnenen Ausdrücke für $q_k$ und $p_k$ das Differentialgleichungssystem (175) erfüllen. Differenzieren wir die Gleichungen (183) nach $x$ und die Differentialgleichung (176) nach den $a_i$, so erhalten wir die $2n$ Identitäten

$$\frac{\partial^2\theta}{\partial x \partial a_i} + \sum_{s=1}^{n} \frac{\partial^2\theta}{\partial q_s \partial a_i} \frac{dq_s}{dx} = 0, \qquad \frac{\partial^2\theta}{\partial x \partial a_i} + \sum_{s=1}^{n} H_{p_s} \frac{\partial^2\theta}{\partial q_s \partial a_i} = 0 \qquad (i = 1, \ldots, n),$$

aus denen die $n$ Identitäten

$$\sum_{s=1}^{n} \frac{\partial^2\theta}{\partial q_s \partial a_i} \left(\frac{dq_s}{dx} - H_{p_s}\right) = 0 \qquad (i = 1, \ldots, n)$$

folgen.

Auf Grund der Bedingung $|\theta_{q_s a_i}| \neq 0$ folgt aus den letzten Identitäten unmittelbar $\frac{dq_s}{dx} = H_{p_s}$. Zum Beweis, daß die übrigen Differentialgleichungen des Systems (175) erfüllt sind, differenzieren wir die Gleichungen ($183_1$) nach $x$ und die Differentialgleichung (176) nach den $q_i$

$$\frac{dp_i}{dx} = \frac{\partial^2\theta}{\partial x \partial q_i} + \sum_{s=1}^{n} \frac{\partial^2\theta}{\partial q_i \partial q_s} \frac{dq_s}{dx},$$

$$0 = \frac{\partial^2\theta}{\partial x \partial q_i} + \sum_{s=1}^{n} H_{p_s} \frac{\partial^2\theta}{\partial q_s \partial q_i} + H_{q_i}.$$

Subtrahieren wir diese Gleichungen voneinander und benutzen die bereits bewiesenen Identitäten, so erhalten wir die übrigen Differentialgleichungen des Systems (175).

Wir sehen also, daß ein vollständiges Integral der Differentialgleichung (176) ein allgemeines Integral des Differentialgleichungssystems (175) liefert, das die Extremalen unseres Problems definiert. Diese Beziehung zwischen dem Differentialgleichungssystem (175) und der Differentialgleichung (176) entspricht der geometrischen Tatsache, daß jedes Feld eines Extremalproblems entweder mit Hilfe der Extremalen selbst, die das Feld bilden, oder auch mit Hilfe der Transversalflächen dieses Feldes beschrieben werden kann.

**92. Diskontinuierliche Lösungen.** In einigen Fällen zeigt es sich, daß keine Kurve mit sich stetig ändernder Tangente existiert, die einem bestimmten Funktional einen Extremwert erteilt. Es entsteht die Frage, ob nicht unter den Kurven einer allgemeineren Klasse eine Lösung existiert, beispielsweise unter den Kurven, die in einzelnen Punkten keine Tangente besitzen, dort aber wenigstens eine linksseitige und eine rechtsseitige Tangente haben (Kurven mit Ecken, Spitzen). Wir skizzieren in großen Zügen die Überlegung für den einfachen Fall eines Funktionals

$$J = \int_{x_0}^{x_1} F(x, y, y')\, dx\,, \tag{184}$$

ohne auf die Einzelheiten der Beweise einzugehen.

Wir betrachten zunächst ein spezielles Beispiel, und zwar das Funktional

$$J = \int_{-1}^{1} y^2 (1 - y')^2\, dx\,, \tag{185}$$

wobei die gesuchte Extremale durch die Punkte $M_0(-1, 0)$ und $M_1(1, 1)$ hindurchgehen soll. Für jede Kurve durch diese Punkte ist das Funktional (185) offenbar positiv. Wir konstruieren einen Streckenzug $M_0OM_1$, der aus den beiden Strecken $\overline{M_0O}$ und $\overline{OM_1}$ besteht, und wählen $O$ als Koordinatenursprung der $x$, $y$-Ebene. Es ist leicht zu sehen, daß das Funktional (185) für diese Kurve verschwindet; denn längs der Strecke $\overline{M_0O}$ ist $y = 0$, und längs der Strecke $\overline{OM_1}$ ist $y' = 1$. Die konstruierte Kurve, deren Knickpunkt im Koordinatenursprung liegt, erteilt offenbar dem Integral (185) einen Extremwert.

Wir führen jetzt die Überlegungen für den allgemeinen Fall durch. Wir setzen voraus, daß eine Kurve, welche die beiden Punkte $(x_0, y_0)$ und $(x_1, y_1)$ verbindet und in einem Punkt $(x_2, y_2)$ eine Ecke hat, dem Funktional (184) im Vergleich mit allen ihr hinreichend benachbarten Kurven, die ebenfalls eine Ecke besitzen können und durch die vorgegebenen Randpunkte $(x_0, y_0)$ und $(x_1, y_1)$ hindurchgehen, einen Extremwert erteilt. Wir wollen jetzt nicht nur die Randpunkte, sondern auch die Ecke $(x_2, y_2)$ der zu untersuchenden Kurve als fest annehmen. Die Kurve muß unter dieser zusätzlichen Voraussetzung dem Integral (189) erst recht einen Extremwert erteilen. Hieraus folgt unmittelbar, daß die beiden Teile der Kurve, die zu den Intervallen $[x_0, x_2]$ und $[x_2, x_1]$ der $x$-Achse gehören, Extremalen des Problems sind, also die zugehörige Eulersche Gleichung erfüllen. Als wesentlich erweisen sich die Bedingungen, die von der Ordinate und den Richtungskoeffizienten der Kurventangenten in der Ecke erfüllt werden müssen. Nun wollen wir die Variation des Integrals (184) bestimmen, wobei wir unsere Kurve als Ausgangskurve nehmen.

Beachten wir, daß die Endpunkte der Kurve fest sind und daß beide Teile der

Kurve die Eulersche Gleichung erfüllen, so erhalten wir für die erste Variation

$$\delta J = [F - y'F_{y'}]_{x_2-0}\,\delta x_2 - [F - y'F_{y'}]_{x_2+0}\,\delta x_2 + [F_{y'}]_{x_2-0}\,\delta y_2 - [F_{y'}]_{x_2+0}\,\delta y_2 .$$

Da $\delta x_2$ und $\delta y_2$ willkürlich sind, ergeben sich die beiden Gleichungen

$$[F - y'F_{y'}]_{x_2-0} = [F - y'F_{y'}]_{x_2+0}, \qquad [F_{y'}]_{x_2-0} = [F_{y'}]_{x_2+0}, \tag{186}$$

die im Knickpunkt unserer Kurve erfüllt sein müssen, wenn diese dem Integral (184) einen Extremwert erteilen soll.

Diese Bedingung wird gewöhnlich *Weierstrass-Erdmannsche Eckenbedingung* genannt. Wir überlassen es dem Leser, zu zeigen, daß sie tatsächlich im Koordinatenursprung für den Streckenzug erfüllt ist, der dem Integral (185) einen Extremwert erteilt.

Bemerkung. Die Bedingung (186) bedeutet, daß die Ausdrücke $F - y'F_{y'}$ und $F_{y'}$ in dem Punkt $x = x_2$ stetig sein müssen, in dem $y'$ einen Sprung macht. Diese Ausdrücke sind offenbar auch in den übrigen Punkten stetig, in denen $y'$ stetig ist.

Wir nehmen nun an, daß wir ein allgemeines Integral der Eulerschen Gleichung kennen. Die Werte der beiden willkürlichen Integrationskonstanten sind im allgemeinen in den Intervallen $[x_0, x_2]$ und $[x_2, x_1]$ voneinander verschieden. Es sei

$$y = \omega_1(x, C_1, C_2)$$

ein allgemeines Integral für das Intervall $[x_0, x_2]$ und

$$y = \omega_2(x, C_3, C_4)$$

ein solches für das Intervall $[x_2, x_1]$. Wir haben fünf Konstanten zu bestimmen, die Werte der willkürlichen Konstanten $C_1$, $C_2$, $C_3$, $C_4$ und die Abszisse $x_2$ des Knickpunktes. Für diese Bestimmung stehen die beiden Randbedingungen für $x = x_0$ und $x = x_1$ und die beiden Bedingungen (186) zur Verfügung. Die noch fehlende fünfte Beziehung erhalten wir aus der Bedingung, daß die Kurve für $x = x_2$ stetig sein soll:

$$\omega_1(x_2, C_1, C_2) = \omega_2(x_2, C_3, C_4) .$$

Analog dazu könnten wir auch den Fall mehrerer Ecken betrachten.

Entsprechende Bedingungen lassen sich auch für diskontinuierliche Extremalen des Doppelintegrals

$$J = \iint_B F(x, y, u, u_x, u_y)\,\mathrm{d}x\,\mathrm{d}y \tag{187}$$

aufstellen.

Wir setzen voraus, daß eine Fläche $u(x, y)$ diesem Integral bei festgehaltener Randkurve und bei Vorhandensein einer Diskontinuitätslinie einen Extremwert erteilt. Die Funktion $u(x, y)$ muß also in einem Bereich $B$ der $x, y$-Ebene so bestimmt werden, daß sie auf dem Rand $l$ von $B$ vorgegebene Werte annimmt. Im Inneren von $B$ kann eine Kurve $\lambda$ existieren, längs der die ersten Ableitungen der Funktion $u(x, y)$ unstetig sind; dabei sollen auf beiden Seiten dieser Kurve die partiellen Ableitungen wohlbestimmte Grenzwerte haben, die aber voneinander verschieden sein dürfen. In dieser Funktionenklasse ist eine Funktion zu bestimmen, die dem Integral (187) einen relativen Extremwert erteilt.

Wir nehmen an, daß eine bestimmte Funktion tatsächlich einen solchen Extremwert liefert und im Innern von $B$ eine Diskontinuitätslinie $\lambda$ hat, die den Bereich $B$

in die beiden Teilbereiche $B_1$ und $B_2$ zerlegt. Wie im Fall des Integrals (184) läßt sich verifizieren, daß die Funktion $u(x, y)$ in den Bereichen $B_1$ und $B_2$ eine Lösung der Ostrogradskischen Gleichung sein muß. Wesentlich ist die Aufstellung der Bedingungen, denen die Funktion und ihre partiellen Ableitungen erster Ordnung in den Punkten von $\lambda$ genügen müssen. Es sei $\varphi$ irgendeine Funktion von $u$ und den partiellen Ableitungen erster Ordnung $u_x$ und $u_y$. Sie wird bei Annäherung an die Punkte der Kurve $\lambda$ von den Bereichen $B_1$ und $B_2$ her im allgemeinen verschiedene Randwerte haben, die wir mit $\varphi_1$ und $\varphi_2$ bezeichnen wollen. Für die Differenz dieser Randwerte, d. h. für den Sprung der Funktion $\varphi$, führen wir die Bezeichnung

$$[\varphi]=\varphi_2-\varphi_1$$

ein.

Wir benutzen nun den Ausdruck (33) für die erste Variation eines Doppelintegrals. Der erste Summand auf der rechten Seite läßt sich in der Form

$$\int_l \delta u\left(F_{u_x}\frac{\mathrm{d}y}{\mathrm{d}s}-F_{u_y}\frac{\mathrm{d}x}{\mathrm{d}s}\right)\mathrm{d}s$$

oder, da $\frac{\mathrm{d}y}{\mathrm{d}s}$ und $-\frac{\mathrm{d}x}{\mathrm{d}s}$ die Richtungskosinus der äußeren Normalen $n$ der Randkurve $l$ sind, in der Form

$$\int_l \delta u[F_{u_x}\cos(n, x)+F_{u_y}\cos(n, y)]\,\mathrm{d}s$$

schreiben.

Wir wenden die Formel (33) auf die beiden Teilbereiche $B_1$ und $B_2$ von $B$ einzeln an. In jedem der Teilbereiche muß die Funktion $u(x, y)$ der Ostrogradskischen Gleichung genügen; also sind die Doppelintegrale gleich 0. Die Randkurven der Bereiche $B_1$ und $B_2$ bestehen aus Teilen des Randes $l$ und der Kurve $\lambda$. Auf $l$ ist $\delta u=0$. Auf $\lambda$ unterscheiden sich die Richtungskosinus der äußeren Normalen für die Bereiche $B_1$ und $B_2$ nur durch das Vorzeichen. Daher erhalten wir schließlich

$$\delta J=\int_\lambda \delta u\{[F_{u_x}]\cos(n, x)+[F_{u_y}]\cos(n, y)\}\,\mathrm{d}s\,,$$

wobei $n$ die Richtung der in bezug auf $B_2$ äußeren Normalen von $\lambda$ ist. Aus der Bedingung $\delta J=0$ erhalten wir, da $\delta u$ willkürlich ist, eine der Bedingungen, die längs $\lambda$ erfüllt sein müssen:

$$[F_{u_x}]\cos(n, x)+[F_{u_y}]\cos(n, y)=0\,. \tag{188}$$

Wir haben nur eine einzige Bedingung erhalten, da wir bei der Betrachtung der ersten Variation von (187) die Kurve $\lambda$ als fest angenommen haben. Eine ausführlichere Untersuchung der ersten Variation von (187) führt noch zu der zweiten Bedingung[1])

$$[F]=(F_{u_x})_2\,[u_x]+(F_{u_y})_2\,[u_y]\,. \tag{189}$$

Dabei soll der Index 2 bei den runden Klammern andeuten, daß man längs $\lambda$ die Grenzwerte auf der Seite des Bereiches $B_2$ zu wählen hat. Die Bedingungen (188) und (189) entsprechen den Bedingungen (186) für das Funktional (184).

**93. Extrema bei einseitigen Bindungen.** In Abschnitt [76] haben wir das folgende Problem betrachtet: Unter den Kurven, welche zwei Punkte $M_0$ und $M_1$ der

[1]) Vgl. etwa N. M. GÜNTER, Vorlesungen über Variationsrechnung (russ.), Moskau – Leningrad 1941.

$x$, $y$-Ebene verbinden, ist diejenige gesucht, die bei Rotation um die $x$-Achse eine Fläche mit kleinstem Flächeninhalt erzeugt.

Das zu diesem Problem gehörige Funktional lautet

$$J = \int_{x_0}^{x_1} y \sqrt{1 + y'^2}\, \mathrm{d}x \, .$$

Strenggenommen müssen wir hierbei noch voraussetzen, daß die Kurve $y(x)$ oberhalb der $x$-Achse liegt, d. h., daß die Ungleichung $y(x) \geqq 0$ erfüllt ist. Solche Probleme der Variationsrechnung, bei denen die gesuchten Funktionen (oder ihre Ableitungen) gewisse Ungleichungen erfüllen müssen, fallen unter die Klasse der Extremalprobleme mit einseitigen Bindungen (oder „mit Gebietseinschränkungen").

Wir untersuchen als einfachsten Fall die Extrema des Funktionals

$$J = \int_{x_0}^{x_1} F(x, y, y')\, \mathrm{d}x \tag{190}$$

unter der Nebenbedingung

$$y - \varphi(x) \geqq 0 ;$$

dabei ist $\varphi$ eine vorgegebene stetig differenzierbare Funktion. Die gesuchte Kurve muß sich also oberhalb der Kurve $y = \varphi(x)$ befinden und außerdem durch die vorgegebenen Punkte $M_0(x_0, y_0)$ und $M_1(x_1, y_1)$ hindurchgehen. Die gesuchte Kurve kann aus Kurvenstücken, die sich oberhalb der Kurve $y = \varphi(x)$ befinden, und aus Stücken dieser Kurve selbst bestehen.

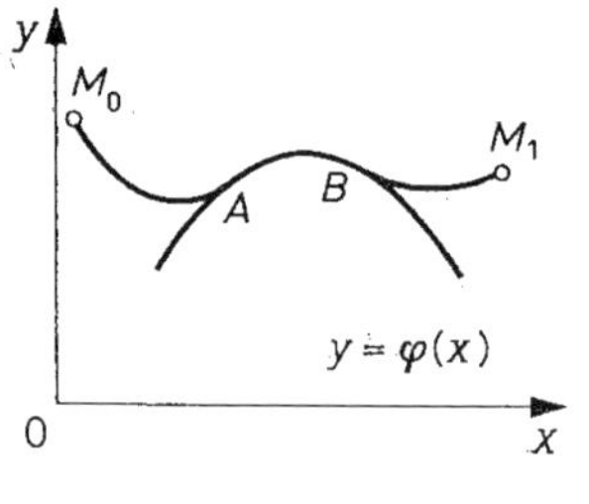


Abb. 3

In Abb. 3 haben wir zwei Kurvenstücke $M_0A$ und $BM_1$, die sich oberhalb der Kurve befinden, und das Stück $AB$ der Kurve $y = \varphi(x)$. Längs der Teilkurven $M_0A$ und $BM_1$ ist eine Variation nach beiden Seiten möglich, so daß diese Kurvenstücke Extremalen des Integrals (190) sein müssen. Auf der Teilkurve $AB$ ist nur eine Variation nach der Seite möglich, für die $\delta y \geqq 0$ ist. Aus dem Ausdruck (17) für die erste Variation des Integrals (190) läßt sich für das Minimum dieses Integrals längs $AB$ die notwendige Bedingung

$$F_y - \frac{\mathrm{d}}{\mathrm{d}x} F_{y'} \geqq 0$$

herleiten. Außerdem muß für die Existenz eines Extremums noch eine Bedingung in den Punkten $A$ und $B$ erfüllt sein. Wir wollen aber darauf nicht näher eingehen und nur bemerken, daß im einfachsten Fall diese Bedingung darin besteht, daß die Kurven $M_0A$ bzw. $BM_1$ in den Punkten $A$ bzw. $B$ mit der Kurve $AB$ eine gemeinsame Tangente haben müssen.

**94. Die zweite Variation.** Bisher haben wir uns nur mit der ersten Variation für Funktionale verschiedener Typen beschäftigt. Indem wir diese erste Variation gleich 0 setzten, erhielten wir eine notwendige Bedingung dafür, daß eine vorgegebene Kurve oder Fläche dem zugehörigen Funktional einen Extremwert erteilt. Diese notwendige Bedingung entspricht vollkommen dem folgenden Satz der Differentialrechnung: Damit eine Funktion mehrerer Veränderlicher in einem bestimmten Punkt einen Extremwert annimmt, ist notwendig, daß ihr totales Differential erster Ordnung in diesem Punkt verschwindet. In der Differentialrechnung gibt es in einigen Fällen auch hinreichende Bedingungen, in denen die partiellen Ableitungen zweiter Ordnung der zu untersuchenden Funktion auftreten. In der Variationsrechnung ist die Aufstellung hinreichender Bedingungen bedeutend schwieriger.

Im folgenden beschränken wir uns auf allgemeine Angaben über diese Frage und nehmen die Existenz und Stetigkeit der zugehörigen Ableitung an. Wir betrachten das einfache Funktional

$$J=\int_{x_0}^{x_1} F(x, y, y')\,\mathrm{d}x \tag{191}$$

im Fall fester Endpunkte. Wie früher untersuchen wir die benachbarten Kurven $y(x)+\alpha\eta(x)$ und definieren die zweite Variation des Funktionals (191) als dasjenige Glied in der Entwicklung von $J(\alpha)$ nach Potenzen von $\alpha$, welches $\alpha^2$ enthält; wir setzen also

$$\delta^2 J=\frac{\alpha^2}{2}\left[\frac{\mathrm{d}^2 J}{\mathrm{d}\alpha^2}\right]_{\alpha=0}.$$

Dies führt uns unmittelbar auf die Beziehung

$$\delta^2 J=\frac{\alpha^2}{2}\int_{x_0}^{x_1}(P\eta^2+2Q\eta\eta'+R\eta'^2)\,\mathrm{d}x\,, \tag{192}$$

in der

$$P=F_{yy}, \qquad Q=F_{yy'}, \qquad R=F_{y'y'} \tag{193}$$

ist. Wegen $2Q\eta\eta'=Q\,\dfrac{\mathrm{d}(\eta^2)}{\mathrm{d}x}$ erhalten wir durch partielle Integration, wenn wir noch $\eta(x_0)=\eta(x_1)=0$ benutzen, mit

$$S=P-\frac{\mathrm{d}Q}{\mathrm{d}x}$$

die Beziehung

$$\delta^2 J=\frac{\alpha^2}{2}\int_{x_0}^{x_1}(S\eta^2+R\eta'^2)\,\mathrm{d}x\,. \tag{194}$$

Wir nehmen an, daß die notwendige Bedingung für ein Extremum erfüllt ist, daß also die Kurve $y(x)$ eine Extremale ist. Beispielsweise möge das zugehörige Extremum des Integrals (191) ein Minimum sein. Dann muß die Funktion $J(\alpha)$ für $\alpha=0$ ein Minimum haben; folglich ist eine notwendige Bedingung für ein Minimum, daß bei beliebigem $\eta(x)$ die Ungleichung $\delta^2 J\geqq 0$ gilt. Wie wir sogleich zeigen werden, folgt hieraus unmittelbar, daß längs unserer Kurve die Ungleichung $R\geqq 0$ erfüllt sein muß. Angenommen, für einen Wert $x=c$ gelte auf unserer Kurve die entgegengesetzte Ungleichung $R(c)<0$. Wegen der vorausgesetzten Stetigkeit von $R(x)$ gilt die Ungleichung auch in einem hinreichend kleinen Intervall $[c-\varepsilon, c+\varepsilon]$. Wir bestimmen nun die Funktion $\eta(x)$ so, daß sie außerhalb dieses Intervalls und in seinen Endpunkten verschwindet, alle erforderlichen Ableitungen besitzt, ihrem absoluten Betrag nach hinreichend klein ist und in diesem Intervall hinreichend oft oszilliert. Bei einer solchen Wahl der Funktion $\eta(x)$ führt das Integral (194) auf ein Integral über das Intervall $[c-\varepsilon, c+\varepsilon]$, in dem die Funktion $R(x)$ nach Voraussetzung negative Werte besitzt. Unter dem Integralzeichen überwiegt der Summand, welcher $\eta'^2(x)$ enthält, und der Wert des Integrals ist negativ, was der als erfüllt angenommenen notwendigen Bedingung für ein Mininum des Integrals (191) widerspricht. Eine notwendige Bedingung dafür, daß die Extremale $y(x)$ dem Integral (191) ein Minimum erteilt, besteht folglich in der Ungleichung

$$F_{y'y'} \geqq 0 \tag{195}$$

längs dieser Extremale. In entsprechender Weise besteht eine notwendige Bedingung dafür, daß eine Extremale dem Integral (191) ein Maximum erteilt, in der Ungleichung

$$F_{y'y'} \leqq 0$$

längs dieser Extremale.

Diese Bedingung wird gewöhnlich *Legendresche Bedingung* genannt.

**95. Die Bedingung von Jacobi.** Bevor wir zur weiteren Untersuchung der zweiten Variation übergehen, wollen wir an einige Ergebnisse über die Nullstellen der Lösungen einer linearen Differentialgleichung zweiter Ordnung

$$y'' + p(x)\, y' + q(x)\, y = 0 \tag{196}$$

erinnern [**II**, 31]. Dabei nehmen wir an, daß die Koeffizienten $p(x)$ und $q(x)$ in einem abgeschlossenen Intervall $[x_0, x_1]$, auf das sich alle weiteren Resultate beziehen werden, stetig sind. Ist $x=c$ irgendein Punkt aus diesem Intervall, so wird durch beliebig vorgegebene Anfangsbedingungen

$$y(c) = \alpha \quad \text{und} \quad y'(c) = \beta$$

eindeutig eine Lösung der Differentialgleichung (196) bestimmt, deren Existenz im ganzen Intervall $[x_0, x_1]$ gesichert ist. Gilt speziell $\alpha=\beta=0$, so erhalten wir $y(x)\equiv$ $\equiv 0$. Lassen wir die Anfangsbedingungen alle nur möglichen Werte durchlaufen, dann wird die Menge aller Lösungen der Gleichung (196) ausgeschöpft.

Es sei $y(x)$ eine nichttriviale Lösung der Differentialgleichung (196), $x_2$ ein Punkt aus dem Innern des Intervalls $[x_0, x_1]$ und $y(x_2)=0$. Dann gilt $y'(x_2)\neq 0$, und $y(x)$ wechselt beim Durchgang durch die Nullstelle $x=x_2$ das Vorzeichen. Sind $y_1(x)$ und $y_2(x)$ irgend zwei Lösungen von (196), die eine gemeinsame Nullstelle besitzen, so sind diese beiden Funktionen linear abhängig. Ist $x=x_2$ die gemeinsame Nullstelle dieser beiden Lösungen und somit

$$y_1(x_2)=0, \qquad y_1'(x_2)=\beta_1, \qquad y_2(x_2)=0, \qquad y_2'(x_2)=\beta_2 \qquad (\beta_1\neq 0, \beta_2\neq 0)\,,$$

so sind also $y_1(x)$ und $y_2(x)$ linear abhängig, d. h.

$$\beta_2 y_1(x) = \beta_1 y_2(x)\,,$$

und infolgedessen haben sie alle Nullstellen gemeinsam.

Jetzt seien $y_1(x)$ und $y_2(x)$ linear unabhängige Lösungen. In diesem Fall wechseln sich ihre Nullstellen ab, d. h., zwischen je zwei benachbarten Nullstellen der einen Lösung liegt genau eine Nullstelle der anderen Lösung.

Wir geben jetzt noch einige weitere Eigenschaften an. Es sei $y_0(x)$ die Lösung der Differentialgleichung (196), die den Anfangsbedingungen

$$y_0(x_0) = 0, \qquad y_0'(x_0) = 1$$

genügt. Diese Lösung möge im Intervall $x_0 < x \leqq x_1$ keine Nullstelle haben. In diesem Fall kann auch keine andere Lösung im Intervall $[x_0, x_1]$ mehr als eine Nullstelle besitzen. Das folgt aus der soeben erwähnten Eigenschaft, daß sich die Nullstellen zweier linear unabhängiger Lösungen abwechseln. Es existieren jedoch Lösungen, die auch im abgeschlossenen Intervall $[x_0, x_1]$ keine einzige Nullstelle haben. Das wollen wir jetzt beweisen. Dazu betrachten wir die Lösung $y_1(x)$ der Differentialgleichung (196), die durch die Anfangsbedingungen

$$y_1(x_0) = k, \qquad y_1'(x_0) = 1 \tag{197}$$

bestimmt ist, in denen $k$ eine kleine positive Zahl bezeichnet. In jedem Intervall $0 \leqq k \leqq \delta$, wobei $\delta$ eine fest gewählte positive Zahl sei, konvergiert, wie man leicht bestätigt, die bei der Konstruktion der Lösung $y_1(x)$ mittels sukzessiver Approximation sich ergebende Reihe gleichmäßig bezüglich $k$. Infolgedessen ist $y_1(x)$ bei beliebigem $x$ aus $[x_0, x_1]$ und für $0 \leqq k \leqq \delta$ eine stetige Funktion von $k$. Im Fall $k = 0$ ist die Lösung $y_1(x)$ die Funktion $y_0(x)$, für die nach Voraussetzung $y_0(x_1) > 0$ gilt. Daher ist auch $y_1(x_1) > 0$ bei hinreichend kleinem positiven $k$. Hieraus ergibt sich unmittelbar, daß $y_1(x)$ für solche $k$ im Intervall $[x_0, x_1]$ keine Nullstelle besitzt. Denn $y_1(x_0) = k$ und $y_1(x_1)$ sind beide positiv. Hätte $y_1(x)$ innerhalb von $[x_0, x_1]$ Nullstellen, so wäre deren Anzahl mindestens gleich 2, da $y_1(x)$ beim Durchgang durch die Nullstelle das Vorzeichen wechselt. Wenn aber $y_0(x)$ keine Nullstelle hat, dann kann, wie wir weiter oben gesehen haben, auch keine andere Lösung im Intervall $[x_0, x_1]$ mehr als eine Nullstelle besitzen.

Wir kehren nun zur Betrachtung der zweiten Variation zurück und nehmen an, daß längs der zu untersuchenden Extremalen $y = y(x)$ nicht nur die Bedingung (195), sondern sogar die schärfere, sogenannte *starke Legendresche Bedingung*

$$F_{y'y'} > 0 \qquad (x_0 \leqq x \leqq x_1) \tag{198}$$

erfüllt ist.

Wir betrachten das in dem Ausdruck (194) vorkommende Integral

$$K(u) = \int_{x_0}^{x_1} (Su^2 + Ru'^2)\, \mathrm{d}x\,, \tag{199}$$

wobei wir $u$ statt $\eta$ geschrieben haben. Die Eulersche Gleichung dieses Integrals hat die Gestalt

$$L(u) = \frac{\mathrm{d}}{\mathrm{d}x}\,(Ru') - Su = 0\,, \tag{200}$$

so daß $R = F_{y'y'}$ in dieser Gleichung der Koeffizient von $u''$ ist. Auf Grund der Bedingung (198) können wir beide Seiten durch $R$ dividieren und erhalten eine Differentialgleichung der Gestalt (196) mit im Intervall $[x_0, x_1]$ stetigen Koeffizienten $p(x)$ und $q(x)$. Daher gilt für die Gleichung (200) all das, was wir oben über die Lösungen der Differentialgleichung (196) gesagt haben. Berücksichtigen wir die Beziehung $Ru'^2\,\mathrm{d}x = Ru'\,\mathrm{d}u$, so erhalten wir unter der Voraussetzung $u(x_0) = u(x_1) = 0$ nach partieller Integration

$$K(u) = -\int_{x_0}^{x_1} uL(u)\, \mathrm{d}x\,. \tag{201}$$

Es sei jetzt $u_0(x)$ die Lösung der Differentialgleichung (200), die den Anfangsbedingungen

$$u_0(x_0)=0, \qquad u_0'(x_0)=1 \tag{202}$$

genügt. Im folgenden ist wesentlich, ob die Lösung $u_0(x)$ im Innern des Intervalls $[x_0, x_1]$ Nullstellen besitzt. Denn hat sie Nullstellen, so kann unsere Extremale dem Integral (191) kein Minimum erteilen.

Die Differentialgleichung (200) wird gewöhnlich Jacobische Differentialgleichung genannt. Ist $u_0(x) \neq 0$ für $x_0 < x < x_1$, so sagt man, daß die Extremale $y(x)$ im Intervall $(x_0, x_1)$ der *Jacobischen Bedingung* genügt. Ist $u_0(x) \neq 0$ für $x_0 < x \leqq x_1$, so sagt man, daß die Extremale $y(x)$ der ***starken Jacobischen Bedingung*** genügt.

Bemerkung. Die Koeffizienten $S$ und $R$ der Differentialgleichung (200) hängen auf Grund ihrer Definition von der Extremalen $y(x)$ ab; somit ist die soeben aufgestellte Bedingung tatsächlich eine Bedingung für die Extremale $y(x)$.

Aus dem oben Gesagten folgt: Ist die Jacobische Bedingung erfüllt, so kann keine Lösung der Differentialgleichung (200) im Innern des Intervalls $[x_0, x_1]$ mehr als eine Nullstelle haben.

Wir setzen nun voraus, daß die Extremale $y(x)$ die starken Bedingungen von Jacobi und Legendre erfüllt. Statt der Lösung $u_0(x)$ betrachten wir jetzt die Lösung $u_1(x)$ der Differentialgleichung (200), die den Anfangsbedingungen

$$u_1(x_0)=k, \qquad u_1'(x_0)=1 \tag{203}$$

genügt, wobei $k > 0$ eine so kleine Zahl ist, daß $u_1(x)$ im abgeschlossenen Intervall $[x_0, x_1]$ streng positiv ist. Wenn wir diese Lösung der Differentialgleichung (200) benutzen, können wir sofort den Ausdruck (194) in eine Gestalt überführen, aus der unmittelbar $\delta^2 J \geqq 0$ hervorgeht.

Zur Herleitung dieser Eigenschaft sei $\omega(x)$ eine beliebige Funktion mit einer stetigen Ableitung. Offenbar gilt

$$\int_{x_0}^{x_1} (2\eta\eta'\omega + \eta^2\omega')\,dx = 0\,,$$

da der Integrand die totale Ableitung der Funktion $\eta^2\omega$ ist, die in den Randpunkten des Intervalls verschwindet. Multiplizieren wir dieses Integral mit $\frac{1}{2}\alpha^2$ und addieren es zur rechten Seite der Beziehung (194), so erhalten wir

$$\delta^2 J = \frac{\alpha^2}{2} \int_{x_0}^{x_1} [(S+\omega')\,\eta^2 + 2\omega\eta\eta' + R\eta'^2]\,dx\,.$$

Damit der Integrand dieses Integrals ein vollständiges Quadrat wird, muß

$$\omega^2 - R(S+\omega') = 0$$

gelten. Setzen wir in diese Gleichung $\omega = -R\frac{u'}{u}$ ein, so gelangen wir gerade zu der Differentialgleichung (200), d. h., wir können für $\omega$ die Funktion $\omega = -R\frac{u_1'}{u_1}$ benutzen. Dabei ist wesentlich, daß $u_1(x)$ im ganzen abgeschlossenen Intervall $[x_0, x_1]$ nirgends verschwindet. Bei dieser Wahl der Funktion $\omega$ erhält der Ausdruck (194) die Gestalt

$$\delta^2 J = \frac{\alpha^2}{2} \int_{x_0}^{x_1} R\left(\eta' + \frac{\omega}{R}\,\eta\right)^2 dx\,, \tag{204}$$

woraus unmittelbar $\delta^2 J \geqq 0$ hervorgeht. $\delta^2 J = 0$ kann nur in dem Fall eintreten, daß

$$\eta' + \frac{\omega}{R}\,\eta = 0 \quad \text{für} \quad x \in (x_0, x_1) \tag{205}$$

gilt. Aber aus (205) und der Bedingung $\eta(x_0) = \eta(x_1) = 0$ folgt wegen

$$\eta(x) = \eta(x_0) \exp\left[-\int_{x_0}^{x_1} \omega(\zeta)\, R^{-1}(\zeta)\, \mathrm{d}\zeta\right],$$

daß dann $\eta(x) \equiv 0$ für $x \in [x_0, x_1]$ sein muß.

Damit haben wir den folgenden Satz bewiesen.

Satz. *Genügt eine Extremale den starken Bedingungen von Legendre und Jacobi, so ist für diese Extremale*

$$\delta^2 J \geqq 0\,, \tag{206}$$

*wobei das Gleichheitszeichen nur im Fall* $\eta(x) \equiv 0$ *gelten kann.*

Folgerung. Statt des Funktionals (199) betrachten wir das Funktional

$$\int_{x_0}^{x_1} (Su^2 + Ru'^2)\, \mathrm{d}x - k \int_{x_0}^{x_1} u'^2 \mathrm{d}x\,, \tag{207}$$

in dem $k$ eine kleine positive Zahl bezeichnet. Die zugehörige Eulersche Gleichung hat die Gestalt

$$\frac{\mathrm{d}}{\mathrm{d}x}\,[(R-k)\,u'] - Su = 0\,. \tag{208}$$

Auf Grund der Legendreschen und Jacobischen Bedingungen für das Funktional (207) können wir $k > 0$ so klein wählen, daß $R - k > 0$ im Intervall $[x_0, x_1]$ wird und die Lösung der Differentialgleichung (208), die den Anfangsbedingungen

$$u(x_0) = 0, \qquad u'(x_0) = 1 \tag{209}$$

genügt, für $x_0 < x \leqq x_1$ nicht verschwindet. Wenden wir nun den soeben bewiesenen Satz auf das Funktional (207) an, so erhalten wir für $\eta \not\equiv 0$ die Ungleichung

$$\int_{x_0}^{x_1} (S\eta^2 + R\eta'^2)\, \mathrm{d}x > k \int_{x_0}^{x_1} \eta'^2\, \mathrm{d}x\,, \tag{210}$$

in der $R$ und $S$ auf der ursprünglichen Extremalen zu nehmen sind.

**96. Schwache und starke Extrema.** Man sagt, eine Extremale $y = y(x)$ erteilt dem Integral (191) ein *schwaches Extremum,* wenn sie diesem Integral ein Extremum (Maximum oder Minimum) erteilt im Vergleich zu allen Kurven $y(x) + \eta(x)$, die in einer gewissen $\varepsilon$-Nachbarschaft erster Ordnung [72] dieser Extremalen liegen, d. h., die zu ihr in bezug auf die Ordinate und die Steigung der Tangente hinreichend benachbart liegen:

$$|\eta(x)| \leqq \varepsilon, \qquad |\eta'(x)| \leqq \varepsilon\,. \tag{211}$$

Erteilt die Extremale dem Integral (191) sogar im Vergleich zu allen Kurven, die lediglich bezüglich der Ordinate benachbart sind, d. h., für die nur $|\eta(x)| \leqq \varepsilon$ gilt, ein Extremum, so sagt man, daß die Extremale dem Integral ein *starkes Extremum* erteilt. Offenbar ist jedes starke Extremum auch ein schwaches Extremum, während die Umkehrung nicht immer gilt. Wir beweisen nun den folgenden

Satz. *Die starken Bedingungen von Legendre und Jacobi sind dafür hinreichend, daß die Extremale dem Integral (191) ein schwaches Extremum erteilt.*

Zunächst sei daran erinnert, daß die Funktion $F(x, y, y')$ nebst ihren Ableitungen bis zur zweiten Ordnung in einem gewissen Gebiet $B$ der $x, y$-Ebene und für beliebige Werte von $y'$ als stetig vorausgesetzt wurde. Die betrachtete Extremale des Funktionals

$$J(y) = \int_{x_0}^{x_1} F(x, y, y')\,\mathrm{d}x$$

möge im Gebiet $B$ liegen. Weiterhin sei $\eta(x)$ eine Funktion, deren Ableitung im Intervall $[x_0, x_1]$ stetig ist und die in den Endpunkten dieses Intervalls verschwindet.

Wir betrachten die Entwicklung der Differenz $J(y+\alpha\eta) - J(y)$ nach der Taylorschen Formel, die Ableitungen bis zur zweiten Ordnung enthält, und setzen danach $\alpha = 1$. Es ergibt sich

$$J(y+\eta) - J(y) = \int_{x_0}^{x_1} (F_y\eta + F_{y'}\eta')\,\mathrm{d}x + \frac{1}{2}\int_{x_0}^{x_1} (F_{yy}\eta^2 + 2F_{yy'}\eta\eta' + F_{y'y'}\eta'^2)\,\mathrm{d}x + \delta \tag{212}$$

mit

$$\delta = \frac{1}{2}\int_{x_0}^{x_1} [(\bar{F}_{yy} - F_{yy})\,\eta^2 + 2(\bar{F}_{yy'} - F_{yy'})\,\eta\eta' + (\bar{F}_{y'y'} - F_{y'y'})\,\eta'^2]\,\mathrm{d}x\,,$$

wobei $\bar{F}_{yy}$, $\bar{F}_{yy'}$, $\bar{F}_{y'y'}$ die Werte der entsprechenden Ableitungen an der Stelle $(x, y(x) + \theta_1(x)\,\eta(x),\ y'(x) + \theta_2(x)\,\eta'(x))$ mit $0 \leqq \theta_i(x) \leqq 1$, $i = 1, 2$, sind. Auf Grund der Stetigkeit der Ableitungen zweiter Ordnung der Funktion $F$ kann man $\delta$ in der Form

$$\delta = \int_{x_0}^{x_1} (\varepsilon_1\eta^2 + 2\varepsilon_2\eta\eta' + \varepsilon_3\eta'^2)\,\mathrm{d}x \tag{213}$$

schreiben. Dabei gilt $\varepsilon_k \to 0$ $(k = 1, 2, 3)$ für $|\eta| \to 0$ und $|\eta'| \to 0$.

Berücksichtigen wir, daß für eine Extremale die Beziehung

$$\int_{x_0}^{x_1} (F_y\eta + F_{y'}\eta')\,\mathrm{d}x = 0$$

besteht, und bringen wir den zweiten Summanden auf der rechten Seite von (212) auf die Gestalt (194), so erhalten wir

$$J(y+\eta) - J(y) = \frac{1}{2}\int_{x_0}^{x_1} (S\eta^2 + R\eta'^2)\,\mathrm{d}x + \delta\,. \tag{214}$$

Wir schätzen nun das Integral von $\eta^2$ durch das Integral von $\eta'^2$ ab. Mit Hilfe der Bunjakowskischen Ungleichung ergibt sich

$$\eta^2(x) = \left(\int_{x_0}^{x} \eta'(t)\,\mathrm{d}t\right)^2 \leqq (x - x_0)\int_{x_0}^{x} \eta'^2(t)\,\mathrm{d}t \leqq (x - x_0)\int_{x_0}^{x_1} \eta'^2(t)\,\mathrm{d}t\,,$$

und daraus folgt durch Integration

$$\int_{x_0}^{x_1} \eta^2(x)\, dx \leqq \frac{(x_1 - x_0)^2}{2} \int_{x_0}^{x_1} \eta'^2(x)\, dx\,. \tag{215}$$

Jetzt sind wir in der Lage, die Größe $\delta$ abzuschätzen. Auf Grund der Ungleichung $|2\varepsilon_2\eta\eta'| \leqq |\varepsilon_2|\,(\eta^2 + \eta'^2)$ gilt somit

$$|\delta| \leqq \int_{x_0}^{x_1} [(|\varepsilon_1| + |\varepsilon_2|)\,\eta^2 + (|\varepsilon_3| + |\varepsilon_2|)\,\eta'^2]\, dx\,.$$

Berücksichtigen wir noch (215) und die Tatsache, daß zu beliebig vorgegebenem $\varepsilon > 0$ ein $\varepsilon_0 > 0$ existiert mit $|\varepsilon_k| \leqq \varepsilon$ $(k = 1, 2, 3)$ für $|\eta| \leqq \varepsilon_0$ und $|\eta'| \leqq \varepsilon_0$, so erhalten wir

$$|\delta| \leqq 2\varepsilon \left(1 + \frac{(x_1 - x_0)^2}{2}\right) \int_{x_0}^{x_1} \eta'^2\, dx\,.$$

Unter Verwendung der Beziehung (210) und dieser Abschätzung von $\delta$ ergibt sich nunmehr die Ungleichung

$$J(y + \eta) - J(y) > \left[\frac{k}{2} - 2\varepsilon\left(1 + \frac{(x_1 - x_0)^2}{2}\right)\right] \int_{x_0}^{x_1} \eta'^2\, dx\,,$$

aus der

$$J(y + \eta) > J(y)$$

folgt, wenn $\eta(x)$ die oben angegebenen Eigenschaften besitzt und nicht identisch verschwindet. Damit ist der Satz über das schwache Minimum bewiesen.

Sind die starken Bedingungen von LEGENDRE und JACOBI erfüllt und ist außerdem $F_{y'y'}(x, y, p)$ für jeden endlichen Wert von $p$ in einem gewissen Gebiet der $x$, $y$-Ebene, das die Extremale $y(x)$ enthält, positiv, so kann man zeigen, daß diese Extremale dem Funktional ein starkes Minimum erteilt. Das hängt mit der Theorie der Extremalenfelder zusammen, auf die wir im Abschnitt [98] kurz zu sprechen kommen.

Wenn dagegen längs einer Extremalen die starke Legendresche Bedingung erfüllt ist, jedoch die Lösung $u_0(x)$ der Differentialgleichung (200) mit den Anfangsbedingungen (202) im Innern des Intervalls $[x_0, x_1]$ Nullstellen besitzt, dann macht diese Extremale das Integral (191) nicht zum Minimum.

**97. Ausdehnung der Ergebnisse auf mehrere gesuchte Funktionen.** In diesem Abschnitt geben wir einige analoge Resultate zu den in [95] und [96] angeführten Ergebnissen für den Fall mehrerer gesuchter Funktionen an, d. h. für ein Funktional der Gestalt

$$J(y_1, \ldots, y_n) = \int_{x_0}^{x_1} F(x, y_1, \ldots, y_n, y_1', \ldots, y_n')\, dx\,. \tag{216}$$

Wir nehmen an, daß die Funktionen $y_k = y_k(x)$ $(k = 1, 2, \ldots, n)$ eine Extremale des Funktionals (216) darstellen, also den Eulerschen Gleichungen aus Abschnitt [73] genügen. Die Funktionen $\eta_k(x)$ $(k = 1, 2, \ldots, n)$, die wir wieder zur Bildung benachbarter Kurven benötigen, sollen den üblichen Glattheitsbedingungen und den Randbedingungen

$$\eta_k(x_0)=\eta_k(x_1)=0 \qquad (k=1, 2, \ldots, n)$$

genügen. Setzen wir die Funktionen $y_k(x)$ in den Ausdruck $F$ und seine partiellen Ableitungen nach den Argumenten $y_k$ und $y'_k$ ein, so erhalten wir zwei quadratische Matrizen von $x$ abhängiger Funktionen

$$S_{ik}=(F_{y_iy_k}-\frac{\mathrm{d}}{\mathrm{d}x}F_{y_iy'_k}) \quad \text{und} \quad R_{ik}=F_{y'_iy'_k} \qquad (i, k=1, 2, \ldots, n)\,. \tag{217}$$

Im folgenden benutzen wir die Abkürzungen:

$$(\varphi, \psi)=\sum_{k=1}^{n}\varphi_k(x)\,\psi_k(x)\,,$$

mit $S\eta$ und $S\eta'$ bezeichnen wir die Ergebnisse der linearen Transformationen

$$(S\eta)_i=\sum_{k=1}^{n}S_{ik}\eta_k \quad \text{bzw.} \quad (S\eta')_i=\sum_{k=1}^{n}S_{ik}\eta'_k \qquad (i=1, 2, \ldots, n)\,,$$

und entsprechend sind $R\eta$ und $R\eta'$ erklärt. Die zweite Variation erhält damit für $\alpha=1$ die zur Beziehung (194) analoge Gestalt

$$\delta^2 J(y)=\frac{1}{2}\int_{x_0}^{x_1}[(S\eta, \eta)+(R\eta', \eta')]\,\mathrm{d}x\,. \tag{218}$$

Die Legendresche Bedingung besteht in diesem Fall in der Forderung, daß die quadratische Form mit den Koeffizienten $R_{ik}$ für alle $x$ aus dem Intervall $[x_0, x_1]$ positiv semidefinit ist, d. h., die Ungleichung

$$\sum_{i,k=1}^{n}R_{ik}\lambda_i\lambda_k\geqq 0 \qquad (x_0\leqq x\leqq x_1)$$

für alle reellen $\lambda_s$ $(s=1, 2, \ldots, n)$ erfüllt. Die starke Legendresche Bedingung besteht in der positiven Definitheit dieser quadratischen Form, d. h.

$$\sum_{i,k=1}^{n}R_{ik}\lambda_i\lambda_k\geqq c\sum_{i=1}^{n}\lambda_i^2 \qquad (x_0\leqq x\leqq x_1) \tag{219}$$

mit einer positiven Zahl $c$.

Die Rolle der Gleichung (200) übernimmt jetzt das System der Eulerschen Differentialgleichungen (siehe [73]) für das quadratische Funktional (218):

$$\frac{1}{2}\sum_{i=1}^{n}(S_{ik}+S_{ki})\,u_i-\frac{\mathrm{d}}{\mathrm{d}x}\left(\sum_{i=1}^{n}R_{ik}u'_i\right)=0 \qquad (k=1, 2, \ldots, n)\,. \tag{220}$$

Es seien

$$u_{k1}(x),\ u_{k2}(x),\ \ldots,\ u_{kn}(x) \qquad (k=1, 2, \ldots, n) \tag{221}$$

Lösungen des Differentialgleichungssystems (220), die bei festem $k$ den Anfangsbedingungen

$$\begin{aligned} &u_{ks}(x_0)=0\,,\\ &u'_{ks}(x_0)=0 \quad \text{für} \quad s\neq k\,, \qquad (s=1, 2, \ldots, n)\\ &u'_{kk}(x_0)=1 \end{aligned} \tag{222}$$

genügen, und $\Delta(x)$ die Determinante der $n^2$ Elemente $u_{ki}(x)$. Die starke Jacobische Bedingung besteht darin, daß $\Delta(x)$ für $x_0 < x \leqq x_1$ nicht verschwindet. Es zeigt sich dann, daß eine Extremale $y_i = y_i(x)$ $(i = 1, 2, \ldots, n)$, für die die starken Bedingungen von LEGENDRE und JACOBI erfüllt sind, dem Funktional (216) ein schwaches Minimum erteilt.

**98. Die Weierstraßsche Funktion.** Wir geben nun einige Resultate an, die mit dem Begriff des starken Extremums in Beziehung stehen. Zunächst sei darauf hingewiesen, daß eine Extremale, die die starken Bedingungen von LEGENDRE und JACOBI erfüllt, in ein Extremalenfeld eingebettet werden kann. Wir nehmen an, daß in der $x, y$-Ebene ein Extremalenfeld gegeben ist, welches einen einfach zusammenhängenden Bereich $B$ der $x, y$-Ebene überdeckt. Der Richtungskoeffizient $y'$ der Extremalen des Feldes ist, wie bereits erwähnt wurde, eine Funktion der Punkte von $B$. Wir führen für diese Funktion die Bezeichnung $y' = t(x, y)$ ein (Gefällfunktion des Feldes). Es sei $\theta(x, y)$ die Fundamentalfunktion des Feldes. Ihr vollständiges Differential ist durch

$$\mathrm{d}\theta(x, y) = [F(x, y, t) - tF_{y'}(x, y, t)]\,\mathrm{d}x + F_{y'}(x, y, t)\,\mathrm{d}y \tag{223}$$

gegeben, wobei wir das frühere $\delta$ durch die übliche Bezeichnung d ersetzt haben. Hieraus folgt unmittelbar, daß das Kurvenintegral auf der rechten Seite von (223) im Innern des Bereichs $B$ nicht vom Weg abhängt. Dieses Integral hat die Gestalt

$$\int\limits_{\lambda} \left\{F(x, y, t) + \left[\frac{\mathrm{d}y}{\mathrm{d}x} - t(x, y)\right] F_{y'}(x, y, t)\right\} \mathrm{d}x\,. \tag{224}$$

Man nennt es gewöhnlich *Hilbertsches invariantes Integral*. Wählen wir als Kurve $\lambda$ eine Extremale des Feldes, so gilt längs dieser Kurve die Beziehung $\frac{\mathrm{d}y}{\mathrm{d}x} = t(x, y)$, und das Integral (224) geht in das Grundintegral

$$J = \int\limits_{\lambda} F\left(x, y, \frac{\mathrm{d}y}{\mathrm{d}x}\right) \mathrm{d}x \tag{225}$$

über.

Nach diesen einleitenden Betrachtungen gewinnen wir eine fundamentale Formel für den Zuwachs des Grundfunktionals $J$. Es sei $\lambda$ eine Extremale von $J$, welche die Punkte $(x_0, y_0)$ und $(x_1, y_1)$ verbindet. Wir setzen voraus, daß man diese Extremale in ein Feld einbetten kann, das einen Bereich $B$ der $x, y$-Ebene überdeckt. Es sei $l$ irgendeine andere Kurve mit sich stetig ändernder Tangente, welche dieselben Punkte $(x_0, y_0)$ und $(x_1, y_1)$ verbindet und in $B$ liegt. Wir bezeichnen mit $J(l)$ bzw. $J(\lambda)$ die Werte des Grundfunktionals (225) für die Kurven $l$ bzw. $\lambda$. Die Zahl $J(\lambda)$ ist, wie wir bereits gesehen haben, gleich dem Integral (224) über $\lambda$. Da aber das Integral (224) vom Weg unabhängig ist, können wir es anstatt über die Extremale $\lambda$ auch über die Kurve $l$ erstrecken. Folglich gilt

$$J(\lambda) = \int\limits_{l} \left\{F(x, y, t) + \left[\frac{\mathrm{d}y}{\mathrm{d}x} - t(x, y)\right] F_{y'}(x, y, t)\right\} \mathrm{d}x$$

und damit

$$J(l) - J(\lambda) = \int\limits_{l} \left\{F\left(x, y, \frac{\mathrm{d}y}{\mathrm{d}x}\right) - F(x, y, t) - \left[\frac{\mathrm{d}y}{\mathrm{d}x} - t(x, y)\right] F_{y'}(x, y, t)\right\} \mathrm{d}x\,. \tag{226}$$

Es sei daran erinnert, daß in diesem Ausdruck $t(x, y)$ die Gefällfunktion des Feldes und $\frac{\mathrm{d}y}{\mathrm{d}x}$ der Richtungskoeffizient der Tangente an die Kurve $l$ ist. Wir führen nun die Funktion von vier Veränderlichen,

$$E(x, y, \xi, \eta) = F(x, y, \eta) - F(x, y, \xi) - (\eta - \xi)\, F_{y'}(x, y, \xi)\,, \tag{227}$$

ein, die gewöhnlich *Weierstraßsche Funktion* des Funktionals (225) genannt wird. Mit Hilfe dieser Funktion können wir die Beziehung (226) wie folgt schreiben:

$$J(l) - J(\lambda) = \int_l E\left(x, y, t, \frac{\mathrm{d}y}{\mathrm{d}x}\right) \mathrm{d}x . \tag{228}$$

Die Formel (228) bildet die Grundlage für die Aufstellung hinreichender Bedingungen für einen Extremwert. Speziell läßt sich aus ihr folgern: Damit eine Extremale $y(x)$ dem Funktional (225) ein starkes Minimum erteilt, ist notwendig, daß längs dieser Extremalen für beliebige Werte der Veränderlichen $\eta$ die Ungleichung

$$E(x, y, t, \eta) \geqq 0 \tag{229}$$

gilt.

Aus (228) ergibt sich unmittelbar eine hinreichende Bedingung für ein starkes Minimum: *Dafür, daß eine Extremale $y(x)$ bei festen Endpunkten ein starkes Minimum liefert, ist hinreichend, daß sie in ein Feld eingebettet werden kann und daß eine Nachbarschaft von $y(x)$ existiert, in der überall für beliebige Werte der Veränderlichen $\eta$ die Ungleichung*

$$E(x, y, t(x, y), \eta) \geqq 0 \tag{230}$$

*erfüllt ist; dabei ist $t(x, y)$ wie soeben die Gefällfunktion des Feldes.* Da wir die Kurvengleichungen in expliziter Form benutzen, müssen wir bei der Einbettung der Extremalen $y(x)$ in ein Feld fordern, daß die Extremalen, die das Feld bilden, eine explizite Gleichung $y = y(x, \alpha)$ besitzen und die Funktion $y(x, \alpha)$ stetige Ableitungen bis zur zweiten Ordnung hat.

Entwickeln wir in der Weierstraßschen Funktion die Differenz $F(x, y, \eta) - F(x, y, \xi)$ nach der Taylorschen Formel bis zur zweiten Potenz der Differenz $\eta - \xi$, so können wir die Weierstraßsche Funktion in der Gestalt

$$E(x, y, \xi, \eta) = \frac{1}{2} (\eta - \xi)^2 F_{y'y'}(x, y, \eta_1)$$

schreiben, wobei $\eta_1$ ein Wert zwischen $\xi$ und $\eta$ ist. Hieraus folgt unmittelbar, daß die Weierstraßsche Funktion sicher positiv ist, wenn für beliebige Werte von $\eta$ die Ungleichung $F_{y'y'}(x, y, \eta) > 0$ erfüllt ist. Daraus ergibt sich eine einfachere hinreichende Bedingung für ein starkes Minimum: Dafür, daß eine Extremale $y(x)$ bei festen Endpunkten ein starkes Minimum liefert, ist hinreichend, daß sie in ein Feld eingebettet werden kann, in dem überall für beliebige Werte von $\eta$ die Ungleichung

$$F_{y'y'}(x, y, \eta) > 0 \tag{231}$$

erfüllt ist.

Die Beweise aller in diesem Abschnitt angegebenen Sätze sind z. B. in dem Buch von M. A. Lawrentiew und L. A. Ljusternik, Lehrgang der Variationsrechnung (russ.), 2. Aufl., Moskau–Leningrad 1950, zu finden.

Die oben skizzierten Überlegungen lassen sich auch auf den Fall eines Funktionals von mehreren Funktionen $(y_1, y_2, \ldots, y_n)$

$$J(y) = \int_{x_0}^{x_1} F(x, y, y')\, \mathrm{d}x \tag{232}$$

übertragen, wobei $y = (y_1, y_2, \ldots, y_n)$ und $y' = (y'_1, y'_2, \ldots, y'_n)$ Vektoren mit $n$ Komponenten sind. Führen wir noch den Gefällvektor des Feldes $y' = t(x, y)$ mit $t = (t_1, t_2, \ldots, t_n)$ ein, so können wir die zur Formel (223) analoge Beziehung in der Gestalt

$$\mathrm{d}\theta(x, y) = \left[F(x, y, t) - \sum_{i=1}^{n} t_i F_{y'_i}(x, y, t)\right] \mathrm{d}x + \sum_{i=1}^{n} F_{y'_i}(x, y, t)\, \mathrm{d}y_i$$

schreiben. In entsprechender Weise verändert sich dann auch die Beziehung (226) Die Weierstraßsche Funktion hat in dem jetzt betrachteten Fall die Gestalt

$$E\left(x, y, t, \frac{\mathrm{d}y}{\mathrm{d}x}\right) = F\left(x, y, \frac{\mathrm{d}y}{\mathrm{d}x}\right) - F(x, y, t) - \sum_{i=1}^{n} \left(\frac{\mathrm{d}y_i}{\mathrm{d}x} - t_i\right) F_{y'_i}(x, y, t) .$$

Damit läßt sich analog zu dem vorher behandelten Fall eine hinreichende Bedingung für ein starkes Extremum des Funktionals (232) formulieren.

**99. Beispiele.** 1. Wir betrachten das Funktional

$$J = \int_{x_0}^{x_1} n(x, y) \sqrt{1 + y'^2}\, dx \qquad (n(x, y) > 0)\,,$$

welches zu dem ebenen Grundproblem der geometrischen Optik gehört.

Hierbei ist

$$F_{y'y'}(x, y, \eta) = \frac{n(x, y)}{(1 + \eta^2)^{3/2}} > 0$$

für beliebige Werte von $\eta$, d. h., die Bedingung (231) ist erfüllt. Wenn somit die Extremale, die durch die Punkte $M_0$ und $M_1$ hindurchgeht, in ein Feld eingebettet werden kann, erteilt sie dem betrachteten Funktional ein starkes Minimum. Im Fall $n(x, y) = y^{-1}$ sind die Extremalen in der Halbebene $y > 0$ Halbkreise, die die $x$-Achse senkrecht schneiden. Wenn die Punkte $M_0$ und $M_1$ der oberen Halbebene nicht auf einer Geraden liegen, die senkrecht zur $x$-Achse verläuft, führt durch diese beiden Punkte eine wohlbestimmte Extremale hindurch, die man in ein Feld einbetten kann.

2. Wir untersuchen den Fall $n(x, y) = \sqrt{y + h}$, d. h. das Integral

$$J = \int_{x_0}^{x_1} \sqrt{y + h}\sqrt{1 + y'^2}\, dx \qquad (h = \text{const} > 0).$$

Da der Integrand die Veränderliche $x$ nicht explizit enthält, hat die Eulersche Gleichung das erste Integral

$$\sqrt{y + h}\sqrt{1 + y'^2} - \frac{\sqrt{y + h}\, y'^2}{\sqrt{1 + y'^2}} = C_1 \quad \text{oder} \quad \frac{\sqrt{y + h}}{\sqrt{1 + y'^2}} = C_1\,.$$

Lösen wir diese Gleichung nach $y'$ auf und integrieren, so erhalten wir das allgemeine Integral

$$y + h - C_1^2 = \left(\frac{x}{2C_1} + C_2\right)^2$$

der Eulerschen Gleichung, das eine Schar von Parabeln darstellt.

Im Fall $C_1 = 0$ erhalten wir als Extremalen Parallelen zur $x$-Achse.

Nun betrachten wir das Extremalenbüschel, welches den Koordinatenursprung als Zentrum hat, d. h., wir wählen als Anfangsbedingungen $y|_{x=0} = 0$, $y'|_{x=0} = \alpha$. Bestimmen wir daraus $C_1$ und $C_2$, so erhalten wir

$$y = \frac{(1 + \alpha^2)\, x^2}{4h} + \alpha x\,.$$

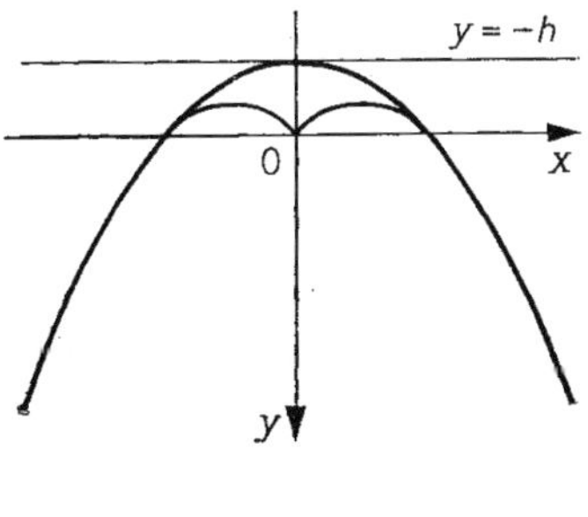


Abb. 4

Durch Differentiation nach $\alpha$ und Elimination von $\alpha$ ergibt sich als Enveloppe dieser Parabelschar

$$y = \frac{x^2}{4h} - h\,.$$

Sie ist eine Parabel mit dem Scheitelpunkt $A(0, -h)$ und der Achse $x = 0$ (vgl. Abb. 4). Auf den Teilkurven einer jeden Extremalen vom Koordinatenursprung bis zu einem beliebigen Punkt, der vor dem Berührungspunkt dieser Parabel mit der Enveloppe liegt, ist die starke Jacobische Bedingung erfüllt. Außerdem ist wegen

$$F_{y'y'} = \frac{\sqrt{y+h}}{(1+y'^2)^{3/2}} > 0$$

auch die starke Legendresche Bedingung erfüllt; somit läßt sich eine solche Teilkurve in ein Feld einbetten, erteilt also nach den Ausführungen beim ersten Beispiel unserem Funktional ein starkes Minimum. Es sei noch erwähnt, daß sich aus der Gestalt des Funktionals die Bedingung $y + h \geqq 0$ ergibt, d. h., wir haben im vorliegenden Fall ein Extremalproblem mit einer einseitigen Bindung. Für die Halbebene $y + h > 0$ liegt der Normalfall vor.

3. Wir betrachten noch das Integral

$$J = \int_0^1 y'^3\, dx$$

und suchen diejenige Extremale, welche durch die Punkte $M_0(0, 0)$ und $M_1(1, 1)$ geht.

Die Eulersche Gleichung hat das allgemeine Integral $y = C_1 x + C_2$, und die Extremale $y = x$ geht durch die vorgegebenen Punkte. Jetzt ist $F_{yy} = F_{yy'} = 0$ und $F_{y'y'} = 6y'$, d. h., auf der Extremalen $y = x$ gilt $F_{y'y'} = 6 > 0$, so daß die starke Legendresche Bedingung erfüllt ist. Die Jacobische Differentialgleichung (200) lautet jetzt $u'' = 0$, und ihre Lösung, die den Anfangsbedingungen (202) genügt, ist $u_0(x) = x$. Sie hat außer der Anfangsnullstelle $x_0 = 0$ keine Nullstellen. Somit sind längs der auf der Extremalen $y = x$ liegenden Strecke $M_0M_1$ die starken Bedingungen von LEGENDRE und JACOBI erfüllt, so daß dieser Extremalenbogen unserem Funktional ein schwaches Minimum erteilt.

Die Weierstraßsche Funktion (227) lautet

$$E(x, y, \xi, \eta) = \eta^3 - \xi^3 - 3(\eta - \xi)\,\xi^2\,.$$

Längs unserer Extremalen hat die linke Seite der Ungleichung (229) die Gestalt

$$E(x, y, y', \eta) = \eta^3 - 3\eta + 2\,,$$

und es gibt Werte $\eta$, für die die Ungleichung (229) nicht erfüllt ist, d. h., die Extremale $y = x$ kann kein starkes Minimum liefern.

4. Das Problem, die geodätischen Linien auf einer gegebenen Fläche zu bestimmen, führt zum Funktional [**76**]

$$J = \int_{u_0}^{u_1} \sqrt{E + 2Fv' + Gv'^2}\, du;$$

dabei sind $E$, $F$ und $G$ vorgegebene Funktionen von $u$ und $v$, und der Radikand kann nur positive Werte annehmen, d. h., es gilt $EG - F^2 > 0$ und $E > 0$.

Wegen

$$F_{v'v'} = \frac{EG - F^2}{(E + 2Fv' + Gv'^2)^{3/2}} > 0$$

ist die Bedingung (231) erfüllt. Wenn also eine geodätische Linie in ein Feld geodätischer Linien eingebettet werden kann, erteilt sie unserem Funktional bei vorgegebenen Endpunkten ein starkes Minimum. Insbesondere kann man auf einer Kugel vom Radius $r$ jeden Großkreisbogen von einer Länge kleiner als $r\pi$ in ein Feld einbetten, das aus Großkreisbögen besteht.

**100. Das Ostrogradski-Hamiltonsche Prinzip.** Die Variationsrechnung ist von grundlegender Bedeutung bei der Aufstellung der Gleichungen der Mechanik und der mathematischen Physik. Man kann die Gleichungen auf einheitlichem Wege aus einem bestimmten Variationsprinzip mit Hilfe des Energiebegriffes erhalten. Dieses aus der Mechanik der Punktsysteme bekannte Prinzip läßt sich auch auf andere physikalische Prozesse übertragen und führt, wie wir sogleich sehen werden, mit Hilfe der Grundprinzipien der Variationsrechnung auf ein allgemeines Verfahren, nach dem man Gleichungen der mathematischen Physik aufstellen kann. Wir beginnen mit der Mechanik der Punktsysteme.

Es sei ein System von $n$ Massepunkten gegeben, deren Massen wir mit $m_k$ und deren Koordinaten wir mit $x_k, y_k, z_k$ bezeichnen. Wir setzen voraus, daß die Bewegung des Systems durch die Bedingungen

$$\varphi_s = 0 \qquad (s = 1, 2, \ldots, m) \tag{233}$$

eingeschränkt ist und unter der Einwirkung von Kräften stattfindet, die ein Potential besitzen:

$$X_k = \frac{\partial U}{\partial x_k}, \qquad Y_k = \frac{\partial U}{\partial y_k}, \qquad Z_k = \frac{\partial U}{\partial z_k}; \tag{234}$$

die $\varphi_s$ und $U$ sind vorgegebene Funktionen der Koordinaten der Punkte und der Zeit. Die kinetische Energie des Systems ist

$$T = \frac{1}{2} \sum_{k=1}^{n} m_k (x_k'^2 + y_k'^2 + z_k'^2).$$

Wir nehmen an, daß unser System zur Zeit $t = t_0$ die Anfangslage I hatte und bis zum Zeitpunkt $t = t_1$ in die Lage II übergegangen ist. Aus allen möglichen Übergängen des Systems von I nach II wählen wir eine Klasse zulässiger Bewegungen des Systems: die Klasse der Bewegungen, die sich mit den vorgegebenen Bedingungen in Einklang befinden und im vorgegebenen Zeitintervall $[t_0, t_1]$ das System von I nach II überführen. Das Ostrogradski-Hamiltonsche Prinzip besagt, daß *für die wirkliche Bewegung des Systems bei vorgegebener Lage in den Zeitpunkten $t = t_0$ und $t = t_1$ die notwendige Bedingung $\delta J = 0$ für ein Extremum des Integrals*

$$J = \int_{t_0}^{t_1} (T + U)\, dt \tag{235}$$

*erfüllt ist.*

Zu jeder zulässigen Bewegung des Systems gehört eine Gesamtheit von $3n$ Funktionen $x_k(t), y_k(t), z_k(t)$, die im Intervall $[t_0, t_1]$ erklärt sind, den Gleichungen (233) genügen und in den Endpunkten des Intervalls vorgegebene Werte haben. Wir haben somit ein Variationsproblem mit holonomen Bedingungen (233) und festen Randwerten. Zur Lösung dieses Problems müssen wir nach der Lagrangeschen Multiplikatorenmethode die Hilfsfunktion

$$F = T + U + \sum_{s=1}^{m} \lambda_s(t)\, \varphi_s$$

bilden und für diese Funktion die Eulersche Gleichung aufstellen. Im vorliegenden Fall ist

$$F_{x_k'} = m_k x_k', \qquad F_{x_k} = U_{x_k} + \sum_{s=1}^{m} \lambda_s(t) \frac{\partial \varphi_s}{\partial x_k},$$

und entsprechende Beziehungen gelten für die Koordinaten $y_k$ und $z_k$. Die Eulerschen Gleichungen lauten

$$m_k x_k'' - X_k - \sum_{s=1}^{m} \lambda_s(t) \frac{\partial \varphi_s}{\partial x_k} = 0 ,$$

$$m_k y_k'' - Y_k - \sum_{s=1}^{m} \lambda_s(t) \frac{\partial \varphi_s}{\partial y_k} = 0 ,$$

$$m_k z_k'' - Z_k - \sum_{s=1}^{m} \lambda_s(t) \frac{\partial \varphi_s}{\partial z_k} = 0 ,$$

sie sind also mit den Differentialgleichungen für die wirkliche Bewegung des Systems identisch, was wir beweisen wollten.

Bestimmen wir die Lage des Systems statt durch kartesische Koordinaten mit Hilfe von $k = 3n - m$ unabhängigen Parametern $q_1, \ldots, q_k$, so sind die Funktionen $T$ und $U$ Funktionen dieser Parameter,

$$T(q_1, q_1', \ldots, q_k, q_k', t), \qquad U(q_1, \ldots, q_k, t) .$$

Die Bedingungsgleichungen fallen fort, und wir erhalten das Problem, die Extrema des Integrals (235) bei festen Randwerten der Funktionen $q_k$ ohne jegliche Nebenbedingungen zu ermitteln. Die Eulerschen Gleichungen lauten dann

$$T_{q_i} + U_{q_i} - \frac{\mathrm{d}}{\mathrm{d}t} (T_{q_i'} + U_{q_i'}) = 0$$

oder, da $U$ von den $q_k'$ unabhängig ist [II, 20],

$$T_{q_i} + U_{q_i} - \frac{\mathrm{d}}{\mathrm{d}t} T_{q_i'} = 0 \qquad (i = 1, \ldots, k) . \tag{236}$$

Die kanonischen Veränderlichen sind im vorliegenden Fall die $q_i$ und $p_i$, wobei die $p_i$, welche gewöhnlich *verallgemeinerte Impulse* genannt werden, durch die Ausdrücke

$$p_i = \frac{\partial}{\partial q_i'} (T + U) = T_{q_i'}$$

definiert sind. Die Funktion $H$ lautet [87]

$$H = \sum_{i=1}^{k} q_i' p_i - (T + U) = \sum_{i=1}^{k} q_i' T_{q_i'} - T - U .$$

Ist $T$ ein homogenes Polynom zweiten Grades in den $q_i'$ [II, 20], so erhalten wir auf Grund des Eulerschen Satzes für homogene Funktionen [I, 154] die Beziehung $H = 2T - T - U = T - U$, d. h., die Funktion $H$ stellt die Gesamtenergie des Systems dar.

**101. Das Prinzip der kleinsten Wirkung.** Nun setzen wir voraus, daß weder die Funktion $U$ noch die Funktionen $\varphi_s$ die Zeit $t$ explizit enthalten. In diesem Fall gilt bekanntlich für die Energie die Beziehung

$$T - U = h , \tag{237}$$

die ausdrückt, daß die Summe aus der kinetischen Energie $T$ und der potentiellen Energie $-U$ während der ganzen Bewegung konstant bleibt. Weiterhin enthalten jetzt die durch die Parameterkoordinaten $q_s$ ausgedrückten kartesischen Koordinaten die Zeit $t$ nicht explizit. Die kinetische Energie ist eine quadratische Form in bezug auf die Ableitungen $q_i'$,

$$2T=\sum_{s=1}^{n} m_s x_s'^2=\sum_{i,j=1}^{k} a_{ij}q_i'q_j' \qquad (a_{ij}=a_{ji})\,, \tag{238}$$

wobei die $a_{ij}$ Funktionen der $q_s$ sind. Unter Benutzung der Beziehung (237) gilt für den Integranden in (235)

$$T+U=2T-h\,.$$

Schreiben wir $2T$ mit Hilfe von (237) in der Form $\sqrt{2U+2h}\,\sqrt{2T}$ und ersetzen hierin $2T$ durch die Summe in (238), so erhalten wir für das Integral (235), wenn wir den konstanten Summanden fortlassen,

$$\int_{t_0}^{t_1} \sqrt{2U+2h}\,\sqrt{\sum_{i,j=1}^{k} a_{ij}q_i'q_j'}\,\mathrm{d}t\,. \tag{239}$$

Wir zeigen, daß uns die Eulerschen Gleichungen für dieses Integral wiederum zu den bereits oben erhaltenen Lagrangeschen Gleichungen (236) führen. In der Tat, die Eulerschen Gleichungen für das Integral (239) lauten

$$U_{q_i}\sqrt{\frac{2T}{2U+2h}}+T_{q_i}\sqrt{\frac{2U+2h}{2T}}-\frac{\mathrm{d}}{\mathrm{d}t}\left[\sqrt{\frac{2U+2h}{2T}}\,T_{q_i'}\right]=0 \qquad (i=1,\ldots,k)\,. \tag{240}$$

Der Integrand in (239) enthält die unabhängige Veränderliche nicht explizit und ist eine homogene Funktion ersten Grades in bezug auf die Ableitungen $q_i'$. Folglich ist, wie wir bereits in [81] gesehen haben, eine der Eulerschen Gleichungen (240) von den übrigen abhängig, und wir können zu diesen Gleichungen noch eine Gleichung hinzufügen, welche die Wahl der unabhängigen Veränderlichen (des Parameters) festlegt. Damit diese unabhängige Veränderliche gerade die Zeit ist, fügen wir zu den Gleichungen (240) die Gleichung

$$\sqrt{\frac{2U+2h}{2T}}=1$$

hinzu, die offenbar dem Gesetz von der Erhaltung der Energie (237) äquivalent ist. Damit gehen die Gleichungen (240) in die Lagrangeschen Gleichungen (236) über. Man erhält also die Gleichungen der wirklichen Bewegung auch aus der notwendigen Bedingung für ein Extremum des Integrals (239) bei festen Randpunkten. Diese Aussage ist die *Jacobische Form des Prinzips der kleinsten Wirkung*.

Wir führen nun im $k$-dimensionalen Raum mit den Koordinaten $q_1, \ldots, q_k$ die Metrik ein, die durch das Bogenelement

$$\mathrm{d}s^2=(2U+2h)\sum_{i,j=1}^{k} a_{ij}q_i'q_j'$$

definiert ist. Dann läßt sich das Integral (239) in der Gestalt $\int \mathrm{d}s$ schreiben, und das Grundproblem der Mechanik der Punktsysteme erweist sich als äquivalent mit dem Problem der geodätischen Linien in dem angegebenen $k$-dimensionalen Raum. Man kann zeigen, daß das Wirkungsintegral über eine hinreichend kleine Teilkurve einer wirklichen Bewegung ein schwaches Minimum besitzt.

Jetzt betrachten wir die kräftefreie Bewegung eines Massepunktes auf einer Fläche $S$. In diesem Fall können wir $U=0$ annehmen, und das Integral (239) lautet bis auf einen konstanten Faktor

$$\int_{t_0}^{t_1} \sqrt{T}\,\mathrm{d}t \tag{$239_1$}$$

oder, wenn wir kartesische Koordinaten einführen,

$$\int_l \sqrt{\mathrm{d}x^2+\mathrm{d}y^2+\mathrm{d}z^2}\,.$$

Die Bahnkurven der Bewegung sind die geodätischen Linien dieser Fläche.

Das Integral des Beispiels 2 aus [99] erhält man durch Anwendung des Prinzips der kleinsten Wirkung auf die Bewegung eines einzigen Massepunktes, der sich unter der Wirkung der Schwerkraft befindet, wenn die Richtung der $y$-Achse mit der Richtung der Schwerkraft übereinstimmt.

Man kann das Prinzip der kleinsten Wirkung auch in einer anderen Form aussprechen, die wir sogleich ohne Beweis angeben wollen. Wir betrachten das Integral

$$\int_{t_0}^{t_1} T\,\mathrm{d}t \tag{241}$$

und nehmen $t_0$ und $t_1$ als Funktionen eines Parameters $\tau$ an. Dem Funktional (241) fügen wir als zusätzliche Bedingung die Gleichung (237) mit festem Wert $h$ hinzu. Man kann dann zeigen, daß bei festen Anfangs- und Endlagen und bei fest vorgegebenen Zeitpunkten für den Beginn und das Ende der Bewegung die wirkliche Bewegung den notwendigen Bedingungen für ein Extremum des Funktionals (241) genügt. Wir betonen, daß hierbei die Zeit $t$ als Funktion eines Hilfsparameters vorausgesetzt werden muß, die zugleich mit den Koordinaten $q_i$ variiert. Das soeben formulierte Prinzip ist das Prinzip der kleinsten Wirkung in der Lagrangeschen Form.

Eine gewisse Besonderheit besitzen mechanische Systeme mit zusätzlichen Bedingungen, die nicht nur von den Koordinaten, sondern auch von den Geschwindigkeiten abhängen. Wir betrachten den am häufigsten auftretenden Fall linearer Bedingungen in den $q_i'$

$$G_s(q_1, q_1', \ldots, q_k, q_k') = \sum_{i=1}^{k} f_{si}(q_1, \ldots, q_k)\, q_i' = 0 \qquad (s = 1, \ldots, p)\,. \tag{242}$$

Die Differentialgleichungen der wirklichen Bewegung eines Systems unter solchen Bedingungen haben die Gestalt

$$\frac{\mathrm{d}}{\mathrm{d}t}(T_{q_i'} + U_{q_i'}) - (T_{q_i} + U_{q_i}) = \sum_{s=1}^{p} \lambda_s f_{si} \qquad (i = 1, 2, \ldots, k)\,. \tag{243}$$

Aus diesen $k$ Gleichungen und den $p$ Beziehungen, die die Bedingungen des Systems beschreiben, lassen sich die $k+p$ unbekannten Funktionen $q_1, \ldots, q_k, \lambda_1, \ldots, \lambda_p$ bestimmen. Der Ausdruck auf der linken Seite von (243) ist derselbe wie in den Eulerschen Gleichungen, indessen stehen auf der rechten Seite die Zwangskräfte, die durch die Bedingungen entstehen.

Sind die Ausdrücke $\sum_{i=1}^{k} f_{si}(q_1, \ldots, q_k)\,\mathrm{d}q_i$ vollständige Differentiale gewisser Funktionen $\varphi_s$ der Koordinaten, d. h.

$$\sum_{i=1}^{k} f_{si}(q_1, \ldots, q_k)\,\mathrm{d}q_i = \mathrm{d}\varphi_s(q_1, \ldots, q_k) = \sum_{i=1}^{k} \frac{\partial \varphi_s}{\partial q_i}\,\mathrm{d}q_i \qquad (s = 1, \ldots, p)\,,$$

so kann man die Nebenbedingungen in der Form $\varphi_s(q_1, \ldots, q_k) = \text{const}$ $(s = 1, 2, \ldots, p)$ schreiben. In diesem Fall werden die Nebenbedingungen holonome Bedingungen genannt, und die Gleichungen (243) sind gerade die Eulerschen Gleichungen, die wir in Abschnitt [100] für das dort betrachtete Problem erhalten haben.

Im allgemeinen Fall (wenn also (242) nicht auf holonome Bindungen führt) heißt das entsprechende mechanische System nichtholonom. Die Gleichungen (243) sind dann nicht die Eulerschen Gleichungen für das Variationsprinzip mit der Funktion $T + U + \sum_s \lambda_s(t)\, G_s$. Darin besteht der Unterschied zwischen dem Problem der Bestimmung der

Bewegung eines nichtholonomen mechanischen Systems und der in [78] betrachteten Variationsaufgabe mit holonomen Bindungen.

**102. Saite und Membran.** Bevor wir das Variationsprinzip der allgemeinen Elastizitätstheorie aufstellen, untersuchen wir eine Reihe von Spezialfällen elastischer Körper, deren Ausdehnung in einer oder in zwei Dimensionen bedeutend größer ist als in den übrigen Dimensionen. Die Einführung des Variationsprinzips läuft hier im wesentlichen auf bestimmte Voraussetzungen über die potentielle Energie hinaus, d. h. über die Arbeit der Deformationskräfte in Abhängigkeit von der Form des deformierten Körpers.

Es sei längs der $x$-Achse eine Saite eingespannt, die ebene Querschwingungen in der $x, y$-Ebene ausführt [II, 176]. Die kinetische Energie der schwingenden Saite ist

$$\frac{1}{2}\int_0^l \varrho u_t^2 \, dx ,$$

wenn $\varrho$ die Liniendichte der Saite und $x=0$ sowie $x=l$ die Abszissen ihrer Endpunkte sind. Wir nehmen an, daß sich die Arbeit der Deformationskräfte durch das Produkt der Saitenspannung $T_0$ mit ihrem Längenzuwachs

$$\int_0^l \sqrt{1+u_x^2}\, dx - l$$

ausdrücken läßt.

Entwickeln wir die Wurzel in eine binomische Reihe und beschränken uns auf die ersten beiden Glieder, so erhalten wir für die potentielle Energie der Deformation den Ausdruck

$$\frac{T_0}{2}\int_0^l u_x^2 dx .$$

Falls eine äußere Kraft $F(x, t)$ pro Längeneinheit vorhanden ist, haben wir zu der potentiellen Energie noch den Summanden

$$-\int_0^l Fu \, dx$$

hinzuzufügen. Das Ostrogradski-Hamiltonsche Prinzip führt auf die notwendige Bedingung $\delta J=0$ für das Integral

$$J=\frac{1}{2}\int_{t_0}^{t_1}\int_0^l (\varrho u_t^2 - T_0 u_x^2 + 2Fu)\, dx\, dt . \tag{244}$$

Die Integration ist über das Rechteck $0 \leqq x \leqq l$, $t_0 \leqq t \leqq t_1$ der $x, t$-Ebene zu erstrecken. Auf den Seiten $x=0$ und $x=l$ dieses Rechtecks haben wir im Fall einer eingespannten Saite die Randbedingungen $u=0$; auf den Seiten $t=t_0$ und $t=t_1$ muß die Funktion $u$ mit den Funktionen $u(x, t_0)$ bzw. $u(x, t_1)$ übereinstimmen, welche die Lage der Saite im Anfangs- bzw. Endpunkt des Intervalls $[t_0, t_1]$ darstellen.

Wenn auf die Endpunkte der Saite elastische Kräfte wirken, haben wir unter Berücksichtigung der Tatsache, daß das Potential einer elastischen Kraft dem Quadrat der Verschiebung proportional ist, zum Integral (244) noch einen Summanden

$$-\int_{t_0}^{t_1} [h_1 u^2(0, t) + h_2 u^2(l, t)]\, dt$$

hinzuzufügen.

Der hinzugefügte Ausdruck ist ein Kurvenintegral über den Rand des Rechtecks, dessen Integrand auf den Seiten $t = t_0$ und $t = t_1$ verschwindet und auf den Seiten $x = 0$ und $x = l$ gleich $h_1 u^2(0, t)$ bzw. $h_2 u^2(l, t)$ ist. Beachten wir, daß auf der Seite $x = 0$ die äußere Normale der $x$-Achse entgegengesetzt gerichtet ist, so erhalten wir auf den Seiten $x = 0$ und $x = l$ nach [84] die natürlichen Randbedingungen

$$u_x - \frac{2h_1}{T_0} u \Big|_{x=0} = 0, \qquad u_x + \frac{2h_2}{T_0} u \Big|_{x=l} = 0 .$$

Die Ostrogradskische Gleichung für das Doppelintegral (244) liefert uns die bekannte Differentialgleichung der Saitenschwingungen.

Durch analoge Überlegungen kann man die Differentialgleichung der Membranschwingungen [**II, 189**] aufstellen. Wir nehmen an, daß die Membran im Ruhezustand in der $x, y$-Ebene eingespannt ist und $T_0$ ihre auf die Längeneinheit bezogene Spannung bedeutet. Die Arbeit der Deformationskraft läßt sich als Produkt von $T_0$ und dem Flächenzuwachs

$$\iint_B \sqrt{1 + u_x^2 + u_y^2}\, dx\, dy - \iint_B dx\, dy$$

ausdrücken, wobei $u(x, y, t)$ die zur Zeit $t$ auftretende Verschiebung des Punktes $(x, y)$ der Membran aus der Gleichgewichtslage ist und mit $B$ der Bereich der $x, y$-Ebene bezeichnet wird, der von der Membran überdeckt wird. Beschränken wir uns auf kleine Schwingungen, so erhalten wir für das Integral (235) den Ausdruck

$$\frac{1}{2} \int_{t_0}^{t_1} \iint_B [\varrho u_t^2 - T_0 (u_x^2 + u_y^2) + 2Fu]\, dt\, dx\, dy . \tag{245}$$

Die Ostrogradskische Gleichung für dieses Integral führt uns zu der bekannten Schwingungsgleichung der Membran. Ist auf dem Rand eine elastische Bindung mit dem Koeffizienten $q(s)$ vorhanden, so haben wir zum Integral (245) noch den Summanden

$$-\int_{t_0}^{t_1} \int_l q(s)\, u^2\, dt\, ds$$

hinzuzufügen, in dem $l$ die Randkurve der Membran bedeutet. In diesem Fall lautet die natürliche Randbedingung

$$\frac{\partial u}{\partial n} - \frac{2}{T_0} q(s)\, u \,|_l = 0 ,$$

wenn $n$ die Richtung der äußeren Normalen von $l$ angibt. Bei der fest eingespannten Membran lautet die Randbedingung offenbar $u\,|_l = 0$.

**103. Stab und Platte.** Unter einem *Stab* verstehen wir einen Körper von linearer Ausdehnung, dessen Biegung einen Arbeitsaufwand erfordert. Die bei einer Deformation aufgespeicherte potentielle Energie setzen wir proportional dem Integral über das Quadrat der Krümmung an. Im Fall kleiner Schwingungen ersetzen wir die Krümmung durch die zweite Ableitung $u_{xx}$ der Verschiebung und erhalten für die potentielle Energie der Deformation den Ausdruck

$$\frac{\mu}{2} \int_0^l u_{xx}^2\, dx ,$$

wobei $\mu$ ein gegebener Proportionalitätsfaktor ist. Das Integral (235) lautet jetzt

$$\frac{1}{2} \int_{t_0}^{t_1} \int_0^l (\varrho u_t^2 - \mu u_{xx}^2 + 2Fu)\, dt\, dx ,$$

und die zugehörige Eulersche Gleichung führt auf die Differentialgleichung

$$\varrho \frac{\partial^2 u}{\partial t^2} + \mu \frac{\partial^4 u}{\partial x^4} = F$$

für die Querschwingungen des Stabes.

Bemerkung. Ist ein Ende des Stabes frei, so kann man die Randbedingungen nach [**83**] als natürliche Randbedingungen erhalten.

Analog zum Stab [**79**] setzen wir voraus, daß die potentielle Energie einer *Platte*, die im Ruhezustand eine ebene Form hat, eine homogene quadratische Funktion der reziproken Hauptkrümmungsradien der deformierten Platte ist. Es ist also

$$-U = \iint_B \left[a\left(\frac{1}{R_1^2} + \frac{1}{R_2^2}\right) + \frac{2b}{R_1 R_2}\right] dx\, dy;$$

$a$ und $b$ sind gewisse Konstanten, und $B$ ist der Bereich der $x$, $y$-Ebene, der von der Platte überdeckt wird. Für die Hauptkrümmung gilt [**II, 146**]

$$(EG - F^2) \frac{1}{R^2} + (2FM - EN - GL) \frac{1}{R} + (LN - M^2) = 0\,.$$

Im Fall einer expliziten Gleichung $u = u(x, y)$ der Fläche erhalten wir, wenn wir die Glieder zweiten Grades in bezug auf $u_x$ und $u_y$ fortlassen,

$$E = G = 1, \qquad F = 0, \qquad L = u_{xx}, \qquad M = u_{xy}, \qquad N = u_{yy},$$

woraus sich

$$\frac{1}{R_1 R_2} = u_{xx} u_{yy} - u_{xy}^2, \qquad \frac{1}{R_1} + \frac{1}{R_2} = u_{xx} + u_{yy}$$

und folglich

$$\frac{1}{R_1^2} + \frac{1}{R_2^2} = (u_{xx} + u_{yy})^2 - 2\,(u_{xx} u_{yy} - u_{xy}^2)$$

ergibt.

Wir erhalten damit

$$-U = \frac{D}{2} \iint_B [(u_{xx} + u_{yy})^2 - 2(1-\sigma)\,(u_{xx} u_{yy} - u_{xy}^2)]\, dx\, dy\,,$$

wobei $D$ und $\sigma$ zwei neue Konstanten sind, die sich aus den Konstanten $a$ und $b$ zusammensetzen. Der Koeffizient $D$ heißt die *Biegesteifigkeit* der Platte, $\sigma$ ist der bekannte *Poissonsche Koeffizient*. Zu dem Ausdruck für die Deformationsenergie muß man noch das Potential der äußeren Kräfte hinzufügen, die auf die Oberfläche der Platte wirken. Schließlich erhalten wir für das Integral (235) den Ausdruck

$$\frac{D}{2} \iint_B \left[-(u_{xx} + u_{yy})^2 + 2(1-\sigma)\,(u_{xx} u_{yy} - u_{xy}^2) + \frac{2}{D}\, pu\right] dx\, dy\,,$$

wenn wir voraussetzen, daß die Platte am Rand eingespannt ist, und uns auf den Fall der statischen Ausbiegung beschränken; $p$ bedeutet die auf die Flächeneinheit bezogene Belastung. Entsprechend der Gleichung (37) aus [**74**] lautet die Ostrogradskische Gleichung für den Fall, daß der Integrand die Ableitungen der gesuchten Funktion $u$ nach den beiden unabhängigen Veränderlichen $x$ und $y$ bis zur zweiten Ordnung enthält,

$$F_u - \frac{\partial}{\partial x} F_{u_x} - \frac{\partial}{\partial y} F_{u_y} + \frac{\partial^2}{\partial x^2} F_{u_{xx}} + 2 \frac{\partial^2}{\partial x \partial y} F_{u_{xy}} + \frac{\partial^2}{\partial y^2} F_{u_{yy}} = 0\,. \qquad (246)$$

Setzen wir $D=1$, so erhalten wir den Ausdruck

$$F=-\frac{1}{2}(u_{xx}+u_{yy})^2+(1-\sigma)(u_{xx}u_{yy}-u_{xy}^2)+pu\,, \tag{247}$$

der auf die Differentialgleichung $\Delta\Delta u=p$ für die statische Ausbiegung führt.

Im Fall der Plattenschwingungen fügen wir noch die kinetische Energie hinzu und erhalten die Differentialgleichung

$$\varrho u_{tt}+\Delta\Delta u=p\,.$$

Charakteristisch ist, daß der in (247) vorkommende Ausdruck, der den Faktor $1-\sigma$ enthält, beim Einsetzen in die linke Seite von (246) die entsprechenden Glieder zu 0 macht und somit auf die Ostrogradskische Gleichung keinen Einfluß hat. Es ist aber notwendig zu bemerken, daß dieser Ausdruck auf die Form der natürlichen Randbedingungen einen wesentlichen Einfluß ausübt.

**104. Die Grundgleichungen der Elastizitätstheorie.** Es seien $u$, $v$, $w$ die Komponenten des Verschiebungsvektors bei der Deformation eines kontinuierlichen Mediums. Die Spannung wird in diesem Medium durch die sechs Komponenten des Spannungstensors

$$\sigma_x,\ \sigma_y,\ \sigma_z,\ \tau_{xy}=\tau_{yx},\ \tau_{xz}=\tau_{zx},\ \tau_{yz}=\tau_{zy}$$

beschrieben; dabei ist $\sigma_x$ die Komponente in Richtung der $x$-Achse derjenigen Spannung, die auf eine zu dieser Achse senkrechte Fläche wirkt. Die Größen $\sigma_y$ und $\sigma_x$ haben entsprechende Bedeutung. Weiterhin ist $\tau_{xy}=\tau_{yx}$ die Komponente in Richtung der $x$-Achse der Spannung, die auf eine zur $y$-Achse senkrechte Fläche wirkt, oder umgekehrt die $y$-Komponente der Spannung auf eine zur $x$-Achse senkrechte Fläche. In analoger Weise sind die Komponenten $\tau_{xz}$ und $\tau_{yz}$ definiert. Für kleine Deformationen wird die Deformation des Mediums durch die sechs Komponenten des Deformationstensors

$$\begin{gathered}\varepsilon_x=\frac{\partial u}{\partial x},\qquad \varepsilon_y=\frac{\partial v}{\partial y},\qquad \varepsilon_z=\frac{\partial w}{\partial z},\\ \gamma_{xy}=\gamma_{yx}=\frac{\partial u}{\partial y}+\frac{\partial v}{\partial x},\qquad \gamma_{xz}=\gamma_{zx}=\frac{\partial u}{\partial z}+\frac{\partial w}{\partial x},\qquad \gamma_{yz}=\gamma_{zy}=\frac{\partial v}{\partial z}+\frac{\partial w}{\partial y}\end{gathered} \tag{248}$$

charakterisiert. Die Größen $\varepsilon_x$, $\varepsilon_y$, $\varepsilon_z$ charakterisieren die relative Verlängerung der Linienelemente in Richtung der Achsen und $\gamma_{xy}$ die Änderung des rechten Winkels zwischen der $x$-Achse und der $y$-Achse. Wir führen noch die Größe

$$\theta=\varepsilon_x+\varepsilon_y+\varepsilon_z$$

ein, welche die relative Änderung des Volumens ergibt, sowie die Größe

$$s=\sigma_x+\sigma_y+\sigma_z\,.$$

Es läßt sich zeigen, daß diese beiden Größen nicht von der Wahl der Achsen abhängen. In der klassischen Elastizitätstheorie homogener isotroper Körper wird angenommen, daß zwischen den Komponenten des Deformations- und Spannungstensors ein linearer Zusammenhang besteht, der das verallgemeinerte Hookesche Gesetz zum Ausdruck bringt:

$$\left.\begin{aligned}\varepsilon_x&=\frac{1}{2G}\left(\sigma_x-\frac{s}{m+1}\right), & \gamma_{xy}&=\frac{1}{G}\tau_{xy},\\ \varepsilon_y&=\frac{1}{2G}\left(\sigma_y-\frac{s}{m+1}\right), & \gamma_{yz}&=\frac{1}{G}\tau_{yz},\\ \varepsilon_z&=\frac{1}{2G}\left(\sigma_z-\frac{s}{m+1}\right), & \gamma_{zx}&=\frac{1}{G}\tau_{zx}\end{aligned}\right\}\quad\text{oder}\quad\left\{\begin{aligned}\sigma_x&=2G\left(\varepsilon_x+\frac{\theta}{m-2}\right), & \tau_{xy}&=G\gamma_{xy}\,,\\ \sigma_y&=2G\left(\varepsilon_y+\frac{\theta}{m-2}\right), & \tau_{yz}&=G\gamma_{yz}\,,\\ \sigma_z&=2G\left(\varepsilon_z+\frac{\theta}{m-2}\right), & \tau_{zx}&=G\gamma_{zx}\,.\end{aligned}\right.$$

Dabei bedeuten $G$ und $m$ gewisse Materialkonstanten; $G$ wird *Schubmodul*, $m$ *Querdehnungszahl* (Poissonzahl) genannt. Aus dem Hookeschen Gesetz ergibt sich unmittelbar, daß die beiden Größen $\theta$ und $s$ miteinander folgendermaßen zusammenhängen:

$$\theta = \frac{1}{2G}\frac{m-2}{m+1}s\,.$$

Weiterhin bezeichnen wir mit $A$ die auf die Volumeneinheit bezogene Arbeit der Deformationskräfte, die sich sowohl durch die Komponenten des Deformationstensors als auch durch die Komponenten des Spannungstensors ausdrücken läßt:

$$\begin{aligned} A &= G\left[\frac{m-1}{m-2}\theta^2 - 2(\varepsilon_x\varepsilon_y + \varepsilon_y\varepsilon_z + \varepsilon_z\varepsilon_x) + \frac{1}{2}(\gamma_{xy}^2 + \gamma_{yz}^2 + \gamma_{zx}^2)\right] \\ &= \frac{1}{4G}\left[\frac{m}{m+1}s^2 - 2(\sigma_x\sigma_y + \sigma_y\sigma_z + \sigma_z\sigma_x - \tau_{xy}^2 - \tau_{yz}^2 - \tau_{zx}^2)\right]. \end{aligned} \tag{249}$$

Unter Benutzung der vorhergehenden Gleichungen lassen sich leicht folgende Beziehungen verifizieren:

$$\begin{aligned} &\sigma_x = \frac{\partial A}{\partial \varepsilon_x}, \quad \tau_{xy} = \frac{\partial A}{\partial \gamma_{xy}}, \quad \varepsilon_x = \frac{\partial A}{\partial \sigma_x}, \quad \gamma_{xy} = \frac{\partial A}{\partial \tau_{xy}}, \\ &\sigma_y = \frac{\partial A}{\partial \varepsilon_y}, \quad \tau_{yz} = \frac{\partial A}{\partial \gamma_{yz}}, \quad \varepsilon_y = \frac{\partial A}{\partial \sigma_y}, \quad \gamma_{yz} = \frac{\partial A}{\partial \tau_{yz}}, \\ &\sigma_z = \frac{\partial A}{\partial \varepsilon_z}, \quad \tau_{zx} = \frac{\partial A}{\partial \gamma_{zx}}, \quad \varepsilon_z = \frac{\partial A}{\partial \sigma_z}, \quad \gamma_{zx} = \frac{\partial A}{\partial \tau_{zx}}. \end{aligned} \tag{250}$$

Man kann zeigen, daß in jedem Punkt eines elastischen Körpers drei aufeinander senkrechte Richtungen existieren, so daß in diesem Punkt die Beziehungen $\gamma_{xy} = \gamma_{yz} = \gamma_{zx} = 0$ bestehen, wenn wir diese drei Richtungen als Koordinatenachsen wählen. Bezeichnen wir bei dieser Wahl der Achsen die früheren Größen $\varepsilon_x, \varepsilon_y, \varepsilon_z$ jetzt mit $\varepsilon_1, \varepsilon_2, \varepsilon_3$, so erhalten wir für $A$ wegen (249) in diesem Punkt den Ausdruck

$$A = G\left[\varepsilon_1^2 + \varepsilon_2^2 + \varepsilon_3^2 + \frac{1}{m-2}(\varepsilon_1 + \varepsilon_2 + \varepsilon_3)^2\right].$$

Da die Größe $A$ positiv sein muß, kann $m$ sich nur im Intervall $2 < m \leqq \infty$ bewegen.

Wir wollen uns zunächst mit den Gleichgewichtsbedingungen eines elastischen Körpers $D$ mit der Oberfläche $S$ beschäftigen. Auf den Körper mögen Massenkräfte mit den Komponenten

$$X(x, y, z, t), \qquad Y(x, y, z, t), \qquad Z(x, y, z, t)$$

wirken. Wir setzen voraus, daß auf einem Teil $S_1$ der Oberfläche $S$ der Verschiebungsvektor, auf dem Rest $S_2$ von $S$ die Spannung vorgegeben ist. Mit $X_1, Y_1, Z_1$ bezeichnen wir die Komponenten dieser Spannung; sie sind vorgegebene Funktionen eines auf $S_2$ variierenden Punktes $M$. Die Summe des über $D$ erstreckten Integrals von $A$ und der negativ genommenen Arbeit der äußeren Kräfte liefert die potentielle Energie

$$\iiint\limits_D [A - (Xu + Yv + Zw)]\,dx\,dy\,dz - \iint\limits_{S_2} (X_1u + Y_1v + Z_1w)\,d\sigma \tag{251}$$

des elastischen Körpers.

Diese potentielle Energie ist ein Funktional der drei Funktionen $u, v, w$, die von den Koordinaten $x, y, z$ der Punkte des Körpers abhängen. Wir erhalten die Differentialgleichung für die Gleichgewichtslage, wenn wir die Ostrogradskische Gleichung für das Funktional (251) aufstellen und beachten, daß das Oberflächenintegral keinen Einfluß auf die Ostrogradskische Gleichung hat. Berücksichtigen wir, daß $A$ nicht von den Funktionen $u, v, w$ selbst, sondern nur von ihren Ableitungen abhängt, so gelangen wir zu der Ostrogradskischen Gleichung

$$-X - \frac{\partial}{\partial x}A_{u_x} - \frac{\partial}{\partial y}A_{u_y} - \frac{\partial}{\partial z}A_{u_z} = 0 \tag{252}$$

für das Funktional (251) in bezug auf die Funktion $u$.

Da die Deformationsarbeit $A$ von $u_x$ nur über $\varepsilon_x$, von $u_y$ nur über $\gamma_{xy}$ und von $u_z$ nur über $\gamma_{xz}$ abhängt, läßt sich die letzte Differentialgleichung unter Berücksichtigung von (250) auf die Form

$$\frac{\partial \sigma_x}{\partial x}+\frac{\partial \tau_{xy}}{\partial y}+\frac{\partial \tau_{xz}}{\partial z}+X=0 \tag{253}$$

bringen.

Analog dazu lassen sich zwei weitere Differentialgleichungen für die Gleichgewichtslage aufstellen. Auf der Teilfläche $S_1$ sind die Werte der Funktionen $u, v, w$ fest, auf der Teilfläche $S_2$ lauten die natürlichen Randbedingungen [**83**]:

$$\sigma_x \cos(n, x)+\tau_{xy} \cos(n, y)+\tau_{zx} \cos(n, z)-X_1=0\,,$$
$$\tau_{xy} \cos(n, x)+\sigma_y \cos(n, y)+\tau_{yz} \cos(n, z)-Y_1=0\,,$$
$$\tau_{zx} \cos(n, x)+\tau_{yz} \cos(n, y)+\sigma_z \cos(n, z)-Z_1=0\,,$$

wobei mit $n$ die Richtung der äußeren Normalen von $S_2$ bezeichnet wird.

Ersetzen wir in (253) und den beiden dazu analogen Differentialgleichungen die Komponenten des Spannungstensors durch die Komponenten des Deformationstensors, so erhalten wir für die Gleichgewichtslage die drei Differentialgleichungen

$$G\left(\Delta u+\frac{m}{m-2}\frac{\partial \theta}{\partial x}\right)+X=0\,,$$
$$G\left(\Delta v+\frac{m}{m-2}\frac{\partial \theta}{\partial y}\right)+Y=0\,,$$
$$G\left(\Delta w+\frac{m}{m-2}\frac{\partial \theta}{\partial z}\right)+Z=0\,,$$

die sich zusammen in der Vektorgleichung

$$G\left(\Delta \boldsymbol{u}+\frac{m}{m-2}\operatorname{grad}\operatorname{div}\boldsymbol{u}\right)+\boldsymbol{F}=0$$

schreiben lassen.

Die Beziehung (249) für das Elastizitätspotential läßt sich auch in der Gestalt

$$A=G\left\{\frac{m-1}{m-2}\theta^2+\frac{1}{2}(\omega_x^2+\omega_y^2+\omega_z^2)+2\left[\left(\frac{\partial w}{\partial y}\frac{\partial v}{\partial z}-\frac{\partial v}{\partial y}\frac{\partial w}{\partial z}\right)+\dots\right]\right\} \tag{254}$$

schreiben; dabei sind $\omega_x$, $\omega_y$, $\omega_z$ die Komponenten der Rotation des Verschiebungsvektors,

$$\omega_x=\frac{\partial w}{\partial y}-\frac{\partial v}{\partial z}, \qquad \omega_y=\frac{\partial u}{\partial z}-\frac{\partial w}{\partial x}, \qquad \omega_z=\frac{\partial v}{\partial x}-\frac{\partial u}{\partial y}.$$

Da der Ausdruck in den eckigen Klammern von (254) auf die Ostrogradskische Gleichung keinen Einfluß hat, erhalten wir die Differentialgleichung für die Gleichgewichtslage eines elastischen Körpers, wenn wir die Ostrogradskische Gleichung für das Integral

$$\iiint\limits_D \left[G\frac{m-1}{m-2}\theta^2+\frac{G}{2}(\omega_x^2+\omega_y^2+\omega_z^2)-(Xu+Yv+Zw)\right]dx\,dy\,dz$$

aufstellen.

Um die Bewegungsgleichungen zu erhalten, haben wir nach dem Ostrogradski-Hamiltonschen Prinzip zum Integranden des letzten Integrals den Ausdruck $-\frac{\varrho}{2}\times$ $\times(u_t^2+v_t^2+w_t^2)$ hinzuzufügen, welcher der kinetischen Energie entspricht (dabei ist $\varrho$ die Dichte des Körpers) und über ein endliches Zeitintervall $[t_0, t_1]$ zu integrieren. Somit haben wir die Ostrogradskische Gleichung für das Integral

$$\int_{t_0}^{t_1}\iiint_D \left[-\frac{\varrho}{2}(u_t^2+v_t^2+w_t^2)+A-(Xu+Yv+Zw)\right] dt\, dx\, dy\, dz$$

in bezug auf die Funktionen $u, v, w$ der unabhängigen Veränderlichen $x, y, z, t$ aufzustellen. Dies führt, wie sich leicht verifizieren läßt, zu den Grundgleichungen der Elastodynamik, die in Vektorform wie folgt lauten:

$$\varrho \frac{\partial^2 \boldsymbol{u}}{\partial t^2} = G\left(\Delta \boldsymbol{u} + \frac{m}{m-2} \operatorname{grad} \operatorname{div} \boldsymbol{u}\right).$$

Hierbei setzen wir wie bisher voraus, daß die Verschiebungen zur Zeit $t=t_0$ und $t=t_1$ mit den wirklichen Verschiebungen übereinstimmen [**100**].

**105. Das absolute Extremum.** In [72] haben wir den Begriff des absoluten Extremums eingeführt. Jetzt wollen wir spezielle Beispiele behandeln und in diesem Zusammenhang einige Überlegungen über die Existenz eines absoluten Extremums anstellen.

Gegeben sei das Funktional

$$J(y) = \int_0^l [p(x)\, y'^2 + q(x)\, y^2 + 2f(x)\, y]\, dx\,, \tag{255}$$

wobei $p(x)$, $q(x)$ und $f(x)$ im abgeschlossenen Intervall $[0, l]$ stetige Funktionen sind, $p(x)$ eine stetige Ableitung besitzt und

$$p(x) > 0, \qquad q(x) \geqq 0 \tag{256}$$

gilt.

In der Klasse $D$ aller Funktionen $y(x)$, die nebst ihrer Ableitung $y'(x)$ im Intervall $[0, l]$ stetig sind und den Randbedingungen

$$y(0) = a, \qquad y(l) = b \tag{257}$$

genügen, ist diejenige Funktion gesucht, für die das Funktional (255) den kleinsten Wert annimmt.

Die Eulersche Gleichung dieses Funktionals lautet:

$$\frac{d}{dx}[p(x)\, y'] - q(x)\, y = f(x)\,. \tag{258}$$

Wir zeigen, daß diese Differentialgleichung unter den Voraussetzungen (256) im Intervall $[0, l]$ eine Lösung besitzt, die den Randbedingungen (257) genügt, und daß diese Lösung eindeutig ist. Es mögen $z_0(x)$ und $z_1(x)$ die Lösungen der homogenen Differentialgleichung

$$\frac{d}{dx}[p(x)\, z'] - q(x)\, z = 0 \tag{259}$$

sein, die den Anfangsbedingungen

$$z_0(0) = 0, \qquad z_0'(0) = 1, \qquad z_1(l) = 0, \qquad z_1'(l) = 1$$

genügen. Der Existenz- und Eindeutigkeitssatz, den wir wegen $p(x) > 0$ anwenden können, gewährleistet, daß solche Lösungen vorhanden sind und im gesamten Intervall $[0, l]$ existieren. Wie wir noch zeigen werden, ist $z_0(l) \neq 0$. Dies ist gleichbedeutend damit, daß die homogene Differentialgleichung (259) keine nicht identisch verschwindende Lösung besitzt, die für $x=0$ und $x=l$ gleich 0 ist. Dann ist offenbar auch $z_1(0) \neq 0$, und die Lösungen $z_0(x)$ und $z_1(x)$ sind linear unabhängig.

Das allgemeine Integral der Differentialgleichung (258) hat die Gestalt

$$y_0(x) = c_0 z_0(x) + c_1 z_1(x) + g(x),$$

wobei $c_0$ und $c_1$ willkürliche Konstanten sind und $g(x)$ eine beliebige spezielle Lösung von (258) darstellt, deren Existenz im Intervall $[0, l]$ wegen $p(x)>0$ durch den Existenzsatz gewährleistet ist. Die Randbedingungen (257) führen auf die Gleichungen

$$c_1 z_1(0) + g(0) = a, \qquad c_0 z_0(l) + g(l) = b,$$

durch die sich die Konstanten $c_0$ und $c_1$ in eindeutiger Weise bestimmen lassen. Somit erhalten wir eine eindeutige Lösung $y_0(x)$ der Differentialgleichung (258), die den Randbedingungen (257) genügt und mit ihren Ableitungen bis zur zweiten Ordnung im Intervall $[0, l]$ stetig ist. Es bleibt noch zu zeigen, daß $z_0(l) \neq 0$ ist, d. h., daß die homogene Differentialgleichung (259) keine Lösung hat, die von der identisch verschwindenden Lösung verschieden ist und bei $x=0$ sowie $x=l$ den Wert 0 annimmt.

Zu diesem Zweck multiplizieren wir die Gleichung (259) mit der Lösung $z(x)$, für die $z(0)=z(l)=0$ gilt. Nach partieller Integration erhalten wir

$$\int_0^l (pz'^2 + qz^2)\, dx = 0,$$

woraus wegen $p(x)>0$ und $q(x) \geqq 0$ für $0 \leqq x \leqq l$ die Identität $z(x)=0$ folgt.

Die soeben konstruierte Lösung $y_0(x)$ der Differentialgleichung (258) gehört der Klasse $C_2$ an. *Wir beweisen, daß sie dem Funktional* (255) *ein Minimum erteilt, oder, genauer gesagt, wir beweisen die Ungleichung* $J(y_0) \leqq J(y)$, *wobei* $y$ *eine beliebige Funktion der Klasse* $D$ *ist und das Gleichheitszeichen nur gilt, falls* $y(x)$ *mit* $y_0(x)$ *identisch ist.*

Jede Funktion $y(x)$ aus $D$ läßt sich in der Form $y(x) = y_0(x) + \eta(x)$ darstellen, wobei die Funktion $\eta(x)$ im Intervall $[0, l]$ nebst ihrer Ableitung stetig ist und in den Endpunkten dieses Intervalls verschwindet. Es gilt

$$J(y) - J(y_0) = 2\int_0^l [p(x)\, y_0'\eta' + q(x)\, y_0\eta + f(x)\, \eta]\, dx + \int_0^l [p(x)\, \eta'^2 + q(x)\, \eta^2]\, dx.$$

Auf Grund der Eigenschaften von $y_0(x)$ und $\eta(x)$ können wir das erste Integral durch partielle Integration umformen,

$$J(y) - J(y_0) = 2\int_0^l \left[-\frac{d}{dx}[p(x)\, y_0'] + q(x)\, y_0 + f(x)\right] \eta\, dx$$
$$+ \int_0^l [p(x)\, \eta'^2 + q(x)\, \eta^2]\, dx + p(x)\, y_0'\eta \Big|_{x=0}^{x=l},$$

woraus wir, da $y_0(x)$ eine Lösung von (258) ist und $\eta(0)=\eta(l)=0$ gilt, wegen (256)

$$J(y) - J(y_0) = \int_0^l [p(x)\, \eta'^2 + q(x)\, \eta^2]\, dx \geqq 0$$

erhalten. Hierbei wird das Gleichheitszeichen nur für $\eta(x) \equiv 0$ angenommen. Denn gilt das Gleichheitszeichen, so muß $\eta'(x) \equiv 0$ und damit $\eta(x)$ im Intervall $[0, l]$ konstant sein. Wegen $\eta(0)=0$ ist dann $\eta(x) \equiv 0$ im Intervall $[0, l]$.

Somit ist unsere Behauptung bewiesen, d. h., für $y_0(x)$ und nur für $y_0(x)$ nimmt das Funktional (255) in der Klasse $D$ seinen kleinsten Wert an. Wir bemerken noch, daß wir von den Funktionen der Klasse $D$ nur die Existenz und Stetigkeit der ersten Ableitung gefordert haben, während die Funktion $y_0(x)$, für die das Funktional (255) den kleinsten Wert annimmt, auch eine stetige Ableitung zweiter Ordnung besitzt.

Als zweites Beispiel betrachten wir das Problem, den kleinsten Wert des Funktionals

$$J(y) = \int_{-1}^{1} x^2 y'^2 \, dx \tag{260}$$

in der Klasse $D$ der Funktionen $y(x)$ zu ermitteln, die im Intervall $[-1, 1]$ stetig sind, eine stetige Ableitung haben und den Randbedingungen

$$y(-1) = a, \qquad y(1) = b \tag{261}$$

mit $a \neq b$ genügen. Wegen $a \neq b$ enthält die Klasse $D$ keine Konstante, und somit ist $J(y) > 0$ für jede Funktion aus $D$. Die Menge der Zahlen $J(y)$ hat sicher eine untere Grenze [I, 42]. Wir beweisen, daß diese gleich 0 ist.

Es ist leicht nachzuprüfen, daß die Funktion

$$y = \frac{a+b}{2} + \frac{b-a}{2} \, \frac{\arctan \frac{x}{\varepsilon}}{\arctan \frac{1}{\varepsilon}} \tag{262}$$

bei beliebigem positivem $\varepsilon$ der Klasse $D$ angehört. Es ist

$$y' = \frac{b-a}{2 \arctan \frac{1}{\varepsilon}} \, \frac{\varepsilon}{\varepsilon^2 + x^2},$$

und damit gilt für die Funktion (262) die Ungleichung

$$J(y) < \int_{-1}^{1} (\varepsilon^2 + x^2)\, y'^2 \, dx = \frac{\varepsilon^2 (b-a)^2}{4 \arctan^2 \frac{1}{\varepsilon}} \int_{-1}^{1} \frac{dx}{\varepsilon^2 + x^2} = \frac{\varepsilon (b-a)^2}{2 \arctan \frac{1}{\varepsilon}}.$$

Die rechte Seite strebt für $\varepsilon \to 0$ gegen 0, woraus man erkennt, daß die untere Grenze der Werte des Funktionals (260) in der Klasse $D$ gleich 0 ist. Da aber $D$ keine Konstante enthält, ist $J(y) > 0$ für jede Funktion aus $D$, wie wir schon erwähnt haben. Deshalb wird die untere Grenze von $J(y)$ in der Klasse $D$ nicht angenommen, und das Funktional (260) hat in dieser Klasse keinen kleinsten Wert.

**106. Das Dirichletsche Integral.** Wir betrachten jetzt das Funktional

$$J(u) = \iint_B (u_x^2 + u_y^2) \, dx dy, \tag{263}$$

wobei $B$ den offenen Einheitskreis bezeichnet. Dieses Integral wird gewöhnlich *Dirichletsches Integral* genannt. Wir betrachten $J(u)$ in der Klasse $D$ der Funktionen $u(x, y)$, die in der abgeschlossenen Kreisfläche $x^2 + y^2 \leq 1$ stetig sind, im (offenen) Kreisgebiet stetige Ableitungen erster Ordnung haben und auf dem Rand $l$ der Randbedingung

$$u|_l = f(\theta) \tag{264}$$

genügen, wobei $f(\theta)$ eine auf $l$ vorgegebene stetige Funktion des Winkels $\theta$ bei Polarkoordinatendarstellung ist. Da wir die Stetigkeit der partiellen Ableitungen $u_x$ und $u_y$ nicht im abgeschlossenen Kreisbereich vorausgesetzt haben, müssen wir das Integral (263) als uneigentliches Integral auffassen, d. h. als Grenzwert von Integralen über Kreisflächen $B_\varrho(x^2+y^2 \leqq \varrho)$ mit den Radien $\varrho$ für $\varrho \to 1$. Da der Integrand nicht negativ ist, nimmt das Integral über $B_\varrho$ bei wachsendem $\varrho$ nicht ab, der Grenzwert ist also entweder endlich oder $\infty$. Im ersten Fall sagt man, das Integral konvergiere, und im zweiten Fall, es divergiere. Im zweiten Fall kann man den Wert des Integrals gleich $\infty$ setzen. Die Ostrogradskische Gleichung für das Funktional (263) ist mit der Laplaceschen Differentialgleichung

$$u_{xx}+u_{yy}=0$$

identisch [**76**]; wir erwarten demnach, daß die im Kreisgebiet $B$ harmonische Funktion, die auf $l$ die Randwerte (264) annimmt, dem Funktional (263) in der Klasse $D$ den kleinsten Wert erteilt. Wir wissen, daß eine solche harmonische Funktion existiert und eindeutig bestimmt ist [**II, 206**]. Wir bezeichnen sie mit $v(x, y)$.

Zunächst zeigen wir, daß man die in der Bedingung (264) vorkommende stetige Funktion $f(\theta)$ derart vorgeben kann, daß das Funktional (263) für $u=v$, also

$$J(v)=\iint\limits_B (v_x^2+v_y^2)\,dx\,dy\,, \tag{265}$$

gleich $\infty$ ist. Zum Beweis setzen wir

$$f(\theta)=\sum_{n=1}^{\infty} \frac{1}{2^n} \cos(2^{2n}\theta)\,. \tag{266}$$

Diese Reihe konvergiert offenbar absolut und in bezug auf $\theta$ gleichmäßig und bestimmt daher eine stetige periodische Funktion $f(\theta)$ mit der Periode $2\pi$. Die Lösung des Dirichletschen Problems mit den Randwerten (266) lautet [**II, 206**]

$$v(x, y)=v(r, \theta)=\sum_{n=1}^{\infty} \frac{r^{2^{2n}}}{2^n} \cos(2^{2n}\theta)\,.$$

Im Integral (263) gehen wir zu Polarkoordinaten über und erhalten

$$J(v)=\iint\limits_{r<1} \left(v_r^2+\frac{1}{r^2}\,v_\theta^2\right) r\,dr\,d\theta\,. \tag{267}$$

Es gilt

$$v_r=\sum_{n=1}^{\infty} 2^n r^{2^{2n}-1} \cos(2^{2n}\theta), \qquad v_\theta=-\sum_{n=1}^{\infty} 2^n r^{2^{2n}} \sin(2^{2n}\theta)\,,$$

und diese Reihen sind in jedem Kreis $r \leqq \varrho$ mit $\varrho<1$ absolut und in bezug auf $r$ und $\theta$ gleichmäßig konvergent. Wegen der Orthogonalität der Sinus- und Kosinusfunktionen in einem Intervall der Länge $2\pi$ erhalten wir

$$\iint\limits_{r\leqq\varrho} \left(v_r^2+\frac{1}{r^2}\,v_\theta^2\right) r\,dr\,d\theta=\sum_{n=1}^{\infty} \iint\limits_{r\leqq\varrho} 2^{2n} r^{2^{2n+1}-1} dr\,d\theta$$

$$=2\pi \sum_{n=1}^{\infty} \int_0^{\varrho} 2^{2n} r^{2^{2n+1}-1} dr=\pi \sum_{n=1}^{\infty} \varrho^{2^{2n+1}}\,.$$

Für $\varrho \to 1$ wächst die Summe der letzten Reihe unbeschränkt, woraus gerade folgt, daß der Wert des Integrals (265) unter der Randbedingung (266) gleich $\infty$ ist.

Somit hat es im vorliegenden Fall keinen Sinn zu sagen, daß die harmonische Funktion $v(x, y)$ dem Funktional (263) seinen kleinsten Wert erteilt. Es läßt sich nun zeigen: Ist das Integral (263) für $u=v$ gleich $\infty$, so ist es auch gleich $\infty$ für jede Funktion der Klasse $D$, die der Randbedingung (264) genügt. Dies geht unmittelbar aus dem folgenden Satz hervor.

Satz. *Hat das Integral* (263) *unter der Randbedingung* (264) *für irgendeine Funktion der Klasse D einen endlichen Wert, so hat es auch für die harmonische Funktion v der Klasse D einen endlichen Wert, und es gilt für jede Funktion u aus D*

$$J(u) \geqq J(v)\,, \tag{268}$$

*wobei das Gleichheitszeichen nur für $u=v$ angenommen wird.*

Der Beweis des Satzes ist außerordentlich einfach, wenn wir voraussetzen, daß die harmonische Funktion $v(x, y)$ im Gebiet $B$ beschränkte partielle Ableitungen erster Ordnung besitzt. Dann hat das Integral (263) offenbar einen endlichen Wert. Wir brauchen nur folgendes zu beweisen: Wenn das Integral $J(w)$ für eine Funktion $w$ aus $D$ einen endlichen Wert hat, gilt $J(w) \geqq J(v)$, und das Gleichheitszeichen wird nur für $w \equiv v$ angenommen. Wir können $w=v+\eta$ setzen, wobei $\eta(x, y)$ in $B$ stetige partielle Ableitungen erster Ordnung besitzt, im abgeschlossenen Kreisbereich $B \cup l$ stetig ist und auf dem Kreis $l$ verschwindet. Es gilt

$$J_\varrho(v+\eta) = J_\varrho(v) + J_\varrho(\eta) + 2J_\varrho(v, \eta)\,, \tag{269}$$

wenn wir mit $J_\varrho(u)$ das Integral $J(u)$ über die Kreisfläche $B_\varrho$ bezeichnen und

$$J_\varrho(v, \eta) = \iint\limits_{B_\varrho} (v_x\eta_x + v_y\eta_y)\, dx\, dy$$

setzen.

Die Funktion $v(x, y)$ hat in $B$ stetige partielle Ableitungen zweiter Ordnung. Wenn wir die Greensche Formel anwenden, erhalten wir

$$J_\varrho(v, \eta) = \iint\limits_{B_\varrho} (v_x\eta_x + v_y\eta_y)\, dx\, dy = -\iint\limits_{B_\varrho} \eta \Delta v\, dx\, dy + \int\limits_{l_\varrho} \eta \frac{\partial v}{\partial n} \varrho\, d\theta\,,$$

wobei mit $l_\varrho$ der Kreis mit dem Radius $\varrho$ um den Koordinatenursprung und mit $\frac{\partial v}{\partial n}$ die Normalableitung auf diesem Kreis bezeichnet werden. Da $v$ eine harmonische Funktion ist, verschwindet das Doppelintegral auf der rechten Seite. Wenn $\varrho$ im Kurvenintegral gegen 1 strebt, strebt $\eta$ gleichmäßig gegen 0. Da außerdem $\frac{\partial v}{\partial n}$ nach Voraussetzung beschränkt bleibt, strebt dieses Kurvenintegral offenbar gegen 0. Somit wird aus der Beziehung (269) durch Grenzübergang

$$J(\omega) - J(v) = \iint\limits_{B} (\eta_x^2 + \eta_y^2)\, dx\, dy\,.$$

Hieraus folgt $J(w) \geqq J(v)$, wobei das Gleichheitszeichen nur für $\eta_x \equiv 0$ und $\eta_y \equiv 0$ angenommen wird, d. h. für den Fall, daß die Funktion $\eta$ im Kreisgebiet $B$ konstant ist. Wegen $\eta=0$ auf $l$ muß folglich $\eta \equiv 0$ sein.

Jetzt wollen wir den Satz für den allgemeinen Fall beweisen. Es sei, wie soeben $w$ eine Funktion aus $D$, für die das Integral $J(w)$ einen endlichen Wert hat, und es sei

$$\frac{a_0}{2} + \sum_{n=1}^{\infty} (a_n \cos n\theta + b_n \sin n\theta) \tag{270}$$

die Fourierreihe der in die Bedingung (264) eingehenden Funktion $f(\theta)$. Die Funktion $v$ ist im Gebiet $B$ durch die Reihe

$$v(r, \theta) = \frac{a_0}{2} + \sum_{n=1}^{\infty} (a_n \cos n\theta + b_n \sin n\theta)\, r^n \tag{271}$$

bestimmt.

Wir setzen

$$v_m(r, \theta) = \frac{a_0}{2} + \sum_{n=1}^{m} (a_n \cos n\theta + b_n \sin n\theta)\, r^n \tag{272}$$

und definieren eine Funktion $\eta_m(r, \theta)$ durch die Gleichung $w = v_m + \eta_m$. Diese Funktion $\eta_m(r, \theta)$ hat im Gebiet $B$ stetige partielle Ableitungen erster Ordnung, ist im abgeschlossenen Kreisbereich $B \cup l$ stetig, und ihre Randwerte $\eta_m(1, \theta)$ auf $l$ sind durch die Fourierreihe $\sum_{n=m+1}^{\infty} (a_n \cos n\theta + b_n \sin n\theta)$ bestimmt. Dies folgt unmittelbar aus (272) und aus der Fourierreihe (270) für die Randwerte von $w$. Daraus ergibt sich

$$\begin{aligned} &\int_0^{2\pi} \eta_m(1, \theta) \cos k\theta \, d\theta = 0 \qquad (k = 0, 1, 2, \ldots, m), \\ &\int_0^{2\pi} \eta_m(1, \theta) \sin k\theta \, d\theta = 0 \qquad (k = 1, 2, \ldots, m). \end{aligned} \tag{273}$$

Wie vorhin gilt

$$J_\varrho(v_m, \eta_m) = -\iint_{B_\varrho} \eta_m \Delta v_m \, dx\, dy + \int_{l_\varrho} \eta_m(\varrho, \theta) \frac{\partial v_m(\varrho, \theta)}{\partial \varrho} \varrho \, d\theta .$$

Das Doppelintegral ist gleich 0, der Integrand in dem Kurvenintegral strebt gleichmäßig gegen $\eta_m(1, \theta) \left.\frac{\partial v_m(\varrho, \theta)}{\partial \varrho}\right|_{\varrho=1}$, und das Integral über dieses Produkt ist wegen (272) und (273) gleich 0. Somit gilt $J_\varrho(v_m, \eta_m) \to 0$ für $\varrho \to 1$. Durch Grenzübergang ergibt sich aus

$$J_\varrho(v_m + \eta_m) = J_\varrho(v_m) + J_\varrho(\eta_m) + 2 J_\varrho(v_m, \eta_m)$$

die Beziehung

$$J(w) = J(v_m) + J(\eta_m) . \tag{274}$$

Nach Voraussetzung hat $J(w)$ einen endlichen Wert, und aus (274) ergibt sich, daß auch $J(\eta_m)$ einen endlichen Wert hat, da $J(v_m)$ offenbar wegen (272) endlich ist.

Aus (274) folgt

$$J(v_m) \leqq J(w) \tag{275}$$

und erst recht für beliebiges $\varrho < 1$

$$J_\varrho(v_m) \leqq J(w) . \tag{276}$$

Im Kreisgebiet $B_\varrho$ kann man die Reihe (271) gliedweise differenzieren; die sich ergebenden Reihen konvergieren gleichmäßig in $B_\varrho$, d. h., im Gebiet $B_\varrho$ streben die Ableitungen von $v_m$ für $m \to \infty$ gleichmäßig gegen die entsprechenden Ableitungen von $v$. Somit liefert die Ungleichung (276) für $m \to \infty$

$$J_\varrho(v) \leqq J(w) ,$$

woraus schließlich für $\varrho \to 1$ die Ungleichung $J(v) \leqq J(w)$ folgt.

In dieser Ungleichung möge nun das Gleichheitszeichen gelten. Wir beweisen, daß dann $w \equiv v$ ist. Wir setzen $w = v + \eta$, wobei $\eta$ wie immer im Inneren von $B$ stetige Ableitungen erster Ordnung hat, im abgeschlossenen Bereich $B \cup l$ stetig ist und auf dem Rand $l$ verschwindet.

Es gilt

$$J_\varrho(\eta) = J_\varrho(w) + J_\varrho(v) - 2J_\varrho(w, v)\,. \tag{277}$$

Wegen $|2\,(w_x v_x + w_y v_y)| \leqq w_x^2 + w_y^2 + v_x^2 + v_y^2$ erhalten wir $|2J_\varrho(w, v)| \leqq J_\varrho(w) + J_\varrho(v)$; daraus folgt für alle $\varrho < 1$

$$|2J_\varrho(w, v)| \leqq J(w) + J(v)\,,$$

d. h., $J_\varrho(w, v)$ bleibt für $\varrho \to 1$ beschränkt.

Die ersten beiden Summanden auf der rechten Seite von (277) haben für $\varrho \to 1$ endliche Grenzwerte; folglich bleibt auch die Größe $J_\varrho(\eta)$ beschränkt, sie hat also für $\varrho \to 1$ einen endlichen Grenzwert. Weiterhin gilt

$$J_\varrho(w) = J_\varrho(v) + J_\varrho(\eta) + 2J_\varrho(v, \eta)\,,$$

und aus der Existenz endlicher Grenzwerte von $J_\varrho(w)$, $J_\varrho(v)$ und $J_\varrho(\eta)$ folgt, daß auch $J_\varrho(v, \eta)$ für $\varrho \to 1$ einen endlichen Grenzwert hat. Wir schreiben

$$J(v, \eta) = \lim_{\varrho \to 1} J_\varrho(v, \eta)\,.$$

Führen wir einen willkürlichen reellen Parameter $\varepsilon$ ein, so erhalten wir

$$J_\varrho(v + \varepsilon\eta) = J_\varrho(v) + 2\varepsilon J_\varrho(v, \eta) + \varepsilon^2 J_\varrho(\eta)\,.$$

Für $\varrho \to 1$ haben alle Summanden auf der rechten Seite der letzten Beziehung einen endlichen Grenzwert; folglich gilt dasselbe auch für den Ausdruck auf der linken Seite. Beim Grenzübergang erhalten wir

$$J(v + \varepsilon\eta) = J(v) + 2\varepsilon J(v, \eta) + \varepsilon^2 J(\eta)\,. \tag{278}$$

Somit hat das Dirichletsche Integral (263) bei beliebigen reellen Werten von $\varepsilon$ für die Funktion $u = v + \varepsilon\eta$ einen endlichen Wert, und nach dem bereits bewiesenen Teil unseres Satzes gilt

$$J(v) \leqq J(v + \varepsilon\eta)\,. \tag{279}$$

Hierbei wird das Gleichheitszeichen für $\varepsilon = 0$ und $\varepsilon = 1$ angenommen, da nach Voraussetzung $J(w) = J(v)$ ist. Daraus ergibt sich, daß der auf der rechten Seite von (278) stehende Ausdruck für $\varepsilon = 0$ und $\varepsilon = 1$ seinen kleinsten Wert annimmt, was nur möglich ist, wenn $J(\eta) = 0$, also $\eta \equiv 0$ ist. Aus $w = v + \eta$ folgt auf diese Weise $w = v$. Damit ist der Satz vollständig bewiesen.

In dem Kapitel über Randwertprobleme werden wir noch auf das absolute Extremum im Fall isoperimetrischer Probleme zurückkommen [77].

**107. Der allgemeine Fall eines Funktionals bei mehreren unabhängigen Veränderlichen.** Wir wenden uns jetzt noch kurz dem Problem des absoluten Minimums von Funktionalen allgemeiner Art zu. Zunächst betrachten wir das Funktional

$$J(u) = \iint_B F(x, y, p, q)\,\mathrm{d}x\,\mathrm{d}y \tag{280}$$

mit $p(x, y) = u_x$ und $q(x, y) = u_y$, wobei der Integrand die Funktion $u(x, y)$ selbst nicht explizit enthält. $B$ sei ein endliches, einfach zusammenhängendes Gebiet mit glattem Rand $l$, und es sei $F(x, y, p, q)$ eine in allen ihren Argumenten stetige Funktion, die für alle $p$ und $q$ aus dem Intervall $(-\infty, \infty)$ und jeden Punkt $(x, y)$ aus dem abgeschlossenen Bereich $\bar{B}$ stetige Ableitungen bis zur zweiten Ordnung nach $p$ und $q$ besitzt. Wir nehmen an, daß unter diesen Voraussetzungen die Ungleichungen

$$F_{pp}F_{qq} - F_{pq}^2 > 0 \tag{281}$$

und

$$F_{pp} > 0 \tag{282}$$

erfüllt sind.

Die Ostrogradskische Gleichung für das Funktional (280) lautet

$$\frac{\partial}{\partial x} F_p + \frac{\partial}{\partial y} F_q = 0 . \tag{283}$$

Weiterhin nehmen wir an, daß diese Gleichung eine Lösung $u_0(x, y)$ mit innerhalb von $B$ stetigen Ableitungen bis zur zweiten Ordnung besitzt, darüber hinaus seien diese Funktion $u_0(x, y)$ selbst und ihre Ableitungen erster Ordnung sogar in $\bar{B}$ stetig. Schließlich sei $\eta(x, y)$ eine beliebige in $\bar{B}$ nebst ihren Ableitungen erster Ordnung stetige Funktion, die auf dem Rand $l$ von $B$ verschwindet. Wir entwickeln nun das Funktional $J(u_0 + \alpha\eta)$ mit Hilfe der Taylorschen Formel nach Potenzen von $\alpha$ bis zum quadratischen Glied und setzen danach $\alpha = 1$. Auf Grund der Voraussetzungen über $u_0$ und $\eta$ verschwindet der Koeffizient von $\alpha$ in dieser Entwicklung (vgl. [74]):

$$\iint_B (F_{p_0}\eta_x + F_{q_0}\eta_y)\,\mathrm{d}x\,\mathrm{d}y = \iint_B \left(-\frac{\partial}{\partial x} F_{p_0} - \frac{\partial}{\partial y} F_{q_0}\right) \eta\,\mathrm{d}x\,\mathrm{d}y = 0 .$$

Wir erhalten damit

$$J(u_0 + \eta) = J(u_0) + \frac{1}{2} \iint_B [F_{pp}\eta_x^2 + 2F_{pq}\eta_x\eta_y + F_{qq}\eta_y^2]\,\mathrm{d}x\,\mathrm{d}y , \tag{284}$$

wobei die Funktionen $F_{pp}$, $F_{pq}$ und $F_{qq}$ die Argumente $(x, y, p_0 + \theta_1\eta_x, q_0 + \theta_2\eta_y)$ haben, in denen $p_0$ und $q_0$ die partiellen Ableitungen von $u_0$ nach $x$ bzw. $y$ bezeichnen sowie $\theta_1(x, y)$ und $\theta_2(x, y)$ den Ungleichungen $0 \leqq \theta_i(x, y) \leqq 1$ $(i = 1, 2)$ genügen. Aus den Bedingungen (281) und (282) folgt, daß der Ausdruck in den eckigen Klammern unter dem Doppelintegral eine positive Größe ist, d. h., es gilt $J(u_0 + \eta) \geqq J(u_0)$, wobei das Gleichheitszeichen nur für $\eta(x, y) \equiv 0$ angenommen wird. Das bedeutet aber, daß $u_0(x, y)$ im Vergleich zu allen anderen stetigen Funktionen mit in $\bar{B}$ stetigen Ableitungen, welche auf $l$ dieselben Funktionswerte wie $u_0(x, y)$ haben, dem Funktional den kleinsten Wert erteilt. Die Bedingungen (281) und (282) kann man übrigens auch in der Gestalt einer einzigen Ungleichung $F_{pp}\xi_1^2 + 2F_{pq}\xi_1\xi_2 + F_{qq}\xi_2^2 > 0$ zusammenfassen, die dann für alle Werte der reellen Parameter $\xi_1, \xi_2$ mit $\xi_1^2 + \xi_2^2 \neq 0$ erfüllt sein muß.

Analog garantiert bei beliebigem $n$ die Ungleichung

$$\sum_{i,k=1}^{n} F_{p_i p_k}(x_1, \ldots, x_n, p_1, \ldots, p_n)\,\xi_i\xi_k > 0 \qquad \left(p_k = \frac{\partial u}{\partial x_k}\right), \tag{285}$$

in der $\xi_1, \ldots, \xi_n$ willkürliche reelle Parameter sind, die nicht alle gleichzeitig verschwinden, daß die Lösung $u(x_1, \ldots, x_n)$ der Ostrogradskischen Gleichung

$$\sum_{i=1}^{n} \frac{\partial}{\partial x_i} \frac{\partial F(x_1, \ldots, x_n, u_{x_1}, \ldots, u_{x_n})}{\partial u_{x_i}} = 0$$

des Funktionals

$$J(u) = \int_B \cdots \int F(x_1, \ldots, x_n, p_1, \ldots, p_n)\,\mathrm{d}x_1 \ldots dx_n \qquad \left(p_k = \frac{\partial u}{\partial x_k}\right)$$

diesem Funktional im Vergleich zu allen glatten Funktionen, die auf dem Rand $l$ von $B$ mit $u$ identisch sind, ein Minimum erteilt.

Enthält der Integrand des Funktionals die Funktion $u(x_1, \ldots, x_n)$ explizit, so ist die Bedingung (285) durch die Ungleichung

$$\sum_{i,k=1}^{n} F_{p_i p_k} \xi_i \xi_k + 2 \sum_{i=1}^{n} F_{p_i u} \xi_i \xi_0 + F_{uu} \xi_0^2 > 0 \tag{286}$$

zu ersetzen, die für beliebige reelle $\xi_0, \xi_1, \ldots, \xi_n$ mit $\sum_{k=0}^{n} \xi_k^2 \neq 0$ zu gelten hat.

**108. Direkte Methoden der Variationsrechnung.** In den letzten Jahrzehnten sind Methoden zur Bestimmung des absoluten Extremums entwickelt worden, bei denen die Anwendung von Differentialgleichungen vermieden wird. Bei diesen Methoden wird versucht, die gesuchte Funktion, die dem Funktional einen absoluten Extremwert erteilt, mit Hilfe gewisser Grenzübergänge zu konstruieren; dabei geht man unmittelbar von dem Integral aus, dessen Extremum gesucht ist.

Dieses Problem ist, wie wir bereits mehrfach erwähnt haben, bedeutend schwieriger als das entsprechende Problem der Differentialrechnung. Bei diesem wissen wir durch den fundamentalen Satz von Weierstrass über stetige Funktionen, daß jede in einem abgeschlossenen Bereich stetige Funktion in einem Punkt dieses Bereiches wirklich ihren größten (oder kleinsten) Wert annimmt. In der Variationsrechnung gibt es keinen solchen einfachen Satz, folglich ist sogar die Existenz einer Lösung des Problems fraglich.

Es sei $J(y)$ ein Funktional der gesuchten Funktion $y(x)$; wir suchen diejenige Funktion, für die das Funktional in einer gewissen Klasse $D$ von Funktionen $y(x)$ seinen kleinsten Wert hat. Für jede Funktion $y(x)$ aus $D$ hat das Funktional $J$ einen bestimmten Zahlenwert. Für alle Funktionen der Klasse $D$ bilden somit die Werte des Funktionals $J$ eine unendliche Zahlenmenge. Es sei $d$ die untere Grenze dieser Zahlenmenge. Wir wissen nicht im voraus, ob in der Klasse $D$ eine Funktion $y(x)$ existiert, die unserem Funktional diesen kleinsten Wert $d$ erteilt; aber nach Definition der unteren Grenze können wir auf jeden Fall eine Folge von Funktionen $y_n(x)$ aus $D$ finden derart, daß die Zahlen $J(y_n)$ für unbeschränkt wachsendes $n$ den Grenzwert $d$ haben. Eine solche Folge von Funktionen $y_n(x)$ heißt Minimalfolge. Eine der Möglichkeiten für die direkten Methoden der Variationsrechnung besteht darin, ein Verfahren zur Konstruktion einer Minimalfolge anzugeben, aus der sich mit Hilfe eines Grenzübergangs die gesuchte Funktion ergibt, die unserem Funktional den kleinsten Wert erteilt. Gelingt es, das Problem auf diesem Wege zu lösen, so hat man zugleich die Lösung desjenigen Randwertproblems einer Differentialgleichung, das die notwendige Bedingung für den Extremwert des Funktionals ausdrückt. Diese Methode wird nicht nur beim Beweis der Existenz einer Lösung, sondern auch bei praktischen Rechnungen zu ihrer näherungsweisen Bestimmung angewendet. Der angegebene Gedankengang liegt dem bekannten Ritzschen Verfahren zur Lösung von Randwertproblemen zugrunde. Wir erwähnen, daß eine weitgehende Verallgemeinerung dieser Methode auf den Fall von Differentialgleichungen, die nicht mit der Variationsrechnung zusammenhängen, von B. G. Galerkin in „Westnik inshenerow i technikow", 1915 angegeben wurde. Die Arbeit von Ritz wurde im Jahre 1908 veröffentlicht (Journal für die reine und angew. Math. **135**).

Die theoretische Begründung der direkten Methoden führt insbesondere bei partiellen Differentialgleichungen naturgemäß zur Benutzung der Theorie der reellen Funktionen. Jetzt betrachten wir einige einfache Beispiele für die Anwendung der direkten Methoden. Wir kommen auf diesen Problemkreis in Kapitel III zurück.

Die Konvergenz der Verfahren von Ritz und Galerkin und das Problem der Fehlerabschätzung sind in einer Reihe von Arbeiten sowjetischer Mathematiker ausführlich untersucht worden.[1]) Eine Erörterung dieser Fragen und Literaturhinweise findet man

[1]) Vgl. weiterhin die Arbeit von E. Trefftz, Konvergenz und Fehlerabschätzung im Ritzschen Verfahren, Math. Ann. **100** (1928). — (Anm. d. Red.)

in dem Buch von L. W. Kantorowitsch und W. I. Krylow, Näherungsmethoden der höheren Analysis. Der Konvergenz der Verfahren von Ritz und Galerkin ist auch ein bedeutender Teil des Buches von S. G. Michlin, Variationsmethoden der mathematischen Physik, gewidmet.

Eine theoretische Behandlung der direkten Methoden im Zusammenhang mit Existenzsätzen für die zugehörigen Extremalfunktionen und mit der Untersuchung ihrer Eigenschaften ist in der Monographie von S. L. Sobolew, Einige Anwendungen der Funktionalanalysis auf Gleichungen der mathematischen Physik, zu finden.

**109. Beispiel.** Wir betrachten das Funktional

$$J(y) = \int_0^l [p(x)\, y'^2 + q(x)\, y^2 + 2f(x)\, y]\, dx \tag{287}$$

aus [**105**] und suchen seinen kleinsten Wert in der in [**105**] eingeführten Klasse $D$ unter den homogenen Randbedingungen

$$y(0) = y(l) = 0\,, \tag{288}$$

wobei wir wiederum $p(x) > 0$ und $q(x) \geqq 0$ annehmen.

Wir wissen, daß die Lösung dieses Problems auf eine Funktion führt, die der Differentialgleichung (258) und den Randbedingungen (288) genügt. Es sei

$$u_1(x),\ u_2(x),\ \ldots \tag{289}$$

eine Folge von Funktionen, die im Intervall $[0, l]$ nebst ihrer ersten Ableitung stetig sind, den Bedingungen (288) genügen und linear unabhängig sind.

Wir bilden eine Linearkombination aus den ersten $n$ Funktionen unserer Folge mit einstweilen unbestimmten konstanten Koeffizienten, $y_n = a_1^{(n)} u_1 + \ldots + a_n^{(n)} u_n$, und setzen sie in das Integral (287) ein. Nach Ausführung der Quadraturen erhalten wir

$$J_n = J(y_n) = \sum_{i,j=1}^{n} \alpha_{ij} a_i^{(n)} a_j^{(n)} + \sum_{i=1}^{n} \beta_i a_i^{(n)} \qquad (\alpha_{ij} = \alpha_{ji})\,. \tag{290}$$

Wir bestimmen die Koeffizienten $a_i^{(n)}$ aus den notwendigen Bedingungen für einen Extremwert von $J_n$, d. h., wir setzen die partiellen Ableitungen von $J_n$ nach den $a_i^{(n)}$ gleich 0. Auf diese Weise erhalten wir die $n$ linearen Gleichungen

$$\sum_{k=1}^{n} \alpha_{ik} a_k^{(n)} + \frac{1}{2} \beta_i = 0 \qquad (i = 1, \ldots, n) \tag{291}$$

zur Bestimmung der $a_i^{(n)}$.

Die Determinante dieses Gleichungssystems ist zugleich die Diskriminante der quadratischen Form, die im Ausdruck (290) auftritt und durch Integration des Ausdrucks $py_n'^2 + qy_n^2$ entstanden ist. Auf Grund unserer Voraussetzungen ist diese quadratische Form positiv definit. Sie ist in der Tat dann und nur dann 0, wenn $y_n = 0$ ist, und dies führt uns wegen der linearen Unabhängigkeit der Funktionen $u_k(x)$ darauf, daß alle Koeffizienten $a_k^{(n)}$ gleich 0 sind. Nun ist die Diskriminante einer positiv definiten quadratischen Form als Produkt ihrer Eigenwerte sicher positiv. Damit ist die Determinante des Gleichungssystems (291) von 0 verschieden; wir finden also aus diesem System wohlbestimmte Werte für die $a_i^{(n)}$ und können mit ihnen eine $n$-te Näherung $y_n(x)$ bilden. Wir bemerken, daß sich bei Vergrößerung der Zahl $n$ die Werte der bereits berechneten Koeffizienten im allgemeinen ändern. Deshalb haben wir bei diesen Koeffizienten noch einen oberen Index angeführt, der den Grad der Näherung angibt.

Da die quadratische Form, die im Ausdruck (290) auftritt, positiv definit ist und das Gleichungssystem (291) eine eindeutige Lösung hat, läßt sich beweisen, daß die Lösung $(a_1^{(n)}, \ldots, a_n^{(n)})$ dieses Gleichungssystems dem Ausdruck (290) den kleinsten Wert erteilt. Bei Vergrößerung der Zahl $n$ wird der kleinste Wert des Funktionals in bezug auf eine umfangreichere Funktionenklasse bestimmt; daher gilt sicher

$$J(y_q) \leqq J(y_p) \quad \text{für} \quad q > p\,. \tag{292}$$

Außerdem gilt für jede Linearkombination

$$z(x) = \sum_{k=1}^{m} a_k u_k(x) \tag{293}$$

der Funktionen (289) die Ungleichung [**105**]

$$J(z) \geqq J(y_0)\,.$$

Wir zeigen nun, daß unter bestimmten Voraussetzungen in bezug auf das Funktionensystem (289) die Funktionen $y_n(x)$ gleichmäßig im Intervall $[0, l]$ gegen die Funktion $y_0(x)$ streben.

Zunächst formulieren wir diese Voraussetzungen. Für eine beliebige Funktion $y(x)$, die nebst ihrer Ableitung im Intervall $[0, l]$ stetig ist, soll bei beliebig vorgegebenem positivem $\varepsilon$ eine endliche Linearkombination (293) von Funktionen der Folge (289) existieren, für die die Ungleichungen

$$\left| y(x) - \sum_{k=1}^{m} a_k u_k(x) \right| \leqq \varepsilon, \qquad \left| y'(x) - \sum_{k=1}^{m} a_k u_k'(x) \right| \leqq \varepsilon \qquad (0 \leqq x \leqq l) \tag{294}$$

erfüllt sind. Wir zeigen zunächst, daß

$$J(y_n) \to J(y_0) \tag{295}$$

gilt. Wegen [**105**] ist

$$J(y_n) \geqq J(y_0) \qquad (n = 1, 2, 3, \ldots)\,. \tag{296}$$

Wenn wir die Ungleichungen (294) auf die Funktion $y(x) = y_0(x)$ anwenden und benutzen, daß $\varepsilon$ willkürlich ist, können wir beweisen, daß bei beliebig vorgegebenem positivem $\delta$ eine Linearkombination (293) von Funktionen der Folge (289) existiert, für die $J(z) - J(y_0) \leqq \delta$ ist. Weiterhin gilt nach Konstruktion der Funktionen $y_m(x)$ die Ungleichung $J(y_m) - J(y_0) \leqq \delta$, und aus (292) folgt $J(y_n) - J(y_0) \leqq \delta$ für $n \geqq m$. Da die positive Zahl $\delta$ willkürlich gewählt werden kann, ergibt sich daraus schließlich (295). Weiterhin gilt, wie sich leicht zeigen läßt,

$$J(y_n) - J(y_0) = 2 \int_0^l [p y_0' (y_n' - y_0') + q y_0 (y_n - y_0) + f(y_n - y_0)]\, dx$$
$$+ \int_0^l [p(y_n' - y_0')^2 + q(y_n - y_0)^2]\, dx\,.$$

Formen wir das erste Integral durch partielle Integration um und beachten, daß $y = y_n - y_0$ den Bedingungen (288) genügt, so erhalten wir

$$\int_0^l \left[ -\frac{d}{dx}(p y_0') + q y_0 + f \right] (y_n - y_0)\, dx = 0\,.$$

Mithin gilt

$$J(y_n) - J(y_0) = \int_0^l [p(y_n' - y_0')^2 + q(y_n - y_0)^2]\, dx$$

und damit

$$J(y_n) - J(y_0) \geqq \int_0^l p(y_n' - y_0')^2\, dx\,. \tag{297}$$

Bezeichnen wir mit $a$ den kleinsten Wert der positiven Funktion $p(x)$ im Intervall $[0, l]$, so erhalten wir aus (297) die Ungleichung

$$\int_0^l (y_n' - y_0')^2\, dx \leqq \frac{J(y_n) - J(y_0)}{a}\,. \tag{298}$$

Weiterhin ist nach der Bunjakowskischen Ungleichung

$$|y_n - y_0|^2 = \left| \int_0^x (y_n' - y_0')\, dx \right|^2 \leqq \int_0^x (y_n' - y_0')^2\, dx \int_0^x 1^2\, dx \leqq l \int_0^l (y_n' - y_0')^2\, dx;$$

mit (298) ergibt sich also

$$|y_n(x) - y_0(x)| \leqq \sqrt{\frac{l}{a}} \cdot \sqrt{J(y_n) - J(y_0)} \qquad (0 \leqq x \leqq l),$$

woraus wegen (295) folgt, daß im Intervall $[0, l]$ gleichmäßig $y_n(x) \to y_0(x)$ gilt.

Wir beweisen, daß für die Funktionen

$$u_k(x) = \sin\frac{k\pi x}{l} \qquad (k = 1, 2, 3, \ldots), \tag{299}$$

die den Bedingungen (288) genügen, auch die Bedingungen (294) erfüllt sind.

Wir setzen die Funktion $y'(x)$, die im Intervall $[0, l]$ vorgegegen ist, in das Intervall $[-l, 0]$ als gerade Funktion fort. Bei beliebig vorgegebenem positivem $\eta$ läßt sich ein trigonometrisches Polynom

$$T(x) = c_0 + \sum_{k=1}^{m} c_k \cos\frac{k\pi x}{l}$$

konstruieren, für das [**II, 168**]

$$|y'(x) - T(x)| \leqq \eta \qquad (-l \leqq x \leqq +l) \tag{300}$$

gilt mit

$$c_0 = \frac{1}{l} \int_0^l T(x)\, dx.$$

Aus (300) ergibt sich $T(x) = y'(x) + f(x)$ mit $|f(x)| \leqq \eta$; folglich erhalten wir unter Berücksichtigung von $y(0) = y(l) = 0$

$$c_0 = \frac{1}{l} \int_0^l f(x)\, dx$$

und damit $|c_0| \leqq \eta$. Aus (300) folgt jetzt

$$\left| y'(x) - \sum_{k=1}^{m} c_k \cos\frac{k\pi x}{l} \right| \leqq \eta + |c_0| \leqq 2\eta.$$

Durch Integration von 0 bis $x$ ergibt sich

$$\left| y(x) - \sum_{k=1}^{m} \frac{l}{k\pi} c_k \sin\frac{k\pi x}{l} \right| \leqq 2\eta l.$$

Wählen wir $\eta = \frac{\varepsilon}{2(l+1)}$, so finden wir schließlich, daß die Linearkombination

$$\sum_{k=1}^{m} \frac{l}{k\pi} c_k \sin\frac{k\pi x}{l}$$

der Funktionen (299) den Bedingungen (294) genügt.

Wenn man den Satz über die Approximation einer stetigen Funktion durch Polynome benutzt, kann man in analoger Weise zeigen, daß die Funktionen

$$u_k(x) = (l - x)\, x^k \qquad (k = 1, 2, 3, \ldots)$$

ebenfalls den Bedingungen (294) genügen. Sie alle erfüllen offenbar die Bedingungen (288).

# III. Ergänzungen zur Theorie der Funktionenräume $L_1$ und $L_2$. Verallgemeinerte Ableitungen. Ein Minimalproblem für quadratische Funktionale

**110. Mittelung von Funktionen aus $L_1$ und $L_2$.** In diesem Kapitel beschäftigen wir uns mit einigen Fragen der Theorie der Funktionen reeller Veränderlicher, die im wesentlichen mit den Funktionenräumen $L_1$ und $L_2$ zusammenhängen, über die wir in Teil II [**161–163**] und am Anfang dieses Buches [**22, 23, 62**] bereits gesprochen haben. Am Ende des Kapitels wird eine Variationsaufgabe für ein Funktional betrachtet, das partielle Ableitungen enthält. Dabei wird die Definition der partiellen Ableitungen selbst wesentlich verändert (verallgemeinerte Ableitungen). Im folgenden seien alle auftretenden Funktionen reell. Wir beginnen mit einem Mittelungsprozeß für beliebige Funktionen $f(P)$ aus $L_1$ oder $L_2$. Dieser Prozeß wird uns die Möglichkeit eröffnen, Funktionen zu konstruieren, die Ableitungen jeder Ordnung besitzen und $f(P)$ in der Metrik von $L_1$ bzw. $L_2$ beliebig nahe kommen.

Zuerst definieren wir den „mittelnden Kern". Zu diesem Zweck führen wir die folgende Funktion einer reellen Veränderlichen ein:

$$\omega(t)=\begin{cases} c\mathrm{e}^{1/(t^2-1)} & \text{für} \quad t^2<1\,, \\ 0 & \text{für} \quad t^2\geqq 1\,, \end{cases} \tag{1}$$

wobei die Konstante $c$ weiter unten festgelegt wird. Die Frage nach der Stetigkeit der Funktion $\omega$ und ihrer Ableitungen entsteht nur bei $t=\pm 1$. Wenn $t^2$ von links gegen 1 strebt, gilt $\frac{1}{t^2-1}\to -\infty$ und $\omega(t)\to 0$. Die Ableitung jeder beliebigen Ordnung der Funktion $\omega(t)$ nach $t$ hat für $t^2<1$ offenbar die Gestalt

$$\frac{P(t)}{(t^2-1)^\alpha}\,\mathrm{e}^{1/(t^2-1)}\,,$$

wobei $P(t)$ ein gewisses Polynom ist und $\alpha$ eine ganze positive Zahl. Lassen wir wieder $t^2$ von links gegen 1 streben, so erkennen wir, wenn wir den Grenzwert des unbestimmten Ausdrucks ermitteln, daß $(t^2-1)^{-\alpha}\mathrm{e}^{1/(t^2-1)}$ gegen 0 konvergiert. Wir sehen auf diese Weise, daß die Funktion $\omega(t)$ für $-\infty<t<\infty$ Ableitungen jeder beliebigen Ordnung besitzt.

Im folgenden gehen wir vom Raum $R^m$ mit den kartesischen Koordinaten $x_1, x_2, \ldots, x_m$ aus. Die Punkte dieses Raumes bezeichnen wir oft nur durch einen Buchstaben $x$ oder $y(y_1, \ldots, y_m)$ usw. Den Abstand zwischen zwei Punkten $x$ und $y$ aus $R^m$ bezeichnen wir mit

$$|x-y|=\sqrt{(x_1-y_1)^2+\ldots+(x_m-y_m)^2}\,.$$

Wir fixieren nun einen beliebigen Punkt aus $R^m$, etwa den Punkt $y$, sowie eine positive Zahl $h>0$ und betrachten die Funktion $\omega\left(\frac{|x-y|}{h}\right)$. Diese Funktion ist im ganzen Raum $R^m$ stetig und besitzt dort stetige partielle Ableitungen nach $x_k$, $k=1, \ldots, m$, jeder beliebigen Ordnung. Sie ist nur in der Kugel mit dem Radius $h$ und dem Mittelpunkt in $y$ von 0 verschieden. Die Konstante $c$ legen wir nun durch die Bedingung

$$c \int_{|x|<1} e^{1/(|x|^2-1)}\, dx = 1 \qquad (dx = dx_1 \ldots dx_m) \tag{2}$$

fest.

Die Funktion $u(x)$ sei auf dem beschränkten Gebiet $\mathfrak{D}$ oder allgemeiner auf einer beschränkten offenen Menge summierbar. In diesem Fall schreiben wir $u \in L_1(\mathfrak{D})$. Ganz analog kennzeichnet $x \in \mathfrak{E}$, daß der Punkt $x$ zur Menge $\mathfrak{E}$ gehört. Wenn $u(x)$ nicht zu $L_1(\mathfrak{D})$ oder $x$ nicht zu $\mathfrak{E}$ gehört, schreiben wir $u \notin L_1(\mathfrak{D})$ bzw. $x \notin \mathfrak{E}$. Wir setzen $u(x)$ außerhalb von $\mathfrak{D}$ durch 0 fort, d. h., wir definieren $u(x)=0$, wenn $x$ nicht in $\mathfrak{D}$ liegt, und führen die Funktion $u_h(x)$ $(h>0)$ – die sogenannte Mittelfunktion von $u(x)$ – ein:

$$u_h(x) = \frac{1}{h^m} \int \omega\left(\frac{|x-y|}{h}\right) u(y)\, dy \qquad (dy = dy_1 \ldots dy_m)\,. \tag{3}$$

Hier und im folgenden bedeutet, wenn der Integrationsbereich nicht angegeben ist, daß die Integration über den ganzen $R^m$ erfolgt. Tatsächlich erstreckt sich im Integral (3) der Integrationsbereich aber nur über die Kugel mit dem Mittelpunkt $x$ und dem Radius $h$, da außerhalb dieser Kugel der Integrand verschwindet, und die Funktionswerte $u_h(x)$ werden nur durch die Werte der Funktion $u(y)$ in der angegebenen Kugel bestimmt.

Insbesondere ist $u_h(x)=0$, wenn $x$ außerhalb $\mathfrak{D}$ liegt und der Abstand von $x$ bis zum Rand des Gebietes $\mathfrak{D}$ nicht kleiner als $h$ ist, da ja $u(x)$ außerhalb von $\mathfrak{D}$ durch 0 fortgesetzt wurde. Wir erwähnen noch, daß auf Grund der Normierung (2)

$$\frac{1}{h^m} \int \omega\left(\frac{|x-y|}{h}\right) dy = 1 \tag{4}$$

gilt. Zum Beweis dafür genügt es, die Transformation $y_k - x_k = h z_k$ $(k=1, 2, \ldots, m)$ der Integrationsvariablen auszuführen.

**111. Eigenschaften der Mittelfunktionen.** Wir beweisen nun eine Reihe von Eigenschaften der Mittelfunktionen.

1. Ist $u(x)$ in $\mathfrak{D}$ beschränkt, so gilt

$$\sup_{x \in R^m} |u_h(x)| = \sup_{y \in \mathfrak{D}} |u(y)|\,. \tag{5}$$

Das folgt unmittelbar aus der Ungleichung

$$|u_h(x)| \leqq \frac{1}{h^m} \sup_{y \in \mathfrak{D}} |u(y)| \int \omega\left(\frac{|x-y|}{h}\right) dy = \sup_{y \in \mathfrak{D}} |u(y)|\,.$$

2. Die Funktion $u_h(x)$ besitzt Ableitungen beliebiger Ordnung nach den $x_k$ $(k=1, 2, \ldots, m)$, welche durch die Formel

$$\frac{\partial^l u_h(x)}{\partial x_1^{\alpha_1} \ldots \partial x_m^{\alpha_m}} = \frac{1}{h^m} \int \frac{\partial^l}{\partial x_1^{\alpha_1} \ldots \partial x_m^{\alpha_m}}\, \omega\left(\frac{|x-y|}{h}\right) u(y)\, dy \tag{6}$$

mit $\alpha_1 + \ldots + \alpha_m = l$ gegeben sind.

Der mittelnde Kern besitzt Ableitungen beliebiger Ordnung nach $x(x_1, \ldots, x_m)$ im ganzen $R^m$, die nur in der Kugel mit dem Zentrum $x$ und dem Radius $h$ von 0 verschieden sein können. Der Einfachheit halber betrachten wir lediglich die erste Ableitung von $u_h(x)$ nach $x_1$. Den Quotienten $\frac{u_h(x+\Delta x_1)-u_h(x)}{\Delta x_1}$ schreiben wir in der Form

$$\frac{1}{h^m}\int \frac{1}{\Delta x_1}\left[\omega\left(\frac{|x-y|}{h}\right)\bigg|_{(x_1+\Delta x_1, x_2, \ldots, x_m)} - \omega\left(\frac{|x-y|}{h}\right)\bigg|_{(x_1,\ldots,x_m)}\right] u(y)\,\mathrm{d}y\,.$$

Drückt man die Differenz in den eckigen Klammern durch die Formel von LAGRANGE aus, d. h. durch den Mittelwertsatz der Differentialrechnung, so nimmt der Faktor von $u(y)$ im Integranden die Gestalt

$$\frac{\partial}{\partial x_1}\,\omega\left(\frac{|x-y|}{h}\right)\bigg|_{(x_1+\theta\Delta x_1, x_2, \ldots, x_m)}$$

an. Unter dem Integralzeichen steht also dieser Ausdruck mit $0<\theta<1$, der für alle angegebenen $\theta$ und beliebige $\Delta x_1$ gleichmäßig beschränkt ist, multipliziert mit der Funktion $u(y)$ aus $L_1$. Somit besitzt der absolute Betrag des Integranden eine obere Schranke $c|u(y)|$, und wir können den Grenzübergang $\Delta x_1 \to 0$ unter dem Integral ausführen [**II, 109**; Satz 1], da $c|u(y)|$ für eine beliebige Konstante $c$ eine summierbare Funktion ist. Das führt zur Formel (6) im Fall der ersten Ableitung von $u_h(x)$ nach $x_1$. Die allgemeine Formel (6) kann analog bewiesen werden.

3. Für beliebige $u \in L_1(R^m)$ besteht die Beziehung

$$u_h(x)-u(x)=\frac{1}{h^m}\int \omega\left(\frac{|x-y|}{h}\right)[u(y)-u(x)]\,\mathrm{d}y\,, \tag{7}$$

da nach Definition

$$\frac{1}{h^m}\int \omega\left(\frac{|x-y|}{h}\right)u(y)\,\mathrm{d}y = u_h(x)$$

ist und auf Grund von (2)

$$\frac{1}{h^m}\int \omega\left(\frac{|x-y|}{h}\right)u(x)\,\mathrm{d}y = u(x)\,\frac{1}{h^m}\int \omega\left(\frac{|x-y|}{h}\right)\mathrm{d}y = u(x)$$

gilt.

Bevor wir zum Beweis der folgenden Eigenschaft von Mittelfunktionen kommen, formulieren wir ein Ergebnis für summierbare Funktionen, das aber erst in Teil V bewiesen wird. Es sei $u(x) \in L_1(\mathfrak{D})$, wobei $\mathfrak{D}$ wie oben eine beschränkte offene Menge ist. Wir setzen $u(x)$ außerhalb $\mathfrak{D}$ durch 0 fort. Dann besteht folgende Eigenschaft, die *Stetigkeit im Mittel* genannt wird: Für jedes beliebige gegebene $\varepsilon>0$ existiert ein $\delta>0$ derart, daß $\int_{\mathfrak{D}} |u(x+y)-u(x)|\,\mathrm{d}x \leqq \varepsilon$ für alle $|y| \leqq \delta$ ist, d. h.

$$\|u(x+y)-u(x)\|_{L_1(\mathfrak{D})} \leqq \varepsilon \quad \text{für} \quad |y| \leqq \delta\,. \tag{8}$$

Analog gilt im Fall $u(x) \in L_2(\mathfrak{D})$, daß zu beliebigem $\varepsilon>0$ ein $\delta>0$ existiert mit

$$\|u(x+y)-u(x)\|_{L_2(\mathfrak{D})} \leqq \varepsilon \quad \text{für} \quad |y| \leqq \delta\,. \tag{9}$$

4. Ist $u(x) \in L_1(\mathfrak{D})$, so besteht die Beziehung

$$\int_{\mathfrak{D}} |u_h(x)-u(x)|\,\mathrm{d}x \to 0 \quad \text{für} \quad h \to 0\,, \tag{10}$$

d. h., die Mittelfunktionen $u_h(x)$ streben mit $h \to 0$ in der Metrik von $L_1(\mathfrak{D})$ gegen

$u(x)$. Ist $u(x) \in L_2(\mathfrak{D})$, so gilt

$$\int_{\mathfrak{D}} |u_h(x) - u(x)|^2 \, dx \to 0 \quad \text{für} \quad h \to 0 \,. \tag{11}$$

Wir führen den Beweis für den etwas komplizierteren Fall $u \in L_2(\mathfrak{D})$. Aus (7) und der Bunjakowskischen Ungleichung folgt

$$|u_h(x) - u(x)|^2 \leqq \frac{1}{h^{2m}} \int_{|y-x| \leqq h} |u(y) - u(x)|^2 \, dy \int \omega^2 \left(\frac{|x-y|}{h}\right) dy \,.$$

Der Integrationsbereich des zweiten Integrals soll dabei derselbe wie im ersten sein. Im zweiten Integral setzen wir $\frac{x-y}{h} = z$ und erhalten

$$\int \omega^2 \left(\frac{|x-y|}{h}\right) dy = h^m \int \omega^2(z) \, dz = c_1 h^m \,,$$

woraus sich

$$|u_h(x) - u(x)|^2 \leqq \frac{c_1}{h^m} \int_{|y-x| \leqq h} |u(y) - u(x)|^2 \, dy$$

ergibt oder, wenn wir noch $y - x = y'$ substituieren,

$$|u_h(x) - u(x)|^2 \leqq \frac{c_1}{h^m} \int_{|y'| \leqq h} |u(x+y') - u(x)|^2 \, dy' \,.$$

Diese Ungleichung integrieren wir über $\mathfrak{D}$ und wenden den Satz von Fubini an **[II, 110]**:

$$\int_{\mathfrak{D}} |u_h(x) - u(x)|^2 \, dx \leqq \frac{c_1}{h^m} \int_{|y'| \leqq h} dy' \int_{\mathfrak{D}} |u(x+y') - u(x)|^2 \, dx \,.$$

Nutzen wir nun die Stetigkeit im Mittel, so existiert zu jedem gegebenen $\varepsilon > 0$ ein $h > 0$ mit

$$\int_{\mathfrak{D}} |u(x+y') - u(x)|^2 \, dx \leqq \varepsilon^2 \quad \text{für} \quad |y'| \leqq h \,.$$

Somit gilt

$$\int_{\mathfrak{D}} |u_h(x) - u(x)|^2 \, dx \leqq \frac{c_1 \varepsilon^2}{h^m} \int_{|y'| \leqq h} dy' = c_1 c_2 \varepsilon^2 \,,$$

wobei $c_2$ das Volumen der Einheitskugel im $R^m$ bezeichnet. Da $\varepsilon$ beliebig gewählt werden kann, folgt hieraus (11).

Die Beziehung (10) läßt sich für Funktionen aus $L_1(\mathfrak{D})$ einfacher beweisen, da man in diesem Fall die Bunjakowskische Ungleichung nicht anwenden muß. Sie folgt, wenn man unmittelbar von der Ungleichung

$$|u_h(x) - u(x)| \leqq \frac{c_1}{h^m} \int_{|y'| \leqq h} |u(x+y') - u(x)| \, dy'$$

ausgeht und den Satz von Fubini sowie die Eigenschaft der Stetigkeit im Mittel der Funktionen aus $L_1(\mathfrak{D})$ benutzt. Alles oben Gesagte bleibt auch in dem Fall gültig, wenn $\mathfrak{D}$ ein beschränkter abgeschlossener Bereich oder allgemeiner eine beschränkte meßbare Menge ist.

**112. Finite, unendlich oft differenzierbare Funktionen.** Funktionen, die im gesamten Raum $R^m$ definiert und in allen hinreichend weit vom Koordinatenursprung entfernt liegenden Punkten des $R^m$ verschwinden, d. h. in Punkten $x$ mit $|x|>M$, wobei $M$ eine gewisse positive Zahl ist, nennt man üblicherweise *finite* Funktionen im $R^m$. Die Klasse der im $R^m$ finiten, unendlich oft differenzierbaren Funktionen bezeichnet man mit $C_0^\infty(R^m)$. Die Zahl $M$ kann natürlich für verschiedene Funktionen $u(x)$ dieser Klasse unterschiedlich sein. Wir betrachten eine im ganzen Raum $R^m$ summierbare Funktion $u(x)$, d. h., $u(x)$ sei aus $L_1(R^m)$. Mit $u_{(M)}(x)$ bezeichnen wir jene Funktion, die in der Kugel $|x|<M$ mit $u(x)$ übereinstimmt und in allen anderen Punkten des $R^m$ verschwindet. Wegen $u\in L_1(R^m)$ gilt

$$\int |u(x)-u_{(M)}(x)|\,dx=\int_{|x|>M} |u(x)|\,dx\to 0 \quad \text{für} \quad M\to\infty .$$

Wir führen jetzt die Mittelfunktion $u_{(M)h}(x)$ mit $h<1$ ein. Nach [111] ist $u_{(M)h}(x)$ unendlich oft differenzierbar und verschwindet für $|x|>M+1$, d. h., $u_{(M)h}(x)$ gehört zu $C_0^\infty(R^m)$. Außerdem gilt

$$\int_{|x|<M+1} |u_{(M)}(x)-u_{(M)h}(x)|\,dx\to 0 \quad \text{für} \quad h\to 0 .$$

Fixieren wir ein beliebiges $\varepsilon>0$ und wählen ein entsprechendes $M$ mit

$$\int |u(x)-u_{(M)}(x)|\,dx<\frac{\varepsilon}{2},$$

so gilt für hinreichend kleine $h$ auch die Ungleichung

$$\int |u_{(M)}(x)-u_{(M)h}(x)|\,dx=\int_{|x|<M+1} |u_{(M)}(x)-u_{(M)h}(x)|\,dx<\frac{\varepsilon}{2} .$$

Daraus folgt

$$\|u-u_{(M)h}\|_{L_1(R^m)}=\int |u(x)-u_{(M)h}(x)|\,dx<\varepsilon .$$

Dies bedeutet aber die Approximierbarkeit der Funktion $u(x)$ durch Funktionen $u_{(M)h}(x)$ der Funktionenklasse $C_0^\infty(R^m)$ in der Norm des Raumes $L_1(R^m)$. Analog beweist man, wenn $u(x)\in L_2(R^m)$ ist,

$$\|u-u_{(M)h}\|_{L_2(R^m)}\to 0 \quad \text{für} \quad M\to\infty,\ h\to 0 .$$

Damit können wir den folgenden Satz als bewiesen ansehen.

Satz 1. *Die Funktionenklasse $C_0^\infty(R^m)$ ist in den Räumen $L_1(R^m)$ und $L_2(R^m)$ dicht.*

Wir wenden uns wieder dem zuvor betrachteten beschränkten Gebiet $\mathfrak{D}$ zu und führen die Klasse $C_0^\infty(\mathfrak{D})$ der in $\mathfrak{D}$ finiten Funktionen ein. Das sind diejenigen Funktionen aus $C_0^\infty(R^m)$, für die die offene Menge der Punkte $x$, in denen $|u(x)|>0$ gilt, gemeinsam mit ihrer abgeschlossenen Hülle in $\mathfrak{D}$ liegt. Hierüber beweisen wir den folgenden

Satz 2. *Die Funktionenklasse $C_0^\infty(\mathfrak{D})$ ist in $L_2(\mathfrak{D})$ und $L_1(\mathfrak{D})$ dicht.*

Mit $\mathfrak{D}_\delta$ bezeichnen wir die Menge derjenigen Punkte von $\mathfrak{D}$, deren Abstand bis zum Rand $S$ der offenen Menge $\mathfrak{D}$ größer als $\delta$ ist [II, 92]: $\varrho(x, S)>\delta$. Man zeigt leicht, daß $S$ eine abgeschlossene und $\mathfrak{D}_\delta$ eine offene Menge ist. Es sei $\tau_\delta(x)$ die charakteristische Funktion der Menge $\mathfrak{D}_\delta$, d. h. $\tau_\delta(x)=1$ für $x\in\mathfrak{D}_\delta$ und $\tau_\delta(x)=0$ für $x\notin\mathfrak{D}_\delta$. Wir bezeichnen mit $\sigma_\delta(x)$ die Mittelfunktion von $\tau_{2\delta}(x)$ mit dem Mittelungsradius $h=\delta$. Diese Funktion besitzt folgende Eigenschaften: 1. $\sigma_\delta(x)$ ist im

$R^m$ beliebig oft differenzierbar; 2. $\sigma_\delta(x)=0$ für $\varrho(x, S)\leqq\delta$, da für diese Punkte $x$ die Kugel mit dem Radius $\delta$, über die die Mittelung erfolgt, einen leeren Durchschnitt mit $\mathfrak{D}_{2\delta}$ besitzt; 3. $\sigma_\delta(x)=1$ in $\mathfrak{D}_{3\delta}$, weil in den Punkten von $\mathfrak{D}_{3\delta}$ die erwähnte Kugel in $\mathfrak{D}_{2\delta}$ liegt, wo $\tau_{2\delta}(x)=1$ gilt; 4. $0\leqq\sigma_\delta(x)\leqq 1$. Das folgt aus der Tatsache, daß $\tau_{2\delta}(x)$ und der Kern der Mittelung $\omega\left(\frac{|x-y|}{\delta}\right)$ nichtnegativ sind, sowie aus der Eigenschaft 1 des vorhergehenden Abschnitts.

Es sei $v(x)\in C_0^\infty(R^m)$. Für das Produkt $v(x)\,\sigma_\delta(x)$ gilt $v(x)\,\sigma_\delta(x)\in C_0^\infty(\mathfrak{D})$ und $v(x)\,\sigma_\delta(x)=v(x)$ für $x\in\mathfrak{D}_{3\delta}$. Wir betrachten die Abschätzung des Integrals

$$\int_{\mathfrak{D}} |v(x)\,\sigma_\delta(x)-v(x)|^2\,\mathrm{d}x=\int_{\mathfrak{D}} |v(x)|^2\,(1-\sigma_\delta(x))^2\,\mathrm{d}x$$

$$\leqq \int_{\mathfrak{D}\setminus\mathfrak{D}_{3\delta}} |v(x)|^2\,\mathrm{d}x\leqq\sup_{x\in\mathfrak{D}}|v(x)|^2\,m(\mathfrak{D}\setminus\mathfrak{D}_{3\delta})\,,$$

wobei $m$ das Lebesguesche Maß bezeichnet. Ein beliebiger Punkt $x\in\mathfrak{D}$ liegt bei hinreichend kleinem $\delta$ auch in $\mathfrak{D}_{3\delta}$, so daß folglich $m(\mathfrak{D}\setminus\mathfrak{D}_{3\delta})\to 0$ strebt mit $\delta\to 0$. Aus der vorangehenden Ungleichung erhalten wir damit $\|v(x)\,\sigma_\delta(x)-v(x)\|_{L_2(\mathfrak{D})}\to 0$.

Wir setzen nun $u(x)\in L_2(\mathfrak{D})$ voraus. Auf Grund des oben Gesagten existiert bei gegebenem $\varepsilon>0$ eine solche Funktion $v(x)$ aus $C_0^\infty(R^m)$, daß $\|u-v\|\leqq\frac{\varepsilon}{2}$ ist. Weiterhin existiert für die ausgewählte Funktion $v(x)$ ein solch kleines $\delta>0$, daß $\|v-v\sigma_\delta\|\leqq\frac{\varepsilon}{2}$ und folglich insgesamt $\|u-v\sigma_\delta\|\leqq\|u-v\|+\|v-v\sigma_\delta\|\leqq\varepsilon$ gilt. Damit ist gezeigt, daß die Funktionenklasse $C_0^\infty(\mathfrak{D})$ in $L_2(\mathfrak{D})$ dicht ist. Analog beweist man die Dichtheit von $C_0^\infty(\mathfrak{D})$ in $L_1(\mathfrak{D})$.

**113. Verallgemeinerte Ableitungen.** Wir führen jetzt einen neuen Begriff der partiellen Ableitung ein, der eine breite Anwendung besitzt. In **[II, 66]** wurde die Formel ($31_1$) der partiellen Integration für das dreifache Integral

$$\iiint_{\mathfrak{D}} \varphi\,\frac{\partial\psi}{\partial z}\,\mathrm{d}v=-\iiint_{\mathfrak{D}}\psi\,\frac{\partial\varphi}{\partial z}\,\mathrm{d}v+\iint_S \varphi\psi\cos(n, z)\,\mathrm{d}S \tag{12}$$

angeführt. Eine analoge Formel besteht auch für mehrfache Integrale beliebiger Vielfachheit bei entsprechender Definition von $\cos(n, z)$. Erwähnt sei noch, daß beispielsweise mit einer in $\mathfrak{D}$ finiten Funktion $\varphi(x)$ das Integral über $S$ verschwindet und die Formel (12) die Gestalt

$$\iiint_{\mathfrak{D}} \varphi\,\frac{\partial\psi}{\partial z}\,\mathrm{d}v=-\iiint_{\mathfrak{D}}\frac{\partial\varphi}{\partial z}\,\psi\,\mathrm{d}v \tag{13}$$

annimmt. Kurz gesagt, man kann in diesem Fall die Differentiation von dem einen Faktor $\psi$ auf den anderen $\varphi$ übertragen, wobei sich das Vorzeichen des Integrals ändert. Wir betrachten nun eine beliebige Ableitung $l$-ter Ordnung:

$$\mathrm{D}^l\varphi=\frac{\partial^l\varphi}{\partial x_1^{l_1}\ldots\partial x_m^{l_m}}\qquad(l_1+l_2+\ldots+l_m=l)\,.$$

Besitzen die Funktionen $\varphi(x)$ und $u(x)$ innerhalb von $\mathfrak{D}$ stetige partielle Ableitungen bis zur Ordnung $l$ und ist die Funktion $\varphi(x)$ in $\mathfrak{D}$ finit, so gilt die Formel der partiellen Ableitung

$$\int_{\mathfrak{D}} [D^l\varphi(x)]\, u(x)\, dx = (-1)^l \int_{\mathfrak{D}} \varphi(x)\, D^l u(x)\, dx\,. \tag{14}$$

Diese Formel ist die Grundlage für den Begriff der verallgemeinerten Ableitung.

Definition 1. Es seien $u(x)$, $u^*(x) \in L_2(\mathfrak{D})$, und für beliebige $\varphi(x) \in C_0^\infty(\mathfrak{D})$ gelte

$$\int_{\mathfrak{D}} u(x)\, D^l\varphi(x)\, dx = (-1)^l \int_{\mathfrak{D}} \varphi(x)\, u^*(x)\, dx\,. \tag{15}$$

Dann heißt $u^*(x)$ *verallgemeinerte Ableitung vom Typ* $D^l$ *im Gebiet* $\mathfrak{D}$.

Wir zeigen zuerst, daß die verallgemeinerte Ableitung bis auf eine zu 0 äquivalente Funktion eindeutig bestimmt ist. Dazu nehmen wir an, daß noch eine weitere verallgemeinerte Ableitung $u_1^* \in L_2(\mathfrak{D})$ vom Typ $D^l$ existiert. Es ist also die Äquivalenz von $u_1^*$ und $u^*$ zu beweisen. Wir ersetzen $u^*$ in (15) durch $u_1^*$ und subtrahieren die beiden entstehenden Formeln. Dann erhalten wir

$$\int_{\mathfrak{D}} (u^* - u_1^*)\, \varphi\, dx = 0 \tag{16}$$

für jede unendlich oft differenzierbare, in $\mathfrak{D}$ finite Funktion $\varphi(x)$. Weiterhin setzen wir $\varphi(x) = \varphi_m(x)$, wobei $\varphi_m(x) \in C_0^\infty(\mathfrak{D})$ ist und in $L_2(\mathfrak{D})$ mit $m \to \infty$ gegen $u^* - u_1^*$ strebt. Durch anschließenden Grenzübergang im Integral (16) ergibt sich **[II, 162]**

$$\int_{\mathfrak{D}} (u^* - u_1^*)^2\, dx = 0\,,$$

woraus die Äquivalenz von $u^*(x)$ und $u_1^*(x)$ folgt.

Für die verallgemeinerte Ableitung verwendet man dieselbe Bezeichnung wie für die gewöhnliche Ableitung:

$$u^*(x) = D^l u(x) = \frac{\partial^l u}{\partial x_1^{l_1} \dots \partial x_m^{l_m}} \qquad (l = l_1 + l_2 + \dots + l_m)\,.$$

Existiert die gewöhnliche Ableitung $D^l u(x)$, so stimmt sie auf Grund der Formel der partiellen Ableitung (14) mit der verallgemeinerten Ableitung $u^*(x)$ überein.

Aus der Definition der verallgemeinerten Ableitung und ihrer Eindeutigkeit folgt

$$D^l\,(c_1u_1(x) + c_2u_2(x)) = c_1D^lu_1(x) + c_2D^lu_2(x)\,, \tag{17}$$

wobei die auf der linken Seite der Gleichung stehende verallgemeinerte Ableitung existiert, wenn die verallgemeinerten Ableitungen auf der rechten Seite existieren. Aus der Definition folgt auch, daß $D^lu(x)$ nicht von der Reihenfolge der Differentiation, sondern nur von der Gestalt von $D^l$ abhängt. Wir erwähnen noch, daß aus der Existenz von $D^lu(x)$ nicht die Existenz der verallgemeinerten Ableitungen niedrigerer Ordnung als $l$ oder derselben Ordnung $l$, aber von anderem Typ als $D^l$ folgt. Schließlich formulieren wir noch die Eigenschaft der Abgeschlossenheit der verallgemeinerten Differentiation. Es sei $v_n(x) \in L_2(\mathfrak{D})$ mit $v_n(x) \to v(x)$ in $L_2(\mathfrak{D})$, und es mögen die verallgemeinerten Ableitungen $D^lv_n(x) = v_n^*(x)$ existieren, für die $v_n^*(x) \to v^*(x)$ in $L_2(\mathfrak{D})$ mit $n \to \infty$ gilt. Dann besitzt $v(x)$ die verallgemeinerte Ableitung $D^lv(x) = v^*(x)$. Zum Beweis haben wir $u(x)$ und $u^*(x)$ in Formel (15) durch $v_n(x)$ bzw. $v_n^*(x)$ zu ersetzen und den Grenzübergang $n \to \infty$ auszuführen. Dabei erhalten wir wieder die Formel (15), in der jetzt $v(x)$ statt $u(x)$ und $v^*(x)$ statt $u^*(x)$ steht, was zu beweisen war.

Unter der Voraussetzung, daß $u(x)$ die verallgemeinerte Ableitung $u^*(x) = D^lu(x)$ besitzt, berechnen wir nun die gewöhnliche Ableitung der Mittelfunktion:

$$D_x^l u_h(x) = \frac{1}{h^m} \int u(y)\, D_x^l \omega\left(\frac{|x-y|}{h}\right) dy = \frac{(-1)^l}{h^m} \int u(y)\, D_y^l \omega\left(\frac{|x-y|}{h}\right) dy\,. \tag{18}$$

Ist der Punkt $x \in \mathfrak{D}$ und sein Abstand bis zum Rand von $\mathfrak{D}$ größer als $h$, so können wir $\omega\left(\frac{|x-y|}{h}\right)$ im Punkt $x$ als finite Funktion in der Formel (15) wählen:

$$\frac{1}{h^m} \int_{\mathfrak{D}} u^*(y)\, \omega\left(\frac{|x-y|}{h}\right) \mathrm{d}y = \frac{(-1)^l}{h^m} \int_{\mathfrak{D}} u(y)\, \mathrm{D}_y^l \omega\left(\frac{|x-y|}{h}\right) \mathrm{d}y\,.$$

Wegen (18) läßt sich diese Formel in der Gestalt

$$\mathrm{D}_x^l u_h(x) = \frac{1}{h^m} \int u^*(y)\, \omega\left(\frac{|x-y|}{h}\right) \mathrm{d}y \tag{19}$$

schreiben, d. h., *die Mittelfunktionen verallgemeinerter Ableitungen stimmen mit den gewöhnlichen Ableitungen desselben Typs der Mittelfunktionen in allen Punkten von $\mathfrak{D}$ überein, deren Abstand bis zum Rand von $\mathfrak{D}$ größer als der Mittelungsradius ist.*

Auf Grund der Eigenschaften der Mittelfunktionen können wir behaupten, daß $u_h(x)$ gegen $u(x)$ und $\mathrm{D}^l u_h(x)$ gegen $u^*(x)$ in $L_2(\mathfrak{D}')$ für $h \to 0$ konvergiert, wobei $\mathfrak{D}'$ ein beliebiges Gebiet ist, das ganz im Innern von $\mathfrak{D}$ liegt. Bevor wir zur Formulierung weiterer Eigenschaften verallgemeinerter Ableitungen kommen, führen wir noch eine andere Definition an und beweisen ihre Äquivalenz zur Definition 1.

Definition 2. Die Funktion $u^*(x)$ aus $L_2(\mathfrak{D})$ heißt *verallgemeinerte Ableitung vom Typ* $\mathrm{D}^l$ *der Funktion* $u(x)$ *aus* $L_2$ $(\mathfrak{D})$, wenn eine Folge $u_n(x)$ von Funktionen aus $C_0^\infty(R^m)$ derart existiert, daß $u_n(x)$ und $\mathrm{D}^l u_n(x)$ für $n \to \infty$ in $L_2(\mathfrak{D}')$ gegen $u(x)$ bzw. $u^*(x)$ konvergieren, wobei $\mathfrak{D}'$ ein beliebiges Gebiet ist, das ganz innerhalb von $\mathfrak{D}$ liegt.

Satz. *Die Definitionen* 1 *und* 2 *sind äquivalent.*

Es sei $u^*(x)$ die verallgemeinerte Ableitung $\mathrm{D}^l u(x)$ nach Definition 2. Wir ersetzen $u(x)$ in der Formel (14) durch $u_n(x)$ und $\mathrm{D}^l u(x)$ durch $\mathrm{D}^l u_n(x)$. Danach können wir den Grenzübergang unter dem Integralzeichen [**II, 109**] ausführen und kommen auf diese Weise zur Formel (15), die der Definition 1 entspricht.

Die Gültigkeit der Behauptung in umgekehrter Richtung wurde bereits unmittelbar vor der Definition 2 bewiesen.

**114. Eigenschaften verallgemeinerter Ableitungen.** In diesem Abschnitt führen wir verschiedene Eigenschaften verallgemeinerter Ableitungen an, einige von ihnen folgen leicht aus den gegebenen Definitionen, andere werden wir erst in Teil V beweisen.

Ist $u^* = \mathrm{D}^l u$ eine verallgemeinerte Ableitung in $\mathfrak{D}$, so ist sie auch in jedem beliebigen Teilgebiet von $\mathfrak{D}$ verallgemeinerte Ableitung. Das folgt unmittelbar aus der zweiten Definition.

Besitzt $u(x) \in L_2(\mathfrak{D})$ die verallgemeinerte Ableitung

$$\frac{\partial^\alpha u(x)}{\partial x_1^{\alpha_1} \ldots \partial x_m^{\alpha_m}} = u^*(x)$$

aus $L_2(\mathfrak{D})$ und $u^*(x)$ die verallgemeinerte Ableitung

$$\frac{\partial^\beta u^*(x)}{\partial x_1^{\beta_1} \ldots \partial x_m^{\beta_m}} = v(x) \in L_2(\mathfrak{D})\,,$$

dann hat $u(x)$ die verallgemeinerte Ableitung

$$\frac{\partial^{\alpha+\beta} u(x)}{\partial x_1^{\alpha_1+\beta_1} \ldots \partial x_m^{\alpha_m+\beta_m}} = v(x)$$

aus $L_2(\mathfrak{D})$. Das folgt aus der ersten Definition.

In Teil V werden die Eigenschaften verallgemeinerter Ableitungen ausführlich untersucht. Einige von ihnen geben wir bereits hier ohne Beweis an.

Wenn die Funktion $f(x)$ einer unabhängigen Veränderlichen im endlichen Intervall $[a, b]$ stetig ist und im Innern des Intervalls die verallgemeinerte Ableitung $\frac{\mathrm{d}f(x)}{\mathrm{d}x}$ aus $L_2([a, b])$ besitzt, dann kann $f(x)$ in der Form

$$f(x) = f(a) + \int_a^x \frac{\mathrm{d}f(t)}{\mathrm{d}t}\, \mathrm{d}t \qquad (a \leqq x \leqq b) \tag{20}$$

dargestellt werden. Dabei hat $f(x)$ fast überall in $[a, b]$ eine gewöhnliche Ableitung, die gleich (äquivalent) der verallgemeinerten Ableitung $\frac{\mathrm{d}f(x)}{\mathrm{d}x}$ ist. Wenn die Funktion $\varphi(x)$ auf dem Intervall $[a, b]$ summierbar und $f(x)$ durch die Formel

$$f(x) = f(a) + \int_a^x \varphi(t)\, \mathrm{d}t \tag{21}$$

definiert ist, dann ist $f(x)$ stetig in $[a, b]$ und besitzt fast überall die gewöhnliche Ableitung $f'(x) = \varphi(x)$. Funktionen, die in der Form (21) darstellbar sind, nennt man gewöhnlich *absolut stetig* in $[a, b]$. Wir erwähnen noch, daß die zwei oben angegebenen Definitionen der verallgemeinerten Ableitungen statt in $L_2(\mathfrak{D})$ auch in $L_1(\mathfrak{D})$ formuliert werden können, und die Formel (21) definiert, falls $\varphi(x)$ auf $[a, b]$ summierbar ist, die Klasse der Funktionen, die in $[a, b]$ stetig sind und im Innern dieses Intervalls eine verallgemeinerte Ableitung

$$\frac{\mathrm{d}f(x)}{\mathrm{d}x} = \varphi(x)$$

aus $L_1([a, b])$ besitzen. Nicht jede in $[a, b]$ stetige Funktion $f(x)$ ist absolut stetig. Es gilt auch folgende Aussage: Nicht jede in $[a, b]$ stetige Funktion, die in diesem Intervall fast überall differenzierbar ist, ist absolut stetig. Es läßt sich zeigen, daß in $[a, b]$ stetige Funktionen existieren, die in keinem Punkt innerhalb von $[a, b]$ eine Ableitung besitzen. Diese Funktionen haben dann auch keine verallgemeinerte Ableitung. Es seien $f(x_1)$ und $f(x_2)$ zwei solche Funktionen. Wir bilden damit die Funktion $u(x_1, x_2) = f(x_1) + f(x_2)$ zweier Veränderlicher, die keine verallgemeinerten Ableitungen erster Ordnung, wohl aber, wie sich leicht nachweisen läßt, die verallgemeinerte Ableitung $\frac{\partial^2 u(x_1, x_2)}{\partial x_1 \partial x_2} = 0$ besitzt. Wir formulieren nun noch ein allgemeines Ergebnis, das die verallgemeinerten Ableitungen betrifft. Sind alle verallgemeinerten Ableitungen der Ordnung $l$ der Funktion $u(x) \in L_2(\mathfrak{D})$ ebenfalls aus $L_2(\mathfrak{D})$, dann besitzt $u(x)$ sämtliche verallgemeinerten Ableitungen der Ordnungen kleiner als $l$, und diese gehören wieder zu $L_2(\mathfrak{D})$.

Bei diesen Aussagen darf der Rand des Gebietes $\mathfrak{D}$ nicht allzu „schlecht" sein. Es genügt beispielsweise vorauszusetzen, daß der Rand glatt ist. In Teil V werden umfassendere Klassen von Gebieten beschrieben, für die unsere Ergebnisse gelten.

Außer dem Begriff der verallgemeinerten Ableitung kann man auch einen verallgemeinerten Ausdruck für einen beliebigen linearen Differentialoperator mit konstanten Koeffizienten definieren. Als Beispiel betrachten wir den Operator zweiter Ordnung

$$Lu = \sum_{k,l=1}^{m} a_{kl} \frac{\partial^2 u}{\partial x_k \partial x_l} + \sum_{l=1}^{m} b_l \frac{\partial u}{\partial x_l} + cu \tag{22}$$

und bilden damit den neuen Operator

$$L^*u = \sum_{k,l=1}^{m} a_{kl} \frac{\partial^2 u}{\partial x_k \partial x_l} - \sum_{l=1}^{m} b_l \frac{\partial u}{\partial x_l} + cu\,. \tag{23}$$

Im allgemeinen Fall des linearen Differentialoperators mit konstanten Koeffizienten unterscheidet sich der Operator $L^*u$ von $Lu$ in den Vorzeichen der Ableitungen ungerader Ordnung. Wenn die Ableitungen der Funktion $u$, die im Operatorausdruck vorkommen, im Gebiet $\mathfrak{D}$ stetig sind und $\varphi(x)$ eine Funktion aus $C_0^\infty(\mathfrak{D})$ ist, dann läßt sich leicht mit Hilfe der Formel (14) die Gleichung

$$\int_{\mathfrak{D}} uL^*\varphi \,\mathrm{d}x = \int_{\mathfrak{D}} Lu \cdot \varphi \,\mathrm{d}x$$

zeigen.

Für im Gebiet $\mathfrak{D}$ summierbare Funktionen $u(x)$ wird der verallgemeinerte Differentialoperator $Lu = u^*$ durch die Beziehung

$$\int_{\mathfrak{D}} uL^*\varphi \,\mathrm{d}x = \int_{\mathfrak{D}} u^*\varphi \,\mathrm{d}x \tag{24}$$

definiert, wobei $\varphi(x)$ eine beliebige Funktion aus $C_0^\infty(\mathfrak{D})$ ist.

Diese Definition setzt nicht voraus, daß für $u(x)$ die einzelnen Ableitungen, aus denen sich $Lu$ aufbaut, erklärt sind. Wenn sie alle existieren, so läßt sich $Lu$ aus diesen Ableitungen entsprechend der Formel (22) zusammensetzen. Schließlich erwähnen wir noch, daß man in Übereinstimmung mit der oben angegebenen Definition den Begriff der verallgemeinerten Lösung der Gleichung $Lu = 0$ mit Hilfe der Beziehung $\int_{\mathfrak{D}} uL^*\varphi \,\mathrm{d}x = 0$ einführen kann, in der $\varphi(x)$ eine beliebige in $\mathfrak{D}$ finite, unendlich oft differenzierbare Funktion bezeichnet.

**115. Die Funktionenklassen $W_2^1(\mathfrak{D})$, $\mathring{W}_2^1(\mathfrak{D})$ und $W_2^2(\mathfrak{D})$.** Wir betrachten jetzt einige Klassen von Funktionen, die verallgemeinerte Ableitungen besitzen. Eine ausführliche Darstellung der Theorie dieser und allgemeinerer Funktionenklassen sowie ihrer Anwendungen findet man in der Monographie von S. L. Sobolew, Einige Anwendungen der Funktionalanalysis auf Gleichungen der mathematischen Physik, und in Teil V.

Die Klasse $W_2^1(\mathfrak{D})$ ist die Menge aller Funktionen $u(x)$ aus $L_2(\mathfrak{D})$, die sämtliche verallgemeinerten Ableitungen erster Ordnung in $L_2(\mathfrak{D})$ besitzen. Diese Funktionenklasse ist linear, d. h., mit $u_k(x) \in W_2^1(\mathfrak{D})$ $(k = 1, 2, \ldots, n)$ gilt

$$\sum_{k=1}^{n} c_k u_k(x) \in W_2^1(\mathfrak{D})\,,$$

wobei die $c_k$ beliebige Konstanten sind. Die Elemente dieser Klasse sind offenbar bis auf Äquivalenz eindeutig bestimmt. Wir führen in dieser Klasse das Skalarprodukt

$$(u, v)_{W_2^1} = \int_{\mathfrak{D}} \left( uv + \sum_{k=1}^{m} \frac{\partial u}{\partial x_k} \frac{\partial v}{\partial x_k} \right) \mathrm{d}x \tag{25}$$

ein, wobei $\frac{\partial u}{\partial x_k}$, $\frac{\partial v}{\partial x_k}$ verallgemeinerte Ableitungen bezeichnen. Dem entspricht die Norm

$$\|u\|^2_{W_2^1} = \int_{\mathfrak{D}} \left[u^2 + \sum_{k=1}^{m} \left(\frac{\partial u}{\partial x_k}\right)^2\right] dx . \tag{26}$$

Es läßt sich leicht bestätigen, daß alle notwendigen Eigenschaften des Skalarproduktes und der Norm erfüllt sind:

$$(u, v)_{W_2^1} = (v, u)_{W_2^1} ,$$

$$(c_1 u_1 + c_2 u_2, v)_{W_2^1} = c_1(u_1, v)_{W_2^1} + c_2(u_2, v)_{W_2^1} ,$$

$$(u, u)_{W_2^1} > 0 \quad \text{für} \quad u \not\equiv 0 .$$

Daraus folgen zwei wichtige Ungleichungen: die Cauchy-Bunjakowskische Ungleichung

$$|(u, v)_{W_2^1}| \leqq \|u\|_{W_2^1} \|v\|_{W_2^1}$$

und die Dreiecksungleichung

$$\|u + v\|_{W_2^1} \leqq \|u\|_{W_2^1} + \|v\|_{W_2^1} .$$

In natürlicher Weise läßt sich die Konvergenz in $W_2^1(\mathfrak{D})$ einführen, und zwar bedeutet $u_n \xrightarrow{W_2^1} u$ für $n \to \infty$, daß

$$\|u_n - u\|_{W_2^1} \to 0 \quad \text{für} \quad n \to \infty \tag{27}$$

strebt. Es ist klar, daß diese Konvergenz gleichbedeutend ist mit der Konvergenz der Funktionenfolge $\{u_n(x)\}$ und der Folgen ihrer verallgemeinerten Ableitungen erster Ordnung in $L_2(\mathfrak{D})$, d. h.

$$\|u_n - u\|_{L_2} \to 0 \quad \text{und} \quad \left\|\frac{\partial u_n}{\partial x_k} - \frac{\partial u}{\partial x_k}\right\|_{L_2} \to 0 . \tag{28}$$

Aus der Dreiecksungleichung für die Norm folgt wie auch in $L_2(\mathfrak{D})$ die Stetigkeit der Norm, d. h., aus $\|u_n - u\|_{W_2^1} \to 0$ ergibt sich $\|u_n\|_{W_2^1} \to \|u\|_{W_2^1}$. Wir beweisen nun den

Satz. *Die Funktionenklasse $W_2^1(\mathfrak{D})$ ist ein Hilbertscher Raum.*

Wir haben lediglich die Vollständigkeit zu beweisen, d. h., falls

$$\|u_p - u_q\|_{W_2^1} \to 0 \quad \text{für} \quad p, q \to \infty \tag{29}$$

strebt, existiert ein solches Element $u(x) \in W_2^1(\mathfrak{D})$, daß

$$\|u_n - u\|_{W_2^1} \to 0 \quad \text{für} \quad n \to \infty \tag{30}$$

gilt. Die Bedingung (29) kann man auch auf die Form

$$\|u_p - u_q\|_{L_2} \to 0, \qquad \left\|\frac{\partial u_p}{\partial x_k} - \frac{\partial u_q}{\partial x_k}\right\|_{L_2} \to 0 \quad \text{für} \quad p, q \to \infty$$

bringen. Auf Grund der Vollständigkeit des Raumes $L_2(\mathfrak{D})$ existieren Funktionen $u, v_1, \ldots, v_m$ aus $L_2(\mathfrak{D})$, so daß die Beziehungen

$$\|u_n - u\|_{L_2} \to 0, \quad \left\| \frac{\partial u_n}{\partial x_k} - v_k \right\|_{L_2} \to 0 \quad \text{für} \quad n \to \infty \qquad (k = 1, \ldots, m) \tag{31}$$

bestehen. Berücksichtigt man nun noch die Eigenschaft der Abgeschlossenheit der verallgemeinerten Differentiation, so folgt

$$u(x) \in W_2^1(\mathfrak{D}) \quad \text{und} \quad v_k = \frac{\partial u(x)}{\partial x_k} \qquad (k = 1, \ldots, m)\,.$$

Zusammen mit (31) führt dies zu (28), was mit der zu beweisenden Beziehung (30) gleichbedeutend ist.

Es sei noch darauf hingewiesen, daß das Grenzelement der Folge $\{u_n\}$ in $W_2^1(\mathfrak{D})$ wie auch in $L_2(\mathfrak{D})$ eindeutig bestimmt ist **[II, 162]**.

Der Hilbertsche Raum $\mathring{W}_2^1(\mathfrak{D})$ ist als der Unterraum von $W_2^1(\mathfrak{D})$ erklärt, den man durch Abschließung der Menge aller Funktionen $u(x) \in C_0^\infty(\mathfrak{D})$ in der Norm von $W_2^1(\mathfrak{D})$ erhält. Anders gesagt, die Zugehörigkeit von $u(x)$ zu $\mathring{W}_2^1(\mathfrak{D})$ bedeutet, daß eine Folge $u_n(x) \in C_0^\infty(\mathfrak{D})$ $(n = 1, 2, \ldots)$ derart existiert, daß $\|u_n - u\|_{W_2^1} \to 0$ für $n \to \infty$ gilt. Das Skalarprodukt und die Norm in $\mathring{W}_2^1(\mathfrak{D})$ sind wie für $W_2^1(\mathfrak{D})$ durch die Gleichungen (25) und (26) definiert.

Es seien jetzt $u(x) \in \mathring{W}_2^1(\mathfrak{D})$ und $v(x) \in W_2^1(\mathfrak{D})$. Dann gilt die folgende Formel der partiellen Integration:

$$\int_{\mathfrak{D}} u \frac{\partial v}{\partial x_k}\, dx = -\int_{\mathfrak{D}} v \frac{\partial u}{\partial x_k}\, dx \qquad (k = 1, \ldots, m)\,. \tag{31$_1$}$$

Wenn $u(x) \in C_0^\infty(\mathfrak{D})$ ist, dann gilt die Formel $(31_1)$ auf Grund der Definition der verallgemeinerten Ableitung. Wir schreiben sie für die Funktionen $u_n(x) \in C_0^\infty(\mathfrak{D})$, die in der Norm der Funktionenklasse $W_2^1(\mathfrak{D})$ gegen $u(x)$ streben, auf und führen den Grenzübergang $n \to \infty$ aus. Dann erhalten wir $(31_1)$.

Wenn beide Funktionen $u(x)$ und $v(x)$ nur zur Klasse $W_2^1(\mathfrak{D})$ gehören, tritt in der Formel der partiellen Integration wie üblich noch ein gewisses Integral über den Rand des Gebietes auf (siehe Formel (12) in **[113]**). Will man also diese Formel auch auf den Fall übertragen, daß nur Funktionen aus $W_2^1(\mathfrak{D})$ eingehen, so ist es notwendig, die Werte der Funktion $u(x) \in W_2^1(\mathfrak{D})$ auf dem Rand des Gebietes zu definieren. Das ist aber keineswegs eine triviale Aufgabe, da die Funktionen der Klasse $W_2^1(\mathfrak{D})$ nur bis auf Äquivalenz bestimmt sind, d. h., ihre Werte sind auf Mengen vom $m$-dimensionalen Lebesgueschen Maß 0 nicht definiert. Die angesprochenen Probleme werden erst in Teil V behandelt.

Für Funktionen der Klasse $\mathring{W}_2^1(\mathfrak{D})$ ist die Ungleichung

$$\int_{\mathfrak{D}} u^2(x)\, dx \leqq c \int_{\mathfrak{D}} \left( \sum_{k=1}^{m} \left( \frac{\partial u}{\partial x_k} \right)^2 dx \right) \qquad (u \in \mathring{W}_2^1(\mathfrak{D})) \tag{32}$$

erfüllt, in der die Konstante $c$ vom Gebiet $\mathfrak{D}$ abhängt, nicht aber von der Funktion $u(x)$. Das ist die sogenannte Ungleichung von Poincaré-Friedrichs.

Zum Beweis wählen wir zunächst $u \in C_0^\infty(\mathfrak{D})$. Das Gebiet $\mathfrak{D}$ schließen wir in einen Würfel $\Delta$ ein, der $\overline{\mathfrak{D}}$ (Abschließung von $\mathfrak{D}$) enthält. Ohne Beschränkung der Allgemeinheit können wir annehmen, daß dieser Würfel durch die Ungleichungen $0 \leqq x_k \leqq a$ $(k = 1, \ldots, m)$ definiert ist. Dann setzen wir $u(x)$ auf $\Delta \setminus \mathfrak{D}$ durch 0 fort, so daß $u \in C_0^\infty(\Delta)$ ist. Die Funktion $u(x)$ läßt sich in der Form

$$u(x_1, x_2, \dots, x_m) = \int_0^{x_1} \frac{\partial u(x_1, \dots, x_m)}{\partial x_1} \, dx_1$$

darstellen und das Integral auf der rechten Seite mit Hilfe der Bunjakowskischen Ungleichung abschätzen:

$$u^2(x_1, x_2, \dots, x_m) \leqq a \int_0^a \left(\frac{\partial u}{\partial x_1}\right)^2 dx_1 \tag{$32_1$}$$

Integrieren wir $(32_1)$ über die Variablen $x_2, \dots, x_m$ von 0 bis $a$, so erhalten wir

$$\underbrace{\int_0^a \cdots \int_0^a}_{m-1} u^2(x_1, x_2, \dots, x_m) \, dx_2 \dots dx_m \leqq a \int_\Delta \left(\frac{\partial u}{\partial x_1}\right)^2 dx \,.$$

Schließlich integrieren wir die letzte Ungleichung noch über $x_1$ von 0 bis $a$:

$$\int_\Delta u^2(x) \, dx \leqq a^2 \int_\Delta \left(\frac{\partial u}{\partial x_1}\right)^2 dx$$

In der erhaltenen Ungleichung erstreckt sich die Integration faktisch nur über das Gebiet $\mathfrak{D}$. Daraus folgt (32) mit $c = a^2$, und wir haben somit (32) für beliebige $u \in C_0^\infty(\mathfrak{D})$ bewiesen.

Jetzt sei $u \in \mathring{W}_2^1(\mathfrak{D})$ und $\{u_n\} \subset C_0^\infty(\mathfrak{D})$ eine Folge von Funktionen, die der Bedingung (27) genügt. Wir schreiben (32) für die Funktionen $u_n(x)$ in der Gestalt

$$\|u_n\|_{L_2}^2 \leqq c \sum_{i=1}^m \left\| \frac{\partial u_n}{\partial x_i} \right\|_{L_2}^2$$

und führen hier unter Benutzung der Stetigkeit der Norm in $L_2$ und der Beziehung (28) den Grenzübergang für $n \to \infty$ durch:

$$\|u\|_{L_2}^2 \leqq c \sum_{i=1}^m \left\| \frac{\partial u}{\partial x_i} \right\|_{L_2}^2 .$$

Das ist auch wieder die Ungleichung (32).

Es sei noch darauf hingewiesen, daß aus (32) die Ungleichung

$$\|u\|_{W_2^1}^2 \leqq c_1 \int_{\mathfrak{D}} \sum_{k=1}^m \left(\frac{\partial u}{\partial x_k}\right)^2 dx \qquad (u \in \mathring{W}_2^1(\mathfrak{D}),\ c_1 = c + 1) \tag{$32_2$}$$

folgt. Im Gegensatz zur Abschließung in der Norm des Raumes $L_2(\mathfrak{D})$ ist die Klasse $C_0^\infty(\mathfrak{D})$ nicht dicht in $W_2^1(\mathfrak{D})$, und $\mathring{W}_2^1(\mathfrak{D})$ ist nur eine Teilmenge der Klasse $W_2^1(\mathfrak{D})$. Wir zeigen jetzt, daß diese Teilmenge abgeschlossen ist, d. h., wenn

$$u_n \in \mathring{W}_2^1(\mathfrak{D}) \quad \text{und} \quad \|u_n - u\|_{W_2^1} \to 0 \quad \text{für} \quad n \to \infty \qquad (n = 1, 2, \dots)$$

strebt, so gilt $u \in \mathring{W}_2^1(\mathfrak{D})$. Es sei $\varepsilon > 0$ gegeben. Aus den oben beschriebenen Eigenschaften folgt die Existenz eines Elementes $u_n$ derart, daß $\|u_n - u\|_{W_2^1} < \frac{\varepsilon}{2}$ ist. Nach der Definition der Funktionenklasse $\mathring{W}_2^1(\mathfrak{D})$ gibt es zu jedem $u_n \in \mathring{W}_2^1(\mathfrak{D})$ ein $v_n \in C_0^\infty(\mathfrak{D})$ mit $\|u_n - v_n\|_{W_2^1} < \frac{\varepsilon}{2}$. Auf Grund der Dreiecksungleichung ist dann $\|v_n - u\|_{W_2^1} < \varepsilon$, woraus, da $\varepsilon > 0$ beliebig war, wegen der Definition der Klasse $\mathring{W}_2^1(\mathfrak{D})$ die zu beweisende Behauptung $u \in \mathring{W}_2^1(\mathfrak{D})$ folgt.

Die Klasse $\mathring{W}_2^1(\mathfrak{D})$ kann natürlich als die Menge derjenigen Funktionen aus $W_2^1(\mathfrak{D})$ interpretiert werden, die in einem gewissen verallgemeinerten Sinn auf dem Rand von $\mathfrak{D}$ verschwinden. Wir haben nicht die Möglichkeit, diese Frage hier ausführlich zu erörtern. In Teil V werden wir darauf im Zusammenhang mit den sogenannten Einbettungssätzen für die hier betrachteten sowie für allgemeinere Sobolew-Räume zurückkommen.

Wir formulieren jetzt noch ein Ergebnis und beschränken uns der Anschaulichkeit halber auf den Fall des dreidimensionalen Raumes $R^3$. Die Fläche $S$, die das Gebiet $\mathfrak{D}$ berandet, gehöre zur Klasse $C^l$, $l \geq 1$. Wir präzisieren diese Forderung: In jedem Punkt besitze $S$ eine Tangentialebene. Weiterhin existiere ein $d > 0$ derart, daß, wenn $N$ ein beliebiger Punkt von $S$ ist, jede Kugel mit dem Mittelpunkt in $N$ und dem Radius $d$ die Fläche $S$ in zwei Teile zerlegt. Der eine Teil werde von der Kugel eingeschlossen, der andere liege außerhalb der Kugel, und die zur Normalen im Punkt $N$ parallelen Geraden mögen den Teil von $S$, der sich im Innern der Kugel befindet, in nur einem Punkt schneiden. Wenn wir die Normale als $x_3$-Koordinatenachse wählen, möge sich die Gleichung dieses Teils von $S$ in der Gestalt $x_3 = \varphi(x_1, x_2)$ schreiben lassen. Dabei wird vorausgesetzt, daß $\varphi(x_1, x_2)$ stetige partielle Ableitungen bis zur $l$-ten Ordnung besitzt.

Die Funktion $u(x)$ sei im abgeschlossenen Bereich $\overline{\mathfrak{D}}$ nebst ihren partiellen Ableitungen erster Ordnung stetig, und es sei $S \in C^1$. Offenbar ist $u(x) \in W_2^1(\mathfrak{D})$. In diesem Fall gilt $u(x) \in \mathring{W}_2^1(\mathfrak{D})$ genau dann, wenn $u(x)$ auf $S$ gleich 0 ist.

Wir wenden uns jetzt der Funktionenklasse $W_2^2(\mathfrak{D})$ zu. Sie ist definiert als Menge derjenigen Funktionen aus $L_2(\mathfrak{D})$, die alle nur möglichen verallgemeinerten Ableitungen erster und zweiter Ordnung besitzen, welche wiederum zu $L_2(\mathfrak{D})$ gehören. In $W_2^2(\mathfrak{D})$ können wir das durch die Formel

$$(u, v)_{W_2^2} = \int_{\mathfrak{D}} \left( uv + \sum_{k=1}^{m} \frac{\partial u}{\partial x_k} \frac{\partial v}{\partial x_k} + \sum_{k,l=1}^{m} \frac{\partial^2 u}{\partial x_k \partial x_l} \frac{\partial^2 v}{\partial x_k \partial x_l} \right) dx \tag{33}$$

erklärte Skalarprodukt einführen sowie die ihm entsprechende Norm

$$\|u\|_{W_2^2} = [(u, u)_{W_2^2}]^{1/2} .$$

Mit Hilfe dieser Norm wird in der Klasse $W_2^2(\mathfrak{D})$ die Konvergenz definiert, die mit der gleichzeitigen Konvergenz in $L_2(\mathfrak{D})$ der Funktionen selbst und aller ihrer Ableitungen erster und zweiter Ordnung äquivalent ist. Wie auch für $W_2^1(\mathfrak{D})$ kann man zeigen, daß die Klasse $W_2^2(\mathfrak{D})$ ein vollständiger Hilbertscher Raum ist.

**116. Die Ungleichung von Poincaré. Der Satz von Rellich.** Bei der Untersuchung der Eigenschaften der Funktionen aus den Klassen $W_2^1$ und $\mathring{W}_2^1$ spielt die sogenannte Ungleichung von Poincaré, die wir jetzt behandeln wollen, eine wichtige Rolle. Es sei $\Delta$ wieder ein $m$-dimensionaler Würfel. Sein Volumen bezeichnen wir mit $|\Delta|$. Die erwähnte Ungleichung hat die Gestalt

$$\int_{\Delta} u^2(x)\, dx \leq \frac{1}{|\Delta|} \left[ \int_{\Delta} u(x)\, dx \right]^2 + \frac{m}{2} |\Delta|^{2/m} \int_{\Delta} \sum_{k=1}^{m} \left( \frac{\partial u}{\partial x_k} \right)^2 dx . \tag{34}$$

Sie gilt für alle Funktionen $u(x) \in W_2^1(\Delta)$, indessen werden wir sie aber nur für in $\Delta$ stetig differenzierbare Funktionen beweisen (und im folgenden benutzen). Man kann zeigen, daß die Menge aller solcher Funktionen in $W_2^1(\Delta)$ dicht ist. Deshalb läßt sich die Ungleichung (34) in derselben Weise auf die ganze Klasse $W_2^1(\Delta)$ übertragen, wie oben die Gültigkeit der Ungleichung von POINCARÉ-FRIEDRICHS auf die Klasse $\mathring{W}_2^1(\mathfrak{D})$ verallgemeinert wurde. Wir werden uns aber nicht mit dem Beweis der dazu benötigten Eigenschaft der Dichtheit aufhalten.

Beim Beweis der Ungleichung (34) beschränken wir uns der Einfachheit halber auf den Fall $m=3$. Wir nehmen an, daß der Würfel durch die Ungleichungen $0 \leqq x, y, z \leqq a$ definiert ist. $M_1(x_1, y_1, z_1)$ und $M_2(x_2, y_2, z_2)$ seien beliebige Punkte des Würfels $\Delta$. Für jede beliebige stetig differenzierbare Funktion $u(M)=u(x,y,z)$ gilt die Beziehung

$$u(M_2)-u(M_1)=\int_{x_1}^{x_2} \mathrm{D}_x u(x, y_2, z_2)\,\mathrm{d}x+\int_{y_1}^{y_2} \mathrm{D}_y u(x_1, y, z_2)\,\mathrm{d}y+\int_{z_1}^{z_2} \mathrm{D}_z u(x_1, y_1, z)\,\mathrm{d}z\,.$$

Mit Hilfe der elementaren Ungleichung $(a+b+c)^2 \leqq 3(a^2+b^2+c^2)$ ergibt sich

$$[u(M_2)-u(M_1)]^2 \leqq 3\left[\int_{x_1}^{x_2} \mathrm{D}_x u(x, y_2, z_2)\,\mathrm{d}x\right]^2 +3\left[\int_{y_1}^{y_2} \mathrm{D}_y u(x_1, y, z_2)\,\mathrm{d}y\right]^2+3\left[\int_{z_1}^{z_2} \mathrm{D}_z u(x_1, y_1, z)\,\mathrm{d}z\right]^2.$$

Jeden Summanden der rechten Seite schätzen mit Hilfe der Bunjakowskischen Ungleichung ab, wobei wir außerdem die Integrationsintervalle durch $[0, a]$ vergrößern. So erhalten wir

$$[u(M_2)-u(M_1)]^2 \leqq 3a\left[\int_0^a (\mathrm{D}_x u(x, y_2, z_2))^2\,\mathrm{d}x+\int_0^a (\mathrm{D}_y u(x_1, y, z_2))^2\,\mathrm{d}y +\int_0^a (\mathrm{D}_z u(x_1, y_1, z))^2\,\mathrm{d}z\right].$$

Beide Seiten der letzten Ungleichung integrieren wir bezüglich $\mathrm{d}M_1\mathrm{d}M_2$ ($\mathrm{d}M_i = \mathrm{d}x_i\mathrm{d}y_i\mathrm{d}z_i$, $i=1, 2$), wobei die beiden Punkte $M_1, M_2$ unabhängig voneinander im Würfel $\Delta$ variieren:

$$\int_\Delta\int_\Delta [u(M_2)-u(M_1)]^2\,\mathrm{d}M_1\mathrm{d}M_2 \leqq 3a^5 \int_\Delta \left[\left(\frac{\partial u}{\partial x}\right)^2+\left(\frac{\partial u}{\partial y}\right)^2+\left(\frac{\partial u}{\partial z}\right)^2\right]\mathrm{d}M\,. \tag{$34_1$}$$

Das Integral auf der linken Seite der Ungleichung $(34_1)$ läßt sich wie folgt umformen:

$$\iint_{\Delta\Delta} [u(M_2)-u(M_1)]^2\,\mathrm{d}M_1\mathrm{d}M_2 = 2a^3 \int_\Delta u^2(M)\,\mathrm{d}M - 2\left(\int_\Delta u(M)\,\mathrm{d}M\right)^2.$$

Setzen wir schließlich diese Beziehung in $(34_1)$ ein und dividieren beide Seiten durch $2a^3=2|\Delta|$, so erhalten wir (34). Die Ungleichung von POINCARÉ ist damit im Fall $m=3$ bewiesen.

Folgerung. Es sei $\mathfrak{D}$ ein beschränktes Gebiet im $R^m$. Zu beliebigem $\varepsilon>0$ läßt sich eine endliche Anzahl $N=N(\varepsilon)$ in $L_2(\mathfrak{D})$ paarweise orthogonaler Funktionen $\varphi_1(x), \ldots, \varphi_N(x)$ derart finden, daß $\|\varphi_n\|_{L_2(\mathfrak{D})} \leqq 1$ gilt und für jede beliebige Funktion $u(x) \in \mathring{W}_2^1(\mathfrak{D})$ die Ungleichung

$$\int_\Delta u^2(x)\,\mathrm{d}x \leqq \sum_{n=1}^N \left[\int_\Delta u(x)\,\varphi_n(x)\,\mathrm{d}x\right]^2+\varepsilon \int_\Delta \sum_{k=1}^m \left(\frac{\partial u}{\partial x_k}\right)^2\mathrm{d}x \tag{35}$$

besteht.

Der Beweis braucht nur für Funktionen $u(x) \in C_0^\infty(\mathfrak{D})$ geführt zu werden, da die Ungleichung (35) auf Funktionen aus $\mathring{W}_2^1(\mathfrak{D})$ mit Hilfe eines Grenzüberganges ausgedehnt werden kann. (Siehe den Beweis der Ungleichung (32) in [115].) Es sei $\Delta$ ein Würfel, der das Gebiet $\mathfrak{D}$ enthält. Alle Funktionen $u(x) \in C_0^\infty(\mathfrak{D})$ setzen wir auf $\Delta \setminus \mathfrak{D}$ durch 0 fort. Bei fixiertem $\varepsilon > 0$ zerlegen wir den Würfel in $N$ gleiche Teilwürfel $\Delta_1, \Delta_2, \ldots, \Delta_N$. Dabei wählen wir die Anzahl $N$ so, daß für die Würfel $\Delta_n$ die Ungleichung

$$\frac{m}{2} \, |\Delta_n|^{2/m} < \varepsilon \tag{35_1}$$

erfüllt ist. Nun setzen wir $\varphi_n(x) = 1/\sqrt{|\Delta_n|}$, wenn $x \in \Delta_n \cap \mathfrak{D}$ ist, und $\varphi_n(x) = 0$ für $x \notin \Delta_n \cap \mathfrak{D}$ (auf diese Weise ist $\varphi_n(x) \equiv 0$, falls der Würfel $\Delta_n$ mit dem Gebiet $\mathfrak{D}$ einen leeren Durchschnitt hat). Wir sehen, daß nach Konstruktion $\|\varphi_n\|_{L_2(\mathfrak{D})} \leqq 1$ für alle $n$ ist. Außerdem ist klar, daß die Funktionen $\varphi_n(x)$ paarweise orthogonal sind.

Wenn wir die Ungleichung (34) auf die Funktion $u(x) \in C_0^\infty(\mathfrak{D})$ im Würfel $\Delta_n$ anwenden, erhalten wir (unter Berücksichtigung von $(35_1)$)

$$\int_{\Delta_n} u^2(x)\,\mathrm{d}x \leqq \left[\int_{\Delta_n} u(x)\,\varphi_n(x)\,\mathrm{d}x\right]^2 + \varepsilon \int_{\Delta_n} \sum_{k=1}^{m} \left(\frac{\partial u}{\partial x_k}\right)^2 \mathrm{d}x\,.$$

Summieren wir hier über alle $n = 1, 2, \ldots, N$, dann kommen wir zur geforderten Ungleichung (35).

Das erhaltene Ergebnis benutzen wir zum Beweis des wichtigen Satzes von Rellich.

Satz. *Es sei $\mathfrak{D}$ ein beliebiges beschränktes Gebiet des $R^m$. Dann ist jede beliebige Menge von Funktionen $u(x) \in \mathring{W}_2^1(\mathfrak{D})$, die in der Norm von $W_2^1(\mathfrak{D})$ beschränkt ist, im Raum $L_2(\mathfrak{D})$ kompakt.*

Die Aussage des Satzes von Rellich drückt man oft mit folgenden Worten aus: Der Raum $\mathring{W}_2^1(\mathfrak{D})$ ist in $L_2(\mathfrak{D})$ kompakt eingebettet.

Beweis. Gegeben sei eine Folge $(u_i(x))$ von Funktionen aus $\mathring{W}_2^1(\mathfrak{D})$ $(i = 1, 2, \ldots)$, die der Ungleichung $\|u_i\|_{W_2^1(\mathfrak{D})} \leqq A$ genügen. Aus dieser Ungleichung folgt $\|u_{i_1} - u_{i_2}\|_{W_2^1(\mathfrak{D})} \leqq$ $\leqq 2A$ für beliebige Indizes $i_1$ und $i_2$. Damit gilt

$$\int_{\mathfrak{D}} \sum_{k=1}^{m} \left(\frac{\partial u_{i_1}}{\partial x_k} - \frac{\partial u_{i_2}}{\partial x_k}\right)^2 \mathrm{d}x \leqq 4A^2\,.$$

Zu zeigen ist, daß sich aus der Folge $\{u_i(x)\}$ eine Teilfolge auswählen läßt, die in $L_2(\mathfrak{D})$ konvergiert.

Dazu setzen wir $\varepsilon_p = 2^{-p}$ $(p = 1, 2, \ldots)$ und wählen zu jedem $\varepsilon_p$ Funktionen $\varphi_1^{(p)}(x), \varphi_2^{(p)}(x), \ldots, \varphi_N^{(p)}(x)$, die der Ungleichung (35) genügen. Die Folge der Zahlen $\int_{\mathfrak{D}} u_i(x)\,\varphi_n^{(p)}(x)\,\mathrm{d}x$ $(i = 1, 2, \ldots)$ ist für beliebige $p = 1, 2, \ldots$ und $n = 1, 2, \ldots, N_p$ dem Betrag nach durch die Zahl $A$ beschränkt:

$$\left|\int_{\mathfrak{D}} u_i(x)\,\varphi_n^{(p)}(x)\,\mathrm{d}x\right|^2 \leqq \int_{\mathfrak{D}} u_i^2(x)\,\mathrm{d}x \int_{\mathfrak{D}} [\varphi_n^{(p)}(x)]^2\,\mathrm{d}x \leqq A^2\,.$$

Fast wörtlich können wir nun den Beweis des Hilfssatzes aus [15] hier übertragen und finden, daß sich aus der Folge $\{u_i\}$ eine solche Teilfolge $\{u_{i_l}(x)\}$ auswählen läßt, für die die Zahlenfolge

$$\int_{\mathfrak{D}} u_{i_l}(x)\,\varphi_n^{(p)}(x)\,\mathrm{d}x \qquad (l = 1, 2, \ldots) \tag{*}$$

für alle $p = 1, 2, \ldots$ und $n = 1, 2, \ldots N_p$ konvergiert.

Als nächstes zeigen wir die Konvergenz der Folge $\{u_{i_l}(x)\}$ in $L_2(\mathfrak{D})$. Auf Grund der Auswahl der Funktionen $\varphi_n^{(p)}(x)$ $(n=1, 2, \ldots, N_p)$ ist die Ungleichung

$$\int_{\mathfrak{D}} [u_{i_l}(x)-u_{i_j}(x)]^2 \, dx \leqq \sum_{n=1}^{N_p} \Big[\int_{\Delta} (u_{i_l}(x)-u_{i_j}(x)) \, \varphi_n^{(p)}(x) \, dx\Big]^2 + 4A^2\varepsilon_p$$

für beliebige $p=1, 2, \ldots$ und $j, l=1, 2, \ldots$ erfüllt.

Wir fixieren ein beliebiges $\varepsilon>0$. Dann können wir zuerst $p$ so wählen, daß $4A^2\varepsilon_p < \frac{\varepsilon}{2}$ ist, und danach unter Berücksichtigung der Konvergenz aller Folgen (*) eine Zahl $l_0$ derart, daß für $j, l>l_0$ die Summe auf der rechten Seite der letzten Ungleichung ebenfalls kleiner als $\frac{\varepsilon}{2}$ ist. Für solche $j, l$ ist dann

$$\int_{\mathfrak{D}} [u_{i_l}(x)-u_{i_j}(x)]^2 \, dx < \varepsilon ,$$

d. h., die Folge $\{u_{i_l}(x)\}$ konvergiert in sich in der Norm des Raumes $L_2(\mathfrak{D})$. Also besitzt sie in $L_2(\mathfrak{D})$ ein Grenzelement, womit der Satz bewiesen ist.

**117. Aufstellung eines Minimalproblems für ein quadratisches Funktional.** Es seien $a_{kl}(x)=a_{lk}(x)$ $(k, l=1, \ldots, m)$ in $\mathfrak{D}$ beschränkte meßbare Funktionen. Wir setzen voraus, daß die quadratische Form mit den Koeffizienten $a_{kl}(x)$ gleichmäßig in $\mathfrak{D}$ positiv definit ist, d. h., für beliebige reelle $\xi_i$ $(i=1, \ldots, m)$ besteht die Ungleichung

$$\alpha \sum_{i=1}^{m} \xi_i^2 \leqq \sum_{k,l=1}^{m} a_{kl}(x) \, \xi_k \xi_l \qquad (\alpha>0) , \tag{36}$$

wobei $\alpha$ eine von $x$ unabhängige Konstante ist. Wegen der Beschränktheit der Koeffizienten $a_{kl}(x)$ ist auch die Ungleichung

$$\sum_{k,l=1}^{m} a_{kl}(x) \, \xi_k \xi_l \leqq \beta \sum_{i=1}^{m} \xi_i^2 \tag{37}$$

erfüllt, in der $\beta$ eine Konstante bezeichnet. Wir betrachten für Funktionen $u(x)$ aus der Funktionenklasse $\mathring{W}_2^1(\mathfrak{D})$ das Funktional

$$J(u) = \int_{\mathfrak{D}} \left(\sum_{k,l=1}^{m} a_{kl}(x) \, \frac{\partial u}{\partial x_k} \, \frac{\partial u}{\partial x_l}\right) dx . \tag{38}$$

Aus (36) und (37) folgt

$$\alpha \int_{\mathfrak{D}} \sum_{i=1}^{m} \left(\frac{\partial u}{\partial x_i}\right)^2 dx \leqq J(u) \leqq \beta \int_{\mathfrak{D}} \sum_{i=1}^{m} \left(\frac{\partial u}{\partial x_i}\right)^2 dx , \tag{39}$$

und unter Verwendung von $(32_2)$ können wir

$$\alpha_1 \|u\|^2_{W_2^1} \leqq J(u) \leqq \beta \|u\|^2_{W_2^1} \qquad (0<\alpha_1<\beta) \tag{40}$$

schreiben, wobei $\alpha_1$ eine positive Konstante ist.

Neben $J(u)$ führen wir auch den entsprechenden bilinearen Ausdruck

$$J(u, w) = \int_{\mathfrak{D}} \sum_{i,j=1}^{m} a_{ij}(x) \, \frac{\partial u}{\partial x_i} \, \frac{\partial w}{\partial x_j} \, dx \tag{41}$$

für $u(x)$ und $w(x)$ aus $\mathring{W}_2^1(\mathfrak{D})$ ein.

Hilfssatz 1. *Die Funktionale $J(u)$ und $J(u, w)$ sind stetig bezüglich der Konvergenz in $\mathring{W}_2^1(\mathfrak{D})$.*

Beweis. Es sei $\|u_n - u\|_{W_2^1} \to 0$, $\|w_n - w\|_{W_2^1} \to 0$ für $n \to \infty$. Wie haben zu zeigen, daß dann $J(u_n) \to J(u)$ und $J(u_n, w_n) \to J(u, w)$ gilt. Dabei genügt es offenbar, lediglich die zweite Beziehung zu bestätigen, d. h.

$$\int_{\mathfrak{D}} a_{ij} \frac{\partial u_n}{\partial x_i} \frac{\partial w_n}{\partial x_j} \, dx \to \int_{\mathfrak{D}} a_{ij} \frac{\partial u}{\partial x_i} \frac{\partial w}{\partial x_j} \, dx \qquad (i, j = 1, \ldots, m) \tag{42}$$

für $n \to \infty$. Wir beweisen nun diese Beziehung. Aus $\left\| \frac{\partial u_n}{\partial x_i} - \frac{\partial u}{\partial x_i} \right\|_{L_2} \to 0$ und aus der Beschränktheit der $a_{ij}$ folgt $\left\| a_{ij} \frac{\partial u_n}{\partial x_i} - a_{ij} \frac{\partial u}{\partial x_i} \right\|_{L_2} \to 0$ für $n \to \infty$. Außerdem gilt $\left\| \frac{\partial w_n}{\partial x_i} - \frac{\partial w}{\partial x_i} \right\|_{L_2} \to 0$ für $n \to \infty$. Berücksichtigen wir dies, so ergibt sich (42) aus der Stetigkeit des Skalarproduktes im Raum $L_2(\mathfrak{D})$ [**II, 162**].

Mit einer gewissen fixierten Funktion $h(x) \in L_2(\mathfrak{D})$ führen wir das Funktional

$$\Phi(u) = J(u) - 2 \int_{\mathfrak{D}} h(x) \, u(x) \, dx \qquad (u \in \mathring{W}_2^1(\mathfrak{D})) \tag{43}$$

ein.

Hilfssatz 2. *Das Funktional $\Phi(u)$ ist in $\mathring{W}_2^1(\mathfrak{D})$ stetig und linksseitig beschränkt.*

Die Stetigkeit von $\Phi(u)$ folgt aus Hilfssatz 1, der die Stetigkeit von $J(u)$ beinhaltet, und der Stetigkeit des Funktionals

$$l(u) = \int_{\mathfrak{D}} h(x) \, u(x) \, dx \tag{44}$$

in $\mathring{W}_2^1(\mathfrak{D})$. Letztere Eigenschaft ergibt sich aus der Tatsache, daß die Konvergenz in $\mathring{W}_2^1(\mathfrak{D})$ die in $L_2(\mathfrak{D})$ nach sich zieht. Bezüglich dieser Konvergenz ist aber $l(u)$ ein stetiges Funktional [**II, 162**].

Nun wenden wir uns der linksseitigen Beschränktheit des Funktionals $\Phi(u)$ zu. Wegen (39) und (32) haben wir

$$\begin{aligned} \Phi(u) &\geqq J(u) - 2\|u\|_{L_2}\|h\|_{L_2} \\ &\geqq \alpha \int_{\mathfrak{D}} \sum_{i=1}^{m} \left(\frac{\partial u}{\partial x_i}\right)^2 dx - 2\|u\|_{L_2}\|h\|_{L_2} \geqq \frac{\alpha}{c} \|u\|_{L_2}^2 - 2\|u\|_{L_2}\|h\|_{L_2} \\ &= \left(\sqrt{\frac{\alpha}{c}} \|u\|_{L_2} - \sqrt{\frac{c}{\alpha}} \|h\|_{L_2}\right)^2 - \frac{c}{\alpha} \|h\|_{L_2}^2 \geqq -\frac{c}{\alpha} \|h\|_{L_2}^2 . \end{aligned}$$

Damit ist der Hilfssatz bewiesen.

Als nächstes ist es sinnvoll, folgende Frage zu stellen. Das Funktional $\Phi(u)$ ist auf der Funktionenklasse $\mathring{W}_2^1(\mathfrak{D})$ definiert und besitzt eine bestimmte untere Grenze. Wird diese untere Grenze von $\Phi(u)$ für irgendeine Funktion der Klasse $\mathring{W}_2^1(\mathfrak{D})$ tatsächlich angenommen? Im folgenden Abschnitt werden wir zeigen, daß diese Frage positiv zu beantworten ist.

**118. Lösung des Variationsproblems.** Es seien $u(x)$ und $w(x)$ Funktionen aus $\mathring{W}_2^1(\mathfrak{D})$. Man bestätigt leicht die Zerlegung

$$\Phi(u + w) = \Phi(u) + 2\left[J(u, w) - \int_{\mathfrak{D}} h(x) \, w(x) \, dx\right] + J(w) . \tag{45}$$

Wir bezeichnen mit $d$ die untere Grenze des Funktionals $\Phi(u)$ für Funktionen $u(x)$ aus der Klasse $\mathring{W}_2^1(\mathfrak{D})$. Weiterhin sei $\{u_k\} \subset \mathring{W}_2^1(\mathfrak{D})$ eine minimisierende Folge, d. h.

$$\Phi(u_k) = d_k \to d \quad \text{für} \quad k \to \infty. \tag{46}$$

In (45) ersetzen wir $u(x)$ durch $u_k(x)$ und $w(x)$ durch $\lambda w(x)$, wobei $\lambda$ ein reeller Parameter ist. Dann erhalten wir wegen $\Phi(u_k + \lambda w) \geqq d$ die Ungleichung

$$\lambda^2 J(w) + 2\lambda \left[J(u_k, w) - \int_{\mathfrak{D}} h(x)\, w(x)\, dx\right] + d_k - d \geqq 0\,. \tag{47}$$

Da dieser in $\lambda$ quadratische Ausdruck nichtnegativ ist, muß die Ungleichung

$$\left|J(u_k, w) - \int_{\mathfrak{D}} h(x)\, w(x)\, dx\right|^2 \leqq J(w)\,(d_k - d) \tag{48}$$

erfüllt sein. Wegen

$$|J(u_k - u_l, w)| \leqq \left|J(u_k, w) - \int_{\mathfrak{D}} h(x)\, w(x)\, dx\right| + \left|J(u_l, w) - \int_{\mathfrak{D}} h(x)\, w(x)\, dx\right|$$

erhalten wir aus (48) die Beziehung

$$|J(u_k - u_l, w)| \leqq \sqrt{J(w)}\,\left[\sqrt{d_k - d} + \sqrt{d_l - d}\,\right].$$

Setzen wir $w = u_k - u_l$, dividieren danach durch $\sqrt{J(w)}$ und quadrieren beide Seiten der Ungleichung, so ergibt sich

$$J(u_k - u_l) \leqq \left[\sqrt{d_k - d} + \sqrt{d_l - d}\,\right]^2.$$

Zusammen mit (40) erhalten wir damit die im folgenden benötigte Ungleichung

$$\|u_k - u_l\|^2_{W_2^1} \leqq \frac{1}{\alpha_1}\left[\sqrt{d_k - d} + \sqrt{d_l - d}\,\right]^2. \tag{49}$$

Hilfssatz 3. *Die minimisierende Folge $\{u_k(x)\}$ konvergiert in $\mathring{W}_2^1(\mathfrak{D})$.*

In der Tat folgt aus (49) und (46)

$$\lim_{k,l \to \infty} \|u_k - u_l\|_{W_2^1} = 0\,. \tag{50}$$

Auf Grund der Vollständigkeit der Klasse $\mathring{W}_2^1(\mathfrak{D})$ existiert somit eine solche Funktion $u_0 \in \mathring{W}_2^1(\mathfrak{D})$, für die

$$\lim_{k \to \infty} \|u_k - u_0\|_{W_2^1} = 0$$

ist.

Hilfssatz 4. *Die minimisierende Folge konvergiere gegen $u_0$. Dann gilt für beliebige Funktionen $w \in \mathring{W}_2^1(\mathfrak{D})$*

$$J(u_0, w) = \int_{\mathfrak{D}} h(x)\, w(x)\, dx \qquad (w \in \mathring{W}_2^1(\mathfrak{D}))\,. \tag{51}$$

Der Beweis wird durch Grenzübergang in der Ungleichung (48) geführt, wobei Hilfssatz 1 zu berücksichtigen ist.

Jetzt können wir die entscheidende Behauptung beweisen.

Satz. *In der Klasse $\mathring{W}_2^1(\mathfrak{D})$ existiert eine eindeutig bestimmte Funktion, für die die untere Grenze des Funktionals $\Phi(u)$ angenommen wird.*

Die minimisierende Folge konvergiere gegen $u_0(x)$. Weiterhin sei $u(x) \in \overset{\circ}{W}{}_2^1(\mathfrak{D})$ und $w(x) = u(x) - u_0(x)$. Dann erhalten wir, wenn $u(x)$ in (45) durch $u_0(x)$ ersetzt und (51) beachtet wird,

$$\Phi(u) = \Phi(u_0 + w) = \Phi(u_0) + J(w) . \tag{52}$$

Jetzt berücksichtigen wir, daß stets $J(w) \geqq 0$ ist und wegen (40) aus $J(w) = 0$ die Gleichung $w = 0$ folgt. Es ergibt sich damit

$$\Phi(u) \geqq \Phi(u_0) , \tag{53}$$

und das Gleichheitszeichen ist nur im Fall $u = u_0$ möglich. Damit ist der Satz bewiesen.

Bemerkungen. 1. Aus der Eindeutigkeit der minimisierenden Funktion folgt, daß jede minimisierende Folge gegen diese Funktion konvergiert. 2. Wie wir gesehen haben, genügt die minimisierende Funktion $u_0(x)$ für beliebige $w \in \overset{\circ}{W}{}_2^1(\mathfrak{D})$ der Beziehung (51). Wenn umgekehrt (51) erfüllt ist, folgt aus (52), daß $u_0(x)$ minimisierende Funktion ist. Somit kann die Beziehung (51) als Variationsgleichung zur Bestimmung von $u_0(x)$ betrachtet werden, die zum ursprünglichen Variationsproblem äquivalent ist. Die Identität (51) ist die Bedingung dafür, daß die erste Variation des Funktionals $\Phi(u)$ für $u(x) = u_0(x)$ verschwindet.

**119. Zusammenhang mit einer Randwertaufgabe.** Wenn der Rand $S$ des Gebietes $\mathfrak{D}$ glatt ist, die $a_{kl}(x)$ in $\overline{\mathfrak{D}}$ stetig differenzierbare Funktionen sind und die Lösung $u_0(x)$ des in [117] betrachteten Variationsproblems ein Element aus $C^2(\overline{\mathfrak{D}})$ ist, dann genügt $u_0(x)$ der Ostrogradskischen Gleichung für das Funktional $J(u)$, d. h. der Gleichung

$$-\sum_{k,l=1}^{m} \frac{\partial}{\partial x_k}\left(a_{kl}\frac{\partial u}{\partial x_l}\right) = h , \tag{54}$$

sowie der Randbedingung

$$u|_S = 0 . \tag{55}$$

Die Gleichung (54) ergibt sich aus der Identität (51) auf folgende Weise: Nach partieller Integration auf der linken Seite läßt sich (51) in der Gestalt

$$-\int_{\mathfrak{D}} \left[\sum_{k,l=1}^{m} \frac{\partial}{\partial x_k}\left(a_{kl}\frac{\partial u_0}{\partial x_l}\right) + h\right] w \, dx = 0 \tag{56}$$

schreiben. Da (56) für beliebige $w \in \overset{\circ}{W}{}_2^1(\mathfrak{D})$ gilt, $\overset{\circ}{W}{}_2^1(\mathfrak{D})$ in $L_2(\mathfrak{D})$ dicht ist und der Ausdruck in eckigen Klammern unter dem Integral zum Raum $C(\overline{\mathfrak{D}})$ gehört, muß dieser Ausdruck gleich 0 sein. Die Randbedingung (55) folgt auf Grund der Eigenschaften stetiger Elemente aus $\overset{\circ}{W}{}_2^1(\mathfrak{D})$, worüber in [115] gesprochen wurde. Somit ist die Lösung $u_0(x)$ des Variationsproblems, die zu $C^2(\overline{\mathfrak{D}})$ gehört, die klassische Lösung des Problems (54), (55). Das oben Gesagte gibt uns allgemeiner die Möglichkeit, die Lösung $u_0(x)$ des Variationsproblems als verallgemeinerte Lösung der Randwertaufgabe (54), (55) aufzufassen.

Es besteht großes Interesse daran, die Frage zu klären, wann die verallgemeinerte Lösung $u_0$ der Aufgabe (54), (55) eine klassische Lösung ist oder beispielsweise zum Raum $W_2^2(\mathfrak{D})$ gehört und der Gleichung (54) für fast alle $x$ aus $\mathfrak{D}$ genügt. Antwort auf die erste Frage gibt der bekannte Satz von J. Schauder, auf die zweite ein Satz von O. A. LADYSHENSKAJA. Wenn nämlich der Rand $S$ eine glatte Fläche aus der Klasse $H^{2,\alpha}$ ist, die Koeffizienten $a_{kl}(x)$ Funktionen aus der Hölderschen Funktionenklasse $H^{1,\alpha}(\overline{\mathfrak{D}})$ sind und $h \in H^{\alpha}(\overline{\mathfrak{D}})$, dann besitzt die Aufgabe (54), (55) eine Lösung $u_0$ aus der Hölderschen Klasse[1]) $H^{2,\alpha}(\overline{\mathfrak{D}})$. Wenn indessen $S \in C^2$ gilt, die Koeffizienten $a_{kl} \in C(\overline{\mathfrak{D}})$ in $\mathfrak{D}$ beschränkte verallgemeinerte Ableitungen erster Ordnung besitzen und $h(x) \in L_2(\overline{\mathfrak{D}})$ ist, dann hat die Aufgabe (54), (55) eine Lösung $u_0(x)$ aus $W_2^2(\mathfrak{D})$. In beiden Fällen ist $u_0(x)$ verallgemeinerte Lösung des Problems (54), (55), d. h. Lösung der in [117] betrachteten Variationsaufgabe. Der Beweis des eben formulierten Satzes über die Lösbarkeit der Aufgabe (54), (55) im Raum $W_2^2(\mathfrak{D})$ wird im zweiten Teil dieses Bandes geführt werden.

[1]) Wir definieren hier nicht den Raum $H^{l,\alpha}(\overline{\mathfrak{D}})$, sondern erwähnen nur, daß die Funktionen aus $C^{l+1}(\overline{\mathfrak{D}})$ zu $H^{l,\alpha}(\overline{\mathfrak{D}})$ gehören.

# Literaturhinweise

Umfassende Darstellungen:


ACHIESER, N. I.; GLASMANN, I. M.: Theorie der linearen Operatoren im Hilbert-Raum, 8. erw. Aufl., Akademie-Verlag, Berlin 1981 (Übersetzung aus dem Russischen).

BERG, L.: Operatorenrechnung; I.: Algebraische Methoden, II.: Funktionentheoretische Methoden, VEB Deutscher Verlag der Wissenschaften, Berlin 1972 bzw. 1974.

CARATHÉODORY, C.; HÖLDER, E.: Variationsrechnung und partielle Differentialgleichungen erster Ordnung, 2. Aufl., B. G. Teubner, Leipzig 1956.

CHENEY, E. W.: Introduction to approximation theory, MacGraw-Hill, New York 1966.

CHOQUET, G.: Lectures in analysis, I, II, III; expansion and revision by J. MARSDEN, Benjamin, New York – Amsterdam 1969.

COLLATZ, L.: Eigenwertaufgaben mit technischen Anwendungen, 2. Aufl., Akademische Verlagsgesellschaft Geest & Portig, Leipzig 1963.

COURANT, R.; HILBERT, D.: Methoden der mathematischen Physik, Bd. I: 3. Aufl., Bd. II: 2. Aufl., Springer-Verlag, Berlin – Heidelberg – New York 1968.

DAVIS, P. J.: Interpolation and approximation, 2nd ed., Blaisdell, New York – Toronto 1965.

DAVIS, P. J.; RABINOWITZ, P.: Methods of numerical integration, Academic Press, New York 1975.

DAVIS, P. J.; RABINOWITZ, P.: Numerical integration, Blaisdell, Waltham (Mass.) 1967.

DIEUDONNÉ, J.: Grundzüge der modernen Analysis, Bd. 1, 3. Aufl.; Bd. 2, 2. Aufl.; Bd. 3; Bd. 4, Vieweg, Braunschweig/VEB Deutscher Verlag der Wissenschaften, Berlin 1985, 1987, 1976 (Übersetzung aus dem Französischen).

DOETSCH, G.: Einführung in Theorie und Anwendung der Laplace-Transformation. Ein Lehrbuch für Studierende der Mathematik, Physik und Ingenieurwissenschaft, 3. Aufl., Birkhäuser, Basel 1976.

DOETSCH, G.: Handbuch der Laplace-Transformation, Bd. 1, 1. Aufl.; Bd. 2, 2. Aufl.; Bd. 3, 2. Aufl., Birkhäuser, Basel 1971, 1973.

DUFF, G. F. D.; NAYLOR, D.: Differential equations of applied mathematics, Wiley, New York – London – Sydney 1966.

DUNFORD, N.; SCHWARTZ, J. T.: Linear operators, I, II; Interscience Publ., New York 1958, 1963.

DUSCHEK, A.: Vorlesungen über höhere Mathematik, Bd. 3, 2. Aufl., Bd. 4, Springer-Verlag, Wien 1960, 1961.

EKELAND, I.; TEMAM, R.: Convex analysis and variational problems, North-Holland, Amsterdam 1976.

EKELAND, I.: Infinite-dimensional optimization and convexity, Univ. of Chicago Press, Chicago 1983.

FENYÖ, I. S.; FREY, T.: Modern mathematical methods in technology, North Holland, Amsterdam – London 1969: Interscience Publ., New York 1970.

FENYÖ, I. S.; FREY, T.: Moderne mathematische Methoden in der Technik, Bd. I, II, III, Birkhäuser, Basel 1967, 1971, 1980.

FLÜGGE, S.: Mathematische Methoden der Physik, Bd. I: Analysis, Springer-Verlag, Berlin – Göttingen – Heidelberg 1979.

FRANK, PH.; MISES, R. v.: Die Differential- und Integralgleichungen der Mechanik und Physik, Teil I, 3. Aufl.; Teil II, 3. Aufl., Vieweg, Braunschweig 1961.

FRIEDMAN, B.: Principles and techniques of applied mathematics, Wiley, New York/Chapman & Hall, London 1956.

GAJEWSKI, H.; GRÖGER, K.; ZACHARIAS, K.: Nichtlineare Operatorgleichungen und Operatordifferentialgleichungen, Akademie-Verlag, Berlin 1974.

GANTMACHER, F. R.; KREIN, M. G.: Oszillationsmatrizen, Oszillationskerne und kleine Schwingungen mechanischer Systeme, 2. Aufl., Akademie-Verlag, Berlin 1960 (Übersetzung aus dem Russischen).

GELFAND, I. M.; SCHILOW, G. E.: Verallgemeinerte Funktionen, Bd. I, 2. Aufl., VEB Deutscher Verlag der Wissenschaften, Berlin 1967 (Übersetzung aus dem Russischen).

GLOWINSKI, R.: Numerical methods for nonlinear variational problems, Springer-Verlag, Berlin – Heidelberg – New York 1984.

GODEAUX, L.: Analyse mathématique, vol. 3, Sciences et lettres, Liège 1947.

GOURSAT, E.: Cours d'analyse mathématique, Tome II, 7ème édition; Tome III, 5ème édition, Gauthier-Villars, Paris 1949 bzw. 1942.

GÜNTER, N. M.; KUSMIN, R. O.: Aufgabensammlung zur höheren Mathematik, Bd. II, 8. Aufl., VEB Deutscher Verlag der Wissenschaften, Berlin 1986 (Übersetzung aus dem Russischen).

HEBER, G.: Mathematische Hilfsmittel der Physik, Bd. I, 3. Aufl., Akademie-Verlag, Berlin 1974.

HILDEBRAND, F. B.: Methods of applied mathematics, 2nd ed., Prentice-Hall, New York 1965.

HILLE, E.: Analytic function theory, Vol. I, Ginn & Co., Toronto – London 1959.

IOFFE, A. D.; TICHOMIROV, V. M.: Theorie der Extremalaufgaben, VEB Deutscher Verlag der Wissenschaften, Berlin 1979 (Übersetzung aus dem Russischen).

IOFFE, A. D.; TIHOMIROV, V. M.: Theory of extremal problems, North-Holland, Amsterdam 1979 (Übersetzung aus dem Russischen).

JEFFREY, B.: Operational methods in mathematical physics, Cambridge University Press, Cambridge 1931.

KANTOROWITSCH, L. W.; AKILOW, B. P.: Funktionalanalysis in normierten Räumen, Akademie-Verlag, Berlin 1964 (Übersetzung aus dem Russischen).

KANTOROWITSCH, L. W.; KRYLOW, W. I.: Näherungsmethoden der höheren Analysis, VEB Deutscher Verlag der Wissenschaften, Berlin 1956 (Übersetzung aus dem Russischen).

KLUGE, R.: Nichtlineare Variationsungleichungen und Extremalaufgaben, VEB Deutscher Verlag der Wissenschaften, Berlin 1979.

KOLMOGOROV, A. N.; FOMIN, S. V.: Reelle Funktionen und Funktionalanalysis, VEB Deutscher Verlag der Wissenschaften, Berlin 1976 (Übersetzung aus dem Russischen).

KRÁL, J.: Integral operators in potential theory, Springer-Verlag, Berlin – Heidelberg – New York 1980.

KREIN, M. G.: Topics in differential and integral equations and operator theory, Birkhäuser, Basel – Boston 1983 (Übersetzung aus dem Russischen).

KUPRADSE, W. D.: Randwertaufgaben der Schwingungstheorie und Integralgleichungen, VEB Deutscher Verlag der Wissenschaften, Berlin 1956 (Übersetzung aus dem Russischen).

LANGENBACH, A.: Vorlesungen zur höheren Analysis, VEB Deutscher Verlag der Wissenschaften, Berlin 1984.

LJUSTERNIK, L. A.; SOBOLEW, W. I.: Elemente der Funktionalanalysis, 6. Aufl., Akademie-Verlag, Berlin 1978 (Übersetzung aus dem Russischen).

LOGAN, J. D.: Invariant variation principles, Academic Press, New York 1977.

MADELUNG, E.: Die mathematischen Hilfsmittel des Physikers, 7. Aufl., Springer-Verlag, Berlin – Heidelberg – New York 1964.

MARGENAU, H.; MURPHY, G. M.: Die Mathematik für Physik und Chemie, I, II; B. G.

Teubner, Leipzig/Edition, Leipzig/Harri Deutsch, Frankfurt/Main 1964, 1966 (Übersetzung aus dem Amerikanischen).

MICHLIN, S. G.: Variationsmethoden der mathematischen Physik, Akademie-Verlag, Berlin 1962 (Übersetzung aus dem Russischen).

MICHLIN, S. G.: Numerische Realisierung von Variationsmethoden, Akademie-Verlag, Berlin 1969 (Übersetzung aus dem Russischen).

MICHLIN, S. G.: Lehrgang der mathematischen Physik, 2. Aufl., Akademie-Verlag, Berlin 1972 (Übersetzung aus dem Russischen).

MIKHLIN, S. G.: Variational methods in mathematical physics, Macmillan, New York 1964 (Übersetzung aus dem Russischen).

MIKHLIN, S. G.: The problem of the minimum of a quadratic functional, Holden-Day, San Francisco 1965 (Übersetzung aus dem Russischen).

MIKUSIŃSKI, J.: Operatorenrechnung, VEB Deutscher Verlag der Wissenschaften, Berlin 1957 (Übersetzung aus dem Polnischen).

MORSE, M.: Variational analysis: Critical extremals and Sturmian extensions, Wiley, New York 1973.

MORSE, P. M.; FESHBACH, H.: Methods of theoretical physics, vol. I, II; McGraw-Hill New York – Toronto – London 1953.

ODEN, J. T.; REDDY, J. N.: Variational methods in theoretical mechanics, 2nd ed., Springer-Verlag, Berlin – Heidelberg – New York 1983.

PAGE, C. H.: Physical mathematics, D. van Nostrand Comp., New York – Toronto – London 1955.

PETROV, Iu. P.: Variational methods in optimum control theory, Academic Press, New York 1968 (Übersetzung aus dem Russischen).

PRENTER, P. M.: Splines and variational methods, Wiley, New York 1975.

PURDAY, H. F. P.: Linear equations in applied mechanics, Oliver and Boyd, Edinburgh – London/Interscience Publ., New York 1954.

RIESZ, F.; SZ.-NAGY, B.: Vorlesungen über Funktionalanalysis, 4. Aufl., VEB Deutscher Verlag der Wissenschaften, Berlin/Harri Deutsch, Frankfurt/Main 1982 (Übersetzung aus dem Französischen).

ROTHE, R.: Höhere Mathematik für Mathematiker, Physiker, Ingenieure, Teil 7: W. SCHMEIDLER: Räumliche und ebene Potentialfunktionen, konforme Abbildung, Integralgleichungen, Variationsrechnung, 2. Aufl., B. G. Teubner, Stuttgart 1960.

SCHMEIDLER, W.: Lineare Operatoren im Hilbertschen Raum, B. G. Teubner, Stuttgart 1954.

SOBOLEW, S. L.: Einige Anwendungen der Funktionalanalysis auf Gleichungen der mathematischen Physik, Akademie-Verlag, Berlin 1964 (Übersetzung aus dem Russischen).

STERNBERG, W. J.; SMITH, T. L.: The theory of potential and spherical harmonics, Toronto 1952.

STRIEDER, W.; ARIS, R.: Variational methods applied to problems of diffusion and reaction, Springer-Verlag, Berlin – Heidelberg – New York 1973.

TRIEBEL, H.: Analysis und mathematische Physik, 2. bearb. Aufl., BSB B. G. Teubner Verlagsgesellschaft, Leipzig/Hanser-Verlag, München 1984.

TRIEBEL, H.: Höhere Analysis, VEB Deutscher Verlag der Wissenschaften, Berlin 1972/2. Aufl., Harri Deutsch, Thun – Frankfurt/Main 1980.

TURNBULL, H. W.: Theory of equations, 5th ed., Oliver and Boyd, Edinburgh 1952.

VAINIKKO, G.: Funktionalanalysis der Diskretisierungsmethoden, BSB B. G. Teubner Verlagsgesellschaft, Leipzig 1976 (Übersetzung aus dem Russischen).

WASHIZU, K.: Variational methods in elasticity and plasticity, 3rd ed., Pergamon Press, New York – London 1982.

WHITTAKER, E. T.; WATSON, G. N.: A course of modern analysis, Part II, 4th ed., reprinted, Cambridge University Press, Cambridge 1958.

YOSIDA, K.: Functional analysis, 6th ed., Springer-Verlag, Berlin – Göttingen – Heidelberg 1980.

ZAANEN, A. C.: Linear analysis, 4th print., North-Holland, Amsterdam 1964.
ZAANEN, A. C.: Linear analysis: Measure and integral, Banach and Hilbert space, linear integral equations, Interscience Publ., New York 1953.

Literatur zur Theorie der Integralgleichungen:

BAKER, CH. T. H.: The numerical treatment of integral equations, Oxford University Press, Oxford 1977.
BHARUCHA-REID, A. T.: Random integral equations, Academic Press, New York 1973.
BOCHNER, S.: An introduction to the study of integral equations, Cambridge 1908.
BOCHNER, S.: Vorlesungen über Fourier-Integrale, B. G. Teubner, Leipzig 1932.
BÜCKNER, H. F.: Die praktische Behandlung von Integralgleichungen, Springer-Verlag, Berlin – Göttingen – Heidelberg 1952.
BURTON, T. A.: Volterra integral and differential equations, Academic Press, New York 1983.
CHAMBERS, L. G.: Integral equations: A short course, International textbook co., London 1976.
COCHRAN, J. A.: The analysis of bilinear integral equations, McGraw-Hill, New York 1972.
CORDUNEANU, C.: Integral equations and stability of feedback systems, Academic Press, New York 1973.
CORDUNEANU, C.: Principles of differential and integral equations, Allyn, Boston 1971.
DAVIS, A. T.: Introduction to nonlinear differential and integral equations, Dover Publ., Washington 1960.
DAVIES, B.: Integral transforms and their application, 2nd ed., Springer-Verlag, Berlin – Heidelberg – New York 1985.
DAVIS, T. H.: The present status of integral equations, Indiana University Studies, Bloomington 1930.
DAVIS, T. H.: The theory of Volterra integral equation of second kind, Indiana University Studies, Bloomington 1930.
DUDUCHAVA, R.: Integral equations in convolution with discontinuous presymbols, singular integral equations with fixed singularities, and their applications to some problems of mechanics, BSB B. G. Teubner Verlagsgesellschaft, Leipzig 1979.
FENYÖ, I. S.; STOLLE, H. W.: Theorie und Praxis der linearen Integralgleichungen, Bd. 1, 2, 3, 4; VEB Deutscher Verlag der Wissenschaften, Berlin/Birkhäuser, Basel – Boston 1982, 1983, 1984, 1984.
GOCHBERG, I. Z.; FELDMANN, I. A.: Faltungsgleichungen und Projektionsverfahren zu ihrer Lösung, Akademie-Verlag Berlin/Birkhäuser, Basel 1974 (Übersetzung aus dem Russischen).
GOHBERG, I.; KRUPNIK, N.: Einführung in die Theorie der eindimensionalen singulären Integraloperatoren, Birkhäuser, Basel 1979 (Übersetzung aus dem Russischen).
GOLBERG, M. A. (ed.): Solution methods for integral equations. Theory and applications, Plenum Press, New York 1979.
GOULD, S. H.: Variational methods for eigenvalue problems, 2nd ed., Toronto University Press, Toronto/Oxford University Press, Oxford 1966.
GREEN, C. D.: Integral equation methods, Nelson, London 1969.
GRENANDER, U.; SZEGÖ, G.: Toeplitz forms and their applications, University of California Press, Berkeley 1958.
HALMOS, P. R.; SUNDER, V. S.: Bounded integral operators in $L^2$ spaces, Springer-Verlag, Berlin – Heidelberg – New York 1978.
HAMEL, G.: Integralgleichungen, 2. Aufl., Springer-Verlag, Berlin – Göttingen – Heidelberg 1949.
HELLINGER, E.; TOEPLITZ, O.: Integralgleichungen und Gleichungen mit unendlich vielen Unbekannten, Enzyklopädie der mathematischen Wissenschaften, Bd. II, B. G. Teubner, Leipzig 1927.

HEYWOOD, M. B.; FRÉCHÉT, M.: L'équation de Fredholm et ses applications à la physique mathématique, Hermann & Cie., Paris 1923.

HILBERT, D.: Grundzüge einer allgemeinen Theorie der Integralgleichungen, B. G. Teubner, Leipzig 1912.

HILDEBRANDT, T. H.: Introduction to the theory of integration, Academic Press, New York 1963.

HOCHSTADT, H.: Integral equations, Wiley, New York 1973.

HÖNIG, CH. S.: Volterra-Stieltjes integral equations, North-Holland, Amsterdam – Oxford 1975.

HOHEISEL, G.: Integralgleichungen, W. de Gruyter, Berlin – Leipzig 1936.

IVANOV, V. V.: The theory of approximate methods and their application to the numerical solution of singular integral equations. Noordhoff, Leyden 1976 (Übersetzung aus dem Russischen).

JANET, M.: Équations intégrales et applications à certains problèmes de la physique mathématique, Gauthier-Villars, Paris 1941.

JASWON, M. A.; SYMM, G. T.: Integral equation methods in potential theory and elastostatics, Academic Press, New York 1977.

JÖRGENS, K.: Lineare Integraloperatoren, B. G. Teubner, Stuttgart 1970.

KAGIWADA, H. H.; KALABA, R.: Integral equations via imbedding methods, Addison-Wesley, London – Amsterdam 1974.

KANWAL, R. P.: Linear integral equations: Theory and technique, Academic Press, New York 1971.

KELLOGG, O. D.: Foundations of potential theory, Springer-Verlag, Berlin – Göttingen 1929.

KNESER, A.: Die Integralgleichungen und ihre Anwendungen in der mathematischen Physik, 2. Aufl., Vieweg, Braunschweig 1922.

KOSTITZIN, V. A.: Applications des équations intégrales (applications statistiques), Gauthier-Villars, Paris 1935.

KOWALEWSKI, G.: Integralgleichungen, W. de Gruyter, Berlin – Leipzig 1930.

KRASNOSEL'SKII, M. A.: Positive solutions of operator equations, Noordhoff, Groningen 1964 (Übersetzung aus dem Russischen).

KRASNOSEL'SKII, M. A.; ZABREIKO, P. P.; PUSTYLNIK, E. I.; SOBOLEVSKI, P. E.: Integral operators in spaces of summable functions, Noordhoff, Groningen 1976 (Übersetzung aus dem Russischen).

LALESCO, T.: Introduction à la théorie de équation intégrales, Hermann, Paris 1912.

LICHNEROWICZ, A.: Lineare Algebra und lineare Analysis, VEB Deutscher Verlag der Wissenschaften, Berlin 1956 (Übersetzung aus dem Französischen).

LICHTENSTEIN, L.: Vorlesungen über einige Klassen nichtlinearer Integralgleichungen nebst Anwendungen, Springer-Verlag, Berlin – Göttingen 1931.

LOVITT, W. V.: Linear integral equations, McGraw-Hill, New York 1924/Dover Publ., New York 1950.

MEISTER, E.: Integraltransformationen mit Anwendungen auf Probleme der mathematischen Physik, Lang, Frankfurt/Main – Bern – New York 1983.

MICHLIN, S. G.: Vorlesungen über lineare Integralgleichungen, VEB Deutscher Verlag der Wissenschaften, Berlin 1962 (Übersetzung aus dem Russischen).

MICHLIN, S. G.; PRÖSSDORF, S.: Singuläre Integraloperatoren, Akademie-Verlag, Berlin 1980.

MICHLIN, S. G.; SMOLIZKI, C. L.: Näherungsmethoden zur Lösung von Differential- und Integralgleichungen, B. G. Teubner, Leipzig 1969 (Übersetzung aus dem Russischen).

MIKHAILOV, L. G.: A new class of singular equations and its application to differential equations with singular coefficients, Akademie-Verlag, Berlin/Noordhoff, Groningen 1970 (Übersetzung aus dem Russischen).

MIKHLIN, S. G.: Multidimensional singular integrals and integral equations, Pergamon Press, Oxford 1965 (Übersetzung aus dem Russischen).

MIKHLIN, S. G.; SMOLITSKIY, K. L.: Approximate methods for solution of differential and integral equations, Elsevier Publ. Co., Oxford 1967.

MILES, J.: Integral transforms in applied mathematics, Cambridge University Press, Cambridge 1971.

MILLER, R. K.: Nonlinear integral equations, W. A. Benjamin, Menlo Park (Calif.) 1971.

MINGARELLI, A. B.: Volterra-Stieltjes integral equations and generalized ordinary differential expressions, Springer-Verlag, Berlin – Heidelberg – New York 1983.

MUSCHELISCHWILI, N. I.: Singuläre Integralgleichungen, Akademie-Verlag, Berlin 1965 (Übersetzung aus dem Russischen).

MUSKHELISHVILI, N. I.: Singular integral equations, Noordhoff, Groningen 1977 (Übersetzung aus dem Russischen).

PARODI, M.: Équations intégrales et transformation de Laplace, Paris 1950.

PETROVSKIJ, I. G.: Vorlesungen über die Theorie der Integralgleichungen, Physica-Verlag, Würzburg 1953 (Übersetzung aus dem Russischen).

PETROWSKY, I.: Lectures on the theory of integral equations, Graylock, Rochester 1957 (Übersetzung aus dem Russischen).

POGORZELSKI, W.: Integral equations and their applications, Vol. I, II, III; PWN, Warszawa/Pergamon Press, New York 1966 (Übersetzung aus dem Polnischen).

PRÖSSDORF, S.: Einige Klassen singulärer Gleichungen, Akademie-Verlag, Berlin/Birkhäuser, Basel 1974.

PRÖSSDORF, S.; SILBERMANN, B.: Projektionsverfahren und die näherungsweise Lösung singulärer Gleichungen, BSB B. G. Teubner Verlagsgesellschaft, Leipzig 1977.

PRZEWORSKA-ROLEWICZ, D.; ROLEWICZ, S.: Equations in linear spaces, PWN, Warszawa 1968.

RAMM, A. C.: Theory and applications of some new classes of integral equations, Springer-Verlag, Berlin – Heidelberg – New York 1980.

REICHARDT, H.: Vorlesungen über Vektor- und Tensorrechnung (Anhang), 2. ber. und erg. Aufl., VEB Deutscher Verlag der Wissenschaften, Berlin 1968.

SCHMEIDLER, W.: Integralgleichungen mit Anwendungen in Physik und Technik, 2. Aufl., Akademische Verlagsgesellschaft Geest & Portig, Leipzig 1955.

SCHMIDT, E.: Zur Theorie der linearen und nichtlinearen Integralgleichungen. I: Entwicklung willkürlicher Funktionen nach Systemen vorgeschriebener, Math. Ann. **63** (1907), 433–476; II: Auflösung der allgemeinen linearen Integralgleichung, Math. Ann. **64** (1907), 161–196; III: Über die Auflösung der nichtlinearen Integralgleichung und die Verzweigung ihrer Lösung, Math. Ann. **65** (1908), 370–399.

SCHWABIK, S.; TVRDÝ, M.; VEJVODA, O.: Differential and integral equations: Boundary value problems and adjoints, D. Reidel, Dordrecht 1978.

SMITHIES, F.: Integral equations, Cambridge University Press, Cambridge 1965.

SNEDDON, I. N.: The use of integral transforms, McGraw-Hill, New York 1972.

SOULA, J.: L'équation intégrale de première espèce à limites fixes et les fonctions permutables à limites fixes, Gauthier-Villars, Paris 1936.

TRANTER, C. J.: Integral transforms in mathematical physics, G. Chapman, London – New York 1971.

TRICOMI, F. G.: Integral equations, Interscience Publ., New York 1957.

TSOKOS, C. P.; PADGETT, W. J.: Random integral equations with applications to stochastic systems, Springer-Verlag, Berlin – Heidelberg – New York 1971/Academic Press, New York 1973.

VEKUA, N. P.: Systems of singular integral equations, Noordhoff, Groningen, 1967 (Übersetzung aus dem Russischen).

VIVANTI, G.; SCHWANK, F.: Elemente der Theorie der linearen Integralgleichungen, Helwingsche Verlagsbuchhandlung, Hannover 1929.

VOLTERRA, V.: Leçons sur les équations intégrales et les équations intégro-differentielles, Gauthier-Villars, Paris 1913.

WALTER, W.: Differential- und Integral-Ungleichungen und ihre Anwendung bei Abschätzungs- und Eindeutigkeitsproblemen, Springer-Verlag, Berlin – Göttingen – Heidelberg 1964.

WENDLAND, W.: Integral equation methods for boundary value problems, Springer-Verlag, Berlin – Heidelberg – New York 1985.

WEYL, H.: Singuläre Integralgleichungen mit besonderer Berücksichtigung des Fourierschen Integraltheorems, Göttingen 1908.

WIARDA, G.: Integralgleichungen, B. G. Teubner, Leipzig – Berlin 1930.

WIDDER, D. V.: An introduction to transform theory, Academic Press, New York – London 1971.

WIDOM, H.: Lectures on integral equations, D. van Nostrand-Reinhold, London 1969.

YOSIDA, K.: Lectures on differential and integral equations, Interscience Publ., New York – London 1960.

ZABREYKO, P. P., KOSHELEV, A. I.; KRASNOSEL'SKII, M. A.; MICHLIN, S. G.; RAKOVSHCHIK, L. S.; STETSENKO, V. YA.; SHAPOSHNIKOVA, T. O.; ANDERSSEN, R. S. (eds.): Integral equations – a reference text, Noordhoff, Groningen 1975.

Literatur zur Variationsrechnung

AKIN, J. E.: Application and implementation of finite element methods, Academic Press, New York 1982.

ARGYRIS, J. H.: Introduction to the finite element method, North-Holland, Amsterdam 1984.

ARTHURS, A. M.: Calculus of variation, Routledge, Hanley-on-Thames 1975.

ARTHURS, A. M.: Complementary variational principles, Clarendon Press, Oxford 1970.

BALAKRISHNAN, A. V.: Control theory and the calculus of variations, Academic Press, New York 1969.

BANDLE, C.: Isoperimetric inequalities and applications, Pitman, London 1980.

BAULE, B.: Die Mathematik des Naturforschers und Ingenieurs, Band 5: Variationsrechnung, 7. Aufl., S. Hirzel, Leipzig 1968.

BLANCHARD, PH.; BRÜNING, E.: Direkte Methoden der Variationsrechnung, Springer-Verlag, Berlin – Göttingen – Heidelberg 1982.

BLISS, G. A.: Calculus of variations, Wiley, New York 1978.

BLISS, G. A.: Lectures on the calculus of variations, 1st ed., 2nd impression, University of Chicago Press, Chicago 1947.

BLISS, G. A.; SCHWANK, F.: Variationsrechnung, B. G. Teubner, Leipzig 1932.

BOLZA, O.: Vorlesungen über Variationsrechnung, Nachdruck der 1. Aufl., Koehler & Amelang, Leipzig 1949.

BRECHTKEN-MANDERSCHEID, U.: Einführung in die Variationsrechnung, Wissenschaftliche Buchgesellschaft, Darmstadt 1983.

BRUNEAU, M.: Variation totale d'une fonction, Springer-Verlag, Berlin – Heidelberg – New York 1974.

CARATHÉODORY, C.: Calculus of variations and partial differential equations of the first order, Part 1, 2; Holden-Day, San Francisco 1965, 1967.

CHIPOT, M.: Variational inequalities and flow in porous media, Springer-Verlag, Berlin – Heidelberg – New York 1984.

CLEGG, J. C.: Calculus of variations, Interscience Publ., New York 1969.

CLEGG, J. C.: Variationsrechnung, B. G. Teubner, Stuttgart 1970.

CRAGGE, J. W.: Calculus of variations, G. Allen, London 1973.

DE DONDER, TH.: Théorie invariantive du calcul des variations, Gauthier-Villars, Paris 1930.

EWING, G. M.: Calculus of variations with applications, Norton, New York 1969.

FORRAY, M. J.: Variational calculus in science and engineering, McGraw-Hill, New York 1968.

FORSYTH, A. R.: Calculus of variations, Cambridge University Press, Cambridge 1927.

FOX, CH.: An introduction to the calculus of variations, Oxford University Press, Oxford 1950.

FUČIK, S.; NEČAS, J.: Einführung in die Variationsrechnung, BSB B. G. Teubner Verlagsgesellschaft, Leipzig 1977 (Übersetzung aus dem Tschechischen).

FUNK, P.: Variationsrechnung und ihre Anwendung in Physik und Technik, 2. Aufl., Springer-Verlag, Berlin – Heidelberg – New York 1970.

GALLAGHER, R. H.: Finite-Element-Analysis. Grundlagen, Springer-Verlag, Berlin – Göttingen – Heidelberg 1976.

GIAQUINTA, M.: Multiple integrals in the calculus of variations and nonlinear elliptic systems, Princeton University Press, Princeton 1983.

GOLDSTINE, H. H.: A history of the calculus of variations from the 17th through the 19th century, Springer-Verlag, Berlin – Heidelberg – New York 1980.

GRIFFITHS, PH. A.: Exterior differential systems and the calulus of variations, Birkhäuser, Basel – Boston 1983.

GRÜSS, G.; MEYER-KÖNIG, W.: Variationsrechnung, 2. Aufl., Quelle & Meyer, Heidelberg 1955.

HERMANN, R.: Differential geometry and the calculus of variations, Academic Press, New York 1968.

HESTENES, M. R.: Calculus of variations and optimal control theory, Wiley, New York 1966/R. E. Krieger Publ. Comp., New York 1980.

KIMBALL, W. S.: Calculus of variations, Butterworth's Scientific Publ., London 1952.

KINDERLEHRER, D.; STAMPACCHIA, G.: An introduction to variational inequalities and their applications, Academic Press, New York 1980.

KLÖTZLER, R.: Mehrdimensionale Variationsrechnung, 2. Aufl., VEB Deutscher Verlag der Wissenschaften, Berlin 1971/Birkhäuser, Basel 1970.

KNESER, A.: Lehrbuch der Variationsrechnung, 2. Aufl., Vieweg, Braunschweig 1925.

KOSCHMIEDER, L.: Variationsrechnung, 2. neubearb. Aufl., W. de Gruyter, Berlin 1962.

LAWRYNOWICZ, J.: Variationsrechnung und Anwendungen, Springer-Verlag, Berlin – Heidelberg – New York 1985.

LEITMANN, G.: The calculus of variations and optimal control, Plenum Press, New York – London 1981.

LJUSTERNIK, L. A.: The topology of the calculus of variations in the large, Amer. Math. Soc., New York 1966 (Übersetzung aus dem Russischen).

LOVELOCK, D.; RUND, H.: Tensors, differential forms, and variational principles, Wiley, New York 1975.

MASSARI, U.; MIRANDA, M.: Minimal surfaces of codimension one, North-Holland, Amsterdam 1984.

MORREY jr., C. B.: Multiple integrals in the calculus of variations, Springer-Verlag, Berlin – Göttingen – Heidelberg 1966.

MORSE, M.: Global variational analysis, Princeton University Press, Princeton 1976.

MORSE, M.: The calculus of variations in the large, Amer. Math. Soc., New York 1934, reprinted 1947.

MILLER, M.: Variationsrechnung, B. G. Teubner, Leipzig 1959.

NITSCHE, J. C. C.: Vorlesungen über Minimalflächen, Springer-Verlag, Berlin – Göttingen – Heidelberg 1975.

NORRIE, D. H.; DE VRIES, G.: The finite element method: Fundamentals and applications, Academic Press, New York 1973.

NORRIE, D. H.; DE VRIES, G.: An introduction to finite element analysis, Academic Press, New York 1978.

PASCAL, E.; SCHEPP, A.: Die Variationsrechnung, B. G. Teubner, Leipzig 1899.

PAUC, C.: La méthode métrique en calcul des variations, Hermann et Cie, Paris 1941.

POSTNIKOV, M.: The variational theory of geodesics, Dover Publ., San Francisco 1983.

RADÓ, T.: On the problem of Plateau; Subharmonic functions, Reprint von 1933 und 1937; Springer-Verlag, Berlin – Göttingen – Heidelberg 1971.

REKTORYS, K.: Variational methods in mathematics, science and engineering, 2nd ed., D. Reidel, Dordrecht 1980.

RUND, H.: The Hamilton-Jacobi-theory in the calculus of variations, D. van Nostrand, London 1966/R. E. Krieger Publ. Comp., New York 1973.

SAGAN, H.: Introduction to the calculus of variations, McGraw-Hill, New York 1969.

SEIFERT, H.; THRELFALL, W.: Variationsrechnung im Großen (Theorie von Marston Morse), B. G. Teubner, Leipzig – Berlin 1938.

SMITH, D. R.: Variational methods in optimization, Prentice Hall, Englewood Cliffs 1974.

SMITH, P.: Convexity methods in variational calculus, Research Studies Press, Letchworth 1985.

STRANG, G.; FIX, G.: Analysis of finite element method, Prentice Hall, Englewood Cliffs 1973.

TONELLI, L.: Fondamenti di calcolo delle variazione, vol. I, II, Zanichelli, Bologna 1921, 1923.

TROUTMAN, J. L.: Variational calculus with elementary convexity, Springer-Verlag, Berlin – Heidelberg – New York 1983.

VELTE, W.: Direkte Methoden der Variationsrechnung. Eine Einführung unter Berücksichtigung von Randwertaufgaben bei partiellen Differentialgleichungen, B. G. Teubner, Stuttgart 1976.

VIVANTI, G.: Elementi del calcolo delle variazione, Casa Editrice G. Principato, Messina 1923.

WACHSPRESS, E. L.: A rational finite element basis, Academic Press, New York 1975.

WEINSTOCK, R.: Calculus of variations, McGraw-Hill, New York – Toronto – London 1952/Dover Publ., San Francisco 1974.

YOUNG, L. C.: Lectures on the calculus of variations and optimal control theory, 2nd rev. ed., Chelsea Publ., New York 1980/Saunders, Washington 1969.

ZIENKIEWICZ, O. C.: Methode der finiten Elemente, 2. Aufl., VEB Fachbuchverlag, Leipzig 1983/Hanser-Verlag, München – Wien 1984 (Übersetzung aus dem Englischen).

# Namen- und Sachverzeichnis